THE DICTIONARY OF FASHION HISTORY

时尚史词典

[英] 瓦莱丽·卡明

[英] 塞西尔·威利特·坎宁顿

[英] 菲利斯·艾米丽·坎宁顿 著

郑春光 路伟 译

A Dictionary of English Costume 900-1900 first published 1960. Reprinted 1965, 1968, and 1972.
Reprinted with "Glossary of Laces" by A&C Black
© C.Willet Cunnington and Phyllis Cunnington
All materials not appearing in *A Dictionary of English Costume 900-1900* © Valerie Cumming, 2017
A Dictionary of Fashion History first published by Berg, 2010

著作权合同登记号：01-2023-6100

图书在版编目（CIP）数据

时尚史词典 /（英）瓦莱丽·卡明,（英）菲利斯·
艾米丽·坎宁顿,（英）塞西尔·威利特·坎宁顿主编；
郑春光, 路伟译 . -- 北京：中央编译出版社, 2025.3.
ISBN 978-7-5117-4798-3

Ⅰ . TS941.11-091

中国国家版本馆 CIP 数据核字第 2024L11Q22 号

时尚史词典

策划统筹	张远航
责任编辑	张　科
责任印制	李　颖
出版发行	中央编译出版社
地　　址	北京市海淀区北四环西路 69 号（100080）
网　　址	www.cctpcm.com
电　　话	（010）55627391（总编室）　（010）55627312（编辑室） （010）55627320（发行部）　（010）55627377（新技术部）
经　　销	全国新华书店
印　　刷	廊坊昌能印刷有限公司
开　　本	787 毫米 ×1092 毫米　1/16
字　　数	804 千字
印　　张	40.5
版　　次	2025 年 3 月第 1 版
印　　次	2025 年 3 月第 1 次印刷
定　　价	198.00 元

新浪微博：@中央编译出版社　　微　信：中央编译出版社（ID：cctphome）
淘宝店铺：中央编译出版社直销店（http://shop108367160.taobao.com）（010）55627331

本社常年法律顾问：北京市吴栾赵阎律师事务所律师　闫军　梁勤
凡有印装质量问题，本社负责调换，电话：（010）55627320

本词典由瓦莱丽·卡明（Valerie Cumming）全面修订、更新，并补充了由坎宁顿（C. W. Cunnington）、坎宁顿（P. E. Cunnington）和查尔斯·比尔德（Charles Beard）合著的《900～1900年英国服饰词典》（*A Dictionary of English Costume 900-1900*）的内容。

历史就像一个画廊，里面展示的多是复制品，真品却很少。

　　——《旧制度与大革命》 阿历克·德·托克维尔，1856

　　有时，我们不知道我们穿的衣服叫什么，即使到了明辨之年，很少有人知道一顶普通的帽子和一顶卢纳尔迪帽（lunardi）到底有什么不同。我曾听说，一位据说颇有学识的女士把降落伞帽（parachute）误认为是费兹赫伯特帽（fitzherbert）。

　　　　　　　　——《闲适者》(*The Lounger*)，1786

致　谢

特此感谢布鲁姆斯伯里出版社的安娜·赖特（Anna Wright）女士和她的同事们。正是受他们的委托，我才得以编写这本词典的第二版。在编写过程中，他们耐心地处理了我对第一版中一些概念的修改，尤其是其中的图片。如果你仔细数一数就会发现，第二版中的图片从第一版中的60张增加到近200张。整理这么多的图片所需的成本可能非常之高，而且不可避免地，作者需要为此自掏腰包，因此整理这么多的图片是非常棘手的事。由此，我特别感谢希瑟·图默（Heather Toomer）女士慷慨地为我提供图片；特别感谢托拉·埃文斯，她为本书中出现的私人收藏品拍摄了精美的照片，增加了本书的幽趣味性；特别感谢彻特西博物馆的服装管理员格雷丝·埃文斯（Grace Evans），她不仅提供了慷慨的帮助，并允许我使用博物馆尚未出版的照片，这些照片是由约翰·查斯拍摄的。最后，感谢所有对这版发表好评并提出改进意见的人，尤其是约翰·卡明（John Cumming），他允许我随时进入他的办公室并使用他的电脑，并在我遇到较难处理的编辑和写作问题时，以幽默的方式帮助我从其他地方找到解决方法。

2010 版简介

本书是对《900~1900年英国服饰词典》（以下简称《词典》）的修订和更新，并且此次修订和更新是在1960年至1976年四次重印和小幅修订的基础上进行的，因此有良好的基础。C.W. 坎宁顿（1879~1961）和他的妻子P.E. 坎宁顿（1887~1974）单独、共同以及与其他作者合作，从20世纪30年代开始的几十年里，在英国的服装史学科研究中占据了主导地位。本书的参考文献部分列出了他们所出版作品中的一些关键内容。

尽管他们比较了解早期服装历史学家的工作，尤其是普朗奇（J. R. Planché，1796~1880），他的百科全书式的方法启迪了查尔斯·比尔德，但他们与生俱来的好奇心和搜集的本能激发着他们重新审视资料的来源，并重新定义当时人们所熟知的服装史。《词典》是对他们的重要补充，也是对他们长期致力于这一学科的总结和升华。今天，我们用不同的词来描述对人类服装的研究——服装、服饰和时装（英语中分别是"clothing"、"dress"和"fashion"）；"costume（服装）"通常指戏服，但这门学科的术语是不断变化的，充满惊喜。

坎宁顿夫妇合著的《词典》横跨一个世纪，涵盖了从900年到1900年的词汇，他们花费在研究和收集信息方面的时间，无疑超越了1900年，从而留下了丰富的信息；这些信息为本书的修订工作提供了参考，同时也为研究1900年之后的服装、时尚或其他方面的工作提供了参考。1900年以前及之后的110年的主要区别在于，时尚开始与名气紧密相连；时装设计师、他们的国际知名客户、电影明星以及我们所说的"名人"这一尴尬的群体重新定义了个人形象的构建。这本修订版《词典》中，仅在绝对必要的情况下包括了其中相关的一些内容。另外，这些相关内容的来源还可以通过其他资源以及一些专门的资源来研究。

　　自20世纪80年代以来，欧洲和北美出版了多部同类型词典。这些词典对坎宁顿和比尔德编写的词典进行了补充，而不是提出质疑。具体而言，这些词典包括了更早期的一些信息，例如关于希腊和罗马服饰的信息；提供了更广泛、更具包容性的服装术语世界观；考虑了1900年之后服装和时尚的发展情况，或者如果其中提供了工艺描述、时装设计师、生产者、供应商传记的指南和目录，则它们的作者就会把它们称之为"词典"。与坎宁顿夫妇创作本书时相比，当前关于这一主题的信息来源要多得多，因此该学科的学生可以在图书馆或网络上找到这些信息。此外，还有一些按照词典编写传统开展的学术项目，例如由盖尔·欧文-克罗克（Gale Owen-Crocker）教授带队编写的《布料和服装项目词典》（*Lexis of Cloth and Clothing Project*，700年~1450年），该项目正在"以带有创新性插图的可搜索数据库的形式建立一个不列颠群岛中世纪服装和纺织品术语分析语料库"。如果早就有这本《词典》，它将为早期专家提供丰富的资源。

　　这本修订版《词典》旨在延续坎宁顿、比尔德编写的版本中的最佳元素，例如他们都谨慎使用"交叉引用"。在这本《词典》中，瘦腿裤（drainpipe trousers）放在了字母D开头的词条下，而不是裤子的英文单词"trousers"的首字母"T"开头的词条下。此外，如果在英式英语和美式英语中有不同的含义，也会在相应的字母下注明，例如在美式英语中，裤子的英文单词是"pants"，而在英式英语中，"pants"通常指内衣。忽视这些差异会助长一种错误观念：一个是正确的，另一个可以忽略；两者都是正确的，只是在世界不同的地方使用。对于读者来说，显而易见的是，尽管没有获得欧洲语言（尤其是早期几个世纪的法语）中的许多术语那种巨大的影响力，但是美式英语在20世纪的时尚界扮演着越来越重要的角色。

　　这一修订版的主要内容包括对现有词条的增补和修订。原有的一些词条类似小短文，修订过程中虽然根据情况进行了调整和更新，但是总体保留了这些小短文，同时新增的小短文相对较少。另外，保留了提供术语出现或其含义有所改变的时间这一做法，还保留了偶尔使用引文将术语置于上下文中的做法。这本词典的原版中有一个特点,那就是它的结构:正文部分主要介绍了服装,尤其是时尚服装。附录中则专门介绍面料、花边和过时的颜色名称。而其中有一些明显的遗漏之处,包括盔甲以及古典服饰和教会服饰;书中顺带提及了珠宝和刺绣,而裁缝和时装设计师几乎没有提及。由于篇幅有限制,无法补充这些遗漏内容,但是填补了一些空白内容。修订版包含了更多关于支持服装生产和需求的人、做法和工艺的信息;拓展并且合理提出了描述服装制作、裁剪和相关技能过程的基本术语。修订版在原版"面料词汇表"的基础上,增加了20世纪的主要纤维和面料,因此可能会使这一章节有所增长。没有内容庞大的几卷内容,是没办法把每种语言中描述时尚服装和面料的每一个术语都详述在内。不可避免的是,随着时间的推移会出现和增加更多的术语,并且随着新证明资料的出现,需要不断调整早期词条,因此任何一部词典都将是"进行中的工程"。

与原版相比,一个明显的视觉上的不同之处在于,修订版中删除了原来的插图,用原始图像取而代之。从数量上看,插图的数量有所减少,但都经过了精挑细选。

瓦莱丽·卡明

2017 版简介

《时尚史词典》2017 版共有 50 多个新词条、少量的修订词条以及根据情况采用的交叉引用。虽然有些新词条的概念明显是 2000 年以后出现的，例如"spanx"（塑身裤）和"jegging"（牛仔式打底裤），但其他词条则是根据读者反馈增补的。这些词条包括"draper"（布商）、"mercer"（绸缎商）和"裁缝"（tailor），他们在创造男女时装方面发挥了关键作用。虽然如此，由于上一版倾向于遵循坎宁顿夫妇的方法，即他们切实认为把曾经使用过的与服装相关的每一个词都收录在他们编写的词典中是不可能的，因此上一版中间接地讨论了这三个词条。快速翻一翻罗伯特·坎贝尔（Robert Campbell）的《伦敦商人》（*The London Tradesman*, 1747），可以发现涉及的这几个词条。

上一版的读者和使用者要求提供更多的插图，这一点无疑也是这一修订版在外观和规模上最明显的变化。出版商建议提供 200 张彩色插图，但是我们迅速达成了一致，即必须包含一些只有黑白版资料的插图——早期的印刷品，包括人物漫画和后来的书籍插图、漫画。彩色图片包括来自时尚杂志的各种插图，其中一些由于过于理想化几近荒谬；这些彩色图片提供了大量晦涩难懂的词条的详细信息，如威茨舒拉披风（witzchoura mantle）[①] 和祖阿芙型女短上装（zouave jacket）[②]，以及辨识度更高的女士披肩（pelerine）和公主线（princess line）风格。当然，还有更多存留下来的服装以及它们的许多细节，包括刺绣、面料设计和图案，等等，提供了一系列既微妙又充满活

[①] 音译，下同。——译者注
[②] zouave 音译，下同。——译者注

力的绚丽色彩。

　　本版的参考书目有所扩增，和以前一样，我尽可能在新的词条中注明所有引文。最后一个问题是，词条中的所有引文的来源是什么？它们都来自一些手册，坎宁顿夫妇从这些手册中挑选并详述了一些从中世纪到 1900 年的术语。虽然扩充词条不可行，但是列出这些词条有助于目光敏锐的读者查阅档案室、戏剧、诗歌，当然还有早期的字典。书中有一些遗漏的词条，比如服装和织物的术语拼写不一致，但这些可以在后续版本中继续纠正。

第一版序言

关于这本词典的作者,在此需要解释一下。查尔斯·比尔德生前曾长期收集资料,旨在普朗奇熟知的几卷书的体例和规模的基础上编写一本关于英国服装的百科全书式的作品。作为一名中世纪学者,比尔德先生最感兴趣的是早期几个世纪的服装,尤其是盔甲和纹章。去世时,他似乎还没有充分地研究后来几个世纪的服装。而在没有意识到他的研究的情况,我们就开始编写一本有关英国服装的简明词典。现在,我们受邀尽可能多地融入比尔德先生可能与我们的设计相关的材料,我们欣然同意他提出的中世纪服装信息具有权威性的说法,同时对于舍弃的许多超出我们计划的内容,我们深感遗憾。

粗略计算,这本词典的六分之一可能是他写的,其余部分则由我们独立编写。在第一部分中,每件衣服的名称后面分别标明了它们开始使用的时间(在英格兰),但是在很多情况下是它们不再流行的大致时间。另外,还标明了它们是男式(M)款式还是女式(F)款式。

第二部分是一份面料词汇表,并且标明了每种面料开始使用的时间。

C.W. 坎宁顿
P.E. 坎宁顿

序 言

服装，伴随人类文明而兴起，既是物质文明和精神文明的有效载体，又代表着不同时代的经济社会发展水平、人们的精神风貌和审美情趣，如我国古代服饰发展到全盛的隋唐时期，就跟当时繁荣的国都与强大的军事实力有关，并随着生产技术的进步，对外开放更频繁，古代服饰迎来空前绝后的繁荣昌盛时代，隋唐五代的服饰无论是款式、色彩，还是图案等都呈现出崭新的局面。服之华丽，妆之新奇，让人赏心悦目，为之观叹，成为中国与世界各国开展文化交流的重要载体和平台，也把中国的辉煌历史文化和友好情谊传播到世界，为人类文明做出重要贡献。因此研究服装服饰文化，对推动文化交流、促进世界和平发展，具有重要的理论价值和现实意义。

由郑春光博士及路伟女士翻译的这部《词典》，是由C.W.坎宁顿和他的妻子P.E.坎宁顿等人根据查尔斯·比尔德早期撰写的《900～1900年英国服饰事典》修订和更新而成，全书涵盖了公元900年到1900年英国服饰的专业名词及其部分对应的服饰图片和详细的文字描述，涉及希腊、罗马服饰信息及1900年后的服装信息，并首次较系统地展现出1000余年英国服饰的风格特征、制作工艺等信息，但也存在服饰囊括不全、服饰设计师或裁缝师未提及等问题。基于此，2017年，坎宁顿夫妇及瓦莱丽·卡明等人更新并出版了《时尚史词典》。这一版本修订了第一版存在的问题，实现了服饰专业名词词条的扩充与信息增补。同时，词典里图片的种类也有所增加，如人物漫画、时尚插图等，图片的色彩品质也有所提高，更加生动、真实地展示出服饰的风格特征。此外，新版的参考文献有较大扩充，这也反映出本词典的知识容量更多、更广。

通读全书，具有以下几大特点：一是首次系统地展示出英国早期及近代史上的服饰及其特征、文化内涵等。众所周知，英国是世界上最早发展时尚产业的国家之一，深入了解及理解其服饰的历史与成功经验，对我国服饰产业的未来发展具有参考意义，而本书为国人在这方面提供了很好的资料；二是译文语言自然流畅，表述细腻，译者通过精心措辞和精准表达，很好地呈现了原著的细节信息，包括特定时期的时尚元素特点和历史背景下的文化特色等，无疑有助于国内读者深入理解英国服装的发展，探究其背后的历史脉络和文化底蕴；三是译本对直译和音译进行了区分和标注，具有较强的实用性。翻译，并非两种不同语言的简单转换或"文字搬家"，应该是两种不同文化思维的对话，既是一门技术，也是一门艺术，需要很高的专业综合素养。译文让读者能清晰理解不同表达形式所蕴含的文化内涵，避免因混淆翻译而产生误解和困惑，这种严谨的处理方式为读者提供了更准确、全面的信息，也有助于读者在阅读过程中准确把握译文的来源形式等。

《时尚史词典》原著是一部详尽的历史资料，也是一部充实丰富的作品。译者成功地将这部典籍巧妙融入中文语境，桥接了历史与现代，为服装历史研究者、爱好者提供帮助，同时也展现出译者很高的专业素养和娴熟的语言技能，不仅完美传递了原著的精髓，还在处理复杂的专业术语和文化差异时恰到好处，对原文含意有着深刻的理解，尤其是对历史细节的准确把握以及对中英文表达微妙差异的熟练掌控，使得这部作品在中文语境中焕发出独特的光彩和艺术价值。这部译本不仅体现了对原作者的尊重，也展示了对读者的责任感。

是为序。

西南大学　王志章
2024 年初夏于新疆伊犁

图片出处说明

特此感谢布鲁姆斯伯里出版社的安娜·赖特（Anna Wright）女士和她的同事们。正是受他们的委托，我才得以编写这本词典的第二版。在编写过程中，他们耐心地处理了我对第一版中一些概念的修改，尤其是其中的图片。如果你仔细数一数就会发现，第二版中的图片从第一版中的 60 张增加到近 200 张。整理这么多的图片所需的成本可能非常高，而且不可避免地，作者需要为此自掏腰包，因此整理这么多的图片是非常棘手的事，我特别感谢希瑟·图默（Heather Toomer）女士慷慨地为我提供图片；特别感谢托拉·埃文斯，她为《词典》中出现的私人收藏品拍摄了高清的照片，增加了《词典》的幽趣味性；特别感谢彻特西博物馆的服装管理员格雷丝·埃文斯（Grace Evans），她慷慨地允许我使用博物馆尚未出版的照片，这些照片是由约翰·查斯拍摄的。最后，感谢所有对这版发表好评并提出改进意见的人，尤其是约翰·卡明（John Cumming），他允许我随时进入他的办公室并使用他的电脑，并在我遇到较难处理的编辑和写作问题时，以幽默的方式帮助我从其他地方找到解决方法。

特此感谢以下个人和组织允许使用他们的照片（数字表示照片出现的页码）：

© 国家肖像馆（National Portrait Gallery）：第212页，第482页；

© 彻特西博物馆【The Olive Matthews Collection，摄像：约翰·查斯（John Chase）】：第2页（右），第3页，第4页，第7页，第10页，第16页，第21页，第24页，第25页，第35页，第36页，第38页，第45页，第46页，第55页，第75页，第82页，第104页，第105页，第108页，第113页，第115页，第117页，第120页，第123页，第134页，第138页，第141页，第144页，第147页，第150页，第155页，第156页，第163页，第165页，第168页，第169页，第172页，第175页，第193页，第206页，第208页，第210页，第217页，第220页，第222页，第225页，第226页，第248页，第252页，第254页，第259页，第261页，第263页，第264页，第269页，第273（右）页，第287页，第289页，第290页，第291页，第296页，第298页，第307页，第314页，第324页，第328页，第330页，第333页，第343页，第346页，第349页，第350页，第355页，第361页，第366页，第369页，第370页，第373页，第377页，第381页，第400页，第405页，第406页，第418页，第419页，第421页，第425页，第429页，第433页，第437页，第439页，第485页，第491页；

© 彻特西博物馆（摄像：Richard Stroud）：第74页；

© 彻特西博物馆【摄像：约翰·查斯（John Chase）】：第226页（左），第249页，第478页；

私人收藏（摄像：Torla Evans）：第2页（左），第11页，第34页，第54页，第61页，第64页，第70页，第91页，第122页，第130页，第143页，第153页，第159页，第183页，第194页，第195页，第198页，第203页，第204页，第223页，第226页（右），第245页，第257页，第273页（左），第295页，第

316页，第337页，第392页，第395页，第403页，第434页，第435页，第440页，第454页，第462页，第465页，第467页，第470页，第471页，第472页，第473页，第474页，第477页，第488页；

Heather Toomer：第332页；

St Olave, Hart Street PCC（摄像：Phil Manning）：第136页；

维多利亚与艾尔伯特博物馆：第96页。

词典使用指南

使用方法

这本词典的使用方法比较简单。其中的交叉引用较少,否则会导致读者无法阅读其中的词条;"配饰"被交叉引用的次数较多,同时也表明了交叉引用这种方法的不合理之处。关键词涉及交叉引用;衣服、面料和材料,包括网眼花边,都可以在附加词汇表中找到,读者可以自行决定是否继续获取更多的信息。

单位换算表

英制尺寸与公制尺寸换算:

1 英寸 ≈ 2.54 厘米

1 英尺 ≈ 0.3048 米

1 码 ≈ 0.9144 米

英镑、先令和便士(£. s. d.)转换为十进制货币。

240 d. = 100 p. = £1

读者如需将尺寸精确到分数位,可根据单位换算表换算。

目 录

时尚史词典	1
词汇表：纤维、织物、材料	492
网眼花边词汇表	597
词汇表：已过时的颜色	605
参考文献	608
来源	612

A

服饰（Abillements, Habillements）

详见"饰边（billiments）"。

大学礼服（Academic dress）

男式，1900年之后也有女式

时期：11世纪以后。

英语中也称为"academic costume"（学位服），由带风帽、方帽或学位帽的长袍组成，仪式性活动或官方活动中使用的正式礼服。它的基本风格（现代也有尝试）可以追溯到11世纪末意大利和法国早期大学学者的日常穿着。这些学者的服装与他们曾在一起学习的牧师的服装相似：都是一件宽松的长袍，肩部披有类似兜帽的披肩或者斗篷。1500年左右，这种服装演变成一种带有装饰性风帽的开襟罩袍，套在普通衣服的外面。从最开始出现至今，学位服通常是由黑布制成。不同的风帽衬里，颜色或毛皮表示不同的学科、学位水平（BA、MA、MPhil、PhD）和院校。今天，这些独特的、具有时代错位感的服饰同成就、人生仪式和传承联系在一起。

配饰（Accessory）

男女皆宜

时期：中世纪以后。

在词典中被定义为一个有助于提升整体效果但处于次要地位的物品。自19世纪以来，配饰仅指与个人形象有关的物品。根据服装历史学家的定义，配饰通常是一套服装的组成部分，起到补充、烘托的作用。配饰分为两类：一类用来佩戴，如软帽、无边便帽、有边帽子、靴子和鞋子、领巾和领带、分指手套、连指手套和暖手筒、珠宝、围巾和披巾、短袜和长袜；另一类用来携带，如袋子、手杖、扇子、遮阳伞和剑。

如果配饰的特性是可拆卸，那么从羽毛头饰（aigret）到鞋花（shoe-rose），这类"次要"物件有无数种。

风琴褶（Accordion-pleating）

女式

时期：1889年以后。

一种较为紧密的褶皱，行动时可使服装展开，激发了美国舞者洛伊·富勒（Loie Fuller，1862~1928）引领的"裙舞"时尚；一些日间礼服的袖子也会采用这种设计，褶皱集中在肘部，使宽松部分收拢形成一个紧身的长袖口。

运动服（Active wear）

男女皆宜

时期：20世纪以后。

英国时装版画，手工上色，1805 年。图中女子服装上的配饰是重点，她头戴一项用羽毛装饰的软帽，身着一件饰有流苏的短款拖尾披风，戴着一副普通的浅黄色手套，手里提着一个得体的收口网格包，当裙子收窄后，这个小袋子取代了口袋。

在美国，指休闲活动或体育活动时穿的服装，通常是参加体育活动的业余人士穿着，其设计灵感来自田径、自行车、滑雪和网球运动的职业服装。

到 20 世纪晚期，从外观上看属于中性风格，并使用了新技术，例如在针织品上做防雹处理，在轻便的衣服内设计一个口袋使衣服可以折叠进去等。运动服的创新推动了所有休闲服装的发展。

阿德莱德靴（Adelaide boots）

女式

时期：1830 年～19 世纪 70 年代。

侧系带，布料靴面，漆皮鞋头，平底无跟。

装饰（À disposition）

女式

时期：1850 年～1860 年。

起源于法语的一个词汇，主要在 19 世纪 50 年代使用，指裙子上的装饰性荷叶边，在不增加腰部体积的情况下使裙摆变宽，线条更柔和。

在一定长度的印花面料、编织面料或刺绣面料上裁剪出特定宽度的横向荷叶边，轻微拢聚并做成两三层的样式，有时会有更多层，剪裁下来的面料也被用作上衣或袖子的装饰条。

详见"荷叶边（flounce）"。

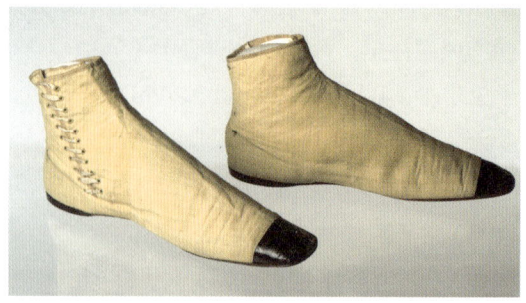

女式短靴，名为阿德莱德靴，采用浅黄色亚麻布制成，鞋头为黑色漆皮，侧边饰有一条丝绸鞋带，鞋内标签印有"Wrigglesworth, 31 South Audley Street, London"，约 1835 年～1845 年。

Les Robes Elegantes 上的时装版画，20 世纪 30 年代中期。图中的三位女士穿着这一时期时髦阔气的日装，她们身上的配饰是版画的重点——帽子、长筒手套、小巧的手提包、狐狸皮草和波斯风格的阿斯特拉罕羔羊皮披肩。

A

夏季日间礼服，19世纪40年代。材质为印花棉布平纹细布，裙摆饰有荷叶边。独特的"V"形褶皱上衣、窄腰设计和标准的半身裙是早期维多利亚时代连衣裙的典型特征，这一时期克里诺林（crinoline）还未成为主流，需要靠荷叶边增加宽度。

阿多尼斯假发（Adonis）

男式

时期：18世纪。

一顶浓密的白色长假发，"就像积雪中鹅莓丛的树枝"（1734, *The London Magazine*）。"飘逸的阿多尼斯或白色假发"（1773, R. Graves, *The Spiritual Quixote*）。

阿多尼斯（Adonising）

时期：1807年。

"晚餐服饰"的另一时髦叫法。

艾德丽安（Adrienne, Andrienne）

女式

时期：1703年～18世纪中期。

一种袋状长裙，以法国女演员玛丽·丹科特（Marie Dancourt）扮演的角色艾德丽安（Andria）命名，其在1703年特伦斯（Terence）的同名戏剧中身着同款礼服。

广告（Advertising）

时期：中世纪以后。

"当下广告业近乎完美，没有人能做出任何改进"（1759年1月13日，Idler no 41, *Universal Chronicle*），约翰逊博士（Dr Johnson）在写这句话时一定没有预料到现代广告业的发展。在文盲或半文盲社会，街头的叫卖声和指示牌指引着潜在顾客找到他们需要的商品。从17世纪晚期开始，社会识字率提高，印刷成本降低，随之约翰逊博士所处的时代出现了传单、报纸、期刊和贸易卡片等来为商品做广告。

纺织品，尤其是手帕上，印上重大事件和短暂事件的信息，时尚插图和期刊上的详细介绍取代了服饰人形。商品制造商和销售商在日报、周报和月报上登广告宣传自己的商品，并分发传单宣传新品或季节性销售品。20世纪中期以后，时尚广告作为一项成熟而有利可图的业务，被百货公司用来推广从昂贵到廉价的各种商品。从20世纪晚期开始，出现了一种很明显的变化，即现在拥有奢侈品公司的国际企业集团（包括主要的时尚设计品牌）将广告重点放在了无须顾客拥有理想身材的商品上，如包、围巾、鞋子和香水等。

唯美主义服饰（Aesthetic dress）

女式

时期：19世纪70年代~20世纪初期。

一种试图以改良形式复兴14世纪"艺术"服饰的潮流；受到拉斐尔前派艺术家圈子的支持和拥护，著名女演员埃伦·特里（Ellen Terry，1847~1928）就是一位狂热爱好者。这类服饰采用高腰飘逸的款式，使用天然染料，图案带有"难以形容的色调"或改良的东方风格（如和服）。

威廉·施文克·吉尔伯特（W. S. Gilbert）讽刺这类服装为"greenery-yallery①，格罗夫纳画廊（Grosvenor Gallery）"，乔治·杜·莫里耶（George du Maurier）则将其画进了自己的 Punch 漫画中。利伯提（Liberty & Co.）的摄政街（Regent Street）店提供面料并生产了一批类似中世纪古典风格的连衣裙，适合那些喜欢这种风格的人。

男式

时期：19世纪70年代~90年代。

尽管斯温伯恩（Swinburne）和惠斯勒（Whistler）的审美态度和外表也让人感到好笑，但世界上最著名的唯美主义服饰男性倡导者是爱尔兰评论家、剧作家奥斯卡·王尔德（1854~1900），他身着齐膝短裤和天鹅绒夹克，留着齐肩发，让人联想到吉尔伯特（Gilbert）和沙利文（Sullivan）在1881年创作的歌剧《耐心》（Patience）中诗人本索恩（Bunthorne）的形象。

详见"服饰改革（dress reform）"。

圆蓬式发型（Afro）

男女皆宜

时期：20世纪60年代开始。

一种在非洲裔美国人中流行的发型，在欧洲和其他地方被广泛模仿。头发自然卷曲，有几厘米长，并在面部周围形成一个圆圈状的造型。

便宴服（Afternoon dress）

女式

时期：19世纪~20世纪中期。

为了符合精心界定的社交场合的严格礼仪要求，上层女性从清晨到深夜会穿着不同风格和款式的服装。为此，出现了专门用于午后拜访的午后礼服或连衣裙。

搭扣（Aggrafes, Aggrapes）

时期：16世纪以后。

钩眼扣子，也可以是扣环或带扣。

时期：19世纪。

一种装饰性的扣环或钩子，也称为"agrafe（搭扣）"。

夸张者发型（Aggravators）

男式

时期：1830年~1870年。

"他的头发特意卷到两个外眼角，直到形

---

① 形容色彩鲜艳或不寻常的颜色。——译者注

成'夸张者'半卷发"（1835~1836, *Sketches by Boz*）。

金线（Aglets, Aiglets, Aigulets）

男式，后来也有女式

时期：15世纪~17世纪中期。

系带两端的装饰性金属挂袢，称为"point"①，15世纪时用来将霍兹（hose）连接到达布里特（doublet）上。通常采用金或银制作，有时是裁剪而成的小巧图案，"aglet baby"（婴儿金线）因此也指身材矮小的人。从16世纪开始，男女都使用金线作为装饰，既可以作为短丝带的挂袢，也可以用来成对或成束固定。

阿涅丝·索雷尔紧身胸衣（Agnes Sorel bodice）

女式

时期：1861年。

一种日间穿的紧身胸衣，前后领口剪裁方正，未采用低领设计，有大主教袖。

阿涅丝·索雷尔胸衣（Agnes Sorel corsage）

女式

时期：1851年。

一种搭配女士长外衣或骑装式妇女外衣的胸衣，款式为一件日间夹克加一件不带花纹或带花纹的巴斯克衫，穿着时要么紧贴颈部，要么敞开露出马甲的正面。

阿涅丝·索雷尔风格（Agnes Sorel style）

女式

时期：1861年以后。

法语中指英国公主风格的连衣裙，上衣和裙子采用连裁设计，腰部无接缝。阿涅丝·索雷尔（Agnes Sorel, 1421~1450）是法国国王查理七世（Charles Ⅶ）的情妇，因容貌美丽而闻名。

羽毛头饰（Aigret, Agrette, Egret）

女式

时期：18世纪以后。

用竖立的羽毛或者羽毛形状的珠宝饰品制作的头饰，曾在18世纪后期风靡一时。"一只手镯或设计精美的羽冠"（1772, S. Foote, *The Nabob*）。

时期：19世纪80年代~20世纪40年代。

过去，羽冠在白天用作帽饰，而在晚上则用作头饰。19世纪，鱼鹰和苍鹭羽最受欢迎。到了20世纪90年代，佩戴小巧的羽毛头饰之风再度流行起来。这类头饰现在被称为"羽饰花帽或网眼毛披巾（fascinator）"。

"鸽翼式"假发（Aile de pigeon）

男式

时期：1750年~1770年。

形似鸽翼的男士假发，从耳朵上面伸出的一两缕横向硬质卷发，前额和两鬓部位的头发柔顺自然。

---

① 一种束带。——译者注

一款侧系带靴子，采用布料鞋面和漆皮鞋头，通常"鞋面上装饰有一串排列紧密而小巧的珍珠纽扣，这些纽扣仅仅起到装饰性作用，因为真正的鞋带隐藏在侧面"（1847，Albert Smith, *The Natural History of the Gent*）。

阿尔伯特衣领（Albert collar）

男式

时期：1850年～20世纪初期。

由经过浆洗工艺处理的白色亚麻布制成的单独立领，系在颈后的一个纽扣上。

阿尔伯特驭马斗篷（Albert driving cape, Sac）

男式

时期：1860年～20世纪初期。

一种宽松板型的单排扣或双排扣切斯特菲尔德外套大衣，有时直接称为驭马斗篷或大衣。通常背面采用无中缝设计。"有时，这类大衣会用背缝替代袖子内缝"（*Minister's Complete Guide to Practical Cutting*, 3rd edn）。

阿尔伯特夹克（Albert jacket）

男式

时期：1848年。

一种单排扣超短、带裙边的外套，微收腰板型，无胸前口袋；有的腰部采用有缝设计，有的采用无缝设计；有的有侧褶，有的无侧褶。

阿尔伯特大衣（Albert overcoat）

男式

时期：1877年。

一种宽松板型的大衣，长度"过膝不过

La Femme Chic, Album de Bal, 1914。图片中的两位年轻时尚女郎身着裁剪层次分明、轻盈飘逸的拖尾晚礼服。这类礼服出现在20世纪初期，因其腰臀线位置采用印花设计来凸显身体曲线，并采用精致的乔其纱和薄纱制成，被当代杂志称为"华丽的想象"。图中左侧的女郎头戴一顶羽毛头饰。

海魂衫/水手服（À la marinière）

男式

时期：1750年～1800年。

圆角形窄袖口，正面为垂直袋盖，通常采用扇形设计，袖口有三到四粒和衣身上相同的纽扣。

阿尔伯特靴（Albert boots）

男式

时期：1840年～1870年。

踝"；正面采用暗门襟扣合设计，双肩饰有半圆形披肩；前胸两侧设计有直插式开缝口袋；臀部两侧有带盖口袋；背开衩较大且采用暗扣开衩设计；袖口采用缝纫工艺，整体采用窄袖设计。

阿尔伯特骑马装外套（Albert riding coat）

男式

时期：1841年。

一种单排扣外套，扣子设计比较靠上，"正面采用纽马基特（newmarket）风格的斜裁法制作"，底领宽、驳头窄，圆角裙摆，臀部饰有口袋。

阿尔伯特拖鞋（Albert slipper）

男式

时期：1840年之后。

一款以维多利亚女王（Queen Victoria）的丈夫哥达亲王阿尔伯特（Albert of Saxe Coburg Gotha，1819～1861）的名字命名的拖鞋；鞋面较长，鞋舌可盖住整个脚背。1840年，阿尔伯特亲王与维多利亚女王成婚后，许多服饰都以他的名字命名的。

阿尔伯特大衣（Albert top frock）

男式

时期：1860年～1900年。

一种佛若克礼服大衣样式的高腰礼服，配天鹅绒衣领，领深7.6厘米；下身采用长裙设计，臀部两侧饰有带盖口袋。衣领、翻领和袖口与普通上衣相比更宽，布料通常较为厚重。1893年，出现了衣身较长且较为紧身的双排扣款式。

阿尔伯特表链（Albert watch-chain）

男式

时期：1870年～20世纪中期。

一种颇具厚重感的怀表链，链条从扣眼中穿过，一头挂怀表，一头是"护杆"（金属短杆），分别置于马甲两侧的口袋中。约1888年之后，马甲上有专门的链孔，方便拉出链条。

亚历山德拉夹克（Alexandra jacket）

女式

时期：1863年。

一种日间夹克，背部采用无背中缝设计，衣领处有小翻领，袖子采用翻边造型，饰有肩章，据说是以1863年与威尔士亲王结亲的丹麦公主亚历山德拉（1844～1925）的名字命名，有多种"亚历山大"和"公主"夹克都是以这位优雅的公主的名字命名的。

亚历山德拉衬裙（Alexandra petticoat）

女式

时期：1863年。

一种日常穿的府绸面料内衣，下摆上方饰有宽大的格子图案。

阿尔及利亚风呢斗篷（Algerian burnouse）

详见"呢斗篷（burnouse）"。

爱丽丝束发带（Alice band）

女式

时期：1865年以后。

刘易斯·卡罗尔（Lewis Carroll）的

两部小说《爱丽丝梦游仙境》(*Alice's Adventures*, 1865)和《爱丽丝镜中奇遇记》(*Through the Looking Glass*, 1871)的出版使得"爱丽丝风格"的童装成为一种时尚，例如在插图画家约翰·坦尼尔爵士（Sir John Tenniel）的插图中，爱丽丝用来挽起散落脸庞的头发的细丝带。

20世纪晚期，爱丽丝天鹅绒束带开始流行，塑料或类似材质的发箍用天鹅绒布料包裹着。佩戴这种束带是当时英国斯隆漫游者（Sloane Ranger）的一大风尚。

"A"字形（A-line）

女式

时期：1955年。

法国设计师克里斯蒂安·迪奥（Christian Dior, 1905～1957）于1954年至1955年间提出的三种款式之一。这三种款式分别是"H"字形、"A"字形和"Y"字形。其中"A"字形是对1954年提出的"H"字形的改版。"A"字形版式的外套、裙装和西装从肩部到下摆形成一个三角形，"A"字形的横线位于胸部以下，或者腰部或臀部。

圆立领（All-rounder）

男式

时期：1854年。

一种比较硬挺的衬衣立领，可包围整个颈部。"从来没有一种军服领结（military stock）能像圆立领一样残忍地勒死一名倒霉的士兵"（1854, *Punch*）。

日耳曼风[①] 大衣/日耳曼风夹克（Almain coat/ Almain jacket）

男式

时期：1450年～16世纪。

短装修身外套或夹克，喇叭形裙摆较短，采用垂袖设计，袖子正面缝线处有开口，内搭紧身衣。

日耳曼系裤子（Almain hose），德系裤子（German hose）

男式

时期：16世纪晚期。

一种拼接阔腿裤，设计有大量的皱褶或者钩丝。

详见"布鲁得霍斯短裤（pluderhose）"。

登山帽（Alpine hat）

男式

时期：19世纪90年代。

一种软毡帽，圆形帽檐向下压得较低，略微向下塌陷。

登山上衣（Alpine jacket）

男式

时期：1876年。

改良款双排扣诺福克外套，后摆中间采用裙褶造型，侧缝处涉及有插袋，有侧边做装饰，穿系在脖子上，通常不穿马甲。

---

① Almain（日耳曼）当时指"德国"。

A

另类时装（Alternative fashion）
男女皆宜

时期：1950年以后。

各类风格的青年时装，或非主流时装，属于一种次级文化，也称为哥特风、嬉皮士、摩斯族、摇滚派、泰迪男孩等。

阿玛迪斯袖（Amadis sleeve）
女式

时期：1830年。

一种袖口在手腕处收紧的袖子。19世纪30年代的日装流行使用这种袖子；19世纪50年代复兴，但是样式有所变化，即袖口至肘部均为紧身设计并用扣子扣上。与翻边袖口不同。

详见"穆斯可特服式袖口（mousquetaire cuff）"。

亚马孙胸衣（Amazon corsage）
女式

时期：1842年。

一种普通高领上衣，扣子一直扣到喉部，小巧的衣领和袖口均采用细棉布面料，适合日常穿着。

亚马孙紧身褡（Amazon corset）
女式

时期：19世纪50年代。

骑马时穿的紧身褡，有松紧带，"骑马时，抽动那根暗绳，可以将衣服缩短7.6厘米"。

亚马孙骑马服（Amazone）
女式

时期：18世纪初期。

一种骑马服，可能是以传说中的希腊女战士族亚马孙人命名的；"……亚马孙女性狩猎常服，一件蓝色羽纱马甲，饰有银色镶边和刺绣……我认为，这最初是从法国引进的……"（R. Steele, *Spectator*，1711年6月29日，星期五，no. 104）。

美式外套（American coat）
男式

时期：1829年。

"一种被称为'美式风格'的新型外套，宽衣领，窄驳头，裙摆翻边，单排扣（S~B），可用黑布制作"。

美式颈巾/扬基颈巾（American neckcloth/Yankee neckcloth）
男式

时期：1818年~19世纪30年代。

一种前面中心部分每侧都有纵向褶的领带，窄的两端向前拉并在下方系成一个被称为"戈尔迪乌姆之结（gordian knot）"的结纽。

美式垫肩（American shoulders）
男式

时期：1875年。

男士外套的肩部衬垫，产生"方形"宽肩的效果。"纽约人将肩缝前面约5厘米处填充到最厚"（*The Tailor & Cutter*）。

详见"垫肩（padded shoulders）"。

美式裤子（American trousers）
男式

时期：1857年以后。

裤子用一条细腰带收紧，背后有一条带子和一个带扣，无背带。

美式背心（American vest）
男式

时期：19世纪60年代以后。

一种单排扣马甲，无衣领或驳头，扣子设计比较靠上，后来称为"法式背心"。

花环（Anademe）
女式

时期：16世纪晚期~17世纪初期。

一种戴在头上的头带或花环，用花或叶子做成。

安达露西亚披肩（Andalouse cape）
女式

时期：1846年。

一种户外使用的丝绸披肩，饰有用带流苏的亮光绡制成的宽大飘带，门襟带笔直，手臂可自由活动。

安达卢西亚卡萨克外套（Andalusian casaque）
女式

时期：1809年。

与晚礼服搭配的一种束腰外衣，沿中间系紧，向后采用倾斜设计，与膝盖齐平。

中性风格（Androgynous styles）
男式

时期：20世纪60年代晚期。

女性服饰元素——羽毛围巾、卢勒克斯、缎子和闪光装饰片以及化妆品被马克·博兰（Marc Bolan）和大卫·鲍伊（David Bowie）等流行摇滚明星借用到表演服装中，成为模糊性别的标志。

女式

女装设计师设计的新型克尤罗特裙裤、尼克博克（knickerbockers）、长裤和夹克款式。法国创新型设计师伊夫·圣·罗兰（Yves Saint Laurent，1936~2008）利用长裤和夹克开创了一种独特的女式日间和晚间服装风格，其中，晚间服装是晚宴夹克礼服的变体——吸烟装（le smoking）。

天使短裙（Angel overskirt）
女式

时期：1894年。

日常穿着的短款上部裙筒，两边各有两条较宽的花边。

天使袖（Angel sleeve）
女式

时期：1889年。

长而宽大的饰片（panel），几乎垂到地面，遮住袖窿，有时也连接在某些款式的披风上。

斜领外套 / 大学外套（Angle-fronted coat/ University coat）

男式

时期：1870 年～1880 年。

晨礼服的一种时尚变体。前襟不再从第二颗纽扣开始呈弧形倾斜，而是通过裁剪形成一个角度，从而露出马甲的大部分。

底部裁剪成钝角而非圆角。通常采用单排扣，偶尔使用双排扣。

安格尔西帽（Anglesea hat）

男式

时期：1830 年。

一种具有圆柱形高帽冠和扁平帽檐的有边帽子。

盎格鲁-希腊式紧身胸衣（Anglo-Greek bodice）

女式

时期：19 世纪 20 年代。

一种与宽边三角形披肩（fichu-robing）搭配的上衣，驳头较宽，且间距较大，常用网眼花边镶边。白天或晚上穿戴。

昂古莱姆软帽（Angoulême bonnet）

女式

时期：1814 年。

一种用稻草制作的软帽，帽冠较高，前帽檐较宽，系在一侧。

短靴（Ankle boots）

男女皆宜

时期：14 世纪以后。

泛指覆盖足部且鞋帮延伸至脚踝上方的靴子。

详见"中筒靴（half boots）"。

踝镯（Ankle bracelet）

女式

时期：20 世纪晚期。

尽管早期就有表演者佩戴踝镯或踝链，但其真正流行起来是在20世纪后期。踝镯通常是一条用贵金属制作的细链，仅佩戴在一只脚踝上，据说不同的佩戴位置表示未婚或已有潜在伴侣两种不同的状态。

九分马裤（Ankle-breeches）

男式

时期：1600 年～1650 年。

西班牙马裤的昵称，通常称为"Spanish hose（西班牙式紧身裤）"。

踝靴（Ankle-jacks）

男式

时期：19 世纪 40 年代～70 年代。

紧贴脚踝的短靴，每侧五个纽孔，鞋带系在前面。"被称为'Ankle-jacks（踝靴）'的系带鞋"（1874, T. Hardy, *Far from the Madding Crowd*）。

及踝（Ankle-length）

女式

时期：20 世纪初期以后。

指外套、连衣裙或半身裙长度，偶尔指裤子长度，极少用于男性款式。

踝袜（Ankle socks）

女式

时期：20世纪30年代以后。

羊毛短袜或棉质短袜，袜口通常有翻边，参加网球等运动时穿；在1939~1945年战争期间，这种袜子通常取代定量配给的长袜，带有图案的手工编织款也非常流行；从20世纪40年代末开始，主要是学童穿，直到20世纪70年代，新型纱线、颜色和图案的出现使这种袜子再度流行起来；1983年，Sock Shop在英国成立。

脚踝束带（Ankle straps）

女式

时期：19世纪80年代以后。

在鞋类悠久的发展历程中，鞋子或拖鞋上的饰带、丝带或束带经常会系在脚踝上，来装饰或固定鞋子。后来，随着裙子长度变短，这种设计愈为凸显，纽扣或系带成为鞋类设计中的一个元素。

爱诺瑞克外套（Anorak）

男女皆宜

时期：20世纪20年代以后。

指一种传统的带帽防水服装，最初由兽皮、鸟皮或经过处理的布料制成，主要在格陵兰岛和加拿大流行。经过改良后，在其他国家指一种男性、女性和儿童穿的结实的带帽防水夹克。

详见"派克大衣（parka）"。

安斯利特（Anslet）

详见"汉斯莱特（hanslet）"。

安提诺波利斯（Antigropolis）

男式

时期：19世纪50年代。

一种高筒靴，"适合步行或骑马，通常采用皮革制成，形似泥泞靴，但侧面采用一根弹簧固定。后面在腿部裁短，前面则加长以保护大腿"（1855，*The Gentleman's Magazine of Fashion*）。

仿古/过时（Antique）

既含褒义也含贬义，"仿古"表示早期令人赞叹的服装细节、面料或风格，如仿古花边；"过时"则表示某物是不时髦的，例如"一套有点过时的衣服"。

仿古上衣（Antique bodice）

女式

时期：1830年~1850年。

一种晚礼服上衣，低胸，深"V"腰线设计。

安托瓦内特披肩（Antoinette fichu）

女式

时期：1857年。

一种采用平纹细布制成的"安托瓦内特披肩"，适合搭配夏季晨装，饰有黑色网眼花边和天鹅绒窄边，覆盖肩部，前面交叉，后面用蝴蝶结固定，长的一角搭在后面。

详见"三角形披肩（fichu）"。

阿波罗紧身裙（Apollo corset）

男女皆宜

时期：1810年。

花花公子穿的一种鲸须制作的紧身裙，与布鲁梅尔（brummell）紧身胸衣和坎伯兰（cumberland）紧身裙同期出现。"女士们也会穿这种紧身裙，使她们的腰部看起来更纤细优雅"（1813, Spirit of the Public Journals）。

阿波罗结（Apollo knot）

女式

时期：1824年~1838年。

将假发编成一圈或多圈，并用线固定在头顶上，一种晚间发型，有时白天也会采用这种发型。

服装（Apparel）

男女皆宜

时期：14世纪初期以后。

表示衣服，尤指一套衣服。14世纪晚期，也指教会法衣上的绣花边和挽具或盔甲的装饰。

贴花（Appliqué）

法语中指将布料裁剪成装饰性布片，然后用平针或花纹针法缝在另一种布料上。20世纪50年代，流行在圆形喇叭裙上装饰毛毡花纹图案；从20世纪70年代开始，夹克和牛仔裤上也开始使用花纹图案，使其更加个性化。

滑雪后服装（Après-ski wear）

男女皆宜

时期：1954年以后。

白天滑雪活动结束后在晚间活动中穿的一种服装。滑雪服虽然线条流畅，但过于臃肿且保暖性强，不适合在室内穿着，因此"滑雪后服装"的概念应运而生。这些休闲风格的长裤、毛衣和宽松夹克通常以斯堪的纳维亚风格的颜色、图案和款式为基础。

围裙（Apron）

时期：13世纪以后。

英语中也作"aporne"和"napron"，"napron"一词在14世纪和15世纪上半叶使用，后来开始使用"apron"。

男式

工匠和工人穿上用来保护衣服正面，系在腰上，通常采用连裁设计，展开护住胸部。"checkered-apron men（格子围裙男）"指16世纪的理发师，他们穿有格子图案的围裙。"blue-aproned men（蓝围裙男）"通常指16世纪至18世纪的商人。18世纪，"green-aproned men（绿围裙男）"指伦敦搬运工。19世纪，家具搬运工和拍卖行的工作人员都穿绿色台面呢围裙。

女式

有时用来保护衣服，有时也用作装饰。围裙的布料通过一根腰带收拢，系在腰间；有些工作用的围裙从腰部延伸出一个围兜，用来保护上衣。装饰性围裙采用精致的面料制作，通常没有围兜，而且一般饰有绣花。

  Les Fashionables，查尔斯·飞利浦（Charles Philipon，1800～1861）于1829至1830年创作的讽刺漫画，讽刺那些被不断变化的时尚所迷惑的人如洋娃娃般的打扮。图中的男士是一位花花公子，身上的紧身褡使得他的腰部纤细，从而展示出身体线条，而他身上的高领佛若克礼服大衣设计配有让·德·伯里（Jean de Bry）风格的长袖，并且有垫肩。他的女伴则梳着阿波罗结，身着19世纪20年代后期流行的宽松贝蕾袖、窄腰和及踝宽裙。她时髦的皮草或天鹅绒披肩"被法国人称为'boas'"——这个词很快被英语吸收。

一件象牙色丝绸围裙，饰有用丝线和金属线绣制的花卉花纹，边缘形似扇形，约制作于1740年。

围裙从16世纪晚期到1640年一直非常流行，尤其是在整个18世纪和19世纪70年代。后者非常小巧，用黑色丝绸制成，有时绣上彩色图案，俗称"无花果叶（fig-leaves）"。从20世纪开始，围裙不再只是起到装饰性作用，而是成为一种实用性的物品，有可清洗的棉质围裙和可擦拭的聚氯乙烯（PVC）围裙。

连衫围裙（Apron skirt）

女式

时期：19世纪晚期。

连衣裙的罩裙，模仿围裙设计，或者骑马时穿的短裙，用来遮住马裤。

雅格狮丹（Aquascutum）

时期：1850年。

和博柏利（burberry）一样，雅格狮丹自19世纪以来就是雨衣的代名词。其最初是一家英国裁缝公司，1851年由约翰·埃玛裔（John Emary）出资在伦敦成立，1853年推

1823年版《英国行业大全》(The Book of English Trades)中的一名印花布工人。这名工人身上的服装很实用但并不时髦，他上身穿着一件衬衫，卷起袖子，外面罩着高领马甲，马裤和长袜部分被结实的围裙遮住。印花棉布通常是用滚筒印上一种颜色，再用图中所示的手工模板印花工艺加上其他颜色上色。印花棉布在整个19世纪都非常流行。

出防水服后广为人知；1914～1918年战争期间，雅格狮丹为英国军官提供防水风衣，从而享誉全球。通过采用创新面料、工艺和款式，雅格狮丹在增加许多其他系列产品的同时，也保持了其时尚的实用外套制造商的声誉。

详见"经典风格（classic style）"。

水上运动衫（Aquatic shirt）

男式

时期：1830年~19世纪晚期。

早期划船时穿的一种运动衫，也适合在乡村和海边穿。通常采用棉质彩色条纹、格子或纯色（红、蓝、绿）布料制作。装饰有运动造型图案，19世纪40年代至50年代较为流行。

阿拉贡软帽（Aragonese bonnet）

女式

时期：1834年。

一种主要面料为丝绸的软帽，前帽檐呈拱形，帽冠呈金字塔形。

阿伦针织衫（Aran knitwear）

男女皆宜

时期：9世纪以后。

发源于阿伦群岛（Aran Islands）的一种独特编织风格，采用未经漂白处理的厚羊毛编织，饰有凸起的花纹图案，如凸点、凸线和麻花。苏格兰和爱尔兰的东西海岸有着不同的传统和图案。一种是传统的横向图案，另一种是传统的纵向图案。这些图案最初出现在为渔民制作的毛衣上，从20世纪中期开始被用于其他休闲服装，如羊毛衫、大衣等，并传播到其他国家。

详见"格恩西衫（guernsey）"。

菱形花格针织衫（Argyle knitwear）

男女皆宜

时期：1920年以后。

用彩色羊毛编织的菱形花纹图案，用于毛衣和袜子上，通常在打高尔夫球或做其他户外活动时穿。可能与阿盖尔公爵有关，尽管他们的格子呢服装是坎贝尔氏族的风格。

格子花呢衣裙（Arisaid）

女式

时期：16世纪~18世纪中/晚期。

苏格兰高地和群岛地区的一种传统服装。其名称可能源于盖尔语，指一大块长方形的羊毛织物，披在肩上，一直垂到脚踝，用胸针或装饰性别针别住。其可能是财富或地位的象征，在特殊场合作为外衣穿着。现存的款式表明，其通常以白色为底，编织有各种颜色的花呢格纹或棋盘格图案。

亚美尼亚披风（Armenian mantle）

女式

时期：1847年。

一种没有披肩的宽松皮长外衣，前片饰有花边。

盔甲（Armour）

男式，极少为女式

时期：公元前6世纪~18世纪初期。

"今天，军械师的活儿实际上形同虚设，他们以前的工作是制作锁子甲（coats of mail）、头盔（helmets）和古代战争（原文如此）的其他防御装备……"（R Campbell, *The London Tradesman*, 1747）。盔甲是士兵和其他参战人员穿的铠甲、鳞甲和织物等防护外衣的统称。铠甲（mail）[不是同义反复的"锁子甲"（chain mail）]似乎是凯尔特人的一项创新，大约从公元前6世纪开始传遍欧洲和东方，但从13世纪开始逐渐被板甲（plate armour）取代。军械师创造出了混合形式的铠甲——软垫和绗缝织物夹克、铠甲外套、板甲和头盔，在中世纪晚期和文艺复兴时期达到顶峰（1300～1650年）。精致的结构、贴身的外形和装饰性的表面处理与理想的男性躯干相呼应。但到了16世纪晚期，除了比武和巡回演出外，全套盔甲已经很少见了。由于其固有的戏剧性，某些元素得以保留下来，如胸甲、颈甲、面甲和头盔，成为肖像画、舞台，甚至时尚服装中的标志，在其从战场上消失后仍延续至今。现代盔甲主要用于防护作用，可以在布料或凯夫拉纤维中插入金属板或金属部分。

剩余军用物资（Army surplus）

男女皆宜

时期：20世纪20年代开始。

英国空军、陆军和海军人员配给的剩余服装会出售给公众，这种做法始于第一次世界大战之后，在第二次世界大战之后更为显著。发放给海军的达夫尔大衣（duffle coat）作为冬季保暖外套备受追捧，后来还有战斗服、飞行员夹克、裤子、毛衣和靴子。由于质量上乘，学生们发现剩余军用物资商店是买衣服的好去处，并将这些经典款式与现代时尚和色彩相结合。

箭牌领和衬衫（Arrow collars and Shirts）

男式

时期：1889年以后。

19世纪20年代，美国人发明了可拆卸的硬挺衬衫领，但箭牌领和衬衫（箭牌是专利商标）却是美国男性优雅的象征。从1913年开始，约瑟夫·克里斯蒂安·莱恩德克（J. C. Leyendecker）绘制的广告图让人们意识到挺括的圆领与对比色或条纹衬衫可以搭配。到了20世纪20年代，衬衫的颜色、尺寸和类型越来越多，该公司为适应人们不断变化的品位，推出了一体式衣领和贴身剪裁的衬衫。

艺术与时尚（Art and Fashion）

时期：19世纪以后。

时尚是一门艺术还是一门工艺一直存在争议，尤其是在过去半个世纪。时装设计师经常建立档案，策划他们的作品展览，或与画廊、博物馆合作。"Art fashion（艺术时尚）"并不是一种委婉或准确的叫法，尽管哈维斯（Haweis）女士在1879年写了《裙装的艺术》（The Art of Dress），但她的主要兴趣是服饰改革和研究服饰的美学风格。她接受过艺术培训，并意识到当代艺术家，如埃德温·艾比（Edwin Abbey，1852～1911）、约翰·西摩·卢卡斯（John Seymour Lucas，1849～1923）和马库斯·斯通（Marcus Stone，1840～1921）都收藏了历史服装和织物，但是这些艺术家将这些服装和织物视为道具而非艺术品。1747年，坎贝尔在The London Tradesman中写道："布料画家是等级最低的自由画家；他们的工作是在画家完成脸部设计、确立人物适当的姿态并画出服装或布料的外轮廓后，为人物穿上衣服。"从查尔斯·弗莱德里克·沃斯（Charles Frederick

Worth，1825~1895）以后的新一代服装设计师很少称自己为艺术家，即使他们的作品是温特哈尔特（Winterhalter，1805~1873）或萨金特（Sargent，1856~1925）肖像画的核心；直到20世纪，时装设计师和艺术家才开始互相合作。

其中最重要的是达利（Dali, 1904~1989）和斯奇培尔莉（Schiaparelli, 1890~1973）之间的合作，斯奇培尔莉承认她所做的工作是"一门最困难和最不令人满意的艺术，因为一件衣服一旦诞生，就已经成为过去"（J. Mulvagh, *Vogue History of 20th Century Fashion*, p. 86）。虽然她认识到了时尚的短暂性，但她的一些后继者却没有认识到这一点。

装饰派艺术（Art Deco）

时期：1910年~1939年。

一种时尚艺术运动，据说得名于1925年在巴黎举办的现代工业和装饰艺术博览会（Exposition Internationale des Arts Décoratifs et Industriels Moderne）。事实上，这种叫法最早出现于20世纪60年代，并因贝维斯·希利尔（Bevis Hillier）的著作而得以流传。然而，这种高度华丽的装饰风格往往受到18世纪复兴主义的影响，被认为是在新艺术风格（Art Nouveau）衰落后不久开始出现的，并在20世纪20年代达到顶峰，一直延续到20世纪30年代，成为服装和纺织品设计中盛行的现代主义美学的一个分支。德国时装设计师卡尔·拉格斐（Karl Lagerfeld, b. 1938）在20世纪70年代初将装饰派艺术风格运用到他的作品中。

人造克里诺林（Artificial crinoline）

详见"克里诺林（crinoline）"。

人造花（Artificial flowers）

时期：19世纪以后。

一直以来，无论是异国情调的花卉、自然花卉或是野花，都是刺绣工、设计师、印刷商和纺织商的灵感源泉。真花经常出现在肖像画中、编织在头发上等。从19世纪初期开始，人造花被大量应用于服装设计，这种花通常由丝绸制成。人造花还可以单独或组合起来装饰服装，是胸针的常见替代品，也是许多网眼毛披巾（fascinator，20世纪90代以后帽子的替代品）上不可或缺的部分。

艺术服饰（Artistic dress）

女式，有时也有男式

时期：1848年~1900年。

拉斐尔前派兄弟会（pre-Raphaelite brotherhood）是一个由霍尔曼·亨特（Holman Hunt）、米莱斯（Millais）和但丁·加百利·罗塞蒂（Dante Gabriel Rossetti）于1848年创立的画家团体。后来的沃尔特·克莱恩（Walter Crane）提到了这个团体对服装的影响"……我们这个时代女性的服饰可能已经在一段时间内发生了变化，尽管时尚是个轮回，但除了小细节之外，它对一些独特的艺术服饰没有太大影响……"（1894, *Aglaia*, p. 7）。

理想的拉斐尔前派女性有着浓密柔软的卷发、苍白的肤色、鲜明的五官，喜欢自然颜色的简单服装。

这种另类风格是最早成功与时尚对立的

运动之一，它不断延续和演变，被画成漫画也被讽刺，但其舒适和永恒优雅的理念影响了20世纪的保罗·波烈（Paul Poiret）和马瑞阿诺·佛坦尼（Mariano Fortuny）等设计师。

详见"唯美主义服饰（aesthetic dress）""德尔斐褶皱裙（delphos dress）""利伯提百货店（Liberty & Co.）"。

艺术家罩衫（Artist's smock）

男女皆宜

时期：18世纪晚期，19世纪。

一种宽松的棉质或帆布服装，长度通常介于大腿和膝盖之间，袖子较长，与女式罩衫无异，穿在身上可以保护衣物。19世纪中后期之前，艺术家的肖像画和自画像并没有提供太多的相关信息，到了19世纪中后期，有了照相机之后，照片中才开始出现身着罩衫的画家身影，他们通常在颈部系一个宽松的蝴蝶结，头戴一顶柔软的贝雷帽。罩衫有不同的颜色。

新艺术风格（Art Nouveau）

时期：1890年~1914年。

一种装饰艺术形式，使用回环曲折的线条和花叶图案，通常采用夸张的比例。名字来源于1895年在巴黎开设的新艺术商店（L'Art Nouveau），英国伦敦的利伯提也是这种风格的著名倡导者。从19世纪90年代到1910年，这类织物、刺绣和首饰一直很流行。20世纪60年代，利伯提重新激发了人们对纺织品的设计兴趣。

玛格丽特·罗宾逊（Margaret Robinson，1920~2016）的自画像，创作于20世纪40年代晚期。这幅画展示了艺术家穿着工作服，即穿着艺术家罩衫、头戴无边便帽或贝雷帽为自己作画的悠久传统。在这幅作品中，罩衫采用的是一种浅色但有活力的图案织物，乍看之下，油彩飞溅，十分优雅。

阿图瓦带扣（Artois buckle）

男式

时期：1775年~1790年。

一种非常大的、装饰时尚鞋扣，以法国路易十六（Louis XVI）的弟弟以及后来法国的查理十世阿图瓦伯爵（Charles X，1757~1836）的名字命名。

阿斯科特夹克（Ascot jacket）

男式

时期：1876年。

一件双排扣夹克,其裙摆在前片下边缘做了圆角处理,相同布料制作的腰带穿过两侧的环扣,将丰满的衣身收拢。

阿斯科特领带(Ascot tie)

男式

时期:1876年以后。

这种领带的普通款与八角形领带相似,而"蓬松款阿斯科特(puffed ascot)"领带的中间则是鼓出来的。

这两种款式通常采用带图案的丝绸制作,一般需要自己系好,但有些则是成品。

斜披式(Asooch, Aswash)

男式

时期:17世纪。

指一种饰带式或围巾式穿搭,"asooch"或"aswash"的意思是斜披或斜裹,而非常见的垂直悬挂,是一种流行的斗篷式穿着风格,有时也用于黑缎袍(shamews)。

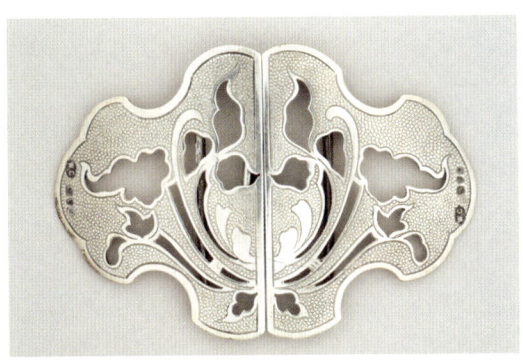

银质腰带扣,具有新艺术风格珠宝中常见的自然形态的典型曲折线条,这种设计的穿孔区域会露出下面的服装面料。威廉·科明斯(William Comyns)的伦敦霍尔马克(hallmark)和制造商标志,1898年。

阿萨辛/维尼·阿莫伊胸结(Assasin/ veney-a-moy)

女式

时期:17世纪晚期。

"一种胸结,就像在说'先生,到我这里来'"(1690, J. Evelyn, *Fop-Dictionary*)。

小手提箱(Attaché case)

男女皆宜

时期:19世纪晚期或20世纪初期。

一种可以上锁的长方形箱子,有两个把手,大小可以放商务文件,也称为"briefcase(公文包)"。通常由皮革制成,平价款采用帆布或纤维制成。

头饰/服装(Attire)

女式

时期:15世纪以后。

一种用金银珠宝和宝石制成的头饰,在国事活动中佩戴。后简称为"tire"。

男女皆宜
男性和女性都穿的一种衣服。

钱包(Aulmoniere, Aumoniere, Almoner, Aumer)

男式

时期:中世纪。

贵族挂在腰带上的一种钱袋或钱包,"aulmoniere"和"aumoniere"是相对较新的伪古体形式。

A

饮用金（Aurum potabile）

时期：16世纪和17世纪。

一种美容品；"一种红色的染料，用于治疗因过度放纵而导致的厚舌苔"，"一种血红色、黏性或蜂蜜状物质"（1678, Phillips）。

驾车大衣（Automobile coat）

男女皆宜

时期：19世纪晚期。

字面意思是早期驾驶汽车时穿的一种外套，由有厚衬里的皮革或布制成，用来抵御恶劣天气，冬款通常用毛皮制成，夏款用亚麻布制成。后来，指一种宽松的休闲外套，通常为中长款，也称为"motoring coat"（车用外套）"car coatcar coat"（驾车外套）或"travelling coat（旅行风衣）"。

B

巴贝软帽（Babet bonnet）
女式

时期：1838年。

一种薄纱小帽，可以盖住脑后，长及耳部，搭配晚礼服。

巴贝无边便帽（Babet cap）
女式

时期：1836年~19世纪40年代。

一种用平纹细布制作的晨间佩戴的无边便帽，帽盖小而圆，两侧垂至脸颊上方，饰有丝带。

婴儿（Baby）

时期：16世纪以后。

婴幼儿衣物的前缀词，如"babygro（婴儿连身服）"，或者与婴儿衣服相关的物品，或供成人穿的小号衣物，如"baby doll（娃娃装）"。

婴儿紧身胸衣（Baby bodice）
女式

时期：1878年~1900年。

一种日间穿的方领上衣，中间有纵向褶，腰部下方缀有一宽大的巴斯克（basque）。1897年，领口处用带有线状图案的丝带抽紧，腰带则用一条末端垂下的宽饰带取代。

婴儿开普帽（Baby cap）
女式

时期：16世纪晚期~17世纪初期。

时髦女郎佩戴的上等细布或网眼花边头巾，类似婴儿软帽。

娃娃装（Baby doll）
女式

时期：1956年以后。

受根据纳博科夫（Nabokov）同名小说拍摄的电影《洛丽塔》（*Baby Doll*）启发，出现了一系列童趣睡衣，包括一种与婴内裤搭配的短款宽松上衣和短款睡裙，两者都类似19世纪的儿童服装。

婴儿连身服（Babygro）
男女皆宜

时期：1959年以后。

由北美公司Lisle Mills申请的专利名称。这种多用途婴儿服装采用一片式设计，方便婴儿睡觉或醒着时自由活动，现已推广至全世界。此类衣物由易于洗涤的弹性面料制成，通常采用棉和羊毛等天然纱线。

巴赫利克披肩（Bachlick）

女式

时期：1868年。

一种三角形披肩，后面带有类似风帽的尖包头系带和流苏，面料为开司米，边缘饰有天鹅绒，套在日间礼服外面。

外衣（Back, bak）

时期：14世纪。

泛指外衣，复数形式也泛指衣服。"我们的外衣……已经破旧不堪"（1377, Langland, *Piers Plowman*）。

后胸宽（Back breadth）

男式

时期：19世纪以后。

服装裁剪术语，指男士外套上的两个后片在腰部水平位置的宽度之和。

双肩背包（Backpack）

男女皆宜

时期：20世纪初期以后。

最初指露营和徒步旅行等户外活动中使用的一种盛放物品的工具，后指代帆布背包和其他更小、更时尚的背包，特别是在20世纪末。人们因此无须再单手提重物，改善了承重姿势。

后片（Back piece）

男式

时期：19世纪。

服装裁剪术语，指外套后背部分中线缝和侧缝之间的部分。

后绳（Back string）

时期：18世纪。

一种系在衣肩处的幼儿助走带。"那些小姐，同她们母亲戴着后绳和围嘴时一样"（1785, Cowper, *The Task*）。

徽章（Badge）

男女皆宜

时期：中世纪以后。

数个世纪以来，这种标识符号演变出多种形式，英语中通常称为"badge of arms"。通常可以戴在盾牌上，绣在衣服上或编织成纺织品，用来识别个人隶属关系，或在一个团体、组织中的地位，用作纹章。在过去的一个世纪里，廉价的小卡片、金属、塑料或树脂徽章，成为短期或长期事业的宣传手段，如女童军活动（Guides and Scouts）、核裁军运动（Campaign for Nuclear Disarmament），等等。

各种徽章，1930年~2000年。金属和塑料徽章，表明军队〔英国本土辅助部队（ATS）、皇家炮团兵营（Royal Artillery）〕、工作〔伦敦消防局（London Fire Brigade）〕和社会隶属关系。

徽章作为一种有效的广告、促销工具，越来越为各种类型的企业和慈善组织所接受。

袋子（Bag）

男式

时期：中世纪晚期和16世纪。

指腰包。

时期：16世纪。

有时指达布里特的衬垫。

时期：18世纪。

一种假发。

详见丝袋假发（bag-wig）。

男女皆宜

时期：20世纪以后。

指手提包或类似物品。

袋式紧身胸衣（Bag bodice）

女式

时期：1883年。

一种日间穿着的衬衫式紧身胸衣，前片呈袋状垂至腰带处。

袋式软帽（Bag bonnet）

女式

时期：19世纪初期。

一种适合外出佩戴的日间风格卡波特（capote）帽，后部有一个柔软的帽冠松松地盖住头后部。

柏林绒线刺绣款抽绳包，内衬有黄色丝绸。绳子穿过铜环，形成两个拉绳手柄。包上缀有两条雪尼尔流苏，1845～1855。

一种装假发的袋子，防止头发搽粉时弄脏衣领，是穿着宫廷礼服和出席正式场合时的必需品。一直到20世纪，宫廷礼服大衣领子上依然有这种袋子，1780～1800年。

装鞋袋（Bagging shoe）

男式

时期：16世纪和17世纪。

一种适合在乡间穿的粗制宽松鞋子。有时指"startups（一种粗制鞋）"。

袋铁/袋环（Bag-irons, Bag-rings）

男式

时期：15世纪及16世纪初期。

用于悬挂钱袋的横杆和转环，以及用于袋口和盖子刚性支撑的同心半圆环。袋铁有可能是青铜、银或铜锌合金（latten，一种类似黄铜的混合金属）制品，有时使用者还会在上面刻上诗句或座右铭。

风琴袖（Bagpipe sleeves, Pokys）

男女皆宜

时期：15世纪。

袖口窄小，袖身肥大且垂感重，整体似一个巨大的悬挂口袋，常作口袋之用。这种袖型是奥布兰袍的特色。

袋式胸饰（Bag plastron）

女式

时期：1884年。

日间上衣的胸饰或前襟饰片，前片胸饰垂成"袋子"状。有时可代替马甲前片。

裤子（Bags）

男式

时期：19世纪以后。

裤子的俚语说法。在20世纪20年代，阔腿裤也称为"oxford bags（牛津裤）"。

详见"私密之物（unmentionables）"。

袋式马甲（Bag-waistcoat）

女式

时期：1883年。

一种日间穿着马甲，前片下垂成袋状。

丝袋假发（Bag-wig, Bag）

男式

时期：18世纪。

假发辫包裹在一黑色方形丝袋中，佩戴者颈部有一细绳用以拉住丝袋，细绳由一硬质黑色蝴蝶结遮住。自17世纪20年代到18世纪末，此类假发都用于搭配"礼服"和"全套礼服"。

时期：19世纪。

挂在宫廷礼服后领上的一个玫瑰形黑色丝袋，即便不佩戴假发、不使用假发粉，也会佩戴它。

巴胡特（Bahut）

男女皆宜

时期：18世纪。

假面舞会礼服或连帽化装斗篷（domino）。

巴拉克拉法帽（Balaclava）

男式

时期：1854年以后。

一种羊毛兜帽，盖住头部和颈部，面部露出，多军事人员佩戴，以克里米亚的巴拉克拉瓦村（Balaclava）命名，1854年的一场战斗在那里打响。

巴兰德拉纳（Balandrana）
时期：12世纪和13世纪。
旅行者穿的一种宽大披风或斗篷。

褶边（Balayeuse）
女式
时期：19世纪70年代以后。
一种硬挺的白色平纹细布褶边或荷叶边，用于保护裙子下摆内侧，可拆卸清洗。

肩带（Baldric, Baldrick）
男式
时期：13世纪~1700年。
一种斜佩于胸前或腹部的腰带，用于悬挂剑、匕首、军号、号角或钱袋。

时期：16世纪。
军号肩带（bugle baldrick）被称为"corse（科西嘉）"。

时期：17世纪。
开始使用"shoulder-belt（肩带）"一词，用于悬挂护手礼剑。

芭蕾平底鞋/芭蕾浅口鞋/芭蕾舞鞋（Ballet flats, Ballet pumps, Ballet slippers）
女式，有时也有男式
时期：1850年以后。
上述三种都属于芭蕾舞鞋。这种鞋子通常由缎子或皮革制成，轻便柔软，适合舞者在练习和表演时穿着。芭蕾舞鞋由19世纪上半叶流行的搭配晚礼服用的平底丝绸鞋演变而来，质量更优。最优质的芭蕾舞鞋产于意大利。20世纪40年代，美国设计师克莱尔·麦卡德尔（Claire McCardell, 1905~1958）要求塞尔瓦托·卡培娇（Salvatore Capezio, 1871~1940，意大利人，1887年在纽约创立鞋类公司）创立的卡培娇公司（Capezio），将长底加到芭蕾舞鞋上，制作出一种轻便的平底鞋。这种鞋在20世纪50年代常用来搭配卡普里裤，很快成为一种经典的鞋类。

芭蕾伶娜裙（Ballerina skirt）
女式
时期：20世纪初期以后。
一种宽大的半身裙，通常由多层轻薄的面料制成，长及小腿，灵感来自古典芭蕾舞剧，如《吉赛尔》（*Giselle*）。在20世纪30年代和50年代特别受欢迎。

芭蕾舞裙（Ballet-skirt）
女式
时期：1883年。
常作晚礼服，腰部围有丝绸或缎子，上面连接着三到四层薄纱，这几层薄纱自上而下逐渐加宽，最上层的裙片上点缀着星星、珍珠或甲虫翅膀。搭配天鹅绒、长毛绒或缎子紧身胸衣。"芭蕾舞裙3码宽，却需20码的衣料"（C. W. Cunnington, *Englishwomen's Clothing in the Nineteenth Century*, 1937）。

俄罗斯芭蕾舞团（Ballets Russes）

时期：20 世纪初期。

俄罗斯芭蕾舞团的第一部作品由制作人谢尔盖·达基列夫（Serge Diaghilev）构思，1909年和1910年分别在巴黎和伦敦上演。利昂·巴克斯特（Leon Bakst，1866~1924）的异国情调、创新设计对时尚界产生了影响，也影响了保罗·波烈（1879~1944）和马瑞阿诺·佛坦尼（1871~1949）等设计师。哈伦裤、霍步裙和头巾，都是源于俄罗斯芭蕾舞团的设计，色彩鲜艳明亮。巴克斯特为马达姆·帕昆（Madame Paquin，fl 1891~1956）和娜塔丽娅·冈察洛娃（Natalia Goncharova，1881~1962）设计时尚服装，而受立体派启发的设计师娜塔丽娅·冈察洛娃则为迪亚吉列夫（Diaghilev）设计服装，并在20世纪20年代为巴黎纺织品精品店Myrbor提供设计。

舞会礼服（Ball gown）

女式

时期：19 世纪初期以后。

从19世纪开始，女性杂志中经常会出现关于舞会礼服的图片和描述，当时舞会礼服、晚宴礼服、晚礼服和歌剧礼服间的细微差别趋于明显。舞会礼服风格有所改变，但其主要特点仍是使用轻薄或厚重的昂贵丝绸面料，饰有网眼花边、刺绣或串珠，并采用短袖或无袖的低胸上衣和宽大的裙摆。

气球帽/卢纳尔迪帽/降落伞帽（Balloon hat / Lunardi / Parachute hat）

女式

时期：1783 年至 1785 年。

帽冠形似一个大气球，帽檐宽阔，由纱罗织物或有光里子制成，帽身由金属丝或薄片制成，用以致敬乘坐热气球升空的文森佐·卢纳尔迪（Vincenzo Lunardi，1759~1806）。此类帽子在当时十分流行。

气球裙（Balloon skirt）

女式

时期：20 世纪 50 年代以后。

一种宽下摆裙，腰部细窄，形似气球，裙摆逐渐变窄，也称为"泡泡裙"或"郁金香裙"。

气球袖（Balloon sleeve）

女式

时期：19 世纪 90 年代。

有时也称为"羊腿袖（gigot sleeve）"或"泡泡袖（puffed sleeve）"，指日间和晚间所穿的上衣丰满的袖型。

舞厅颈巾（Ball-room neckcloth）

男式

时期：19 世纪 30 年代。

一种经过浆洗工艺处理的白色颈巾，前端交叉，形成较为宽大的褶皱，并固定在背带上。在中间用华丽的胸针或别针将领带别住。

巴尔马干大衣（Balmacaan）

男女皆宜

时期：19世纪以后。

最初指单排扣男式粗花呢或羊毛大衣，长及小腿，宽松板型，领子较小，连肩袖。到了19世纪末，这种风格经过改良在女性中流行起来。该名取自因弗内斯郡的苏格兰庄园。

巴尔莫勒尔紧身胸衣（Balmoral bodice）

女式

时期：1867年。

指御者胸衣，有两处短巴斯克，类似御者外套的衣尾，见于日间裙装上衣后背部分。

巴尔莫勒尔靴（Balmoral boot）

女式

时期：19世纪50年代晚期～19世纪70年代。

一种黑色短款靴子，通常前面系有彩色鞋带，一般搭配乡村服饰或外出服。

巴尔莫勒尔斗篷（Balmoral cloak）

女式

时期：1852年。

一种短款无袖斗篷，带有窄版风帽。该名称于维多利亚女王购买苏格兰巴尔莫勒尔堡那年出现。

巴尔莫勒尔夹克（Balmoral jacket）

女式

时期：1867年。

一种仿马甲夹克，前襟采用尖角设计，后尾尖长，扣子一直扣到喉咙处。适合日常穿着。

时期：1870年。

需量身定制："类似女式骑装，但不采用贴身剪裁；后片无中缝；带有侧片；前片为双排扣设计，并带驳头。前片呈圆形；夹克裙摆前侧有口袋盖。袖子、袖口设计为宽口手套式。腰部有带子或腰带"（*The Tailor & Cutter*）。

巴尔莫勒尔披风（Balmoral mantle）

女式

时期：1866年。

一种与因弗内斯披肩类似的披风，由天鹅绒、开司米或织物制成，适合户外穿着。

邦德领（Band）

男女皆宜

时期：16世纪和17世纪。

一种白色衣领，原指衬衫领，现逐渐成为一种可分式领。范达克领（falling band）指高翻领或平翻领。无翻边立领（standing band）指没有翻领的直立领型。短领（short band）是指一对短且窄的白色亚麻布垂领，多供宗教牧师、出庭律师和学院学生佩戴。1850年后，逐渐被高教会派（High Church）的神职人员和后来所有英格兰教会（Church of England）的神职人员弃用，但一直到20世纪，福音派和不遵奉圣公会的新教牧师仍在使用。

印度方巾 / 班丹纳印花手帕（Bandana/ Bandanna handkerchief）

男式

时期：18 世纪以后。

一种手帕，最初采用丝绸制作，后来采用棉质面料制作。通常以深色打底（多为土耳其红或蓝色），上面缀有白色或黄色小斑点。最初是从印度进口的，18 世纪时被用作颈巾，后来被用作鼻烟手帕。

领带盒（Band-box）

时期：16 世纪和 17 世纪。

一种用于存放衣领和拉夫领的盒子。

束发带（Bandeau）

男女皆宜

时期：1800 年以后。

一种戴在头上的布带，用来绑头发或用来装饰从 19 世纪初以后，这种风格多见于女性，直到 20 世纪 70 年代，弹性束发带开始在运动员和女性中流行。

围巾（Bandelet）

男女皆宜

时期：16 世纪。

"任何种类的围巾"（1598, Florio）。

三弦琴黑色头冠（Bandore and peak）

女式

时期：1700 年～1730 年。

一种寡妇佩戴的头饰，一顶带有黑色面纱的黑色软帽，前额呈尖形，面纱飘散在后面。详见"丧服（mourning attire）"。

领绳（Band-strings）

男女皆宜

时期：16 世纪和 17 世纪。

用以固定胸前领口或拉夫领的流苏带，有时会多对使用。到了 17 世纪，出现被编织成蛇脊骨状的"蛇骨"领绳。

刘海（Bang）

女式

时期：19 世纪 80 年代以后。

在美国，指前额的齐刘海。

爆炸式盘发（Banging chignon）

女式

时期：18 世纪 70 年代。

头顶盘出宽大平滑的发圈，发丝垂至颈部，有时会用丝带加以固定。

手 / 脚镯（Bangle）

女式

时期：18 世纪晚期。

一种环形珠宝装饰品，可戴在手腕或脚腕上。其与手链不同处在于无紧固件，可以套脱。手/脚镯风格多样，有简单的贵金属款式，也有珠子、塑料和编织皮革制作的款式，都很受欢迎。

榕树服 / 印度睡袍（Banian/ Banyan/ Banjan, Indian nightgown）

男式

时期：1650 年～19 世纪初期。

一种宽松的连裙外套，及膝长度，背开衩较短，用扣环固定，或系扣或钩在前面，袖子收紧开衩。一种家居服，但到了18世纪80年代也被视为一种时尚的外出服装，面料十分昂贵。到了19世纪初，它已经成为一种高级的晨衣，没有背开衩，但有榕树褶，长度及踝。名称源自古吉拉特邦一名印度商人的名字。

榕树褶（Banyan pleat）

男式

时期：19世纪。

服装裁剪术语，指在衣服后片用塔克线（tackover）缝制的褶皱，但没有背开衩。

巴比（Barbe）

女式

时期：14世纪~16世纪晚期。

寡妇和哀悼者佩戴的头饰。一块垂直打褶的亚麻布，环绕下巴并垂至胸前，与黑色风帽和后面的垂饰面纱一同佩戴。上层女性佩戴时会遮住下巴，其他人佩戴时则露出下巴。

详见"丧服（mourning attire）"。

理发师（Barber）

男式，有时也有女式

时期：中世纪以后。

受过相关训练的个人，擅长剃须修面、剪发、洗发和理发。早期的理发师通常也是外科医生（1461年在伦敦成立了理发师——外科医生公会（Company of Barber Surgeons），但一个世纪后这类人群仅限于在牙科领域从业。到19世纪中期，"hairdresser（美发师）"一词与"barber（理发师）"一词并用。

巴贝特（Barbette）

女式

时期：1200年~1350年。

法语中指披巾，也指围住下巴和头顶，或脸颊两侧的亚麻布带，通常与白色头带一起佩戴。

巴伯尔（Barbour）

男女皆宜

时期：1894年以后。

最初指英格兰泰恩河畔南希尔兹的一家综合布料公司。1908年，巴伯尔（Barbour）的邮购目录已达12页，其中便有令其名声大噪的防水蜡布服装款类。至20世纪50年代末，巴伯尔已经拥有了自己的工厂，并在随后的几十年里生产出款式多样的服装和配饰。海伦·米伦（Helen Mirren）在电影《女王》（*The Queen*, 2006）中穿着其经典的蜡布夹克，进一步提高了它的知名度。

巴塞罗那丝围巾（Barcelona handkerchief）

男女皆宜

时期：18世纪和19世纪。

产自巴塞罗那的一款斜纹丝巾，质地柔软，通常为黑色的。可用作颈巾，"一块黑色的巴塞罗那紧紧"贴在脖子上（Peter Pindar），或用作手帕，"巴塞罗那丝绸鼻烟手帕"（1734, Essex Record Office, Inventory）。

巴姆布（Barme cloth/ Barm cloth/ Barmhatre）

男式，后来也有女式

时期：中世纪早期。

14世纪末指围裙，后逐渐被"apron"一词取代。

巴姆费尔/巴姆斯金（Barmfell, Barmskin）

男式

时期：14世纪～17世纪。

一种皮质围布。

巴鲁什大衣（Barouche coat）

女式

时期：1809年。

一种七分长的贴身外套，采用塑形紧身胸衣和长袖设计，桶状扣固定在前片，腰部系有带扣腰带。

桶状霍兹（Barrel hose）

男式

时期：1570年～1620年。

裤型整体宽松肥大，1610年后，裤子多设计成有大量褶皱的款式，或者自上而下逐渐收拢。一些剑桥大学的学生多"穿着宽短裤和塞满尾鬃的桶状霍兹，马裤和针织中筒袜对学者来说太花哨了"（1570, MS in Corpus Christi College, Cambridge）。

桶状裙（Barrel shape）

女式

时期：20世纪以后。

形状似桶的裙子，上下细窄，中间（腰部到裙摆）则较丰满。这种裙形最早可以追溯到约1908年出现的霍步裙（Hobble skirt），20世纪60年代偶尔也可以看到这种裙子的身影。

桶状扣（Barrel-snaps）

时期：1800年～1830年。

镀金金属制成的管状扣子，多见于斗篷和皮质长外衣。

巴雷特（Barrette）

女式

时期：1850年以后。

低帮鞋鞋面上覆的几个装饰性条状物，称为"巴雷特"。

时期：20世纪。

源自法语词汇，指四角帽（biretta）或小帽。20世纪初以后用来指长发的支撑物，后演变成一种装饰性发夹。

无袖婴儿绒衣（Barrow, Barrow-coat）

时期：19世纪。

婴儿穿着的一种法兰绒衣物，能够裹在身上并翻起来盖住脚。"无袖婴儿绒衣最好用真正的威尔士法兰绒制作"（*Cassell's Magazine*，1884年4月）。

棒球帽（Baseball cap）

男式，有时也有女式

时期：19世纪中期以后。

与美国棒球比赛有关，棒球帽最初的面

料柔软且有弹性，前面带帽檐，用于遮挡阳光。后来，帽子圆顶部分采用分段设计，上面逐渐增加了透气孔或衩口，帽檐有直边和曲边两种设计。20世纪下半叶，棒球帽被多次改良，开始使用合成纤维织物、魔术贴等面料。球队、学院或赞助商常会将其标志印于帽子前部，十分醒目，并设计出不同颜色和多种面料组合的样式。自20世纪80年代以来，这种帽子已成为一种普遍的头饰，年轻人经常将帽檐拨向脑袋一侧或后面遮住脖子。

底布外套（Base coat）

男式

时期：1490年~1540年。

一种宽下摆的夹克或短上衣，下摆垂至膝盖上方，有管状褶皱，方领，短袖。半底布外套是一种军用服装。

底布（Bases）

男式

时期：1490年~1540年。

夹克或短上衣的筒形褶裙，有时也单独搭配其他衣物，尤其是盔甲。

打底袜（Base socks）

男式

时期：16世纪。

穿在外层袜子里面的袜子，以增加舒适感。

篮式编织帽（Basket）

女式

时期：1550年~1600年。

一顶高耸的柳条帽。"他们的妻子头戴一英尺半长的精美柳条帽"（1555, *Fardle of Facions*）。

篮式编织纽扣（Basket buttons）

时期：1700年以后。

饰有交错图案、篮式编织图案或金属仿品的纽扣，18世纪盛行，多用在男士外套上。

巴斯克（Basque）

女式

时期：19世纪以后。

法语中指紧身胸衣腰部以下的延伸部分。

巴斯克长袍（Basque-habit）

女式

时期：1860年~约1900年。

一种方形裁剪的巴斯克胸衣。

巴斯克腰带（Basque-waistband）

女式

时期：1867年~1900年。

带有五枚锯齿形小片的腰带，常搭配适合下午穿的服装。

巴斯克依紧身胸衣（Basquin-body）

女式

时期：19世纪50年代。

缀有巴斯克的日间上衣，有时设计成带胸衣的连裁款式。

巴斯克依奴（Basquine, Basquin）

女式

时期：1857年。

一种带有长款巴斯克、流苏装饰、蓓莎领和宝塔袖的外套。

时期：19世纪60年代。

一种时尚户外夹克的新叫法。

波希米亚艺术家瓦茨拉夫·霍拉（Wenceslas Hollar）所作版画中的一位英国上层女性，1639年。她身着英国宫廷风格服饰；其上衣背面系带，采用长款巴斯克式设计，前部设计仿斯塔玛卡（stomacher）。宽大的衣领和袖口处饰有网眼花边。衬裙下可能穿有臀垫。腰部装饰饰带，缎带玫瑰花结和珍珠首饰更彰显其时尚。

乐福鞋（Bass Weejuns）

男式

时期：1936年以后。

一种由美国缅因州的乔治·亨利·巴斯（G.H.Bass）制造的皮革制无扣便鞋，最初称为"Norwegian moccasins（挪威莫卡辛鞋）"。

因鞋舌带子上有一个槽，可以放置硬币，故有时被称为"penny loafers（便士乐福鞋）"。

详见"懒汉鞋（loafer）"。

树皮帽（Bast hat）

时期：17世纪。

由椴树或菩提树的内皮编织而成的帽子。"树皮帽或稻草帽有打结和平纹两种款式"（1670～1675, Book of Rates）。

船形领口（Bateau neckline）

女式

时期：20世纪20年代以后。

浅领口，前后深度相同，从一侧肩膀延伸到另一侧；以船（法语为"bateau"）的上曲线命名。

泳衣（Bathing costume, Bathing dress）

男女皆宜

时期：中世纪～16世纪晚期。

男性在河里、海里或温泉中游泳或泡澡时，常全身赤裸，但在1416年的德国巴登和1449年的英国巴斯温泉，男性身穿德罗瓦兹（drawers），女性身着罩衫，这或许是为了维持体面而穿的内衣。

The Queen，展示了巴黎晚礼服新时尚，1890 年 12 月 13 日。左侧的女士即是"无论何时都如风景画一般……我们可以采用骑士派设计，即宽大的长裙摆、长款织锦马甲和褶边……"这一现代评论的真实写照。当然尽管淡粉色和巨大的羽毛扇明显是 19 世纪后期出现的，但拼缝袖、长胸衣裙摆和宽大花边领无一不让人想起流行舞会服和复古时尚的 17 世纪 30 年代。

时期：17世纪开始。

男式

17世纪至19世纪初，公共浴场内人们多穿着称之为"法兰绒"的宽大法兰绒长袍。男性在海滩游泳时多全身赤裸，这种情况一直持续到约1870年，那时出现了短小的三角形泳裤和较长的羊毛制连体泳衣，到了20世纪出现了形式各异的新面料泳裤，改观原因通常是游泳池或当地法规禁止裸泳。到了20世纪后期，泳衣成为时尚单品，颜色和剪裁随季节变化。

女式

1856年以前，人们多穿宽松的及踝带袖法兰绒长袍。1856年，"祖阿芙海军泳衣"面世，其采用连裁设计，面料为结实的棕色荷兰亚麻布或深蓝色斜纹哔叽布料。1868年，游泳服在原先基础上增加了裙子下摆，长度及膝。1878年，裙子下摆成为单独的下装，长度变短。1880年，推出分体式，面料采用弹力织物（stockinette），长度及膝，无袖，裙子下摆较短且可拆卸。"女式海军蓝色弹力织物泳衣，饰有白线刺绣，每件售价2先令11.5便士"，（1900年8月4日，*Daily Mail*）。20世纪推出了更短、更简单的连体泳装。早在20世纪20年代，人们就开始穿分体式泳衣了，远比1946年出现的比基尼泳装要早。

泳装（Bathing suit）

男女皆宜

时期：1900年以后。

同"bathing costume（泳衣）"，但在20世纪30年代，"swimsuit（游泳衣）"一词已经非常常见，表示游泳是一种体育锻炼而不仅仅是泡在水中。

蝙蝠式领结（Batswing tie）

男式

时期：1896年。

女士泳衣，1905年~1915年。由深蓝色棉布制成的分体式泳装，边缘镶有绲边和绣花线装饰。由一及膝连身衣和一及膝罩裙组成，连身衣用扣子扣在肩部。

蝴蝶领结的一种，两端呈蝙蝠翼状，适合日常穿着。

巴腾堡夹克（Battenburg jacket）

女式

时期：19世纪80年代。

一种在户外穿的短夹克，前片宽松，纽扣较大，倒挂领设计。

这种泳装可能是以巴滕堡比阿特丽斯公主（Princess Beatrice of Battenberg）（当时正确的拼写，但常被忽略）为名，她是维多利亚女王的小女儿，于1885年嫁给了巴滕堡的亨利王子（Prince Henry）。

战斗服夹克（Battledress jacket）

男式

时期：1939年以后。

一种及腰的卡其色羊毛夹克，单排扣设计，胸前有两个带扣子的口袋，1939年至1945年战争期间及其后几十年里，征召士兵和常规士兵的着装。因其腰部有一交叉扣带，与某些衬衫类似，故其正确叫法应是"battledress blouse（战斗服衬衫）"。这种服装在剩余军用物资店中很常见，也深受学生们的喜爱。

巴茨鞋（Batts）

男式，或许也有女式

时期：17世纪。

重型低帮鞋，前面系带，适合在乡村穿着。

蝙蝠袖（Batwing sleeve）

详见"德尔曼袖（dolman sleeve）"。

大围涎（Bavarette）

时期：17世纪。

"一种用于放置在婴儿胸前的围嘴、口水巾或挂巾"（1611, Cotgrave）。

详见"儿童小手帕（muckinder）"。

巴伐利亚女士长外衣（Bavarian pelisse-robe）

女式

时期：1826年。

一种女士长外衣，两行装饰从肩膀延伸到裙摆处，如围裙（en tablier，法语词汇，围裙的雅称或外观仿照围裙的一种特点）一般。

巴伐利亚式裙装（Bavarian-style dress）

女式

时期：1826年。

一种马车服，前片有多排巴伐利亚风格的饰带。

巴伐利亚式外套（Bavaroy, Beveroy）

男式

时期：18世纪初期。

一种外套，确切款式不详，但可能源于西班牙王位继承战争（War of the Spanish Succession，1701~1713）期间流行的一种服装，称为"bavarois（巴伐利亚式）"。"一件淡黄色的巴伐利亚式细毛织品外套"（1711, *London Gazette*）。

巴佛蕾（Bavolet）

女式

时期：1830年以后。

帽子后面的窗帘状织物或垂挂织物，用于遮蔽颈部。

巴亚德横条绸饰边（Bayadere trimming）

女式

时期：19世纪50年代。

用天鹅绒编织或缝制在衣料上的平面饰边。

海滩装（Beachwear）

男女皆宜

时期：20世纪20年代以后。

随着海滩度假越来越受欢迎，出现了一系列休闲服装，包括海滩袍、海滩睡衣、海滩浴袍、海滩鞋、海滩衬衫和海滩披肩。这些服装通常色彩鲜艳，有时采用毛巾面料。

无檐小便帽（Beanie）

男女皆宜

时期：20世纪20年代以后。

在美国，最初指学童佩戴的小圆呢帽，到了20世纪40年代演化成一种女式帽。20世纪末和21世纪初时，指一种有或无翻边的针织帽。

胡须（Beard）

男式

时期：1550年~1650年。

早期男士虽有蓄胡传统，但直到16世纪中期，胡须才被赋予特殊的社会意义。16世纪时有超过50款流行的胡须样式。从国外归来的旅行者会介绍其旅行国家的胡须风格。一个人的胡须会透露出其社会阶层或从事的职业，或反映"每个人的脾气秉性"。

以下是有记载的重要胡须样式：

加的斯胡（cadiz beard）：有时称为"流氓胡（cads beard）"，源自1596年的一场加的斯探险。胡须面积大，且杂乱无序。"他的脸上，蓄满了加的斯胡"（1598, E. Guilpin,

海滩睡衣，1930年~1940年。棉质面料，印有生动的花卉图案，宽大的青果领和无袖设计。

Skialetheia)。

山羊胡（goat beard）："先生，您想把胡子修成什么样？是像鞋匠的锥子一样锋利，还是像山羊毛一样垂到嘴边？"（1591, J. Lyly, *Midas*)。

尖胡（peak）：胡须的一种俗称，不含八字须。胡须修剪成尖形，并经常上浆。"有些整洁的年轻人，胡须上浆，鬓角翘起"（1623, J.Mabbe, *The Rogue*)。

铅笔胡（pencil beard）：下巴尖处留着一小撮胡须。"先生，你的铅笔胡修理好了"（1599, Ben Jonson, *Cynthia's Revels*)。

优雅胡须（pick-a-devant），也叫作巴布拉（barbula）：其"尾端在下巴、上唇、下唇和脸颊处成锥形"（1688, R. Holme, *The Academy of Armory*)。

比萨胡（pisa beard）：与"剑形胡须（stiletto beard）"同义。"和你的比萨胡玩吧！怎么啦，你的刷子在哪里，年轻人？"（1618, Fletcher, *Queen of Corinth*)。

罗马"T"形胡（roman T-beard），也叫锤形胡：下唇下方的一撮直胡作为"把手"，而上面打蜡的横向八字须则形成了锤头或"T"的上横；1618年～1650年。

圆胡（round beard），也叫"丛林胡（bush beard）"："有些人把胡须修成摩擦刷一样的圆形"（1587, Harrison's England）。

黑桃胡：胡须形似拓荒者的锹（pioneer's spade）（如同扑克牌中黑桃A的形状），上部宽大，下部向下弯曲呈尖形。这种胡须被认为充满军人气概，深受士兵们的青睐。"……他是不是想把胡子修剪成像黑桃那样上部宽大还带有悬垂的尖峰，从而彰显勇士般的威慑力？"（1592, R. Greene, *Quip for an Upstart Courtier*)。"他的黑桃胡尖端锋利得如同一个拓荒者的锹那般"（1592, T.Nashe, *Piers Pennilesse*)；胡须"有的像黑桃，有的像叉子，有的方方正正"（1621, J. Taylor, *Superbiae Flagellum*)。

侯爵胡（marquisetto/marquisotte）：紧贴下巴，修剪整齐，1570年~1620年。

剑形胡（stiletto beard）："如同尖锐的短剑，"1610年～1640年（1621, J.Taylor, *Superbiae Flagellum*)。

燕尾胡（swallow's tail beard）：1560年至1600年流行的分叉式胡形的一种，但末端更长且面积更大。

时期：19世纪中期～1930年。

19世纪30年代，人们开始留长长的连鬓胡子和八字须，并逐渐长成一种胡形，其或长而浓密，或根据脸部轮廓进行修剪。"到了20世纪20年代，只有老年人、文学家、艺术家和怪人才留（这类胡子）（1973, A. Mansfield & P. Cunnington, *Handbook of English Costume in the 20th Century 1900-1950*)。

时期：20世纪晚期。

虽然留胡子是老生常谈，但通常被认为是公共事业的障碍，并且往往与年轻人和实验性的、另类的态度有关，或者就像前面关于20世纪20年代的引述那样。

胡须刷（Beard-brush）

男式

时期：1600 年～1650 年。

清洁胡须的小刷子，非常流行且常在公众场合使用。

胡须梳（Beard-comb）

男式

时期：1600 年～1650 年。

整理胡须的小梳子，较为少见。

固定器/背带（Bearer）

男式

时期：17 世纪。

用于紧固靴筒、袜口；"……一对用于紧固我靴套的固定器"（1656, Sir M. Stapleton's *Household Books*）。

女式

时期：1650 年～18 世纪初期。

带衬垫的卷筒，用作后裙撑，穿在"长裙下，依据穿戴者的喜好和流行趋势来加宽裙子"（1688, R. Holme, *Armory*）。

男式

时期：19 世纪。

一种扣在马裤或长裤腰部内侧的带子，由垂坠物制成。放在垂坠物襟翼后面的背带，两边比中间深，中间两部分扣在一起，高出襟翼顶部几厘米。比尔斯顿背带（bilston bearer）意味着马裤的背带特别宽，从而提供更多的腹部支撑，劳动者使用的一种类型。而法式背带（french bearer）的特征则是背带裁剪较窄。

洗礼包布（Bearing cloth）

时期：16 世纪～18 世纪。

婴儿接受洗礼时包裹婴儿的披风或织物，通常用上等丝绸制作，饰有刺绣。"用 5 码锦缎制作洗礼包布，共 3 英镑 6 先令 6 便士"（1623, Lord William Howard of Naworth, *Household Books*）。

披头族（Beatnik）

男女皆宜

时期：20 世纪 40 年代晚期～60 年代。

发源于巴黎左岸和美国旧金山的一场运动。在法国，知识分子和左翼人士对传统发起挑战，代表人物包括萨特（Sartre）和西蒙娜·德·波伏娃（Simone de Beauvoir）在内的哲学家、作家和电影制作人；歌手朱丽特·格蕾科（Juliette Gréco, b 1927）发出了令人最印象深刻的时尚宣言，她顶着一头光滑的黑发，身着黑色波罗领毛衣和黑色裤子或时髦的黑色晚礼服，低调的衣着突出了其夸张的眼妆。这种简约的风格影响巨大，黑色也成为旧金山"垮掉的一代"（beat generation）首选的穿衣颜色。他们非传统的行为孕育了"披头族"（beatnik，约 1955 年）一词。男性身着黑色贝雷帽、黑色宽松长裤、凉鞋，佩戴深色眼镜；女性则穿着舞者的紧身连衣裤，搭配黑色裙子、黑色长丝袜、平底鞋，化着华丽的眼妆，效仿格蕾科。

喜修饰者（Beau）
男式

时期：1680年~19世纪中期。

非常讲究穿着的男士，不一定带有油头粉面的女气。在20世纪和21世纪被用来讽刺过于关注自身形象的方方面面，过分精致。

博福特外套（Beaufort coat）
男式

时期：1880年。

一款拉翁基·夹克，纽扣多为四颗，高门襟，采用凸形缝或双排针线迹，袖子窄直，也称为"jumper coat（夹克）"。

海狸帽（Beaver, Beaver hat）
男女皆宜

时期：14世纪以后。

原本是用海狸皮毛制成的帽子，16世纪后改用海狸毛、羊毛毡。

时期：19世纪。

"……将精细的羊毛、兔毛等织成的坚硬毛绒……随后加入处理过的海狸毛，以制作海狸帽的外皮"（1862, Mayhew, *London Labour and the London Poor*）。海狸大衣在19世纪末风靡一时，不过其属实算不上是精致款毛皮大衣。

婴儿紧身胸衣（Bébé bodice）
女式

时期：1883年。

配有饰带的圆腰紧身胸衣。

婴儿软帽（Bébé bonnet）
女式

时期：1877年。

非常小巧的户外软帽，边缘上翻，形似无边便帽，通常用薄纱、丝带（19世纪80年代流行的是细窄的"婴儿丝带"）和花朵装饰。

贝克（Beck）
女式

时期：15世纪晚期及16世纪初期。

丧服帽上的鹰嘴形配饰。

家居服（Bedgown）
男女皆宜

时期：18世纪。

一种宽袖的晨衣，仅在卧室用作睡衣或仅仅为了舒适而穿着。"为什么要裹着它？为什么不把你傲人的、雪白的胸膛露出来？"（1744年，Edward Moore）。

短寝衣（Bed jacket）
女式

时期：19世纪以后。

睡觉时穿的一种短外套，制作面料多样，20世纪早期到中期多为自制或手工编织。

蜂窝发型（Beehive hair style）
女式

时期：20世纪50年代晚期~60年代。

用发胶将头发倒梳固定在头顶，使之成为高耸的圆顶形。

蜂巢帽 / 蜂巢式罩帽（Beehive hat, Hive bonnet）
女式

时期：1770 年～1790 年。

一种帽冠高耸、呈圆形蜂巢状，边缘狭窄的帽子。

贝尔彻领巾（Belcher, Belcher handkerchief）
男式

时期：1800 年～1870 年。

一种印有白色大圆点的蓝颈巾，每个圆点上都有一只深蓝色的"眼睛"。拳击手杰姆·贝尔彻（Jim Belcher, fl. 1800～1807）曾佩戴过这种颈巾。

贝莱特 / 比莱特（Belette, Bilett）
男女皆宜

时期：1300 年～16 世纪中期。

一种珠宝或装饰品。

钟形斗篷（Bell）
男女皆宜

时期：13 世纪晚期～15 世纪。

一种圆形剪裁的旅行斗篷，有些带风帽，有些颈部有扣子，有时设计为旁摆衩和背开衩。

喇叭裤（Bell bottoms）
男女皆宜

时期：20 世纪 60 年代以后。

传统的水手服裤子，从膝盖到脚踝逐渐向外张开，但在时尚领域，这种风格出现在20世纪60年代，大腿处十分紧身，小腿处呈宽大的喇叭状。

钟形裙箍 / 穹顶外套（Bell hoop, Cupola coat）
女式

时期：1710 年～1780 年。

一种用鲸骨裙箍撑成钟形的衬裙。

豌豆荚式达布里特（Bellied doublet）

详见"长身豌豆荚式达布里特（long-bellied doublet）"。

风箱式口袋（Bellows pocket）
男式

时期：19 世纪晚期。

侧边内折的贴袋，可以像风箱一样展开或收平，常见于1890年后出现的诺福克外套（norfolk jacket）。

钟形裙（Bell skirt）
女式

时期：1891 年。

一种拼片裙，前片采用飞镖形褶皱用以塑形，裙摆内用平纹细布衬里加硬，或为了方便行走，裙子整体加衬里，有时会在裙子背面不开襟口，而在两侧加纽扣。通常为定制。

钟形袖（Bell sleeve）
女式

时期：1850 年以后。

前臂中部袖子紧贴手臂，然后向外展开成钟形开口的一种袖子。

肚皮切特（Belly-chete）

女式，或许也有男式

时期：16 世纪。

"围裙"的俚语。

腹甲（Belly-piece）

男式

时期：1620 年～1670 年。

缝在达布里特前片衬里内的一块三角形区域，多用硬纸板、鲸须或硬衬布制成，位于腰部开襟的两侧，三角形的底部与门襟带垂直，因此在腹部形成一个类似紧身褡的隆起部分。

褶襞（Below）

详见"褶襞（furbelow）"。

腰带（Belt）

男式

时期：15 世纪初期以后。

骑士束腰带上的军用皮带，也可作肩带或饰带。

也指腰带，即一块皮革或织物，用于束缚衣服或挂置武器。

女式

时期：1800 年以后。

一块单层的织物或皮革，或带有硬质衬里的带子（有时较宽），用以凸显腰部。20 世纪，腰带成为一种主要的时尚配饰，通常与穿着的服装形成鲜明对比。

饰带（Bend）

男女皆宜

时期：1000 年～1600 年。

用于搭配服装的带状织物，还可用作头带或其他佩戴于头上的环形装饰品，或是帽带。"我有一条饰带，用来搭配带黑绸的银色帽"（1463, Bury Wills），类似"条带（stripe）"。

绸带（Bendel）

男女皆宜

时期：15 世纪和 16 世纪。

一条小带子、围巾或头带。"她用一条丝质绸带来擦拭……"（1483, Caxton, *Golden Legend*）。

本迪戈帽（Bendigo）

男式

时期：19 世纪。

工人所戴的一种粗糙的毛皮帽子。

本杰明大衣（Benjamin）

男式

时期：19 世纪。

一种宽松的大衣。

班吉（Benjy）

男式

时期：19 世纪。

"马甲"的俚语。

贝纳通链（Benoitan chains）

女式

时期：1866 年。

挂在头发两侧、发髻上或横挂于胸前的金属或黑玉链条，源自萨尔杜（Sardou）同年创作的剧本《贝纳通家族》（*La Famille Benoîton*）。

本茨（Bents）

女式

时期：16 世纪晚期及 17 世纪初期。

鲸须条或灯芯草条，用于撑开环形裙撑或法勤盖尔。"他们用鲸须制成的本茨，来修饰臀部"（1588, W. Averell, *Combat Contrar ...*）。

贝雷帽（Beret）

女式

时期：1820 年~1850 年。

一种帽冠较大的平顶无边便帽，形似光环，制作需经过大量裁剪，一般用天鹅绒制成，搭配晚礼服佩戴。

男女皆宜

时期：20 世纪以后。

一顶普通的的大圆帽，多由羊毛制成，用于非正式场合，于1918年后坎戈尔袋鼠（Kangol）公司创始人进口了巴斯克贝雷帽（basque beret），其商标也成为战争乃至和平时期此类帽子的同义词。随着1967年电影《雌雄大盗》（*Bonnie and Clyde*）的播出，这种帽子也因此受到年轻女性的热捧。20世纪90年代时，年轻男性也纷纷效仿塞缪尔·L.杰克逊（Samuel L.Jackson），开始佩戴这种帽子。

贝雷帽（Beret hat）

女式

时期：1872 年。

一种用白色薄片制作的户外帽，类似小号摩伯帽，带有玫瑰装饰，后面挂有垂坠丝带。

贝雷袖（Beret sleeve）

女式

时期：1829 年。

一种晚礼服的肩连袖，短而圆，宽而膨，类似贝雷帽头饰。围在手臂上的一条带子用以收紧，硬挺的书面细布衬里用以保持袖形。有时则采用双层贝雷袖设计，一层置于另一层之上。

牧羊女发型（Berger）

女式

时期：17 世纪。

一缕头发。"吹起了（牧羊女的）一小缕头发"（1690, J. Evelyn, *Mundus Muliebris*）。

牧羊女帽/挤奶女工帽（Bergère hat, Milkmaid hat）

女式

时期：1730 年~1800 年及 19 世纪 60 年代。

一种浅冠大草帽，帽檐可折叠。

柏林手套（Berlin gloves）

男式

时期：1830 年开始。

佣工和穷人佩戴的可洗手套。"用一种结

"皮尔波因特小姐（Miss Pierpoint）发明的外出服"，*The Lady's Magazine* No. 7, 1827。19世纪，受人尊敬的女服裁缝师和女帽商的名字越来越频繁地出现在时尚杂志上。这幅图有一主像一副像——这顶室内佩戴的帽子饰有鲜花和网眼花边，替代了高且宽的软帽，丝带与羽毛使其高度格外突出。实物裙的袖子采用19世纪20年代末流行的宽版贝雷（山羊）袖，白色坎兹上衣上带有褶边和荷叶边。手套、遮阳伞和收口网格包完善了整体造型。

实的棉布制成，轻薄又平滑。"

百慕大草帽（Bermuda hat）

女式

时期：1700年~1750年。

一种适合在乡间佩戴的草帽。"用上等百慕大艾灰草制成的女帽"（1727, *New England Weekly Journal*）。

百慕大短裤（Bermuda shorts）

男女皆宜

时期：20世纪30年代以后。

起源于百慕大群岛的及膝短裤，当时的女性不允许穿短裤，后便在男性中流行起来，其颜色丰富、图案多样。

伯恩哈特披风（Bernhardt mantle）

女式

时期：1886年。

一种短款户外披肩，后背设计有造型，前部呈宽松状，有一倒挂领和绑带式袖型。这种披风以法国女演员莎拉·伯恩哈特（Sarah Bernhardt，1844~1923）命名，足见其国际声誉。

蓓莎领（Bertha）

女式

时期：1839年~20世纪20年代。

一种网眼花边或丝绸制宽翻领，环绕肩膀或是肩颈，常见于低胸装，是对17世纪中期维多利亚时尚的复兴。

蓓莎细长披肩（Bertha-pelerine）

女式

时期：19世纪40年代。

一种从前幅正中延伸至腰部的蓓莎领，搭配晚礼服。

定制（Bespoke）

男式，后来也有女式

时期：19世纪以后。

服装裁剪术语，指为顾客量身定制服装，裁缝会测量顾客的身长尺寸，以便裁剪出贴合身材的布片；顾客还可以自行选择面料、颜色、款式，比如西装，裁缝也会按照其要求量身定制。定制过程相对较长，对裁缝制版和缝制技术要求极高，且价格昂贵。

详见"量身定制（made-to-measure）""成衣（ready-made clothes）"。

绣花袍（Beten）

时期：中世纪。

一种绣有花哨图案的织物。

贝蒂娜衬衫（Bettina blouse）

女式

时期：20世纪50年代。

由设计师于贝尔·德·纪梵希（Hubert de Givenchy, b. 1927）推出的一种衬衫，剪裁类似男式衬衫，但袖子则是由带褶边的英格兰刺绣制成，较宽大。以贝蒂娜·格拉齐亚尼（Bettina Graziani）的名字命名，她曾担任纪梵希的模特，且在超级模特时代前便已经声名大噪。

比尤德利帽（Bewdley cap）

男式

时期：1570年~1825年。

产自伍斯特郡比尤德利的蒙茅斯帽，多为在乡间的人们使用。

斜裁（Bias, Byesse）

时期：中世纪以后。

15世纪沿用至今的缝制术语，表示沿斜线裁剪衣片。早期为确保袜子贴合双脚，会采用这种缝制方法。"你膝盖处的袜子内里衬有斜裁的亚麻布"（1434, John Hyll's *Traytese upon Worship in Armes*）。20世纪20年代和30年代，斜裁女装受到追捧，之后也偶有流行。

围涎（Bib）

时期：16世纪以后。

一种用麦秆辫编的牧羊女帽，上覆淡黄色丝绸布，边缘饰以窄网眼花边，再用丝带加以点缀。1780年时作为新娘婚礼装束搭配用的帽子。

儿童脖子处挂着的小方块亚麻布，用来防止弄脏衣服。后来形式逐渐丰富，多由棉布或薄毛巾布制成，带有系带可以围在脖子上。

详见"儿童小手帕（muckinder）"。

连兜围裙（Bib-apron）

男女皆宜

时期：17世纪以后。

一种腰部带有围涎延伸部分的围裙。

围涎式领巾（Bib-cravat）

男式

时期：17世纪晚期。

一种类似领巾的宽大围涎，边缘通常饰有网眼花边，用领结带或丝带打结系在脖子上。通常是彩色的。

比比罩帽（Bibi bonnet）

女式

时期：1831年~1836年。

也称农舍帽（cottage bonnet），两侧向前倾斜上翘的一种软帽。

比比卡波特帽（Bibi capote）

女式

时期：19世纪30年代。

所有前面帽檐突出，其后向下倾斜至脑后呈小王冠状，类似婴儿软帽的卡波特。

双角帽（Bicorne）

男女皆宜

现代术语，指18世纪晚期和19世纪初佩戴的一种帽子。这种帽子的帽檐前后翻起，前部有一小尖峰，有时会用帽花结玫瑰花饰品装饰。

比晶帽（Biggin, Biggon）

时期：16世纪和17世纪。

一种形似考福帽的儿童帽，1329年在苏格兰使用。

男式

时期：1550年~1700年。

睡觉时戴的一种男式睡帽。

女式

时期：19世纪初期。

大号摩伯帽，但下巴处无绑带。

八字胡（Bigote）

时期：17世纪。

极少使用，指上唇胡须。

超大型衬衫（Big shirt）

女式

时期：20世纪50年代以后。

一种超大号女式衬衣，有时也指男式衬衫。该词于20世纪80年代首次出现，并发展为一种大众认可的时尚服饰。

机车服（Biker clothes）

男式，有时也有女式

时期：20世纪50年代以后。

专为骑自行车和骑摩托车的人设计，旨

在提高车速和保护驾驶者。自行车手穿莱卡制的上衣、短裤和紧身裤，摩托车手则通常着一身黑色皮质套装。非骑车族的服装设计中也加入了以上两种着装元素。

比基尼泳装（Bikini）

女式

时期：1946年以后。

一种分体式泳装，据说是以太平洋比基尼环礁命名的。早在20世纪早期就有人穿过这种泳衣（更早可追溯到罗马女摔跤手），不过法国设计师路易斯·里尔德（Louis Réard）设计出的款式较之更简约，开创了减少布料使用和最大限度暴露肌肤的潮流。

比尔博凯（Bilboquets）

详见"鲁莱特（roulettes）"。

钱夹（Bilboquets）

男女皆宜

时期：19世纪晚期。

在美国，指用于存放纸币、纸卡、票据以及后来塑料卡片的钱包。这种钱包中间对折，内部设有隔层来放置物品，故该名称即字面含义。其制作材料多样，常采用皮革，颜色丰富。1951年英国艺术节（1951 Festival of Britain）的展览目录中，列出了"女性钱夹（woman's billfold）"。

饰边（Billiment, Billment, Habillement, Abillement）

女式

时期：16世纪。

法式风帽上的装饰边缘。上层饰边点缀帽冠，下层饰边点缀软帽前侧。"装饰法式风帽的金银珠宝的上下层饰边"（1541, Letters and Papers of Henry Ⅷ）。

此外，也是一种常见的新娘头饰。

宽边毡帽（Billycock）

男式

时期：19世纪。

一种俗称，指一种低顶、柔软的毡帽，帽沿宽大呈弧形。关于其名字的由来有两种解释：其一是它源自18世纪的"凸边高顶（bully-cocked）"帽；其二是它"由比利·科克（Billy Coke）[威廉·科克先生（William Coke）]在霍尔克姆的大型狩猎聚会上首次佩戴"（Dr Cobham Brewer, 1894）。

详见"凸边高顶帽（bully-cocked）"。

比尔斯顿背带（Bilston bearer）

详见"固定器/背带（bearer）"。

滚条布（Binding cloth）

女式

时期：17世纪。

扎头带（forehead cloth）的同义词，不常见。"我何时才能拿到我的滚条布？我难道没有滚条布吗？"（1605, Peter Erondelle, *The French Garden*）。

四角帽（Biretta）

男式

时期：16世纪以后。

罗马天主教会神职人员佩戴的方角教会帽，牧师、主教和红衣主教佩戴的颜色分别为黑色、紫色和红色。第二次世界大战后，女帽商仿制出类似帽子，以供女性顾客购买。

铂金包（Birkin bag）

女式

时期：20世纪80年代以后。

1984年，爱马仕根据英国歌手兼演员简·伯金（Jane Birkin）的要求设计了这款容量较大的皮革手袋。由于尺寸较大，实用性较强且每年限量推出，因此备受追捧。随着20世纪90年代末美剧《欲望城市》（Sex and the City）的热播，这款手袋风靡全球。爱马仕接着宣传其用模特和演员的名字来命名手袋的方式，并以此作为宣传噱头，再度引起轰动。2012年5月，弗朗西斯卡·伊斯特伍德（Francesca Eastwood）和泰勒·希尔兹（Tyler Shields）拍摄了一组他们切割并烧毁一只价值10万美元的红色鳄鱼皮铂金包的照片，旨在讽刺其价格的不断攀升。这种行为被《泰晤士报》（The Times，2012年5月31日）称之为"反时尚的罪恶行径……宣传噱头或……对消费主义的微妙批判"，但由于该设计师款手袋的投资价值极高，等货的排队名单并未减少。

勃肯凉鞋（Birkenstock sandals）

男女皆宜

时期：1967年以后。

该词源自一家德国鞋类制造商，其公司的历史可以追溯到18世纪末。20世纪初，该公司发明了一种脚弓拱弧并将其应用于鞋子中，从而开创了勃肯凉鞋的时代。这款鞋子在欧洲非常有名，1967年后开始在美国生产并全球销售。除凉鞋外，其还设计生产其他同样具有独特足弓底的鞋子。

上衣硬领（Birlet, Burlet, Bourrelet）

男式

时期：15世纪。

一种带衬垫的圆形卷筒，用于搭配夏普仓。

生日礼服（Birthday suit）

男式

时期：18世纪。

一种适合在皇家生日庆典时穿的宫廷装束。详见"宫廷礼服（court dress）"。

主教袖（Bishop sleeve）

女式

时期：19世纪以后。

常见于面料轻薄的日间服装。袖型整体宽松，手腕处收紧。最早出现于1810年左右，19世纪末逐渐流行开来。19世纪50年代流行十分宽大的"大主教袖"，而19世纪90年代时，"小主教袖"更受人们青睐，并被广泛应用于女式衬衫上。到了20世纪，主教袖依然是女式衬衫、外套和连衣裙的主选。

野营披风（Bivouac mantle）

女式

时期：1814年。

宽松的大版披风，及脚踝，高领，采用

猩红色布料，带衬垫，衬里为貂皮。

鞋油（Blacking）

时期：16世纪以后。

灯黑（黑色粉末）和油的混合物，涂在鞋靴的表面。"散发着鞋油味道的鞋子"（1611, Middleton, *The Roaring Girl*）。

丧服（Blacks）

男女皆宜

时期：中世纪～18世纪晚期。

男女哀悼时穿的服饰。在中世纪，所着斗篷需为黑色，其他衣物颜色不限。15世纪末以后，所有外衣颜色均为黑色。

详见"丧服（mourning attire）"。

白底黑线刺绣（Black work）

时期：1510年～17世纪30年代。

使用黑丝线在亚麻底布上刺绣，不间断地绣上完整图案。十分流行绣在衣领、袖口、罩衫或手帕上。

睡衣呢/鞋粉/白粉（Blanchet/ Blanch/ Blanc）

时期：12世纪～14世纪。
睡衣呢，英文写法为"blanchet"。

时期：17世纪。
鞋粉，英文写法为"blanch"。

时期：18世纪。
白粉，英文写法为"blanc"。

指化妆时涂在皮肤上的白色化妆品或粉末。

布雷泽（Blazer）

男女皆宜

时期：1890年以后。

最初指男子划船或打板球时穿的猩红色外套夹克，后来演变成无衬里的法兰绒夹克，颜色为俱乐部色或素色，专作比赛服用，后成为家常便服。从20世纪30年代开始，女性也开始穿着类似款式，布雷泽逐渐脱离运动服的性质，成为一种经典服饰。

布里奥特（Bliaut, Bliaunt, Blehant, Blehand）

男女皆宜

时期：12世纪～14世纪初期。

指宽松及踝、袖子肥大的罩衫，也指昂贵的织物。

泡泡点纹（Blistered）

时期：16世纪晚期及17世纪初期。

一种服装装饰形式，与"slashing（长嵌缝）"同义。

女式灯笼裤（Bloomers）

女式

时期：1851年。

源自那些模仿美国艾蜜莉亚·布卢默（Amelia Bloomer）女士在及膝宽下摆裙里面穿着改良版裤子的年轻女性。"不知岁数的年轻女士——一个狂热的布鲁默者"（1853, Surtees, *Mr Sponge's Sporting Tour*），也称为"布卢默服（bloomer costume）"或"布卢默裙（bloomer dress）"。

时期：1890年以后。

指一些女性自行车骑手所着的宽松尼克博克裤和及膝短裤。

衬衫（Blouse）

男式

时期：19世纪初期以后。

一种宽松的罩衫服装，通常由棉或亚麻布制成，与法国工人蓝色工装相关，也指20世纪飞行员和士兵所着战斗服的上衣部分。

女式

时期：1850年以后。

独立于裙子且与其面料不同的上衣，宽松板型，搭配腰带，可外穿夹克，也可不穿。早期样式源自1863年出现的加里波第衬衫。通常适合日间穿着，但1895年出现了晚间款式。到了20世纪，衬衫款式多样，包括宽松或紧身、长袖或短袖、有领或无领等款式。

衬衫式紧身胸衣（Blouse-bodice）

女式

时期：1877年。

一种衬衫款式的日间上衣，下摆覆盖臀部，配有腰带。

围腰衬衫（Blouse dress）

男式

时期：19世纪70年代。

围在裤子外的一种宽松袋状衬衫，用腰带束紧，前面两侧有一纵向褶。

时尚型短夹克（Blouson）

男女皆宜

时期：20世纪以后。

一种短款休闲夹克，宽松板型，类似早期的女式衬衫，通常在下摆处内设拉绳，用于调节衣服松紧。

布鲁彻尔鞋（Bluchers）

男式

时期：1820年~1850年。

中筒靴，贴合脚型，鞋舌上有系带，每侧六个穿绳孔。

蓝色比利（Blue Billy）

男式

时期：1800年~1820年。

拳击手威廉·梅斯（William Mace）佩戴的一种带白色斑点的蓝色颈巾。

蓝色外套（Blue coat）

男式

时期：16世纪晚期~1700年。

学徒和仆人穿的一种蓝色外套，因此绅士会避开这种颜色。

皮毛围巾（Boa）

女式

时期：19世纪以后。

一种圆形长披肩，法语中称为"boa"（1829），19世纪尤其是90年代流行。由天鹅绒、羽毛或毛皮制成。

20世纪30年代及60年代，时断时续地

流行。

赛艇帽（Boater）

男女皆宜

时期：19世纪以后。

一种硬挺的平顶草帽，帽顶略浅，帽檐直而窄，帽带用彼得沙姆棱条丝带制成。1894年出现的亨利草帽（henley boater）是一款形状类似的蓝色或淡褐色毡帽。

不划船的女士和学童也会佩戴赛艇帽。

船坞鞋（Boating shoes）

详见"甲板鞋（deck shoes）"。

鲍勃假发（Bob, Bob-wig）

男式

时期：18世纪。

一种无辫假发。长款鲍伯假发能遮住后颈，短款长度齐耳，通常是"披头"假发。

绒球帽（Bobble hat）

男女皆宜

时期：20世纪以后。

对冬季运动项目参与者和两次世界大战作战部队来说，手工和机器编织的针织服是冬季必备，能提高舒适度。简单的套头针织帽成为休闲风搭配的主要单品，并且常在帽子顶部搭配相近或对比颜色的绒球。尽管时尚记者对其嗤之以鼻，但却是老少皆宜的款式。

波比发夹（Bobby pin）

女式，有时也有男式

时期：20世纪以后。

1910年前，固定厚重的高发髻多用普通或装饰性发夹。简单的双叉发夹演变为多弧波比发夹，可用于短发。可能是由法国人罗伯特·皮诺（Robert Pinot）或者美国的罗伯特·莱平公司（Robert Lépine Corporation）发明的。1913年时，舞蹈家艾琳·卡斯尔（Irene Castle，1893~1969）找到一位发型师，将发型改为欣格型短发，这一新发型引领了时尚潮流。

"bobby"表示人名或一种被称为"鲍勃头"的短发发型。波比发夹在20世纪20年代特别流行，后来出现了搭配头发颜色或是装饰华丽引人注意的款式。到了20世纪30年代，英国开始生产这种发夹，并称之为"kirbigrip（波比发夹）"，即老牌拉丝机和发夹制造商波比比尔德公司（Kirby, Beard & Co.）的名称。

波比袜（Bobby socks）

男女皆宜

时期：20世纪40年代以后。

美国青少年穿的短袜，通常为白色，类似踝袜。

紧身胸衣/女装上衣部分（Bodice）

女式

时期：15世纪以后。

腰部以上的内衣部分，亚麻布料，可加入或不加入衬垫，偶尔用羽骨加固。通常指女性服装，有时也见于男性服装。

时期：19世纪。

女装上衣部分，带有骨架，有一定形状。许多款式有专门名称，具体如下：

时期：1822年。

衬衫式——前片收拢成袋状，半高圆领；

时期：19世纪20年代。

心形——前片成心形，从上至下渐收，底部呈尖状，领口较低且上沿有许多窄边褶；

时期：19世纪20年代。

艾迪丝式——罗克萨兰式和塞维涅式的变体（见下文）；

时期：19世纪20年代。

娃娃式——半高圆领，通过拉绳收拢；

时期：19世纪20年代。

格伯式——前片的褶皱从肩部向外呈扇形；

时期：1828年。

波兰式——前片呈交叉状，褶皱层叠，高高翘起；

时期：1829年。

罗克萨兰式——与塞维涅式类似，活褶围绕上部，并向下倾斜至向中间垂直的鲸骨；

时期：19世纪20年代。

塞维涅式——整个胸部饰有几乎呈横向的褶裥，衬里中部的鲸骨延伸至腰间，将整体一分为二；

时期：20世纪。

指儿童或女性装束的上衣部分，贴身。

全骨架束腹（Bodies, Pair of bodies）

男女皆宜

时期：16世纪和17世纪。

一种两片式紧身底衣，侧面连接，并用鲸须、木头或金属加固，有时还会有内里填充，相当于一副束腰（a pair of stays）。

长发夹（Bodkin）

女式

时期：16世纪~19世纪。

一种无装饰抑或华丽的长款发夹，女性用于固定头发。

锥形胡须（Bodkin-beard）

男式

时期：1520年~17世纪初期。

一种长而尖的胡须，只在下巴中间有一小撮。

合身胸衣（Body）

女式

时期：15世纪~17世纪。

指紧身胸衣，前身是紧身胸衣的前片。

1823年版《英国行业大全》中的一名纺纱女工。插图表明这是一项健康的户外活动，但只有技艺高超的女工才能赚得"一天一先令"的报酬。其装束为18世纪晚期的风格，帽子简单朴素，低胸紧身胸衣下露出一件罩衫，宽大的围裙盖住了裙子。私人收藏。

合身外套（Body coat）

男式

时期：19世纪以后。

服装裁剪术语，用于区分套装上衣和户外大衣（膝盖以下）或轻薄大衣（膝盖以上）。

身体穿孔（Body piercing）

男女皆宜

时期：20世纪晚期。

在眉毛、耳朵、鼻子、乳头、肚脐等身体部位上打孔以佩戴饰纽、圈环等饰物。20世纪80年代以前，西方社会最流行的是打耳洞，之后年轻人开始尝试更新奇的身体打孔。英国女王伊丽莎白二世（Queen Elizabeth II）的外孙女扎拉·菲利普斯（Zara Phillips, b.1981）有段时间也曾佩戴过舌钉。

紧身连裤袜（Body stocking）

女式

时期：20世纪60年代中期以后。

一种完全包裹身体、莱卡面料的紧身衣，多为肉色，类似舞者穿的低领紧身连衣裤，但有连裤袜。可代替所有其他内衣内裤穿着，通常穿在透明连衣裙里面。

保暖马甲（Body warmer）

男女皆宜

时期：20世纪80年代以后。

指一种无袖的短上衣或马甲，通常由绗缝面料制成，有柔软的衬布，颈部到腰部用拉链拉上，或用纽扣扣上，套在衣服外可提高保暖效果。

连衫裤工作服（Boiler suit）

男女皆宜

时期：20世纪初期以后。

最初指一种有袖、带扣的防护服，多由结实的棉布或丹宁布制成，是背带裤和衬衫的结合体，外套在其他衣服上，穿着者多从事体力劳动，如第二次世界大战期间工厂的女工。英国首相温斯顿·丘吉尔（Winston Churchill）也曾被拍到穿着这种衣服。

详见"警笛服（siren suit）"。

布瓦松披风（Boisson）
女式

时期：18世纪80年代。

一种带兜帽的短披风。"小布瓦松，饰有小巧精致的围巾和兜帽，肩部非常窄"（1782, The Lady's Magazine），半正式场合着装。

波蕾若外套（Bolero）
女式

时期：1853年以后。

一种宽松外套，带有巴斯克，下摆呈"V"形并饰有流苏，设计灵感来自西班牙服装风格，用以致敬西班牙出生的法国欧仁妮皇后（1826~1920）。19世纪90年代再度流行，但长度大减至腰部以上且抛弃了巴斯克的设计，前片下摆呈弧形。一些带有窄翻领，可以翻折到肩膀处，分为有袖和无袖款。20世纪时出现阶段性复兴，多为年轻女性穿着，通常不系扣子。

波蕾若紧身胸衣（Bolero Bodice）
女式

时期：1896年。

一种仿照波蕾若外套形状的日间上衣，前片呈圆形。

波蕾若夹克（Bolero coat, Bolero jacket）
女式

时期：19世纪90年代。

一种仿照波蕾若外套风格的短款夹克，套在衬衫外，不系扣穿。

波蕾若披风（Bolero mantle）
女式

时期：1899年。

一种短款披风，前片呈波蕾若外套的形状。

波蕾若无边帽（Bolero toque）
女式

时期：1887年。

一种小巧的无边帽，采用天鹅绒、妇孺衣料、阿斯特拉罕羔羊皮或毛皮制成，后面装饰翘至帽冠位置。

丝纱面料的波蕾若外套，20世纪30年代。短袖搭配闪光装饰片装饰，是耀眼又显轻盈的晚礼服风格。

博林格（Bollinger）
男式
时期：1858年～19世纪60年代。
半球形帽子，带有碗状帽冠和窄圆帽檐，帽冠中部有一粒纽扣或球形突出。最初多为司机佩戴，后成为绅士的乡村装束之一。

垫圈（Bolster）
时期：15世纪～17世纪。
指用以填充衣服以得到所需形状的垫子。

棉或亚麻松软织物（Bombast）
男女皆宜
时期：16世纪和17世纪。
用于填充衣服尤其是裤管和衣袖的衬垫，多用马鬃、羊绒、羊毛、碎布、亚麻、粗硬麻布和棉花。

飞行员夹克（Bomber jacket）
男女皆宜
时期：1940年以后。
与美国空军飞行员所着夹克类似。通常由皮革制成，前片以拉链式开合，袖口收紧，下摆贴身。男女青年多从剩余军用物资商店购买，20世纪后期，设计师偶尔会混合其他元素或重新设计其款式。

束缚风（Bondage styles）
男女皆宜
时期：20世纪70年代晚期。
与朋克族及后来的哥特风相关的一种服装风格。服装中加入黑色皮革和莱卡材料、链条、带子、饰钉等让身体不舒适的元素。英国时装设计师维维安·韦斯特伍德（Vivienne Westwood, b. 1941）在其职业生涯早期就推出了这种服装风格。

详见"身体穿孔（body piercing）"。

邦乃滋（Bongrace）
女式
时期：16世纪及17世纪初期。
一种头饰，呈扁平的硬质长方形状，前面凸出于前额，后面垂至肩膀。可单独佩戴，也可套在考福帽上。

作为法式风帽的组成部分，垂在脑后并被翻起固定于头顶，向前突出于前额。"（我）年轻时候的脸全因为没有邦乃滋被毁了"（1612, Beaumont and Fletcher, *The Captain*）。

软帽（Bonnet）
男女皆宜
时期：中世纪以后。
常作"cap（无边便帽）"的同义词使用，但二者存在细微差别。软帽通常是一种软质、有半支撑结构的帽子，有帽冠和帽檐，而无边便帽则没有支撑，紧贴头皮，帽檐或帽缘可有可无。

女式
时期：19世纪。
一种后侧无帽檐或帽檐极窄的帽型，通常带有丝带，可系在下巴处。

时期：20世纪以后。

除指夏季佩戴的草帽外，软帽还表示老年人佩戴的帽子或过时的帽子，但该词逐渐被"有边帽子（hat）"取代。

靴型裤（Boot-cut）

男女皆宜

时期：20世纪60年代。

膝盖到脚踝处逐渐向外张开的长裤或牛仔裤。

该裤型下摆宽度不像喇叭裤那么夸张，但足够遮住牛仔靴或其他风格的靴子。

靴筒式袖口（Boot cuff）

男式

时期：1727年~1740年。

男士外套上收紧的翻边宽袖口，通常延伸至手肘弯曲处。"靴筒袖"指带有靴筒式袖口的服装。

"这种靴筒袖肯定是为了装赃物专门设计的"（1733, H. Fielding, *The Miser*）。

马靴吊袜带（Boot garters）

男式

时期：18世纪。

一条带子，固定在骑马靴后面，绕过膝盖上方的腿，穿过马裤后系起，以保持马靴的位置不变。

靴套（Boot hose）

男式，极少为女式

时期：1450年~18世纪。

穿在靴子里面的长袜，用于防止磨损或弄脏精致的内层袜。多用粗织物制成，但16世纪末和17世纪初的有些靴套则十分精致。"他们的长筒袜也令人瞠目，那可是用能买到的最精细的布料制成的"（1583, Stubbes, *Anatomie of Abuses*）。

时期：18世纪。
称为"长靴袜"。

靴筒袜口/袜口（Boot hose tops, Tops）

男式

时期：16世纪和17世纪。

靴套顶部的饰边，多为线质、金或银质花边、褶皱亚麻布或丝绸流苏。"取四分之一盎司金质花边，饰于靴套袜口上"（1590, Petre Accounts, Essex Record Office）。

小靴（Bootikin）

男式

时期：18世纪。

痛风病人穿的一种软靴，多由涂了油的丝绸或羊毛制成。

时期：19世纪。
一种童靴。

脱靴器（Boot jack）

男式

时期：18世纪和19世纪。

一种木制或铁制的夹靴工具，穿鞋者借助其可轻松将鞋脱下，之前多由仆人来干。多用于高筒靴的穿脱。

长筒靴（Boots）

男女皆宜

时期：盎格鲁-撒克逊王朝初期以后。

由皮革或厚实布料制成，筒至脚踝以上，高度和风格不一，可以直接穿上也可用鞋带或纽扣系上。

时期：15世纪。

"单靴"指不带衬里的靴子，与衬里靴相对。

靴筒袖（Boot sleeve）

详见"靴筒式袖口（boot cuff）"。

长靴袜（Boot stocking）

详见"靴套（boot hose）"。

博皮珀（Bopeeper）

男式

时期：17世纪。

一种面具。

边纹（Borders）

女式

时期：16世纪。

法式风帽的上下边装饰，英语中又写作"billiments（饰边）"，也指装饰于礼服前缘和下摆处的织物或金银珠宝装饰品。"给我的斯库达莫尔夫人（Ladie Scudamore）一对最好的金质饰边，给戈林奇小姐一对带珍珠的饰边（Miss. Goringe）……"（1594, Will of Lady Dacre, Essex Record Office）。

粗布（Borel, burel）

时期：14世纪和15世纪。

一种粗糙的毛料以及用这种布料制成的粗布衣服。

胸前瓶（Bosom bottles）

女性佩戴

时期：1750年～19世纪初期。

盛水的锡或玻璃制小容器，女士戴在胸前以为其花束保鲜。"胸前瓶，呈梨形扁平状，长10厘米，用于盛放花束的棱纹玻璃容器"（1770, *Boston Evening Post*）。

胸花（Bosom flowers）

女性佩戴，有时也有男性佩戴

时期：18世纪。

女性穿全套礼服时佩戴的人造花束，也被穿着马卡路尼日间套装的男性所佩戴。

胸部密友（Bosom friends）

女式

时期：18世纪晚期及19世纪初期。

羊毛、法兰绒或毛皮制护胸，也可让胸部显得更丰满。"时髦的美女们早就为自己备下了冬天穿的胸部密友。其作用是保护那个脆弱的部位免受各种伤害，镇上所有的皮货店都有在售。一位双脚放在毛皮篮里的摩登女郎和她的胸部密友，关系如同直布罗陀巨岩一样坚不可摧"（1789年12月26日，*Norfolk Chronicle*）。

"有些人不会挖空其胸部密友，而是将其编织成正方形或长方形"（1838, *Workwoman's Guide*）。

胸部饰结（Bosom knot）

与"Breast-knot（胸前饰结）"同义。

博斯（Bosses）

女式

时期：13 世纪晚期～14 世纪末。

装饰性发网或亚麻布头巾，用以包裹厚厚的编织发辫，通常特意加宽鬓角上方两侧的部分。多与面纱一起佩戴。

详见"泰普勒斯（templers）"。

波特斯（Botews）

男式

时期：15 世纪和 16 世纪。

半高筒靴（buskins）的别称。

短筒靴（Bottine）

女式

时期：16 世纪。

及膝骑马靴。"衬有里布的骑马短筒靴"（1503, List of Boots and Shoes for the Queen of Scots）。

闺房帽（Boudoir cap）

女式

时期：19 世纪以后。

女性在自己"闺房"中佩戴的帽子，不是普通的睡帽，而是一顶轻便的、带有装饰的帽子，日间用于包裹头发。

膨松裙（Bouffant）

女式

时期：19 世纪。

指裙子张开的部分。

膨松袖（Bouffante sleeve）

女式

时期：19 世纪。

19 世纪用以代指各种相关品类的衣物。晚礼服多采用膨松袖设计，日间服装的膨松袖设计长度从肩部延伸至手肘。

膨展器（Bouffant mécanique）

女式

时期：1828 年。

连接到紧身褡顶部并伸至袖口处使其蓬开的一根弹簧。

膨褶（Bouillon）

女式

时期：19 世纪。

鼓起的装饰。

波旁发型（Bourbon lock）

男式，有时也有女式

一种"爱之发丝（love lock，额前卷发）"发型。

勃艮第（Bourgogne, Bourgoigne, Burgundy）

女式

时期：17 世纪晚期。

一种女帽。"头饰中最贴近头发的第一部分"（1690, Fop-Dictionary）。

垫圈（Bourrelet, Burlet）

男女皆宜

时期：14世纪和15世纪。

法语中指带衬垫的卷筒，最初用于女性的头饰，后来被吸收到男性的头饰上，成为夏普仑（chaperon）和风帽（hood）的一种元素。

女式

时期：19世纪。

放入裙装中的垫子。

包尔斯钱包（Bourse, Burse）

时期：1440年~18世纪。

指大号钱包或是袋子。形式上"包尔斯（bourse）"一词一直使用到18世纪中期，但"布尔斯（burse）"更为常见。18世纪时也指假发的黑色丝袋，但较为少见。

精品店（Boutique）

时期：18世纪中期以后。

源自法语词汇，指商店或摊位。在20世纪和21世纪的用法中，指一个小型、专业化的店铺或大型商场内的部分区域，通常销售时尚服装。"我们商量好了，如果能找到合适的精品店面……我们就会开一家店，售卖各式各样的衣服和配饰、毛衣、围巾、连衣裙、帽子、珠宝、珍奇的玩意"（1966, M. Quant, *Quant by Quant*, p. 35）。

布托尼埃（Boutonnière）

时期：19世纪以后。

戴在扣眼上的一朵或几朵小花（襟花，法语词汇的直译）。

鲍染（Bowdy, Bow-dye）

时期：17世纪。

猩红色，源自1643年建立的鲍氏染厂，但后来也用于指其他地方染制成类似颜色的商品。

博勒帽（Bowler）

男式

时期：1860年以后。

一种圆顶硬毡帽，窄帽檐，两侧卷起。该名称源自帽商威廉·博勒（William Bowler, 1850~1860）。这种帽型的帽子早在19世纪20年代就有人佩戴。

通常为黑色，在19世纪80年代穿着诺福克外套时也会选择棕色和黄褐色的博勒帽与之搭配。20世纪时军队佩戴一段时间后流入民间，60年代后其逐渐被视为传统价值观的象征。

蝴蝶领结（Bow tie）

男式

时期：19世纪以后。

系在颈部并在前面呈蝴蝶结状的领带，品类多样，其中一些现在仍可见。

箱式下摆（Box bottoms）

男式

时期：19世纪。

马裤的紧身延伸部分，在膝盖以下系

住,并用衬里加固。

箱式上衣(Box coat)
男式

时期:18世纪晚期~19世纪晚期。

带披肩的厚外套,披肩通常有多层,穿着者通常是马车夫、旅行者和坐在马车外的人。

时期:20世纪。

20世纪30年代和40年代的流行款式,指一种带有衬垫的方肩宽松外套。

拳击短裤(Boxer shorts)
男式

时期:20世纪40年代以后。

宽松的棉质短裤,腰围有弹性,可作为内衣穿着,前片开口可用纽扣扣上或直接覆盖在下层布料上。随后的几十年中出现了多样化的款式,图案分为平纹和印花,面料使用也逐渐丰富。较为结实的款式也被用作泳装。这种内裤的原型是职业拳击手穿着的短裤,不影响行动。

箱式鞋(Boxes)
男式

时期:17世纪。

一种高筒橡胶套鞋;"……穿着一双精美的箱式鞋走在街上,鞋用扣子整齐地扣上"(1676, Sir G. Etherege, *The Man of Mode*)。

箱状叠褶(Box pleat)
时期:19世纪晚期。

两块贴合的布料对折后压平形成的褶皱。

"Hard on Fido",*Funny Folks*上的一张人物漫画,1878年。一男子穿着佛若克礼服大衣,佩戴高顶礼帽,身影有些模糊。图中主角则是两位穿着紧身拉翁基·夹克和翻领衬衫,打着领带,佩戴两种不同款式博勒帽的年轻男子——通过左边无卷边帽子的形状可看出是一种猎鹿帽。年轻时尚的狗主人戴着向上翻起、饰有网纱的软帽,身着窄型公主线连衣裙和剪裁精良的短外衣,手拿遮阳伞。

吊裤带(Braces, Gallowses)
男式

时期:1787年以后。

英语中的"gallowses(吊裤带)"一词在乡村一直使用到19世纪中叶,而美国多称其为"suspenders(背带)"。

最初的吊裤带是两条多由摩洛哥革制成的肩带,前后各有两颗纽扣,用于吊住马裤或长裤。

1825年后,开始在前片两粒纽扣处加入一双舌式图案。拥有精美设计的刺绣吊裤带逐渐流行开来。到了1850年,两条肩带在肩胛骨下交叉并合并,并引入了印度橡胶制吊裤带。1860年,"两端带有滑扣的平纹松紧裤带"成为经典款式。

20世纪则出现了色彩鲜艳和花纹各异的吊裤带，通常采用弹性结构，女性偶尔也会穿着。

布雷尔束腰带（Brael）

男式

时期：14世纪。

用于固定马裤的一种束带或腰带。英文名称不一，包括"braie-gridle（长裤束腰带）""breech girdle（马裤束腰带）""bregirdle（布雷束腰带）"和"braygirdle（布蕾束腰带）"等。

长裤束腰带/布雷束腰带/布蕾束腰带（Braie-girdle, Bregirdle, Braygirdle）

"breech girdle（马裤束腰带）"的替代表达。

布雷尔（Braier）

男式

时期：中世纪。

法语词汇，即长裤束腰带（braie-girdle），用于收紧马裤腰，前有系带。

布雷裤（Braies, Brèches）

男式

时期：中世纪～15世纪。

男士内裤的雏形，撒克逊时期指外衣，12世纪中叶后开始穿在诺曼束腰外衣里面并逐渐向内衣转型。裤腿较短且宽松，腰部由长裤束腰带收紧——一条从腰部宽褶的间隔露出的细绳；到了13世纪中叶，腿部膝盖处也系上了绳子；到了15世纪，布雷裤继续缩小成一条缠腰布到了1500年，则演变成短裤样式。

品牌（Brand）

时期：19世纪以后。

字面意思是打上滚烫的烙印，这在纺织行业当然无法实现，但被用于描述商品制造商或分销商的标签、标记或名称。品牌概念在19世纪几乎是与版权、专利和商标立法概念同步发展起来的，这种立法为商品名称被模仿或以其他形式滥用时提供了法律保护。品牌可以作为商标，注册后享有专属权；而像®或™等符号注册后仍可为他人所用。品牌形象包括名称和标志等，可通过广告传播，如香奈儿互锁的CC。

勃兰登堡（Brandenbourg, Brandenburgs）

时期：18世纪以后。

男女服装上的军装风格的横绳和流苏装饰。1870至1910年间，在女装中尤其流行。

勃兰登堡外套（Brandenburg）

男式

时期：1674年～1700年。

一种宽松板型的长款冬季大衣，通常用绳子装饰，并用盘花纽扣（如环形纽扣和盘扣——橄榄形纽扣）系紧。

胸罩衬裙（Bra slip）

女式

时期：20世纪60年代以后。

一种带有胸罩的衬裙或内裙，因而可不

穿胸罩，外衣下的身体线条更显平滑。

臂章（Brassard）

女式

时期：19世纪。

系在晚礼服袖肘外侧的蝴蝶结丝带。

胸罩（Brassière, Bra）

女式

时期：15世纪。

法语中指短款家居服，类似波蕾若，通常由黑色丝绸或天鹅绒制成，作为内衣穿着，但15世纪末时也有部分外穿。

时期：20世纪初期以后。

用于支撑乳房；从19世纪晚期的紧身围腰自然演变而来。早期紧身胸衣多采用轻质织物，之后则使用鲸骨或弹性面料。1914年，克瑞丝·可丝比（Caresse Crosby）[玛莉·菲尔普斯·雅各布（Mary Phelps Jacob）]设计出第一款胸罩，并在美国获得专利。20世纪30年代，出现罩杯尺寸，"胸罩"一词逐渐流行开来。

详见"神奇胸罩（wonderbra）"。

胸罩式上衣（Bra-top）

女式

时期：20世纪晚期。

类似胸罩一样胸部有支撑但可外穿的一种上衣。

被有意设计成胸罩样式的上衣风格。

布拉特（Bratt, Bratte）

男女皆宜

时期：10世纪以后。

一种临时穿着的外衣，如斗篷，通常较破旧。此外，也指儿童或女性穿着的围裙或饭单裙。

布雷耶特（Brayette）

男式

时期：14世纪晚期。

前面带扣的窄版长裤束腰带。

胸钩（Breast-hook）

详见"束腰固定钩（stay hook）"。

胸巾（Breast-kerchief）

女式，有时也有男式款

时期：15世纪晚期～16世纪中期。

裹在肩膀上的方巾，在胸前交叉折叠，起保暖作用。穿在达布里特或长袍下面。

胸结（Breast-knot, Bosom knot）

女式

时期：18世纪及19世纪初期。

系在女性所着长袍胸前的一根丝带蝴蝶结或一束丝带。

胸前口袋（Breast pocket）

男式，后来也有女式

时期：1770年以后。

男式外套右胸衬里上的一个里袋，也指男式外套左胸处的横向开缝口袋，从1830年开始断续流行。

20世纪时指中性衬衫前的方形口袋。

胸口饰针（Breasts）

男式

时期：18世纪。

服装裁剪术语，多在物品清单中列出，指马甲纽扣。通常与"外套"一起使用，指外套纽扣。

马裤（Breech, Breeches）

男式

时期：中世纪早期。

类似"布雷裤（braies）"。

时期：14世纪末～16世纪初期。

紧身长裤（结合了长袜和马裤的特点，并做成紧身袜的款式）的上部。

时期：16世纪。

马裤通常采用与紧身裤（hose）不同的面料和颜色。"一双黑色长筒袜搭配装饰银布的紫色绣花马裤"（1521, *Inventory of Henry, Earl of Stafford*, Camden Society）。当马裤作为连体紧身长裤（形似紧身袜）的上半部分时，裤腰带则称为"breech belt（马裤带）"。

时期：16世纪末以后。

腿部覆盖物，长度到膝盖上方或膝盖下方。1660年之前，英语中"breeches（马裤）"与"hose（紧身裤）"的概念可互换，后来后者则开始指长袜。17世纪时的马裤，膝盖处的裤脚有开闭两种款式。许多款式有专门名称，见"斗篷袋马裤（cloak-bag breeches）""齐膝短裤（knee breeches）""宽短裤（galli-gaskins）""现成低档衣服（slops）""裙腿裤（petticoat breeches）""西班牙式紧身裤（spanish hose）""威尼斯式裤（venetians）"。

前片有一沿中线垂直向下的开口，用扣子扣住，后改用长款马甲遮挡前片开口，取代了这一做法。1760年时，马甲长度变短，马裤前片露出，门襟（falls）则代替了垂直

1823年版《英国行业大全》中的一位雕塑家。文中指出他可以"像绅士一样生活，并混入上流社会"，其装束可见一斑。他身着马甲、佛若克礼服大衣和马裤，佩戴领巾，长袜带上有条纹图案而非素色，但围在前面用于保护衣服的围裙格外显眼。

开口，并应用于晚礼服马裤（约1840年前）和骑马裤（19世纪末以前）。约1840年后，晚礼服马裤采用了暗门襟设计。约1790年时出现了吊裤带，它的出现改变了马裤的结构，之前的裤型臀部宽松，髋骨处悬垂，腰部以细绳为腰带在后面系紧，吊裤带支撑使得整体贴合度更高、腰部更为宽松。

时期：20世纪以后。

20世纪30年代，马裤成为某些正式场合和一些滑雪活动的固定装束，到了90年代成为高尔夫及其他乡村活动的装束。女性穿着马裤从事户外或服务活动，偶尔也将其作为时尚服装。

马裤带（Breech belt）

详见"马裤（breech）"。

马裤式法勤盖尔（Breech farthingale）

女式

时期：1580年～17世纪20年代。

不常见，指将长袍的裙摆向后和两侧延伸的滚筒式法勤盖尔。

马裤束腰带（Breech girdle）

男式

时期：13世纪～15世纪。

一种穿过马裤裤腰的宽下摆，将其固定在腰部的束腰带，或者更常见的是，固定在腰部下方。

详见"布雷尔（braier）"。

绕肩宽饰带（Bretelle）

女式

时期：19世纪以后。

紧身胸衣上的一种带状装饰物。通常是左右肩侧的两段装饰性织物，分别从后面腰部开始，向上绕过肩膀，直至前面腰部结束。

布列塔尼帽（Breton hat）

女式

时期：19世纪晚期。

一种草帽或毡帽，帽冠紧贴头皮，呈圆形，帽檐较宽并向上卷起。

布列塔尼衬衫（Breton shirt）

男式

时期：1858年以后。

不是衬衫，类似毛衣，布列塔尼所有海军水手制服的上半身，由带有深蓝色条纹的白底针织棉制成。据说如果一个水手掉进水里很容易被发现，所以称为水兵衫（marinière）或水兵（水手）衬衫，独特的二十一条条纹代表了拿破仑一世（Napoleon I）的胜利。船形领口、长袖以及简易的设计使其受到法国北部所有水手、海军或其他人的欢迎。从1889年开始，其多用羊毛和棉布制作，并为与航海事业不相关的布列塔尼工人穿着。

男女皆宜

时期：1917年以后。

香奈儿在时尚的海滨小镇多维尔开了一

家小店，为到访者提供服务，1917年，香奈儿推出了以航海为主题的系列服装，并根据女性顾客的需求调整了水手夹克和布列塔尼毛衣的板型。后来的设计师们也在其系列服装中使用了各种版本的布列塔尼衬衫，最著名的当属让-保罗·高缇耶（Jean-Paul Gaultier, b. 1952）设计的男士之香（Le Male, 1993），其瓶身模仿的就是布列塔尼衬衫。这款衬衫十分受男士的欢迎，无论是艺术家毕加索（Pablo Picasso, 1881~1973）还是作家海明威（Ernest Hemingway, 1899~1961）都曾穿过它——在电影中出现后，很快成为男女大众的经典款式。

1955年，詹姆斯·迪恩（James Dean, 1931~1955）和加里·格兰特（Cary Grant, 1904~1986）分别在《无因的反叛》（Rebel Without a Cause）和《捉贼记》（To Catch a Thief）两部电影中穿过布列塔尼衬衫；1956年，奥黛丽·赫本（Audrey Hepburn, 1929~1993）也在《甜姐儿》（Funny Face）中穿过这种衬衫。现代设计师经常会使用不同宽度和数量的蓝白条纹，但实际上这种不拘一格的优雅风格已经延续了近一个世纪。

新娘披纱（Bridal veil）

详见"新娘面纱（wedding veil）"。

新娘网眼花边（Bride-lace）

时期：16世纪和17世纪。

一段绑扎着迷迭香花枝的蓝色丝带，用作婚礼纪念品。16世纪时常将花枝绑在手臂上，后则固定在帽子上。《纽伯瑞的杰克》（Jack of Newbury，16世纪中期）中的新娘"在两个袖子上绑有新娘网眼花边和迷迭香花枝的男孩的陪伴下，走向教堂"。"他们的帽子上饰有小花束和新娘网眼花边"（1603, Heywood, A Woman Killed with Kindness）。

帽带（Brides）

女式

时期：19世纪30年代和40年代。

指固定在开口软帽或当时流行的宽檐帽帽沿内侧的宽丝带，可松散地系在下巴处，也可不系任其飘动，与帽子的连接处通常会装饰一玫瑰花状的缎带。

舰桥大衣（Bridge coat）

女式

时期：20世纪。

敞开式的宽松外套，用锦缎、网眼织物、天鹅绒或类似面料制成，穿在日礼服或晚礼服外面。

系带（Bridles）

女式

时期：18世纪。

用以固定摩伯帽的带子，系在颌下。

详见"颌下带（kissing-strings）"。

三角裤（Briefs）

男女皆宜

时期：20世纪30年代以后。

一种紧身的短款灯笼裤或平角内裤。女性有时称其为"衬裤（scanties）"，尤其适用于贴身剪裁的服装。

准将假发（Brigadier wig）

男式

时期：1750 年～1800 年。

义同"少校假发（major wig）"，带有两条辫子的军事风格假发。"准将（brigadier）"一词多在法国使用，英格兰很少见。"因此我们对陆军准将或少校有所耳闻"（1782, James Stewart, *Plocacosmos*）。

亮发油（Brilliantine）

男士使用，有时也有女士使用

时期：19 世纪晚期。

一种发油，用于给头发定型并保持顺滑有光泽。

布里斯托尔金刚石（Bristol diamond, Bristol stone）

时期：1590 年～18 世纪末。

在布里斯托尔附近的克利夫顿发现的岩石晶体，被用作珠宝中仿钻石。

详见"铅质玻璃（paste）"。

英式厚呢大衣（British warm）

男式

时期：1900 年～20 世纪 50 年代。

源自军队的一种短款的双排扣大衣，由麦尔登呢制成，穿着舒适。至第一次世界大战结束时，这款大衣便已取代了标准的军官大衣。由于退伍士兵过多，其也在军队之外广泛穿着。

廓形胡（Broad beard）

男式

时期：16 世纪及 17 世纪初期。

同"教堂胡（cathedral beard）"。

短筒靴（Brodekin, Brodkin, Brotiken）

男式

时期：15 世纪～17 世纪晚期。

长度至小腿中部或刚及膝的靴子。此名称主要见于苏格兰语，也在英语中使用，英文拼写为"buskin（半高筒靴）"。

半筒靴（Brodequin）

女式

时期：19 世纪 30 年代。

一种天鹅绒或缎子制的靴子，上边缘饰有流苏。

布洛克裤（Brog, Brogue）

男式

时期：16 世纪晚期～19 世纪。

爱尔兰人穿的长马裤或长裤。

布洛克鞋（Brogues）

男女皆宜

时期：16 世纪～19 世纪。

（未鞣的）粗皮鞋，毛皮面朝外，用皮带固定。爱尔兰和苏格兰高地偏远地区穷人多穿此鞋。

时期：19 世纪晚期。

乡村活动时穿的一种结实皮鞋，改良自

一种带打孔皮革装饰的苏格兰传统步行靴。20世纪初的一种板型是用流苏鞋舌盖住鞋带,搭配苏格兰裙穿着。

胸针(Brooch)

男女皆宜

时期:中世纪以后。

最早的扣合件形式之一,后来发展成为一种装饰性珠宝。一种金属面,背面带有别针,针脚穿过斗篷、帽子或披风后,被牢牢固定在一金属环或金属槽内。"brooch"一词源自中世纪英语"broche"。胸针形状、大小不一,材质也不尽相同——既有17世纪晚期和18世纪的贵金属和宝石胸针,又有20世纪的新型酚醛树脂胸针。18世纪以后逐渐成为女性专属装饰品,有时也出现在全套首饰中。

布克兄弟(Brooks Brothers)

时期:1818年以后。

最初是一家总部位于纽约的服装公司,向男性顾客出售成衣。1988年成为英国玛莎百货公司的子公司。

布克兄弟经常从英国寻求创意,如衬衫上的纽扣领设计、采用马德拉斯面料以及哈里斯粗花呢(harris tweed)和设得兰群岛毛衣(shetland sweater)。此外,该公司还将产品范围扩大至百慕大短裤在内的休闲装和女装。其舒适的经典款式服装受到美国常春藤盟校和预科生顾客的青睐。

麂皮厚底鞋/妓院爬行者(Brothel creepers)

男式

时期:1950年以后。

乔治·哈密尔顿·考克斯是北安普敦郡同名鞋履制造商的第二代成员。1949年,他制造出了第一双麂皮厚底鞋。1950年4月,《鞋革记录》(*The Shoe and Leather Record*)报道称"生胶底楔形鞋跟的市场很大……脚趾部分必须饱满"(Swann, *Shoes* p. 71)。这种鞋十分结实,鞋帮采用仿麂皮或皮革,深受地下商人和泰迪男孩的喜爱,他们脚踏麂皮厚底鞋,身着紧身烟管裤。尽管鞋底很高,但走路几乎没有声音,这促使人们产生了四处爬行的想法,生胶鞋底不仅便宜、耐磨,还能增加高度,吸引了一众亚文化者和表演者,问世后一直流行至今。

棕色乔治(Brown George)

男式

时期:18世纪晚期。

棕色假发的俗称,据说形似一个粗糙的黑面包。

布鲁梅尔紧身胸衣(Brummell bodice)

男式

时期:1810年~1820年。

摄政时期花花公子穿的鲸须紧身褡,以乔治·"博"·布鲁梅尔[George "Beau" Brummell,1778~1840,原名乔治·布莱恩·布鲁梅尔(George Bryan Brummell)]的名字命名。

布伦兹维克长袍 / 布伦兹维克布袋装 / 德式嘎翁（Brunswick gown, Brunswick sack, German gown）

女式

时期：1760年~1780年。

长度可变的袋形长袍，前片成紧身胸衣状，带有纽扣，袖口较紧，延伸至手腕。

布鲁图斯短发 / 假发（Brutus head, Brutus wig）

男式

时期：1790年~1820年。

一头短发或一顶未上发粉的棕色假发，外观凌乱，受法国大革命的启发。这种假发后来深受摄政王［后来的乔治四世（George Ⅳ）］喜爱，年轻女性也对其情有独钟。"我想知道，那些漂亮的小姐是否会像她们在这里一般，穿着颜色各异的德罗瓦兹，……顶着与你相同的布鲁图斯短发"（1798, H. L. Piozzi, *Letters*）。

波波头（Bubble cut）

女式

时期：20世纪50年代晚期。

头发剪短并梳理成紧密的卷发。这种效果到了20世纪80年代初可以通过泡沫烫的方式实现，那时一些男士也会将头发打理成这种。

泡泡裙（Bubble dress）

女式

时期：1957年。

法国设计师皮尔·卡丹（Pierre Cardin, b. 1922）推出了内衬加硬的泡泡形状的短款连衣裙和短裙。

待洗衣物（Buck clothes）

时期：16世纪和17世纪。

放置在洗衣筐中待清洗的衣物，家庭洗衣活动一年两次。"一个女人来清洗他们的待洗衣物"（1625, *Statutes of Uppingham Hospital*）。

巴金加莫帽（Buckingamo）

男式

时期：17世纪中期。

类似蒙特罗帽（montero，一种圆猎帽）。"近期改良过的巴金加莫帽或蒙特罗帽是我的佩戴首选"（1661, J. Evelyn, *Tyrannus, or the Mode*）。

带扣（Buckle）

男式，后来也有女式

时期：中世纪以后。

一种扣环，边缘呈矩形或弧形，带有一个或多个可移动舌片，舌片固定在扣环一侧或中间位置，长度延伸至对边。用于系住腰带或其他带子，或用作装饰。固定马裤或鞋子的扣环通常具有很强的装饰性，由各种贵金属和宝石制成。

详见"阿图瓦带扣（artois buckle）"。

在20世纪及以后，扣环制作材料多样化，如酚醛树脂、塑料等。

时期：18世纪。

第二个含义来源于法语"boucle（环形卷发）"，一种与18世纪男士假发相关的卷发。

扣环假发（Buckled wig）

男式

时期：18 世纪。

一种紧密卷曲的假发，通常横向排列在耳朵上方或耳朵周围。

鹿皮呢（Buckskin）

男式

时期：15 世纪~19 世纪。

指鹿皮手套。

时期：1790 年~1820 年。

偶尔也指鹿皮马裤。

钱包（Budget）

时期：17 世纪。

一种钱包。"挂在侧身的钱包或带子，用于放零钱"（1677, Moxon, *Mechanick Exercises*）。

黄皮外套 / 黄皮夹克 / 皮夹克（Buff coat, Buff jerkin, Leather jerkin）

男式

时期：16 世纪和 17 世纪。

普通民众穿着的一种军装，牛皮（最初是水牛皮）制夹克，十分结实。穿在达布里特外面，外形随潮流变化，有时是无袖设计，只有肩翼。

17 世纪时，双袖可使用除皮革外的其他面料，下摆更长。

图片中的人物是约翰·马丁·哈维（John Martin Harvey），拍摄于 1903 年左右。他最著名的角色是在改编自《双城记》的舞台剧中扮演的悉尼·卡顿（Sydney Carton）。*The Breed of the Treshams* 的故事发生在早期英国内战动乱时期。舞台服装中一般有些是留存下来的，而有些则是新制的——哈维穿的黄皮外套看起来就非常像流传下来的。这些服装有的是艺术家的收藏品，有的是从剧院的衣柜中找到，后被博物馆收藏。了解相关背景知识的观众看到拼缝袖子、"骑士"帽和马靴后就能立即判断出剧情的背景。

布芬袜 / 一双布芬斯袜（Buffins, Pair of Buffins）

男式

时期：16 世纪。

英格兰北部用来指如宽腿短裤之类的宽松马裤或可能是拉翁多·霍兹（round

hose）。布芬是一种用于制作各类服饰的粗布。

布冯（Buffon, Buffont）

女式

时期：1750 年~1790 年。

一种用纱布或精细亚麻布制成的宽大且透明的颈巾，围在脖子和肩膀上，胸部鼓起。"一种用白色纱罗织物制作的大块布冯，在下巴附近竖起"（1787, *Ipswich Journal*）。

珠管（Bugle）

时期：16 世纪以后。

管状玻璃珠，通常为黑色，但也有白色或蓝色，在 16 世纪非常流行，用于装饰女性的衣服、斗篷、帽子和头发。在 17 世纪和 18 世纪流行程度有所下降，但从 1870 年开始广泛使用，采用的颜色也更多。

保加利亚褶（Bulgare pleat）

女式

时期：1875 年。

一种裙褶，是一种箱状叠褶，腰部较窄，向下展开，缝在下侧的松紧带将褶皱固定。

牛头发式（Bull head, Bull-tour）

女式

时期：1670 年~1690 年。

一种前额留有浓密卷发的女性发式。"有些人将这种卷曲的前额发式称为'牛头（bull-head）'，源自法语'taure'，即公牛。1674 年，女性流行佩戴牛头或类似公牛造型的前额饰品"（R. Holme, *Armory*）。

比利翁紧身裤（Bullion-hose）

男式

时期：16 世纪。

上半部分带有大量褶皱的大脚短裤（trunk hose），也称为"布伦短裤（boulogne hose）"。

详见"法式霍兹（french hose）"。

恶棍卷边帽（Bully-cocked）

男式

时期：18 世纪。

18 世纪恶棍所钟情的一种三角帽，通常是宽边帽（*The Oxford Smart*）。"最明显的一个特点就是……一顶恶棍风宽边卷边帽"（1721, Amherst, *Terrae Filius*）。

桶状裙箍（Bum-barrel）

女式

时期：1550 年~17 世纪初期。

一种能使裙子臀部蓬松鼓起的垫圈卷筒。

臀围撑垫（Bum roll, Bum）

女式

时期：1550 年~17 世纪初期。

与"桶状裙箍（bum-barrel）"类似，但更为常用。

博柏利（Burberry）

男女皆宜

时期：1856 年~1900 年。

托马斯·博柏利（Thomas Burberry,

1835~1926）在英国创立的一家公司，因发明了一种防风雨华达呢面料（gabardine）而赢得声誉，此面料具有防渗雨功能，用棉布制成。1891年，一家总部位于伦敦的公司成立，专门生产各种适用于乡村和休闲活动的服装。

时期：1900年以后。

1902年和1909年分别注册了"Gabardine（华达呢）"和"The Burberry（博柏利）"两个商标，后者指的是博柏利生产的大衣。1914年至1918年战争期间，博柏利设计了军装大衣，包括风格独特的"trench"风衣，这一经典款式在普通民众中广为仿效和穿着。

20世纪后半叶，手袋、帽子和围巾等配饰开始采用独特的格纹图案衬里，博柏利在20世纪90年代末凭借新的格纹时尚系列迎来复兴。

颈巾（Burdash, Berdash）

男式

时期：17世纪晚期及18世纪初期。

一种系在外套外面的带流苏的饰带，也指一种领巾（cravat）。

布尔卡（Burka, Burkha, Burqa）

女式

时期：20世纪晚期。

伊斯兰女性在公共场所穿的一种宽松的长袍，防止被男性和陌生人注视。这种服装是中东某些国家的一种传统服装，但在西方国家出现的时间相对较晚。眼睛部位有网状小孔，并且在塔利班政权统治时期，强制阿富汗所有的女性穿着，这一政策颇令人诟病。

详见"卡多尔（chador）""喜佳伯（hijab）""吉尔巴（jilbab）""尼卡伯（niqab）""面纱（veil）"。

上衣硬领（Burlet）

男式

时期：15世纪。

一种带衬垫的垫圈卷筒，用作头饰或者夏普仑帽的一部分。

详见"垫圈（bourrelet, burlet）"。

伯内特（Burnet）

男女皆宜

时期：17世纪。

"一种头巾或头饰"（1616, John Bullokar, *An English Expositor*）。

前缘突出的帽子（Burn-grace）

"邦乃滋（bongrace）"的同义词。

呢斗篷（Burnouse, Burnous）

女式

时期：19世纪30年代~60年代。

一种开司米制晚装，长度通常及膝，系于颈部，有时连着一个小风帽或者类似风帽的东西。1858年的阿尔及利亚风呢斗篷采用羊毛制成，饰有宽大的缎纹条。阿拉伯人和摩尔人所穿的斗篷都带有风帽，并且有单独的名称和形状，自17世纪以后多有文字和图片记载。

伯里尔领（Burrail collar）

男式

时期：1832年。

一种大衣领子，"可以随意立起或向下垂落"（*Gentleman's Magazine of Fashion*）。

包尔斯（Burse）

详见"包尔斯钱包（bourse, burse）"。

丛林胡（Bush, Bush beard, Bush-wig）

男式

时期：16世纪晚期及17世纪。

一缕浓密头发或络腮胡子的诙谐说法。

巴斯克（Busk）

女式，有时也有男式款

时期：16世纪~20世纪初期。

"'Buc'，一种巴斯克，褶饰（有褶）胸衣或其他绗缝的东西，用于使身体或者保持胸衣挺立"（1611, Cotgrave）。在18世纪和19世纪，有时它是指衣服或者衣服装饰物。然而，它通常是指上衣前片较为硬挺的部分。巴斯克是一片扁平的骨头、鲸须、木头，连接到上衣前片或者束腰上，从而保证不会弯曲，或者在17世纪有的是用角制成。

在18世纪，巴斯克上有时会刻有徽章图，并在穿着时塞入上衣前面的巴斯克护套中。到了19世纪和20世纪初，紧身巴斯克一般采用钢制成。

半高筒靴（Buskins）

男女皆宜

时期：14世纪~17世纪末。

高筒靴，有时靴筒高至膝盖。早期，一般用丝绸制成，外观设计多样。16世纪，宫廷中官员穿的款式可能是用丝绸或者织物制成。皮革制作的款式主要是马靴。女款用天鹅绒、缎子或西班牙产皮革制成，通常用于外出时穿着。

时期：18世纪以后。

也指戏剧表演中演员的复古靴子（尤其是悲剧演员穿的靴子）、舞会服以及化装舞会服装。

巴斯克束衣带（Busk point）

女式

时期：16世纪晚期~18世纪初期。

一条用于固定巴斯克的带子。

紧身围腰（Bust bodice）

女式

时期：1889年~1930年。

一种背心式胸部支具，通常用白色人字斜纹布制成。前片饰有网眼花边，后片有骨架支撑，两边系带孔。穿在紧身褡上方，是现代胸罩的原型。

无吊带紧身褡（Bustier）

女式

时期：20世纪70年代晚期以后

一种将胸罩和贴身背心结合在一起的内

衣。与19世纪的带骨紧身围腰类似，成为年轻女性的一种时尚外衣，并且通常是无肩带款式。美国歌手麦当娜（Madonna）曾把其作为舞台服。

胸部衬垫（Bust improver）

女式

时期：1840年以后。

羊毛和棉质胸垫。多种不同结构的款式相继问世，例如1860年的一项专利——"一种改良的改善女性身材的波状充气人造胸衣"（an improved inflated undulating artificial bust to improve the female figure）。1896年，推出了一种柔性赛璐珞胸部衬垫。20世纪开始，出现了各种柔软的泡沫橡胶垫。

巴斯尔（Bustle）

女式

时期：14世纪以后。

1830年才出现"巴斯尔（bustle）"一词，现在指一种将腰部后面的裙子蓬松鼓起的衬架。

几个世纪以来，人们采用了无数种款式和材料，包括狐尾（1343）、厨房防尘外衣（1834, Mrs Carlyle）、羽绒垫以及钢丝笼等。一直到19世纪，垫圈卷成为最常见的款式。详见"臀围撑垫（bum roll）""固定器/背带（bearer）""臀垫（rump-furbelow）""软木臀垫（cork rump）"。19世纪出现的款式包括：

时期：1806年～1820年。

一种小衬垫或窄卷，有时被称为"纳尔逊（nelson）"。

时期：1815年～1819年。

一种被称为"弗里斯克（frisk）"的外穿巴斯尔，辅助走出希腊式伛步，风格更像法式，而非英式。

时期：1830年～1850年。

一种笨重的羊毛填充垫，从背部向腰部两侧展开。

时期：1865年～1876年。

用钢制半箍制成的巴斯尔，被称为"克里诺莱特（crinolette）"。

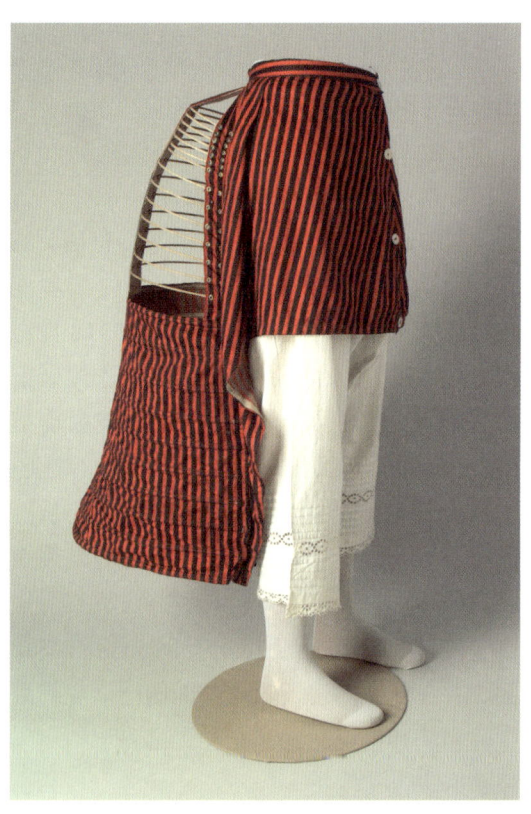

一种用棉斜纹布制成的巴斯尔衬裙，有22个半箍，1872年～1874年出现，穿在镶有英格兰刺绣的白色棉制德罗瓦兹外，1870年。

时期：1882 年～1889 年。

巴斯尔再度流行起来，并且在1885年最流行，形状像架子一样，向后突出，结构多样。

在1889年最终退出历史舞台之前，巴斯尔被称为"妇女托裙腰垫（dress improver）"或者"腰垫（tournure）"。

"The Milliner and Dressmaker"，1873～1874。两位年轻的女士正在一家时装商店的橱窗前欣赏里面的商品，左侧的送货员手提多个衣服盒。精致的垂褶裙的前片是一个围裙（图中未显示），后片采用蓬松设计，露出里面搭配的打底裙，裙子里面有一个裙撑来保持裙子的整体形状。上面装饰性的荷叶边、丝带和褶饰共同塑造出丰富的轮廓。海耶斯（J. W. Hayes）在 The Draper and Haberdasher（1878）中写到，"很显然，橱窗里的衣服是为了吸引顾客……上面的玻璃应该非一尘不染，并且颜色的排列应充分遵循调和与对比规律……另外，商品的摆放方式也非常重要"。

时期：20 世纪以后。

为了突出效果，时装设计师采用小衬垫或更大的延伸物，但是后片基本采用额外的织物褶皱、大蝴蝶结，或者在裙子下面采用合适的结构。

屠夫男帽（Butcher's boy cap）

男女皆宜

时期：1960 年以后。

一种帽檐和帽舌都较宽的宽边帽，因与早期的商人帽相似而得名，但从1960年开始，羊毛格子呢、棉质灯芯绒等各种面料的屠夫男帽也偶有流行。

蝴蝶结衣袖（Butterfly bow sleeve）

女式

时期：1895 年。

一种晚礼服袖子，外侧的褶皱形成翼状。

蝴蝶帽/双翼女帽（Butterfly cap, Fly cap）

女式

时期：1750 年～1770 年。

一种编织成蝴蝶形状的蕾丝小帽，戴在前额上方。有时为了与宫廷服饰搭配，会在上边用珠宝和鲜花等垂饰装饰。

蝴蝶头饰（Butterfly headdress）

女式

时期：1450 年～1500 年。

16 世纪的一个术语，指 15 世纪的头饰。这种头饰由一个金属丝框架组成，金属丝框架上面是一块薄纱，薄纱在头部上方两侧展开，宛如一对透明的翅膀，前额部位有一个"V"形凹陷。这种头饰呈圆锥形，固定在装饰性小帽上面，戴在脑后。"因为两侧有一对大翅膀，跟蝴蝶的翅膀有些相似，因此有些人把它们称为'大蝴蝶'（1591, Paradin）"。

巴特瑞克（Butterick）

时期：19世纪60年代以后。

为了满足妻子的要求，美国裁缝埃比尼泽·巴特瑞克（Ebenezer Butterick, 1826~1903）创造了第一批分等级或按尺寸设计的服装纸样。经过多次尝试，他决定将纸用作图样材料，并迅速开发出了适合成人和儿童的不同纸样。这些纸样大受欢迎，并且巴特瑞克品牌也通过各大报纸以及寄给客户的邮购包裹而广为宣传。在整个20世纪，巴特瑞克不断发展，收购了*VOGUE*等其他品牌，还不断利用最新技术来改良其产品并满足各种新需求和不断变化的需求。

详见"缝纫机（sewing machine）"。

纽扣（Button）

男女皆宜

时期：13世纪以后。

扣合件或服装装饰品，通过一个穿过扣眼的旋纽或者圆盘，缝在或者固定在衣服上，从而系好衣服。

详见"篮式编织纽扣（basket button）""多尔塞特包布纽扣（death's head button）""高顶纽扣（high-tops）""利克扣（leek button）""橄榄扣（olive button）""蜗牛纽扣（snail button）""肠线纽扣（stalk button）"。

纽扣靴（Button boots）

男式

时期：1837年~19世纪60年代。

女式

时期：19世纪30年代~20世纪初期。

一种短靴，外侧用纽扣扣住，通常采用黑色涂漆织物制成；19世纪30年代流行的款式用珍珠母纽扣进行装饰。轻便过膝长筒靴。

详见"过膝长筒靴（jack boot）"。

带扣帽（Buttoned cap）

男式

时期：16世纪。

一种帽子，帽冠呈圆形或方形，有的形似贝雷帽，有的帽冠封口，顶部有一粒纽扣，用来扣住侧盖（如有）。

带扣手帕（Buttoned handkerchief）

男女皆宜

时期：1590年~1700年。

一种胸袋手帕，各个边角饰有纽扣，起到流苏的作用。

纽扣（Buttoner）

男女皆宜

时期：14世纪。

奥布兰袍（14~15世纪）前片上一排排列紧密的扣子，用作装饰。

纽扣钩（Button hook）

时期：19世纪。

纽扣凸起部位（handle）上的一个金属钩，用于将紧手手套或靴子扣在扣眼上。

绊钩（Button-hooks）

男式

时期：1865年以后。

一种金属纽孔钩，用于取代靴子前面的穿绳孔。靴带左右交叉，系在钩上，从而系好靴子。1897年开始，这种钩子改良为椭圆形镶边饰钮，用黄铜制成。

纽扣搭门（Button stand）

时期：19世纪。

服装裁剪术语，指外套上一块单独的布，缝在衣服前片的边缘，上边有纽扣和扣眼，通常出现在双排扣外套或者马甲上。据说是乔治四世在1820年左右发明的一种装置。

拜伦领带（Byron tie）

男式

时期：19世纪40年代和50年代。

一种窄小的领带，比如"一条几寸长的薄花呢（mousselaine de laine），或者一根宽鞋带"。

C

水兵服（Caban）
男式

时期：14世纪和15世纪。

一种带袖窿的宽松斗篷。

时期：19世纪40年代。

一种宽松的裹袍，倒挂领设计，衣身足够宽大，即使不用袖子也能穿上。有时采用直筒大衣（paletot-sac）的款式，也称为"圣殿骑士斗篷（templar cloak）"。

卷心菜形拉夫领（Cabbage-ruff）
男式

时期：17世纪初期。

一种较大的轮状皱领，带有不规则褶皱，与风琴褶领不同。"让人惊叹的卷心菜形拉夫领，尺寸也很惊人，通过上浆，颜色颇为吸引人"（1620年，S. Rowlands, *A Roaring Boyes Description*）。

卷心菜形鞋带（Cabbage shoe-string）
男式

时期：1610年~1680年。

一种尺寸较大、形似卷心菜的玫瑰花饰品或鞋花。

绞花帽带（Cable hatband）
详见"帽带（hatband）"。

绞花编织（Cable knit/stitch）
时期：19世纪晚期。

与金属或钢丝绳捻绳类似的任何绣花线迹或针织设计。

篷车顶罩帽（Cabriole, Capriole headdress）
女式

时期：1755年~1757年。

"某种马车"形状的头饰。"那些不能佩戴六驾马车（coach-and-six）的人……戴驿车（post-chaise）"（1756, *The Connoisseur*）。

卡迪（Caddie）
男式

时期：19世纪90年代。

一种裤后袋，即裤子后面的横开口袋。

卡多根假发（Cadogan）
男女皆宜

时期：18世纪晚期。

一个较为少用的术语，指"卡多根（catogan）"或"俱乐部假发（club wig）"。

卡夫坦（Caftan, Kaftan）

男女皆宜

最初指一种传统风格的拖地式长袖束腰外衣，腰部用一根饰带或腰带束起。土耳其和其他中东国家的一种服饰。

女式

时期：1844年。

一种质地介于"宽外套（paletot）和披风（mantle）"之间的户外服（C. W. Cunnington, *English Women's Clothing in the Nineteenth Century*）。

女式，有时也有男式

时期：20世纪50年代以后。

20世纪50年代中期，法国设计师克里斯蒂安·迪奥（1905~1957）设计出一款不带饰带的卡夫坦。其他设计师开始效仿他的风格，其中开衩或窄"V"形领口风格的卡夫坦成为参加晚间非正式活动的一种非常流行的服装，通常用棉布或者丝绸制成，带有简单的刺绣。

薄纱罩裙（Cage）

女式

时期：1856年至19世纪60年代晚期。

人造克里诺林（artificial crinoline）的简称，由一片粗糙的衬裙组成，衬裙用鲸须、金属丝或表簧制成的渐层裙箍撑起。

美式笼式衬裙（Cage-Américaine）

女式

时期：1862年~1869年。

一种笼式衬裙（cage petticoat），为了更为轻便，只有下半部分有织物遮盖，上半部分仅采用骨架结构。

帝国笼式衬裙（Cage Empire）

女式

时期：1861年~1869年。

套在舞会服里面的一种衬裙。衬裙带有小裙裾，由30根钢箍组成，由上往下逐渐变宽。

笼式衬裙 / 笼式克里诺林 / 人造克里诺林（Cage petticoat, Cage crinoline, Artificial crinoline）

女式

时期：1856年~1868年。

由裙箍组成的一种结构，最初出现时由鲸须制成，而1857年之后，开始用金属丝或者表簧制成，通过垂直的狭幅织物或者穗带间隔连接在一起。从束腰带往下，裙箍的尺寸不断增大，形成一个类似笼子的圆拱形衬裙，穿在宽松裙子里面，将裙子撑开，达到一定的尺寸。笼子前面系在腰上，系带下方裙箍上有一个小缺口，方便把笼子穿上。裙箍的数量、尺寸和形状各异。最初是圆拱形，到了1860年演变成金字塔形。而到了1866年，主要的突出部分放在身后，前片则采用平坦的造型。到了1868年，笼子结构缩小，发展成为"克里诺莱特（crinolette）"。

连帽薄防风衣（Cagoule）

男女皆宜

时期：1950年以后。

一种轻便且带兜帽的防水夹克，与爱诺

瑞克外套（anorak）并无二致。最初是登山者穿的服装，后来变成一种非常流行的户外服。

蛋糕帽（Cake hat）

男式

时期：19世纪90年代。

一种质地柔软的毡帽，圆形帽冠，且帽冠较低，呈圆形微微凹陷，与登山帽（alpine hat）类似。"一顶蓝色蛋糕帽"（1895, *The Babe*, B.A.）。

篷形女头巾（Calash, Calèche）

女式

时期：1770年~1790年，1820年~1839年复兴。

一种可折叠带箍大风帽，由鲸须或藤条制成的拱形结构，上面有柔软的丝绸，以法国一种被称为"calèche"的轻便马车命名。户外佩戴，以保护高高的时尚头饰和发型。最初的法国名为"thérèse"。

卡尔卡拉佩德斯（Calcarapedes）

男式

时期：19世纪60年代。

一种"可自动调整的高筒橡胶套鞋"（1861, *Our Social Bees*）。

印花布纽扣（Calico button）

时期：19世纪40年代以后。

一种扁平纽扣，由印花布包覆的金属环组成，并通过刺穿印花布缝制而成，有些在中间有两个金属纽孔。这两种类型大约在同一时期出现，是一种内衣纽扣，直到20世纪才逐渐被塑料纽扣取代。

无檐小帽（Calotte, Callot）

男式

时期：17世纪。

一种衬帽。"一种普通的无檐小帽，或者戴在帽子里面的无边便帽"（1670, Lassels, *Voyage to Italy*）。

也是一种普通的无檐便帽。

在后来的几个世纪里，只指罗马天主教神职人员佩戴的无边便帽。

小腿（Calves）

详见"假小腿（false calves）"。

卡吕普索布袋装（Calypso chemise）

女式

时期：18世纪90年代。

一种用彩色平纹细布制成的圆形罩衣，外搭一件宽松的长袍。

头兜（Camail）

女式

时期：1842年。

一种齐腰或及膝长的斗篷，有袖窿和小垂领。下方呈圆形或尖头，夏季款内衬丝绸，而冬季款内衬山羊绒、缎面或天鹅绒。

卡马戈（Camargo）

女式

时期：1879年。

一种日间夹克，紧身胸衣部分裁剪成圆形，塞进臀部的裙撑中，套在马甲外面。以法国著名的舞者玛丽·卡马戈（Marie Camargo，1710~1770）的名字命名。

卡马戈帽（Camargo hat）

女式

时期：1836年。

一种晚礼服帽，较为小巧，帽檐在前面翘起。

卡马戈尖角布（Camargo puff）

女式

时期：1868年。

通过将带裙撑的裙子的罩裙背面高高卷起而形成的一个尖角。

剑桥大衣（Cambridge coat）

男式

时期：1870年~20世纪初期。

一种单排扣或双排扣西装，通常有三道缝线，中间设计有背开衩。共有三粒纽扣，但是最初的款式是"从第一粒或者第二粒纽扣呈尖形裁剪，在腰部形成一个开襟"。

从1876年开始，这种服装的设计愈为紧身，且衣身变长，共有四个贴袋，上面有带扣袋盖。到了1880年，与单排扣上衣完全一样。

剑桥外套（Cambridge paletot）

男式

时期：1855年。

一种宽大的及膝大衣，采用宽袖和及其宽大的翻边袖口设计，另外，宽大的披肩领和驳头几乎一直垂到下摆位置。

卡米里恩斯（Cameleons）

女式

时期：1859年。

一种女式靴子和鞋子，鞋帮上有装饰性的孔，露出里面的彩色长袜。

连短裤背带式女内衣（Cami-knickers）

女式

时期：19世纪晚期。

一种连体式内衣，将贴身背心和扣在胯部的内裤连在一起，但比单穿贴身背心和内裤要短，并且塑身效果更好。最初采用轻盈的棉布制成，后来出现了丝绸和合成纤维款，并且有各种颜色。英语中也称为"knicks"和"step-ins"。到了20世纪80年代，20世纪20年代出现的连衫衬裤再度流行，这种衬裤就是这种风格的一种变体。

妇女宽衬衣（Camise, Cames, Kemes, Kemse）

详见"修米兹（chemise）"。

卡米西亚（Camisia）

男女皆宜

时期：中世纪。

一种衬衫或罩衫。

妇女贴身背心（Camisole）

女式

时期：19世纪20年代~1920年。

一种短袖或无袖紧身底衣，用白色漂白细棉（long-cloth）制成，穿在束腰上，用来保护紧身连衣裙。有时，也称为"马甲（waistcoat）"，到了1890年，称为"衬裙式胸衣（petticoat bodice）"。

后来，逐渐被连短裤背带式女内衣（cami-knickers）或者胸罩（brassière）、女短裤（panties）和衬裙（petticoat）取代。

军大衣（Campaign coat）

男式

时期：17世纪。

1667年左右，普通民众穿的一种长款军大衣。"'军大衣'，最初只供士兵穿，但是后来城市里的普通百姓也开始穿"（1690, B. E., *Dictionary of the Canting Crew*）。

时期：18世纪。

乞丐和吉卜赛人为了引起他人的同情而穿的破烂不堪的衣服。

旅行假发（Campaigne wig, Travelling wig）

男式

时期：1675年~1760年。

一顶浓密的假发，两鬓头发较短，发尾打结，后面有一条非常短的辫子。为了方便出行，两鬓的头发有时会绑在后面。这种假发在老年人中非常流行，并且虽然比较老式，但1760年之后仍然有人佩戴。

《女士小信使》（*Petit Courrier des Dames*）上的时装版画，1828~1829年。图中一位时尚女郎身着一件名为"Andrinople"的礼袍。这件礼袍的名字可能是源自裙身为鲜红色的变体，这种红色在法国被称为亚德里亚那堡红（Adrianople red），这种颜色的颜料大概是1747之后出现，也可能是源自1829年签署的《亚得里亚堡条约》（亚得里亚堡现名为土耳其埃迪尔内），该条约的签署结束了1828~1829年发生的俄土战争。裙子上有当时非常流行的荷叶边，坎兹上衣（canezou bodice）用蝉翼纱制成，领子和套袖用薄纱制成。草帽上装饰有假花。

缺角西装领衬衫（Camp shirt）

男女皆宜

时期：20世纪50年代以后。

一种美式休闲衬衫，裁剪宽松，软领中袖，前片带扣，有多种颜色和款式，可以穿在短裤和长裤外面。

详见"夏威夷式衬衫（hawaiian shirt）"。

手杖（Cane）

男士使用，有时也有女士使用

时期：16 世纪初期以后。

一种长得像竹子的植物的茎，用作拐杖。比较细的手杖通常放在腋下携带。手杖（与拐棍不同）在 17 世纪和 18 世纪较为流行。各种手杖的长度差别很大，18 世纪下半叶的手杖一般非常长，男女都有使用。一些叫上名字来的手杖包括"马六甲（malacca）"或者"云纹（clouded）"手杖和藤杖（rattan），其中藤杖是用来自东印度群岛的棕榈树制成的；"……一根小巧的黑色喷漆镀金藤杖"（1660, *Diary of Samuel Pepys*）。

坎兹上衣（Canezou）

女式

时期：19 世纪 20 年代～50 年代。

19 世纪 20 年代，是一款白色的无袖上衣。到了 19 世纪 30 年代，演化成了一种带尖角的短款斗篷，覆盖前胸后背，手臂外露。到了 1850 年，坎兹上衣已经成为一种精制的三角形披肩，由平纹细布、网眼织物和缎带组成，能遮盖前胸后背。

坎兹上细长披肩（Canezou-pelerine）

女式

时期：19 世纪 30 年代。

一种坎兹上衣，前片上有加长的细长披肩。

卡尼昂（Canions）

男式

时期：1570 年～1620 年。

从宽松短罩裤延伸到膝盖或膝盖以下且比较贴合大腿的延伸部分，颜色和面料通常与宽松短罩裤不同。长袜套在外面。

炮形饰边（Cannons, Canons, Port canons）

男式

时期：1660 年～1700 年。

长筒袜袜口较为宽大的装饰性褶边，搭配裙腿裤（petticoat breeches）或者长度在膝盖之上或之下的马裤。

这种褶边在吊袜带位置翻边，正好位于膝盖下面宽大的荷叶边位置。"他走路时穿戴着'炮形饰边'（portcannons），就像从深草中穿过"。（1680 年，Samuel Butler, *Genuine Remains*）。

大炮袖/树干袖（Cannon sleeves, Trunk sleeves）

女式

时期：1575 年～1620 年。

长袍袖子，上宽下窄，在手腕处倾斜收拢。采用垫料制成，袖型坚挺，衬里采用纬起毛织物或荷兰亚麻布制成，有时会用芦苇、金属丝或鲸须支撑，从而塑造出大炮的形状。

剑桥帽（Cantab hat）

女式

时期：1806 年。

一种白天佩戴的草帽，帽冠呈长方形，顶部扁平，帽檐较窄且卷边。

无边便帽（Cap）

男式

时期：中世纪以后。

一块小头巾，通常采用质地柔软的织物制成，一般比有边帽子更为贴合头部。在16世纪，无边便帽开始成为社会底层的人的一种象征，比如仆人、学徒或学童。

详见"法令帽（statute cap）"。

时期：19世纪。

当上层男性开始在乡间或户外运动中戴帽子时，他们立下了一条规矩，就是永远不在"城里"戴帽子。带有硬质帽舌的帽子是对19世纪80年代帽子的改良。19世纪90年代出现了一种带钩子的帽子，其帽冠前部钩在帽舌顶部，这种帽子在网球和高尔夫运动中颇受欢迎。

时期：20世纪以后。

除了许多工人佩戴的无边便帽，还出现了各种活动用帽，如高尔夫球帽、骑士帽、帆船运动帽和滑雪运动帽等。后来，棒球帽等各种异域风格的帽子为所有阶层和年龄的人所采用。

女式

时期：1500年~19世纪晚期。

家居帽在室内佩戴，包括各种不同的款式，比如"发网（caul）""莱蒂斯帽（lettice cap）""白布帽（cornet）""头巾（rail）""方当伊高头饰（fontange）""圆耳朵帽（round-eared cap）""帕特尼帽（pultney cap）""摩伯帽（mob cap）""蝴蝶帽（butterfly cap）""玛丽·斯图亚特帽（Marie Stuart cap）""巴贝软帽（babet bonnet）""夏洛蒂·科黛帽（Charlotte Corday cap）"等。

19世纪50年代，戴帽子的风气开始有所衰退，并且到了1857年，"年轻的已婚女士在成为'妈妈'之前不用戴帽子"。到了1880年，"年轻女性不再戴帽子"，而到了19世纪90年代，只有老人和家庭女佣才戴帽子。

防雨斗篷（Capa pluvialis, Chape a pluie）

女式

时期：中世纪。

一种较为宽大的斗篷，通常有风帽，用来防雨。

蔻普斗篷/倒挂领（Cape）

时期：12世纪~14世纪。

英语中也写作"cope"。

时期：15世纪~18世纪晚期。

一种倒挂领，有的比较宽大，有的则比较小，也指一种短款斗篷。不过，19世纪，服装裁剪术语中依然有"倒挂领"这种叫法。

披风大衣（Cape coat）

男式

时期：17世纪。

一种带披肩领的大衣。

平顶宽边女帽（Capeline）

女式

时期：1750 年～1800 年。

一种用羽毛装饰的女帽。

时期：1863 年。

一种带有披肩的轻便风帽，通常用开司米或巴雷格纱罗面料制成，适合乡村穿着。

带披肩男大衣（Cape-paletot）

男式

时期：1859 年以后。

一种带有宽披肩的带袖斗篷，称为"因弗内斯（inverness）"。

披肩袖（Cape sleeve）

女式

时期：20 世纪以后。

一种较为夸张的短喇叭袖。

帽巾（Cap-hood）

详见"大兜帽（capouch）"。

卡波特斗篷/带风帽宽厚女斗篷（Capot, Capote）

男式

时期：18 世纪。

一种宽松的外套。"裹在厚厚的带风帽宽厚女斗篷或宽松的大衣里"（1775, R. Chandler, *Travels in Asia Minor*）。

卡波特（Capote）

女式

时期：主要是 19 世纪 30 年代。

一种帽冠质地柔软的软帽，贴合头部形状设计，帽檐材质较硬，环绕面部。

英式斗篷（Capote anglaise）

女式

时期：19 世纪 30 年代。

详见"比比罩帽（bibi bonnet）"或"英式农舍帽（English cottage bonnet）"。

大兜帽（Capouch, Capuche）

男女皆宜

时期：17 世纪。

一种连在斗篷上的风帽。"他的风帽（hood）或兜帽（capuch，斗篷的一部分），用来遮住他的头"（1658, J. Cleveland, *Rustick Rampant*）。

卡普里斯（Caprice）

女式

时期：1846 年。

一种宽松的无袖晚会便服，向后采用斜裁设计，腰部下方形成一个圆形花边。

卡普里裤（Capri pants）

女式

时期：20 世纪 50 年代以后。

一种长至脚踝上方的贴身长裤，与紧身裤类似，但面料通常更为结实。因电影明星奥黛丽·赫本曾在多部电影中穿过而流行起来的一种美式风格，比如《罗马假日》（1953）和《甜姐儿》（1957）。

帽状袖（Cap sleeve）

女式

时期：19世纪晚期。

一种较短的袖子，按字面意思，是一种从连衣裙上衣或衬衫顶部的袖窿中伸出的帽子。

风帽（Capuche）

女式

时期：1852年。

一种内衬为丝绸的平纹细布太阳帽。

连风帽女大衣（Capuchin, Capuchon）

女式

时期：16世纪~18世纪晚期。

一种质地柔软在户外佩戴的风帽。18世纪，被称为"骑马连颈帽（riding hood）"，在乡间或乘马车出行时佩戴。它的内衬为彩色，有一个较宽的披肩。

卷尾领（Capuchin collar）

女式

时期：18世纪晚期及19世纪初期。

一种沿高腰连衣裙"V"形领口设计的翻领。

兜帽（Capuchon）

女式

时期：1837年。

一种齐腰在夜间穿着的短披肩，设计有带箍风帽和长袖，户外用衣。

详见"连风帽女大衣（capuchin）""卡尔梅耶特（carmeillette）"。

时期：1877年。

一种完全由花朵制成的软帽，镶嵌在一个小底座上，仅遮盖头部的一小部分。

卡拉卡拉假发（Caracalla wig）

男式

时期：18世纪晚期及19世纪初期。

一顶黑色的假发。

一拉扣上衣（Caraco）

女式

时期：1750年~19世纪初期。

一种长及大腿的束腰夹克，有的腰部采用贴合设计，有的背部采用袋形设计。它的一种变体，被称为"裆子（short-gown）"，前襟交叉，是职业女性的常用外套。最初，它是法国时尚女性所穿着的一种休闲服饰，到了18世纪60年代晚期，在英格兰，演化成了一种及膝长封闭式紧身夹克，背部有时比前襟长，采用印花棉布或亚麻布制成。19世纪40年代，出现了一种"夹克紧身胸衣（jacket bodice）"，也称为"一拉扣胸衣（caraco corsage）"，通常与配套的裙子搭配穿着。

一拉扣胸衣（Caraco corsage）

女式

时期：1848年~1870年。

一种日间穿着的礼服上衣，与夹克样式类似。

中亚羊毛皮（Caracul）

详见"卡拉库尔羔羊毛皮（karakul）"。

篷形女头巾（Caravan）

女式

时期：1765年。

早期的一种小块篷形女头巾。"它由鲸须组成，鲸须呈大圆形，轻轻一碰，脸上就垂下一块白色有光里子布制成的遮蔽物"（1764，*Universal Magazine*）。

金项圈（Carcan, Carcanet）

男式

时期：16世纪。

一种通常由黄金和宝石制成的项圈状项链，较重。

驾车外套（Car coat）

男女皆宜

时期：20世纪40年代以后。

一种宽松的、长及大腿的外套，可套在其他旅行服外面，方便脱下。比起20世纪初的旅行外套要轻便得多。

详见"汽车服（motoring dress）"。

卡迪根式开襟毛衫（Cardigan）

男式

时期：19世纪50年代~20世纪初期。

最初是卡迪根伯爵（Earl of Cardigan，1797~1868）和他的士兵在克里米亚战争中穿的一种服装，是一种短款贴身针织短上衣，由柏林绒线或英国精纺毛纱面料制成，无衣领，或者设计有天鹅绒衣领。到了1896年，有些款式开始设带有短翻领。

男女皆宜

时期：19世纪晚期。

一种针织羊毛外套，有无领款，可以扣在颈部，还有"V"领款。通常在休闲场所穿着，有成衣版，还有带家用针织图案款式供选择，可与短袖套头衫搭配。

详见"两件式上衣（twin set）"。

卡迪根套装（Cardigan suit）

女式

时期：20世纪20年代以后。

由法国时装设计师可可·香奈儿（1883~1971）设计，采用质地柔软的平纹织物制作宽松的卡迪根式夹克，搭配短裙，彻底改变了舒适而时髦的女性日常服装。其变体可能包括衬衫或针织套衫，但这种两件式样式仍在继续生产，通常采用混搭的颜色和图案。

红衣主教服（Cardinal）

女式

时期：18世纪和19世纪。

在18世纪，指及膝长的连帽斗篷，通常由猩红色布料制成。到了19世纪40年代，指一种较短的斗篷，末端与腰部齐平，不带风帽或衣领。

红衣主教细长披肩（Cardinal pelerine）

女式

时期：19世纪40年代。

一种较宽的蕾丝披肩（bertha），在前幅正中分开，与晚礼服搭配。

卡多斯（Cardows）
男式

时期：16世纪晚期及17世纪初期。

礼服上带流苏的细绳。

凯尔利斯（Careless）
男式

时期：19世纪30年代。

一种宽松的大衣，有一个宽大的圆形披肩和展领，腰部采用无缝设计。

工装裤（Cargo pants）
男式，有时也有女式

时期：20世纪50年代以后。

一种美式风格的休闲轻便长裤，通常为棉质，每条裤腿外侧有一个或多个大口袋。通过改变设计，小腿的一部分可以用拉链拉下来，从而变成短裤。

卡尔梅耶特（Carmeillette）
女式

时期：19世纪30年代。

详见"兜帽（capuchon）"。

卡罗琳胸衣（Caroline corsage）
女式

时期：19世纪30年代。

一种晚间穿的胸衣，有一条较窄的蕾丝和布料，形成一个"V"形的细长披肩。

卡罗琳帽（Caroline hat）
男式

时期：17世纪80年代~18世纪中期。

一种用卡罗来纳州海狸皮制作的帽子，这种海狸皮从卡罗来纳州进口，由于气候原因，质量不如被称为"法国海狸"的加拿大产海狸皮。因此卡罗琳帽通常是仆人戴的，一般是黑色的。"为仆人准备的两顶卡罗琳帽"（1742, *Purefoy Letters*）。

卡罗琳袖（Caroline sleeve）
女式

时期：19世纪30年代。

一种连衣裙的袖子，一直到肘部都非常宽大，而从肘部到手腕部位较为贴身。

地毯拖鞋（Carpet slippers）
男式

时期：1840年以后。

卧室拖鞋，鞋帮采用像地毯一样编织的德国羊毛制成，或者采用毛线刺绣图案，手工制作。

马车服（Carriage dress）
女式

时期：19世纪。

乘坐马车时穿的礼服，或礼服和披肩，或斗篷，视季节和气候而。这种服装适合拜访他人时穿。"马车服或拜访着装……"（1869年7月17日，*Harpers Bazaar*）。

卡里克（Carrick）
女式
时期：1877年。
一种有三层披肩的长款防尘斗篷，一种大衣。
详见"阿尔斯特宽大衣（ulster）"。

迦太基披肩（Carthage cymar）
女式
时期：1809年。
用丝绸或网眼织物制作的一种精致围巾，边缘部分饰以金色浮雕图案，搭配晚礼服佩戴，系于一侧肩部，从背部垂至膝盖位置。

卡尔图斯领（Cartoose collar）
男式
时期：17世纪。
一种立领，领外口上有碎花雕花花边，用来支撑拉夫领。这种叫法可能与建筑术语"cartouse"相关，表示一种支架或支撑物。

宽边圆顶女帽（Cart-wheel hat）
女式
时期：19世纪晚期。
一种设计有宽大圆形帽檐的帽子，形似车轮。

卡萨克外套（Casaque）
男式
时期：16世纪和17世纪。
这个词有多个词源，法式卡萨克外套（French casaque）是指16世纪的一种长斗篷、长外套或者曼迪利翁，而在意大利、葡萄牙和西班牙，则指骑手和士兵穿的一种军装。它是一种结实且实用的披肩，通常在外出旅行或者军事行动中穿。它由六块布料拼接而成，包括两个前片、两个后片和两个肩衬。前片和后片可以扣在一起，形成一件肩衬充当袖子的外套。大约1625年以后，中后部和两侧开襟的样式更为流行，这样便于骑行。
"所有的卡萨克（casaques）、究斯特科尔（justaucorps）和法衣（soutanes）都是由两块前片、一块后片和两个袖子制成"（1671, Le Sieur Benist Boullay, *Le Tailleur Sincère*）。

女式
时期：1855年~19世纪60年代。
一种紧身上衣，扣子一直扣到颈部，带有一件长款巴斯克衫（basque），形成一条罩裙。

卡萨克紧身胸衣（Casaque bodice）
女式
时期：1873年。
一种紧身胸衣，前片有一件长款巴斯克衫。

紧身女短上衣（Casaquin bodice）
女式
时期：1878年。
一种日间穿的紧身胸衣，外形类似男士燕尾服，前片用扣子扣住，有的款式设计有"真或假"马甲。搭配短裙，不带裙裾，且长度约离地5厘米。通常量身定做。

卡萨维克（Casaweck）

女式

时期：1836 年 ~ 1850 年。

一种户外短款绗缝披风，有袖子和由天鹅绒、缎子或丝绸制成的贴身衣领。衣身上饰有毛皮、天鹅绒或蕾丝镶边。

层叠式腰带（Cascade waistband）

女式

时期：19 世纪 60 年代。

一种腰带，整体饰有黑玉吊坠，吊坠按锯齿形饰边样式排列。

裹身式紧身衣（Cased body）

男式

时期：1550 年 ~ 1600 年。

一种无袖短上衣，套在紧身上衣外面，较为贴身。

女式

时期：1810 年 ~ 1820 年。

一种前片饰有多道横向活褶或细褶（gauging）的紧身胸衣。

裹身袖（Cased sleeve）

女式

时期：1810 年 ~ 1820 年。

一种通过嵌饰分成多个"隔层"的长袖。

大盖帽（Casquette）

女式

时期：1863 年 ~ 1864 年。

一种形似苏格兰便帽的草帽，帽檐前后都很低，饰有黑色天鹅绒和一根鸵鸟羽毛。

长斗篷 / 教士袍（Cassock）

男女皆宜

时期：16 世纪。

最初指男女都穿的一种宽松长袍。后来，演化成一种前片扣扣的宽松长外套，有的设计披肩领，士兵经常穿着。当时称为"一种骑士外套"。改短之后，农民和乡下人也穿，也指一种前片封闭或敞开的儿童外套。

时期：17 世纪以后。

也指英国圣公会神职人员所穿前片带有纽扣的高领及地服装，类似天主教的法衣（soutane）。

袈裟斗篷（Cassock mantle）

女式

时期：19 世纪 80 年代。

一种短袖斗篷，长及膝盖以下，肩部和后背中缝收拢。根据1880年的记录，"没有比这更奇特或不伦不类的了"。

袈裟背心（Cassock vest）

男式

时期：19 世纪 50 年代。

一种新样式的牧师马甲，最初系在右肩位置，后来系在中线附近。牛津运动高教会派（Tractarian High Church）神职人员穿着，因此被认为是"罗马天主教"的风格，从而也获得了"野兽的印记（Mark of the Beast）"或"野兽的印记马甲（M. B. waistcoat）"两个绰号。穿这种衣服时后面白色的项圈竖领系上。

卡斯托帽（Castor）

男女皆宜

时期：17世纪~19世纪。

一种海狸帽，但是在19世纪末通常采用其他材料制成。"卡斯托帽……用兔毛或猪毛制成"（1688, R. Holme, *Armory*）。

详见"半卡斯托帽（demi-castor）"。

休闲装（Casual wear, Casuals）

男女皆宜

时期：20世纪30年代以后。

非正式场合穿的服装，通常作为工作服或正装的替代品。最早出现在美国，后来在其他地方被用来描述服装，后来也称为家常便服。

卡塔甘（Catagan）

女式

时期：1870年~1875年。

一种发髻，卷发或辫子垂在脑后，用一条宽丝带绑住，与18世纪男性的"卡多根（catogan）"类似。

卡塔甘头饰（Catagan headdress）

女式

时期：1889年。

将头发束在后面编成的辫子，并用一个宽大的丝带蝴蝶结向上卷起，一种适合年长女学生的发型。

卡塔甘发网（Catagan net）

女式

时期：19世纪70年代。

一种发网，将编起来的卡塔甘包起来。

商品目录（Catalogues）

时期：19世纪中期以后。

19世纪下半叶，百货公司的出现创造了新的广告和购物机会。货物可以在目录中展示，并且人们可以通过邮寄的方式购买；规模扩大的邮政服务以及安全的汇款方式为邮购提供了支持。

"Tiffany Blue Book"是最早的一种邮购目录，每年发行一次，第一版于1845年在美国

"Highflyers at Fashion"，*Funny Folks*上的一张人物漫画，1878年。在今天，漫画中这两位女性都可以被称为"时尚牺牲者"，虽然她们的着装时尚，但并不十分舒服，而且她们似乎依然热衷于追求时尚。她们浓密的卷发上顶着一顶小巧的软帽，背向我们的女士的发型就是"卡塔甘发髻"。修身的公主线条服装通过紧身胸衣凸显了纤细的腰部，裙装带裙裾并且背部采用缠裹设计，装饰非常华丽，颇有软装饰的感觉。

发行，目前仍然在发行。其他美国公司也跟随它的脚步效仿这一做法，阿伦·蒙哥马利·沃德（Aaron Montgomery Ward）1872发行的邮购目录仅有一页，而到了1920年则增长到了872页。罗德与泰勒（Lord and Taylor）以及西尔斯·罗巴克（Sears and Roebuck）是最早通过邮购方式提供时装和其他商品的公司之一。19世纪60年代中期，埃比尼泽·巴特瑞克通过邮购向客户提供家庭裁制服装纸样，其他公司也效仿了他的做法。在英国，邮购业也得以发展。1871年创立的 The Army and Navy Stores 利用大量的年度目录向大英帝国的客户提供包括服装在内的各种商品。1878年成立的 Gamage's 总部位于伦敦，向英国中产阶级和手工艺人家庭派送从"庇护必需品（Asylum Requisites）"到摩托车等各种商品。20世纪60年代和90年代，一些规模不大的目录分别推出了"Biba"和"Boden"，然而，到了2015年，由于网上购物的兴起，源自1932年Littlewoods目录停刊，在它的鼎盛时期曾每年向英国家庭派发2500万份目录。事实上，当前电子版目录正在取代纸质版目录。

卡特帽（Cater-cap）

男式

时期：16世纪和17世纪。

一般为学者戴的四角方形帽子。

教堂胡（cathedral beard）

男式

时期：16世纪及17世纪初期。

一种又宽又长的胡子。

凯瑟琳威尔法勤盖尔（Catherine wheel farthingale）

女式

时期：1580年~1620年。

一种能使裙子撑成桶形并下垂的法勤盖尔。"一个带有圆形凯瑟琳威尔法勤盖尔的荷兰式短腰"（1607, Dekker and Webster, *Northward Hoe*）。

详见"威尔法勤盖尔（wheel farthingale）"。

卡多根/俱乐部假发（Catogan, Club Wig）

男式

时期：1760年~1800年。

一种假发，有一条又宽又平的辫子盘在上面，并用黑丝带绑在中间。

紧身连衣裤（Cat suit）

女式

时期：20世纪60年代以后。

低领紧身连衣裤（leotard）和紧身裤（leggings）的混合体，一种用柔性织物制成的剪裁较为紧身的连体衣，有不同的变体。

"奥德尔（Odell）小姐穿着一件无袖低胸的'紧身连衣裤'，小腿周围和其他地方都很紧"（*The Guardian*，1960年9月16日）。

科德贝克帽（Caudebec hat）

男式

时期：17世纪晚期及18世纪。

一种模仿海狸帽的毡帽，据说起源于诺曼底的科德贝克。在英格兰称为"cawdebink（考德宾克）"或"cordyback（科迪贝克）"。"一顶黑色的考德宾克帽"（1680, W. Cunningham, *Diary*）。

考尔（Caul）
女式

时期：14 世纪~17 世纪。

一种用丝线或金属丝网制成的挖花刺绣头巾或无檐便帽，有时衬有丝绸。通常是未婚女性佩戴，而已婚女性则戴面纱。中世纪的款式通常称为"饰网（fret）"。

时期：18 世纪和 19 世纪。
软帽或无边便帽的柔软帽冠。

男式

时期：17 世纪晚期及 18 世纪。
假发网底。"从他的假发额发……一直到网的位置，称为'考尔（caul）'"（1786, Peter Pindar）。

花椰菜假发（Cauliflower wig）
男式

时期：1750 年~1800 年。
一种较为浓密的鲍勃假发，通常是马车夫佩戴。

骑士袖（Cavalier sleeve）
女式

时期：19 世纪 30 年代。
一种日常装的袖子，肩部至肘部为宽大设计，至手腕为半松紧设计，沿外侧用一排丝带蝴蝶结系上。

卡克森假发（Caxon）
男式，极少为女式

时期：18 世纪。

一种后系缎带的假发，通常为白色或浅色，但有时也有黑色款。通常是"披头"假发，主要是专业人士佩戴。

"那儿的一些妇女……/入侵男人的领土，气势汹汹地咆哮，看上去很高大/不穿马裤，只戴假发/红头发的女士为了藏起她金色的头/把她的长发隐藏在深棕色的人群中/还有一些历经沧桑的年长女性，经过时间的洗礼，看上去皮肤像亚麻色/用炭黑色的卡克森（caxen）隐藏着她们的愤怒"（1798, Thomas Morton, *Secrets Worth Knowing*）。

束带（Ceint, Seint）
男女皆宜

时期：14 世纪和 15 世纪。
一种束腰带。

束带（Ceinture, Cincture）
女式

时期：16 世纪晚期~1900 年。

法语中指原始和英国化版本中的束腰带、腰带或饰带；19 世纪，英国文人特意使用的一种过时的说法。

礼服（Ceremonial dress）
男女皆宜

时期：中世纪以后。

指在特定仪式上穿的任何类型的服装，如纹章束腰外衣、授予骑士勋位、国事活动等。艾伦·曼斯菲尔德（Alan Mansfield，1979）的《礼仪服装》（*Ceremonial Costume*）包括"1660年至今的宫廷、民用和公民服装"，这本词典介绍了英国的各种礼服，包括从皇室成员到级别较低的官员所穿的各种礼服。然而，礼服与学术服装、教会服装、法衣或军装不同，一般与皇室服饰或国事活动密切相关。在西方社会，礼服可以搭配时尚服装穿，也可以融入时尚服装的元素，例如传统的贵族长袍和皇冠与现代晚礼服搭配。

铅白（Ceruse）

男女皆宜

时期：16世纪~18世纪末。

一种男女都用来美白面部的化妆品。最初由白铅制成。

卡多尔（Chador）

女式

时期：20世纪晚期。

一种外出时穿的罩袍，类似一些伊斯兰女性所穿的布尔卡，20世纪后30年在西方国家越来越流行，但在此之前一直作为传统服装穿着。卡多尔将面部露出。

详见"吉尔巴（jilbab）""喜佳伯（hijab）""尼卡伯（niqab）""面纱（veil）"。

查弗斯（Chaffers）

女式

时期：16世纪。

英国山墙形风帽的刺绣驳头。

连环假发（Chain buckle）

男式

时期：18世纪中期。

一种卷曲的假发，"buckle"一词表示卷曲。

表链孔（Chain-hole）

男式

时期：1879年~20世纪中期。

一个额外的表链孔，类似扣眼，垂直布置在马甲的两个扣眼之间。1879年首次出现，1888年开始较为常见，1895年开始普通西装上普遍带有表链孔。

尚巴尔披风（Chambard mantle）

女式

时期：19世纪50年代。

一种七分袖披风，带风帽或衣领，背部有又深又宽的镂空褶皱。

黑缎袍（Chammer, Chimer, Chimere, Chymer, Shamew）

男式

时期：14世纪晚期~19世纪初期。

一种前襟敞开的华丽带袖长袍。"一件黑色缎面袍子，三条黑天鹅绒边，饰以貂皮"（1517, Wardrobe Inventory of Henry Ⅷ）。其他含义和用途与牧师服相关，例如主教穿的带上等细布袖的宽松长袍。

大臣假发（Chancellor）

男式

时期：18世纪。

一种假发，可能是采用全底设计。

钩扣（Chape）

时期：中世纪以后。

带扣或剑鞘上的金属部分。"一个钩扣……把带扣的搭扣销扣到位"（1688, Randle Holme, *Academy of Armory*）。

手臂帽（Chapeau bras）

男式

时期：1760 年 ~ 1840 年。

一种方便在腋下携带的礼帽。

18 世纪，这种帽子是一种扁平的三角帽；到了 19 世纪，演化成一种扁平的半月形样式，通常放在腋下携带，但有时候会戴在头上，帽顶呈前后向；到了 19 世纪 30 年代，这种帽子通常被称为"歌剧帽（opera hat）"。

女式

时期：1814 年。

一种缎面篷形女士头巾，折叠之后非常小巧，方便放在手提包里携带。

夏普仑（Chaperon）

男式

时期：14 世纪。

英国法语中指一种带"披风（gole）"或披肩或垂坠尾状长飘带的风帽。

时期：15 世纪。

由风帽（hood）演变而来，是一种头饰，由圆形卷轴或上衣硬领、尾状长飘带或披肩组成，有时采用悬空设计，有时缠绕在头上，下垂的帽冠类似鸡冠形状。

夏普仑（Chaperone）

女式

时期：17 世纪。

一种搭配休闲装、质地柔软的小风帽。

串珠项圈（Chaplet）

男女皆宜

时期：盎格鲁-撒克逊时期及 16 世纪。

最初指头戴花环，在国际劳动节、圣灵降临节以及婚礼等庆祝场合，男女都会佩戴。到了 15 世纪，只有新娘才佩戴鲜花串珠项圈。

时期：14 世纪 ~ 16 世纪初期。

镶嵌着宝石的饰环，也称为"金匠的王冠（coronal of gold-smithry）"，在节日场合男女都戴，16 世纪时新娘佩戴。

时期：14 世纪晚期及 15 世纪。

由捻线丝或缎子制作的一种饰环，或者一种装饰性的垫圈卷，不限于节日场所佩戴，主要是女性佩戴，有时男性也戴。"为德比伯爵（Earl of Derby）的女儿们准备的白色或红色塔夫绸和红色格子呢"（1397, Duchy of Lancaster Records；白色和红色是金雀花王朝的制服颜色）。

时期：17 世纪。

指短念珠或一串珠子。"挂在她脖子上的一串串珠项圈"（1653, H. Cogan, *Pinto's Traveles*, ed. 1663）。

夏洛蒂·科黛软帽（Charlotte Corday bonnet）

女式

时期：1870年~1890年。

一种户外佩戴的头饰，直立的帽冠用质地柔软的材料制成，抽拉后连接到一个饰有褶边的窄帽檐上，连接处用宽丝带遮盖，宽丝带后面带有挂件绳。1889年，出现了一种扁平帽冠的款式。

夏洛蒂·科黛帽（Charlotte Corday cap）

女式

时期：19世纪70年代。

一种在室内佩戴的日用帽，小巧的帽冠用蓬松的平纹细布制成，聚拢在一根饰带下边，而饰带下边有一根蕾丝褶边饰带。后面饰有小巧的网眼花边垂饰以及长长的悬垂丝带。

沙特莱纳（Chatelaine）

女式

时期：19世纪40年代~20世纪初期。

一种系在腰部的装饰性链子，通常有一个钩子，钩子上挂着各种家用物品，如剪刀、小刀、卷尺、顶针盒和纽扣钩等。19世纪40年代的沙特莱纳通常用切割钢材制成，而到了19世纪70年代则用氧化银、钢或电镀材料制成。

腰链包（Chatelaine bag）

女式

时期：1870年~1890年。

一个像腰链一样挂在腰带上的小包。通常采用皮革制成，有金属装饰物。

绍松（Chausons）

相当于英语中的"braies（布雷裤）"。

德文郡狩猎挂毯 *The Boar and Bear Hunt*，这张来自佛兰德南方的挂毯制成于1425年~1430年，其中描绘了一群精锐猎人、他们倾慕的女伴以及几名随从。画面中的色彩较为丰富，包括多数男性佩戴的两色拼接色霍兹（mi-parti hose）、毛皮制嘎翁（furred gown）和夏普仑头饰（chaperon headdress）以及女性用假发束起的高髻（左上）或者复杂的面纱（右下），所有这些都展示了这一时期精英服饰的奢华风格。图片版权属伦敦维多利亚与艾尔伯特博物馆。

绍松布尔（Chausseambles,Chauuxsimlez, Chasembles, Cashambles）

男式

时期：中世纪。

源自一个法语词汇，一种长筒袜鞋底用皮革或鲸须缝制，因此不用再穿靴子或鞋子；到了1350年至1450年，一般是贵族穿。

时期：1450 年～17 世纪初期。

这些是获得薰浴勋位（Order of the Bath）的人的专属礼服。"白色皮革底的布制长袜，称为'cashambles'，但是没有鞋子"（1610, British Museum, Harl. MS 5176）。

肖斯（Chausses）

男式

时期：中世纪。

中世纪马裤（hose）的英国法语说法，但是随着英语逐渐取代英法语系，成为骑士和贵族的主流语言，15世纪，"chausses"一词被"hose"取而代之。"hose"一词自11世纪以来已经在使用。后文盔甲词条中提到了"chausses"一词。

底层青年（Chav）

男女皆宜

时期：20 世纪 90 年代中期开始。

一种年轻人的风格，最初出现在英格兰南部。尽管穿着"设计师"品牌的服装，但仍被视为廉价和品位低下的。"……穷人阶层的时尚——人造面料、假标签和大量的8克拉黄金"（*The Sunday Times*，2004年8月15日）。

奇兹（Cheats）

男式

时期：17 世纪。

一种马甲，前身有大量饰片，而背面则用较为廉价的面料制成。

时期：19 世纪。

有时指带领衬衫式前襟，作为假衬衫穿。

横向裁剪（Check）

详见"横向裁剪（cut-in）"。

格子围裙男（Checkered-apron men）

时期：16 世纪。

详见"围裙（apron）"。

脸颊耳朵护套（Cheeks and ears）

详见"考福帽（coif）"。

脸颊裹布（Cheek wrappers）

女式

时期：1750 年～1800 年。

睡帽或法式睡眠头罩的侧翼。

切尔西靴（Chelsea boots）

男式

时期：20 世纪 50 年代晚期。

也称为"elastic-sided boots（侧松紧靴）"。这种靴子高及脚踝，是为了搭配当时流行的锥形裤而生。"这双黑色切尔西皮靴造型优雅，小巧的凿形鞋头，侧面松紧带上有褶裥，橡胶鞋跟，非常时髦"（1963,

Freeman's Mail Order catalogue）。

修米兹（Chemise, Camise）

女式，有时也有男式

时期：中世纪~15世纪。

中世纪英语中将其称为"kemes"或"kemse"，贴身穿着。在中世纪早期，通常由亚麻布制成，男女均可穿着。从13世纪到14世纪初期，通常将修米兹（chemise）和罩衫（smock）区分开来。"她那短小的白色修米兹……和白色的罩衫"（1200年，*Trinity College Homilies*, 163）。当时，有些修米兹是彩色的，穿在罩衫外面。后来，女款称为"smock（罩衫）"，男式款则称为"shirt（衬衫）"。从14世纪早期开始，"chemise"一词就消失了，直到18世纪晚期再次从法国传入，成为罩衫或衬衣（shift）的礼貌性叫法。

时期：19世纪。

修米兹由亚麻布、家纺布或棉布制成，较为宽大，长度及膝，整体呈长方形，采用短袖设计、无修边。1850年，开始采用方领设计，前襟经常盖住紧身褡的顶部。1876年，为了更贴合胸部形状，设计师开始采用褶饰三角形布料。随后，开始用褶边、褶裥和网眼花边进行精饰。19世纪90年代，它逐渐被连衫裤取代。

时期：20世纪以后。

通常是英文词组"chemise dress（衬裙式连裙装）"的简写，不属于"内衣（undergarment）"。

衬裙式连裙装（Chemise dress, Chemise gown, Chemise robe）

女式

时期：1780年~1810年。

一种轻便简做连衣裙，与内衣无异，通常由轻薄的平纹细布、细棉布或彩色丝绸制成，采用当时流行的腰线设计。

在18世纪晚期，上衣的领口较低，通常搭配一根饰带，袖子又长又紧，称为"珀迪塔连衣裙（perdita chemise）"的英式衬裙式连裙装，从胸前到下摆都用纽扣扣住，或多根丝带蝴蝶结系住，饰带是必备的搭配品。

19世纪初期，有的领口设计有一个下垂的褶边，从而抬高领口，而有的则采用低领设计。前襟通常带有纽扣，还可以加上一个小裙裾。袖子较短，形似甜瓜，没有饰带。

时期：20世纪以后。

1918年的衬裙式连裙装既有紧身胸衣的特点，也有束腰外衣的特点，可以从头上套下来，搭配打底裙，不需要扣合件。后来，指一种轻便、紧贴的连衣裙，且通常无袖。

女式无袖胸衣（Chemisette）

女式

时期：19世纪。

19世纪上半叶兴起的一种白天穿的高领无袖服装，紧身胸衣用白色平纹细布或细棉布填充，前襟采用低胸设计。到19世纪60年代，演变成一种长袖衬衫。

时期：20世纪。

低胸连衣裙的领口处镶嵌的网眼花边或织物。

旗袍（Cheongsam）

女式

时期：1950年以后。

一种传统的一片式中式连衣裙，中式立领，胸前采用不对称系合设计，紧腰身，裙身两侧开衩，通常用锦缎制成。20世纪50年代中期，旗袍作为一种鸡尾酒裙在非华人女性中流行开来。如今通过改变袖子和裙长的设计，有多种款式，甚至有露背款。

切斯特菲尔德大衣（Chesterfield）

男式，有时也有女式

时期：1840年以后。

一种以第六代切斯特菲尔德伯爵（Earl of Chesterfield, 1805~1866）的名字命名的大衣。切斯特菲尔德是19世纪三四十年代的时尚领袖。采用微收腰板型，有单排扣或双排扣，背开衩较短，有背中缝，但腰部无接缝，或有旁摆衩。领子一般采用天鹅绒面料，通常设计有多个侧襟口袋，左胸外侧也有一个胸前口袋。到了1859年，在右侧口袋上方添加了一个小票夹袋。用四五颗包扣固定至腰部，偶尔用门襟固定。

19世纪50年代，法国将这种款式的大衣称为"twine"，与"男大衣（pardessus）"相对应。

裁缝通常将其称为"切斯特（chester）"。到了20世纪初期，这种服装发展成为一款男女通用款经典大衣。

谢夫塞尔（Chevesaille）

时期：中世纪。

取自古法语"chevecaille"一词，使用较少，指衣服颈部的边。乔叟（Chaucer）在《玫瑰传奇》（*Romaunt of the Rose*）一书中用到了这个词，1400年。

谢沃-德-弗里兹（Cheveux-de-frise）

时期：18世纪。

一种锯齿状褶边或镶边。

波浪形（Chevrons）

女式

时期：1826年~19世纪晚期。

"裙摆上方的一种新型装饰"，呈"之"字形。

鸡皮手套（Chicken-skin gloves）

女式

时期：17世纪晚期~19世纪初期。

"晚上用一些鸡皮来保持她的双手饱满、洁白、柔软"（1690, J. Evelyn, *Mundus Muliebris*）。

虽然保留了"鸡皮"这两个字，但是有很多这种手套是用其他皮革制成的，"听到这个名字，大家会觉得手套是用鸡皮制成的，但是恰恰相反，它们是用一种薄而结实的皮革制成的，上面涂有杏仁和鲸蜡"（1778，来自Warren the Perfumer的一张购物清单）。

详见"利默里克手套（limerick gloves）"。

发髻（Chignon）

女式

时期：1750年以后。

指在脑后盘绕成髻的一种发式。18世纪90年代的"chignon flottant"是一种用头发盘成的发圈或小圈卷，从脑后垂到颈部。

详见"爆炸式盘发（banging chignon）"。

19世纪60年代晚期和19世纪70年代，发髻的尺寸达到最大。当时的发髻主要是用人造头发和一簇簇固定在一起且风格较为正式的卷发（marteaux）制成。"佩戴假发的人数相当惊人，这些"marteaux"用梳子固定在一起，然后一个发髻就完成了"（1866）。"发髻的重量一般为141克，或者更重"（1868）。到了20世纪，如果把短发或者烫发后梳成一个发髻，人们通常会认为它是过时的。然而，到了20世纪60年，一种用自然发或人造头发梳成的经典发髻再次流行起来，佩戴者会把它高高地戴在头顶上。

烟囱帽（Chimney-pot hat）

男式

时期：19世纪30年代～19世纪末。

一种高顶帽，帽檐较窄，取代以前流行的高顶海狸帽。

"表面有一层丝绸，上面有兔毛毡，表面光滑如缎。"（1862, Mayhew, *London Labour and the London Poor*）。

同义词：常礼帽（pot hat）、高顶礼帽（top hat）、大礼帽（topper）、硬礼帽（silk hat）、高礼帽（plug hat）。

颈部斗篷（Chin cloak, Chin clout, Chin cloth, Chinner）

时期：1535年～17世纪60年代。

"长围巾（muffler）"的同义词。

中式拖鞋（Chinese slipper）

女式

时期：1786年。

详见"中式拖鞋（kampskatcha slipper）"。

中式斯宾塞外套（Chinese spencer）

女式

时期：1808年。

一种非常短的夹克或斯宾塞外套，前片有两个长长的"V"形角。

斜纹布裤（Chinos）

男式

时期：1940年以后。

美国词汇，取自"chino（丝光斜纹棉布）"一词，指一种棉质斜纹织物，表面有光泽，用于制作美国军人夏季穿的休闲裤。这种面料最初的颜色是卡其色，现在这种布料有各种颜色，而且有浅有深。

下巴托（Chin stays）

女式

时期：19世纪20年代晚期～1840年。

用薄纱或网眼花边做成的荷叶边，系在帽带的嵌饰上，系上后在下巴处形成一条褶边。

详见"下巴托（mentonnières）"。

凯同衫（Chiton）

男女皆宜

时期：公元前 480 年~323 年。

一种古希腊服装，由一块布缠绕在身体上并用别针固定在肩部，或由两块布沿着顶边系在肩部和手臂下部。这两种款式都可以用束腰带固定在胸部以下或腰部。

这种服装激发了后期设计师和制造商的灵感，衬裙式连裙装（chemise dress）和福图尼（Fortuny）设计的德尔斐褶皱裙（delphos dress）都是在此基础上设计的。

猪小肠饰边（Chitterlings）

男式

时期：16 世纪~19 世纪。

衬衫前襟上的拉夫领和褶边及其装饰性褶皱方式的通俗说法。

克莱密斯短氅（Chlamys）

男式

时期：公元前 480 年~323 年。

一种用羊毛织成的布料制作的长方形斗篷或披风。最初由士兵穿着，先用作缠腰布，后来用作不对称斗篷，再后来被普遍使用，可能会套在凯同衫外面。

宽领带（Choker）

男式

时期：19 世纪。

侍者和神职人员高高围在颈部的一块白色大手帕，与领巾类似。

女式

时期：19 世纪晚期。

一种高高地围在喉咙周围的带子、缎带或镶有珠宝的带子，通常在晚间佩戴。

柯丽衫（Choli）

女式

时期：20 世纪以后。

棉质或丝绸制成的紧身胸衣，印度女性通常把它穿在莎丽里面。有些款式露出腰部，还有一些改版由各种非印度本土面料制成，供西方女性在锻炼和休闲活动时穿着。

萧邦鞋（Chopine, Chopin, Chapiney）

女式

时期：16 世纪和 17 世纪。

一种外靴，由固定在软木或木头高底上的鞋头组成，有各种装饰。除了在剧院之外，这种鞋在英格兰较为少见，但是"有很多这种萧邦鞋，非常高，甚至高达半码"（1611, T. Coryate, *Crudities*）。

卷心菜发髻（Choux）

女式

时期：17 世纪晚期。

一种女式发髻。"发髻或（一束头发）又大又圆，就像一颗卷心菜"（1690, J.Evelyn, *Mundus Muliebris*）。

恰克靴（Chukka boot）

男式

时期：20 世纪 30 年代以后。

一种仿麂皮或翻毛牛皮制成的靴子，最初供马球运动员穿。靴子长至脚踝，用两三个穿绳孔系在一起。还有一种类似款式称为"沙漠靴"，但沙漠靴更结实、鞋帮更高，最初供美国军队穿着。

希克拉通（Ciclaton, Cinglaton, Syglaton）

详见"希克拉斯（cyclas）"。

香烟裤（Cigarette pants）

女式

时期：20世纪50年代以后。

一种裁剪成锥形的裤子，到脚踝部位收窄与脚踝紧密贴合；卡普里裤（capri pants）的加长版。

电影院（的影响）（Cinema）

男女皆宜

时期：20世纪以后。

通过观察演员穿着的服装、不同身材和体型的人穿着服装的效果以及服装在穿着者动作过程中所呈现的效果，观众可以获取至关重要的信息。电影演员的重要性很快超过了舞台演员，并且从第一次世界大战前开始，各个杂志就开始详细介绍新星的服装和美丽秘诀。从20世纪20年代起，人们开始效仿演员的服装、发型、妆容和举止，标有"Studio Styles"（演员风格）等字眼的服装在百货商店和家庭服装制作图册中都可以找到，邮购目录在提供明星时尚风格方面同样产生了重要的影响。英式剪裁、美式家常便服、青少年时装、机车和嬉皮士服装都通过电影扩大了国际影响力。

切尔克斯族紧身胸衣（Circassian bodice）

女式

时期：1829年。

一种带有交叉褶皱的紧身胸衣，褶皱从肩部向下延伸至腰部并在腰部形成交叉。

切尔克斯族宽大长衣（Circassian wrapper）

女式

时期：1813年。

一种宽松的日用外套，剪裁类似睡衣，由平纹细布和网眼织物制成，袖子由平纹细布和网眼织物交替缝制而成。

圆箍饰环（Circlet, Serclett）

时期：15世纪和16世纪。

指金匠制作的装饰性圆形头卷或串珠项圈。"圆箍饰环，少女结婚时佩戴"（1540, Church-wardens'Accts., St. Margaret's, Westminster）。

圆形喇叭裙（Circular skirt）

女式

时期：1895年。

一种定制的拼片裙，臀部和背部有缝褶，下摆周长5.4米。

环形折叠帽（Circumfolding hat）

男式

时期：19世纪30年代。

一种圆形礼帽，帽顶较低，可以平整折

叠起来夹在腋下。

克拉伦斯（Clarence）

男式

时期：19世纪。

一种靴子，由质地柔软的折叠皮革制成的三角形角撑板和用于系带的穿绳孔制成，弹性边靴就是由这种靴子发展而来。

克拉丽莎·哈娄软帽（Clarissa Harlowe bonnet）

女式

时期：1879年。

一种用意大利麦秆辫编织而成的大软帽，帽檐向前卡在额头上，内衬天鹅绒。以1747年塞缪尔·理查逊（Samuel Richardson）小说中的同名女主角的名字命名。

克拉丽莎·哈娄胸衣（Clarissa Harlowe corsage）

女式

时期：1847年。

一种晚礼服款式，露肩，腰间系丝带；袖子较短，有两三层垂坠网眼花边。

古典服装

关于古典服饰术语的详细论述超出了本词典的范围。然而，希腊-罗马时期的服装在后来的教会、文学、绘画和戏剧服装部分都有提及，也收录到了时尚和时装设计师视觉词汇当中。尤其是希腊文化鼎盛时期（公元前480～323年），一直到公元前300年都影响着罗马文化。因此也酌情收录了一些有助于服装历史研究的基本术语。

详见"半高筒靴（buskins）""凯同衫（chiton）""克莱密斯短氅（chlamys）""cothurnus（半高筒厚底靴）""希玛纯（himation）""帕拉包缠式外衣（palla）""帕留姆（pallium）""佩柏勒斯衫（peplos）""斯多拉女衫（stola）""托加长袍（toga）""突尼卡（tunica）"。

经典风格（Classic style）

男女皆宜

时期：20世纪以后。

经得起时间考验的高雅服装，这类服装永不过时，即使不时会有微妙改造，也依然能被挑剔的客户接受。这类服装包括风衣、羊绒套衫、粗花呢夹克和布罗克鞋。

斗篷（Cloak）

男女皆宜

时期：盎格鲁-撒克逊王朝以后。

一种宽松的外衣，长度不定，从颈部一直垂到肩部，有多种有固定名称的款式，可分别详见对应的标题。

斗篷袋（Cloak bag, Portmanteau）

男式

时期：16世纪以后。

一种旅行时可以用来存放昂贵的斗篷的袋子，通常放在马背上。

从18世纪开始，斗篷袋指存放衣服的工具，通常由皮革制成，并带有铰链，可以分为两个部分打开。

斗篷袋马裤（Cloak-bag breeches）

男式

时期：17世纪初期。

呈椭圆形的马裤，较为宽松，在膝盖上方收紧，一圈用装饰性金属尖头网眼花边或丝带环绕，或者用缎带玫瑰花结在膝盖以下收口，或者在外侧用蝴蝶结收口。

钟形帽（Cloche, Clocher）

时期：13世纪晚期~15世纪。

一种旅行斗篷。

详见"钟形斗篷（bell）"。

钟形帽（Cloche hat）

女式

时期：1920年以后。

一种较为贴合头部的钟形帽，帽檐较低，遮住额头和眼睛；20世纪20年代非常流行，后期偶尔也会流行。

绣花边花（Clock）

时期：16世纪以后。

一种拼衩或者衣服中的插三角结构，起到使衣服加宽的作用，如可在衣领、长袜等部位使用。

"带带子（领子）的绣花边花通过将织物放在衣服中使其变圆"（1688, R. Holme, *Armory*）。

在16世纪，一些女性戴的风帽的披肩部分有的有绣花边花，有的没有。此外，由于人们开始用刺绣来装饰用于制作插三角结构的缝线，所以绣花边花一词也用来表示这种刺绣形式，并且"吊线边花袜子（clocks of stockings）"指的是脚踝处的刺绣，无论是否有三角形布。

木屐（Clogs）

男女皆宜

时期：中世纪以后。

一种木头底的外靴，具有防踩泥的功能。一直到17世纪，"木屐（clogs）"和"木套鞋（pattens）"是两个同义词。它的形状沿用了当时流行的时尚鞋类。"木屐或木套鞋，可以帮助他们不踩泥"（1625, Purchas, *Pilgrimage*）。

时期：17世纪和18世纪。

指女式皮底外靴，只有脚背带，通常搭配鞋子一起穿。（客人来了后）"绅士们把他们的帽子和拐棍放在一个角落，而女士们则把她们的木屐放在另一个角落"（1780, *The Mirror*, no. 93）。

全部用木头制作的鞋子，也称为木屐，通常是乡下人穿。

1925年至1930年，一顶带有重叠闪光装饰片的鸟头形状的钟形帽。

时期：20世纪以后。

指任何形式的鞋类，这些鞋类通过使用多种不同的材料复制出木屐的形状，包括塑料等合成材料。

合身外套（Close coat）

男式

时期：18世纪和19世纪。

指用扣子扣紧的外套；"穿上一件单色的合身厚大衣"（1757, Dec., *Norwich Mercury*）。

克洛特鞋（Clot, Clout-shoen）

男式

时期：15世纪。

一种用薄铁板制成的厚重鞋子，劳动者穿。

织物（Cloth）

由天然或人造纤维或丝线编织、针织、毡制、扎制成的织物，或材料的基本含义中派生出多种含义。更具体地说，在西方，它是一种传统上由裁缝和其他服装制作者从羊

一双长筒丝袜，1730年~1750年。机器编织，两侧和白色拼衩吊线边花上方饰有白色丝绸。彩色长袜通常搭配西装或连衣裙，1750年之前，男女都穿这种色彩鲜艳的长袜，1750年之后，随着时尚变迁，人们开始更喜欢白色的长筒丝袜。

袜子绣花边花和装饰细节。

毛纺织商那里购买的毛料。这个词也可以指长度或者具体的数量，"两匹布，和……一匹半布"（1721年10月31日，*The London Gazette*）。

衣服（Clothes, Clothing）
男女皆宜

时期：中世纪以后。

用简单或复杂织物制成的布料或服装、服饰，来遮盖、掩饰裸体，或者美化人体形态。

服装配给（Clothes rationing）
男女皆宜

时期：1941 年 ~ 1950 年。

第一次世界大战期间，布料和服装短缺，1918年英国政府试图推出国家标准服装（National Standard Dress）的做法并未受到欢迎，但是到了第二次世界大战期间，英国政府开始针对服装以及其他关键资源实施配给制。每个人都有一本物资配给簿，里边有每年的定量配给券。成年男性一共有66张券，这一数量并不多，因为一套衣服就要用26张，一件套头衫要用5张，因此当时的黑市非常活跃，英国政府鼓励民众"修补一下对付使用"，跟一战时期的回收利用政策类似。在美国和其他地方，针对布料使用以及制作更简单实用的服装的方法也都有规定。

详见"实用计划（Utility scheme）"。

轻柔女围巾（Cloud）
女式

时期：19 世纪 70 年代。

一种长围巾，户外用来遮盖头部，搭配晚礼服使用；"……身披天鹅绒斗篷，头戴白色轻柔女围巾"（1888, R.Kipling, *Plain Tales from the Hills*）。

破布（Clout）
男女皆宜

时期：中世纪以后。

包括多种不同的含义，包括旧衣物、补丁以及制作补丁的布料，还指婴儿尿布。

击棍（Club）
男式

时期：中世纪以后。

一根笨重的棍状物，在18世纪30年代以及19世纪前十年，风靡一时，不同于手杖（cane），但也被罪犯当作攻击或保护性武器携带。

时期：18 世纪。

"卡多根假发（catogan wig）"的另一种叫法。"如果你穿的是便装，要是你手里没有两根跟你的拳头一样粗的击棍，那么你还是别让别人看见你了"（1769, G. Colman, *Man and Wife*）。

女用无带提包（Clutch bag）
女式

时期：20 世纪 50 年代以后。

"pochette（装饰吊袋）"的一种新叫法，即一种可以手拿或放在腋下的小手提包，各种款式都没有提手，用各种天然或人造材料制成。

钱袋（Cly）

时期：16 世纪以后。

口袋（pocket）的俚语叫法。

外套（Coat）

男女皆宜

时期：13 世纪。

日常穿的宽松束腰外衣，男女都穿的一种常见服装，不过女性更常穿"衬裙（kirtle）"。

男式

时期：14 世纪和 15 世纪。

这个词在很大程度上已经被"基庞（gipon）"或"达布里特（doublet）"取代。

详见"科特（cote）""科塔尔迪（cote-hardie）"。

时期：16 世纪。

一种套在达布里特外面的短袖或者无袖上衣或短上衣。

时期：17 世纪中期。

开始逐渐有了现代含义，即带袖紧身衣，根据当时的时尚风格有所不同，作为合身外套或者上衣穿。

时期：18 世纪。

与佛若克（frock）不同，无倒挂领。18 世纪末期，正装都采用立领。当时，日间外套和佛若克融合成为"佛若克礼服大衣（frock coat）"和"燕尾服（dress coat）"，作为日间礼服或晚礼服，并且开始取代以前的外套。

时期：19 世纪以后。

日间穿的各种外套和大衣的简称。

女式

时期：16 世纪～18 世纪末。

英文单词"coat"是"petticoat"的缩写，一般指衬裙或礼服衬裙。

时期：19 世纪以后。

指各种款式的外衣，如夹克、大衣等。

外套紧身胸衣（Coat-bodice）

女式

时期：19 世纪 80 年代。

一种用长款巴斯克制作的日间上衣，背部有褶，类似臀部带两粒纽扣的男式佛若克礼服大衣，颈部采用高领剪裁，有外口袋，整个前片全部系合。有时，也会制成双排扣款式。通常是量身定做。

外套式连裙装（Coat dress, Coat frock）

女式

时期：约 1914 年以后。

类似连衣裙的半正式服装，但具有类似单排扣或双排扣外套的某些风格特征，尤其是在面料重量方面，一种非常实用的春季或秋季服装。"外套式连裙装未来一定会非常流行，它可以套在马甲、衬裙或公主裙外面"（1915, *Vogue*）。

比尔·吉布（Bill Gibb）设计的外套式连裙装，1972年，面料为淡黄色人造丝，用大黄蜂形状的纽扣系合，接缝采用黄黑相间的压线饰缝。吉布（1943～1988）是一名苏格兰时装设计师，曾在中央圣马丁艺术与设计学院（Central Saint Martins）学习，因其设计的女性服饰颇受欢迎而知名。

紧身短上衣（Coatee）

男式

时期：18世纪后25年～20世纪初期。

一种非常贴身的上衣，前片齐腰短尾，主要是士兵穿，例如托马斯·桑德斯（Thomas Saunders）笔下的一个小偷，这个小偷是海军陆战队的一个二等兵，"两件红色夹克，一件外套，一件白色夹克……"。一些不是当兵的人也穿，1826年5月，一起高速公路抢劫案的目击者说"外套和夹克中间是纬起毛织物制的外套（fustian coatee）……"（Old Bailey Proceedings）。19世纪50年代随着开始被束腰紧身军装取代，"大型俱乐部和酒店"里的员工开始穿它，取代了"过去用于待客的服务员穿的短上衣"（1902, T.H. Holding, Coats）。

女式

时期：19世纪40年代以后。

一种短夹克，通常带袖，白天和晚上活动时穿。

衣架（Coat-hanger）

男式

时期：19世纪以后。

这个词最早用于指固定在外套领口上的一个环，可以用来将外套挂起，这种工具从1830年开始使用。1850年开始出现链式衣架。

也指一种木头或者金属结构，有时候有衬垫，可以放在衣服里面，顶部弯曲，可以挂在衣柜的衣杆上。

小外套（Coatlet）

女式

时期：1899年。

一种天鹅绒或毛皮短外套，扇形方领设计，翻边宽大。有的款式用织物制作，有装饰盘花纽扣和饰带镶缀。

大衣纽扣（Coats）
时期：18世纪。
服装裁剪术语，指衫钮。
详见"胸口饰针（breasts）"。

外套式衬衫（Coat shirt）
男式
时期：19世纪90年代。
一种前片全部开襟并用纽扣系合的衬衫；一种可以避免将衬衫套在头上的设计；美国的一种新发明，后来演化成了束腰衬衫（tunic shirt）。

外套袖（Coat-sleeve）
女式
时期：1864年以后。
剪裁与男士大衣类似的袖子，呈直筒状，肘部略微有弧度，至手腕处逐渐轻微收窄。用于女式上衣和夹克。19世纪70年代初期，穆斯可特服式袖口较为流行。

卷边帽（Cock, Cocked hat）
男式
时期：17世纪晚期～19世纪初期。
帽檐向上翻起的帽子，有多种不同的款式，如丹麦卷边帽（denmark cock）、蒙茅斯卷边帽（monmouth cock）和德廷根卷边帽（dettingen cock）。
后来，指戴帽子的角度，叫法也被调整为"cocked hat（卷边帽）"。

翘边帽（Cockered cap）
男式
时期：16世纪。
一种帽沿翘起的帽子。

涉水靴（Cockers, Cokers, Cocurs）
男式
时期：14世纪～16世纪。
一种粗糙的齐膝长靴，供劳动者、牧羊人和乡下人穿。

时期：17世纪。
一种高筒靴。"渔民涉水入海时穿的硕大的靴子，称为'涉水靴'"（1695, Kennet, *Par. Antiq. Gloss.*）。
在陆地上穿的款式通常指在侧面系上或扣上纽扣并绑在脚下的紧身裤。
详见"涉水靴（oker）"。

科克尔（Cockle）
女式
时期：17世纪。
卷发或小环。"一瞬间，她加速卷起她新买的发饰上的科克尔"（1608, Sylvester, *Du Bartas*）。

鸡尾酒裙（Cocktail dress）
女式
时期：1920年以后。
鸡尾酒或混合酒最早出现于美国，19世纪中期出口欧洲。
20世纪的鸡尾酒会通常在傍晚举行。为

了参加鸡尾酒会，人们会穿一种新式服装，这种服装比日间礼服更时髦，但是不像晚宴服或晚礼服那样正式。鸡尾酒睡衣（cocktail pyjama）和鸡尾酒会礼服（cocktail suits）也是为了鸡尾酒会而设计的。

科德（Cod）

时期：中世纪~16世纪。

一种包。

时期：18世纪。

钱包的俗称。

科多韦克（Codovec）

男式

时期：17世纪。

卡斯托帽（castor）的新叫法。

科多佩斯（Codpiece）

男式

时期：15世纪。

在紧身长裤的裆部形成一个钱袋的前袋盖。"看起来像口袋一样的科多佩斯（kodpese）"（1460, *Townley Mysteries*）。

时期：16世纪。

当搭配宽松短罩裤（Trunk-hose）时，科多佩斯内部会有填充物，高高地鼓起，并用花边系在罩裤上。

时期：17世纪和18世纪。

当鼓出的钱袋设计被摒弃之后，这个词通常指马裤前片的扣合件，而在18世纪，有时指马裤前片下垂的部分。

科德衩口（Cod-placket）

男式

时期：16世纪~18世纪。

指马裤前片的开襟。

科德林顿（Codrington）

男式

时期：19世纪40年代。

双排扣或单排扣外套，或宽松大衣，与切斯特菲尔德大衣有些类似。1827年，以纳瓦里诺海战中英国海军上将及获胜者爱德华·科德林顿（Edward Codrington）的名字命名。

科格斯（Coggers）

男式

时期：18世纪及19世纪初期。

硬皮革或织物制绑腿，侧面用脚背下的带子系合。

详见"涉水靴（cockers）"。

考福帽（Coif）

男式

时期：12世纪末~15世纪中期。

一种贴合头部的亚麻平布帽，类似婴儿戴的软帽，能够遮住耳朵，系在下颌。

时期：16世纪。

有学识的专业人员或者老年人用作衬

帽或者单独佩戴，用来保暖，有时用黑布制成。

女式

时期：16世纪~19世纪。

16世纪，人们把考福帽用作衬帽，后来在16世纪和17世纪初期，常常用彩色丝绣来装饰，两侧向前弯曲盖住耳朵（俗称"脸颊和耳朵"），通常搭配扎头带佩戴；18世纪，有时指室内佩戴的帽子，尤其是圆耳朵帽。

夸菲尔（Coiffure）

女式，有时也有男式

时期：17世纪以后。

起源于法语"coiffer"，用来装饰头部和整理头发，主要指女性发型或佩戴的头饰。

克昂德弗尔（Coin de feu）

女式

时期：1848年。

一种短外套，袖子宽大，颈部采用封闭式设计。由天鹅绒、开司米或丝绸制成，通常在室内套在"家居服"上。

克昂蒂斯（Cointise, Quaintise）

时期：13世纪和14世纪。

指时尚领域一种奇特或奢侈之风，也指14世纪的盔甲以及与盔甲相关的徽章或装备。

小领子（Collar）

时期：1300年以后。

系在衣服领口或单独添加的一块织物，用于遮盖颈部。在16世纪下半叶以及整个17世纪，"band"一词更为常用。

小领子的作用是限制颈部的自由活动，从而彰显阶级差异，并且这种作用持续了几个世纪。

详见"普鲁士形领（prussian collar）""时髦男子立领（masher collar）""二重领（stand-fall collar）""罗斯伯里领（rosebery collar）""伊顿式阔翻领（eton collar）""迪克斯领（dux collar）""皮卡迪利领（piccadilly collar）""马球领（polo collar）"。

SS领（Collar of Esses, SS collar）

时期：1360年~16世纪。

1360年，冈特的约翰（John of Gaunt）创立的兰开斯特家族使用的制服领；15世纪和16世纪，由都铎王朝的拥护者佩戴。

藏品（Collections）

时期：16世纪以后。

精英收藏家通过收集各类艺术品，在陈列柜中收藏了大量的珍奇物品，为后来的公共收藏品奠定了基础，存放这些公共收藏品的地方通常称为画廊或博物馆。17世纪，丹麦、俄罗斯和瑞典的皇室王朝收藏了特定的服装或纺织品，艺术家们收集了一些绘画道具类服装，剧院也从上层赞助人那里获得了一些服装，来为演员们补充服装。

20世纪，博物馆收藏的各种服装数量激增，从高级时装到民间和地区服饰都有。通过永久展示和临时展览，游客了解了过去服装与现代服装之间的延续，并且越来越多地为时装设计师提供了灵感。

私人收藏家包括坎宁顿夫妇。他们的服饰和相关材料藏品包括时装版画和照片，这些藏品1947年被曼彻斯特（Manchester）购买，形成了现在"Gallery of Costume"的核心。这些藏品仅仅是在世界各地的城镇中发现的众多具有重要国际影响的藏品中的一部分。

详见"复古（vintage）"。

科琳·鲍恩斗篷（Colleen Bawn cloak）

女式

时期：1861年。

一种用白色捻纱罗织物制作的斗篷，背部中间挂着一件大披肩，上面有两个玫瑰花饰品。以迪翁·布希高勒（Dion Boucicault）的同名情节剧命名。

学院靴（Collegians, Oxonians）

男式

时期：19世纪30年代。

一种短靴，"鞋面两侧各有一个楔形切口，便于穿上"。

穿歪了（colley-westonward）

男式

时期：16世纪。

表示"穿歪了"，指曼迪利翁（mandilion），一种斜向穿的时髦夹克，一只袖子悬在前面，另一只在后面。

颜色（Colour）

一种特殊的颜色或色调，用来区分天然或合成纤维染料的自然色，通过编织或印花在纤维或者纺织品上产生新的颜色。

《词汇表：已过时的颜色》中介绍了1800年前各种颜色的名称。

有色西装衬衫（Coloured shirt）

男式

时期：19世纪40年代以后。

由水上运动衫（aquatic shirt）发展而来，一般为粉色。1860年，带有各种彩色图案的法国印花细棉布开始用来制作休闲衬衫。到了1894年，白领的有色西装衬衫"非常流行，即使搭配佛若克礼服大衣也非常得体"。"纯色款有条纹，而带有整齐条纹的粉色和蓝色款最受欢迎。"

到了20世纪60年代后期，制作的衬衫有各种颜色和图案，比如格子图案、佩斯利旋涡图案和斑点图案，并且有搭配的领子。

详见"箭领衬衫（arrow shirts）"。

色彩象征主义（Colour symbolism）

时期：古代至今。

伊丽莎白一世（1533～1603）穿的黑白相间的服装，或者《第十二夜》中马伏里奥（Malvolio）系在黑色霍兹外面的黄色十字交叉袜带，都属于典型的色彩象征主义。从最早期，不管是单独还是组合起来，所有颜色都能传递信息，比如在自然界中，黑色代表黑暗，蓝色代表天空或水，绿色代表春天，红色代表血液，黄色代表太阳。希腊剧作家在他们的戏剧中采用了色彩象征主义，并且早期的基督教牧师发现颜色还有其他含

"Farewell to All That: 1901~1914"是2013年9月至2014年8月在彻特西博物馆举办的一场展览。通过临时展览和各种公共藏品、私人藏品的展出,观众得以多角度去了解这些展品的风格、颜色和装饰形式。人们在书中、电影中,还有视频里看到的不管是过去还是现代的服饰,往往都是平面的,而现实中的服饰却能给人以启示。

义——红色代表基督的血,蓝色代表真理和永恒,黄色代表构成人体的不洁泥土,白色代表纯洁的灵魂。教丘英诺森三世(Pope Innocent Ⅲ)在1198年规定了法衣的适当颜色,而纹章学则提供了世俗的色彩象征主义。染料提供了丰富的色调和色彩选择,塑造出更为微妙且有时具有指示性的象征主义,这种象征主义在16世纪的一系列出版物中得到了体现。

最初,西西里(Sicile)的 *Le Blason des couleurs en Armes Livrees et devises*……可以追溯到1528年,后来,莫拉托(Morato)的 *Del significato de'colori*(1535)、奥科尔蒂(Occolti)的 *Trattato di Colori*(1557)以及多尔奇(Dolci)的 *Dialogo……dei colori*(1565)等都直接或者间接地传播了这种信息,这些书籍有多种不同的版本、译本和复制本。黄色代表的象征意义最多,或许是因为黄色本身的范围较多,比如金黄色、柠檬色、橙黄色和黄褐色;罗马的新娘会佩戴橙黄色婚礼面纱,这种面纱代表着希望,但是黄色也用来代表异端、嫉妒和背叛,而黄色搭配黑色时则象征着恒久不变或者悲伤。现代人对文化、地方、国家、地区和心理联系的理解以及各种出版物对颜色的理解提供了进一步的解释。如果设计师在毫无预兆的情况下改变服装、旗帜、队服和制服一种或者多种颜色，他们的行为可能会引发愤怒。

梳子（Comb）

女式

时期：19世纪以后。

除了用来梳理头发，还出现了一些装饰性的梳子，这类梳子一般有几厘米高，由玳瑁壳或金属制成，直的或弯曲的上边缘上有穿孔或者镶嵌着宝石、铅质玻璃、珍珠或类似物品。这类梳子在流行垂直发型的几十年里颇受欢迎，比如19世纪20年代晚期和20世纪初期。"崭新的真玳瑁壳制梳子，镶嵌着'维特洛克（whitlock）'钻石（仿制品），搭配夸菲尔发型非常好看，这些梳子可能每只售价一基尼"（1904, *The Lady's Realm*）。20世纪，出现了较为廉价的塑料梳子，一般是成对售卖，人们用来把头发从面部挽起。

详见"王冠梳（diadem comb）"。

连衫裤（Combinations）

男式

时期：19世纪中期~1950年。

虽然18世纪晚期儿童已经开始穿连体内衣，但是一直到1862年，由一块羊毛织物制成的成人背心和内裤才获得专利；19世纪80年代开始，这种连体内衣流行开来。

女式

1877年，出现了女式连衫裤，这种内衣将胸衣和内裤连在一起。有的款式采用高领和长袖设计，由亚麻布、美利奴、印花布、奈恩苏克布和耐洗绸缎制成，用于日间穿着。到了1885年，这类衣服采用Jaeger & Co.推出的天然羊毛制成。到了19世纪90年代，出现了更为优雅的款式，饰有网眼花边，并且颈部有时会用彩色"儿童用饰带"拉进去，"女式天然或白色美利奴连衫裤"（1914, *Gamages General Catalogue*）。

羊毛围巾（Comforter）

男式

时期：19世纪40年代以后。

一种在寒冷的天气围在颈部的羊毛围巾。

详见"长围巾（muffler）""围巾（scarf）"。

舒适凉鞋（Comforts）

女式

时期：1800年。

双底凉鞋。

康茉德（Commode）

女式

时期：17世纪晚期及18世纪初期。

17世纪90年代用来支撑头饰的金属丝框架，但到了18世纪初期，指头饰本身。"'康茉德'是一个金属丝框架，上面包着丝绸，在康茉德上可以调整整个头饰"（1690, J. Evelyn, *Fop-Dictionary*）。

一件女式连衫裤，1901 年~1910 年，饰有网眼花边的白色棉质款，带有桃红色丝带。连衫裤指这种将胸衣和内裤连在一起的衣服，是 19 世纪 70 年代中期至晚期随着人们追求更为优美的轮廓造型而兴起的。图片中的连衫裤保留了维多利亚时期的开衩设计，但是当时已经出现了执政内阁式短衬裤（Directoire knickers）。

18 世纪，康茉德由一顶亚麻帽组成，饰有网眼花边，顶部有多层活褶，下面有一个金属丝框架支撑。有两个垂饰，一般是蕾丝材质，有的款式是下垂款，而有的是用别针别住。

罗盘斗篷（Compass cloak）

男式

时期：16 世纪和 17 世纪。

一种法式斗篷，裁剪成圆形。"半罗盘斗篷（half compass cloak）"是半圆形的。

卷发夹（Confidants）

女式

时期：17 世纪晚期。

"耳朵旁边的一种小巧卷发夹"（1690, J. Evelyn, *Mundus Muliebris*）。

康斯特布尔斯（Constables）

男式

时期：1830 年~1840 年。

"一根非常小巧且没有手柄的手杖，顶部镀金"（1830, *Gentleman's Magazine of Fashion*）。

前撑阔边帽（Conversation bonnet）

女式

时期：1806 年。

一种波克罩帽，帽檐一侧突出于脸颊之外，另一侧从脸颊向后翻。

后撑阔边帽（Conversation hat）

女式

时期：1803 年。

与前撑阔边帽（conversation bonnet）类似，但是整个帽檐在后面。

苦力帽（Coolie hat）

女式

时期：20世纪以后。

一种宽大的圆锥形帽子，通常是用草编成的，用来遮阳。这种叫法源自一些东亚劳动者戴的帽子。

蔻普斗篷（Cope）

男女皆宜

时期：中世纪以后。

最初，在整个中世纪时期，是一种宽大的半圆形斗篷，带风帽，前片开襟。男女都穿，用来抵御寒冷和雨水。与没有风帽的披风（mantle）不同。

"一群女士……身着宽松长袍和华丽蔻普斗篷……这块布料如果是全新的，可以制作成蔻普斗篷或者披风，但是从时间上来说，先是蔻普斗篷——当它变旧之后，可以剪去头部，变成披风（1393, Gower, *Confessio Amantis*）"。此外，蔻普斗篷是一种僧侣服和教会法衣，至今仍在使用。

科波坦（Copotain, Copentank, Coptain, Coppintanke, Coptank, Coptank）

男女皆宜

时期：16世纪和17世纪。

最初是在1508年出现，但是在1560年至1620年非常流行。它是一种有边帽子，帽冠较高且呈圆锥形，帽檐宽度适中，通常在两侧卷起。1640年至1665年，作为一种圆锥形的帽子再次流行起来。

尖头帽（Copped hat, Copped cap）

男式

时期：16世纪和17世纪。

与科波坦（copotain）类似。"有时候，男士会戴着像圆锥一样的尖顶帽子"（1519, Horman, *Vulgaria*）。

尖头鞋（Copped shoe）

男式

时期：1450年~1500年。

一种鞋头较尖的鞋。

珊瑚醋栗纽扣（Coral currant button）

男式

时期：19世纪50年代。

一种形似红醋栗的珊瑚纽扣，用于马甲。

科拉萨（Corazza）

男式

时期：1845年~20世纪初期。

一种在背后扣合的衬衫，裁剪非常贴身，袖子较窄，用细棉布或棉布制成。

科迪贝克帽（Cordyback hat）

详见"科德贝克帽（caudebec hat）"。

双色男鞋（Co-respondent shoes）

男式

时期：1918年以后。

指用两种不同颜色皮革制作的鞋，通常是黑色和白色或棕褐色和白色。

软木套鞋（Cork）

男式

时期：15 世纪。

显然与早期的高筒橡胶套鞋（galosh）和木套鞋（patten）相同，不同之处是它的鞋底用软木而不是山杨木制成的。

软木臀垫（Cork rump, Rump）

女式

时期：18 世纪晚期。

一种巴斯尔，即用一块软木填充的新月形大衬垫。

软木鞋（Cork shoe, Corked shoe, Cork-heeled shoe）

男女皆宜

时期：16 世纪及 17 世纪初期。

带有楔形软木鞋跟的鞋子。游泳时也穿。

软木鞋底（Cork soles）

男女皆宜

时期：16 世纪和 17 世纪。

软木底和鞋跟的鞋子。

时期：19 世纪。

用软木制成的薄鞋底，用于插入男靴，1854 年获得专利。有的软木薄鞋底内衬羊毛，用于在寒冷天气插入女靴中，1862 年开始流行。

软木假发（Cork wig）

男式

时期：18 世纪 60 年代。

软木是众多制作假发的材料之一。"假发制造商约翰·莱特（John Light）已经完美地掌握了制作软木假发的最佳方法，无论是直发还是卷发，还有最整洁的软木包袋假发，他都做到了极致"（1763, *The Salisbury Journal*）。

宽趾鞋（Corned shoe）

男式

时期：1510 年～1540 年。

时尚的宽趾鞋。"这么多前卫的霍兹，这

双色男鞋（co-respondent shoes），棕色和白色鹿皮皮鞋，最初可能是用作运动鞋，1930 年至 1940 年由 AUSTIN REED 公司制作。20 世纪 20 年代，法国时装设计师让·巴杜（Jean Patou, 1880～1936）被拍到身着一套普通西装，脚穿一双类似的鞋。

么多的宽趾鞋……"（1529, Skelton）。

白布帽（Cornet, Cornette）

女式

时期：16世纪和17世纪。

白布帽与邦乃滋（bongrace）类似，与法式风帽搭配款用黑色天鹅绒制作，其他款式用上等细布制作。"白布帽（cornet），一种影子或邦乃滋时尚"（1611, Cotgrave）。

17世纪晚期，它指一种带网眼花边或者用上等细布制作的日间佩戴的帽子，带有垂饰，垂到耳朵部位，有时后面会饰有片状垂坠物。

时期：1800年～1850年。

白布帽（cornette）是一种软帽形状的帽子，后面呈圆形或者略尖的形状，系在下颌。

科内特裙、法式裙（Cornet skirt, French skirt）

女式

时期：1892年。

一种日间穿的裙装，两侧各有一个开衩，带有一个小裙裾，前片在下摆处略微收紧，自上而下从100厘米收窄至50厘米，腰部有褶裥，背部采用对角单片式剪裁，从下摆处（50厘米）到腰部（25厘米）逐渐收窄，裙裾呈弓形，里面不穿衬裙（foundation skirt）。

冠状头饰（Coronet, Cronet）

男女皆宜

时期：14世纪。

贵族戴的帽子的敞开式帽冠，英语中也称为"coronal"。

胸衣/胸前饰花（Corsage）

女式

时期：19世纪以后。

女式连衣裙的上衣或紧身胸衣部分，源自法语词汇，指连衣裙的上衣或紧身胸衣部分，主要在19世纪流行。

也指一小束鲜花和叶子，通常别在紧身胸衣的前面或者一个肩膀上，最初是一个美国词汇。

围身束腰（Corsage en fourreau）

女式

时期：18世纪。

一种风格，即通过背部中间的饰片将上衣与裙子一片式裁剪。18世纪上半叶偶有使用，但是约1750年之后更为常见。

丝带（Corse）

详见"饰带（baldric）"。

妇女胸衣（Corselet）

女式

时期：19世纪60年代以后。

一种深受瑞士腰带（swiss belt）影响的服装形式。20世纪初，紧身连衫裙（corselet skirt）延伸到腰部以上几厘米。

紧身褡（Corset, Corse）

男女皆宜

时期：14世纪和15世纪。

一种无袖紧身胸衣，通常具有很强的装饰性。

女式

时期：18世纪晚期～20世纪中期。

一种包括紧身褡和束腰在内的用途变化，指一种利用鲸须或钢肋环绕胸部和收紧自然腰身的内衣。18世纪末，法语单词"corset"开始用来表示"stays（束腰）"的一种改良款，这两个词较为常用。"整洁的束腰和紧身褡"（1800，*Ipswich Journal*上的广告）。各种款式按时间顺序排列如下：

时期：1800年～1810年。

长款紧身褡：撑托胸部，盖住臀部，并系在背部。

时期：19世纪20年代。

半长紧身褡：20～25厘米长，带有轻盈的鲸须，白天干家务活时穿。

时期：19世纪20年代。

短款紧身褡：背部系带处有用金属包边的穿绳孔。"束腰用铁件固定在孔中，而孔中系着后系带，从而能承受巨大的拉力，这种拉力旨在将人体结构中非常重要的胸部收紧到其自然比例的三分之一"（1828）。

时期：1867年。

手套式紧身褡（glove-fitting corset，前中开合型紧身胸衣）：前片系合，用一个闩扣固定住；约1851年之后，为了提高质量，一般所有紧身褡都是前片系合。

时期：1899年。

龙骨紧身褡（skeleton corset）：一种腰带紧身褡，有几条交叉的带子。在19世纪，尽管改革者试图废除紧身褡，但是就像1870年的*Harpers Bazaar*杂志中展示的那样，在那些吓人的成人版紧身褡边上就是给一两岁孩子穿的紧身褡，这种现象非常常见。运动紧身褡的出现要比运动胸罩早一个多世纪。

时期：20世纪以后。

虽然胸罩和泳衣中也有羽骨，但是比较僵硬的紧身褡逐渐退出历史舞台，有弹性的紧身褡被称为"束腰带（girdle）"。

详见"胸衣罩（corset cover）""束腰（stays）"和"天鹅喙紧身褡（swanbill corset）"。

胸衣罩（Corset cover）

女式

时期：19世纪及20世纪初期。

紧身褡夹在两层可洗的衣服之间，一层是贴身的修米兹或衬衣（shift），另一层是套在紧身胸衣外和衬衫、上衣或连衣裙内的胸衣罩。

通常其形状可以紧密贴合紧身褡，有多种变体，有高领款，也有露肩式，有时还配有配套的衬裙。

科西嘉领带（Corsican necktie）

男式

时期：19世纪30年代。

详见"拿破仑领带（napoleon necktie）"。

化妆品（Cosmetics）

女式，有时也有男式

时期：17世纪以后。

一种用棕色棉缎制成的紧身褡，内衬为棉斜纹布，羽骨针道内有形似金属汤匙的巴斯克和钢制"骨"。内衬上印有类似促销标签的图案："Y&N Corset 注册商标，Y&N 斜接缝商标，三次金奖获得者"，1885 年~1895 年。

一种美化或增强身体、面部和头发的制剂，早期通常专门指用于面部和胸部的药水和粉末。到了20世纪，化妆品的种类繁多，如粉底、粉饼、眼影、胭脂、口红等，颜色各异，适合不同的皮肤，由世界各地不同的企业生产。

详见"铅白（ceruse）""润发油（pomatum）"。

哥萨克帽（Cossack hat）

男式，有时也有女式

时期：20世纪以后。

为了应对寒冷的天气，人们需要佩戴结实的头饰，由此20世纪开始流行哥萨克裘皮帽或沙克帕。最初，俄罗斯骑兵戴这种高高的无檐裘皮帽，尤其是顿河哥萨克人。顿河哥萨克人佩戴的羊皮帽帽冠为红布。20世纪20年代之后的后革命时期，哥萨克帽在西方越来越流行。20世纪50年代和60年代，访问俄罗斯的西方政客经常戴这种帽子。相比既实用又不浮夸的猎人风格的毛帽子，西方政客更喜欢哥萨克帽。苏联毛帽子用皮毛制成，或者内衬为皮毛，两侧有耳罩，耳罩可以系在帽冠上。哥萨克帽可以用任何类型的毛皮制成，从仿毛皮到昂贵的阿斯特拉罕羔羊皮和貂皮都可以。20世纪70年代中期，伊夫·圣·罗兰设计了一系列哥萨克风格的作品，其中就包括大裘皮帽，使得帽子深受女性欢迎。

哥萨克裤（Cossacks）

男式

时期：1814年~1850年。

裤腰处打褶形成一根腰带，脚踝处以丝带抽绳扎住，灵感源自1814年入城大殿（Peace celebration）上陪同俄罗斯沙皇亚历山大一世的哥萨克人。最初，非常蓬大，但是1820年开始有所收窄，当时一般不使用抽绳；1830年在脚背下增加了两条带子，1840年改为一条带子；也是在1840年，这种裤子开始被称为"打褶裤（pleated trousers）"。

服装服饰（Costume）

女式

时期：1800年以后。

适合特定活动或一年中某个时期的服装，通常指时尚装束。

时期：19世纪60年代～90年代。

裁缝使用的一个术语，指用一片式日间礼服，适合户外活动时穿；到了1868年，也用作便宴服，但是带有长长的裙裾。

时期：19世纪90年代以后。

指一件夹克和半身裙，但不是套装。

男女皆宜

时期：19世纪以后。

指仪容仪表，即服装、发型和其他装饰，能够据此来辨别特定的阶级、民族或者历史时期。因此可以判定"服装收藏"和"服装历史"。

也指演员在芭蕾舞、歌剧或戏剧中以及在20世纪的电影或电视中所扮演角色所穿的戏剧服装。

人造珠宝饰物（Costume jewellery）

女式，有时也有男式

时期：20世纪以后。

最早见于1933年的《纽约客》。在此之前，已经有一些针对玻璃、金色黄铜、柏林铁制品和铅质玻璃等非贵重金属的实验，但是在设计师发现可以创新性地利用珠宝之前，用这类材料制作的珠宝并未引起重视。因此这类珠宝是为了搭配某种时尚而生，但是它们的原料是玻璃粉、珀斯佩克斯有机玻璃、木头等较为廉价的材料。此外，这种珠宝通常还标志着时装设计师与珠宝设计师之间的合作关系。

拉斯特尔服（Costume rasterre）

女式

时期：19世纪70年代。

一种外出服，裙子长度刚好及地。

服装管理员（Costumière）

女式

时期：19世纪晚期及20世纪初期。

具有某种近似法国风格的女服裁缝师，一个营销术语，旨在吸引那些希望购买最新法国设计的顾客。

科特（Cote, Cotte）

男女皆宜

时期：14世纪和15世纪。

英语中借用的一个法语词汇，指套在修米兹外面以及罗布下面的服装。女式科特在上衣的前幅正中用带子束紧，袖子较短，上面可以连接更为精致的假袖。男式科特在14世纪末期不再流行，但是在1480年左右作为一种更为贴身的内穿礼袍再次复兴。

详见"外套（coat）"。

科塔尔迪（Cote-hardie, Cote-hardy）

男式

时期：14世纪和15世纪。

科塔尔迪可能是一种贴身、及膝长度的罩袍，前片用扣子一直系合到低腰部位，另外，采用中袖设计，袖子后面有一块舌状的延伸部分。1350年以后，科塔尔迪的长度所变短，袖肘处垂饰着一条又长又窄的带状布，这种垂坠叫作"蒂皮特（tippet）"。蒂皮特和裙装通常呈锯齿状。臀部系有腰带。

女式

这种服装既体现罗布长袍的端庄，又有紧身胸衣的贴身设计，不过，它没有科特（cote）那种明显的前系带，但有配套的长袖。

半高筒厚底靴（Cothurnus）

男式

时期：希腊罗马时期。

一种厚底靴，鞋底最厚可达30厘米，长度一般到小腿部位。在晚期希腊和罗马戏剧中，悲剧演员会穿这种靴子。据说它的发明人是索福克勒斯（Sophocles，公元前496年～406年），但这似乎与事实不符。详见"半高统靴（buskins）"。

农舍帽（Cottage bonnet）

女式

时期：1808年～19世纪70年代。

一种贴头草编软帽，帽檐超出脸颊。经过几十年的改进，在19世纪70年代，帽檐改为向上卷起，内衬褶皱缎子。

农舍紧身胸衣（Cottage front）

女式

时期：1800年～1820年。

一种日间上衣，前片有一个开口，通过从一边到另一边的系带系在骑装式衬衫（habit shirt）上。

贴线缝绣（Couched）

时期：中世纪。

服装镶边或刺绣。

护肘（Coudières）

详见"蒂皮特（tippet）""科塔尔迪（cote-hardie）"。

反倒角头带（Counter-fillet）

女式

时期：14世纪晚期及15世纪初期。用来

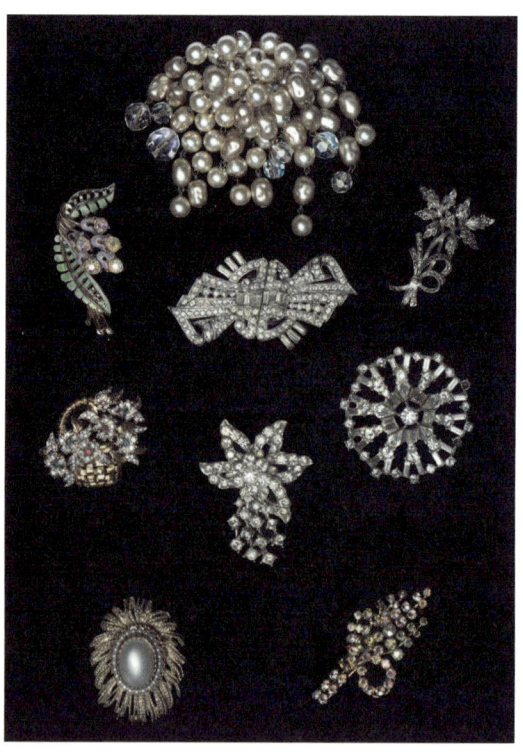

人造珠宝饰物，1950年～1990年，各种用不同工艺制成的胸针，主要都是金属底座。花和叶子是使用频率较高的图案，可以单独作为饰物，也可以放在花篮或树枝上呈现，有些搪瓷制物用马克赛石制成，但是大部分宝石是玻璃制品，有的是人造珍珠。

固定面纱的一种头带。

库雷热靴（Courrèges boots）

女式

时期：20世纪60年代。

一种简易样式的平底靴，上边缘以下部分开口，通常为白色，用普通皮革或者漆皮制作。设计和制作这种靴子的目的是搭配法国设计师安德烈·库雷热（André Courrèges, b.1923）设计的服装。

宫廷礼服（Court dress）

男女皆宜

时期：中世纪以后。

在所有实施等级制度的文化中都存在宫廷礼服，且通常会要求在参见统治者时穿某些特定风格的服装。这种做法既维护了现状，又为统治精英及其身边圈子的着装提供了惯例，另外还刺激了花边制作、丝织品等行业的发展。

根据不同穿着者的身份，通常会制定相应的书面着装规定，这些规定为那些参加宫廷活动以及服制造者提供指导。这种专用服装的制作通常由宫廷裁做以及裁缝和礼服工匠分工完成，宫廷裁作服务的对象可能包括皇室和上层女性，而裁缝和礼服工匠则负责制作正装和国袍以及上层男性的套装和制服。

粗布短外套（Courtepy）

男女皆宜

时期：14世纪和15世纪。

一种类似外套或斗篷的上衣，用厚布或粗布制作。男式的通常称为短款。

这张时装版画中展示的是"在客厅时所穿的全套礼服"，即"宫廷礼服"。图片中的女士发型高耸，要想实现图中所示的发量和高度，必须用假发，头顶上的帽子有榛睡鼠装饰，垂饰垂下，并未系在下颌。封闭式的礼袍套在裙箍外面，并且有一个长长的裙裾。袖子上较宽的褶边由网眼花边制成，可能是为了与垂饰搭配，1777年。

船形高跟浅帮鞋（Court shoe）

女式

时期：20世纪以后。

一种普通的浅帮中高跟鞋，有时鞋面上会有一些装饰，一种经典的鞋类款式。

此外，在早期，出席宫廷活动时用来搭配规定的服装或制服。

库坦纳斯（Coutenance, Countenance）

男女皆宜

时期：16世纪晚期及17世纪初期。

一种小巧的暖手筒。"一只鼻烟壶或暖手筒"（1611, Cotgrave）。

时装设计制作（Couture）

女式

时期：20世纪以后。

法语中指缝纫或针线活，用于时尚女装的设计和制作。"高级时装（haute couture）"指那些最负盛名、技术娴熟的时装设计师设计的作品。

时装设计师（Couturier, Couturière）

男女皆宜

时期：20世纪以后。

法语中指设计"高级时装"的男性或女性，在英语语言国家，"fashion designer（时装设计师）"更为常用。

头巾（Coverchief）

女式

时期：中世纪~16世纪。

诺曼语中指撒克逊人戴的头巾或者面纱。一种由各种织物和颜色制成的、尺寸不一的披头巾，各个阶层都戴，但在15世纪，很大程度上开始被上层社会摒弃，或与其他头饰一起佩戴。在13世纪，皇室成员或贵族所戴的头巾由丝绸或金线织物制成。

轻皮短外套（Covert coat, Cover coat）

男式

时期：19世纪80年代以后。

一种设计有暗门襟的短款外套，有扣带缝，整个后背采用一片式设计，中间无背开衩，但是侧缝上有短开衩。它非常受那些"爱骑马的年轻绅士"的喜爱，并且最初就是为了骑行设计的，后来很快被广泛采用。1897年的款式设计有连肩袖，英语中称为"raglan covert（连肩型轻皮短外套）"。

时期：20世纪晚期。

20世纪晚期，那些被称为"年轻守旧派"的年轻男士穿着，即那些在着装和社会属性上属于传统主义者，但在这种品位上却异常年轻的人。

牛仔风格（Cowboy styles）

男式，有时也有女式

时期：20世纪50年代以后。

美国牛仔穿的工作服系列用品，如手帕、帽子、衬衫、牛仔裤和靴子。除了牛仔以外的人也会购买和使用这类用品，并且它们也影响了一些时装设计师，从而设计出了一些其他款式。带有古巴式鞋跟、尖头和装饰皮革的靴子已经成为设计经典。

考尔（Cowl）

男式，后来也有女式

时期：中世纪以后。

最初指僧侣或修士道服上的衣领或风帽，用于遮盖头部和肩部，不同的宗教团体有不同的考尔。

后来指裙装、针织套衫等衣服上采用的一种质地柔软的加大版褶裥领。

鸡冠帽（Coxcomb, Cockscomb）

男式

时期：16世纪晚期及17世纪初期。

一种职业人员佩戴的风帽，顶部形似鸡冠。

克拉科（Cracowes, Crakows, Crawcaws）

男女皆宜

时期：1360年，1390年～1410年，1450年～1480年。

一种鞋头又长又尖的鞋子，后来称为"波兰那（poulaines）"。

克兰（Cran）

男式

时期：19世纪30年代以后。

上衣翻领和驳头之间的"V"形缝隙。

克兰茨（Crants, Craunce, Graundice）

女式

时期：中世纪～18世纪晚期，19世纪也有出现。

一种串珠项圈，或者用鲜花或者金银珠宝和宝石制作的花环。"'葬礼克兰茨（Funeral Crants）'是一种具有象征意义的花环，一般在女童的葬礼上携带"（Hamlet, V, i）。它们有时是由纸花和亚麻布或铁架制成的，铁架上面连着真花或者假花。后来，在教堂或者神坛中，克兰茨和已逝女童的衣领、束腰带和一只白手套一起被挂在逝者的位置上。

领巾（Cravat）

男式

时期：1660年～18世纪晚期。

一种用上等细布、平纹细布或者丝绸制成的颈巾，折叠在颈部，两端在前面打成一个结纽或者蝴蝶结，最早出现于1643年。

时期：19世纪以后。

领巾一般都经过上浆工艺处理，用一个"硬衬"支撑。1840年，在马甲上面盖住衬衣前片的大片领巾称为"围巾（scarf）"，而面积较小的则称为"领带（necktie）"。从19世纪后期开始，很少有人佩戴领巾，并且带图案的彩色丝绸领巾一般是在非正式场合佩戴。

女式

时期：19世纪30年代开始。

搭配运动装穿，如女式骑装。

克拉瓦特领巾（Cravate cocodes）

女式

时期：1863年。

一种大蝴蝶结领巾，搭配骑装式衬衫和立领衬衫。

领巾缎带（Cravat string）

男式

时期：1665年～17世纪80年代。

一条彩带，绕过领巾的两端，在下颌系成一个蝴蝶结。后来，一般是几个环组成且较为硬挺的成品蝴蝶结，固定在系得很松的领巾后面，两端垂向蝴蝶结中间的位置。

小点皱纹绸（Crepine, Crepyn, Crippen, Crespine）

时期：16 世纪和 17 世纪。

一种波纹或褶饰花边。"克雷斯皮纳（crespine），是指法国头饰上的小点皱纹绸"（1611, Cotgrave）。"crepine"一词在16世纪再度使用，1532年，它的拼写变成了"crispyne"，显然指的是一种泡泡纱。

克雷夫科尔（Crève-coeur）

女式

时期：17 世纪末。

颈背处卷曲的头发。

松捻双股细绒线帽子（Crewel cap）

男式

时期：17 世纪。

"松捻双股细绒线帽子的针织工艺与霍兹（hose）类似，为那些鼻子受凉容易感冒的人而制，而那些纯洁的人认为它适合搭配类似的帽子和鞋靴"（1620, *The Ballad of the Cap*）。

水手领（Crew neck）

男女皆宜

时期：20 世纪以后。

衣服的高领口，呈圆形，且较为贴合颈部，通常针织套衫或者毛衣会采用这种领口。最初是美国的一种叫法。

板球鞋（Cricket shoes）

详见"钉鞋（spiked shoes）"。

克里诺莱特（Crinolette）

女式

时期：1868 年～1873 年。

一种小巧的笼式克里诺林（crinoline），仅在背部有裙箍；"带有钢制半箍，用马鬃或克里诺林荷叶边制成了巴斯尔"。

克里诺莱特衬裙（Crinolette petticoat）

女式

时期：1870 年，1883 年复兴。

一种衬裙，前片为平纹布，半圆形钢箍环绕背部上半部分，下面是荷叶边设计。

克里诺林（Crinoline）

女式

时期：1829 年以后。

最初是指一种纺织品，1840年前，由马鬃和羊毛交错纺织制成，用于制作坚硬的衬裙，以便将裙子撑起来。这种纺织品很快用来指真正的衬裙。1856年，出现了人造克里诺林或笼式衬裙，这种衬裙增加了鲸骨裙箍，1857年被表簧裙箍取代。

从此之后，这种笼式衬裙就被称为"克里诺林"。它的裙箍数量和形状各不相同；1857年至1859年，它的形状是圆顶形的，后来是金字塔形的；到了1862年，它的尺寸开始缩小；1866年，前襟开始采用平坦式设计,而背部则采用突出式设计,进而到了1868年合并称为克里诺莱特。具体包括各种不同的款式,如美式笼式衬裙、帝国笼式衬裙、翁迪纳笼式衬裙、帕尼耶笼式衬裙(panier)和桑斯弗莱克特姆笼式衬裙(sansflectum)等。

克里诺林帽(Crinoline hat)

女式

时期:20世纪。

一种克林面料制作的宽边帽,克林面料由马鬃和植物纤维混纺而成,或者由一种植物纤维(crin végétal)——棕榈制成。

克里斯普(Crisp)

女式

时期:16世纪。

一种面纱。

时期:17世纪。

一卷头发。

克里斯潘(Crispin)

男式

时期:1839年。

一种晚礼服斗篷,泡泡袖非常宽大,丝绸内衬,有填絮和绗缝。

女式

时期:1842年。

一种短披风,有时带袖,紧紧贴合颈部,带有一块小巧的细长披肩。对角式剪裁,用开司米、缎子或天鹅绒制成,通常有填絮。

钟形克里斯潘(Crispin cloche)

女式

时期:1842年。

一种钟形克里斯潘,长度及膝。

钩针(Crochet)

时期:14世纪。

一种钩子;到了15世纪,用于系鞋带。

时期:16世纪和17世纪。

系在女式连衣裙的腰部,用来悬挂香盒。钩针通常是一件珠宝首饰。

钩编花边(Crochet work)

时期:19世纪以后。

一种用钩针和棉线或羊毛进行编织的工艺。

洞洞鞋(Crocs)

男女皆宜

时期:2002年以后。

一种适合帆船运动和其他休闲和工作活动中穿的模压塑料鞋。

详见"甲板鞋(deck shoes)"。

克伦威尔领(Cromwell collar)

女式

时期:19世纪80年代。

一种较宽的翻领,前面几乎是边对边。搭配晨礼服。

克伦威尔鞋（Cromwell shoes）

女式

时期：1868年。

一种脚背上带一个大带扣和鞋舌的皮鞋。"槌球派对的最爱。"1888年，作为一款日间鞋再次复兴，这一时期的特点是高帮鞋面和饰有一个大蝴蝶结。20世纪初期也有人穿。

短款（Crop）

男式

时期：17世纪以后。

表示短，例如在"短款达布里特（crop-doublet）"（1640）和"半头式假短发（crop-scratch wig）（1806）"。"贝德福德短发（The Bedford Crop）"是18世纪90年代贝德福德公爵和他的政圈同僚们喜欢的一款短发，是为了抗议当时征收的发粉税。

女式

时期：1950年以后。

一种受女性喜欢的男孩风短发。

短款达布里特（Crop-doublet）

男式

时期：1610年。

一种短腰紧身上衣。

槌球靴（Croquet boots）

女式

时期：1865年。

摩洛哥革制靴子，一般鞋头和侧面弹簧比较花哨，被描述为"前后都是尖头，带流苏，饰以彩色丝带"。

扎头带（Cross-cloth, Forehead cloth）

女式

时期：16世纪和17世纪。

一块三角形布，与考福帽或发网一起佩戴，它的直边戴在前额上方，尖头在后，系在下颌或脑后。为与一起佩戴的头巾相搭，通常有绣花装饰。

男女皆宜

时期：16世纪~18世纪。

生病或卧床时戴的平纹扎头带，以防产生皱纹。"很多人戴扎头带，就像女性在生病时戴的那种头带一样"（1617, Fynes Moryson）。

详见"额饰（frontlet）"。

穿异性服装（Cross-dressing）

男式

时期：18世纪以后。

虽然男性穿女装的历史可以追溯到更久远的时期，尤其是在表演艺术中，但是这种行为一直到18世纪以后才被公开认可和评论。

交叉系带（Cross-gartering）

男式

时期：1550年~17世纪初期。

吊袜带的一种穿法，吊袜带置于膝盖正面下方，吊末端交叉系在膝盖后面，并向前在膝盖上方，或者中间，或者外侧，打成一个蝴蝶结。长袜一般穿在卡尼昂外面。

横开口袋（Cross pocket）
时期：18世纪和19世纪。
一种平口式口袋。

克鲁奇兹（Cruches）
女式
时期：17世纪晚期。
前额的小卷短发。

古巴式鞋跟（Cuban heels）
男女皆宜
时期：1904年以后。
一种比较结实的叠层皮革中高鞋跟，鞋跟较直。男式古巴鞋跟通常是用于增高的靴子或鞋子。

发辫（Cue）
时期：18世纪。
法语词汇"queue（辫子）"的英语变体，假发上垂下来的辫子。它最早出现于1720年，是一种普通民众时尚。

发辫假发（Cue-peruke）
时期：18世纪。
一种带发辫的假发。

克夫（Cuff, Cuffe）
男女皆宜
时期：15世纪以后。
中世纪英语单词"coffe"的一个变体，是衣服袖子向后翻起的部分，有的是真的，有的是假的，从而能够额外盖住手腕，起到保暖或者装饰作用。最初，为了保暖，可以把它翻到手上。15世纪，女式礼服上经常加上皮毛克夫。男式克夫通常只是起到展示性作用，例如倒漏斗形的可拆卸蕾丝克夫（16世纪中期至17世纪中期通常搭配范达克领，或者搭配拉夫领）。"用荷兰亚麻布制作您尊贵的袖口……1个蕾丝拉夫领和2对克夫"（1632, Viscount Scudamore Accounts at Holme Lacy）。后来被衬衫或者修米兹袖子的褶边末端代替。

18世纪，男式外套袖子上的克夫成为一个显著的特征；一直到1750年，克夫背面采用封口设计，因此称为封口克夫，而到了1770年，开始采用开口设计。

详见"靴筒式袖口/水手袖口（boot cuff, a la marinière cuff）"。

18世纪50年代的封口克夫较宽，带翼，从袖子外侧垂落；到了1770年，逐渐缩小，采用小巧的贴身设计；19世纪，男式法式克夫和女式阿玛迪斯袖（amadis sleeve）成为流行款式。

20世纪，无论是男士还是女士夏季服装，都开始流行起了卷边或翻边袖口，可以用纽扣扣住位置比较随意。

袖扣（Cuff-button, Sleeve button, Cuff link）
时期：17世纪晚期。
两个圆片，通常是金属制成，通过链扣连接，用于扣上衬衫袖口的袖衩，取代早期的袖带。"一个带钻石的袖扣……"（1684, *London Gazette*）。"四枚金制和珐琅绿松石袖扣"（1686, *London Gazette*）。

1788 年 *Aris's Birmingham Gazette* 中提到了"袖扣（links）"一词。然而，袖扣一直在普遍使用，直到 19 世纪，人们开始在袖扣底托上用一粒小巧的珍珠母纽扣来扣住。1840 年左右，袖扣开始成为一种风尚，它们一般都镶有珠宝，镶嵌在袖口的边缘附近，因此露在外面。到了 20 世纪，开始出现袖扣的多种变体，包括带珠宝的款式、带丝绸结或者线织款式，等等。

库菲（Cuffie, Cuff）

男女皆宜

时期：14 世纪。

一种无边便帽或考福帽。

袖绳（Cuff string, Sleeve string）

男式

时期：17 世纪～19 世纪。

衬衫袖子上在手腕处的饰结。"一对袖绳"（1883～1889, *The Expense Book of James Master*）。

紧身胸甲（Cuirass(e) bodice）

女式

时期：1874 年。

一种超长的日间紧身衣，带骨裙撑，从臀部垂下，通常采用与裙装不同的面料制作，袖子与饰边相搭。

"它把身材塑造得完美无缺"（C. W. Cunnington, *English Women's Clothing in the Nineteenth Century*）。最初的法语拼写"cuirasse"逐渐被英语化。

一场婚礼宴会，*Funny Folks* 上的一张人物漫画，约 1878 年。自 1837 年开始，公证婚礼在英格兰合法化，但是同时也丧失了传统教堂婚礼的魅力，这一点从服饰中也能看出来。虽然登记员身着正式的佛若克礼服大衣，但是性情暴躁的新郎身着一件拉翁基·夹克，搭配一件马甲、一条裤子和一件带领带的倒挂领衬衫。图中左侧的女士头戴一顶方便走路的软帽，或许是一顶带鲜花和丝带装饰的草帽。她身着一件修身的公主线连衣裙，背部层层的褶皱如瀑布般垂下，一直覆盖裙子的裙裾部分，使得背部颇为引人注目。新娘裙装上有一件胸甲紧身胸衣（Cuirass bodice），前后各有一个尖角，紧贴臀部。她披散的头发是典型的新娘造型。

胸甲束腰外衣（Cuirasse tunic）

女式

时期：1874 年。

一种紧身的平纹束腰外衣，搭配紧身胸甲穿。

库克尔（Cuker）

女式

时期：15 世纪。

角形头饰的一部分。"她像一只牛一样有角……现在，因为库克尔挂在一侧，就像有猫皮一样"（c.1460, *The Towneley Mysteries, Surtees Soc.*）。

克尤罗特裙裤（Culottes）

女式

时期：20世纪初期以后。

法语中的一个词汇，表示马裤，指女性穿的分体裙，通常足够肥大，以表明是一件裙子，而非齐膝短裤。

坎伯兰紧紧身褡（Cumberland corset）

男式

时期：1815年~19世纪20年代。

时髦的花花公子穿的紧身褡。"订购了一对带鲸须背的坎伯兰紧身褡"（1818, *Diary of a Dandy*）。

坎伯兰帽（Cumberland hat, Hat à la William Tell）

男式

时期：19世纪30年代。

一种高顶帽，帽冠高20厘米，向上逐渐收窄，两边的窄帽檐翘起。

印度腰带（Cummerbund）

男女皆宜

时期：17世纪~19世纪晚期。

一种系在腰部的饰带或束腰带，源自英印术语。

时期：1893年以后。

一种用彩色丝绸或斜纹布制成的宽饰带，男士用来缠绕身体两圈，代替马甲，有时一侧用装饰纽扣扣住，或塞在里面。最初为黑色腰带，与晚礼服搭配，后来演化成彩色腰带，夏季白天佩戴。20世纪，佩戴黑色或彩色腰带成为晚礼服搭配的一大特色。

库比（Cupee）

女式

时期：17世纪。

"紧贴头部的垂片头饰"（1690, *Evelyn, Mundus Muliebris*）。

穹顶外套（Cupola coat）

女式

时期：1710年~1780年。

钟形裙箍或衬裙的现代叫法，是一种带裙环的拱形衬裙，用鲸须或藤条制成裙箍撑开，尺寸符合当时流行的时尚。"穿着穹顶外套，人能毫无限制地自由活动……外套撑起的范围有助于帮助女士与男士保持适当距离，并为每位女士留出一个属于自己的宽敞空间"（1747, *Whitehall Evening Post*）。

马车斗篷（Curricle cloak）

女式

时期：1801年~1806年。

半身或及膝长斗篷，收腰，门襟带从中线开始采用曲线设计，边缘饰有网眼花边或毛皮。

卡里克尔外套（Curricle coat）

女式

时期：1808 年。

一种带驳头的长款外套，只在胸部系合，然后从胸部向后采用倾斜的设计样式。袖子非常长。在19世纪20年代，英语中有时称为"吉格外套（gig coat）"[①]。

男式

时期：19 世纪 40 年代。

箱式上衣或驾驶外套的另一种新叫法，设计有一个或者多个披肩。

卡里克尔连衣裙（Curricle dress）

女式

时期：1794 年～1803 年。

一种外搭束腰外衣或半身袍的圆形连衣裙，通常用网布制作。短袖束腰外衣，前襟敞开，长及大腿部位，低领设计，有时内搭骑装式衬衫。

卡里克尔皮制长外衣（Curricle pelisse）

女式

时期：19 世纪 20 年代。

一种有三条披肩的皮长外衣。

卡舒奈特（Cushionet, Quissionet）

女式

时期：1560 年～17 世纪 30 年代。

一种和法勤盖尔一起使用的裙撑，用来支撑法勤盖尔的后部，使其向上倾斜。"一种用纬起毛织物制作的法勤盖尔和卡舒奈特，适合在四月穿"（1566, Will of Wm, Claxton of Burnehall）。

软垫头饰（Cushion headdress）

19 世纪的一种说法，这里指 15 世纪上半叶女性佩戴的圆形垫圈卷。

详见"串珠项圈（chaplet）"。

圆角礼服（Cutaway coat）

男式

时期：1876 年。

"以前叫纽马基特女式长大衣。"

详见"纽马基特外套（newmarket coat）"。

切指手套（Cut-fingered gloves）

男女皆宜

时期：16 世纪末。

手套的手指部分被剪掉，从而露出里面的戒指。

"但是他必须剪掉他的手套，从而才能让别人看到他那令人骄傲的装饰性宝石"（1597, Hall's *Satire*, Ⅳ）。

时期：1700 年～1750 年。

指尖部分被剪开，但是这种时尚仅在女性中流行。"六副切指手套"（1719, Earl of Thanet Accounts, Kent Record Office）。"两副精致的白线漏指手套"（1740, Purefoy Accounts）。

---

① curricle 和 gig 分别为两轮轻便马车和单匹马双轮轻便马车，均采用音译的方式。——译者注

切指高跟鞋（Cut-fingered pumps）

男式

时期：16世纪。

一种鞋面脚趾部分被剪掉的高跟鞋。"如果一个人脚趾上戴着康沃尔钻石，那么穿软木鞋和穿切指高跟鞋都行"（1591, T. Nashe, Introduction to Sidney's *Astrophel and Stella*）。

横向裁剪（Cut-in）

男式

时期：19世纪及20世纪初期。

一种在礼服大衣腰部水平位置进行裁剪的方式，有时稍微倾斜。

毛边蓝色牛仔短裤（Cut-offs）

男女皆宜

时期：20世纪60年代以后。

在美国，指通过剪掉牛仔裤或其他裤子的下半部分而得到的短裤，减掉这一部分通常是因为膝盖部分已经磨穿。后来，人们模仿这种磨损效果制造出了这种类似毛边的短裤，但是实际上，这种服装本身就是这么生产的。

镂空连衣裙（Cut-out dress）

女式

时期：20世纪60年代以后。

一种在衣身上裁剪出开孔的连衣裙，例如在腹部裁剪一个圆圈，从而露出下面的皮肤。

切割钢制纽扣（Cut-steel button）

男式

时期：1770年以后。

钢制纽扣，表面经过镂刻、打磨，抛光处理。

短款假发（Cut-wig）

男式

时期：18世纪。

一种没有辫子的小巧普通假发。

挖花花边（Cut-work, Dagging）

时期：1340年~1440年。

时尚服装边缘上各种奇异形状的装饰性裁剪，比如火焰形状、叶子形状等，根据《圣奥尔本斯编年史》（*Chronicle of St Albans*）记载，在1346年出现。

时期：16世纪和17世纪。

通过裁剪织物的部分，并用针线工艺在空白处缝制交叉几何图案制作而成的装饰品。"白色花边，又叫作海边的挖花花边。"

1579年在意大利发现，但1620年在英格兰也出现了挖花花边。

赛博时尚（Cyber fashion）

男女皆宜

时期：20世纪60年代以后。

赛博时尚的起源可以追溯到20世纪30年代漫画书中的超级英雄，例如《超人》（*Superman*），以及后来20世纪60年代的太空旅行，比如1966年《星际迷航》（*Star Trek*）系列电影以及1967年《太空英雌芭芭丽娜》（*Barbarella*）电影中描绘的太空旅行。如今，"cyber"一词在服装领域与未来概念、虚拟

（左）安德烈·库雷热（André Courrèges）设计的裙子，1967年~1969年。采用镂空风格设计的黑羊毛裙，边缘饰以人造革面料，图中展示的是一件套在毛衣外面的短款饭单裙。（右）裙子镂空设计细节。

现实和技术替代世界联系在一起，并且在很大程度上受到了电脑游戏和电影的影响。

希克拉斯（Cyclas, Ciclaton, Cinglaton）

男女皆宜

时期：13世纪。

一种在庆祝仪式上穿的华丽礼服，例如在亨利三世及其王后的加冕典礼上穿的礼服就是希克拉斯。

详见《词汇表：纤维、织物、材料》。

骑行裤（Cycling pants, Cycling shorts）

男女皆宜

时期：20世纪80年代以后。

一种用莱卡或斯潘德克斯（氨纶）制成的紧身裤，专为专业自行车手设计，但业余爱好者也可以穿。

D

剪边装饰（Dag, Dagges, Dagging, Jags, Jagging）

男女皆宜

时期：14世纪~15世纪晚期。

剪边装饰出现的时间约在1346年，也称为挖花花边（cut-work）。它指将服装上的任何边缘裁剪成搭袢、荷叶边、花瓣饰边或者锯齿形饰边，称为"装饰边（dag）"，是一种装饰形式。

饰针（Dalk）

时期：1000年~15世纪晚期。

通常是别针，有时候是胸针扣或带扣。

加冕服（Dalmatic）

男式

时期：约公元300年以后。

一种"丁"字形长袍，类似束腰外衣，袖子宽大，裙装两侧各有开衩。它可能源于古典束腰外衣，被用作教会法衣，统治者在加冕典礼等庄严场合也会穿着。

纨绔女子风格（Dandizette）

时期：1816年~1820年。

女性花花公子，因其希腊式伛步而著名，这种说法存在了短短几年的时间。

花花公子（Dandy）

男式

时期：1816年以后。

指以彼得舍姆勋爵（Lord Petersham）为代表的精致时尚男士。"化妆的男娃娃，但是如果去掉他们的假发、染色胡须、笔挺的领巾、胸垫、脂粉和香水，他们就什么都不是"（The Hermit in London, ed 1822）。

到了1829年，"'花花公子'一词被认为是粗俗的，而'beau'①成为流行词"（Disraeli, The Young Duke）。

Count D'Orsay（19世纪法国一位著名的画家雕塑家）被认为是"一位花花公子"，那些理智继承他的风格的人成为19世纪60年代的弄潮儿，也是19世纪80年代和90年代的时髦男子。

丹麦长裤（Danish trousers, Open bottom trousers）

男式

时期：19世纪70年代。

男童裤，裤腿刚好到膝盖以下，臀部开档，搭配夹克一起穿。

---

① dandy的同义词，纨绔子弟。——译者注

丹诺克（Dannock）

男式

时期：19世纪。

"丹诺克／达诺克／修篱）手套（Dannocks, Darnocks, Hedgers' gloves）[①]"（Forby, *Vocabulary of East Anglia*，1825年）。

缝裥（Dart）

一块狭长的飞镖形状的裁剪布片，将边缘部分缝在一起，用来改善服装的合身度。直到19世纪中期，"腰身裥（fish）"一直用来表示男士服装上的缝裥。

大卫·克洛科特帽（Davy Crockett cap, Davy Crockett hat）

男式，有时也有女式

时期：1955年。

根据19世纪美国毛皮猎人和侦察员大卫·克洛科特（Davy Crockett）的生活改编的几部电视剧和电影取得巨大成功之后，引发了人们对这一英雄佩戴的裘皮帽的热捧，由此产生了巨大的需求。这种帽子最初是用浣熊毛皮制成，环绕头部，并且在后面有一个尾巴吊坠。时尚版采用各种皮毛制成，不管是真毛皮还是合成皮革，看起来跟最初的板型都一样。

日间礼服（Day dress）

女式

时期：19世纪晚期。

指任何及所有白天穿的连衣裙或套装。20世纪初期，通常有多种变体来满足人们一天换装两三次的需求，但是到了第二次世界大战之后，一天一种日装就足够了，通常是连衣裙或者大衣。

双排扣（D-B）

时期：18世纪以后。

服装裁剪术语，指双排扣，即外套或夹克的正面有足够的重叠面料可以排列两排垂直的纽扣。

骷髅头纽扣（Death's head button）

男式

时期：18世纪。

一种圆形纽扣，用金属捻线或马海毛包裹，形成一个四分图案。

甲板鞋（Deck shoes）

男式，有时也有女式

时期：19世纪晚期。

一种在船的甲板上不会打滑的鞋。英国的甲板鞋与橡胶底帆布鞋（plim-solls，一种橡胶平底帆布鞋）类似，1879年，12先令6便士就能买到。然而，20世纪的甲板鞋是指北美开发的轻便、速干鞋，鞋底防滑，鞋帮为皮革，一般有两种颜色，通过每侧的两个孔系带，并且在鞋面的侧面和背面周围有装饰性花边。

2002年，美国发明了一种被称为"crocs（鳄鱼）"的亮色塑料鞋，这种鞋非常适合帆船运动和其他活动，推出后取得了巨大的成功。

---

① 前两个单词均为音译。——译者注

低胸（Décolletage）

女式

时期：19世纪90年代以后。

指女式连衣裙的低领口，露出颈部和肩部，最初用于晚礼服，后来用于沙滩装以及20世纪的类似服装。

解构主义者（Deconstructionist）

女式

时期：20世纪90年代以后。

指欧洲的一群设计师，他们尝试使用单一的面料、拉链外露以及看似未处理完的接缝等，因此挑战了关于设计和时尚在服装构造中作用的观念。他们受到20世纪80年代日本出现的创新设计师的影响。

护耳罩（Deer stalker）

男式

时期：19世纪60年代以后。

一种粗呢帽，帽冠上系着一对耳罩，适合乡间佩戴。因西德尼·佩吉特（Sidney Paget，1860~1908）为夏洛克·福尔摩斯（Sherlock Holmes）故事提供的插画而得以被世人知晓。

德尔斐褶皱裙（Delphos dress）

女式

时期：1907年~1950年。

由西班牙艺术家和设计师马里奥·福尔图尼（Mariano Fortuny，1871~1949）创作的一种服装风格。这种风格倡导遵循古典连衣裙的简约风格，采用一种轻薄丝绸打褶的方法制作裙子，这种方法于1909年在法国获得专利，裙子上装饰有细绳和玻璃珠，从而增加裙子的重量并提升下垂度。丝绸用天然染料染色。艺术家、音乐家和表演者把这种裙子当作艺术服饰或唯美主义服饰来穿。20世纪70年代及之后，由于收藏家开始收藏这种裙子，从而刺激了它的复兴。

半海狸帽（Demi-castor）

男女皆宜

时期：17世纪及18世纪初期。

一种部分面料为兔毛皮（兔毛）的海狸帽。由于使用兔毛皮，人们认为质量不如海狸帽。

半长腰带（Demiceint, Demysent, Dymyson girdle, Demi-girdle, Demison）

女式

时期：1450年~1550年。

一种仅正面有装饰的束腰带。"一根半长束腰带，或者前段用金或银制成，后段为丝绸面料"（1611, Cotgrave）。

半尺寸王冠（Demi-coronal）

男女皆宜

时期：16世纪及17世纪初期。

一种冕状头饰，即半顶王冠，半尺寸的冠状头饰。

半羊腿袖（Demi-gigot sleeve）

女式

时期：1825年~1830年及1891年。

 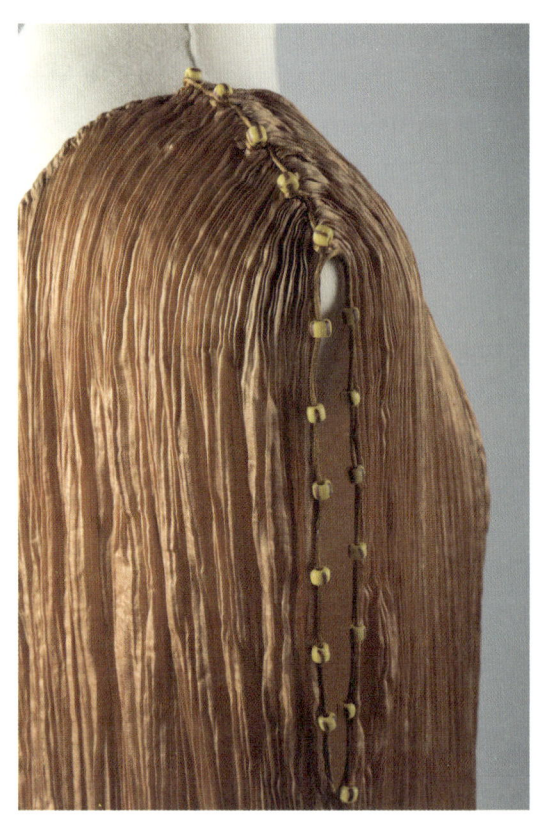

（左）马里奥·福尔图尼（1871~1949）于1920年~1930年设计的德尔斐褶皱裙或礼服，杏黄色褶皱丝绸裙，沿肩线和袖窿饰有较窄的丝罗缎和珠子。（右）德尔斐褶皱裙上珠子的细节。

一种肩部宽大，向肘部逐渐收窄的袖子，因此手腕处较为贴合。

Demi-gown（半身礼服）

男式

时期：15世纪晚期及16世纪。

一种短礼服，1500年至1560年尤为流行，通常在骑马时穿。"我的那件纺毛纱骑马装"（1548, *Wills and Inventories of Northern Counties*）。

半身长袍（Demi-habillement, Half robe, Half-gown）

女式

时期：1794年~1800年。

一种低领短袖束腰外衣，长及大腿，套在圆形长袍外，腰部用一根窄丝带束紧。

半身骑马装外套（Demi-riding coat）

详见"究斯特科尔（just-au-corps）"。

半袖（Demi-sleeve, Demi-maunch）

男式

时期：16 世纪。

一种宽袖，长度到肘部。

半身紧身长外衣（Demi-surtout）

男式

时期：1818 年。

一种轻便、合身的低领大衣。

复员套装（Demob suit）

男式

时期：1945 年～1947 年。

虽然在第一次世界大战后英国士兵离开部队时会给他们发放一套便服，但是一直到第二次世界大战之后，"复员套装"一词才开始被广泛使用。这种套装在剪裁上非常保守，采用了各种标准设计和布料，并且上面有一些不是很实用的功能，比如侧袋上的翻盖、衣身外面的胸前口袋以及袖扣等。

半长腰带（Demysent）[①]

详见"半长腰带（demiceint）"。

丹麦卷边帽（Denmark cock）

男式

时期：1750 年～1800 年。

一种帽檐"翘起"的三角帽，即后面翘起，前低后高。

[①] demiceint 的另一种写法。——译者注

百货商店（Department store）

时期：1840 年以后。

一种规模较大的商店，其中有不同的小组或部门专门经营不同类型的商品。经营外饰商品的百货商店提供各种男式、女式以及儿童服装和梳妆用品，并且分类非常明确。

详见"利伯提百货店（Liberty & Co.）"。

德比帽（Derby）

男式

时期：19 世纪 60 年代以后。

美国对博勒帽（bowler hat）的叫法。

时期：19 世纪 90 年代。

一种领带，通常称为"四步活结领带"。领带属于直边型，中间部位略窄，一端比另一端长，系成一个结，上下各有一个毛边。

德比鞋（Derby shoe）

男式

时期：19 世纪晚期。

牛津鞋（oxford shoe）的一种变体。

便装（Déshabillé, Dishabille）

时期：1713 年～19 世纪。

一种不拘谨或者随意的穿衣风格，或者表明这种不拘一格态度的穿衣风格。"我们有一种不拘一格的穿衣方式，因为这种方式是从外国传来的，所以如果我可以这样称呼它的话，在我们这里，我想把它称之为'dishabille（便装）'。所有这种风格的衣服

都是松松垮垮、不拘一格地被穿着"（1713年9月，*The Guardian*）。

时期：19世纪晚期。

指在非正式场合穿着便装的一种风格。

设计师（Designer）

时期：20世纪中期~晚期。

用来表示令人向往的或者比较知名的物品时，通常用作形容词，比如设计师标签、设计师牛仔裤、设计师太阳镜等。然而这个词常常带有讽刺意味，"设计师生活方式（designer lifestyle）"暗示缺乏新意，让那些新富人群只买知名品牌——"百万富翁足球运动员的设计师生活方式"（2011年1月7日，*Birmingham Evening Mail*）。

设计师胡茬（Designer beard, Designer stubble）

男式

时期：20世纪晚期。

先进的男性美容设备和产品触发了新的自我塑形方式，通常是模仿知名运动员、演员等。

设计师标签（Designer labels, Designer logos）

时期：19世纪中期以后。

制造商或设计师的一种识别标记。衣服上的设计师标签通常很小，不易被发现，上面会有公司的名称，可能还会有地址或城市的缩写。

详见"标签（label）"。

20世纪晚期，这个小巧的标签上一般还会带有外部"标志"——印刷的首字母、交错的首字母以及某个制造商或设计师特有的图案，据说这种图案具有防伪功能。

活袖（Detachable sleeves）

男式

时期：15世纪和16世纪。

达布里特袖（doublet sleeve），可以用尖包头系带（point，领带）系到袖窿上，且可以随意拆卸。

女式

针对打褶绣花紧身衫（partlet）制作了专门的袖子。

德廷根卷边帽（Dettingen cock）

男式

时期：18世纪。

一种前后帽冠高度相同的三角帽。

多蒂腰布（Dhoti）

男式

时期：20世纪。

印度教徒佩戴的一种缠腰布，西方人认为与已故圣雄甘地（1869~1948）有关。一块长长的棉布，缠在身上，从大腿之间穿过，塞在腰部后面的腰带中。自17世纪初期以来，在西方就已经为人所知。

四个设计师标签,1900年~1970年。雅克·杜塞(Jacques Doucet,1853~1929)是19世纪晚期及20世纪初期的一名知名设计师;克拉彭夫人(Madame Clapham,1856~1952)是赫尔地区一名成功的王室裁缝,曾为挪威的莫德王后(Queen Maud of Norway)服务;简奴·朗万(Jeanne Lanvin,1867~1946)是20世纪20年代至30年代的一位时装设计师;赞德拉·罗德斯(Zandra Rhodes,b. 1940)是1965年以后一位知名的英国设计师。

王冠(Diadem)

男女皆宜

时期:中世纪以后。

一顶王冠或者束发圈,无装饰或者镶有珠宝,象征着主权。

也有用花朵或叶子制作的一种花环,作为与众不同的标志。

王冠软帽(Diadem bonnet)

女式

时期:1869年。

一种用网眼织物和天鹅绒制作的软帽,在前额上方形成一个直立的王冠,用一条从发髻下穿过的缎带和在下颌轻轻打结的褶饰细绳系住。

王冠梳(Diadem comb)

女式

时期:19世纪30年代。

一种宽而弯曲的梳子,上面饰有一个高高的王冠形状的图案,作为头饰与晚礼服搭配。

王冠芳琼软帽（Diadem fanchon bonnet）

女式

时期：1869 年。

一种 2.54 厘米宽的窄边，用薄纱或者褶饰遮盖，饰有羽毛或花朵，正面下颌的缎子蝴蝶结下系着一个带褶饰边的垂饰。

戴安娜·弗农软帽（Diana Vernon bonnet）

女式

时期：1879 年。

一种低冠宽檐的大软帽。

戴安娜·弗农帽（Diana Vernon hat）

女式

时期：1859 年。

一种帽冠较浅的草帽，帽檐前部较宽，一侧弯曲向上，帽檐下有玫瑰花饰品或宽大的缎带。适合在乡村或海边佩戴。

假衬衫（Dickey, Dicky）

女式

时期：18 世纪晚期及 19 世纪初期。

一种女式衬裙。

男式

时期：19 世纪。

一种带活领的衬衫式前襟，采用浆洗过的亚麻布制成，套在法兰绒衬衫外面。18 世纪末期，英语中称为"tommy"。"绅士从来不会穿"（1840），只有"穿两件衬衫和一件假衬衫的男士才会穿"（Surtees）。

也指美国的一种衬衫领子。在美国，还指用各种方式保护衣服的遮盖物，比如皮质围布和儿童围涎。

副线品牌（Diffusion line）

时期：20 世纪以后。

指知名设计师或品牌生产的价格较低的产品。

香肠假发（Dildo）

男式

时期：17 世纪晚期及 18 世纪。

一种香肠形状的假发。

晚宴夹克礼服（Dinner jacket）、晚餐服（Dress lounge）

男式

时期：1888 年以后。

1888 年时称为"晚餐服"，从 1898 年开始便使用"晚宴夹克礼服"一词。一种适合搭配休闲晚装的夹克，最初，设计有一个连续的翻领和驳头，翻领低至腰部，翻向用丝绸或缎子装饰的边缘一侧。

有一粒或者两粒纽扣，但是通常不系扣。从 1898 年开始，只有一粒纽扣。背部一片式剪裁，采用切维奥特羊毛、螺旋斜纹呢或者天鹅绒等面料制成。

20 世纪，一般通俗地称为"DJ"或者"企鹅套装（penguin suit）"。

详见"塔士多礼服（tuxedo）"。

执政内阁式软帽（Directoire bonnet）

女式

时期：1878年~1880年。

一种帽冠高度适中的方形软帽，帽檐紧贴耳朵，在前额上方展开。

执政内阁式大衣（Directoire coat）

女式

时期：1888年。

日间礼服的上衣，采用双排扣或者单排扣外套的样式，前片从腰线部分横向剪裁，从两侧向下垂直，并从腰部后方聚拢到脚踝位置。袖子贴身并配有袖口。腰部系着宽大的折叠式饰带。如果是双排扣，则搭配骑装式衬衫，如果是单排扣，则不系扣穿并搭配一件衬衫式罩衣。

执政内阁式帽子（Directoire hat）

女式

时期：1888年。

与执政内阁式软帽（directoire bonnet）类似，只是更大一些。

摘自 T.H. Holding *Coats*（第四版）的晚宴夹克礼服，1902年。Holding 写到，"虽然仅仅是夹克，但是在这种特殊场合，它们比其他外套更需要关注"。饰有绗缝丝绸驳头和袖口的款式属于吸烟装外套，通常晚上在家作为休闲晚装穿。

执政内阁式裙装（Directoire skirt）

女式

时期：1895 年。

一种带有七块拼衩的日间穿的裙装，背部的四块拼衩有凹褶，衬有马鬃，并用马鬃加固，下摆周长33厘米至约45厘米。

Latest Paris Fashions，1887 年 11 月 5 日。图片中的四位主要人物展示了这种失衡风格的正面图、四分之三正面图和侧面图。饰有羽毛、花朵和丝带的小巧立式软帽，有边帽子包括适用于拜访、走路和旅行等用途的不同款式。左二和最右边的两位女士身着执政内阁式和邮差（post-boy）风格的帽子——这两种帽子都非常受欢迎。此外，图片中展示的还有执政内阁式条纹面料，左侧的女士身穿一套连衣裙，裙身后面有一个类似瀑布的设计，层层叠叠，搭在一件克里诺莱特上（crinolette），十分突兀；克里诺莱特用来支撑一层又一层的垂褶和褶裥部分。三件外套的边缘都饰有皮毛，图中的配饰包括一只皮草暖手筒和一副手套。

左侧时装版画的详图，图中的两名女士身着皮毛镶边外套。

执政内阁式夹克（Directoire jacket）

女式

时期：1888 年。

一种类似日间礼服的上衣，但是没有执政内阁式大衣的裙装部分。

执政内阁式风格（Directoire styles）

女式

时期：19世纪80年代晚期~1910年。

1887年维克多连恩·萨都（Victorien Sardou）导演的戏剧《杜司克》（La Tosca）由法国女演员莎拉·伯恩哈特（Sarah Bernhardt）主演。这部喜剧的上映为执政内阁式风格带来复兴之光。相对较窄而又柔美的线条以及较高的腰线让人想起18世纪末法国流行的时尚。紧身衣（corsetry）和轮廓线条（silhouette）是后来才流行起来的。

执政内阁式燕尾服（Directoire swallow-tail coat）

女式

时期：1888年。

执政内阁式大衣的背面，剪裁成燕尾的形状，燕尾中间有一个较长的开衩，便宴服（afternoon dress）风格。

旦多尔装（Dirndl）

女式

时期：20世纪以后。

贴身上衣和百褶裙，通常饰有色彩鲜艳的民间刺绣和与阿尔卑斯山乡村风格类似且装饰贴边的穗带。1871年到1918年期间，这种风格的变体成为德国女性理想的象征。

便装（Dishabille）

详见"便装（déshabillé）"。

同料同色衣服（Dittos）

男式

时期：18世纪中期。

指一套全由一种面料制作的服装。

裙裤（Divided skirt）

女式

时期：1882年。

由理性服装协会（The Rational dress Society）会长哈伯顿夫人（Lady Harberton）推出，是一件褶叠短裙，之所以采用这种剪裁方式，是为了穿着者站立不动时，两腿之间的缝隙不会被看到。适合骑自行车时穿。

详见"克尤罗特裙裤（culottes）"。

分离式紧身褡（Divorce corset）

女式

时期：1816年。

一种带衬垫的金属三脚架，其尖端在两胸之间向上伸出，将两胸分开。

马丁大夫（Doctor Martens, "Doc" Martens, DMs）

男式，后来也有女式

时期：1960年以后。

最初是一种带有缓冲鞋底的结实步行靴，需要舒适的防护鞋的工人会穿这种鞋。慕尼黑的克劳斯·马丁（Dr Klaus Maertens）和位于北安普敦的R. Griggs & Co. Ltd共同发明了这种鞋，其中缓冲鞋底是由马丁发明的。最初的靴子采用有光泽的牛血红色皮革制成，有八对鞋带孔，鞋底为黑色，贴边缝线为黄色。

20世纪60年代和70年代，"光头党"和朋克族发现了这种鞋之后，它们就演变成了一种另类时尚，出现了更多的系列和颜色。

爽健（Doctor Scholl's）

详见"爽健（scholl's）"。

项圈竖领（Dog collar）

男式

时期：19世纪60年代。

一种简单的浅立领，环绕颈部并在前面重叠。继圆立领之后出现。后来，指后面扣纽扣的牧师领。

多莉瓦登软帽（Dolly Varden bonnet）

女式

时期：1881年~20世纪初期。

一种宽檐软帽，上面有宽丝带交叉绑在下颔。它的名字取自查尔斯·狄更斯（Charles Dickens）于1849年出版的背景设定在18世纪晚期的小说《巴纳比·拉奇》（*Barnaby Rudge*）中女主角的名字。

多莉瓦登帽（Dolly Varden cap）

女式

时期：1888年。

"褶饰帽冠上有些聚拢在一起的网眼花边，还有几条短丝带"，搭配赴茶会服装（teagown）佩戴。

多莉瓦登花饰女帽（Dolly Varden hat）

女式

时期：1871年~1875年。

一种草帽，帽冠又小又低，但是帽檐较宽，用花朵或者丝带简单装饰。向前倾斜佩戴，用丝带系在发髻下面。

多莉瓦登花式连衫裙（Dolly Varden polonaise）

女式

时期：1871年。

从约1780年开始流行的一种波兰式连衫裙礼服（polonaise dress）演化而来的波兰式连衫裙裙装（polonaise dress），面料是摩擦轧光印花棉布或大花型瑰丽印花装饰布。搭配熟丝衬裙——平纹布样式，饰有花卉图案并且有绗缝。冬季款多莉瓦登会由印有摩擦轧光印花图案的法兰绒或羊绒面料制成。在中产阶级中非常流行的一种时尚。

德尔曼（Dolman）

女式

时期：19世纪70年代和80年代。

一种带有一片式袖子的披风，宽松的侧片自然垂下，有时做成吊带（sling）样式。在巴斯尔（bustle）流行的时期，前片有悬挂的曼特莱经纱，后片系着一件完整的巴斯克衫（basque），在巴斯尔上形成一个蓬松的部分。有时候还会加一条披肩。

小款德尔曼（Dolmanette）

女式

时期：19世纪90年代。

一种用大丝带蝴蝶结系在颈部的针织德尔曼。"如果喜欢，可以在后面用一条缎带系在腰上"。

德尔曼袖（Dolman sleeve）

女式

时期：20世纪30年代以后。

一片式袖子，上衣部分几乎到腰部，袖窿非常宽大，但是到手腕处逐渐收窄，也称为"蝙蝠袖（batwing sleeve）"。

连帽化装斗篷（Domino）

女式

时期：17世纪。

"一些哀悼的女性佩戴的面纱"（1611，Cotgrave）。

男女皆宜

时期：18世纪。

一种轻便的拖地长斗篷，通常为黑色，在假面舞会上与面具一起佩戴，比穿历史服装或其他独特的服装更受欢迎。

多纳丽尔（Donarière）

女式

时期：1869年。

一种带细长披肩和袖子的圆形风帽，面料为绗缝缎子。

唐卡斯特骑马装外套（Doncaster riding coat）

男式

时期：19世纪50年代。

一种宽松款式的纽马基特外套。

风雨衣（Donkey jacket）

男式

时期：20世纪以后。

一种工人穿的比较结实的外套，在颈部用纽扣扣住，有的款式可以防水。从20世纪50年代开始，知识分子和学生也开始穿这种衣服。

多娜·玛丽亚袖（Donna Maria sleeve）

女式

时期：19世纪30年代。

一种日常装的袖子，从肩部到手腕非常宽大，但是从肘部到手腕沿前臂内侧用一个环卡住。

这幅时尚插图中，一名男士身穿假面舞会礼服（masquerade dress）和"法式连帽化装斗篷（french domino）"，戴面具，前额还戴着一根羽毛，1777年。

多雷莱（Dorelet, Dorlet）

女式

时期：中世纪。

一种绣有珠宝的发网。

法式睡帽（Dormeuse, Dormouse, French night-cap）

女式

时期：1750年～1800年。

一种室内佩戴的白色日间便帽，帽冠蓬松鼓起，两侧的弯帽檐饰有网眼花边，称为"帽翼"，通常也称为"脸颊裹布（cheek wrappers）"。这些帽翼从鬓角部位向后弯曲，从而露出前额和前额的头发。帽冠饰有丝带。18世纪70年代，法式睡帽有时会用帽子上的垂饰系在下颌。

多萝西束口女提包（Dorothy bag）

女式

时期：19世纪晚期及20世纪初期。

一种由织物或软皮革制成的束口袋，用顶边下面的一根丝带或者细链拉紧，在上面形成一些短的褶边。

德奥赛大衣（D'Orsay coat）

男式

时期：1838年。

一种款式与飞行员式外套相同的大衣，不同之处就是通过在袖窿下抽出一条长长的腰身褶或者缝褶使得腰部更为贴身，平纹袖子上带有三四粒角状或者甘布龙布纽扣，领子较浅。下摆上有斜口袋或带盖口袋，但是无活褶、褶皱和臀部纽扣；下摆悬垂至膝盖处。

多尔塞特包布纽扣（Dorset thread button）

时期：18世纪～1830年。

一种在黄铜金属环上包裹白色棉线的纽扣，棉线从中间向四周散开缠绕，并且始终保持平整。约1700年开始用于内衣上。

双层（Double）

时期：16世纪。

通常用来表示有内衬的服饰，例如"双层手套"，表示有内衬的手套。

双层膨松袖（Double bouffant sleeve）

女式

时期：1832年～1836年。

蓬松的晚礼服短袖，蓬松的部分被一条横带一分为二。

时期：1855年。

因在日间服装上使用而得以再次流行，袖长到手腕，蓬松的部分呈不规则形状；分割部分在手腕上方，上面饰以花边褶。

双排扣（Double-breasted）

男式，后来也有女式

时期：18世纪以后。

指一种服装，通常是外套或者马甲，前片有一块重叠的饰片，上面可以放开两列纽扣或者搭环等扣合件。

双层拉夫领（Double ruff）

男女皆宜

时期：1600年~1650年。

一种由两排扁平褶合的拉夫领。

双层袖（Double sleeve）

女式

时期：1854年，1891年复兴。

一种宽松的套袖，内袖又长又紧，一直到手腕，外袖套在内袖上，一直到上臂中间部位，两个袖子均采用跟裙身相同的面料制作。主要在夏天白天佩戴。

达布里特/基庞/普尔波万（Doublet/ Gipon/ Pourpoint）

男式

时期：14世纪~1670年。

"doublet"一词虽然早在14世纪就已经在法国使用了，但是一直到15世纪才开始在英格兰广泛用于民用服装。它是一件穿在衬衫内的夹袄，贴身并收腰，但通常不系腰带，只有在不穿罩袍的情况下才系腰带。达布里特裙装跟随时尚的不断变化发展出了各种样式，从最初的没有裙装，极窄遮臀板型都有。17世纪，裙装部分用一系列不同长度的薄片组成。

15世纪晚期及16世纪初期，前片完全敞开，里边需要套一件斯塔玛卡或打褶绣花紧身衫（partlet）。14世纪的舞蹈服会用达布里特，通常有丰富的刺绣图案。

女式

时期：1650年~1670年。

有时，女性骑马会穿沿袭男性风格的女式达布里特。

"她们穿着达布里特，看上去像男人一样，身上缠满了花边和丝带，好像是在取笑我们……"（*Will Bagnall's Ballet*, Musarum Delicoe）。

长棉外套（Douillette, Donnilette）

女式

时期：1818年~19世纪30年代。

最初是一种冬天穿的绗缝皮制长外衣，到了19世纪30年代，演化成为一种用美利奴、开司米或印花缎制成的骑装式妇女外衣样式的冬装，带有细长披肩，采用宽袖设计，套在细棉布或丝绸外出服的外面。

"她裹着一件……花缎面长棉外套或填絮皮制长外衣"（1825, Harriette Wilson, *Paris Lions and London Tigers*）。

绒毛小腿（Downy calves）

男式

时期：18世纪。

假小腿，编织成长袜的适当部分，从而制作看起来有男子气概的小腿；1788年获得专利。

详见"假小腿（false calves）"。

龙血手杖（Dragon's blood cane）

男式

时期：18世纪初期。

一种用产自马来西亚的龙黄藤木叶茎制成的时髦手杖，即一根藤条茎。

瘦腿裤（Drainpipe trousers）

男式，后期也有女式

时期：20世纪50年代以后。

一种贴身的窄版裤子，裤腿很直，无折缝；通常用丹宁布制成。20世纪50年代男士穿这种裤子，到了20世纪60年代女性也穿。

披挂式服装（Draped clothing）

女式

时期：20世纪。

运用布料上优美的褶皱来塑造一种时尚的服装风格。法国设计师格蕾夫人（Madame Grès，1903~1993）创造的作品有一个非常明显的特征——巧妙运用有褶子的布料。从1934年开始她一直用"Alix Barton（阿丽克斯·巴顿）"这个名字设计作品，而从1942年开始，她用"Grès（格蕾夫人）"这个名字。她用平针织物、丝绸和羊毛制作带褶皱的披挂式连衣裙，另外她设计的精致褶皱晚礼服也非常出名。她于1986年退休，此后许多设计师都试图模仿她设计的披挂式服装。

布商（Draper）

男布商，也有女布商，英语中女布商被称为"draperess"

时期：中世纪以后。

始终与布料相关，最初是织毛料，但是更常见的是经营织毛料，称为"毛制品零售商"。

坎贝尔（Campbell）在他的 The London Tradesman（1747）中指出，布商是裁缝的主要供货商，提供染色或者未染色"细平布、衬里"，在伦敦做零售买卖，并且在各地经营批发业务。作为一种简单的职业，"他的职业技巧或许几个月就可以学到"，但是需要写作和商业技巧。联营企业是指亚麻布制品商，这类布商卖"各种亚麻布，他在苏格兰和爱尔兰雇了很多人，并销售德国、法国和荷兰的亚麻布"。

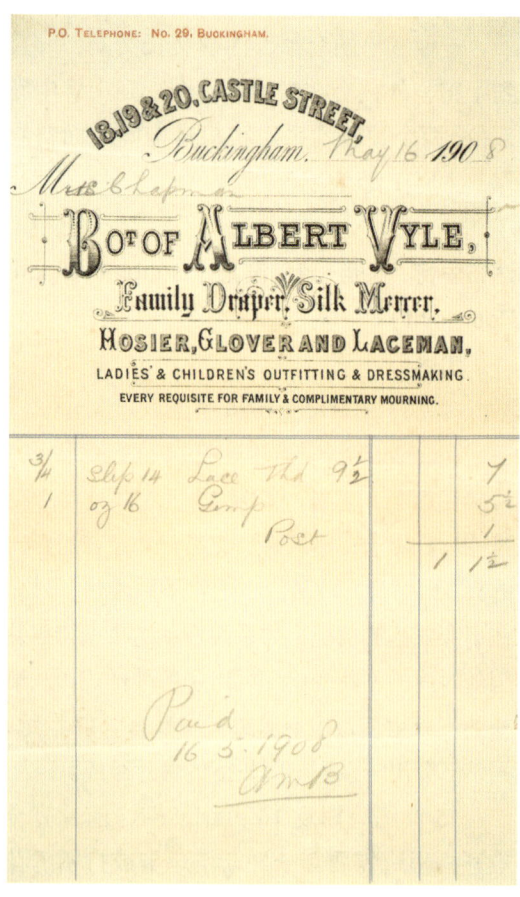

阿尔伯特·维尔（Albert Vyle）提供的货物收据，1908年白金汉郡城堡街（Castle Street, Buckingham）。收据上写着维尔"是一名家庭用布布商、绸缎商、袜商、手套贩卖商和花边商"。当时，这一系列商品在大型城镇的百货公司都有售。他提供的服务包括"女士和儿童服装和服装制作"，并且他还提供丧服。

坎贝尔表示亚麻布制品商需要对亚麻布的制造、各种亚麻布的区别以及外国亚麻布的质量有广泛的了解。这类布商被认为是难度最大的一类商人。

多莱普套装（Drape suit）

男式

时期：20世纪40年代初期。

纽约和西海岸的年轻非裔美国人、西班牙裔男子的一种美式穿衣风格。它包括一件裁剪宽松的及膝垂褶夹克，夹克带有宽肩垫，搭配高腰打褶裤，也称为"兹特套装（zoot suit）"。受电影和杂志的影响，这种风格在欧洲和英国流行起来——"一眼望去都是多莱普套装"（1952, A. Wilson, *Hemlock and After*）。一代人之后，泰迪男孩出现了，他们身穿"多莱普夹克，袖子是天鹅绒的……脚上穿着橡胶底鞋……"（1969年7月，*The Listener*）。

德罗瓦兹（Drawers）

男式

时期：16世纪以后。

在17世纪和18世纪，"drawers"一词的适用范围很广，可以指穿在身上的任何服装，例如马裤，但是主要指的是一种内衣，一直到19世纪，大部分德罗瓦兹都采用亚麻布制成。有以下两种德罗瓦兹：

短款德罗瓦兹：齐膝长的衬裤或短裤，剪裁饱满方正，前片用丝带系住，后片通过一个小开口用狭幅织物拉紧。这种款式流行到19世纪末期。

长款德罗瓦兹：长及脚踝，有些款式有穿过脚背的脚带或者马镫带。19世纪，这两种款式都称为裤子（trousers）或长裤（long pants）。19世纪初期，腰带上有孔，背带上的襟舌从孔中穿过，但是约从1845年开始，这些孔被环形狭幅织物取代。后片的孔用蓬松物填充，可以通过收紧穿过孔的饰带来压缩填充物。从18世纪晚期开始，德罗瓦兹采用棉法兰绒或羊毛弹力织物制成。

女式

时期：19世纪以后。

19世纪之前的几个世纪偶有提及，但是通常被认为是源自欧洲的一种有伤风化的制服。1663年，塞缪尔·佩皮斯（Samuel Pepys）一想到他的法国妻子会穿德罗瓦兹就很烦恼。19世纪的德罗瓦兹在剪裁上与男士服装相似，但是两条腿是分开的，或者只是简单地连在腰带上。

1806年，"平纹细布德罗瓦兹"问世，次年德罗瓦兹申请了"一种骑行用羊毛弹力织物德罗瓦兹"专利。1813年，出现了用于御寒的连体袜德罗瓦兹。一些上层女性会穿真丝德罗瓦兹，但19世纪上半叶漂白细棉、棉质或美利奴德罗瓦兹更为常见，且衣身非常宽大，长及膝盖以下。19世纪40年代，有的款式可能会添加英格兰刺绣饰边。用猩红色法兰绒制成的德罗瓦兹非常时髦，穿在克里诺林里面，或露在外面。有时，人们会用相同材质的尼克博克替代，19世纪90年代还会用黑色法兰绒制作。1870年之后的德罗瓦兹开始饰有精致的网眼花边、刺绣、褶皱和褶边等,并且腿部明显加宽。

详见"连衫裤(combinations)"。

抽花绣(Drawn-work)

时期:16世纪和17世纪。

一种织物装饰形式,通过抽出纬线和经线形成图案,再利用刺绣来固定图案。

套裙服装(Dress)

男女皆宜

时期:16世纪以后。

可以表明特定风格或时尚,并反映与外貌相关的流行习俗的外传服装、服饰或穿着服装。

此外,从19世纪开始,一种一片式女装越来越流行,与之前单独的分体式上衣和半身裙不同。

礼服夹(Dress clip)

女式

时期:1925年以后。

一个用夹钳机构而非别针固定在连衣裙或外套衣领上的夹子,更为常见的是同时使用两个礼服夹,通常用人造宝石(diamanté)制作,但是也有用其他石材或饰面材料制作的。

礼服夹(Dress clip, Page)

女式

时期:19世纪40年代。

一种系在腰部的装饰性金属挂钩,挂钩上挂着一条链子,链子的末端有一个夹子,走路时用来夹住提起的裙子。

正装(Dress clothes)

男式

时期:19世纪以后。

19世纪上半叶出现的一种说法,指日间或晚上出席正式的社交活动时所穿的服装。不管是日间正装,还是晚间正装,基本特征就是穿一件前摆被剪掉的燕尾服,日间款式与晚间款式非常相似,不同之处在于日间款式的前片经过裁剪,可以扣上(而晚间款式永远不会采用这种设计),既可以采用单排扣,也可以采用双排扣设计。

晚间燕尾服通常采用单排扣设计。晚间款式马甲的开襟通常要比日间款式更长。

虽然日间正装可能采用多种颜色的不同面料制成,例如1829年的棕色布外套、蓝色丝绸马甲和淡紫色厚毛头斜纹棉布裤,但是在1840年左右,晚间正装开始采用统一的款式,即黑色或深蓝色外套、白色或黑色马甲以及黑色裤子、紧身长裤或者马裤。从1850年开始,晚礼服不再采用马裤和紧身长裤。

到1850年左右,"正装"一词的使用范围逐渐缩小,仅指晚礼服,日间燕尾服多年来一直被称为"半正式服装(half dress)",很快就被降级成为室内管家的制服。到了1860年,"外出燕尾服(walking dress coat)在法国非常流行,因此被称为 'habit frac',跟英格兰的 'half dress' 是一个意思,但是这种风格在英格兰并不常见"(*The Gentleman's Herald of Fashion*)。

燕尾服(Dress coat)

男式

时期:19世纪~20世纪中期。

一款正式的燕尾服，前摆被剪掉，通常只在晚上穿。

着装规范（Dress code）

男女皆宜

时期：19世纪晚期。

特定社会群体可接受的着装风格，例如校服、军服和工作服，通常都有规定，也指可接受和不可接受的现代时尚。长期以来形成的一条规则经常会困扰那些不知情的游客，即进入教堂、清真寺等场所时，需要遮盖头部、双臂和双腿，以示尊重。2012年6月，"着装规范助理"对那些希望进入皇家阿斯科特赛马会（Royal Ascot）的人进行监督，为穿着不符合规范的人提供精选的帽子、帕什米娜披肩、领带和马甲。在工作服方面，2015年5月，澳大利亚悉尼的一个政府部门要求所有公务人员遵守新的着装规范，其中包括禁止穿连体衣、Ugg靴、平底人字拖鞋和牛仔裤等。在其他国家，经常会有报道称在正式场合或者某些场合因染色彩鲜艳的头发、有明显的文身、穿运动鞋或者没穿正式晚宴夹克礼服等而产生问题。

燕尾佛若克礼服大衣（Dress frock coat）

男式

时期：1870年～1890年。

一种双排扣佛若克礼服大衣，开襟较低，驳头又长又窄，边缘饰有丝绸，通常带有天鹅绒窄领。穿着时要扣上两对纽扣。与普通佛若克礼服大衣相比，开襟的部位会露出更多的衬衫前襟。

到了19世纪80年代逐渐被晨间佛若克（morning frock）取代。

衣架（Dress holder）

女式

时期：19世纪70年代。

一种精致的礼服架，带有两条吊坠链和夹子。

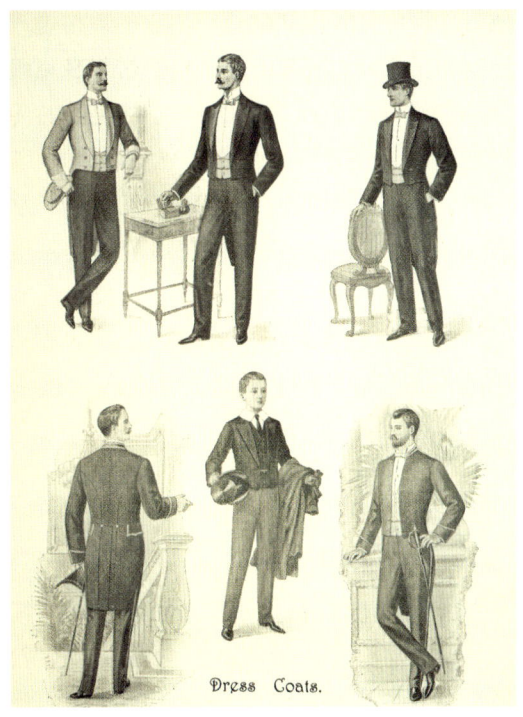

摘自T.H. Holding Coats（第四版）的各种燕尾服，1902年。图片中最上面一排的三位男士身上穿的就是这种经过轻微改版之后的晚礼服款式，有两粒或者三粒纽扣，采用凹凸斜角驳头，或者弧形连续驳头。燕尾服里面通常穿低胸马甲和浆洗过的正式衬衫。Holding "用最上乘的原绒开司米"制作大衣。下面一排展示了海军军官穿的燕尾服的背面和正面，中间是一件男童伊顿式少年用短上衣（eton jacket），有时也会称为"燕尾服（dress coat）"，很容易引起混淆。

妇女托裙腰垫（Dress improver）

女式

时期：1849年，1883年~1889年。

巴斯尔的一种礼貌性叫法。

晨衣（Dressing-gown）

男式

时期：18世纪70年代以后。

这种说法在18世纪非常少见，指一种长袖拖地长袍，通常用带有精致图案的丝绸制成。19世纪50年代和60年代，它的风格是设计有非常宽大的翻领，用一根饰带或者束腰带环绕在腰间。通常搭配一顶带流苏的无檐便帽。一直到1850年才作为室内休闲装穿着，比如吃早餐时，后来它演化成了睡衣，或者浴衣。20世纪，在出现中央供暖之前，它被用作保暖又实用的衣服，而有了中央供暖之后，它一般用更轻盈的面料和毛巾布制作，而且有各种颜色、图案和长度。

女式

时期：18世纪晚期。

19世纪上半叶，它通常由白色棉布、细棉布或羊毛制成，非常肥大。1857年之后，人们开始穿着更贴身的彩色和带图案的晨衣，它始终扮演着睡衣的角色。到了20世纪，开始出现各种风格、长度和不同面料厚度的款式。

详见"女装轻薄睡衣（négligée）""女晨衣（peignoir）"。

晚餐服（Dress Lounge）

男式

时期：1888年~1920年。

一种适合搭配非正式晚装的夹克，最初只在没有女士在场的情况下才穿。晚宴夹克礼服的早期名称。

女服裁缝师（Dressmaker）

女式

时期：19世纪初期以后。

本质上，指以制作女性服装为职业或生意的女性，这个词曾与"曼图亚裁缝（mantua maker）"一词在短期内同时使用，"曼图亚裁缝"是之前对这类服装制作活动的叫法。1803年2月，《先驱晨报》（*Morning Herald*）上刊登了一则"致女帽商和女服裁缝师（*To Milliners and Dress-makers*）"的广告，而一个世纪后，在1904年的 *The Lady's Realm* 上则经常提到"在缝纫女工（sewing-maid）或裁缝师（working dressmaker）的帮助下"。

衣服保护套、防护外衣（Dress protector, Dress shield）

女式

时期：19世纪40年代以后。

一种新月形的吸水或防水面料，缝在衣服的袖窿位置，以防衣服被汗渍弄脏。

最初采用羚羊皮制作；1881年，坎菲尔德（Canfield）发明的"天然橡胶腋窝防护衣（Arm-pit shields of India rubber）"获得专利，并且到了1902年，用弹力织物制作的防护外衣问世。

服饰改革（Dress reform）

时期：19世纪中期~1940年。

在欧洲和北美，为了提升服装的舒适度、卫生情况以及实用性，人们做出了非常大的努力，尤其是女性。她们尝试找到一种更适合充满活力的生活方式的服装，而服饰改革的发生也往往与妇女参与政权运动相关。阿梅利亚·布卢姆夫人（Mrs Amelia Bloomer）、古斯塔夫·耶格尔博士（Dr Gustav Jaeger，他发明的羊毛内衣）以及哈伯顿夫人（Lady Harberton，她首创的骑自行车时穿的裙裤）都拥护改革，他们同时还进行艺术服饰相关的尝试。尽管如此，英国的男性服饰改革党（Men's Dress Reform Party，1929~1940）在他们之前就已经从真正意义上开始倡导服饰改革。

详见"唯美主义服饰（aesthetic dress）""女式灯笼裤（bloomers）""灯笼裤（rationals）"。

礼服用威灵顿长筒靴（Dress Wellington）

男式

时期：1830年~1850年。

一种与晚礼服鞋和长筒袜类似的晚礼服靴，一直到膝盖以下，一体成型，穿在礼服裤子或者紧身长裤里面。

德瑞莎-波恩（Driza-Bone）

男女皆宜

时期：1898年以后。

一家澳大利亚公司，制造油布外套、夹克和帽子。这种外套上有一个独特的披肩，

伦敦汉诺威广场上女性服装裁缝师 Wingman 服务广告的时装版画。图中的两位女士身穿日装，左侧的女士手拿一把带榄尖形铰链遮阳伞，这个铰链使得遮阳伞可以垂直倾斜；右侧的女士穿着一件皮制长外衣；1802年。

是为适应澳大利亚的气候条件而设计的，适合那些在暴风雨和潮湿天气下骑行和工作的人。随着澳大利亚人在世界各地的旅行，这类服装的实用性得到了许多国家的认可；除了原始款式的外套外，还出现了许多其他适合在城镇穿着和参加休闲活动的款式。

低腰线（Drop waist）

女式

时期：20世纪20年代以后。

D

"AT LAST!"
BUT NO! THOUGH IT GAVE HIM QUITE A TURN, IT WAS ONLY M. WORTH'S LATEST TRIUMPH—THE COSTUME À LA COLORADO!

"At Last", *Funny Folks* 上的一张人物漫画，1878年。图片中的男子头发竖起，高顶礼帽在空中悬着，还有一个单片眼镜从他的脸上掉下来。这位男子身着一件拉翁基·夹克和一条不搭配的裤子，而图中两位年轻女士戴着整洁的软帽，她们身上穿的应该是英国查尔斯·弗莱德里克·沃斯（Charles Frederick Worth）设计的最新奇特款式。沃斯在19世纪中期和晚期成为法国最著名的服装设计师。很明显，两位女士的着装是根据科罗拉多甲虫的颜色和外形而设计的，上面还有乳黄色和褐黑色条纹。沃斯设计了舞会礼服和时尚服装。左侧的女士戴着一只暖手筒，因此看上去应该是冬季流行的时尚。

不同时期的时装设计师会尝试对自然腰线设计做出改变，低腰线是20世纪20年代服饰的一大特征，它要低于自然腰线，后来在某个时期偶有流行。

干洗（Dry cleaning）

时期：19世纪以后。

不用水清洗衣物和其他纺织品的洗涤方式。虽然在19世纪之前的几个世纪，人们已经采用各种方法，但是一直到了19世纪中期和晚期，市场上才开始出售高度易燃的石蜡和类似的溶剂。20世纪上半叶，危险溶剂（易燃或致癌）开始退出历史舞台，而自动洗衣店引入的小型干洗机为人们提供了廉价的干洗选择，包括服装在内的所有纺织品都带着洗涤标签，上面会说明是否需要干洗。

详见"洗衣（laundry）"。

杜巴利胸衣（Du Barry corsage）

女式

时期：1850年。

一种晚礼服风格的紧身内衣（en chemisette），褶饰从肩部一直向下采用曲线设计，形成一个低腰斯塔玛卡（understomacher）。

杜巴利袖（Du Barry sleeve）

女式

时期：1835年。

一种设计有两个蓬松袖子的宽松日常装袖子，裁缝行业中指蓬松的面料或轮廓，一只的长度刚好超过肘部，而另一只则刚好超过手腕。

公爵领结（Duchess, Dutchess）

女式

时期：17世纪晚期。

一种戴得比较高的丝带蝴蝶结，搭配方当伊方当伊高头饰（fontange cap）。

公爵褶（Duchesse pleat）

女式

时期：1875年。

一种设计在裙装后片的褶皱，由中线或门襟开襟两侧的四个箱状叠褶组成。

鸭嘴鞋（Duck-bills）

男式，有时也有女式

时期：19世纪以后。

普兰谢（J.R.Planché）等作家提到的一种叫法，指1490年和1540年流行的一种宽趾鞋。

猎鸭（Duck-hunter）

男式

时期：19世纪40年代。

"一种猎鸭风格的条纹亚麻布外套，有时称为'猎鸭'"（1841, *Heads of the People*）。服务员会穿这种衣服。

帆布裤子（Ducks）

男式

时期：19世纪。

用厚重的帆布或者亚麻布制成的裤子。

打扮（Dudes）

时期：16世纪。

"衣服"的俚语叫法。

德弗尔/达夫尔大衣（Duffel or Duffle coat）

男式，有时也有女式

时期：17世纪晚期。

用比利时安特卫普省下辖的德弗尔镇产的毛料制成的服装。"达夫尔大衣"和"达夫尔厚大衣（duffle great coat）"的历史可以分别追溯到1684年和1791年。然而，现代款式则可以追溯到20世纪初期搭配海军制服所穿"被称为'达夫尔大衣'，像毯子一样的厚衣服"。

男女皆宜

时期：1945年以后。

简妮·艾恩赛德（Janey Ironside）在*A Fashion Alphabet*中描述"一件暖和的厚布外套……用套环系上"。它的长度通常是齐膝或者略短一点，带风帽，用灰褐色毛料制成。由于它既保暖又便宜，而且很容易从剩余军用物资商店买到，所以颇受学生群体喜欢，也因此很快成为一种经典款大衣。现代的款式采用各种不同的颜色和面料制作。

达夫尔包（Duffle bag）

时期：1914年以后。

最初，在美国指一种圆柱形军用帆布袋，包口采用抽绳设计，背在背上或肩上。后来，这种风格经过调整成为学生包。采用皮革和其他面料制作的一些时尚款式，广受欢迎。

笨蛋圆锥帽（Dunce's cap）

男式

时期：19世纪及20世纪初期。

在学校学习较迟钝的学生戴的一种圆锥形帽子，通常在正中间有一个字母"D"。

这个名称最初来自苏格兰学者和神学者邓斯·司各脱（Duns Scotus, d.1308）。

工装连衣裤（Dungarees）

男式

时期：19世纪以后。

带围涎和可调节背带的工作服，由强韧的棉制面料制作，源自"粗蓝布（dungaree）"，一种廉价的印度印花布，水手和工人经常穿。

女式

时期：20世纪中期以后。

工作服，但是有时在非正式场合也穿，采用各种不同的面料制作，包括灯芯绒、棉布和丹宁布等。

防尘外衣（Dust coat, Duster, Dust cloak）

男式

时期：19世纪70年代。

一种用麦尔登呢或者切维奥特羊毛制作的夏季短款外套。

女式

时期：19世纪80年代。

一种夏季穿的外套，或者"防尘斗篷"，有时像阿尔斯特宽大衣一样带披肩和腰带，长及裙摆位置。采用羊驼呢或者丝绸制作。"吊带防尘外衣（sling duster）"是一种宽松又轻便的德尔曼服装。

时期：20世纪初期以后。

一种宽松轻便的外套，用来保护里面的衣服。一种早期流行的驱车时穿的服装，后期得以保留，用于其他形式的旅行时穿的外衣。

防尘长袍（Dust gown）

女式

时期：18世纪。

指一种防护服装；"一种女性穿的防尘长袍或者上衣，英语中称为'safeguard'"（1706, Phillips, ed. Kersey）。

荷兰式斗篷（Dutch cloak）

男式

时期：16世纪晚期及17世纪初期。

一种宽袖短斗篷，通常带有华丽的装饰，即用丝带装饰。

德式大衣（Dutch coat）①

男式

时期：14世纪晚期及15世纪。

一种短款夹克，后来称为"jerkin"。

从14世纪到16世纪初，"dutch"一词指"德国"；到了16世纪，"dutch"一词通常被"Almain（日耳曼）"取代。

公爵领结（Dutchess）

详见"结纽（knot）"。

德式腰部剪裁（Dutch waist）

女式

时期：1580年~1620年。

一种女士上衣的方形腰部剪裁，搭配威

---

① 因上文中提到"dutch"一词在14世纪至16世纪初期指德国，所以此处译为"德式"。——译者注

尔法勤盖尔，与常见的宽花边不搭。"一种荷兰式短腰设计，搭配圆形凯瑟琳威尔法勤盖尔"（1607, Dekker and Webster, *Northward Hoe*）。

迪维利耶假发（Duvillier wig）

男式

时期：1700年。

一种又长又高的正装假发，以当时法国一名著名假发制造商的名字命名，也称为"长款迪维利耶（long duvillier）"和"荷叶边（falbala）"或"褶襞（furbelow）"假发。"充满粉末的长款迪维利耶……"，"巨大的荷叶边假发"（1709, R. Steele, *The Tatler*）。

迪克斯领（Dux collar）

男式

时期：19世纪60年代~1900年。

一种领角在前面向下翻的浅立领。

染料（Dyes）

在1859年引入苯胺染料之前，所有染料都以植物为原料，最早用于女式连衣裙纺织品的两种染料是马真塔红（magenta）(1859)和苏法利诺（solferino, 1860），其中，马真塔红与现代的木莓色（raspberry）非常像，而苏法利诺则与现代的紫红色（fuchsia）非常像。两者都是以1859年法奥战争中的战役命名的。

人物漫画，1860年。这张漫画是对苯胺染料发明的调侃，首先是淡紫色（mauve），然后是马真塔红。漫画中那位年轻的男子（左）戴着单片眼镜，手拿手杖，身穿时髦的拉翁基·夹克和浅色马甲，还戴着领巾，领巾上饰有花花公子款式的珠宝别针，甚至是他的高顶礼帽颜色都浅得过分，他那一撮胡子模仿的是法国拿破仑三世（Napoleon Ⅲ）。而他对面那位较为年长的男士除了那件马真塔红大衣和鼻子之外，总体着装比较端庄。

E

耳环（Ear-ring, Earring）

男女皆宜

时期：早期撒克逊时代。

一种戴在耳垂上作为装饰的圆环，但是几个世纪之后被摒弃。

时期：1350 年。

《玫瑰传奇》（*The Romaunt of the Rose*）中提到的女性佩戴的金耳环是一种外国时尚，由于当时头饰的形状，这种时尚在英格兰并不常见。

时期：16 世纪晚期~1660 年。

女性两只耳朵上都戴着耳环，但是男性仅戴在一只耳朵上。

时期：17 世纪晚期。

主要是女性佩戴各种类型的耳环，但是到了20世纪后期也有水手佩戴，当时男性通常在耳朵上戴一个或多个小耳环或耳钉。

耳绳（Ear-string）

男女皆宜

时期：16 世纪晚期~1640 年。

一条短丝带或几股黑色丝绸，作为耳环佩戴，系在一只耳朵上并悬垂下来，一般戴在左耳上。

"什么！你是说那个敞露着胸膛，耳朵上戴着丝带的人吗？"（1598, Marston, *Satires*）。

地震长袍（Earthquake gown）

女式

时期：1750 年。

1750 年 3 月伦敦发生两次夜间地震，之后有人预言还会发生第三次地震，因此许多人逃到乡下躲避将发生的灾难之夜。"到处都充满了这种极端的恐惧情绪，短短三天的时间，有 730 辆马车……整车整车地逃往乡下……有几名女士制作了地震穿的长袍，也就是能保暖的长袍，有了这些长袍她们就可以整夜待在室外了……"（1750 年 4 月 4 日，Horace Walpole）。

两个世纪后出现的警笛服（siren suit）就是在这种长袍的基础上演化而来。

埃谢勒（Echelles）

女式

时期：17 世纪晚期~18 世纪晚期。

一种前面用丝带蝴蝶结装饰的斯塔玛卡，排列与梯子横档类似。

苏格兰格子帽（Ecossaise hat）

女式

时期：1865年。

一种与苏格兰有关的软帽。

详见"苏格兰便帽（glengarry）"。

边（Edge, Neyge, Age, Oegge, Egge）

时期：15世纪晚期及16世纪。

指用金银珠宝制作的头饰饰边或者镶边。

鳄鱼皮时髦男子裤（Eelskin masher trousers）

男式

时期：1884年~1885年。

非常紧身的裤子，受到时髦男士的追捧，并且被认为是"彻底时髦"。

鳗鱼皮袖（Eelskin sleeve）

女式

时期：17世纪以后。

一种合体的袖子。"到处都是带网眼花边的鳗鱼皮袖子"（1602, Middleton Blurt, *Master Constable*, II）。"紧身衣（jersey jacket）和鳗鱼皮裙子"（1881, Miss Braddon, *Asphodel*）。

鳗鱼裙（Eel skirt）

女式

时期：1899年。

一种日间穿的裙装，臀部呈非常紧身的造型，从膝盖往下微微展开，整个裙边触及地面。面料采用对角单片式剪裁，并且有拼片，有一个前片饰片、两个侧面和两个后片饰片，除前片之外都有一个圆形下摆，在前片或者侧面系合，或者在较少的情况下会在背部系合。里袋无开口。

艾格、斯坦斯和温莎帽（Egham Staines and Windsor）①

男式

时期：19世纪初期。

三角帽的昵称，"来自那三个城镇的三角地区"（1824, *Spirit of the Public Journals*）。

艾森豪威尔夹克（Eisenhower jacket）

男式

时期：1945年以后。

一种橄榄绿美国陆军制服夹克，因德怀特·戴维·艾森豪威尔（Dwight D Eisenhower, 1890~1969）穿过而得名，他是第二次世界大战期间的军事指挥官，后来曾担任美国总统，也有这种风格的非军用款式。

松紧圆帽（Elastic round hat）

男式

时期：1812年。

1812年获得专利。帽冠里边有一根钢弹簧，通过这根弹簧可以随意将帽子压平，放在腋下。后来演化成吉布斯（gibus）。

侧松紧靴（Elastic-sided boots）

男女皆宜

时期：1837年以后。

---

① 音译，分别指英国的三个地方。——译者注

两侧嵌有印度浸胶织物裥褶的靴子，詹姆斯·道伊（James Dowie）于1837年获得专利。

男式
这个词在20世纪被重新使用，指一种被称为切尔西靴（chelsea boots）的特定款式。

中长款斗篷（Elbow cloak）
男式
时期：16世纪晚期及17世纪初期。
这两个时期短款斗篷的另一种叫法。

中长款袖带（Elbow cuff）
女式
时期：1700年~1750年。
女式长袍中袖的翻边袖口。袖口从肘部开始展开，但在弯曲处非常窄。

大袖窿紧口袖（Elephant sleeve）
女式
时期：1830年。
一种由轻薄面料制成的非常宽大的日间礼服袖子，宽大的袖子从肩部垂落到手腕处贴身收紧，"形似大象耳朵"。
1854年，指摩尔达维亚披风上悬垂的披肩。

十一块拼衩波纹裙（Eleven-gore ripple skirt）
女式
时期：1895年。
一种带有十一块拼衩的日间穿的裙装，上身非常窄，有悬垂的圆凹褶，下摆周长约50厘米，呈圆形，底部有马鬃内衬，因此较为坚硬。

椭圆领（Elliptic collar）
男式
时期：1853年。
一种获得专利的领子，正面裁剪高于后面，在正面或者后面系合，并且可以从衬衫上拆下来。

刺绣工（Embroiderer）
男女皆宜
时期：从古至今。
也称"绣花匠（broderer）"，接受过刺绣工艺训练的人，使用棉线、亚麻线、金属线、丝线和羊毛线在织物或轻质皮革上绣制各种抽象和具象图案，并根据整体设计和顾客的负担能力添加珠子、宝石和发光饰片等装饰。业余爱好者和专业刺绣工都可以绣制各种作品，但是专业刺绣工通常主要是绣制服装，而业余爱好者主要是绣制简单的内衣和童装，而男女绣衣上的刺绣工艺则较为精湛复杂，18世纪的西装和礼服就是一个很好的例子。坎贝尔在 *The London Tradesman*（1747年）中指出，"刺绣是一种女性干的活儿，但是她们绣制的作品与法国和意大利那些大胆的新奇刺绣设计相去甚远"。

尽管刺绣颇为耗时，但是从19世纪开始，随着杂志和图案样式的增多，许多业余爱好者开始绣制各种礼物，比如吊带、手帕、钱包、拖鞋等。柏林绒线刺绣非常受欢迎。20世纪，缝纫机的出现提高了刺绣的速度，但是绣

刺绣详图，1760年。这两张详图展示了在一块深红色的丝绸麻布（法国式罗布）上完成的专业刺绣，后来改制成了舞会服。上面的蔓生树枝、叶子和花头的刺绣品质极佳，可能是为一位即将参加重大社交活动的富有顾客制作的。

制作品的质量并不稳定，到了20世纪80年代，计算机化设计的出现解决了这个问题。

刺绣（Embroidery）

用金属线、丝线和羊毛线在织物上绣制各种花样或图案的工艺，这类花样或者图案通常是事先画好的，有时是徒手画的。几个世纪以来，人们在家里和刺绣厂生产制作服装用的刺绣面料，也称为"女红（needlework）"。

帝国衬衫（Emperor shirt）

男式

时期：1850年~1870年。

一种用红色法兰绒制作的衬衫，乡间的绅士穿这种衬衫。

帝国上衣（Empire bodice）

女式

时期：1889年。

一种晚礼服上衣，试图复兴19世纪初期的帝国风格，通过在前片用丝巾打造出不同的垂褶并在后面或者一侧系上来实现短腰的效果。

详见"执政内阁式（directoire）"。

帝国软帽（Empire bonnet, Empire cap）

女式

时期：19世纪60年代。

一种形似婴儿软帽的小巧且较为贴合头部的户外用软帽。

帝国铠甲罩衣（Empire jupon）

女式

时期：1867年。

一种宽大的拼片衬裙，底部有两三根钢箍，取代笼式克里诺林。搭配当时所谓的帝国风格连衣裙。

帝国线（Empire line）

女式

时期：1800年~1820年。

指这一时期欧洲的时髦女性所穿的曲线优美的高腰窄版连衣裙,与拿破仑成为法国第一执政以及帝国时期相关。

19世纪90年代和20世纪复兴,因为这种设计经常在电影和电视中出现,因此已经成为一种经典设计。

帝国衬裙(Empire petticoat)

女式

时期:19世纪60年代晚期。

帝国铠甲罩衣(empire jupon)的别称。

帝国高腰裙(Empire skirt)

女式

时期:1888年~19世纪90年代。

一种日间穿的收腰裙装,下摆上方为百褶荷叶边。与当时流行的设计类似,内衬后片无"钢材",即短裙箍。晚礼服款有一个小裙裾,下摆有褶皱,上面绣有花朵图案。1892年,为日间穿着而设计的帝国高腰裙前后有两个垂直的饰片,两侧各有两块三角形布,带小裙裾。

皇后衬裙(Empress petticoat)

女式

时期:1866年。

一种晚礼服衬裙,腰部收褶束紧,下摆展开后周长达7.3米,裙裾"拖地约0.9米"。膝盖以上饰以宽荷叶边。作为笼式克里诺林的替代品使用。

搪瓷纽扣(Enamelled button)

时期:18世纪和19世纪。

18世纪70年代的男士外套非常流行使用这种纽扣,19世纪下半叶,有的男式马甲也流行使用这种纽扣。此外,19世纪60年代的女装也有使用这种纽扣的。

恩布劳德(Enbraude)

时期:中世纪。

指刺绣。

昂盖象特(Engageantes)

女式

时期:17世纪晚期~19世纪中期。

法语词汇,17世纪和18世纪指褶边。"昂盖象特,垂落在手腕部位的双层褶边"(1690, *The Ladies' Dictionary*)。

从1840年开始,这种袖子采用可拆卸的设计,制成白色的假袖子,边缘饰有网眼花边或者刺绣。约1865年开始,这种袖子退出历史舞台。

英式腰链(English chain)

女式

时期:19世纪初期。

沙特莱纳腰链(chatelaine)的早期形式。"链子,指一种细绳或者绞合线,用来挂手表、镊子盒和其他贵重物件。这种奇特物品的发明要归功于英国人;由此,在外国,它被称为'英式腰链(English chain)'"(1819, Abraham Rees, *Cyclopaedia*)。

Costume Parisien，1806 年。图中展示的是一位身穿皮制长外衣的年轻女士，整个前襟用扣子扣住，领口较低，衣领为美第奇领。图片底部的文字提到了这位女士头上戴的是天鹅绒帽子和丝绸披巾，但是她身上采用高腰线设计以及原始帝国风格的饰带和袖窿一周的饰边都展示出一种军装时尚。

英式法勤盖尔（English farthingale）

女式

时期：16世纪80年代~17世纪20年代。

一种滚筒式法勤盖尔，裙身呈现出一条像浴缸一样的曲线，前片无任何压平处理。

详见"法式法勤盖尔（french farthingale）"。

英式风帽（English hood）

女式

时期：1500年~16世纪40年代。

一种在前额上方用线扎成尖拱形的风帽。早期的款式有厚厚的褶皱，搭在肩膀后面，面部的帽沿较长，形成一条长长的垂饰，称为"查弗斯（chaffers）"。还有一顶底帽，1525年之前，这种风帽会使分向两边的直发从风帽中露出来。而1525年之后，背部被两条长长的片状垂坠物取代，有时用别针别住；同时，前片的垂饰收短、翘起并用别针别到位。前面的头发包在丝质紧身裙中，紧身裙通常带条纹，并交叉穿过三角形尖包头系带（gable point）。

19世纪的作家也称它为山墙形风帽（gable）或者三角墙形头饰（pediment headdress）。

英式睡袍（English nightgown）

女式

时期：18世纪。

一种舒适的无骨架支撑宽松衣服，通常在非正式场合穿。"四点钟……达纳夫人……穿着一件英式睡袍"（1769, *Letters of Lady Mary Coke*）"。

详见"睡袍（nightgown）"。

英伦刺绣（English work, Opus Anglicanum）

时期：中世纪。

从7世纪到14世纪，为女士制作的非常精致的盎格鲁-撒克逊刺绣。这种图画风格的刺绣尤其适合教会，由于它巧夺天工的品质，不仅在英格兰受到珍视，而且在国外也很受欢迎。

英式围裹式大衣（English wrap）

男式

时期：19世纪40年代。

一种双排扣直筒大衣，类似宽松的切斯特菲尔德大衣。

详见"特温（twine）"。

恩格雷宁（Engreynen）

时期：中世纪。

纺织前在纹理上染色，即在线上染色。

围裙（En tablier）

详见"围裙式半身裙/围裙（tablier skirt）"。

信封式公文包（Envelope bag）

女式

时期：20世纪中期以后。

一种小的手提包，有一个类似信封的翻盖扣合件。

肩章（Epaulettes）

女式

时期：19世纪以后。

装饰性肩衬，在19世纪60年代非常流行。随后在20世纪再度流行。

装备（Equipage）

女式

时期：18世纪。

一种用链子从腰部挂起的小匣或装饰性金属盒，里面装刀、剪刀、镊子、顶针等。

花式项链（Esclavage）

女式

时期：18世纪中期。

由几排金链子组成的项链，以花彩的形式垂在胸前。

登山帆布鞋（Espadrille）

男式，后来也有女式

时期：20世纪20年代以后。

一种帆布鞋，鞋底用绳子编织而成，最初在西班牙出现，从20世纪20年代开始前往西班牙和法国旅行的游客去沙滩或者运动时非常喜欢穿这种鞋。目前，已经有价格昂贵的名牌款式，但是最初的款式由于不适合雨天穿，许多欧洲人会在夏天把它们作为一次性鞋穿。

埃斯塔奇（Estaches）

男式

时期：1350年~1400年。

法语中指用于连接霍兹和达布里特的细绳。详见"尖包头系带（points）"。

道德时尚（Ethical fashion）

时期：20世纪晚期。

由于人们担心为了给西方消费者提供廉价服装而在非欧洲国家再次出现"血汗工厂文化"，各国开始举办国家和国际论坛及行业协会，这些论坛和协会为希望在全球范围内获得满意薪酬水平和工作条件的个人和制造商提供指导和帮助。这一运动涵盖了包括时装在内的所有类型的产品，有一些道德时尚目录和特定的公司都认同这种做法，比如People Tree。1989年创建的世界公平贸易组织（World Fair Trade Organization）覆盖了70多个国家，获批产品上都带有它的标签。

民族服饰（Ethnic dress）

时期：1950年以后。

指服饰时包含的范围较广，但是通常指非西方国家（如非洲和印度）的纺织品和服装风格，西方时尚也吸收或者受到这类服饰的影响。

礼仪（Etiquette）

男女皆宜

时期：18世纪以后。

最初是指在皇家宫廷中正确的行为、着装和等级地位，到了18世纪，旅行者们介绍了不同民族有关正确着装礼仪的看法。参加壮游（Grand Tour）的英国人乔治·露西（George Lucy）谈到了意大利社会的拘谨，"……（他们）穿得太多了，我不得不把自己浑身涂满银色，配上一把剑和一顶丝带假发"

（1755，J. Ashelford, *The Art of Dress*）。

从19世纪起，英国人对于正确和错误的着装形式的优越感催生了期刊和礼仪书籍中的众多专栏，这些专栏的目标读者是那些新富企业家及其家人。到了19世纪30年代，法令规定"穿着过于时尚有失品位；一般来说，只有那些没有其他优点的人才会这样做——在这个时代，将它留给店员和扒手吧"（1834, *Hints on Etiquette*）。直到第二次世界大战之后，关于服饰的礼仪才逐渐减少，但是从那些要求戴"黑领带"或者穿"普通西装"的请柬上依稀还能看到它的残留痕迹。

详见"宫廷礼服（court dress）""侍从服（livery）"。

The Englishwoman's Domestic Magazine 中的时装版画，1864年1月。晚礼服的宽下摆裙披在克里诺林上，但是装饰非常丰富，有荷叶边、花朵和长长的饰带，凸显了裙子的宽度。领口较大，剪裁较宽，袖子较短。

伊顿式阔翻领（Eton collar）

男式，有时也有女式

时期：19世纪以后。

早期伊顿公学男生在夹克外面佩戴的一种宽大且僵硬的白领，女生也会佩戴这种风格的领子。

伊顿式发型（Eton crop）

女式

时期：20世纪20年代中期至晚期。

一种贴头皮剪且与男生发型类似的女生发型，与20世纪20年代流行的狭窄的中性化轮廓相搭。

伊顿式少年用短上衣（Eton jacket）

女式

时期：1892年～20世纪初期。

一种剪裁与伊顿男生夹克类似、日间穿的上衣，套在马甲外面敞开穿；1898年前片有时呈圆形，饰有饰带镶缀和装饰盘花纽扣。

伊顿上衣夹克（Eton jacket bodice）

女式

时期：1889年。

一种贴身的夹克，两边都设计有宽大的翻领和带盖口袋，搭配带翻领和一条大领巾的时髦双排扣马甲。

伊顿服（Eton suit）

男式

时期：1798年以后。

低年级男生穿的服装；包括一件短夹

克，前片裁剪成方形或略尖，衣领朝下，倒挂领领口较浅，驳头较为宽大几乎翻到底部。背部中间呈尖状。袖子无袖口。前襟向后缩，从而夹克无法系合。与单排扣马甲搭配，马甲有一个较窄的翻领，扣子扣得很高。裤子为浅色，通常是灰色的。

最初的夹克是蓝色或者红色，到了1820年，为了悼念乔治三世（George Ⅲ）改为黑色。最初学生穿的是白色帆布裤子或者淡黄色紧身长裤，1814年，在伊顿公学，寄宿生开始穿长裤，但是资助生在约1820年之前一直穿齐膝短裤。

全套服装的一个基本特征是，白色的伊顿式阔翻领经过浆洗，领子向下翻到外套衣领上，搭配白衬衫和黑领带。穿伊顿服的正确方式是不系马甲底部的纽扣，裤脚向上翘。"哈罗伊顿式少年用短上衣没有任何花边（point）设计"（1898，*The London Tailor*）。

小匣（Etui）

时期：1611年以后。

指一个用来装长发夹、缝衣针、小钳子或类似物品的小盒子，一般只是装饰性的。

详见"装备（equipage）"。

晚礼服（Evening dress）

男女皆宜

时期：20世纪以后。

泛指晚会时穿的较为正式的服装，例如晚宴夹克礼服和长裙。

运动服（Exercise wear）

男女皆宜

时期：20世纪晚期。

为进行任何形式的体育锻炼而设计和销售的任何类型的服装，包括田径服、跑步服等。

纽孔（Eyelets, Oilets）

时期：中世纪以后。

14世纪时采用"oilets"这种叫法，到了17世纪被"eyelets"取代，指用于连接服装或部分服装的网眼花边、细绳或带子的孔。直到1828年，这些纽孔都是用丝绸或线绑起来的；从1828年起，它们可能会用金属环加固；约在1830年用于紧身褡，但直到1839年才开始用于马甲的后系带。

Mode Journal Wiener-Chic，1895年。在欧洲和新世界的时尚中心，时尚杂志成倍增长，其中就包括1891年澳大利亚首次出版的 *Mode Journal Wiener-Chic*。图中的三位女式身穿我们现在称之为"世纪末（fin-de-siècle）"的晚礼服，其特点包括低领口、宽大的长袖、通过塑身效果很强的紧身衣塑造纤细的腰部以及当时流行的有光泽的宽松拼片裙装。陪同三人的士兵反映了当时整个欧洲对军装的迷恋。

F

荷叶边（Fabala, Falbala）

详见"褶襞（furbelow）"。

面料（Fabric）

详见《词汇表：纤维、织物、材料》。

抽纱法（Faggoting）

一种起孔刺绣技术，具体的做法是从一块织物中抽出多根线，然后以一定的间隔将这些线绑在一起。

也是一种制作类似网眼花边的刺绣缝线来连接织物两个边缘的方法。

费尔岛（Fair Isle）

设德兰群岛上的一个岛，针织套衫、手套等的一种针织花纹就是以它的名字命名的。最初本地人采用传统的样式和颜色，但是从19世纪中期开始，随着这种设计在岛外流行开来，它的使用范围变得更广。

法尔代塔（Faldetta）

女式

时期：1850年。

一种用彩色塔夫绸面料制作的齐腰短披风，下摆饰有深色蕾丝，袖子宽大。

范达克领（Fall, Falling band）

男式

时期：16世纪40年代~17世纪70年代。

一种倒挂领，最初见于衬衫，1585年后开始作为单品出现，据流行趋势影响，尺寸和形状有所不同，常缀有网眼花边。1580年至1615年，用以代替拉夫领，有时与其一同佩戴，1640年后完全取代拉夫领。

女式

时期：17世纪。

女性偶尔也会佩戴范达克领，但早期并不多见。该词也可指代17世纪末的荷叶边手腕袖口，但很少作此使用。"缀在手边的反褶式袖口或长袖口"（1688年，R. Holme, *Armory*）。

（服装上的）装饰品（Fal-lal）

时期：17世纪以后。

衣服上引人注目的任何小装饰。"她的裙子，她的蝴蝶结，还有精美的小装饰"（1690, J. Evelyn）。

倒拉夫领（Falling ruff）

详见"拉夫领（ruff）"。

门襟（Falls）

男式

时期：1730年以后。

马裤以及后来的紧身长裤和长裤前面的带扣门襟，指从一侧缝隙延伸到另一侧的门襟，小门襟或双层门襟是指一个狭窄的中间门襟。每种款式的门襟用扣子扣到腰头的前面。

详见"史排尔（spair）"。

假小腿（False calves）

男式

时期：17世纪~20世纪。

穿在长袜里面的衬垫以改善腿形。"他们说他每晚都要从腿上脱下长袜里的衬垫"（1601, B. Jonson, *Cynthia's Revels*）。仍偶尔用于舞台服装。

裙撑（False hips）

女式

时期：18世纪40年代~60年代。

一对侧箍，大幅度撑宽臀部两侧的裙摆。

"我为她提供了……三副裙撑"（1705, Sir J. Vanbrugh, *The Confederacy*）。

详见"椭圆形裙箍（oblong hoop）"。

假袖（False sleeves）

详见"悬饰袖（hanging sleeves）"。

假乳房（Falsies）

女式

时期：20世纪40年代以后。

贴合在胸部的衬垫胸罩或衬垫，以增加胸部尺寸，改善胸部形状。最初使用者为表演者，后来很快被其他年轻女性使用。

扇子（Fan）

时期：16世纪中期~18世纪晚期。

扇子是女性常用的物品，其历史可以追溯到约1580年前。当时，硬扇是主流，形状各异，多采用羽毛、丝绸或麦秆固定在装饰性手柄上。约1580年后，折扇开始流行，两种扇形都备受欢迎。到了18世纪，折扇成为主流，尺寸差异较大。当时，扇子是时髦女士梳妆用品中的必备之物。

"它是颤抖的胜利，是胜利的掌声，是愤怒的颤动和放纵的轻敲……"（1730, Soame Jenyns, *The Art of Dancing*）。

时期：19世纪。

在19世纪前几十年里，象牙扇备受追捧；到了19世纪中叶，彩绘扇面成为流行趋势；而在19世纪80年代，带有动物装饰的扇子开始盛行，如毛绒玩具大小的猫头；到了19世纪90年代，以象牙、珍珠母或玳瑁壳制成的尺寸较大的可折叠鸵鸟羽毛扇成为时尚潮流。

时期：20世纪以后。

20世纪初，纸质或卡片广告扇同其他普通扇子一样流行。随着时代的发展，扇子的流行度逐渐降低，但在炎热的天气里，人们仍然可以买到便宜的纸质扇和带电池驱动的小型塑料扇。

男式

时期：16 世纪晚期。

16 世纪末，纨绔子弟们随身携带扇子——"一把梅花扇可以遮住你的粉面油头"[1597，霍尔（Hall）的讽刺诗，写给当时的纨绔子弟]。18 世纪末的一些花花公子也会随身携带扇子。

芳琼（Fanchon）

女式

时期：19 世纪 30 年代～1900 年。

头上佩戴的小巧方巾，通常指日用帽或户外软帽耳朵周围的类网眼花边装饰。

芳琼帽（Fanchon cap）

女式

时期：19 世纪 40 年代～60 年代。

带有扇骨和彩绘扇叶的扇子，可能是 1780 年的意大利风格。扇叶上绘有西西里岛上埃特纳火山爆发的场景、西西里岛北部的斯通波利岛、意大利南部那不勒斯附近的维苏威火山。为了发展旅游业，意大利制作了成千上万的扇叶；其主要产地是罗马和那不勒斯，它们提供有关当地著名景点的纪念品，包括古罗马遗址和那不勒斯附近的火山。1784 年，一位前往罗马的游客购买了两把"带有古罗马废墟图案的扇子，每把扇子上有一枚闪光装饰片"（H. Alexander, *Fans*, 1984）。

折叠鸵鸟羽扇，羽毛被染成黄色，配有琥珀色的塑料扇柄和佩饰，1920 年～1930 年。

一种蕾丝或薄纱帽子，带侧片，可遮住耳朵，或向下倾斜到耳朵部位。

花式织物（Fancies）

男式

时期：17世纪50年代～70年代。

缎带装饰，用于搭配敞腿马裤和裙腿裤的西装。

"我有一套新衣服以及名为'花式织物'的时尚缎带"（1652年，Richard Brome, *Mad Couple*, Prologue）。

通常使用的缎带长度为65米，但使用227米的情况也并非罕见。

舞会服（Fancy dress）

男女皆宜

时期：中世纪以后。

指以娱乐为目的穿着不同地方或时期的服装，通常在18世纪的假面舞会上以及从19世纪开始的化装舞会、选美比赛和聚会上。

虽然这类活动的服装通常可以从戏剧服装商那里租用，但舞会服装和戏剧服装的用途不同，尽管它们形式相近。

详见"连帽化装斗篷（domino）""化装舞会服装（masquerade costume）""凡·戴克（Vandyke）"。

花式商品（Fancy goods）

男女皆宜

时期：18世纪以后。

花式，意为装饰性或观赏性，而非朴素无装饰，通常指珠宝或其他形式的装饰品。

1794年，在一宗法律案件中描述一位商人："他从事的是花式服装和珠宝行业"（*Old Bailey Proceedings*）。1821年，《布莱克伍德爱丁堡杂志》（*Blackwood's Edinburgh Magazine*）中提到"男子服饰用品商和其他花式商品贩"；多萝西·华兹华斯（Dorothy Wordsworth）在19世纪20年代末旅行时，在日记中写道："珠宝、女帽和各种花式商品的摊位和商店。"商店、集市和小贩出售的"花式"商品指衣饰和女帽以及罗德与泰勒（Lord & Taylor）《服装和家具目录》（*Catalogue of Clothing and Furnishings*, 1881）中的所有东西，包括流苏、梳妆用品、缝纫用品，当然还有珠宝。

褶皱形马甲

女式

时期：1888年。

一种日间上衣，从颈部和肩部开始的碎褶在紧身褡顶部倾斜设计，形成一个"V"形。

扇形箍衬裙（Fan hoop）

女式

时期：1700年～1750年。

一种带箍衬裙，呈金字塔形，但前后压缩成扇形结构，裙身垂在上面，两边向上弯曲。这种裙子早在1713年就有所提及，但在18世纪40年代和50年代尤为流行。

扇形遮阳伞（Fan parasol）

女式

时期：18世纪90年代～1850年。

一种小巧的阳伞，在靠近遮阳伞盖的杆

上有一个铰链，通过它可以直立倾斜，然后用作扇子。

扇尾帽（Fantail hat）

男女皆宜

时期：1775年~1800年。

一种三角帽，前面的帽冠向后倾斜，后帽檐呈半圆形，垂直翘起，类似一把展开的扇子。多见于骑马时佩戴，女性骑马时也会佩戴。

扇尾式假发（Fantail wig）

男式

时期：18世纪初期。

假发的辫子披散着，呈现出许多小卷。

法勤盖尔（Farthingale, Vardingale, Verdyngale）

女式

时期：1545年~17世纪20年代。

一种形状各异的结构，用灯芯草、木头、金属丝或鲸须制成的环形结构，用于撑开穿在下面的礼服裙边。有多种有固定名称的风格：英式、法式、意式、苏格兰式、西班牙式，还有卷式、袖珍式和半圆式和威尔法勤盖尔。

在西班牙和葡萄牙，法勤盖尔一直被视为正式的宫廷服装。当与查理二世（Charles Ⅱ）结为连理的葡萄牙公主凯瑟琳·布拉甘萨（Catharine of Braganza）和她的随从在1662年抵达英格兰时，就身着这种服装，引来了很多欢笑。

法勤盖尔袖（Farthingale sleeves）

男女皆宜

时期：16世纪晚期及17世纪初期。

由金属丝、芦苇或鲸须撑起的树干袖或主教袖。

网眼毛披巾（Fascinator）

女式

时期：19世纪晚期。

用轻薄面料制成的或钩编的头巾，最初是一个美国词汇。20世纪晚期指一种由羽毛、花朵、丝带和网纱组成的轻质工艺品，戴在头上代替帽子。

时尚/制作（Fashion）

时期：中世纪以后。

源自法语"façon"，表示制作某物的过程，创造出特定的形状或风格。

在各种应用和意义中，"Fashion"一词越来越多地与服装和个人装饰的不断变化联系在一起。1654年，"'Fashion'像邮船一样经常穿越海洋"（1654, R. Whitlock, *Zootomia*）。后来，人们对这些变化大加赞赏，"但还是要回到当时华丽的时装上，因为'华丽'是唯一能表达织物的奢华、花边和刺绣的美丽以及现在使用的皮草的昂贵价格的词"（1904, *The Lady's Realm*）。

时装设计师（Fashion designer）

时期：20世纪。

描述专业设计师和女装制造商的术语五花八门，从总部位于巴黎的最昂贵、最高端

出自月刊《雅致巴黎》(Paris Chic)的时装版画，由古斯塔夫·里昂（Gustave Lyon）编辑，1935~1936年。每张版画都展示了时装设计师的作品，图中的两件夏季下午礼服是由艾格妮丝·德雷科尔（Agnès Drécoll）时装屋（于1931年由两个其他时装屋合并而成）设计。在20世纪30年代晚期流行的流线型窄线条基础上，加宽了肩线、增加了更具装饰性的领子和胸衣以及主教袖（左）。低冠宽檐是夏季帽子的典型特征，右边顶着时尚的金发、脚着高跟鞋、手持细长手提包的女士戴的就是这种帽子。礼服的背面也有展示（左）。在女士们身后可以看到她们男伴的身影，两位男士身着普通西装或风衣，头戴特里尔比帽（trilby hat）。

的时装设计师，到当地的裁缝师，后者的作品惠及更多顾客。"时装设计师"这个词是一个混种词，暗示着独创性和一定程度的特有性。第二次世界大战后，随着美国、英国和日本设计师对法国高级定制时装的不断挑战，"fashion designer"这一名称成为英语国家对时装设计师的常用称谓。

该术语的早期用法是："时装设计师们决定的红色"（1909年3月15日，*The Westminster Gazette*）。

服饰人型（Fashion doll）

时期：14世纪~18世纪晚期。

衣着精致的人型并非玩具，展示最新流行时尚和面料的广告被传播到整个欧洲和新世界，用以展示从发型到鞋履等个人外形的变化。裁缝和帽商付费购买最新的"玩偶"向其客户展示产品，直到18世纪末期，定期出版的愈发详细的杂志才取而代之成为时尚信息来源。这种微缩模型则继续用于学徒训练或宣传整套服饰，例如1945年在巴黎"时尚艺术展览（Le Théâtre de la Mode）"中的"社交娃娃（poupées mondaine）"，它展示了四十位时装设计师的作品，并于1946年在美国巡回展出。

时尚插图 / 时装版画（Fashion illustration, Fashion plate）

时期：16世纪以后。

对其他国家服装的兴趣促使艺术家们以书籍或单张的形式制作印刷插图。16世纪时多在法国、德国和意大利制作，三国间互相借鉴因而在准确性和错误方面大同小异。这些插图记录已有的服装外观而非不断变化的风格，这一情况一直持续到17世纪。到了17世纪40年代，波希米亚艺术家瓦茨拉夫·霍拉（1607~1677）绘制了一系列不同社会群体的英式女性风格插图。在17世纪70年代的法国，出现按季节和按年发行的插图来展现新出现且不断变化的时尚，以促进丝绸织造和蕾丝制造等奢侈品贸易。18世纪出现的口袋书和杂志展示了每月的时装图版和细节，19世纪的周刊和报纸都提供了时尚服装的信息和插图。从20世纪初期开始，摄影在视觉记录上准确性更高并且价格实惠，因此取代了时尚插图。

时新腰部剪裁（Fashion waist）

男式

时期：19世纪。

一个服装裁剪术语，指从大衣领子底部到腰缝的长度。

假手表（Fausse montre）

男式

时期：18世纪晚期。

当时流行男士戴两块手表，一般其中一块是假表，有些人还会用鼻烟盒来充当。

鬓角发（Favourites）

女式

时期：1690年~1720年。

"飘在鬓角的头发"（1690，*The Fop-Dictionary*）。

男式

时期：1820年~1840年。

"favourite"指戴在下颌的一小缕假发。

法克斯（Fax, Facts, Feax）

时期：中世纪~1610年。

头发。

粗绒大呢夹克（Fearnothing, Fearnothing jacket）

男式

时期：18世纪及19世纪初期。

一种类似有袖马甲的夹克，采用厚毛料制成，英语中写作"fearnothing"、"fearnought"或"dreadnought"。海员、运动员、劳动者或学徒穿这种衣服；"……J. Tospill穿着粗绒呢大衣服和长袜"（1725, Stoke-by Nayland Records）。

羽扫裙（Featherbrush skirt）

女式

时期：1898年。

一种由轻薄面料制成的日间穿的裙装，膝盖以下有一系列重叠的荷叶边。

羽皮（Feather pelts）

时期：14世纪~17世纪中期。

各种带毛禽皮，用于装饰衣服，取代毛皮，尤指天鹅、鸵鸟、公鸭、鹤和秃鹫的毛皮。"他的长袍上的镶边是用'公鸭'颈部的皮毛制作的"（1550, Revels Accounts）。

羽毛（Feathers）

男式

时期：14世纪中期以后。

主要作为帽子上的装饰品佩戴，15世纪中期和14世纪中期分别在英国和欧洲较为流行；自此之后，一直到18世纪末期，曾断断续续流行；18世纪末期之后，用作一种普通装饰品或者搭配正装佩戴。主要是鸵鸟毛；15世纪偶有使用孔雀毛，16世纪末人们还会使用一种叫作"pyed"的羽毛，即"菲加罗羽毛（figaro feathers）"；17世纪初，缀满闪光饰片的羽毛备受追捧。

女式

时期：16世纪末以后。

从流行戴帽子时就开始佩戴，通常是连接在有边帽子或者软帽上，但是从18世纪末开始，人们也会仪式性地将羽毛戴在头发上。

18世纪和19世纪，人们用鸵鸟和其他鸟类羽毛制作服饰饰物、皮毛围巾、披风、女用披肩、暖手筒和扇子等。即使在20世纪，不再流行戴帽子，网眼毛披巾（fascinator）上也经常会用羽毛装饰。

羽毛顶假发（Feather-top wig）

男式

时期：1750年~1800年。

一种用羽毛制作的带遮盖假发的假发套，通常用公鸭毛或者野鸭毛制作。牧师以及运动员会戴这种假发。运动时戴的"绅士"假发，是用公鸭尾巴上的毛制作的（1761, *Ipswich Journal*）。

费朵拉帽（Fedora）

男式，有时也有女式

时期：1882年之后。

一种帽檐适度卷起且有纵长折痕的软毡帽。在美国非常流行，最初是1882年在巴黎上演的萨都（Sardou）的戏剧《费朵拉》（*Fédora*）中出现。20世纪初期，成为一种经典的风格。

毛毡（Felt）

男式

时期：15世纪中期以后。

单独出现时指毡帽。"他的头上戴着一顶毡帽"（1450年，Merlin）。17世纪，经常被用于指各种帽子，无论是否是毡制的。

详见《词汇表：纤维、织物、材料》。

开口（Fent）

时期：15世纪。

与"vent（开衩）"意思相同，15世纪这两种用法都有，但是后来"fent"一词被弃用，更常用"vent"一词，服饰上的一种功能性开衩。"一件衣服的开口，非常美观（fibulatorium）"（1440年，*Promptorium Parvulorum*）。

衣饰针（Fermail, Fermayll）

时期：15世纪。

一种带扣或胸针。后来在纹章中使用。

菲罗妮儿（Ferronière）

女式

时期：19世纪30年代。

一条窄窄的金色或镶有宝石的饰带，佩戴在头部下方并在前额交叉。搭配日间或晚间礼服。

恋物癖时尚（Fetishist fashion）

男女皆宜

时期：1950年以后。

通过依赖一种物品来获得满足的心理状态，比如内衣、皮革、橡胶或者鞋，后来被引申为使用这些物品的一系列服饰以及链条、塑料或聚氯乙烯、身体穿孔和文身，从而来创造各种另类着装形式，包括所谓的"束身服装（bondage clothing）"。

土耳其毡帽（Fez）

详见"塔布什帽（tarboush）"。

三角形披肩（Fichu）

女式

时期：1816年～20世纪初期。

取代"handkerchief（手帕）"或者"neckerchief（颈巾）"一词，指围在颈部或者肩膀上的一条通常较薄的布料。

安托瓦内特披肩（Fichu Antoinette）

女式

时期：1857年。

夏季清晨使用的一种三角形披肩，由优质平纹细布制成，饰有黑色网眼花边和天鹅绒窄丝带，在后面用一个小巧的蝴蝶结系上，较长的一段飘在后面。它像披巾一样盖住肩部，并且在腰腹部交叉。

坎兹三角领（Fichu-canezou）

女式

时期：19世纪20年代。

一种宽衣领，有时带有一个小拉夫领，垂落在紧身胸衣的前面和后面，但是不会遮盖手臂和两侧。

科黛三角形披肩（Fichu Corday）

女式

时期：1837年。

一种用昆捻纱罗织物制成的三角形披肩，宽边，整体饰有丝带，交叉在胸前，系在后面，适合日常佩戴。

拉瓦利埃三角形披肩（Fichu la Vallière）

女式

时期：1868年。

一种三角形披肩，前片未采用交叉设计，但是边缘用扣子扣在一起。

细长三角形披肩（Fichu-pelerine）

女式

时期：1826年～20世纪初期。

一块大披肩，通常用白色织物制成，且一般由两块披肩制成，带有翻领。前面带有三角领巾，巾角从腰带部位一直垂到膝盖。

拉斐尔三角形披肩（Fichu Raphael）

女式

时期：1867年。

一种用白色薄纱或者网眼织物制成的三角形披肩，沿颈部以及上衣的上半部分裁剪成正方形。搭配高领上衣，产生"一种漂亮雅致的效果"。

宽边三角形披肩（Fichu-robings）

女式

时期：19世纪20年代。

从胸部到腰部的一种平面饰边，类似三角形披肩。

费加罗夹克（Figaro jacket, Signorita）

女式

时期：19世纪60年代，1892年复兴。

一种紧身夹克，两侧从中线开始采用曲线设计，袖子紧身且带有肩章，套在马甲外面。祖阿芙型女短上装（zouave jacket）的一种变体。

遮羞布（Fig leaf）

女式

时期：19世纪60年代和70年代。

一块用黑色丝绸制作的装饰性小围裙，无围涎，"被女士们称为遮羞布"。

头带（Fillet）

女式

时期：13世纪～17世纪。

中世纪时期的英语中，也称为"filet"或"felet"，一种绑在头发上的窄带。在13世纪和14世纪，头带是一种用坚硬的亚麻布制作的圆环，与巴贝特（barbette）、饰网（fret）或者两者一起佩戴。

时期：18世纪。

有时指一种盖住整个头部的发网，晚间佩戴。"……拿一块非常大的头带，必须足够大，能够遮盖头部……"（1782, Stewart, *Plocacosmos*）。

时期：19世纪初期以后。

一种用缎子和珍珠制作的头带，呈螺旋状缠绕在头部，有时搭配晚间夸菲尔佩戴，或者后来演化成一种简单的窄丝带。

本色厚带（Filleting）

时期：17世纪。

一种狭带。

电影（Film）

详见"电影院（cinema）"。

腰身裥（Fish）

男式

时期：1800年~1850年。

一个服装裁剪术语，指裁剪出来的一块较窄的飞镖形状的褶裥布料，且为了使服装更合身，边缘部分连接在一起。乔治四世曾说"有褶皱的地方就有腰间裥"。

菲彻特（Fitchet）

女式

时期：13世纪~16世纪中期。

法语中指长袍裙装上垂直的开襟。

费兹赫伯特帽（Fitzherbert hat）

女式

时期：1786年。

"气球帽（balloon hat）"的一种改良形式，帽檐较宽，呈椭圆形，帽冠采用蓬松面料制作，微微凸起。

弗兰丹女帽（Flandan）

女式

时期：17世纪晚期。

"弗兰丹女帽是一种与白布帽（日间帽）相结合的垂片头饰"（1694, *The Ladies' Dictionary*）。

法兰绒袍/法兰绒裤（Flannels）

女式

时期：18世纪及19世纪初期。

游泳者在海边和巴斯（bath）等温泉小镇穿的一种宽大的法兰绒长袍或浴衣。

"哦！看到他们都穿着法兰绒，像一群西班牙猎犬一样在水里游泳，真是太棒了"（1766, C. Anstey, *The New Bath Guide*）。

男式

时期：1850年以后。

打板球或者划船时穿的服装。"穿着白色的法兰绒，非常漂亮"（1895, E. F. Benson, *The Babe, B.A.*）。到了20世纪，指用各种柔和颜色的法兰绒制作的男士休闲裤。"都是全毛法兰绒裤子。有白色和三种不同的灰色"（1928, Harrods）。

喇叭裤（Flares）

男女皆宜

时期：20世纪60年代晚期~20世纪70年代。

美国流行的一种裤子，从腰部到大腿非常贴身，从膝盖到脚踝逐渐加宽或者"张开"。

详见"喇叭裤（loon pants）"。

低顶圆帽（Flat cap）

男式，有时也有女式

时期：16世纪~17世纪。

一种平顶帽，帽冠沿窄平帽檐展开。到了1570年，只有普通民众和学徒才戴这种帽子，被称为"城市低顶圆帽（city flat cap）"。

在被棒球帽取代之前，一些年轻的男士，有时候也有女士，会在工作中继续戴这种帽子，后来这种帽子用来代表各个年龄段的劳动者。

貂皮领巾（Flea-fur）

女式

时期：16世纪。

一种用貂皮或者黑貂皮制作的毛皮长围巾的俗称。

起绒衣（Fleece）

男女皆宜

时期：20世纪90年代以后。

一种内衬为起绒布的夹克或者毛衣，通常是一种外层光滑、内层类似起绒布的合成纤维织物。最初用来制作滑雪服，后来也被用来制作其他服装。

详见《词汇表：纤维、织物、材料》。

折叠布（Flipe, Flepe）

时期：16世纪。

一种折边或者帽边，如帽子上的弹性帽檐。"我把帽子上的折叠布卷起来"（1530, Palsgrave）。

平底人字拖鞋（Flip-flops）

男女皆宜

时期：20世纪50年代晚期。

一种塑料或者橡胶底凉鞋，大脚趾和第二趾之间有一个支撑架，将两根细带子连接在一起，并在脚踝一侧固定在鞋底上。可能是根据类似但更为结实的日式鞋子而设计的。

弗洛卡德（Flockard）

女式

时期：15世纪。

由于弗洛卡德是面纱或者垂饰，因此一般是成对出现。"为我的夫人……准备一对弗洛卡德……"（1481, Howard Household Expenses）。

大袖宽袍（Flocket）

女式

时期：16世纪。

一种宽松的衣服，可能是一种长袖长袍。"在她那毛皮制大袖宽袍和灰褐色鲁塞特（rocket）上"（1529, Skelton, *Elynour Rummyng*）。

弗洛伦廷纽扣（Florentine button）

时期：19世纪。

一种包扣。

荷叶边（Flounce）

女式

时期：18 世纪初期以后。

用作女性服装装饰的一种较宽的缩褶或折叠花边。

装饰花边（Flounce à disposition）

女式

时期：1852 年以后。

一种用与衣料相同的边纹图案织成的荷叶边。

修饰（Flourish）

时期：16 世纪。

大量装饰；"一件用大量珍珠修饰（flourished with pearls）的衣服"，指用华丽珍珠装饰的服装。

花瓶（Flower bottle）

男式

时期：1865 年。

一种用来放花的玻璃小瓶，戴在扣眼上，当时为了放这种花瓶，有时会将扣眼设计在晨礼服左侧的驳头上。为了将花瓶固定到位，会在翻领处放一条宽丝带。

插花孔眼（Flower hole）

男式

时期：19 世纪 40 年代以后。

大衣左驳头上的一个小孔，可插入花茎。详见"布托尼埃（boutonnière）"。

花盆帽（Flower-pot hat, Turf hat）

男式

时期：19 世纪 30 年代。

"用灰色毛毡制作，帽冠比较低，像一个倒扣过来的花盆，帽檐十分宽大，环绕头部一圈（1830, *The Gentleman's Magazine of Fashion*）。

花（Flowers）

多个世纪以来，人们用鲜花和人造花来装饰衣服。19 世纪，人造花制造业曾是臭名昭著的"血汗劳动"行业之一。直到近代，女性一般会购买朴素的帽子，然后用丝带和鲜花装饰。

飘垂（Flow-flow）

女式

时期：1885 年。

一种用于装饰日间礼服或晚礼服上衣前襟的层层叠叠的彩色丝带环，用来使"上衣的格调明快起来"。

双翼女帽（Fly cap）

详见"蝴蝶帽（butterfly cap）"。

翼形缘饰（Fly-fringe）

女式

时期：18 世纪。

一种由细绳编织而成的缘饰，上面附有结纽和成束的绣花丝线。用于装饰长袍。

暗门襟扣合件（Fly-front fastening）

时期：19 世纪以后。

MUSICAL ENTHUSIASM.

"Musical enthusiasm", *Funny Folks* 上的一张人物漫画, 约 1878 年。漫画中歌手身上的日间礼服是公主风的改良款, 纤细的线条上饰有一层层的荷叶边和宽大的袖子, 让人想起詹姆斯·天梭 (Tissot) 画作中的夏季连衣裙。虽然背部的紧身胸衣非常合身, 但是下身设计为带有垂饰的褶饰半身裙, 与赴茶会服装类似。高高的软帽凸显了服装的垂直线条。

一种通过延伸布料的门襟重叠部分来隐藏纽扣。18世纪的马甲上很少使用。1823年开始在裤子上使用,1840年开始在马裤上使用。也常用于大衣, 如切斯特菲尔德大衣。在20世纪, 扣合件被用来隐藏拉链而非纽扣。

飞行服 (Flying suit)

详见"连衣裤 (jumpsuit)"。

苍蝇装 (Fly suit, Fly-away suit)

女式

时期: 18 世纪。

一种宽松的女装轻薄睡裙。"我女儿们的衣服。两套苍蝇装 (flye sute) ……" (1723, *Diary of Nicholas Blundell*, Univ. Press, Liverpool, 1952)。

怀表口袋 (Fob pocket)

男式

时期: 17 世纪~20 世纪中期。

马裤、紧身长裤或者裤子腰带前面的一个横袋, 通常一边一个。

怀表丝带 (Fob ribbon)

男式

时期: 18 世纪 40 年代~19 世纪 40 年代。

怀表口袋内系在手表上的一条短丝带, 挂在外面, 用来悬挂海豹绒 (seals) 和表、钥匙。仅搭配马裤或紧身长裤。

丝绸手帕 (Fogle)

男式

时期: 19 世纪。

丝绸手帕的俚语叫法。

陪衬纽扣 (Foil button)

时期: 1774 年。

粘贴在纸上的丝绸, 贴在玻璃纽扣的底面, 作为陪衬物; 1774年获得专利。

民族服装（Folk costume, Folk dress）

男女皆宜

时期：19世纪以后。

随着旅行次数增多，人们会在周边国家或者更远的地方购买某些类型的服装。

19世纪的欧洲，马扎尔服装（magyar dress）和蒂罗尔风格的一些物品非常流行。到了20世纪，阿尔卑斯村姑装（dirndls）、登山帆布鞋（espadrilles）和阿富汗外套（Afghan coats）等非常流行。其他文化和他们的服装款式也影响了欧洲和美国的服装设计师。

福利铃铛（Folly bells）

男式

时期：15世纪。

一种装饰形式，由用链子挂在束腰带、肩带或颈带上的小铃铛组成。

妇女紧身褡（Foundation garments）

女式

时期：1920年之后。

女性紧身衣或内衣的多种委婉叫法之一，包括对身材塑形。1927年，《每日快报》（*The Daily Express*）在讨论内衣时指出，"（这些）是最合理的妇女紧身褡"。三十年之后，《泰晤士报》（*The Times*）在关于"正确的妇女紧身褡"的文中写道："一种非常合身的胸罩和束腹女衬裤。" *A Fashion Alphabet*（1968）中则提到了更多信息，"如果时装需要配一件坚硬且结实的紧身褡，那么紧身褡和游泳衣就需要带骨架支撑"，并且补充到"如果是用轻质织物制作，则紧身褡就像人的第二层'受控'的皮肤"。

详见"紧身褡（corset）""塑身裤（spanx）"和"束腰（stay）"。

方当伊高头饰（Fontange）

女式

时期：1690年～1710年。

一种在室内佩戴的亚麻布帽子，后面带一个又小又平的帽冠，前面是网眼花边或网眼花边和亚麻褶边组成的塔形，由一个小桶（高高的铁丝架）支撑。上面有两条被称为"垂饰"的长长蕾丝或亚麻流苏，垂在后面，有时也会别在帽冠上。前额的头发呈卷曲状，从方当伊高头饰正面前方一直到前额位置。

时期：1850年。

指沿中心收拢的成褶饰的丝带，用于装饰日间胸衣。

足球衫（Football shirt）

男式

时期：1895年～20世纪晚期。

一种采用莎士比亚领（Shakespere collar）的棉质衬衫，取代早期的针织足球衫。

足球服（Football strip）

男式，有时也有女式

时期：20世纪晚期。

通常指足球运动员（不包括美式橄榄球）所穿队服的颜色。足球队通常有主场球衣和客场球衣，国家队也有两种球衣。球衣每年都会有细微的变化，因此支持者会不断买新款足球衫、围巾等，并且即使不参加比赛，他们通常也会穿戴这类衣服和物品。

骑士斗篷（Foot-mantle, Fote-mantel）

男女皆宜

时期：14世纪~18世纪初期。

可能是一种为了防止衣服被弄脏而穿的防护衣服，一般会在骑行时穿。"他的骑士斗篷一直到臀部位置"（1386, Chaucer, *Prologue, Canterbury Tales*）。

详见"防护服/婴儿背带（safeguard）"。

鞋类（Footwear）

男女皆宜

时期：20世纪以后。

对任何类型的靴子、凉鞋、鞋子（无论是正式的还是休闲的）的统称。

花花公子（Fop）

男式

时期：17世纪晚期。

中世纪指"傻瓜（fool）"，后来用于指服装时，表示过度注意穿着打扮或者追求虚荣。

详见"喜修饰者（beau）""花花公子（dandy）"。

哥萨克军便帽（Forage cap）

男式

时期：1800年~1850年。

一种由军帽改制而成的帽子，适合小男孩佩戴，它有一个圆形的扁平帽冠，帽檐用藤条加固，中间悬挂着一根流苏，前面有一个遮阳板，有时用一根从下颌穿过的漆皮带子固定。

时期：19世纪以后。

士兵佩戴的一种用柔软织物制作的便帽。

胸部（Forebody）

男女皆宜

时期：17世纪和18世纪。

衣服的前片，遮盖胸部，即上衣或达布里特。"一件达布里特，胸部面料精致，后片则较为粗糙"（1611, Randle Cotgrave, *A Dictionarie of the French and English Tongues*）。

扎头带（Forehead cloth）

详见"扎头带（crosscloth）"。

前幅（Forepart）

女式

时期：16世纪~1630年。

指一种三角形的装饰性饰片，用在无装饰的打底裙上，用来填充某些半身裙款式前襟的开口。

男式

时期：19世纪。

大衣或者马甲的前片，盖住胸部。

前袖 / 中袖（Fore sleeves, Half sleeves）

男女皆宜

时期：14 世纪晚期～17 世纪中期。

"衣服的一种前袖，从肘部向下遮住胳膊"（1538, Elyot, *Dictionarie*）。袖子遮住前臂，通常采用较为高档的面料制成，上臂部分被罩袍遮住。前袖有时候可以单独取下。"一件用黄色缎子制作的达布里特，它的前袖是用金线织物制作的"（1523, Inventory, Dame Agnes Hungerford's husband）。

前袖（Fore-stocks）

女式

时期：1500 年～1550 年。

指前袖，这种袖子用来搭配普拉卡德（plackard），通常单独出售。"付钱买一对前袖和胸垫"（1525, Lestrange Household Accounts）。

额发（Foretop）

男女皆宜

时期：13 世纪～18 世纪末。

额头正上方的头发或假发。在 18 世纪，英语中称为"toupee"，或者简单地称为"top"。

山羊胡（Forked beard）

男式

时期：14 世纪，17 世纪也有出现。

修剪成两个尖形的胡须。"那里有一位商人，他留着山羊胡"（1386年, Chaucer, Prologue, *Canterbury Tales*）。

衬底（Foundation）

女式

时期：1885 年～1914 年。

一种作为衬裙的打底裙，使得罩裙更有质感，将两者在腰部连接在一起，形成一件衣服，搭配日间礼服穿。

弃婴帽（Foundling bonnet）

女式

时期：19 世纪 80 年代。

一种帽檐较小且较硬的软帽，帽冠较软，通常用长毛绒制作，系在下颌，"看上去像奎克帽"。

富里奥（Fouriaux）

女式

时期：1100 年～1150 年。

上流社会女性佩戴的真丝护套，用来裹住垂下来的两条长辫子。这种护套通常为白色，上面有红色的环形条纹。

四步活结领带（Four-in-hand）

男女皆宜

时期：1890 年以后。

也称为德比领带（derby）。一种在前面打结的领带，打结后在正面和反面分别形成一个毛边，因此与水手领带上的平结（reef knot）不同，这种平结的毛边是在两边。女士穿晨间衬衫时也会戴这种领带。20世纪，在北美更为流行。

紧身连衣裙（Fourreau dress）

女式

时期：1864年。

一种公主风格的连衣裙，腰部无开衩，"现在开始使用一个古老的名字'fourreau'"。前片全部系扣，且通常在腰部系有一条褶襞短裙。

紧身半身裙（Fourreau skirt）

女式

时期：1864年。

一种半身裙，有多块布片，非常贴身，盖住克里诺林，腰部无活褶，一种晨间穿的服装风格。

紧身束腰外衣（Fourreau tunic）

女式

时期：1865年。

上部裙筒，即束腰外衣，与上衣采用连裁设计，下摆周长约5.4米。一种搭配晚礼服用的双层半身裙。

芙瑞丝领饰（Fraise）

女式

时期：1836年。

一块饰有刺绣的平纹细布，边缘有褶饰，在胸前对折，并用一根装饰性别针别住。与马车服搭配，取代领巾。

弗瑞兰（Frelan, Freland, Frelange）

女式

时期：17世纪晚期。

"弗瑞兰……软帽，还有垂片头饰"（1690, The Fop-Dictionary）。

法式背带（French bearer）

男式

时期：19世纪。

马裤或者紧身长裤上的背带，用垂坠物（falls）面料制作，剪裁得非常窄。

法式皮毛围巾（French boa）

女式

时期：1829年。

一种用天鹅绒、皮毛或者羽毛制作的女士圆形长披肩，19世纪90年代再度流行起来。

法式裤子（French bottoms）

男式

时期：19世纪。

脚踝处的裤腿比上半部分略宽的一种裤子。

法式斗篷（French cloak）

男式

时期：16世纪和17世纪。

一种裁剪成圆形或者半圆形的长款斗篷，称为"罗盘"或者半罗盘"斗篷"。通常领口部分为方领或者平翻领，或者有一块披肩；有时无任何装饰。

法式克夫（French cuff）

男式

时期：19世纪。

一种有侧开衩的外翻袖口，用扣子扣上。

时期：19世纪50年代以后。

也指一种衬衫宽袖口，在靠近下边缘的位置用一条链扣以及手腕靠上部位的一粒扣子扣住。

法式法勤盖尔（French farthingale）

女式

时期：16世纪80年代~17世纪20年代。

外形与威尔法勤盖尔相同，裙装下摆呈桶形，但是两侧的弧线更宽，前片展平。"我夫人……没有用威尔法勤盖尔来做衬底，这种衬底两边会鼓出来，相反，她穿的是英式褶皱裙（English bumbaste），它能全部撑开"（1588, Letter from John Adams, Lord Middleton's MSS）。

法式佛若克（French frock）

男式

时期：18世纪70年代~1800年。

一种时尚男士穿的法式紧身大衣，带扣子，领子采用翻领设计。这种大衣是唯一一种剪裁优雅，饰有刺绣并且整个衣身带有饰边的正式礼服式样的佛若克大衣。

法式羊腿袖（French gigot sleeve）

女式

时期：1890年~1897年。

一种袖口长度到手背的袖子，法国女演员莎拉·伯恩哈特（1844~1923）掀起的一种时尚。

法式拼片（French gores）

女式

时期：1807年。

为了去掉腰部的碎褶而设计的一种用于日间礼服半身裙的拼片。

详见"拼片裙（gored skirt）"。

法式后跟/蓬帕杜鞋跟（French heel, Pompadour heel）

女式

时期：1750年~1790年。

一种带弧度的窄型高鞋跟，鞋跟较窄，以法国路易十五的情妇蓬帕杜夫人（Madame de Pompadour，1721~1764）的名字命名。

"……她脚上穿着法式高跟鞋，摇摇晃晃，站不稳"（1784, Cowper, *The Task*）。

法式风帽（French hood）

女式

时期：1521年~1590年，1590年到1630年期间不再流行。

一种在一个坚硬的支架上制作的一顶小软帽，戴在脑后，门襟带在两侧向前呈弧形，遮住耳朵。前缘通常饰有2.5厘米长的饰边，后面是用金银珠宝制作的下层装饰；再往后，是上部装饰，在帽冠上方呈一个拱形。在拱形后面，是从颈部垂下来的饰有正装活褶的布料，或者更为常见的是可以翘起来并可以水平戴在帽冠上的一个坚硬的翻盖，直边在前额部位向前突出，称为"白布帽"或者"邦乃滋"。

法式风帽（1525~1558）在英国的变

体，与女王玛丽一世有关，头顶部位呈扁平设计，鬓角部位突出，然后以一定的角度向内翻，遮住耳朵，其他设计与法式风帽相同。

法式霍兹（French hose）

男式

时期：1550 年～1610 年。

呈圆形或者椭圆形的宽松短罩裤，通常带有饰缝，1570 年之后带有卡尼昂。英文单词"bullion-hose"的同义词。

法式夹克（French jacket）

详见"法式夹克衫（petenlair）"。

法式发型（French lock）

详见"爱之发丝（love lock）"。

法式睡帽（French night-cap）

详见"法式睡帽（dormeuse）"。

法式开襟背心（French opening vest）

男式

时期：19 世纪 40 年代以后。

一种正面裁剪较低的马甲，从而露出衬衫正面的大部分。

绲边袋（French pocket）

男式

时期：17 世纪。

开缝横袋的早期形式，袋盖盖住上面的开缝。"一件带有绲边袋的直筒大衣"（1675, *London Gazette*）。

法式拉夫领（French ruff）

男式

时期：1580 年～1610 年。

约翰·斯托（John Stowe）曾提到过的非常宽大的圆边拉夫领。

法式半身裙（French skirt）

详见"科内特裙（cornet skirt）"。

法式袖（French sleeves）

男式

时期：1550 年～1600 年。

一种可以拆卸的袖子，饰有锯齿花边或者饰缝。"一对用绿色天鹅绒制作的法式袖"（1547, Inventory of Wardrobe of Henry Ⅷ）。"用细棉布和印花布制作的袖子，用于抽出法式袖"（1553, Inventory of the Palace of Westminster, Hatfield Papers）。

法式背心（French vest）

男式

时期：19 世纪 60 年代。

一种带短驳头的马甲，驳头剪开，不翻领，扣子扣得较高。

法式刺绣（French work）

女式

时期：19 世纪初期。

在上衣的前片插入刺绣作品的一种工艺。

饰网（Fret, Frette）

女式，极少为男式

时期：13世纪～16世纪初期。

源自古法语"frete"一词，一种用金银珠宝或者织物制作的挖花刺绣考福帽或者无檐便帽。"她的头上戴着一顶用金丝编织的帽子"（1385年，Chaucer, *Legend of Good Women,* Prologue）。16世纪，指衣服上的挖花刺绣装饰品。

弗里勒兹（Frileuse）

女式

时期：1847年。

一种用绗缝缎子或者天鹅绒制作的披肩式外套，贴合腰身，并且有宽松的长袖。"坐在火炉边或者在剧院"时披在肩上。

褶边（Frill）

时期：16世纪以后。

一种收拢在一起产生波纹皱面的边缘。"他们那摆阔的拉夫领……杂乱的褶边和其他虚荣之物"（1591, R. Turnbull）。

褶裥（Frilling）

女式

时期：1850年～1900年。

一种用硬挺的白色平纹细布制作的褶边，戴在手腕和颈部，19世纪70年代和80年代主要戴在寡妇的衣服上。

缘饰（Fringe）

时期：中世纪以后。

一种用各种织物结构的垂饰线制作的饰边。中世纪时期，主要用于教会法衣，但在15世纪之前很少用于普通服装。"真丝、黄色、绿色、红色、白色和蓝色缘饰"（1480, Wardrobe Expenses, Edward Ⅳ）。

带缘饰的马甲，缘饰在前片的底部，1710年至1730年期间较为流行。

也指19世纪晚期的一种发型。

妇女额前卷发（Frisette）

女式

时期：19世纪。

前额卷曲的刘海，有时是假发。19世纪60年代，表示一种用来卷起脑后头发的垫发片。

时期：1869年。

含义延伸后表示打底裙的衬垫。

弗里斯克（Frisk）

女式

时期：1815年～1818年。

一种外穿用来辅助走出希腊式伛步的巴斯尔。

卷发（Frizze）

女式

时期：17世纪以后。

小卷头发，或者卷发。"她前额的头发自来卷，是棕色的"（1685, *London Gazette*）。

鬈发/拉夫领（Frizzle）

时期：17世纪。

一种卷发假发，也指一种小拉夫领。

卷发假发（Frizz-wig）

男式

时期：17世纪~19世纪中期。

一种小卷假发。

佛若克（Frock）

男式

时期：中世纪。

最初指僧衣，后来指农场工人、马车夫和家畜商人穿的一种用较为粗糙的面料制作的带袖宽松外套，称为"宽大罩衣（slop frock）"，到了19世纪，它成为"长罩衣（smock-frock）"。

时期：16世纪。

为了舒服而制作的一种宽松无袖背心或者夹克，有时称为"佛若克夹克（frocked jacket）"。

时期：从1720年开始。

详见"佛若克礼服大衣（frock coat）"。

女式

时期：16世纪和17世纪。

有时指一种休闲长袍，但通常指儿童服饰，包括小男孩在穿裤子之前穿的衣服。"现在不再使用儿童款佛若克常用的绿色丝绸，而是使用印花、着色和带条纹的印度布料"（1678, *The Ancient Trades, etc. by a Country Tradesman*）。

时期：18世纪晚期及19世纪。

指用轻薄面料制作的背后扣合的服装。这种用法一直延续到20世纪，但后来它被用作连衣裙的替代词。

佛若克礼服大衣（Frock coat）

男式

时期：18世纪~1815年。

18世纪20年代，上流社会出现的一种运动休闲外套。当时的款式设计有一个小巧的倒挂领和袖口或者开缝较窄的袖子。到了18世纪后25年，它已经成为一种被广泛接受的正装。

时期：1816年~1823年。

它演化成了一种紧身收腰的正装外套，最初是单排扣，有翻领或者普鲁士形领，无驳头，扣子一直扣到腰部。前片垂有一片宽下摆裙，背面有开衩、侧褶，且臀部有纽扣。

时期：1823年~20世纪初期。

腰部、领子和驳头开始采用开衩设计，臀部采用带翻盖的口袋。虽然有细微的改动，但是这种基本款式一直延续到19世纪末，19世纪70年代和80年代，为了与"燕尾佛若克礼服大衣（dress frock coat）"区分开来，通常被称作"晨间佛若克礼服大衣（morning frock coat）"。

佛若克厚大衣（Frock greatcoat, Top frock）

男式

时期：1830年~20世纪初期。

剪裁与佛若克礼服大衣类似，但是通常更长，且一般为双排扣，适合户外穿着，无需打底衣即可穿着。

佛若克夹克（Frock jacket）

男式

时期：19世纪40年代。

一种长度到臀部的非常短的单排扣佛若克礼服大衣。到了19世纪60年代，指腰部无开衩或无背缝的夹克，领子和驳头较小，且与前幅一体裁剪，无接缝。

搭环（Frog, Frogging）

时期：18世纪以后。

外套上使用的一种装饰性环形扣合件，与盘花纽扣一起使用；与勃兰登堡（Brandenbourgs）有关。

盘花纽扣（Frog-button, Olivette）

时期：18世纪以后。

一种纺锤形状的纽结，用来穿过搭环扣合件。

斜开口插袋（Frog pocket）

男式

时期：19世纪。

马裤侧缝前的一个口袋，带有一个长方形翻盖，翻盖下端用一粒纽扣扣住。

假前发（Front）

时期：17世纪~20世纪初期。

指前额的假发。

额饰（Frontlet, Frontel, Frontayl）

女式

时期：中世纪。

一种戴在前额的装饰性带子，通常戴在面纱或者头巾里面。到了15世纪晚期，通常指一种用黑色天鹅绒制作的带子，戴在眉毛位置。

时期：16世纪~17世纪初期。

搭配软帽、发网或者考福帽佩戴。"女士头部佩戴的额饰，有人称之为"fruntlet""（1552, Hulock）。

时期：18世纪。

"额饰（frontlet）"与"扎头带（forehead cloth 或 crosscloth）"意思相同，指一种涂上奶油的带子，系在前额位置，用来消除皱纹。

"都是空费力，可怜的女孩，为了取悦我们这些年轻人，整晚都涂着奶油戴着额饰睡觉"（1722, T. Parnell, *Elegy to an Old Beauty*）。

佛罗斯糊状饰物（Frose paste, Frows paste, Froes paste）

时期：1527年~16世纪60年代。

可能是法式风帽正面的褶边或波浪状边缘，与该时期的衣柜中的"糊（paste）"有关。法式风帽过时后，这种说法也就消失了。"糊"是"细腻的裱糊纸，像糨糊女工制作女士用的裱糊纸"（1570, Billingsley, *Euclid*）。"它是制作天鹅绒、上等细布或其他昂贵面料边的基础，有时饰有金属或珠宝。"

男士淡黄色真丝佛若克礼服大衣，1778年～1780年。这款轻便的夏季佛若克礼服大衣采用了18世纪后几十年流行的窄线条设计。典型特点包括紧身长袖、圆形袖口和为了露出马甲而采用的前襟剪掉前摆的设计。法国人采用了这种风格，并加入了一个倾斜的青果领。这种领子设计更宽，因此在前面有翻边，环绕颈部直立。

贴合外套形状的背部平驳领的细节。

图中展示的是1902年来自T.H. Holding，Coats的佛若克礼服大衣。这些变体，包括牧师穿的款式，也展示了正确的搭配头饰高顶礼帽、肩翼或者衬衫的立领、领巾或者细领带、带图案的马甲以及条纹或者格子布制作的裤子。

沙沙套裙（Frou-frou dress）

女式

时期：1870年。

一种带有低胸饰花的日间礼服，上面用一件平纹细布制作的短款束腰外衣遮住，半身裙前片呈圆形，套在一件饰有无数小巧的锯齿形荷叶边的轻薄真丝打底裙外面。以亨利·梅亚克（Henri Meilhac）和卢多维克·哈

马塞勒斯·拉隆二世所著的《伦敦的叫喊声》(The Cryes of London)中的"Maids any Cunny Skinns", 1687年~1688年。图中的兔皮销售员或者小贩正在卖用来制作服装衬里或者装饰服装的皮毛。17世纪晚期的冬天非常冷,因此皮毛颇受欢迎。图中女士的着装是那些辛苦工作谋生的女性的典型着装风格:她的宽帽檐草帽下面是一块方头巾,她的颈部还戴着另一块方头巾。她的外套和男士外套类似,有长长的袖子,袖口较宽,外套上面打着补丁,还有撕破的地方;外套下面是一件长及小腿的衬裙或者简单的曼图亚。她腰上的系带说明她可能戴了一条围裙。她的鞋子上戴了木套,起到保护鞋子的作用。

莱维(Ludovic Halévy)1869年编写的喜剧命名。

虚饰(Frounce)

女式

时期:14世纪中期~1610年。

一种有褶或者收拢的褶边,一种荷叶边,源自其最初的含义,表示皱起的眉头。威尔法勒盖尔外面的半身裙通常采用收拢处理,以免里层结构造成僵硬的线条。

抹香水油(Frouting)

时期:17世纪。

为了使衣服散发出芳香,在上面涂抹香水油。

弗鲁兹(Frouze, Fruz)

时期:17世纪晚期及18世纪初期。

指卷曲的假发或为掩盖秃顶而戴的假发。"这位女式……的秃顶上戴着一顶大大的白色弗鲁兹"(1678, Sir G. Etherege, The Man of Mode)。

详见"卷发假发(frizz-wig)"。

全套头顶假发(Full bottom, Full-bottomed wig, French wig)

男式

时期:1660年~18世纪初期。

一顶巨大的齐肩假发,中间分开,紧密的发卷紧贴脸部。18世纪晚期,这种假发仅在正式场合和有学问的专业人士佩戴。

人造毛皮(Fun fur)

时期:20世纪60年代以后。

指兔皮等廉价的皮毛,或者用亮色染

色的人造毛皮，用于取代价格昂贵的传统皮毛。

漏斗袖（Angel sleeve）

详见"宝塔袖（pagoda sleeve）"。

毛皮（Fur）

时期：中世纪以后。

各种动物又细又软的短毛，既有兔毛等廉价的皮毛，也有黑貂皮等昂贵的皮毛，用于做服装的内衬或者装饰，后期用来制作服

"*The Present Fashions (Winter)*"，1828年~1829年。伦敦的裁缝本杰明·里德（Benjamin Read）非常善于为自己的手艺做广告，图中是他为自己的生意而出版和出售的一系列广告海报，这些广告每年刊登两次。这些广告与时装版画有类似之处，但是也存在不同之处；不同之处就是，这些广告展示的是在时尚的伦敦街头，聚集了一大群大人和孩子，跟戏剧表演的场景相似。里边的成年男子和男孩子的数量总是比女士多——这是因为里德并不是为了和女性时尚杂志中的时装版画竞争。冬季版的广告中总会有皮毛出现，比如皮毛制作的装饰、饰边和内衬等；另外，貂皮作为一种奢侈品也经常会出现在广告里，比如左边的装饰和暖手筒。图中有各种样式的男装，比如里德这样的裁缝可以提供的短款和中长款厚大衣（图中分别有正视图、后视图和侧视图）、带有缎子内衬斗篷的正式晚礼服以及由男童肋形装和短款紧身上衣组成的骑行服；还有各种配饰，比如高顶礼帽、军式设计的帽子、手套、手杖、鞭策马术用鞭以及靴子。

装的外层。

褶裰（Furbelow, Below）

女式

时期：18世纪。

"女式衬裙和围巾上的编织或褶边装饰"（1730, Bailey, *Dictionary*）。褶裰通常是采用与服装相同的面料或者网眼织物制作的荷叶边，嘎翁和围裙上也会使用。法语中通常用"falbala"表示。

G

华达呢（Gabardine, Gaberdine）

男式，有时也有女式

时期：16世纪初期到17世纪初期。

一种宽松的长款大衣，袖子较为宽大，有的款式腰部系束腰带，有的不系。

16世纪60年代之后不再流行，但是对于贫困人群依然很受欢迎，并被定义为"一种适合雨天穿的毛毡斗篷"，也指"一种骑士斗篷或外套"。

详见《词汇表：纤维、织物、材料》。

山墙形软帽（Gable bonnet, Gable hat）

女式

时期：1884年。

一顶前帽檐翘起的软帽，"前帽檐像茅草屋顶的角度，在面部形成一个'V'形"（C. W. Cunnington, *English Women's Clothing in the Nineteenth Century*）。

山墙形头饰（Gable headdress）

详见"英式风帽（english hood）"。

加布里埃尔套裙（Gabrielle dress）

女式

时期：1865年。

一种日间礼服，上衣和半身裙的前片采用连裁设计，背部有三个比较大的箱状叠褶，或者背部一个，两侧各一个，所有幅面都有褶。

加布里埃尔袖（Gabrielle sleeve）

女式

时期：19世纪。

从肩部到肘部非常宽大的一种袖子，然后从肘部到前臂中段逐渐收窄，手腕处以宽袖口收束。1820年，用于斯宾塞夹克（spencers）。从1830年到1835年，用于日间礼服。1859年至1869年，指一种由一系列泡泡裥组成的袖子，长度从肩部一直到手腕。

杏仁形褶饰（Gadroon）

女式

时期：19世纪。

一种暗裥或者褶裥，用于装饰帽子和袖口。19世纪70年代非常流行，用于装饰裙装的半身裙。

庚斯博罗软帽（Gainsborough bonnet）

女式

时期：1877年。

一种紧贴头部的软帽，前帽檐较高，帽冠较宽，向后倾斜幅度较大；通常用饰有玫瑰花饰的天鹅绒制作。

绑腿（Gaiter）

男式

时期：18 世纪晚期～20 世纪。

缠裹脚踝或者小腿的一种遮盖物，长及鞋面或者靴子面，脚背下有一根带子穿过。通常在外侧扣上。

女式

19 世纪 20 年代至 40 年代及 90 年代，在女性中非常流行。通常采用丝绸、开司米或弹性织物制作。

绑腿裤（Gaiter bottoms）

男式

时期：1840 年～1860 年。

指裤腿底部的裁剪，"全绑腿裤（whole gaiter-bottoms）"的侧缝离脚后跟向前有约 12.7 厘米，前片宽约 12.7 厘米，后片宽 15 厘米，"半绑腿裤（half gaiter-bottoms）"的侧缝离脚后跟向前有 3.8 厘米，前片宽 20 厘米，后片在脚踝处宽约 28 厘米。

加拉忒亚梳子（Galatea comb）

女式

时期：19 世纪 90 年代。

一种装饰性发梳，饰有几根长长的尖齿，尖齿呈曲线，带有一个装饰性的环形手柄。

乔治·克鲁克香克（George Cruickshank）的版画，选自查尔斯·狄更斯（Charles Dickens）的《约瑟夫·格里马尔迪回忆录》(Memoirs of Joseph Grimaldi)。图中的事件实际上是发生在 1803 年至 1805 年期间，但是图中人物身上的着装却是 19 世纪 30 年代晚期流行的款式。图中一共有三种款式的高顶礼帽：一顶窄帽檐高顶礼帽（左）、一顶传统的高顶礼帽（中间）以及一顶低帽冠高顶礼帽，这种帽子现在与约翰牛（John Bull）有关，但是在当时是农民戴的（右）。图中的三名男子都系着笔挺的领巾，身穿短款马甲。其中格里马尔迪（Grimaldi）（中间）穿着一件骑马装外套和马裤，还戴着绑腿；他的朋友博洛尼亚（Bologna）（左）身穿一件佛若克礼服大衣和紧身长裤，脚上是一双笨重高筒军靴（hessian boots）；农民（右）身着一件"纬起毛织物夹克"。三名男子手里都拿着狩猎包。

加拉忒亚帽（Galatea hat）

男女皆宜

时期：19世纪90年代。

一种饰有中式或者日式褶边的帽子，帽冠与水手帽相同，帽檐翘起；儿童款适合夏季佩戴。

宽短裤（Galligaskins, Gally-gas-coynes, Gaskins）

男式

时期：1570年~17世纪末期，1620年之后较为少见。

齐膝短裤，有的款式较为宽大，有的款式臀部采用棉或亚麻松软织物填充，而有的款式则"紧贴臀部，与威尼斯短裤（venetian gallicascoyne）类似"（1610, S. Rowlands, *Martin Mark-all*）。

时期：19世纪。

指运动员戴的皮革绑腿。

加里短裤（Gallislops, Gallyslops, Gally hose, Gally breeches）

男式

时期：17世纪。

与宽短裤（galligaskins）一样宽大。

高卢-希腊式上衣（Gallo-Greek bodice）

女式

时期：19世纪20年代。

一种上衣，窄而平的饰边沿肩部向下延伸，腰部不收腰。

吊裤带（Gallowses）

男式

时期：18世纪和19世纪。

吊裤带，18世纪80年代之前不流行。"一种布料设计，带有钩眼扣子，男性戴在肩部用来吊住他们的马裤"（1730~1736, Bailey, *Dictionary*）。

高筒橡胶套鞋（Galosh, Golosh）

男女皆宜

时期：14世纪~20世纪初期。

泛指防护外靴，但具体性质各不相同。英文拼写有多种，包括"galoche"、"galage"、"galloss"、"gallossian"、"galloses"、"galloshoes"和"gallothive"。14世纪时，这种鞋子都带扣。到了15世纪和16世纪，与木套鞋相同，即用鞋带系住的木底鞋。

16世纪晚期和17世纪初期，演化为木制鞋底的低帮带扣高腰套靴，所有阶层的人都会穿。1607年，亨利王子穿的这种鞋上有16个金扣环，"上面有吊坠和鞋舌，可以用来扣合一双高筒橡胶套鞋"（Wardrobe Accounts）。

17世纪晚期，"高筒橡胶套鞋是一种假鞋或者鞋套"（1688, R. Holme, *Armory*）。18世纪，它们通常称为"clogs（木屐或木底鞋）"。1842年，出现了橡胶高筒橡胶套鞋，并获得专利。

粗厚长袜（Gamashes）

男式

时期：16世纪90年代~1700年。

一种宽松的长款布制紧身裤，通常带扣子。"'粗厚长袜（gamashes）'或'上部长筒袜（upper stockings）'"（1598, Florio）。17世纪出现的款式开始带鞋底。"粗厚长袜（gamashes）、高筒靴（high boots）、半高筒靴（buskins）"（1688, R. Holme, *Armory*）。骑马时穿，或者走路时为了防止沾上灰尘而穿。

骑马长筒靴（Gambado, Gamada, Gambage）

男式

时期：1650年～1750年。

"一种固定在马鞍上用来取代马镫的皮革装置"（1656, Blount, *Glosso-graphia*）。骑马长筒靴的外形，类似一只大号靴子，外侧开口。

妖冶的女人（Gamine）

女式

时期：1900年以后。

法语中指俏皮、精灵般的苗条年轻女性，通常留有短发。以法国舞蹈家芝芝·让梅尔（Zizi Jeanmaire，b. 1924）以及电影女演员奥黛丽·赫本在《朱尔和吉姆》（*Jules et Jim*）中穿的服装为代表。1962年法国电影，中性风——头戴帽子，身穿尼克博克裤等，但是其中加入了女性化元素。

甘普（Gamp）

时期：19世纪。

一种伞的俗名，源自狄更斯所著的《马丁·瞿述伟》（*Martin Chuzzlewit*, 1843）中甘普太太这一角色。

冈斯特风（Gangsta style）

男式

时期：20世纪80年代晚期。

非裔美国人用语，指街头帮派的年轻成员。随着冈斯特音乐人的流行，他们的服装风格，包括宽松的T恤衫、斜戴的棒球帽、不系腰带的低腰牛仔裤和大量笨重的黄金首饰，也在世界范围内广泛模仿，尤其是白人年轻人。

野女孩风（Garçonne look）

女式

时期：1922年。

玛格力特·维克托（Victor Marguerrite）出版的小说《野女孩》（*La Garçonne*）中描述了第一次世界大战后被解放的年轻女性以及她们穿的中性风格服装和短发。这些女性通常被称为"轻佻女孩（flapper）"，后来被称为"妖冶的女人（gamine）"，她们的着装选择让人联想到法国侍者穿的黑白相间的服装——"garçons"。

宽袖防寒服（Garde-corps）

男女皆宜

时期：13世纪及14世纪初期。

一种宽松且无腰带的罩衫，带风帽，袖子又长又宽，通常作为悬饰袖；胳膊穿过上半部分的垂直缝隙。冬季穿的一种服装。

详见"赫里戈（herigaut）"。

加里波第衬衫（Garibaldi blouse, Garibaldi shirt）

女式

时期：1860年至19世纪80年代。

用来取代上衣，可搭配日间穿的任何风格的裙装，这种衬衫最初是用猩红色美利奴制作，饰有黑色穗带。长袖或者无装饰的"外套袖子"经抽褶处理在手腕处收拢，肩部饰有小肩章；领子较小，且有黑色的领巾；有时搭配祖阿芙型女短上装（zouave jacket）。这种衬衫通常悬垂在半身裙上，系有腰带。

加里波第上衣（Garibaldi bodice, Garibaldi vest）

女式

时期：19世纪60年代。

一种日间穿的宽松上衣，垂至腰带上方，或从颈部到腰部用窄褶收紧，搭配或不搭配夹克均可，也称为"俄罗斯背心（russian vest）"。1863年，加里波第访问英格兰，之后以他的名字命名的各种物品都大受欢迎，包括衬衫、饼干等。

加里波第夹克（Garibaldi jacket）

女式

时期：19世纪60年代。

一种短款户外夹克，方形剪裁，无巴斯克衫；用猩红色开司米制作，并饰有军服辫带。

加里波第袖（Garibaldi sleeve）

女式

时期：19世纪60年代。

一种在手腕处抽褶收紧的长袖。搭配采用轻薄面料制作的常礼服或者便宴服。

衣服（Garment）

时期：14世纪以后。

适合穿的任何衣服。

加尔纳什（Gamache）

男式

时期：13世纪～14世纪中期。

一种宽松的长款罩衫，袖子较短且形似披肩，与衣身采用连裁设计，披在肩上。有时侧缝敞开，或者在腰部，或者从腰部到下摆处缝上。

14世纪时的这种服装有一个特征，即颈部前面有两个舌状的驳头；两个驳头的颜色比衣身要浅，并且通常用皮毛装饰。

详见"塔巴德式外衣（tabard）"。

饰带（Garniture）

时期：17世纪，1900年之后较为少见。

"用丝带、宝石等装饰服装，例如钻石饰带"（1706, Phillips, edit. Kersey）。

吊袜带（Garter）

男女皆宜

一种用于将长筒袜固定在腿上的系绳或带子，位于膝盖上面或下面。

男式

时期：中世纪～16世纪晚期。

吊袜带通常指带子，后来指带子或者带扣的带子。

时期：17世纪和18世纪。

有些吊袜带类似小巧的装饰性丝巾，两端有流苏，在膝盖的外侧系成一个蝴蝶结。有的款式是带有装饰扣的装饰带，通常位于膝盖以下。吊袜带可以用羊毛、精纺毛纱、松捻双股细绒线、饰带或者丝带、塔夫绸、赛普拉斯（cypress）和网布等面料制作。"约2米长的丝带制作吊袜带"（1522, Le Strange Accounts）。"一双银色吊袜带，扣在膝盖下面"（1711, *The Spectator*）。

女式

时期：17世纪晚期及18世纪。

吊袜带通常具有很强的装饰性，长及膝盖以上或者以下，有时上面编织有座右铭，女士会将其送给那些视其为战利品的年轻男子。"女士们购买大量的真丝吊袜带，上面带着'NO SEARCH'的座右铭"（1739, Pilborough's *Colchester Journal*）。

时期：19世纪。

吊袜带通常是用针织羊毛制作的一根细长的带子，在膝盖以上缠绕在腿上，或者更为优雅的款式为使用丝绸包裹着精致的黄铜弹簧，并且带有金属扣。从1830年开始，使用印度橡胶编织的弹性材料开始出现，并且在1850年变得较为普遍。从1878年开始，吊袜带被背带（suspender）取代。

加斯科涅短裤（Gascon hose）

宽短裤（galligaskins）的另一种叫法。

打褶裥（Gather）

时期：16世纪以后。

通过一根线将一块较长的面料抽紧，一种基本的缝纫技能。

加乌乔牧人裤（Gaucho pants）

女式

时期：20世纪20年代以后。

南美牛仔穿的宽摆、长及小腿的马裤，因《末日四骑士》（*The Four Horsemen of the Apocalypse*, 1921）中的鲁道夫·瓦伦蒂诺（Rudolph Valentino）而流行起来。女性也会穿这种风格的服装。到了20世纪60年代再度流行起来。

多层收皱（Gauging, Gaging, Shirring）

时期：19世纪。

指一系列细密的平行绗缝线迹，从而使缝线之间的布料固定在碎褶中。19世纪40年代的软帽和19世纪70年代晚期及80年代的裙装非常流行采用这种装饰形式，传统伸缩绣缝中也采用这种装饰形式。

金属护手（Gauntlet）

男式

时期：15世纪中期~17世纪晚期。

在盔甲被弃用之前，指类似手套的一种手部防护工具。

男女皆宜

也指带袖口的手套，袖口长至手腕部位。

详见"手套（gloves）"。

杰米斯（Gemmews, Jemews）
男式

时期：15 世纪。

包侧面扣针上的钳口，或者仅仅指用来加固钳口周围皮革或者天鹅绒的工具。

无性别时尚（Gender-blurred fashions）
男女皆宜

时期：20 世纪以后。

采用不符合常规性别分类的服装，而非性别易装，比如牛仔裤、T恤衫、皮夹克、机车靴等。

详见"不分性别的服装（unisex）"。

日内瓦帽（Geneva hat）
男式

时期：16 世纪晚期及 17 世纪初期。

一种宽帽檐高顶帽，有时不加装饰，清教徒牧师等人佩戴。

日内瓦印花拉夫领（Geneva print ruff, Geneva-set ruff）
男女皆宜

时期：17 世纪。

模仿日内瓦加尔文主义者服装上的拉夫领设计的小巧的清教徒式拉夫领。"印花过程中，制作了清教徒拉夫领"（1613, Mynshul, Essays），"一个小巧的日内瓦（拉夫领）"（1633, T. Adams）。

马塞勒斯·拉隆二世所著的《伦敦的叫喊声》中一系列版画中的 The Squire of Alsatia，1687 年 ~1688 年。名字出自托马斯·沙德韦尔（Thomas Shadwell）的一部剧本，squire（《乡绅》）则是根据真人真事改编。图中男子的服饰是当时流行时尚的缩影，他的头上是一顶不对称法式假发，假发上面是一顶带弧度的帽子，后来这种帽子被称为"卷边帽（cocked hat）"。他的外套、马甲和马裤反映了 18 世纪初期套装的款式。带有网眼花边的领巾、带缘饰的长筒手套、手杖以及剑都属于绅士使用的配饰。这种装扮是一种假扮身份，因此是一种具有误导性的戏剧表演装扮。

热那亚斗篷（Genoa cloak）
详见"西班牙斗篷（spanish cloak）"。

德式嘎翁（German gown）
详见"布伦兹维克长袍（brunswick gown）"。

吉里鞋（Ghillie）

详见"吉里鞋（gillie）"。

古特头巾（Ghutra, gutra）

详见"阿拉伯头巾（keffiyeh）"。

吉本（Giboun）

男式

时期：1844年。

一种小巧的披肩样式的宽松外衣，袖子较为宽大，与当时流行的水兵服类似，但是前片无扣合件，像斗篷一样笔直下垂。

吉布斯（Gibus, Gibus hat）

男式

时期：19世纪40年代以后。

一种帽冠可折叠的高顶礼帽，帽冠内衬有一个金属隐藏式"惰钳"，帽冠折叠后，帽子可放在腋下携带。搭配晚礼服佩戴，取代之前的松紧圆帽。以它的发明人的名字命名。

吉格外套（Gig coat）

女式

时期：19世纪20年代。

详见"卡里克尔外套（curricle coat）"。

羊腿袖（Gigot sleeve, Leg-of-mutton sleeve）

女式

时期：1824年~1836年，1862年及1890年~1896年，1960年~1980年。

一种日常装的袖子，肩部较为宽大，从肩部到肘部逐渐收窄，然后在手腕处收紧。

"Costume Contretemps"，*Funny Folks* 上的一张人物漫画，1878年。图中那位年长的男性客人身穿一套正式的晚礼服，手里拿着一项吉布斯——一种可折叠的歌剧帽。两位年轻的女士都身着当时最时髦的服装。C.W. 坎宁顿在其 *Englishwomen's Clothing in the Nineteenth Century* 一书中介绍了这种风格的晚礼服上衣，"就像几乎没有接缝的紧身褡；后面有蕾丝饰带，或者在前面扣上；低圆领设计，中间夹有希腊式薄纱垂饰；袖子仅有一层褶边"。上衣前后片均呈尖形；公主线半身裙在后面系上，裙裾上有许多蓬松的织物垂饰。黑色上衣通常搭配一件浅色的半身裙；配饰较为简单——耳环、项链、带扣的晚装手套以及扇子。

1827年，会用鲸骨裙箍来撑开上半部分。1862年，仅用于夏装。1895年的羊腿袖"非常巨大"，需要用约1米的布料。1896年，这种袖子突然不再流行，但是到了20世纪60年代和70年代又迎来了复兴。

男式

时期：19 世纪 20 年代和 60 年代。

一种小众男性时尚。

基莱（Gilet）

女式

时期：19 世纪以后。

一种无袖上衣，款式效仿了男士马甲。

吉里鞋（Gillie, Ghillie）

男女皆宜

时期：19 世纪以后。

一种与苏格兰裙搭配穿的鞋类，以高地部落首领的侍从命名。这是一款前部开口的皮鞋，鞋带从两侧通过鞋舌向上绕到脚踝处。为了适应从舞蹈到围捕等各种需求，过去和现在这种鞋的重量和款式各有不同。

吉耳（Gills, Shirt-gills）

男式

时期：19 世纪。

衬衫领子上直立领尖的通俗叫法。

绒丝带（Gimp, Guimple）

详见"温帕尔头巾（wimple）"。

方格色织布（Gingham）

时期：19 世纪。

一种伞的通俗叫法，较为便宜的款式就是用方格色织布这种面料制作。

详见"甘普（gamp）"。

金格勒斯（Ginglers）

男式

时期：16 世纪晚期及 17 世纪初期。

在滚轮钉状物的孔眼中挂有一到两个金属熔滴的马刺，佩戴马刺的人走路时金属熔滴与滚轮摩擦会发出嘎拉嘎拉的声音。16 世纪晚期和 17 世纪初期非常流行。"我以前有自己的马刺，但不是'金格勒斯'"（1599, B. Jonson, *Every Man out of his Humour*）。"你们那些脚穿靴子，鞋跟上戴着'金格勒斯'的家伙"（1604, S. Rowlands, *Swaggering Ruffian*）。

基庞（Gipon, Jupon）

男式

时期：14 世纪。

原为军事用语，后改为民用，源自法语词汇"jupon"。基庞是一种紧身、收腰且有填充料的服装，套在衬衫外面。最初，它的长度到膝盖位置，但是到了14世纪中叶被大幅缩短。前片用扣子扣合或者用带子系合，袖子长且贴身，外侧的肘部位置有纽扣。除非不穿罩袍，否则不需要配腰带。基庞是达布里特的前身，且一直到14世纪末，英语中一直称为"gipon"。

吉普瑟（Gipser, Gipcière）

时期：14 世纪和 15 世纪。

一种钱包或钱袋。

"他的腰带上挂着一个真丝吉普瑟"（1381 年, Chaucer, *Canterbury Tales*, Prologue）。

吉卜赛风格（Gipsy, Gypsy styles）

女式

时期：20世纪。

低胸女式衬衫、宽松的彩色半身裙、飘逸的围巾和黄金首饰，与现实中以及舞台上的吉卜赛人形象相关，在20世纪的多个时期收录入设计语汇。

吉卜赛软帽（Gipsy bonnet）

女式

时期：1871年。

一种小巧的平顶软帽，仅仅遮住头顶，饰有网眼花边和羽毛。

吉卜赛帽（Gipsy hat）

女式

时期：1800年～19世纪30年代。

一种宽帽檐草帽或者粗草帽，通常有丝带从帽冠穿过帽檐，在下颌系成一个蝴蝶结。

长颈鹿形梳子（Giraffe comb）

女式

时期：1874年。

一种用玳瑁壳制作的非常高的装饰性发梳，白天佩戴，穿晚礼服时也会佩戴。

束腰带（Girdle）

男女皆宜

时期：中世纪以后。

系或扣在腰部或臀部的一根绳子或带子。在中世纪时期，用来将松垂的服装束在腰间，或用来悬挂各种物品，或者有时仅仅起到装饰性作用。"她的束腰带上系着一个皮钱包，上面饰有绿色流苏和铜合金珠子"（1381年，Chaucer, *Miller's Tale*）。

详见"骑士束腰带（knightly girdle）"。

女式

时期：20世纪20年代以后。

在美国，指有弹性而非带骨架的紧身褡。

挂腰镜（Girdle glass）

女式

时期：17世纪。

一种挂在腰部的手持镜子。

腰围（Girdlestead）

男女皆宜

时期：中世纪～17世纪。

腰围。

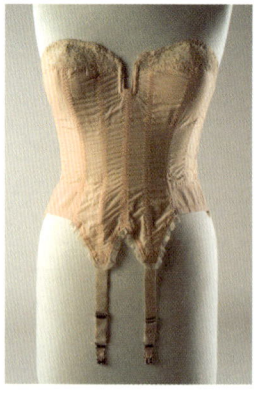 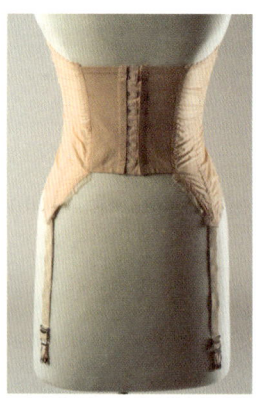

（左）普雷斯利（Preslei）设计的女士紧身褡或束腰带，1961年～1965年。用桃红色尼龙面料制作的低胸晚装紧身褡，饰有尼龙网眼花边和网眼；后片中间部位的饰片有弹性，还有两根用来吊住长袜的吊带。

（右）束腰带的后视图。

吉特（Gite）

女式，有时也有男式

时期：14世纪～16世纪。

一种裙装或嘎翁。

格拉德斯通外套（Gladstone overcoat）

男式

时期：19世纪70年代。

一种双排扣短款外套，带披肩，边缘用阿斯特拉罕羔羊皮装饰。

格劳德金（Glaudkin, Glawdkin）

男式

时期：16世纪初期。

一种松垂的宽袖嘎翁。

格劳维纳别针（Glauvina pin）

女式

时期：1820年～1840年。

一种装饰性别针，针头较大且可拆卸，通常饰有流苏，用于固定精致的夸菲尔。

苏格兰便帽（Glengarry, Glengarry bonnet）

男女皆宜

时期：19世纪60年代。

"一种前高后低的苏格兰软帽"（1858, Simmonds's Dictionary）。后面通常饰有小块皮革和垂饰缎带，部分苏格兰军团佩戴，搭配传统的苏格兰高地服装，但是，如果是这种搭配，则用作一种时尚的头巾。

手套绳（Glove-band）

女式

时期：1640年～1700年。

一根丝带或编织的马鬃带，系在长手套的肘部，以将其固定到位。

手套（Gloves）

男式

时期：中世纪～17世纪晚期。

有的款式盖住手，长度到手腕位置，有的款式腕部较宽松，用作长筒手套。在16世纪，手套用牡鹿皮、羊皮、马皮、小山羊皮、麂皮制成，有的也用缎子、天鹅绒、针织绸和精纺毛纱制成，颜色各异。有些手套上有小开口，以便露出手指上的戒指。男士长款手套较为少见，但在17世纪时偶尔一些极其时髦的男士也会戴，并且通常装饰精美、镶边且带有香味。

"他确实是现代纨绔子弟的典型代表。昨天，他去看戏了，手上戴着一副手套，长度一直到他的胳膊肘"（1676, Etherege, *The Man of Mode*）。

时期：18世纪。

"*Gants à l'anglaise*"长及手腕部位，背面有一条短缝，或者有一个较窄的翻边袖口，有时带有刺绣装饰。从1600年到1800年，虽然西班牙产皮革和科尔多瓦皮革非常流行，但是手套的制作材质与前几个世纪的材料类似。

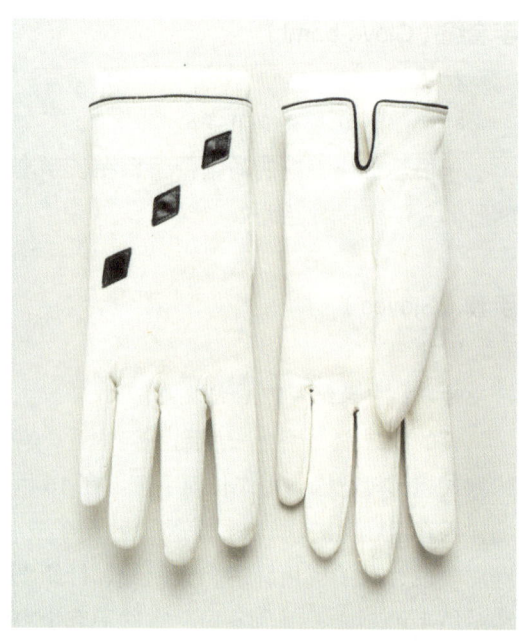

一副女士手套，1965年～1966年。白色尼龙面料，饰有黑色人造革，及其简约的设计反映了布里奇特·赖利（Bridget Riley, b.1931）的欧普艺术（Op Art）风格以及库雷热（Courrèges, 1923～2016）等人掀起的时尚风格。

时期：19世纪以后。

一直都很短，并且直到1870年，日间佩戴的款式通常为彩色，晚间佩戴的款式为白色，而婚礼上佩戴的款式则为淡紫色。20世纪，城镇和乡村居民都戴无装饰的皮手套和针织手套，还有驾车、高尔夫运动、骑马和参加其他活动时的专用手套。

女式

时期：中世纪～1800年。

一直到1640年，开始流行紧身男士长筒手套，并且穿全套礼服时必须戴。这种手套采用优质皮革或者丝绸制作，通常为白色，有时会饰有刺绣。到了18世纪，除了不与女式骑装搭配戴，长筒手套已经非常普遍，到18世纪末也非常普遍，但是不与长袖连衣裙搭配。

时期：19世纪。

有长度到手腕的短款，也有到肘部的长款；白天戴的一般是彩色，晚间戴的为白色。1830年到1865年，晚间戴的短款手套非常流行，后来，手套的长度有所加长。到了1890年，长度超过肘部。

时期：20世纪以后。

有多种款式和颜色，到第二次世界大战之后，除了冬天用来保暖，手套的重要性逐渐下降。

详见"柏林手套（berlin gloves）""利默里克手套（limerick gloves）""伍德斯托克手套（woodstock gloves）""约克棕褐色手套（york tan gloves）""鸡皮手套（chicken-skin gloves）""分指手套（cutfingered gloves）""连指手套（mittens）"。

手套带（Glove-string）

女式

时期：18世纪。

类似手套绳，用丝带或者马鬃制作，系在或者扣在长手套的肘部。"钻石扣扣在手套带上"——用于全套礼服（1783, *Lady's Magazine*）。

裆布褶（Godet pleat）

女式

时期：19世纪70年代以后。

一种管状空褶，上窄下宽，使得裙身上产生褶皱。

戈黛裙（Godet skirt）

女式

时期：1895年。

一种背部和侧边饰有裆布褶的日间穿的裙装，下摆和衬里通常由优质钢支撑。"一根黑色的松紧带，用来保持褶形"。

波纹头巾（Goffered veil, Nebula headdress）

时期：19世纪。

19世纪时，指1350~1420年间女性佩戴的一种头饰。这种头饰采用亚麻布制作，盖住头部，环绕棉布饰有宽大的波纹褶边，一直到鬓角或者下巴处。后面一直垂到肩部，有时也饰有波纹褶边。

褶裥处理（Goffering）

时期：17世纪以后。

使用加热后的烫皱褶熨斗或者钳子在棉布或亚麻布上烫出装饰性的波浪边。后来，指的是一种具有永久褶皱的织物。

披风（Gole, Golet）

男式

时期：14世纪和15世纪。

风帽或夏普仑的披肩部分。15世纪时，英语中写作"golet"。

高尔夫背心（Golf vest）

男式

时期：1894年。

一种无领单排扣马甲，有两个侧袋和一个表袋。用猩红色针织羊毛制成，饰有穗带。

大翻领（Golilla）

男式

时期：17世纪。

西班牙语词汇，有时指环绕脑后的半圆领或丝带，下颌的边缘笔直。1605年至1630年期间非常流行。

戈内尔（Gonel）

男式

时期：14世纪。

一种嘎翁，有时套在盔甲外面。

拼片钟形裙（Gored bell skirt）

女式

时期：1893年。

裙子的前片用3至5块侧拼块组成，后片采用对角单片式剪裁，后片较为饱满，下摆周长25厘米至40厘米，内衬有一个约2厘米宽的平纹细布或克里诺林镶边花边。

拼片裙（Gored skirt）

女式

时期：14世纪以后。

一种将面料裁剪成金字塔形布片的构造方法，上身较窄，腰部紧身，从而避免产生碎褶或活褶。19世纪较为常见，尤其是20年代、60年代后期和90年代中期，当时的制作工艺达到了炉火纯青的水平。20世纪也有使用，尤其是30年代的半身裙。

颈甲（Gorget, Gorgette）

男式
时期：14世纪和15世纪。
风帽或夏普仑的披肩部分。
详见"披风（gole）"。

时期：15世纪～17世纪。
一种军用钢制或者钢板装甲制衣领，遮盖颈部和上胸，普通民众佩戴，以示与众不同。

女式
时期：12世纪～16世纪初期。
一种颈部遮盖物。英语中"wimple（肩巾）"一词更为常用。到了16世纪晚期，指罩衫的小拉夫领。

时期：17世纪～18世纪初期。
一种形似披肩且下垂的宽衣领，通常称为"威斯克领（whisk）"。

哥特（Goth）

男女皆宜
时期：20世纪80年代以后。
一种特定的后朋克音乐和装扮的追随者；后朋克的特征包括黑色头发、夸张的黑白妆容和经常被撕开或带有束缚风格的黑色衣服，还有链子。

La Novita，1893年9月。19世纪90年代早期流行棱角分明的轮廓——腰线位置的紧身褡上有两个"V"形设计，一上一下。拼片裙的下摆处加宽，与宽阔的肩部和丰满的上臂设计相呼应。图中两件连衣裙的裙装、肩部和腰部都有装饰带，并非人人都欣赏这种风格，"这一系列的女式连衣裙最突出的特点就是，它既夸张而又强烈的款式和颜色……今天那位女士的胳膊和她的裙子一样宽，她的帽子高度和她的身高差不多，还有什么比这种装扮更丑的吗……"（C. W. Cunnington, *Englishwomen's Clothing in the Nineteenth Century*）。

哥特式帽（Gothic cap）

女式
时期：1834年。
一种晨间在室内佩戴的帽子，帽冠非常小；饰有褶饰，褶饰正好框住面部。

古斯（Gowce）

时期：14 世纪和 15 世纪。

一种三角形布料（gusset）。

嘎翁（Gown）

男式

时期：中世纪～1600 年。

一种较为正式的长款宽松上衣，设计各异，但通常带有宽大袖子，袖子一般是悬饰袖；一种及膝的半身长袍或半长长袍；一种及踝的侧穿长袍。

时期：1600 年以后。

多为有学识的专业人士和官员穿。

女式

时期：中世纪～18 世纪。

指女式连衣裙。

时期：19 世纪以后。

通常指一种用制服面料制作的裙装，前片系扣，与从后片系扣的佛若克正好相反。然而，到了20世纪，英语中"dress（连衣裙）"一词更为常用。

碟形袖（Grande-assiette sleeves）

男式

时期：14 世纪中期～15 世纪中期。

一种袖子，有时基庞或者早期的达布里特会采用这种袖子。经过裁剪，镶嵌到服装上时袖子形成一个类似碟子的圆形接缝，因此能遮盖住身体的正面和背面；在英格兰较为少见。

古蕾妮裙／维多利亚裙（Grannie skirt, Victoria skirt）

女式

时期：1893 年。

被认为是19世纪30年代裙装的复兴。用双宽幅布料（double-width material）裁剪成圆形，裙摆周长40厘米至46厘米，及膝部位饰有荷叶边和褶皱，下摆处有一根天鹅绒丝带，如果有口袋，则在开襟孔的后面。

古蕾妮软帽（Granny bonnet）

女式

时期：1893 年。

"一种巨大的竖起的帽子，帽檐宽大，帽冠形似陶罐，饰有羽毛"（C. W. Cunnington, *English Women's Clothing in the Nineteenth Century*），对 19 世纪 30 年代时尚的一种致敬。

古蕾妮款式（Granny style）

男女皆宜

时期：20 世纪 60 年代和 70 年代。

暗示早期的服饰和配饰，圆形金属框眼镜、无领衬衫、长裙或类似款式。20世纪70年代初期，英国设计师劳拉·阿什利（Laura Ashley, 1925～1985）设计的类似爱德华风格的服饰，充分展现了对过去爱德华风格的借鉴。

格朗迪斯（Graundice）

女式

时期：16 世纪。

一种头饰，克兰茨（craunce或者crants）的一种变体，厚大衣（greatcoat）。

由汉斯·荷尔拜因（Hans Holbein）绘制的亨利八世（Henry Ⅷ，前）和他的父亲亨利七世（Henry Ⅶ），1536年或1537年。这张绘图通过比较和对比的技巧，展示亨利七世头戴一顶简单的帽子，帽檐翻边，饰有别针，身穿一件长长的毛皮制嘎翁，一条开衩袖，露出里面的达布里特。亨利八世的帽子上饰有用珠宝装饰的别针，宽大的露肩嘎翁套在"U"形短上衣上，里面是一件侧面扣紧的达布里特；达布里特的前片和袖子在镶有珠宝的扣环之间拉出衬衫面料，而遮阴布则彰显了男子气概。

男女皆宜

时期：18世纪以后。

一种户外大衣，根据当时的流行风格而有所不同。

厚大衣式裙装（Greatcoat dress）

女式

时期：18世纪晚期。

18世纪80年代流行的一种时尚风格，可以是一种扣子一直扣到裙摆处的封闭式礼袍，或者更常见的是扣到腰部的款式，从而罩裙倾斜，露出里面的衬裙。袖子齐腕，非常合身，效仿了男士厚大衣的披肩领和撞色翻领。

希腊式伛步（Grecian bend）

女式

时期：1815年~1819年，1868年~1870年。

一种时髦的姿势，上身从腰部向前屈，可以通过巴斯尔增强这种姿势的效果，后来则用蓬松的罩裙来增强效果。

希腊式袖子（Grecian sleeve）

女式

时期：1852年。

一种衬袖袖叉，一侧开衩，用扣子扣住。

希腊式发型（Grecque）

男式

时期：1750年~1800年。

一种梳理假发的风格。"有些人把它剪短，高高地戴在头顶，它被称为'à la greque'，梳理好之后非常漂亮（1766年1月，

Lady Sarah Bunbury to Lady Susan O'Brien, *The Life and Letters of Lady Sarah Lennox*, J. Murray, 1902, emphasis mine）。

到了 1787 年，"两侧各留两缕长卷发，后面留着希腊式发型，像马蹄铁一样分开，稍微向前倾斜，形似鸟巢（en coque）"（*Ipswich Journal*）。1788 年，"两侧各留四缕卷发，三缕在下，一缕在上，后面有一个希腊式发型"，并且在后面上方卷成一个马蹄铁形态，后面系成一条长长的辫子"（*Ipswich Journal*）。侧面的卷发横向梳理，勾勒出两颊的轮廓。

希腊式胸衣（Grecque corsage）

女式

时期：1850 年。

一种晚礼服紧身胸衣，低肩线设计，呈现正方形，纵向褶皱斜向下，延伸至前部形成一个"V"形。

格里高利（Gregorian）

男式

时期：17 世纪中期～晚期。

一种以"斯特兰德大街（Strand）的理发师格里高利（Gregory）"命名的假发（1670，Blount, *Glossographia*）。

格雷格斯（Gregs）

详见"宽短裤（galligaskins）"。

铃铛（Grelot）

时期：1860 年～1900 年。

用于装饰时装的小金属球或铃铛。

格雷琴（Gretchen）

女式

时期：19 世纪 90 年代以后。

一种与年轻德国女性相关的风格，比如绕在头上的辫子或农民风格的衬衫，带有独特的圆领口和刺绣。

格朗基（Grunge）

男女皆宜

时期：20 世纪 80 年代晚期。

亚文化乐队成员穿的宽松分层服装、破洞牛仔裤以及厚重的靴子，并且被他们的追随者所效仿。被视为一种在打扮上采用旧货店或慈善商店出售的商品的方式，拒绝商业主义，支持回收利用。20 世纪众多运动之一，似乎将时尚重新定位为一种受街头文化影响的行业。

兜裆布（G-string, Gee-string）

女式

时期：20 世纪。

最初指缠腰布，但是后来用于指在夜总会跳艳舞的演员穿的用普通织物制作的三角形布和细绳。

20 世纪 90 年代开始，指女性使用的一种迷你内衣。

详见"丁字裤（thong）"。

防护链（Guard-chain）

男式

时期：1825 年以后。

一条由小链环组成的长链，戴在脖子上并固定在手表上，取代怀表链。

护布（Guards）

男女皆宜

时期：16世纪~17世纪中期。

一种用华丽的无花纹或刺绣面料制作的装饰性饰带，作为一个饰边来遮盖衣服上的线缝。"一件用天鹅绒遮盖的夹克"，指夹克上饰有护布。

格恩西衫（Guernsey）

男式，后来也有女式

时期：19世纪初期以后。

19世纪初期，当地的渔民就开始穿这种衣服（格恩西岛位于海峡群岛之中），不管是最初的深蓝色、黑色，还是其他颜色，这种用涂油羊毛针织而成的贴身厚毛衣在19世纪越来越受欢迎，而且它的螺纹和绳子图案非常有特色。由于其优越的保暖性和防水性能，它在20世纪成为一款经典的服饰。

高领女内衣（Guimpe）

女式

时期：19世纪90年代。

在美国，指一种搭配低领裙装穿的女式无袖胸衣。

温帕尔头巾（Gwimple）

详见"温帕尔头巾（wimple）"。

吉姆无袖衫（Gym-slip）

女式

时期：20世纪初期以后。

一种无袖羊毛束腰外衣，有一个方领且较宽的抵肩，衬衫的长度从抵肩开始一直到膝盖处，或者略低于宽大的箱状叠褶，腰部通常用饰带或者腰带束腰，套在长袖衬衫外面。这个词源于体育服装，但是很快演化成女学生的校服，而非运动装。20世纪20年代非常流行，称为"gym-dress（体育服）"或者"gym-tunic（体育束腰外衣）"，通常搭配运动裤（gym knickers，松垮的长裤）和运动鞋。这种风格已经成为时装设计师的灵感来源，也用来指恋物癖。

详见"围裙装（pinafore dress）"。

吉卜赛（Gypsy）

详见"吉卜赛风格（gipsy）"。

H

男子服饰用品商（Haberdasher）

男式，有时也有女式

时期：中世纪以后。

最初指各种不同物品的经销商和制造商，包括帽子。16世纪时，专指帽商。男子服饰用品商出售的商品以及他们当时在服装贸易领域中的地位并没有明确的定义。1617年，约翰·明舒（Minsheu）在他的 *Ductor in Linguas* 中描述到，"'haberdasher'卖一些小商品"，但是又补充到，"在伦敦，他们可能会被称为'女帽商（milliner）'"。到了1696年，E. Phillips在他的 *New World of Words* 第5版中指出"'haberdasher'指出售不同种类的商品，比如缎带、手套等，也指卖帽子的人"。约翰生博士（Dr. Johnson）在他编写的《英文词典》（*Dictionary*，1755）中补充到，"卖小商品的人；小贩"。罗伯特·坎贝尔在他的《伦敦商人》一书中描述道："'haberdasher'是店主，为裁缝提供'硬衬布、填絮、装扮品（playing）、马尾衬、纽扣、马海毛、丝绸、线、接缝狭带、绲边以及任何其他与装饰有关的物品，除了金色和银色网眼花边……"坎贝尔的定义可以指后期的男子服饰用品商，尽管定义的范围扩大到了松紧带和维可牢等现代物品。

制服/骑装（Habit）

男女皆宜

时期：中世纪以后。

服装的时尚或风格，通常用于指拥有特殊地位或职业的人所穿的独特服装，尤其是宗教团体的服装。

女式

时期：18世纪以后。

骑马时穿的裙装或套装，称为"riding"。

骑装式紧身胸衣（Habit bodice）

女式

时期：1877年以后。

一种长款紧身胸甲，带有长款巴斯克衫，或者巴斯克衫的背面被裁剪成短垂片或者燕尾服燕尾的样式，与御者外套背面设计类似。胸甲前片敞开式设计，搭配马甲。

楼梯服装（Habit d'escalier）

女式

时期：18世纪晚期及19世纪初期。

一种全套晚礼服，带有半身袍，短袖，从下面开衩，用缎带领带系合，类似梯子的阶梯形状。

骑装手套（Habit glove）

女式

时期：18世纪。

一种女式骑马时戴的手套，有的用灰色小山羊毛皮制作，有的是约克棕褐色，通常较短，与男款类似。

骑装式妇女外衣（Habit-redingote）

女式

时期：1879年。

一种公主风格的波兰式连衫裙，罩裙与后面的打底裙长度相同，且前片一直到膝盖位置采用闭合设计。

骑装式衬衫（Habit shirt）

女式

时期：18世纪。

骑马装的一部分，面料为亚麻布，前片和后片宽度分别为38厘米和28厘米，用狭幅织物系在腰间。采用立领设计，前襟为褶皱衬衫样式，用两粒扣子扣住，袖子在手腕部位采用褶边设计。穿在马甲里面。

时期：19世纪。

作为日间礼服的内搭穿。1815年，颈部设计增加了拉夫领，通常采用细棉布或者平纹细布制作。骑装式衬衫通常被称为"女式无袖胸衣（chemisette）"。

夹克骑装（Hacking jacket）

男女皆宜

时期：19世纪晚期。

一种单排扣宽裙夹克，半身裙裙身较长，有一个后中衩和两个旁摆衩。面料通常为粗花呢，骑马时穿。

20世纪，成为一种流行的骑士夹克。

发带（Hair-band）

女式

时期：15世纪~17世纪。

用来绑头发的丝带或头带。

时期：20世纪以后。

一种由不同宽度的硬挺面料或塑料制作的花式带子，用来将头发从面部挽起来。

详见"爱丽丝束发带（alice band）"。

头套（Hair cap）

男女皆宜

时期：17世纪~19世纪。

一种旅行假发。

发色（Hair colour）

男女皆宜

时期：中世纪以后。

在某些时期，人们有更为偏好的一些发色，并且会采用某些方法（包括原始和巧妙的方法）来制作这些颜色；20世纪下半叶之前，人们会用染料给假发染色，也会使用散沫花和过氧化物等染料；到了20世纪下半叶，各种家用或者染发专用的复杂染料开始广泛应用。

发饰，1870年~1925年。一枚用仿玳瑁壳材质制作的梳子，铰链式的金属带上饰有叶子和类似浆果的珠子。图中展示的是19世纪70年代以后的款式，插在发髻的发卷或发辫上，通常属于一种晚装造型。铅质玻璃或人造宝石以及金属网饰品固定在一束头发上，并用一个双层式金属夹夹住。

无名男子，肖像微缩画，1780~1790年。18世纪末，许多男性会留长自己的头发，并在头发上搽粉，使其看上去像假发。*Travels in England in 1782* 中的普鲁士游客莫里茨提到了这种发型是如何实现的，"用熨斗烫发，然后就能得到看上去又大又蓬松的发型"。黑色外套的领子较高，可能曾用假发袋保护，而饰有褶边的衬衫绉边领以及领巾则需要频繁清洗。

发式（Hair-do）

女式

时期：20世纪30年代以后。

在美国，指整理和设计头发的一种方法。详见"夸菲尔（coiffure）"。

美发师（Hairdresser）

男女皆宜

时期：18世纪以后。

"hairdresser（美发师）"一词出现于18世纪下半叶。在请美发师美发之前，顾客需要在家完成必要的剪发、洗发、烫发和整理头发，富裕的家庭会雇佣贴身侍从或女仆来完成这项工作，但男性修剪头发和剃须也是由理发师来完成。

自1650年后，假发、男子假发或假发制造商开始制作整套男女假发或假发部件，并经常将假发制作技能与美发师的技能相结合。在1775年4月的一起法庭案件中，一位名叫约翰·汉兹（John Hands）的"美发师和男子假发制造商"在法庭上提供证词（*Old Bailey Proceedings*）。为了提高收入，出现了各种各样的发用制品，包括霜、护发素、染发剂、喷发定型剂、发胶、乳液和洗发水等。到了20世纪，出现了更为复杂的剪发和卷发的新方法，一些国际知名的发型师也崭露头角，例如法国巴黎的亚历山大（原名：Raiman）和维达·沙宣（Vidal Sassoon）。

小发夹（Hair-grip）

女式，有时也有男式

时期：20世纪。

发夹是一种由细长的金属线弯折而制成的工具，呈狭窄的双层结构，开口的一端可以插入复杂的发型中，并且为了确保头发牢固，需要多个发网或装饰性梳子。夜间或由美发师进行美发时也可用于固定卷发，在小纸包中出售。

到了20世纪，出现了小发夹（hair-grip），也称为"波比发夹（kirbigrip）"，一侧向另一侧弯曲，从而增强夹紧力。这种小发夹起源于美国，在美国称为"bobby pin"。英国的这种小发夹是由伯明翰的波比比尔德公司（Kirby Beard & Co. Ltd.）生产出来的。这种小发夹仅仅是这家公司众多小金属制品中的一种，比如"发夹……波比发夹、编织和金属卷发夹以及各种类型的发卡，包括真丝和贝壳发夹"（1937, Advertisement）。

发网（Hair lace）

时期：16世纪。

发带（hair-band）或者扎头带（cross-cloth）的同义词，其中扎头带用于"防止额头上长出皱纹"（1698, Fryer, *East India and Persia*）。

假发片（Hair pieces）

女式

时期：16世纪以后。

通常是一段或几段头发，用于增加卷发、长卷发或类似发型的发量。在20世纪合成纤维发出现之前，这种发型都是用人发制作的。20世纪晚期出现了一种新型发饰，称为"发片（extensions）"，可用于增加女性头发的长度和发量。

发型（Hair style）

男女皆宜

时期：中世纪以后。

剪发、卷发或者头发拉直等处理方式，头发的长度以及在头部的发型设计。尽管多个世纪以来，人们一般在家里完成剪发、洗发、染发和发型设计，但是通常需要受过专业训练的理发师或美发师来完成。

详见"夸菲尔（coiffure）"。

中筒靴（Half boots）

男式

时期：18世纪晚期～20世纪初期。

指长度刚好到小腿肚以下位置的靴子。

半正式服装（Half dress）

男女皆宜

时期：18世纪晚期及19世纪。

指在日间活动和非正式晚间活动时所穿的服装。

半长绑腿（Half-gaiters）

详见"靴套（spats）"。

半手帕（Half handkerchief）

女式

时期：18世纪。

指沿对角线裁剪的正方形布料的一半，通常具有装饰性；18世纪，人们通常将它戴在头上或系在脖子上。

时期：1800年~1830年。

一种三角形的晚间帽子，用别针固定在头顶，帽尖在后面，直边绕在头部。从19世纪30年代开始，这种风格通常被称为"fanchon（发网）"。

中筒袜（Half hose）

男式

时期：19世纪。

袜子的商品名称。

半身衬裙（Half kirtle）

详见"衬裙（kirtle）"。

半身袍（Half robe, Half-gown, Demi-habillement）

女式

时期：1794年~19世纪初期。

一种低领短袖束腰外衣，长及大腿，套在一件圆形长袍外，在腰部用一根较窄的缎带领带或丝带束紧。

半长衬衫（Half shirt）

男式

时期：16世纪和17世纪。

一种带有装饰性前片的短款衬衫，穿在普通全长衬衫或者弄脏的衬衫外面。

时期：18世纪。

英语中有时称为"shams（沙姆斯）"。"半衬衫或者粗麻布面料的沙姆斯"（1772, Nugent, *History*）。

女式

时期：18世纪和19世纪。

农村女性有时会穿粗织物面料的半衬衫。

中袖（Half sleeves）

详见"前袖（fore sleeves）"。

吊带领（Halter neck）

女式

时期：20世纪以后。

用一条织物绕过颈部上方从而吊住上衣的一种方法，但是会露出背部和肩部。前片可以采用高领或者低领设计，并且吊带可以系或者扣到相应的位置。

锤剃胡子（Hammercut beard）

男式

时期：1618年~1650年，到了1660年较为少见。

这种胡子风格综合了络腮胡（beard）和八字须（moustache）的特征，在下唇下方

（左）鸡尾酒裙，2007年，亚历山大·麦昆（Alexander McQueen，1969~2010）。黑色薄纱，领口为吊带领样式，后颈部到腰部的布料全部裁剪掉，因此从后颈部到腰部全部露出。上衣上方装饰有玻璃管珠，下面的半身裙是一层层的薄纱，呈现出芭蕾舞裙风格。（右）上衣侧面及吊带领详图。

形成小且直的一撮，或者较少情况下是卷曲状，形似锤子把手，八字须部分横向涂蜡，形成"十"字状。"有些人是锤剃胡子，或者罗马'T'形胡"（1621, J. Taylor, *Superbiae Flagellum*）。

手提包（Handbag）

男女皆宜

时期：19世纪以后。

最初指一种较小的旅行包，这种包因布莱克奈尔女士（Lady Bracknell）在奥斯卡·王尔德（Oscar Wilde）的《不可儿戏》（*The Importance of Being Earnest*，1895年首次上映）一剧中使用而得以流行。到了19世纪晚期，在英国通常指女士手提包，包上有提手，可以用手提，或者后期背在肩上。

手巾（Hand cloth）

详见"手帕（hand kerchief）"。

手袖（Hand cuff）

详见"手袖（hand fall）"。

手袖（Hand fall）

男女皆宜

时期：17世纪。

一种向外翻且展开的袖口，有时是双层的，饰有网眼花边并经过浆洗工艺处理。可以搭配立领或范达克领，也可以与倒拉夫领搭配，有时也可与褶边立领搭配。"12条拉夫带和8对手袖，售价1.10英镑"（1604, Inventory of Wm. Spicer, Exeter Records）。

手帕（Handkerchief）

男女皆宜

时期：16世纪~18世纪晚期。

尽管手帕的历史可以追溯到更早的时期，但是在16世纪，手帕变得格外流行。通常称为"胸袋手帕"，它是一块由亚麻布或丝绸制成的正方形布料，通常边缘饰有网眼花边，随身携带，用来擦拭面部或鼻子，有些更为优雅的款式仅用于展示，例如"五块用金色和红色真丝制作的手帕"（1556, Nichols, *Gifts to Queen Mary*）。

详见"带扣手帕（buttoned handkerchief）流苏手帕（tasselled handkerchief）"。

纪念性手帕的历史可以追溯到17世纪，其中包括印有地图、演员、重大事件等内容的印花手帕；如果买来是为了使用，通常吸食鼻烟的人会买这种手帕。在19世纪，除了男女都携带的用于哀悼的黑边手帕之外，如果重要人物去世，还会制作面积很大的哀悼或纪念手帕，上面印有已故者的肖像和其生平细节。

时期：19世纪及20世纪初期。

男式

男士手帕通常比女士手帕大，白天用的通常为彩色款，哀悼时（1804年）用的为黑色，或者到了后来，手帕上会有2.5厘米宽的黑边。

"一般是丝绸面料，得益于丝绸关税的取消，中等阶层中不再使用棉织手帕"（1830）。19世纪30年代，印度彩色丝绸和带有白色条纹边的薄软绸非常流行。

详见"印度方巾（bandana）""蓝白花围巾（belcher）"。

到了1840年，人们穿晚礼服时非常流行搭配一块白色丝绸手帕，手帕上通常有刺绣和网眼花边。到了1870年，人们在白天和晚上都会使用纯白色细棉布制作的手帕，白天用的手帕会放在衣服的胸前口袋中，晚上用的则放在后口袋中。

19世纪90年代，通过借鉴军队着装风格，掀起了一种时尚，即将白天用的手帕戴在左手的袖子上。到了19世纪末，人们常常将一块红色丝绸手帕塞到晚礼服马甲的开襟中。

女式

白天用的女士手帕采用白色细棉布、亚麻布或者棉布制作，晚上用的则通常采用网眼织物制作，或者边缘饰有网眼花边或刺绣；到了19世纪中期前后，手绢的四角演化为圆形。到了19世纪90年代，人们开始使用小巧的"hanky（小手帕）"。

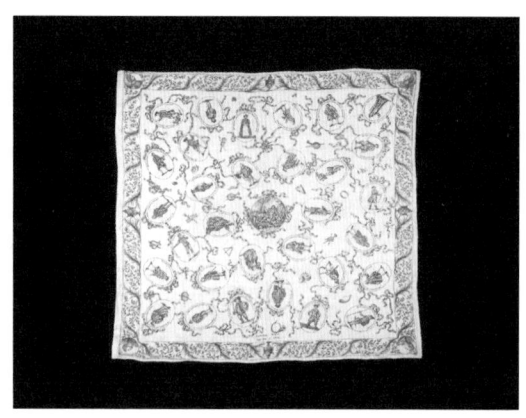

图中是一块用白色印花布制作的手帕，采用蓝靛靛染工艺，印有各种花纹图案，可能是为了吸鼻烟的人而设计的，上面的印花可以掩盖难以清洗的污渍。图中展示的手帕上绣着名字和日期"Susanna Pearce July the 9, 1774（苏珊娜·皮尔斯，1774年7月9日）"。这位女士可能是大卫·加里克（David Garrick，一位伟大的演员兼经纪人）或者加里克的演员同行们的仰慕者。

男女皆宜

时期：20世纪初期以后。

仍然存在不同尺寸的手帕，放在胸前口袋作为装饰的男士手帕为丝绸面料，而实际使用的手帕则为棉质，有白色、彩色和不同的图案。

女士手帕同样也是用丝绸制作，用于展示，通常带有图案，并且是纯白色的，或者边缘饰有网眼花边，或者一个角上饰有刺绣。到了20世纪末，纸手帕变得非常常见，并有各种不同的尺寸。

斜拼式手帕裙（Handkerchief dress）

女式

时期：19世纪80年代。

一种由几块类似大块班丹纳印花手帕的面料拼接而成的裙装。"两块面料拼成束腰外衣，下半部分的衣角几乎达到半身裙的裙摆位置，前片无装饰，后片有褶饰。上面手帕的角露出了里面类似长款巴斯克衫样式的夹克式上衣，上衣无装饰，外形类似大衣，领子为翻领，搭配一件马甲"（C. W. Cunnington, *English Women's Clothing in the Nineteenth Century*）。

手帕角式罩裙（Handkerchief points）

女式

时期：20世纪初期以后。

指罩裙，或者构成半身裙的多层布料，塑造出一种宽松、飘逸的"之"字形效果，看起来就像多块棱角分明的手帕。

手部褶皱饰物（Hand ruff）

男女皆宜

时期：1560年～17世纪30年代。

一种小巧的手腕褶皱饰物。"一对褶皱饰物（pair of ruffs）"仅表示"手部褶皱饰物"。

详见"褶边（ruffles）"。

腕部袖口（Hand sleeve）

时期：16世纪。

指袖子的手腕部分，不是一件单独的物品。

衣架（Hanger）

详见"衣架（coat-hanger）""肩带（shoulder belt）"。

悬饰袖（Hanging sleeves）

男女皆宜

时期：1400年~1560年。

指较为宽大且形似管状的长袖子，上半部有一个开衩，手臂可以从中伸出来，使袖子悬垂下来。有些悬垂袖甚至长及地面。它们通常与嘎翁、奥布兰袍、夹克、短上衣以及有时与法式法勤盖尔风格的女装搭配。

时期：1560年~1640年。

假悬饰袖在男装和女装中都有使用。男装袖窿后面连几根垂坠的饰带，保留下来的真正悬饰袖已经变成仅仅是一种装饰性元素。有时搭配短上衣。

女装假悬饰袖与男装假悬饰袖类似。

女式

时期：17世纪和18世纪。

另一种典型的假悬饰袖是儿童使用的幼儿助走带（leading strings），并且作为一种象征年轻的标志，女孩和年轻妇女依然使用。"把我的婚礼礼服拿给阿诺德（Arnold）太太，告诉她她忘记礼服的悬饰袖了"（1754，S. Richardson, *The History of Sir Charles Grandison*）。

彼得·特纳博士（Dr Peter Turner，1542~1614）的肖像。特纳的保守着装是成功职业人士的典型穿衣风格。他的头发长度中等，留着络腮胡子，修剪整齐，下面是一个由多层浆洗过的亚麻布制成的复合拉夫领。开襟短上衣里面穿了一件带扣达布里特，外面是一件悬饰袖设计的嘎翁，袖子在上臂位置开口，露出里面的达布里特袖。上臂处的装饰性穗带用扣子扣合。

版权所有：St Olave Hart Street PCC 2015。摄影：Phil Manning。

汉瑟林（Hanselin, Hanslein, Henselyns, Haunseleynys, Hense lynes）

男式

时期：14世纪晚期及15世纪初期。

一种非常短的达布里特，也称为"帕尔托克（paltock）"，当时非常流行。英语中还有"汉斯莱特（hanslet）"和"安斯利特（anslet）"两种拼法。

羽织外套（Haori）

男式

日本一种传统的敞开式宽松短款外套，套在和服外面。面料通常为丝绸，饰有徽章或者其他设计元素。

哈伦裤 / 哈伦裙（Harem pants, Harem skirt）

女式

时期：1909 年以后。

另一种与1909年前往巴黎演出的俄罗斯芭蕾舞团（Ballets Russes）有关的风格。这种宽松的阔腿裤在腰部和脚踝部位收拢，晚上穿着，在20世纪末的不同时期非常受欢迎。

当时很少有女性穿任何样式的裤子，哈伦裙是一种较为保守的变体，与霍步裙类似。

阿尔口袋（Hare pocket）

男式

时期：19 世纪。

射手夹克或外套上半身裙内的大口袋。

阿尔洛（Harlot, Herlot）

男式

时期：14 世纪晚期。

这种用法存在问题，可能与"harlot"一词在中世纪时期的含义（丑角）以及"herlot"（杂技演员）的含义相关。坎宁顿和比尔德认为，它是一种下身穿的服装，其中连裤袜（hose legs，类似长袜）和臀部合二为一，类似现代的"紧身袜"。以前，人们穿分开的连裤袜，因此"harlot"一词可能指这种时尚，但是许多人认为这种叫法不妥（详见 Chaucer, *The Parson's Tale*）。

采摘手套（Harvest gloves）

男式

时期：15 世纪～18 世纪。

详见"丹诺克（dannock）""修篱手套（hedger's gloves）"。

搭扣（Hasp）

男式

时期：17 世纪和 18 世纪。

一种外套上使用的装饰性钩子和眼扣，但不属于纽扣。"一群绅士很唐突地出现在所有公共场所，他们的外套上一个扣子也没有，但是有一些比较小的银色搭扣"（1711, *The Spectator*）。

帽子（Hat）

男式

时期：10 世纪以后。

一种用于遮盖头部的物品，通常包括帽冠和帽檐；通常设计用于引起人们对男性头部的关注，强调了佩戴者的社会等级；与工人阶级佩戴的较为贴合头部的不起眼的帽子形成鲜明对比。1680年以前，室内室外均可佩戴，并且也可以在教堂里佩戴。

女式

时期：中世纪以后。

到了 16 世纪晚期，很少有女性会佩戴帽子，除非是出门旅行，并且戴帽子被认为是愚蠢轻浮的。因此在 19 世纪，一直到 1875 年，人们认为女性星期日或者在教堂戴普通帽子不如戴软帽合适。

王后式帽（Hat à la Reine）

女式

时期：1863 年。

埃伦·特里（1847～1928），照片拍摄于约 1889 年。特里出生于一个戏剧世家，她的舞台生涯较长并且颇为成功。照片于她扮演麦克白夫人（Lady Macbeth）时拍摄，她身上穿的服装由爱丽丝·柯明斯·卡尔（Alice Comyns Carr）设计。现在这套服装依然留存于世。她身上的服装采用针织工艺，看上去像鳞片，悬饰袖暗示了它是类似中世纪时期风格的一件物品。

一种意大利麦秆色帽子，帽檐较浅并沿着又小又平的帽冠下翻，帽冠上有一根较窄的丝带帽带，帽带的流苏垂在后面。

帽带（Hatband）

男女皆宜

时期：14 世纪以后。

一段金色、银色或者彩色丝绸，或者丝带，系在帽冠底部作为装饰。

16 世纪晚期的帽带设计非常精致，通常饰有金银珠宝并且涂有瓷釉，还镶嵌有宝石和珍珠，或者由串有贵金属纽扣的绳子制成。据说 16 世纪晚期，如果一个人没有戴帽带并且外表比较散乱，则表明这个人正在恋爱中。

详见"真丝绸（love）"。

无名女子，照片拍摄于 1912 年~1918 年。图中女子的整体着装搭配非常有趣：一件轻便时尚的夏季连衣裙和夹克，并且这位年龄较长的妇人在里面还穿了一件高领女衬衫，衬衫袖子上饰有网眼花边，帽子上饰有鸟翼和厚实的丝带，而不是戴一顶轻便的夏季草帽，总体搭配稍显正式。照片通常比时装版画更能反映真实情况。

女帽，1960年~1963年。栗色丝绒毛毡，边缘饰有罗缎丝带，形似土耳其毡帽。

绞花帽带，16世纪晚期的一种时尚，是以类似绳子的绞花结构而设计的。"我有一根金色的绞花帽带，当时是最流行的；上面装饰有大量的金银珠宝"（1599, Ben Jonson, *Every Man out of his Humour*）。

详见"黑纱（mourning band）"。

帽巾（Hat cap）

男式

时期：17世纪。

帽巾是1601年派往爱尔兰的英国步兵的军事装备之一。

女式

时期：18世纪。

指在帽子里面戴的一种日间帽。

详见"底帽（under cap）"。

头饰（Hatire）

详见"头饰（attire）"。

乔治·克鲁克香克（George Cruickshank）的版画，选自查尔斯·狄更斯（1838）的《约瑟夫·格里马尔迪回忆录》。图中的事情发生在一家理发店，理发师的女儿正在给格里马尔迪刮脸。这位女孩端庄得体，戴着一顶帽子和一块格子巾，还系了一件大围裙，围裙几乎遮住了她全身的衣服。她的父亲（左）将他的圆帽子扔到地上，系着围裙，围裙底下是一件短外套和马裤。霍华德（Howard）（右）是当地一家电影院的经理，他的着装非常时髦，头戴一顶高顶礼帽，还戴着经过浆洗工艺处理的领巾，身上穿着短款马甲、紧身长裤和笨重高筒军靴，手里还拿着一把伞。

帽针（Hat pin）

女式

时期：19世纪晚期。

随着从软帽（bonnet）到有边帽子（hat）的转变，为了保证时髦的效果或者不被风吹走，需要确保帽子不会从头上掉下来，因此多数女性会采用帽针作为一种装饰性配饰。1900年至1914年，最长的帽针可达35厘米，头部造型非常巧妙。在水平和垂直方向上，一种被叫作"transformation（女用假发，假发垫）"的物品用来支撑帽子，在不划伤头皮的情况下帽针可以插入这种假发中。

帽子螺丝（Hat-screw）

男式

时期：18世纪晚期及19世纪初期。

一种工具，通常由黄杨木制成，由一个每端带有一个水平弯曲件的螺杆轴组成，用于将海狸帽的圆柱状帽冠拉伸成椭圆形，以便贴合佩戴者头部的形状。"由于是在浑圆形帽模上制作，因此是普通帽子的自然形状，需通过一颗螺丝来将帽子调整成椭圆形……遇雨容易变软……并变回原来的圆形……"

1817年，Messrs Dando & Co.发明了"在椭圆形帽模上制作的改良款椭圆形海狸帽，任何东西都不会导致其变形……"（1817, Advertisement, *Ipswich Journal*），自此之后，不再需要使用帽子螺丝。

高级时装（Haute couture）

时期：19世纪以后。

法语中指时尚设计和裁缝的最高水平，最初起源于巴黎，后来传播到世界其他地方。

夏威夷式衬衫（Hawaiian shirt）

男式

时期：20世纪50年代以后。

一种颜色鲜艳的宽松衬衫，通常印有大胆的花卉、鸟类等图案；最初出现在夏威夷，后来成为旅游纪念品，被带回美国本土，并被其他衬衫制造商模仿。

鹰护手套（Hawk-glove, Hawking glove）

男式

时期：13世纪以后。

当老鹰在手腕上时，戴左手上的一种短手套，用来保护手不受伤害。16世纪的这种手套有的带有天鹅绒内衬，有的饰有刺绣。"hawking glove"是后来的一种叫法。

头饰（Head）

女式

时期：17世纪晚期及18世纪。

通常称为"tête"，英文单词"headdress（头饰）"的缩写，通常指在室内佩戴的帽子，但到了17世纪末，它通常包括整个夸菲尔发型的布置。"一个带有非常精美的环形网眼花边的头饰，找不到了"（1700, *The Protestant Mercury*）。

详见"纸牌头饰（quadrille head）"。

头带（Head band）

男女皆宜

时期：16世纪~18世纪初期。

英文单词"crosscloth（扎头带）"的同义词，但是在工艺资料中是单独命名的。与扎头带类似，人们认为服用药物后带在头上有助于睡眠。

"为了促进睡眠，使用常见的玫瑰花与搅

打均匀的蛋白……制作成一个头带或头带发箍"（1725, Bradley, *Family Dictionary*）。

包头布（Head cloth）
女式
时期：中世纪。
英文单词"kerchief（方头巾）"的同义词。

头饰（Headdress, Head-dressing）
女式
时期：16世纪以后。
指戴在头上的物品。
详见"头饰（head）"。

帽子（Headgear）
男女皆宜
时期：16世纪以后。
任何形式的头套。

头巾（Head kerchief）
时期：17世纪。
一块对角折叠后戴在头上的大手帕。

头巾（Head rail）
女式
时期：16世纪和17世纪。
戴在头上、向后垂落的大块方头巾或面纱；通常饰有网眼花边；1590年至1620年期间，有的款式会经过浆洗工艺处理，有的款式用金属丝系在头上。"用于修补、清洗和浆洗一条精致的西珀斯（sipers）头巾，边缘为白毛线骨状花边"（1588, Egerton MS）。

头巾（Head scarf）
女式
时期：20世纪以后。
为了遮盖头部而戴在头上的一块围巾，而非帽子。在20世纪过去的几百年里，贫穷的女性通常会戴围巾和披巾来取代无边便帽、软帽和有边帽子。在20世纪，人们可以将一块方形或长方形的织物以多种方式系在头上，非常实用或者时髦。头巾在第二次世界大战期间以及之后被广泛佩戴。时尚品牌竞相生产丝绸头巾，供上层女性使用。

头罩（Head suit）
英文单词"headdress（头饰）"的同义词。

心碎发型（Heart breaker）
女式
详见"心碎发型（crêve-coeur）"。

男式
详见"爱之发丝（Love lock）"。

心形头饰（Heart-shaped headdress）
女式
时期：1420年～1450年。
后来指遮住耳朵并向上延伸超出头部的圆形装饰物或鬓角，在前额上方共同形成一个"U"形凹陷。这种头饰用一种装饰性圆环固定，并且上面挂着一条垂在后面的面纱。

弄潮儿（Heavy swell）

男式

时期：19世纪60年代。

指穿着极为时尚的年轻男子。"时尚潮人（rank swell）"指那些穿着奢华俗气的人，以此来吸引他人的目光。

修篱手套（Hedger's gloves, Hedging gloves）

男式

时期：16世纪～19世纪。

乡下人使用的连指手套。

详见"丹诺克（dannock）"。

头盔式无边便帽（Helmet cap）

女式

时期：1810年。

一种半球形、似头盔的日间帽，通常由网眼花边和刺绣组成，用丝带系在下颌。

20世纪60年代，指皮尔·卡丹（Pierre Cardin，b.1922）设计的一款时尚优雅的帽子。

头盔式有边帽子（Helmet hat）

男式

时期：19世纪70年代。

帽冠形似头盔的窄边帽，用织物制作；主要在海边时佩戴。

半球形帽子（Hemispherical cap）

男式

时期：19世纪50年代和60年代。

一种帽冠形似碗状的硬毡帽，帽檐窄而平。到了1858年，这种帽子的帽冠上有一个旋纽，有时称为"博林格（bollinger）"。到了19世纪60年代，被"博勒帽（bowler）"取代。

亨利草帽（Henley boater）

男式

时期：1894年以后。

一种蓝色或浅褐色的毡帽，形似平顶硬草帽。

埃宁女帽（Hennin）

女式

时期：1450年～1500年。

法语中指尖顶形状的头饰；在英格兰较为少见。搭配方式通常是"头顶系着宽松的方头巾，有时垂至地面"。

亨利二世披肩（Henri deux cape）

女式

时期：19世纪90年代。

都铎披肩（tudor cape）的一种变体，但是抵肩部分是正方形；亨利二世指的是法国的亨利二世（1519～1559）。

亨丽埃塔夹克（Henrietta jacket）

女式

时期：19世纪90年代。

一种及膝且宽松的夹克，设计有宽衣领，前部领口覆盖在胸前，内衬为绗缝缎子或默符粗羊毛。

赫里戈（Herigaut, Herigald, Heregaud, Gerygoud, Herigans）

男式，极少为女式

时期：13世纪初期～14世纪初期。

一种中长款和全长的类似嘎翁的服装，通常带有宽大的悬饰袖。

详见"宽袖防寒服（garde-corps）"。

海洛因时尚（Heroin chic）

女式

时期：20世纪90年代。

由骨瘦如柴、皮肤苍白、具有疲惫感妆容且看上去像流浪者的纤细模特来宣传女式贴身衣裤、紧身T恤衫和其他形式的服装。据传，这种时尚与滥用药物有关，即一些模特通过滥用药物来维持她们瘦弱的身材，避免体重增加。这一潮流标志着人们开始追捧越来越瘦和越来越年轻的模特的热潮，这种热潮非常不健康，并且引起了公众质疑，这种时尚会对易受影响的年轻人产生负面影响。

赫塞靴（Hessians）

男式

时期：18世纪90年代～19世纪50年代。

一种短筒骑马靴，靴筒后面长及小腿，前面呈弧度向上延伸至膝盖以下，膝盖处通常饰有流苏。这种靴子通常由黑色皮革制成，有时会在靴口缝制一条彩色皮革窄边。

厄兹（Heuse, Huseau, Housel, Houseau）

男式

时期：13世纪40年代～15世纪晚期。

一种长款骑马靴，长及大腿中部，并通过在腿部外侧的纽扣、带扣或者带子来收紧至贴合腿部。英语中这个词最早的形式是"heuse"。

高头饰（High-head）

女式

时期：18世纪初期。

英文"fontange（方当伊高头饰）"的同义词。

高跟鞋（High heels）

男女皆宜

时期：17世纪初期～18世纪晚期。

17世纪初期，出现了高跟鞋和高跟靴，这种设计可能是受到了16世纪意大利流行的不实用的"chopines（软木高底鞋）"或者古典演员穿着的砖形厚鞋底的"科尔杜纳（corthunae）"的启发。这种鞋跟的作用通常是增加身高，但女性高跟鞋的鞋跟通常比男性高跟鞋的窄。

女式，有时也有男式

时期：18世纪晚期～21世纪。

早在1784年，有人在《英国医学杂志》（*London Medical Journal*）上批评道："高跟鞋可能会导致脊柱弯曲。"时至今日，女性依然会穿不同高度的高跟鞋。

从20世纪50年代开始，出现了高而陡峭的超瘦型蒂蕾朵跟（stiletto heels），而男性表演者则穿厚底高跟鞋，包括艾尔顿·约翰（Elton John，b. 1947）等歌手。

有带皮鞋（Highlows）

男式

时期：1750年~1800年。

长及小腿部位的靴子，前面有系带，采用结实的皮革制成。在乡间生活或者那些不追求时尚的人穿。"穿了……一双有带皮鞋"（1757, *Norwich Mercury*）。

时期：19世纪。

长度刚好到脚踝位置的靴子。"一双擦亮的有带皮鞋，脚背上有一根带子和带扣，把鞋系上"（1841, Arthur Armitage, *Heads of the People*）。它的款式最终演化得更为优雅；"有带皮鞋被认为是漆皮鞋"（1878, W. S. Gilbert, *H.M.S. Pinafore*）。

高顶纽扣（High-tops）

详见"领口扣子（top button）"。

喜佳伯（Hijab）

女式

一种较长的长方形黑布或围巾，缠绕在头部和肩部，覆盖头发和皮肤，并用安全别针别住。通常由伊斯兰女性佩戴，搭配吉尔巴，有时还会搭配尼卡伯。

希玛纯（Himation）

男式

时期：古典希腊。

套在凯同衫外面的一种外衣，指"一块长方形的织物，披在左肩上，系在右肩上或者右肩下"（Liddell & Scott, *Greek-English Lexicon*）。

臀包（Hip bags）

女式

时期：1883年。

裙撑褶皱（pannier fold）的一种流行俚语叫法，"在英格兰称为'Pompadour'"（C. W. Cunnington, *English Women's Clothing in the Nineteenth Century*），"在美国称为'curtain drapery'，挂在臀部位置"。

臀部纽扣（Hip-buttons）

男式

时期：17世纪晚期~1900年。

连裙外套背面的两粒扣子，位于背开衩两侧活褶的顶部。在19世纪，通常与腰部平齐，而在1823年之后，通常位于腰缝位置。未发现证据能证明这些纽扣曾经发挥过实际作用。

嬉皮风格（Hippie style, Hippy style）

男女皆宜

时期：20世纪50年代。

源自20世纪50年代初期的嬉皮士（Hipsters）文化。这种文化是年轻人追捧的另类时尚风格，他们通过选择着装来表现这种风格，包括回收利用且色彩鲜艳的拼接旧衣物、迷幻色彩以及一些民族元素，比如印度本土面料和阿富汗外套。这种风格的特点通常包括长发、狂野的发型、胡须以及赤脚等。

后袋（Hip-pocket）

男式

时期：19世纪90年代以后。

一种在裤子臀部后面的横开口袋，有的带翻盖，有的不带翻盖。

详见"卡迪（caddie）"。

与裁缝领域使用的"臀部口袋"不同，表示连裙外套臀部位置的外口袋。

裤腰低及臀部的裤子（Hipster）

男女皆宜

时期：20世纪60年代晚期。

从臀部位置而非腰部位置剪裁的一种裤子或半身裙。

历史衬衫（Historical shirt）

男式

时期：17世纪。

一种绣有宗教主题图案的衬衫。"当然，你应该有一件干净整洁的历史衬衫"（1619年，J. Fletcher & P. Massinger, *The Custom of the Country*）。

详见"圣洁刺绣（holy work）"。

蜂巢式帽子（Hive）

女式

时期：16世纪晚期~18世纪中期。

一种高帽冠，形似蜂巢的麦秆辫，帽檐较窄，或者无帽檐。"她头上戴着一顶麦秆辫蜂巢式帽子"（1597, W. Shakespeare, *Lover's Complaint*）。"……蜂巢式帽子，挤奶女工的粗草帽，暂时从老妇人和女仆手中抢了过来，用来装饰头部，也引领了最初的时尚"（1754, *The Connoisseur*）。

"H"形（H-line）

女式

时期：1954年。

法国设计师克里斯蒂安·迪奥（1905~1957）在他的秋季产品系列中提出的一种风格，*VOGUE*将其描述为通过拉长臀部和胸部之间的距离，"使得年轻女孩的身形逐渐收窄"。

霍步裙（Hobble skirt）

女式

时期：1909年~1915年。

保罗·波烈（1879~1944）设计的一种风格。裙子向下逐渐收窄，一直到裙摆位置，有时在膝盖下方用一条装饰性丝带束起来。这种风格可能受到1909年首次亮相巴黎的俄罗斯芭蕾舞团着装设计的影响。

霍德特雷恩（Hodtrene）

女式

时期：1500年~1550年。

可能是风帽后面的垂褶织物或垂饰，比如英式风帽和法式风帽上都有。

涉水靴（Hogger）

详见"涉水靴（oker, hogger, hoker, coker）"。

镂空蕾丝（Hollow lace）

时期：16世纪。

一种用于镶边的编结花边。

好莱坞风格（Hollywood style）

男女皆宜

时期：20世纪20年代以后。

第一次世界大战之后，美国电影逐渐成为国际电影市场的主力军，对服装领域产生了影响。银幕上演员们的穿着迅速被人们追捧，从男士西装到女士晚礼服以及发型，都相应地被模仿。

详见"卡普里裤（capri pants）"。

圣洁刺绣（Holy work, Hollie work）

时期：16世纪晚期及17世纪。

代表宗教主题的网眼花边、挖花花边以及刺绣，用于装饰衬衫、罩衫、丝带和家用亚麻布。1578年，玛丽·斯图亚特女王（Mary Queen of Scots）的一张清单中就出现了"带有圣洁刺绣的领子"，但是这种时尚一直到1620年才被女性清教徒传播开来。

"她正在制作一件宗教衬裙，在图案方面，她将绣一些与教会历史相关的图案。她的针线因此赋予了我的垫子圣洁的含义！另外，我的罩衫袖子上也有这种圣洁的刺绣，而且如此富有含义，我担心到时候我所有的衣服都会被一位纯洁的导师引用"（1631，Jasper Mayne, *City Match*）。

详见"宗教衬裙（religious petticoat）""历史衬衫（historical shirt）"。

霍姆堡毡帽（Homburg hat）

男式

时期：19世纪70年代以后。

一种硬挺的毛毡帽，帽冠从前到后有一个凹陷，帽檐用编织物装饰，两侧稍微向上弯曲。这种帽子因威尔士亲王（Prince of Wales）[后来的爱德华七世（Edward Ⅶ）]而得以流行起来，他经常造访德国的霍姆堡温泉小镇。因此这种帽子以这个小镇的名字命名为"霍姆堡帽"。

家庭裁制（Home dressmaking）

时期：19世纪以后。

在专业裁制朝着多个不同方向的发展的同时，包括由知名店主或制衣师运营的专卖店、本地小型裁缝企业以及百货商店内提供成衣和高级定制服装的部门，家庭裁制也出现了显著增长。

这种增长得益于缝纫机和定型纸样的发明，这两者在19世纪60年代开始广泛使用。

详见"巴特瑞克（butterick）"。

风帽（Hood）

男女皆宜

时期：中世纪以后。

通常指一种形状较为贴合头部的宽松且柔软的遮盖物，作为独立的衣服穿着，或者有时附在斗篷等户外服装上穿。

"风帽"也泛指其他类型的女性头部覆盖物，比如法式风帽。

详见"夏普仑（chaperone）""连风帽女大衣（capuchin）""长款风帽（long hood）""巴哥风帽（pug hood）"和"短款风帽（short hood）"。

连帽衫（Hoodie）

男女皆宜

时期：20世纪80年代晚期。

一个英国用语，指套头羊毛衫、运动衫或类似的服装。此外，有时也带有贬义，用来形容穿着粗鲁、不雅、希望隐藏自己身份的年轻人。

妓女时尚（Hooker chic）

女式

时期：20世纪晚期。

基于"prostitute（妓女）"这一俚语有多种不同的含义：一种巧妙的伪装风格，与人们对这种职业的印象完全不同，一种鼓励不当性趣的着装风格，比如衣着较短、紧身并且暴露出过多的皮肤，常见于女性和玩偶，还会影响到青春期女孩的着装类型。

钩眼扣子（Hooks and eyes）

时期：17世纪初期以后。

14世纪，英语中被称为"crochets and loops"，从1620年开始，英语中被称为"hooks and eyes"。"圣枪骑士……在每一件霍兹和达布里特上挂了很多钩眼扣子"（1626年，Egerton MS, *Duke of Devonshire*）。这些钩眼扣子由捶打扁平的铁制成；到了18世纪，通常用铜制作，有时镀锡；19世纪初，用黄铜制作；到了1840年，用金属丝（黄铜或者涂漆铁制品）制作；到了20世纪，用不锈钢制作。

详见"搭扣（hasp）"。

裙环式衬裙（Hoop, Hoop petticoat）

女式

时期：1710年~1780年，1820年为宫廷服饰。

一种由藤条、金属丝或鲸骨裙箍撑起来的不同形状的衬裙。有关各种具体形状，详见"钟形裙箍、穹顶外套（bell hoop, cupola coat）""扇形箍衬裙（fan hoop）""椭圆形裙箍、正方形裙箍（oblong hoop, square hoop）"以及"袋形裙箍（pocket hoop）"。此外，"hoop（裙箍）"有时也指16世纪的法勤盖尔。"箍住臀部和腰臀的箍裙"（1596, Gosson, *Pleasant Quippes for Upstart Newfangled Gentlewomen*）"。

角制纽扣（Horn button）

时期：18世纪和19世纪。

一种模制角状的纽扣。

角形头饰（Horned headdress）

女式

时期：1410年~1420年，到了1460年较为少见。

一种用于装饰宽鬓角的头饰，用金属丝向上卷成形似角的样子，从角上垂下的面纱遮住脑后。"她像一只牛一样有角……现在"（1460年，*The Townley Mysteries*, 312, Surtees Society）。

角形纽扣（Horns）

女式

时期：14世纪。

最初与博斯（bosses）相同，因为螺旋包覆的博斯最初像公羊的角一样，因此而得名。

马鬃衬裙、克里诺林衬裙（Horsehair petticoat, Crinoline petticoat）

女式

时期：19世纪40年代~50年代，1868年~1870年。

一种由克里诺林制作的衬裙，其经纬线分别采用了马鬃和羊毛。这种衬裙的下摆周长可能有1.8米，通常使用绳边线来增强下摆的挺括度。它用于撑开半身裙，但后来被笼式克里诺林取代，并且在笼式克里诺林不再流行时再度流行了数年。

马蹄形帽（Horse-shoe cap）

女式

时期：18世纪中期。

一种带有长长的垂饰的小巧日间帽。

马蹄领（Horse-shoe collar）

女式

时期：20世纪50年代。

一种较宽的"U"形翻领，形似马蹄，20世纪一些时尚服装会采用这种领子。

奥坦丝披风（Hortense mantle）

女式

时期：1849年。

一种及膝的披风，衣领和驳头采用下垂设计，方形剪裁且带流苏的披肩垂至腰部。以拿破仑三世（Napoleon Ⅲ）的母亲奥坦丝王后（Queen Hortense，1783~1837）的名字命名。

霍兹（Hose）

男式

时期：中世纪~15世纪，1660年之后。

指袜类或者腿部遮盖物，定做的长袜在分叉处联结在一起，并延伸至臀部形成紧身袜。这种袜子被称为"长筒袜霍兹（long-stocked hose）"。在16世纪，上部加长，有多种叫法，包括"宽松短罩裤（trunk-hose）"、"拉翁多·霍兹（round hose）"或者"阿帕·斯托克斯（upper stock）"，下部袜子称为"耐扎·斯托克斯（nether stock）"。

女式

时期：中世纪以后。

"霍兹"表示长袜。"她的霍兹是精致的猩红色，系得很紧"（1387年，Chaucer, *The Wife of Bath*）。

针织袜类（Hosiery）

时期：18世纪晚期。

袜商出售的所有商品的统称，从长袜到马甲等任何用编织机织成的物品。在20世纪，更多地指的是袜子、长袜和紧身袜。

热裤（Hotpants）

女式

时期：1970年。

在美国，指一种非常紧身的短裤，是一种时尚宣言的代表，不适用于休闲活动，通常采用五颜六色的奢华面料制作。

猎犬耳朵（Hounds ears）

男式

时期：1660年~1690年。

大衣袖口圆角的通俗叫法，袖口向上翻，翻边较宽，后面敞开。

奥布兰袍（Houppelande）

男女皆宜

时期：14世纪中期~15世纪。

约在英格兰出现"goun"或者"gown（嘎翁）"的时期，法国引入的一个词汇。它是一种非常宽大的上装，肩部较为贴合，通常以筒形褶皱样式下垂。长度不一，有的款式到大腿位置，有的款式拖地（穿在礼服里面）。早期的款式采用瓶颈式高领设计，沿头部覆盖整个颈部，后期的款式领子设计各有不同。袖子通常较为宽大，向下展开，形似漏斗。到了15世纪，风琴袖较为常见。通常配有一根腰带，但是也可以选择不戴。1450年之后，英语中"gown"一词更为常用，但是根据杜·康热（Ducange），16世纪晚期英语中的"pellard"也指奥布兰袍（houppelande），这种叫法也被后来的服装历史学家所采纳。

家居外套（House coat）

女式

时期：20世纪初期以后。

"晚间或者早餐时在家里穿的一种较为高档的装束便袍"（1973, Mansfield & Cunnington, *Handbook of English Costume in the Twentieth Century* 1900~1950）。可能是女便服或者赴茶会服装的一种演变。

女便服（House dress）

女式

时期：1877年以后。

一种简单的公主风格长裙，有时采用华托背（watteau back）设计，带裙裾，早餐或上午在室内穿着的休闲装，不需要穿紧身褡。到了1890年，它演变成了紧身"赴茶会服装（teagown）"。

女仆裙（Housemaid skirt）

女式

时期：1884年。

一种简单的裙子，下半部分带有五六个缝褶；年轻女士在非正式场合穿。

乌韦特（Houvette）

详见"霍夫（howve）"。

花裤（Howling bags）

男式

时期：19世纪中期。

带有花哨图案的裤子的俚语叫法。

霍夫（Howve, Houve）

男女皆宜

时期：14世纪。

一种风帽。

详见"乌韦特（houvette, huvet）"。

霍克斯特（Hoxter）

男式

时期：19世纪。

"外套里袋"的俚语叫法。

兜帽斗篷（Huke, Hewke, Heyke, Huque, Hewk, Hyke, Heuque）

男女皆宜

时期：1400年～1450年，后期较为少见。

13世纪法国文学作品中有提及，是一种采用塔巴德式外衣设计的短款罩袍，前后有饰片；有的款式带袖，通常有腰带，很可能是一种斗篷。

女式

时期：16世纪和17世纪。

一种将穿戴者包裹至膝盖或脚踝位置的大块头巾，或面纱。尽管它起源于西班牙并且后来在西班牙演变成了"mantilla（曼蒂拉）"，但它是因英国旅行者发现低地国家的女性使用而得以为人所知。虽然英格兰有"to huke"（表示面纱）这种说法，但是这种斗篷是否在英格兰使用过依然存疑。

匈牙利滚条（Hungarian cord）

女式

时期：19世纪60年代。

一种结实的丝罗缎，用于装饰带裙裾半身裙的下摆，代替传统的穗带，1867～1868年尤其流行。

匈牙利丝带（Hungerland band）

女式

时期：17世纪。

一种网眼花边，有时用来制作丝带，比如领子，可能是指"Hongrye（匈牙利）尖包头系带"，一种用哈雷（halle）制作的网眼花边，这种风格和图案被称为"匈牙利"。

狩猎腰带（Hunting belt）

男式

时期：19世纪20年代。

猎场上花花公子佩戴的一种用鲸须制作的腰带。

狩猎领带（Hunting necktie）

男式

时期：1818年～19世纪30年代。

一种非常宽的领带，系在颈部较高的位置，前面中心部位两侧各有三条折痕，两端向前交叉并隐藏在外套下面，用一根别针别住。

狩猎领巾（Hunting stock）

男式

时期：19世纪90年代以后。

一块用纱罗织物制作的大围巾，折叠并绕颈系两圈，遮盖了没有衣领的部分。"但是大部分人戴上狩猎领巾后，就丢了绅士风度"（1898, *The Tailor & Cutter*）。

狩猎软帽（Huntley bonnet）

女式

时期：1814年。

一种风格的软帽，英语中也称为"Scotch bonnet（苏格兰软帽）"，采用斜纹格子由光里子布制作，饰有一朵玫瑰花饰品和三根羽毛。

于尔（Hure）

男式

时期：13世纪晚期～17世纪。

男性头顶蓬松的头发。"头发没有梳理或者没有好好保养，有些吓人"（1611，*Cotgrave*），也指一种用带毛的动物皮制作的帽子；后来，可能指一种由压实毡或用毛绒绳材料制成的帽子；再后来，指一种帽冠为圆形的毛毡帽。

暇步士（Hush Puppies）

男女皆宜

时期：20世纪50年代晚期。

磨毛猪皮，1957年在美国获得制鞋皮革专利，用于制作经典的棕色仿麂皮牛津式系带鞋。这种风格是以品牌名字"暇步士"命名。

这种鞋子都是舒适的低跟系带鞋，在时尚但不舒适的窄型鞋流行的时期较为受欢迎。20世纪60年代，摩斯族穿这种鞋；在后来的几十年里，出现了同系列的多种不同风格和颜色的款式。

哈斯基（Husky）

男女皆宜

时期：20世纪下半叶以后。

一种结实的绗缝夹克，通常采用绗缝尼龙面料制作，有时用皮革或者细条纹光面呢制作的对比鲜明的翻领。设计用于应对乡间寒冷潮湿的天气，曾在欧洲某些社会群体中成为经典的城镇着装风格。它的演变包括使用其他面料制作的款式以及保暖马甲（body warmer）或背心。

详见"帕法（puffa）"。

骑兵靴（Hussar boots, Buskins）

男式

时期：18世纪晚期～19世纪20年代。

一种中筒靴，前面正中顶边位置有一个凹陷，两边各有一条流苏。

骑兵夹克（Hussar jacket）

女式

时期：19世纪80年代。

一种短款夹克，饰有穗带和装饰盘花纽扣，搭配一件马甲，从而形成日间礼服的上衣部分。从1887年开始，作为户外夹克穿着。

骑兵尖角（Hussar point）

男式

时期：19世纪20年代。

马甲剪裁上的一个特征，当衣服扣上之后，前片的底边在中间位置形成一个形似鸟嘴状的尖角，向下弯曲。前片的两侧呈"凹"形，即在臀部略微弯曲。

乌韦特（Huvet）

详见"霍夫"（howve）。

通风帽（Hydrotobolic hat）

男式

时期：19世纪50年代和60年代。

一种帽冠中间带一个小通风孔的帽子，小孔用金属丝网遮盖。"变得非常普遍"（1851, *Punch*）。

I

智障袖子（Imbecile sleeve, Sleeve à la folle）
女式
时期：1829 年 ~ 1835 年。
一种非常宽大的日常装袖子，长及手腕，在手腕处收拢成一个窄袖口。未经硬挺处理，而是"自然下垂"。以精神失常者穿的紧身衣（straight-waistcoat）上的袖子命名。

帝国大衣、帝髯（Imperial）
男式
时期：1829 年以后。
指一种宽松的暗门襟直筒大衣，也指在下唇下面留的小绺胡须。

测量尺寸（Inchering）
时期：18 世纪。
为制作一件衣服以英寸为单位测量一个人的尺寸。"为女孩们测量尺寸售价2便士"（1729, Walthamstow Records）。

花花公子蝴蝶结（Incroyable bows）
女式
时期：1889 年。
用网眼花边和全丝薄纱（mousselaine de soie）制作的巨大的蝴蝶结，穿执政内阁式服装时系在喉咙的位置。

花花公子大衣（Incroyable coat）
女式
时期：1889 年。
一种带有长长的燕尾和宽大驳头的大衣，搭配蕾丝垂胸领饰和便宴服马甲，旨在模仿法国历史上执政内阁时期（1794 ~ 1799）的燕尾服（swallow-tail coat）。这种时尚被认为是源于莉莉·兰特里（Lillie Langtry）在1886年参与的一部戏剧以及萨都的戏剧《托斯卡》（1887）。

印度领带（Indian necktie）
男式
时期：1815 年 ~ 1840 年。
一种平纹细布领巾，两端在前面绕一圈并用一个滑环固定。1818年，英语中称为"maharatta（马拉塔）"。

印度睡袍（Indian nightgown, Indian gown）
男女皆宜
时期：17 世纪和 18 世纪。
"banian（宽大的法兰绒长袍）"或者"banyan（榕树服）"的同义词。
有时也指一种女式轻薄睡衣（négligée attire）。"很满意……没穿各种新式礼服或者华丽的衬裙，她穿着便装或者被叫作'印度睡袍（Indian）'的火红色长袍"（1673, Wycherley, *The Gentleman Dancing Master*）。

天然橡胶（India rubber）

时期：19世纪以后。

一种从橡胶树的树液中提取并经过加工制成的各种弹性或柔韧材料。1823年注册了一种它的使用专利。"近期发现的一种可以取代弹簧丝的天然橡胶"（1831）。

以前曾使用用织物包裹的黄铜丝弹簧。

必备手提包（Indispensable）

女式

时期：1800年~1820年。

一种用丝绸或天鹅绒等柔软织物制成的小手提包，通常是方形或菱形的，用一根细绳抽紧，用一根丝带挂在胳膊或手上。

详见"手提袋（Ridicule）"。

不可言喻之物（Ineffibles）

男式

时期：19世纪。

马裤或者裤子的多种委婉叫法之一。"我们的下半身衣服或者'不可言喻之物'能让我们坐下，但是看上去相当笨拙"（1823, *New Monthly Magazine*）。

不可言传之物（Inexpressibles）

男式

时期：18世纪晚期及19世纪初期。

马裤或者裤子的一种委婉叫法。

详见"私密之物（unmentionables）"。

嵌花（Intarsia）

时期：19世纪以后。

指将玻璃、石头等不同材料制成的花纹图案或图案元素，镶嵌到金属中的过程，从而制作首饰。

也指使用两种或更多不同颜色的羊毛线编织图案。

因弗内斯（Inverness）

男式

时期：1859年以后。

"cape paletot"的新叫法。一种宽松的及膝大外套，衣领较为贴合，带有一个长及手臂的宽披肩。19世纪70年代，披肩的后片通常是不完整的，缝在侧缝上。到了19世纪80年代，通常不带袖子，因为披肩本身就足够遮盖双臂，此时被称为"Dolman cape sleeves（德尔曼披肩袖）"。然而，从1890年到20世纪初期期间，披肩下面有非常大的袖窿，内侧用背带或"扶手（arm-rest）"来支撑前臂。

爱尔兰披风（Irish mantle）

时期：15世纪。

指一种斗篷或者一种毯子。

详见"布拉特（bratt）"。

爱尔兰波兰式连衫裙（Irish polonaise）

女式

时期：1770年~1775年。

一种日礼服，上衣采用紧身、低胸方形剪裁，前襟收紧，后襟也采用贴身设计。上衣的罩裙采用褶裥设计，罩裙后片束起，前片敞开。打底裙（underskirt）被称为"衬裙（petticoat）"，款式较短。这种波兰式连衣裙也称为"意大利式"、"法式"或"土耳其式"。

伊莎贝拉胸衣（Isabeau corsage）

女式

时期：1846年。

上衣类似夹克，延伸至臀部下方，边缘呈圆形。前片底部开衩，整个饰有缎带和丝绸纽扣。领口部分的垂领采用高垂领设计，袖子几乎到腕部，双肩下方分别有一个开式曼丘洛装饰袖。它是一种晨间穿着的服装款式。

伊莎贝拉袖（Isabeau sleeve）

女式

时期：19世纪60年代。

一种三角形的袖子，袖尖位于肩部，下面开衩较大，由一条内缝和一条外缝缝制而成。用于裙装，通常带有衬袖或者昂盖象特，也用于男士大衣（pardessus）和曼特农斗篷（maintenon cloak）。

伊莎贝拉风格连衣裙（Isabeau-style dress）

女式

时期：19世纪60年代。

一种日间礼服，上衣和半身裙采用一片式设计，通过拼衩处理衣身较为贴身，腰部无接缝。整个前片有一排纽扣或者玫瑰花饰品。

意大利斗篷（Italian cloak）

男式

时期：16世纪和17世纪。

一种带风帽的短款斗篷，与西班牙斗篷（spanish cloak）或者热那亚斗篷（genoa cloak）相同。"他穿着一件带风帽的短款意大利斗篷"（1590, Marlowe, Edward Ⅱ）。

意大利法勤盖尔（Italian farthingale）

与"威尔法勤盖尔"（wheel farthingale）相同。

意大利鞋跟（Italian heel）

女式

时期：18世纪70年代以后。

一种梨形的细腰小鞋跟，鞋跟向前置于鞋子下方，坡跟延伸至脚背下方。鞋跟采用与鞋身颜色不同的木材制作，通常是白色或者淡黄色。

意大利霍兹（Italian hose）

男式

时期：1600年。

"威尼斯式裤"（venetians）的同义词。

意大利睡袍 / 意大利罗布（Italian nightgown, Italian robe）

女式

时期：18世纪70年代。

一种半正式的日间礼服。上衣采用低领中袖设计，有骨架支撑，与前襟采用开襟设计的长款罩裙连接在一起。打底裙，也称为衬裙，其颜色与睡袍其他部分的颜色不同。罩裙可以像波兰式连衫裙一样用"扣袢扣在臀部的两粒小纽扣上"，或者用固定在下摆上的内衬上的细绳系住，在腰部露出，臀部两侧分别有一根较大的流苏，"跳乡村舞之前，他们用细绳把罩袍拉起来"。

意大利波兰式连衫裙（Italian polonaise）

女式

时期：18世纪70年代。

"意大利睡袍、意大利罗布（Italian nightgown, Italian robe）"的同义词。

常春藤（联合会）风格（ivy League）

男女皆宜

时期：20世纪30年代以后。

指在经济实力雄厚且历史悠久的美国东海岸"常青藤"盟校就读的美国学生的穿衣风格。这种风格传统而不革新，与上一代保守的着装风格并无二致。有时被称为"预科生款式（preppie）"。

J

垂胸领饰（Jabot）
女式

时期：19世纪以后。

一种用网眼织物或者类似面料制作的成品领巾，戴在颈部，有时从上衣或衬衫的前片开襟处呈褶裥样式垂下。

无袖皮军衣（Jack）
男式

时期：14世纪晚期。

一种短款夹克，也是一种军服。这个词一直沿用到17世纪晚期。

过膝长筒靴（Jack boot）
男式

时期：1660年～18世纪。

一种用硬革制作的骑马靴。17世纪的过膝长筒靴较为厚重，采用"弯曲皮革"制作，通过煮沸工艺或者使用沥青漆提高了靴子的硬度，并且鞋面加长，形似水桶，能够包裹住膝盖，鞋跟和鞋头均为方形设计，且鞋跟较高。到了18世纪，这种设计风格有所简化。

轻便的过膝长筒靴采用较为柔软的皮革制成，有时外侧用鞋带系上或者用扣子扣上。到了18世纪，靴子的前部延长到膝盖以上，后面采用勺形设计，以便膝盖活动。"half jack boots（赛马靴）"。

详见"赛马靴（jockey boots）"。

"8"字形链（Jack chain）
男式

时期：17世纪以及19世纪。

一种装饰形式，由链环组成的链条，每个链环呈"8"字形，并以直角方式连接，被认为是一种华而不实的装饰品。

夹克（Jacket）
男式

时期：1450年～1630年。

一种短款紧身衣，用途各异，有时仅男孩穿，有时成人男子也穿。作为一件上衣，穿在达布里特外面，或者搭配普拉卡德（plackard）或者单独穿，后来，直到约1630年，一直流行穿在达布里特外面，一般采用无袖设计，英语中通常称为"jerkin（短上衣）"。

时期：18世纪。

夹克主要是"乡下人穿的"（1706，Phillips）紧身衣，劳动者、学徒、海员、邮差和运动员等群体也穿。到了18世纪，上层男性只有在涂脂抹粉时才穿夹克。

时期：19 世纪。

1840 年，夹克开始作为绅士的着装，在非正式场合取代大衣，并且出现了一些特殊的叫法，比如"夹克骑装（hacking jacket）"、"诺福克外套（norfolk jacket）"、吸烟装外套（smoking jacket）"等。

时期：20 世纪以后。

一种夏季和冬季都穿的非正式外套，采用各种不同重量和类型的面料制成，但是保留了最初的含义，并且出现了新的款式，例如"'运动夹克（sports jacket）'、'运动休闲'两种风格的夹克"（1922，*Harrods*）。

女式

时期：16 世纪以后。

女士夹克属于另类上衣，当时是嘎翁的的重要组成部分。在16世纪，英语中有时称为"waistcoat（马甲）"。

时期：19 世纪。

作为上衣穿，主要是用作运动装，或者是定制服装的一部分，尤其是在19世纪90年代。

时期：20 世纪以后。

夹克通常与连衣裙搭配，也流行白天单独穿。

它们的重量和面料各不相同。

详见"布雷泽外套（blazer）"。

"Tit for Tat"，*Funny Folks* 上的一张人物漫画，1878 年。图中展示的是冬季的一个场景，图中的男子向女子求婚，但并未如愿。他头戴高顶礼帽，身着切斯特菲尔德大衣，戴着手套，留着络腮胡和八字须。旁边风情十足的女子留着浓密的短发，头上戴着一顶小巧的软帽，软帽用一根丝带蝴蝶结紧紧地系在下颌。她身着优雅合身的夹克，可能是一件礼服大衣，有着较宽的翻领，袖口较深，里面是一件公主线半身裙，在脚踝位置向外展开。

水手服（Jack Tar suit）

男式

时期：1880 年～1900 年。

一种带有水手裤（Jack Tar trousers）的水手服，属于小男孩服装。

水手裤（Jack Tar trousers）

男式

时期：19世纪80年代。

一种裤腿不带侧缝的裤子，上半部分为紧身设计，下半部分向下扩展至脚踝处约56厘米。采用整块布制成，参加快艇运动时穿。

耶格尔卫生衫裤（Jaeger underclothes）

男女皆宜

时期：19世纪80年代以后。

德国古斯塔夫·耶格尔博士（Dr Gustav Jaeger，1832~1917）发明的一种用天然羊毛制成的内衣，这种内衣的构造符合卫生原则，可包裹整个躯干和四肢。乔治·伯纳德·萧（George Bernard Shaw）是早期的倡导者。后来，耶格尔公司逐渐多元化发展，推出了一系列纯羊毛服装，到了20世纪20年代拓展新业务，开始推出更多系列的时装。

剪边装饰（Jags, Jagging）

详见"剪边装饰（dag, dagges, dagging, jags, jagging）"。

詹比手杖（Jambee cane）

男式

时期：18世纪初期。

一种多节的竹制手杖。

日式帽子（Japanese hat）

女式

时期：1867年~1869年。

一种形似盘子的圆形帽子，无帽冠，草帽檐从中间的一个小纽略微向下倾斜；饰有丝带，从发髻下穿过用丝带系住。

毛丝假发（Jasey, Jazey）

男式

时期：18世纪晚期及19世纪。

一种用泽西纱线（jersey yarn）制作的假发。

"'jasey'一词是对假发甚至是浓密头发的一种蔑称，就好像假发和头发都是泽西纱线做的一样"（1825, Forley, *Vocabulary of East Anglia*）。

因此这个名字也指法官："戴着毛丝假发的家伙"。

让·德·伯里（Jean de Bry）

男式

时期：18世纪90年代~1820年。

一种双排扣大衣，设计有二重领且领子较高，驳头较低。袖子采用大量填充物，并在肩部收拢，燕尾又短又小。一种以让-安托万-约瑟夫·德·伯里（Jean-Antoine-Joseph de Bry，1760~1834）的名字命名的风格，他是法国国民公会的一名主要成员，并且在法国大革命时期犯下弑君罪。

珍妮特（Jeanette）

女式

时期：1836年。

一种用一小绺头发或者天鹅绒丝带制作的项链，悬挂着一个小十字架或心形饰物。

也指一种类似牛仔布的布料。

牛仔布（Jeans）

男式

时期：1810年以后。

一种斜纹棉布，牛仔布，类似纬起毛织物，用于制作牛仔裤，因此被称为"牛仔布"。后来与"denim（丹宁布）"一词合并使用，称为"蓝色牛仔布（blue jeans）"。

女式

时期：20世纪以后。

在李维斯（Levis）等自主品牌出现之前，通常指布料为棉布或者丹宁布的休闲裤子。

牛仔式打底裤（Jeggings）

女式

时期：21世纪初期以后。

指一种紧身裤，最初采用与牛仔布颜色类似的面料制作，不同之处是面料中添加了有弹性的弹力纤维、莱卡或能实现紧身效果的类似成分。2012年受一家超市委托进行的一项研究表明，从20世纪80年代后期起，"紧身牛仔裤、紧身裤和布雷泽外套已经取代丹宁布夹克衫、波罗领和厚重的黑色紧身袜"，成为人们衣柜里的经典款式（2012年9月28日，*Daily Mail*）。

果冻鞋（Jellies）

男女皆宜

时期：20世纪70年代以后。

一种果冻凉鞋或果冻鞋，一种用五颜六色的橡胶或者塑料制作的鞋类，最初是在海滩上穿，后来也在其他地方穿。

果冻包（Jellybag）

详见"睡帽（night-cap）"。

杰米（Jemmy）

男式

时期：19世纪。

一种狩猎上装，一种有多个口袋的短款佛若克礼服大衣。

杰米靴（Jemmy boots）

男式

时期：18世纪。

一种轻便的马靴，赛马靴（jockey boots）的时尚款式。

杰米手杖（Jemmy cane）

男式

时期：18世纪及19世纪初期。

一种放在腋下携带的小枝条，18世纪50年代和60年代最流行。

杰米佛若克（Jemmy frock）

男式

时期：18世纪。

一种时髦的佛若克，"饰有盘扣的杰米佛若克（jemmy frock）"（1756，*The Connoisseur*）。

短上衣（Jerkin, Jerking）

男式

时期：1450年~1630年。

一种穿在达布里特外面的夹克，款式与

Costume Parisien,1806 年。图中展示的是一位身穿让·德·伯里外套(以法国弑君者的名字命名)的年轻男子的半侧面像。男子身上的服装为高领设计,肩部以及袖衫大幅度收拢并且有垫料,腰部为高腰设计,燕尾较短。帽尖倾斜的黑色高顶礼帽以及浅色马裤和长袜,凸显了这种经常被漫画讽刺的风格。

夹克相同，半身裙部分略长，有时带有悬饰袖。16世纪和17世纪的短上衣通常采用无袖设计，仅有肩翼。

泽西（Jersey）

男式

时期：19世纪60年代以后。

一种有袖的针织紧身衣，通常由横条纹制成；19世纪70年代足球比赛时穿，并且后来成为男孩们冬季穿的服装。"开始穿你的泽西"[1863年11月，查尔斯·达尔文夫人（Mrs Charles Darwin）写给她儿子的一封信]。

到了20世纪，泽西不仅仅是一种运动装，还被称为"针织套衫"、"套头衫"和"毛衣"等，这些都属于手工或机器编织的休闲装。

女式

时期：19世纪晚期。

女士泽西通常制成卡迪根式开襟毛衫的样式，且当可可·香奈儿推出专门用于制作卡蒂冈式开襟毛衫和半身裙的机器编织面料后，女士泽西在20世纪20年代及以后变得非常流行。女性也会穿针织套衫和毛衣。

泽西服（Jersey costume）

女式

时期：1879年。

一种蓝色或红色的针织绸，或羊毛泽西，较为合身，长及大腿部位，穿在斜纹哔叽布料或法兰绒针织褶叠短裙外面。因女演员和爱德华七世的情妇莉莉·兰特里夫人而得以流行的一种风格，也称为"泽西·莉莉"（1853~1929）。

泽西岛因其优质的针织品而久负盛名。

茉莉手套（Jessamy gloves, Jasmine gloves）

男女皆宜

时期：17世纪。

一种带有浓郁茉莉花香味的手套，但也有各种其他不同的香味。按照习俗，会作为结婚礼物送给新婚夫妇。

因此一位母亲在为即将结婚的儿子准备物资时写到，"我没办法买到他们心里想要的那么多茉莉手套，这种手套禁止售卖，非常稀缺；所以，我不得不为男士挑选'科尔迪内特（cordinent）'（即西班牙产皮革，科尔多瓦皮革）手套，为女士挑选带香味的款式，

图中两位年轻男子站在一艘赛艇上，照片拍摄于1890年。运动服装在19世纪最后25年得以迅速发展。图中两位男子的着装展示了一种实用的运动短裤组合搭配，类似拳击手穿的短裤，搭配了针织及膝袜子和布列塔尼风格的运动衣。两位男子都穿着较为柔软的鞋子，右侧的男子戴着一顶无舌尖顶帽。

我把它们的香味处理得比普通的要好，希望大家能满意"（1661, The Gurdon Papers, *East Anglian Notes & Queries*）。

黑玉纽扣（Jet buttons）

女式

时期：19世纪以后。

1818年，女士中筒靴上使用的一种扣子，扣在靴子两边，也常用于黑色服装或者用来与浅色服装搭配形成撞色效果。黑玉广泛用来制作珠宝首饰，包括用玻璃仿制品（法国黑玉）。

珠宝（Jewellery）

男女皆宜

时期：中世纪以后。

镶嵌在金属中的贵重珠宝或者其他宝石，加工成各种样式，包括手镯、胸针、纽扣、耳环、项链等。通常用作具有象征意义或其他意义的礼物，或者出国旅行的纪念品。人造珠宝饰物的价格较为低廉，可以使用基础金属、玻璃或者塑料制作，而不是使用价格昂贵的镶嵌底座和宝石。

吉格纽扣（Jigger button）

男式

时期：19世纪。

一种小巧的暗扣，通常为黄铜材质，用来扣住宽驳头的尖角或者双排扣马甲的包边。水洗马甲上使用的这种扣子采用珍珠母制成。

吉尔巴（Jilbab）

女式

伊斯兰女性穿的三种服装之一，由于文化或宗教原因，她们更喜欢穿传统风格的服饰。吉尔巴是一种拖地的黑色长袖罗布，通常前片扣合（现代版款式有拉链），搭配喜佳伯和尼卡伯穿。

吉姆·克劳帽（Jim Crow hat）

男式

时期：19世纪。

一种帽檐较宽且卷边的毡帽，以19世纪30年代美国托马斯·D. 莱斯（Thomas D. Rice, 1808~1860）演唱的黑人种植歌命名。

叮当马刺（Jingle spur）

详见"金格勒斯（ginglers）"。

贞德（Joan）

女式

时期：1755年~1765年。

有时称为"奎克帽"，一种形似婴儿软帽、室内佩戴的较为贴合头部的无边便帽，系在下颌，脸部饰有平纹细布或网眼花边褶边。

圣女贞德紧身胸衣（Joan-of-Arc bodice）

女式

时期：1875年。

一种日间穿的紧身胸衣，称为"紧身胸甲"，形似一副延伸到臀部的束腰，上面饰有黑玉或者钢珠，袖子较紧，手腕位置饰有褶边。

乔斯林披风（Jocelyn mantle）
女式
时期：1852年。
一种及膝披风，裙摆为双层，带有三个披肩，每个披肩均带流苏，有袖窿，但无袖子。

乔其（Jockey）
女式
时期：19世纪20年代以后。
裙装肩部外侧的一种平面饰边，下缘边缘为毛边。

赛马靴（Jockey boots, Half jack boots）
男式
时期：17世纪80年代~18世纪晚期。
一种长至膝盖以下的靴子，鞋面下翻，采用较为柔软的浅色皮革制成。通过两侧的皮革或者绳圈拉上。18世纪80年代，称为"长筒马靴（top boots）"。

赛马帽（Jockey cap）
男式
时期：17世纪晚期及18世纪。
一种用黑色天鹅绒或者织物制成的无舌尖顶帽，帽带在帽舌上方的前面扣住，骑马或者做其他运动时穿。

时期：19世纪。
一种用浅色丝绸制成的彩色赛马帽，在赛马活动中颇受青睐。
详见"骑马帽（riding hat）"。

赛马袖（Jockey sleeve）
男式
时期：17世纪晚期。
一种袖口又小又紧的窄袖。

赛马马甲（Jockey waistcoat）
男式
时期：1806年~19世纪晚期。
一种直筒马甲，纽扣位置较高，前片的立领裁剪成正方形且为低领设计，在下颌形成一个较宽的缝隙。1884年，这种风格再度流行起来。

骑马裤（Jodhpurs）
男式
时期：19世纪晚期。
源于印第安人，指上半部分剪裁宽松但膝盖以下部位较为贴身的裤子；指马裤，上半部分较为宽大，但是膝盖以下部位采用紧身设计，结构与绑腿类似。

女式
时期：20世纪20年代以后。
女性穿着，比骑马裙更受欢迎。

慢跑服（Jogging suit）
男女皆宜
时期：20世纪60年代以后。
专为进行慢跑这种有氧运动之前热身或者放松而设计的服装。通常是一种前面带拉链的宽松夹克和裤子，腰部和脚踝部位采用可洗的弹性面料制作。

详见"田径服（track suit）"。

若因维利（Joinville）

男式

时期：1844 年～1855 年。

一种系成宽大的蝴蝶结样式的领带，两端呈方形并带边饰。19世纪90年代，这种叫法再次流行起来，指美国的一种围巾领带，用于填补马甲开襟上方的空白位置。

约瑟芬（Joseph）

女式

时期：17 世纪中期～19 世纪初期。

最初指17世纪的一种斗篷；到了18世纪初期，指一种前片扣上的厚大衣或者骑马装外套。这种服装似乎都是采用绿色织物制作的。

约瑟芬上衣（Josephine bodice）

女式

时期：1879 年。

一种晚礼服上装，领口非常低且呈圆形，有一条较宽的打褶丝带或者缎带。

朱巴（Jub, Jube）

男式

时期：17 世纪。

一种短袖或无袖大衣，或夹克。

犹太式束腰外衣（Juive tunic）

女式

时期：1875 年。

一种公主风格的上衣和裙子，上衣部分

Robe de promenade, *Gazette du Bon Ton*, 1920 年。图中女子的服装是用一种叫"parquetine de Rodier"的衣料制作的。Rodier 公司成立于1848 年，因其推出的创新面料而闻名，包括香奈儿和其他品牌使用的轻质泽西布料。图中的休闲场景展示了第一次世界大战带来的多种变化。远处背景中的女子身着现代样式的女式骑装和骑马裤，骑在马鞍上；身穿 Rodier 面料外出服的女子的服装采用了分层设计，露出了更多的腿部线条；她的男伴头戴一顶质地柔软的特里尔比帽，身穿一件夹克、马甲和一条格子裤。他们唯一遵循传统着装礼仪的一点就是都戴了手套。

的袖窿较宽大，前后成"V"形开口，半身裙部分呈锥形垂至与臀部齐高位置，并向后延长形成裙裾。在裙装外面套一件束腰外衣成为一种户外装束，并且无任何额外的遮盖物。

朱丽叶帽（Juliet cap）

女式

时期：19 世纪晚期。

一种镂空网帽,通常采用金属线制作,饰有珠子或籽珠。晚间佩戴或者由新娘佩戴。以莎士比亚的《罗密欧与朱丽叶》中的女主人公戴的一种帽子的风格命名。

贾普外套(Jump, Jumpe, Jump-coat)

男式

时期:17世纪。

17世纪初期,一种士兵穿的外套。"一名穿着破旧浅黄色软皮革军装和猩红色贾普外套的上校"(1639~1660)。后来,演变成一种民用外套。"贾普外套……长及大腿部位,前面敞开或者用扣子扣上,后面半开或开衩,袖子长至手腕"(1688, R. Holme, *Armory*)。

女式

时期:17世纪晚期及18世纪。

英语中通常采用复数形式,例如"jumps",指一种宽松的无骨架支撑上衣(bodice),而非较为舒适或者妊娠期间穿的束腰(stays)。"给我夫人买一件新的贾普外套,而不是束腰"(1716, *Marchant Diary*)。

针织套衫(Jumper)

男女皆宜

时期:19世纪以后。

有多种含义,部分含义源于水手或者其他工人穿的宽松上衣或衬衫。因此可以指一种宽松的衬衫,或者一种围裙装,或者一种长袖羊毛衫。

男式

时期:1861年~1880年。

一件宽松的单排扣粗花呢(tweedside)夹克,前片采用直筒剪裁,配有三粒纽扣。通过侧身设计,提高了服装的合身度,也称为"牛津装(oxonian jacket)"。

夹克(Jumper coat)

男式

时期:19世纪80年代。

详见"博福特外套(Beaufort coat)"。

连衣裤(Jumpsuit, Jumpersuit)

女式

时期:20世纪以后。

连衣裤的设计理念似乎源于儿童背心连装裤。这种成人款式是一种上下连装,采用长袖设计,裤子长度到脚踝位置,通常在前面用拉链拉上。与连衫裤工作服(boiler suit)类似。

女裙(Jupe, Jupon)

男式

时期:1290年~1400年。

详见"基庞(gipon)"。

女式

时期:16世纪及17世纪初期。

一种骑马装外套,通常搭配防护服(即一种起保护作用的罩裙)。"一种女裙(jhup或gaskyn),用漂亮的彩色缎子制作的防护服"(1588, Nichols, *Progress of Queen Elizabeth*)。

究斯特科尔（Just-au-corps, Justacorps, Justico, Justacor, Chesticore, Juste）

男式

时期：1650 年～18 世纪初期。

一种套在马甲外面穿的紧身外套。"他的究斯特科尔紧紧绷在他身上"（1705, Elsbob, *Hearne Collecteana*）。

女式

时期：1650 年～1700 年，18 世纪晚期。

一种骑马装外套；17 世纪的款式形似男式上衣；18 世纪的款式采用短款巴斯克衫样式，通常称为"半身骑马装外套（demi-riding coat）"。

绗缝马甲，也称为贾普外套，1720 年～1730 年。绣有花卉图案的丝绸；两种印花棉布的衬里。

朱波（Juppo, Juppa, Jippo）

男式

贾普外套的变体，通常暗指质量较差的外套。

K

卡夫坦（kaftan）

详见"卡夫坦（caftan）"。

卡尔（Kall, kelle）

一种女式发网。

中式拖鞋（Kampskatcha slipper, Chinese slipper）

女式

时期：1786年~1788年。

一种尖头拖鞋，鞋尖上翘，鞋面略高，法式低跟。"……经过调整完全适合冬天穿，它们由高档的黑色西班牙产皮革制作，鞋尖上翘，展现出中式风格，内衬为白色或者狐色皮毛，一直到鞋边位置，形成绲边，因此能有效御寒"（1787, Ipswich Journal）。

凯特·格林纳威服装（Kate Greenaway costume）

女式

时期：19世纪80年代和90年代。

以英国儿童书籍插画家凯特·格林纳威（Kate Greenaway）作品中的插画而得以流行的一种小女孩的着装风格。一种帝国式裙装风格的大衣，采用高腰设计，肩部采用泡泡袖样式，裙摆饰有较窄的荷叶边，采用带花朵图案的轻薄面料制作。

阿拉伯头巾（Keffiyeh）

男女皆宜

时期：20世纪晚期。

一种流行叠成三角形的正方形头巾，用一根绳子系住，许多阿拉伯男子佩戴，许多西方人认为与已故的巴基斯坦领导人亚西尔·阿拉法特（1929~2004）有关。传统的头巾面料为棉布和羊毛混纺，有时饰有黑色或红色格子图案，边角有流苏，阿拉法特的西方的支持者，不论男女，都会在脖子上佩戴这种头巾，以示对巴基斯坦的支持。

凯利提包（Kelly bag）

女式

时期：20世纪30年代以后。

1837年，在法国成立的爱马仕（Hermès）受马鞍袋（saddle bag）的启发于1935年推出了一款经典手提包。1956年，摩洛哥格蕾丝王妃（Princess Grace of Monaco），原名格蕾丝·凯利（Grace Kelly, 1929~1982）手持一只这种小款手提包登上了 Life 杂志的封面，这种小款手提包也因此受到世人关注。自此之后，这种风格通常以格蕾丝王妃的婚前姓氏命名，并且出现了多种皮革和颜色的款式。20世纪90年代之前，以名字命名的包并不多；再如香奈儿（Chanel）的绗缝挂肩提包及其镀金挎链被称为"2.55",这样命名的原因是它们最早出现的日期为1955年2月。

直筒连衣裙（Kemes, Kemise, Kemse）

详见"直筒连衣裙（chemise）"。

肯内尔（Kennel）

女式

时期：1500年~16世纪40年代。

19世纪对山墙形头饰或者英式风帽的叫法。

方头巾（Kerchief, Kercher, Kercheve, Karcher）

女式

时期：中世纪初期~18世纪晚期。

一种用来遮盖头部的披巾。

详见"头巾（coverchief）"。

16世纪，英语中"kerchief（方头巾）"一词泛指颈巾，一种类似的颈部覆盖物，有时也指手帕。

克尔舍（Kersche）

时期：中世纪。

指方头巾。

克芬许勒帽（Kevenhuller cock, Kevenhuller hat）

男式

时期：18世纪40年代~60年代。

一顶较大的毛毡三角帽，前帽檐高高翘起，形成一个尖顶。"一顶系带的帽子，经过夹紧调整，被那些富家子弟称之为'克芬许勒帽'"（1746, *The British Magazine*）。

钥匙链（Key chain）

男式

时期：19世纪90年代以后。

一条挂着一串钥匙的链条，系在裤袋上，链条的另一端系在裤子的搭肩带扣上。

倒褶裥（Kick pleat）

女式

时期：20世纪40年代以后。

在紧身裙腰臀处或者侧缝插入的一种较短的暗裥，从而方便行动。

踢腿（Kicksies）

详见"私密之物（unmentionables）"。

苏格兰短裙（Kilt）

男式

时期：18世纪晚期。

苏格兰高地服装中的一种男装，用一块毛料制作，通常有格子或格子呢图案，收腰设计，长及膝盖，活褶较多并且相互重叠，前片的无装饰褶皱饰片用带子和带扣以及一枚装饰性别针固定。

女式

时期：20世纪以后。

女性开始穿苏格兰短裙，但是女性的款式通常较为轻薄且布料较短，依然遵循了男士苏格兰短裙的设计原则。

20世纪70年代，时装设计师经常设计这种风格或面料或者两者兼而有之的变体服装。

和服（Kimono）

男女皆宜

时期：19世纪晚期。

"kimono（和服）"是现代日语中对"kosode"的叫法。它是一种"T"形棉质或丝绸服装，通常带有色彩鲜艳的图案，袖子呈现长方形且较宽，前片重叠部分用一根阔腰带（obi，一种宽腰带）束起。由于西方国家广泛对日本艺术和文化产生兴趣，这种风格在西方国家变得流行起来。

"teagown（赴茶会服装）"的一种艺术替代品。20世纪，这种风格开始广泛用作晨衣。

和服袖（Kimono sleeve）

女式

时期：19世纪晚期。

传统和服上宽大的长方形袖子，也在其他款式的服装、衬衫、外套和连衣裙上使用。

衬裙（Kirtle）

男式

时期：9世纪~14世纪晚期。

一种长及膝盖的带袖紧身衣，与束腰外衣相同。13世纪和14世纪，人们通常会搭配一件粗布短外套（courtepy，可能是一种长外套）。"一件衬裙和粗布短外套"（1362, Langland, *Piers Plowman*）。

女式

时期：10世纪~15世纪晚期。

一种套在罩衫外面、嘎翁里面的内衣。在14世纪和15世纪之交，"kirtle"一词取代了

出自罗梅恩·德·胡格（Romeyn De Hooghe, 1645~1708）的 *Figures à la mode*，约1670年。这位居住在阿姆斯特丹的荷兰雕刻师描绘了一幅时尚街景，中间画的是一位女子，背景中还展示了其他男女的服饰。这位女子的头部被一块头巾围住，恰好可以看到她戴的吊坠耳环和珍珠项链。她身上穿的带骨紧身胸衣将腰线拉长，宽大的短袖由杂色小布片拼成，衣身上用装贴边的穗带、缘饰以及垂彩丝带装饰。修米兹袖子为中袖，用更多的环形丝带系住，前臂和双手被饰有丝带边的长筒手套包住。宽大的罩裙被束起来，以此展示较为修身的衬裙；衬裙上饰有更多的穗带，但是可以用带子将其环绕在后面。

"tunic"，但是这种服装的用途没变，都是属于早期的紧身褡。在14世纪，穿这种服装时可以不穿罩袍，尤其是未婚女性。"年轻而美丽的姑娘们穿着衬裙，没穿其他衣服……"（Chaucer, *Romaunt of the Rose*）。

时期：15世纪晚期~1650年。

衬裙通常穿在嘎翁里面。"full kirtle（整套衬裙）"是指上衣和半身裙；"half kirtle（半身衬裙）"是指半身裙。1545年，"kirtle"用来表示半身裙或衬裙（petticoat），后来，"kirtle"一词被"petticoat"取代。

时期：18世纪和19世纪。

有时指一种短款夹克。"'kirtle'，一种短款夹克"（1706, Phillips）；"'kyrtle'，一种衬裙，或者无下摆的短款外套，或者半身裙"（1828, Craven, *Dialect*）。

也是一种防护服，"衬裙（kirtle），骑马时用来保护其他衣服不沾染灰尘的一种外穿衬裙"（1825, Forby, *Vocabulary of East Anglia*）。

颌下带（Kissing-strings, Bridles）

女式

时期：1700年~1750年。

一种将摩伯帽系在下颌的细绳。

"快吻我"帽（Kiss-me-quick）

女式

时期：1867年~1869年。

一种当时流行的非常小巧的软帽的俗称。

猫跟（Kitten heel）

女式，极少为男式

时期：1959年以后。

鞋或者靴子上的一种较低的尖头鞋跟。

齐膝带（Knee-band）

男式

时期：17世纪末以后。

膝盖以下的齐膝短裤收口带。

齐膝短裤（Knee breeches）

男式

时期：1570年以后。

膝盖以下收口的马裤，是18世纪较为常见的腿部遮盖物，但是到了19世纪较为少见，除非搭配正式的晚装、宫廷和教会服饰。到了20世纪更为少见，除非是搭配某些种类的制服和运动装。

详见"尼克博克（knickerbockers）"。

女式

时期：20世纪开始。

偶尔流行在体育和运动中穿，很少用作时装。

膝部扣环（Knee buckles）

男式

时期：17世纪晚期。

将马裤齐膝带固定在膝盖以下的带扣；1920年之后很少见，宫廷等场合除外。

膝部饰边（Knee cuffs）

男式

时期：17世纪中期。

可能是"port cannon（炮形饰边）"的同义词。"一对价值3英榜的镶边亚麻膝部饰边"（1659, Middlesex Session Rolls）。

日本帽章扇,扇叶上绘有一对身着传统服装的人物,包括和服;扇骨和把手由象牙制成,扇骨上有金属鸟和树的图案,1890年~1910年。

安妮·高夫(Annie Gough)设计的女士休闲晚礼服,20世纪70年代初期,印花羊毛的边缘饰有绗缝天鹅绒丝带。灵感来自印度的印花和和服袖子,这也是当时非西方设计风格的典型代表。

膝部缘饰（Knee-fringe）

男式

时期：1670年~1675年。

开襟式马裤底边一周悬垂的缘饰。

膝铠（Knee-piece）

男式

时期：17世纪。

靴套的上部。

膝部绳带（Knee-string）

男式

时期：17世纪和18世纪。

用于将马裤拉至膝盖以下的系带。

尼克博克（Knickerbockers）

男式

时期：1860年以后。

一种用粗花呢等面料制作的宽松版马裤，膝盖以下用一根带子系紧，最初是专门为志愿民兵制作，后来被普通民众用于乡村活动，"裤腿比普通马裤宽7厘米并且长2厘米"（1871, *The Tailor & Cutter*）。通常搭配诺福克或者其他类型的高尔夫等运动夹克。名称来源于华盛顿·欧文以笔名迪德里希·尼克博克（*Dietrick Knickerbocker*, 1808）出版的《纽约外史》（*History of New York*）中虚构的纽约建立者，这些建立者是荷兰人。

女式

时期：20世纪以后。

一种乡村风格的服装，也是一种周期性的时尚。

女士扎口短衬裤（Knickers）

女式

时期：1890年以后。

一种与尼克博克（knickerbockers）类似的内衣，但是通常采用法兰绒或者漂白细棉布制作，用来取代德罗瓦兹，通常不穿衬裙。

到了20世纪，指任何款式的女士内裤或短裤，但是女子学校的学生穿的款式通常更为宽大并且有弹性。

剑褶裥（Knife pleat）

时期：19世纪晚期。

与手风琴式褶裥类似，但是所有活褶均朝同一个方向，实际运用中，褶皱的宽度不定。

骑士腰带（Knightly girdle）

男女皆宜

时期：1350年~1420年。

一种装饰性腰带，由金属扣环连接在一起，前面用一个装饰性带扣或者扣环扣住。通常环绕臀部而非腰部佩戴，戴在基庞或者科塔尔迪上，并且仅有贵族可以佩戴。

针织斯宾塞（Knitted spencer）

详见"斯宾塞（spencer）"。

针织背心（Knitted vest）

男式

时期：19世纪80年代。

一种色彩鲜艳的自制针织马甲，通常有一粒暗门襟扣合件，搭配天鹅绒休闲夹克。

针织（Knitting）

时期：16世纪以后。

一种通过使线或者羊毛交织从而生产织物的方法，最初用手工针实现，后来用机器。

针织品（Knitwear）

时期：20世纪以后。

所有通过手工或机器编织制成的服装的统称。

详见"泽西（jersey）"。

诺普（Knop）

时期：中世纪以后。

一种通常具有装饰性的纽扣或流苏。

结纽（Knot）

女式

时期：17世纪～18世纪中期。

一种用来装饰头部或者长袍的丝带蝴蝶结；也有羽毛结纽。有各种不同的款式，包括胸前佩戴的"胸前结（bosom knot）""公爵领结（duchess）""一种放在头顶上方的结"（1694, *Ladies' Directory*），即置于用方当伊高头饰装饰的夸菲尔发型上凸起的卷发上；"一套结纽"，指一组用于长袍的蝴蝶结，有时也用于头部装饰；"顶髻（top knot）"，戴在头顶的一个大蝴蝶结或一串丝带环，在18世纪的上流社会通常称为"绒球（pompon）"。

时期：19世纪以后。

指把头发在脑后扭成一个"圆发髻"的发型。

Weldon's New Knitted Jumpers 的封面，1930年~1935年。图中四位女子上装的图案可以用羊毛、丝绸或者"刺绣丝线（Art Silk）"针织而成。手工编织是一种较为流行且廉价的工艺，可以仿制20世纪20年代朗万（Lanvin）、巴杜（Patou）和斯奇培尔莉（Schiaparelli）推出的时髦而又昂贵的针织休闲服和运动服。

柯泰衫（Kurta）

男女皆宜

一种宽松的棉质或丝绸衬衫，或束腰外衣，长及膝盖；孟加拉、印度和巴基斯坦以及来自这些国家生活在欧洲、北美或世界其他地区的人会套在紧身长裤（churidars）或者宽松裤（shalwars）外面（两种裤子，"churidars"是一种紧身裤，而"shalwars"则较为宽松）。

详见"纱丽克米兹（shalwar kameez）"。

L

标签（Label）

男式

时期：15世纪。

塔巴德式外衣的舌状翻边驳头。

时期：19世纪以后。

贴在服装里层的一小条布料，上面标有主人或制造商的名称，或者是两者的名称。男士外套上出现标签最早的时间是1822年，隐藏在抵肩衬里的位置，采用羊皮纸制作，上面标有主人的名称。

约1870年之前，定制款外套和马甲上偶尔也会使用纸质标签，有时会标有主人的尺寸、名字以及裁缝的名字。

标签位于抵肩衬里的下面或者是后裥里面；19世纪晚期，置于内胸袋的衬里上。

1850年，开始出现织有裁缝名字和地址的棉质或者丝绸面料的标签，但是19世纪80年代之前较为少见。从1870年开始，裁缝的名字可能会织到衣架环上。从1840年开始，裁缝的名字通常贴在马甲背面的蕾丝布条上。

女式

从大约1870年开始，女服裁缝师的名字通常会织在上衣或腰带的内表面上。

男女皆宜

到了20世纪，标有原产国的品牌和制造商标签开始变得司空见惯，并且渐渐地，各种服装和配饰上开始出现带有洗涤或干洗详细信息的标签。

系带（Lace）

时期：中世纪以后。

一种系紧或拉紧对边的带子，比如靴子带或者束腰带等。

时期：16世纪以后。

装饰边饰的穗带，如今主要用于礼服、制服。

时期：16世纪以后。

饰有较多图案的网眼饰边，既有手工制作的，也有机器制作的。

详见《网眼花边词汇表》。

系带（Laced）

时期：17世纪以后。

用绳子或者狭幅织物等收紧或系上。"一双新的系带鞋子"（1697, *The London Gazette*）。

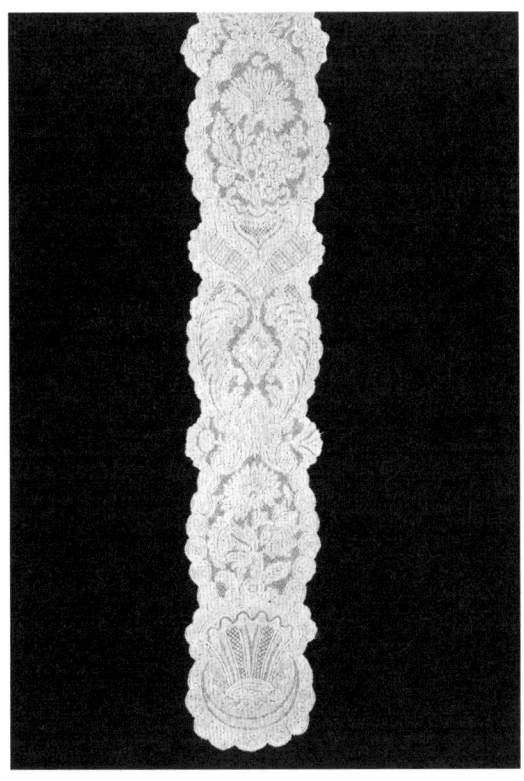 

用瓦朗谢纳花边（Valenciennes lace）制作的垂饰，1730年~1740年。18世纪大部分时间都非常流行的一种法式梭结花边，其错综复杂的设计意味着需要耗时很长才能完成这种花边的制作，因此价格非常昂贵。垂饰系在帽子上，并用别针别在帽冠上，或者仅仅是垂在脸的两旁。右图更清晰地展示了网眼花边的细节。

时期：17世纪~1900年。

用穗带或网眼花边装饰，1900年之后不再广泛使用，但是制服中依然会使用。

系带靴/鞋（Lace-ups）

男女皆宜

时期：19世纪以后。

对系带靴或者系带鞋的一种简单叫法，这种靴子/鞋不用纽扣或带子固定，或者侧边有弹性。通常用于结实的前系带皮鞋，而非19世纪女性穿的较为轻便的侧系带靴子。

镶边饰纽（Lacing studs）

男式

时期：1897年以后。

用黄铜制作的椭圆形钩子，用于男士靴子以及后来20世纪女士徒步靴的交叉系带，从而无需将鞋带穿过穿绳孔。

详见"绊钩（button-hooks）"。

兰巴莱软帽（Lamballe bonnet）

女式

时期：1865年。

用布鲁塞尔梭结花边（Brussels lace）制作的垂饰，18世纪40年代中期。一种典型的洛可可风格网眼花边设计，网眼底子上带有回环曲折的涡卷形装饰和花卉图案，展现了典型的布鲁塞尔风格。右图为网眼花边垂饰的详图。

一种非常小巧的碟形稻草软帽，平贴在头上，两侧向下略微呈弧形，并用一个大丝带蝴蝶结绑在下颌。有些还带有一根较短的巴佛蕾，有的则在发髻两侧带有网眼花边垂饰。

棱结粗花边（Langet, Langette, Languette）

男女皆宜

时期：14世纪晚期～16世纪。

"langette"表示舌形装饰珠子，如琥珀、翡翠等。

时期：15世纪～17世纪。

"langet"是17世纪一种用来系霍兹的皮带（thong），或者系鞋的一根系带或网眼花边，英语中也有"langot"这种拼写。

女式

时期：1818年～1822年。

"languette"是一种实用性较强的扁平舌状饰边，是半身裙和皮长外衣的常见装饰。

兰特里风帽（Langtry hood）

女式

时期：19世纪80年代。

一种可拆卸的风帽，可以连接任何户外服装上，与有彩色衬里的学位袍后颈背垂巾（academic hood）类似，通过钩子或者前面交叉的短边连接。

驳头（Lapel）

男式，后来也有女式

时期：19世纪以后。

上衣或马甲前片向后翻的上半部分，19世纪下半叶英语中称为"the turn（领口翻折）"。

遮膝披风（Lap-mantle）

男女皆宜

时期：16世纪晚期及17世纪初期。

一种覆盖膝盖的遮盖物，一种毯子。

垂饰（Lappets）

女式

时期：18世纪和19世纪。

在室内佩戴的头饰上的垂饰，挂在两侧或后面，采用网眼花边制作或者饰有网眼花边。

绷帮靴（Lasting boots）

时期：19世纪晚期。

一种鞋帮用黑色开司米制作的靴子。

鞋带（Latchet）

男式，后来也有女式

时期：中世纪以后。

用来系鞋或木屐的一根带子。

洗衣（Laundry）

时期：中世纪以后。

洗衣服是一项耗时且费力的体力劳动，但是并不一定需要频繁进行。事实上，有的家庭有很多可换洗的衬衫、罩衫、内衣、床上用品和毛巾等，这些都是财富的象征。直到近期以前，所有这些物品都是白色的，并且在悬挂晾干之前需要浸泡和清洗。上层社会的家庭有专门的洗衣区，靠近水源，能够负担得起将衣物交给专业的洗衣工清洗，体现了社会阶层的流动性。

不过，到了19世纪，各种机械设备取得了巨大的进步，比如用来轧干衣物的轧布机和早期的洗衣机等。然而，早期的家用洗衣机器价格昂贵并且设计款式类似厨房家具，而非一件电器，"一种将轧布机、绞拧机、洗涤槽以及台板巧妙组合在一起的简单设备，非常适合空间较小的公寓和小户型房间使用"（1914, *Gamages General Catalogue*）。

第一次世界大战之前以及之后，美国涌出了各种发明，其中就包括能高效完成各个流程的电动洗衣机。到20世纪40年代末，自动洗衣机问世，由此对自助洗衣店和家庭来说，清洗衣物不再是一项烦琐的任务。

详见"干洗（dry cleaning）"。

洗衣服装（Laveuse costume）

女式

时期：1876年。

一种带有罩裙的日间礼服，称为"束腰外衣"，像"洗衣女工"的衣服一样卷起来，披在两边，后片收拢并用扣子扣住。

层叠（Layering）

女式

时期：20世纪中期以后。

指为了实现某种效果而需要多层不同结构、长度和重量的衣服，出现于20世纪60年代和70年代的嬉皮风格服饰中，也指通过叠穿T恤衫、衬衫、毛衣、外套等简便的衣服来适应多变的天气，这类衣服较为轻薄并且方便脱下。

也指一种理发方法。

幼儿助走带（Leading strings）

男女皆宜

时期：17世纪和18世纪。

指儿童服装的一部分。几根长长的狭窄布条，形成假的悬饰袖，连接到袖窿的背面，用来引导孩子走路。"给4岁的杰克（Jak）买一对幼儿助走带；有专门制作的比较结实的这种带子"（1715, *Verney Letters*）。

叶形领（Leaf）

详见"二重领（stand-fall collar）"。

利费凯（Leefekye）

女式

时期：16世纪及17世纪初期。

一种上衣。

利克扣（Leek button）

时期：1842年。

一种带有金属外壳或者带有纸板模具（贴有金属边）的扣子，用丝绸或者其他布料包裹，有一个使用"金属丝编织网"制作的易弯曲扣腿。产于英格兰的利克，并于1842年获得专利。

裹腿（Legging, Leggin）

男式

时期：18世纪。

用来遮盖从脚踝到膝盖部位的额外遮盖物，有时位置能到膝盖以上，通常采用织物或者皮革制作。

女式

时期：20世纪60年代以后。

一种时髦的腿部遮盖物，通常采用弹性面料制作，紧身设计，采用舞者穿着风格。

详见"暖腿套（leg warmers）""紧身袜（tights）"。

意大利麦秆辫草帽（Leghorn hat）

女式

时期：18世纪初期以后。

采用意大利麦秆辫制作的一种夏帽。这种帽子与意大利北部的里窝那有关，在英国称为"leghorn"。它采用一种特殊的麦秆制作，麦子在变黄之前收割，然后经过漂白工艺处理之后编成辫子，用来制作帽子，这种材料具有弹性。虽然曾出现过多种仿制品，但是这个名字依然指宽帽檐草帽。

羊腿袖（Leg-of-mutton sleeve）

详见"羊腿袖（gigot sleeve）"。

暖腿套（Leg warmers）

女式

时期：20世纪70年代以后。

一种根据职业舞者在热身或者放松练习中套在紧身袜外面的针织无脚长袜设计的风格。在主流时尚领域，有多种不同重量和羊毛、人造羊毛等不同材质以及不同颜色的款式，可以挽起来或者折叠在紧身袜或者裤子外，用来保暖。

莱斯特夹克（Leicester jacket）

男式

时期：1857年。

一种连肩袖的休闲夹克。

家常便服（Leisure wear）

男女皆宜

时期：20世纪中期至晚期。

泛指非正式场合或者非工作活动中穿的衣服，例如卫衣、马球衫、T恤衫等。

莱奥塔尔（Leotard）

男女皆宜

时期：19世纪80年代以后。

一种遮盖躯干和手臂的连体紧身衣，采用弹性织物制作；杂技演员、舞者和其他表演者穿着。以19世纪法国空中飞人朱尔斯·莱奥塔尔（J. Léotard）的名字命名。

吸烟装（Le smoking）

女式

时期：20世纪60年代晚期。

1966年，法国设计师伊夫·圣·罗兰（1936～2008）推出的女式晚宴夹克礼服或者塔士多礼服。

莱蒂斯帽（Lettice cap, Lettice bonnet, Ermine cap, Miniver cap）

女式

时期：16世纪。

一种遮盖耳朵的户外佩戴软帽，头顶呈三角形，采用雪鼬的皮毛莱蒂斯制作，或者价格更为便宜的白鼬的皮或者更昂贵的貂皮制作。

男式

时期：16世纪和17世纪。

一种用莱蒂斯皮毛制作的睡帽或者家居帽。17世纪，人们认为这种帽子有助于睡眠。"把您的莱蒂斯帽拿进来。先生，您得刮脸，然后会让您快速入睡"（1619, John Fletcher, *Monsieur Thomas*）。

莱蒂斯拉夫领（Lettice ruff）

男式

时期：17世纪初期。

英文单词"lettuce"的错误拼写，一种带有扁平褶合的拉夫领，类似一颗生菜皱巴巴的叶子。

详见"卷心菜形拉夫领（cabbage-ruff）"。

李维斯（Levis）

男式，后来也有女式

时期：19世纪60年代以后。

专有名词，指19世纪下半叶李维·斯特劳斯（Levi Strauss）在美国生产的牛仔裤和工装连衣裤。到了20世纪下半叶，这种服装从工作服演变成非常流行的时装，其中包括李维斯501s（Levi 501s）等多种不同的款式。

利未人长袍（Levite gown, Levetes）

女式

时期：18世纪80年代。

一种开襟式罗布，通常由亚麻布制成，尽管与罩裙部分相连，但上衣背面看起来呈尖形，前衣片通常用束衣带系合。采用长袖设计，可以搭配或不搭配围裙。适合白天穿着。

利伯提百货店（Liberty & Co.）

时期：1875年以后。

阿瑟·拉森比·利伯提（Arthur Lasenby Liberty，1843～1917）在伦敦摄政街创立的一家百货商店。这家商店出售从远东进口的商品，包括开司米、丝绸和缎子。它的早期顾客是维多利亚时代末期以及爱德华时代的艺术家、知识分子以及进步人士。它受到了唯美主义运动的深刻影响，它的工坊生产出颇具艺术风格以及准永恒风格的服装，并且通常采用艺术和手工艺风格的刺绣，它生产的服装包括一直以来备受欢迎的连风帽晚装斗篷（burnous evening cloak）。第一次世界大战结束后，经历了一段时间的停滞，20世纪50年代末的年轻设计师再次振兴利波提，这些设计师设计的围巾、领带、印花上等细布以及包括衬衣和女式衬衫在内的一系列服装重新将利波提带回时尚商店的舞台。

利伯提紧身背心（Liberty bodice）

女式

时期：1908年～20世纪60年代中期。

一种齐腰的无袖针织棉质内衣，带有竖向棉质嵌条，提供支撑作用。前片用纽扣扣合，最初是骨质纽扣，后来发展成橡胶纽扣，长袜的吊带可以扣在上衣上。这种内衣最初是为九岁到十三岁的女孩设计的，后来成为英国女孩、与英国有贸易往来的国家的经典内衣之一。它由Symington & Co.在莱斯特郡的紧身衣工厂生产，到了20世纪30年代，随着这种内衣的热销，工厂进行扩建。后来，还出现了各种不同的款式，包括20世纪50年代生产的一种不受欢迎的尼龙款式。

莉莉·本杰明（Lily Benjamin）

男式

时期：19世纪。

19世纪上半叶非常流行的白色大衣的俗称。详见"本杰明大衣（benjamin）"。

利默里克手套（Limerick gloves）

女式

时期：1750年～1850年。

一种用非常高档的皮革制作的长款或短款手套,据说是用未出生的羔羊皮制作的。

"利默里克手套,一副售价 3/-"(1789,Biddulph Accts, Hereford Records)。

利莫辛(Limousine)

女式

时期:1889 年。

一种长款圆形晚装斗篷,紧贴喉咙处裁剪,宽松部分呈褶皱状,如袖子般覆盖手臂。

腰布(Linecloths)

男式

时期:15 世纪。

指亚麻布制作的德罗瓦兹或者缠腰布。"一对腰布(A payre of lynclothys)"(1474 年,Paston Letters, Inventory of Servants' Clothes)。

亚麻布制品商(Linen draper)

详见"布商(draper)"。

女式贴身衣裤(Lingerie)

女式

时期:19 世纪 30 年代以后。

法语中指女子的嫁衣或者衣柜中的任何亚麻布制品,到了20世纪,通常指内衣和睡衣。

尾状长飘带(Liripipe, Tippet)

男女皆宜

时期:1350 年~约 1500 年。

风帽上垂下的长尾。15 世纪,悬挂或者以头巾的方式缠绕在男式夏普仑上;有时挂在女士头饰上作为装饰品。

饰带(List)

时期:18 世纪和 19 世纪。

布边或织边,几条连在一起的织边,用来制作拖鞋。"她脚上穿着一双饰带拖鞋,走起路来很轻"(1847, Charlotte Brontë, *Jane Eyre*)。

小黑裙(Little black dress, LBD)

女式

时期:20 世纪 20 年代中期以后。

胸罩和女短裤,1967 年~1973 年,由玛丽·奎恩特(Mary Quant)设计。蓝绿色的尼龙面料上饰有小点图案。这种比基尼泳装风格的女式贴身衣裤仅能起到最小程度的支撑和最小面积的遮盖作用,非常适合当时流行的中性风格和迷你半身裙。为了完善整个服装系列,奎恩特设计了从化妆到针织袜类和内衣等一系列产品。

据说是法国设计师可可·香奈儿设计的新款。20世纪20年代，参加新潮鸡尾酒会的人会穿一种简单的窄版黑色连衣裙，长度通常及膝。这种裙装简单而优雅，并且黑色不再用来暗示仆人或者寡妇身份，而是变成了一种时尚。"每个衣柜里都应该有一件小黑裙"（1926, Cunnington, *English Women's Clothing in the Present Century*）。

在后来几十年的时间里，小黑裙一直都很流行的原因在于，黑色能让人看起来更加苗条和显高，因此适用于多种社会活动。

方特勒罗伊小爵爷西装（Little Lord Fauntleroy suit）

男式

时期：1886年以后。

一种年轻男孩的着装风格，因弗朗西丝·霍奇森·伯内特（Frances Hodgson Burnett）小说中的同名主角而得以流行起来。它由天鹅绒束腰外衣和尼克博克组成，一条白色网眼花边领垂在肩上，略带17世纪骑士服装的风格，腰部有一条宽饰带，一侧臀部系着一个有悬垂部分的蝴蝶结。

某作者描述到，"一套黑色天鹅绒套装，领子用网眼织物制成，还有优雅的爱之发丝……在脸庞飘动"。这位作者是美国人，而1882年奥斯卡·王尔德在访问美国时曾说"骑士服装是有史以来最具艺术性的男装"，并且他还建议复兴这种服装。他可能在一定程度上影响了方特勒罗伊小爵爷男童装这种风格的发展。到了20世纪，这种服装更多地用作舞会服或者表演服装，而非男童装。

侍从服（Livery）

男女皆宜

时期：14世纪以后。

在几个与服装相关的含义中，最核心的含义是指主人向家中的任何等级的仆人提供布料或制作完成的衣服。最初，它可能是一件物品——比如徽章、领圈、风帽或嘎翁等，但是实际上，仆人穿的衣服颜色和面料会与他们所服侍的家庭有关，比如亨利八世家族采用的是绿色和白色，也指同业公会以及军队成员穿的服装，但是军队成员往往穿制服（uniform），而且这种制服在许多方面是侍从服的一种自然延伸。它是一种角色和社会群体的身份识别方式。"一个身穿服务员制服的仆人从车厢里跳了出来。"（1841, E. Bulwer-Lytton, *Night and Morning*）。

详见"曼迪利翁（mandilion）"。

懒汉鞋（Loafer）

男式，后来也有女式

时期：20世纪30年代以后。

一种休闲款式的皮革制无扣便鞋，最初在挪威流行。类似莫卡辛鞋，但是鞋底更为结实且鞋跟较低较宽。前舌下通常会缝制一根装饰性带子。其他款式可能在前面中间位置有顶缝、流苏或链条。1953年生产的古驰（Gucci）乐福便鞋颇具特色，鞋头上有一个金属马衔或者马嚼子。

锁边缝（Lock stitch）

时期：1860年。

指用锁式线迹缝纫机而非链式缝纫机进

行缝纫。19世纪60年代开始，英国女服裁缝师开始使用锁边缝。

详见"缝纫机（sewing machine）"。

洛登（Loden）

男式，后来也有女式

时期：19世纪以后。

指一种面料，也指一种外套或夹克的风格。最初发源于奥地利的蒂罗尔地区，这种传统的防水面料最初由羊毛制成，并用多种颜色染色。到了20世纪，逐渐演变为由羊驼呢、驼毛和马海毛混制而成的面料。1900年，开始使用深绿色的面料制作款式简单、长及小腿或膝盖，并且用纽扣扣合的外套，纽扣通常用暗门襟、圆领和较长的背开衩或者暗裥遮盖。这种外套逐渐成为欧洲的经典设计，超越了其他披肩和短款夹克等其他洛登服装；披肩和短款夹克都饰有穗带。

缠腰布（Loin cloth）

男式，有时也有女式

时期：希腊-罗马时期以后。

一块裹住下半身的织物，长度不定，有时穿在两腿之间用来遮盖生殖器。不同的文化中都有缠腰布，并且在这些文化中，垂挂、折叠和捆绑布料比缝纫更为常见。

详见"布雷裤（braies）""多蒂腰布（dhoti）""腰布（linecloths）"。

长身豌豆荚式达布里特（Long-bellied doublet）

详见"豌豆荚式达布里特（peascod-bellied doublet）"。

婴儿衣（Long clothes）

时期：1650年～20世纪初期。

襁褓中婴儿穿的一种传统服饰，逐渐取代了以前的襁褓（swaddling cloth）。一种短袖长袍，有的款式约1米长或者更长，从背部扣合；通常整件衣服装饰有大量的网眼花边和嵌饰。这种服装似乎是从过去仅在洗礼仪式上使用的洗礼长袍改制而来。

长款风帽（Long hood）

女式

时期：18世纪。

一种类似巴哥风帽或者短款风帽的柔软风帽，但是面部周围有两条长带，系在下颌或者围住颈部。

长衬裤（Long johns）

男式

时期：19世纪以后。

一种内衣与长袖背心的组合式服装，通常前片用扣子扣合，带有紧身长款衬裤。

在寒冷的天气或者季节，男士流行贴身穿羊毛背心和衬裤，长衬裤是一种更能展现体型的款式。"长衬裤是一种乡村风格的普通羊毛内衣"（1964年2月14日，*The Spectator*）。

到了20世纪，长衬裤采用保暖内衣的新型面料制作。

长发（Long lock）

详见"爱之发丝（love lock）"。

长型口袋（Long pocket）

男式

时期：18 世纪和 19 世纪。

外套或者大衣上的一种直袋。

"……两种口袋，其中长型口袋带有一个平纹或锯齿状翻盖，横开口袋带有圆形或者三叶草或者荷叶边翻盖"（1715, John Harris, *Treatise upon the Modes*）。

长筒袜（Long stock, Long stocking）

男式

时期：16 世纪及 17 世纪初期。

宽松短罩裤的长筒袜部分，在大腿上端与宽松短罩裤连接在一起。"全部都是长筒袜、短裤袜和宽大的绗缝达布里特"（1607, Beaumont and Fletcher, *Woman Hater*）。

长筒袜霍兹（long-stocked hose）

详见"长筒袜（long stock）"，也可详见"霍兹（hose）"。

妇女半截面罩（Loo mask）

女式

时期：16 世纪中期～18 世纪。

仅遮盖面部上半部分的半截面罩。

详见"面罩（mask）"。

喇叭裤（Loon pants）

男式，有时也有女式

时期：20 世纪 70 年代初期。

一种休闲裤，大腿至膝盖部分为紧身设计，从膝盖至脚踝逐渐呈喇叭状张开，广告中宣传这种裤子裤脚的周长达76厘米。由"looning"一词演变而来，这个词在20世纪60年代指青少年跳舞、闲逛、漫无目的地享受自己的时光。可能与更早期的小丑或模仿小丑的行为有关。

详见"喇叭裤（flares）"。

单柄眼镜（Lorgnette）

女式

时期：19 世纪晚期。

一种镜框为玳瑁壳的眼镜，带有一个常常的手柄，用于观察远处的物体。"几乎每个穿着时髦的女士都戴着一副单柄眼镜"（1893）。20世纪较为少见。

刘易斯跟（Louis heel）

蓬帕杜鞋跟的别称。

路易十三胸衣（Louis XIII corsage）

女式

时期：1850 年。

女士长款外衣的日间胸衣，颈部和腰部无开缝，中间开襟，展示出里面的女式无袖胸衣、细棉布活褶，或者刺绣。

路易十四袖（Louis XIV sleeve）

女式

时期：1850 年。

一种剪裁的从肩部向下加宽的袖子，通常在下方边缘饰有成排的褶裥饰带。搭配衬袖或者昂盖象特。

普通西装（Lounge suit）

男式

时期：1860年以后。

一种由休闲夹克、马甲和裤子组成的西装，全部用相同的布料制作，属于非正式服装。

自20世纪中叶开始，通常省略马甲。

休闲夹克/拉翁基·夹克（Lounging jacket, Lounge jacket）

男式

时期：1848年～20世纪初期。

一种短裙式单排扣外套，长度仅覆盖臀部，微收腰板型，有的腰部采用有缝线设计，有的采用无缝设计。臀部两侧饰有带盖口袋，或者侧缝上有开缝口袋，左胸有外口袋，边角采用圆弧设计。款式随当时的时尚潮流而变。

详见"阿尔伯特夹克（albert jacket）""三道缝夹克（three-seamer）"。

爱情与着装（Love and clothing）

男式

时期：16世纪和17世纪。

"The Height of Luxury"，*Funny Folks*上的一张人物漫画，1878年。标题中提到了"swells（时髦）"一词，这个词通常与"dandy（花花公子）"和"时髦男子（masher）"一起使用，暗示非常注重个人外表的人。图中的游客（右）身着一套普通西装，里面是一件休闲衬衫和领带，手里拿了一根手杖，戴着手套，他的单片眼镜连接在一根绳子或者链子上；头上小巧的博勒帽微微倾斜，两颊留着浓密的胡须和八字须，这些都表明他可能曾经也是一位时髦男子。他的同伴（左）身穿一套不搭配的拉翁基·夹克和裤子，但是头上的帽子是最新流行的猎鹿帽。

男士三件套普通西装，1891年～1901年。深灰色"人"字形羊毛布料，配单排扣夹克。虽然这种西装是专门为体型魁梧的男士设计的，但是它的窄线条、垂直的纹理设计以及一排纽扣都加强了造型的优美效果。夹克上一共有五个口袋，其中一个是表袋。

如果一位男士的着装经过精心打扮但是有些凌乱，则可以断定他正在恋爱，例如没有戴帽带，没有扣扣子（一种象征性的姿态）。"他曾经告诉我怎样可以看出一个人是在恋爱着。而且你的袜子上不应套袜带的，你的帽子上不应结帽纽的，你袖口的纽扣应当是脱开的，你的鞋带应当是松散的，你身上的每一处都要表示出一种不经心的疏懒。

除了爱情和忧郁，还有其他几个与爱情和外表相关的表述："love-badge（爱情徽章）"，这种说法17世纪中期较为少见；"love-beads（爱情珠）"，20世纪60年代嬉皮士戴的彩色珠子；"love curl（爱情卷发）"，这种叫法最早出现在19世纪40年代。"love-favour（爱情礼物）"是一种向爱的人赠送丝带、手套或者珠宝的习俗，起源于16世纪，但是通过"love-lace（爱情蕾丝）"，可以追溯到14世纪的束腰带小礼物。17世纪出现的"love-hood（孝服风帽）"与哀悼相关，通常采用绉纱或纱罗织物制作，一直到19世纪都有这种风帽。"女士们身着黑色丝绸、素色平纹细布或长长的上等细布、绉纱或孝服风帽"（1861年3月19日，*The Times*）。有关哀悼的物品还包括17世纪至19世纪流行的"love ribbon（孝服缎带）"（带有缎子条纹的窄型纱罗织物）和轻薄绉纱或纱罗织物制作的"love veil（孝面纱）"。

爱情结（Love knots）

女式

时期：15世纪初期以后。

一种用毛发、丝带或丝绸编织成的较为复杂的装饰结纽，象征着爱情。在16世纪，其中一种形式是将装饰性的丝带蝴蝶结系在从袖子中露出的彩色褶皱上，通常前片有一条垂直长嵌缝。

爱之发丝（Love lock）

男式，有时也有女式款

时期：16世纪90年代以后。

一缕长发，通常是卷发，从颈背向前翻卷，落在胸前，这种发型与查理一世（Charles I）统治时期（1625~1649）尤其与保皇党人有关，但也有其他说法。"水手们戴在鬓角的卷发被称为'爱之发丝（lovelocks）'"（1840, F. Marryat, *Poor Jack*）。

卢纳尔迪帽（Lunardi hat）

详见"气球帽（balloon hat）"。

里昂链环（Lyons loops）

女式

时期：1865年。

天鹅绒带子，双层半身裙流行时期用来将罩裙的三四个部分系起。

M

马卡路尼领巾（Macaroni cravat）

男式

时期：18世纪70年代。

一种饰有网眼花边的平纹细布领巾，在下颌系成一个蝴蝶结。

马卡路尼套装（Macaroni suit）

男式

时期：18世纪70年代。

由从意大利和壮游归来的年轻男子引入，并且他们在1764年创立了马卡路尼俱乐部（Macaroni Club）。这种特殊的套装风格直到18世纪70年代才流行起来，它由一件相对短小的紧身外套组成，"他们的外套袖子太紧了，很难将胳膊从袖子里伸出来……他们的裤腿色彩斑斓。他们的鞋子是不常见的拖鞋，带扣离脚趾不到2.5厘米"（1772, *The Town & Country Magazine*）。

他们喜欢一种非常小巧的三角帽，并在左肩上系了一个非常大的花束。

马金托什防水外套（Mackintosh）

男式，后来也有女式

时期：1836年以后。

由查尔斯·麦金托什（1766~1843）于1822年发明的一种使用专利印度橡胶布制作的宽松短款大衣。接缝处有防水带，最初是浅褐色或深绿色。起初，穿这种服装的人遭到很多反对，因为它们会散发出"刺鼻的臭味"（1839, *Gentleman's Magazine of Fashion*）。

到了20世纪，泛指任何防水外衣，并且在英语中"mac"这个缩写也开始使用。

马克拉梅（Macramé）

时期：19世纪下半叶以后。

一种由编织的绳子、线或线团制成的缘饰或装饰，通常用于软装饰品的边缘。作为马克拉梅网眼花边，它可用作服装的厚实装饰边缘。相比其他众多针织技巧，这种技巧是一种业余技巧。

量身定制（Made-to-measure）

男式，有时也有女式

时期：19世纪以后。

在服装裁剪术语中，指通过改良调整现有的样式来制作适合顾客尺寸的服装，同时提供各种不同的布料和颜色。与全量身定制（bespoke tailoring）相比，耗时更短，价格更便宜，但是比成衣更合身。

马德拉斯头巾（Madras turban）

女式

时期：1819年。

一种用蓝色和橙色印度手帕制成的头巾。

马真塔红（Magenta）

时期：1860年。

衣料中使用的第一种化学燃料，被誉为"色彩之后"，在女装中极受欢迎。以1859年的一场战役命名。

详见"苯胺染料（aniline dyes）""苏法利诺（solferino）"。

马扎尔服装（Magyar dress）

女式

时期：19世纪晚期。

匈牙利（马扎尔人的故乡）的民间彩色服饰因奥地利皇后伊丽莎白（Empress Elizabeth，1837~1898）而流行。伊丽莎白与奥匈帝国统治下的匈牙利有着密切联系，画像中的她经常穿着精致的民族服装。在裁缝业中，马扎尔风格的衬衫对于业余裁缝来说难度不大，即袖子和衬衫的衣身采用一体剪裁，并在手腕位置紧紧收拢。

马拉塔领带（Maharatta tie）

详见"印度领带（Indian necktie）"。

马霍伊特雷斯（Mahoitres, Maheutres）

男式

时期：14世纪晚期~15世纪晚期。

1394年起在法国使用的一个词语，1450年至1480年在英格兰使用，指用来加宽男士礼服和夹克肩部的肩垫。

邮件马车式领带 / 瀑布领带（Mail-coach necktie, Waterfall necktie）

男式

时期：1818年~19世纪30年代。

一块非常大的颈巾，有时由开司米披巾组成，较为松垮地叠在颈部，在前面打一个普通的结纽，结纽上的褶皱"像瀑布"一样向下展开。通常为白色，"时髦的职业司机"和花花公子佩戴。

马约（Maillot）

男女皆宜

时期：1870年以后。

法语词汇，有三种不同的含义。第一种指舞者、马戏团艺术家等群体穿的紧身袜；第二种指连体紧身泳装；第三种指环法自行车赛中领先的选手穿的"黄色领骑衫（maillot jaune）"。

邮购（Mail order）

时期：1860年以后。

最初在美国，指人们根据报纸广告或者各种商品促销目录，通过邮政服务购买各种商品，包括服装。例如1914年的"Gamages"目录长达191页，其中有16页刊登了少量服装和配饰，但是上面有关洗衣机、缝纫机、皮箱、香水和服饰用品的信息表明，从图钉到摩托车等各种商品都可以通过邮购的方式购买。

到了21世纪，随着网上购物模式的发展，通过邮购的这种购物方式受到了冲击。

曼特农斗篷（Maintenon cloak）
女式

时期：19世纪60年代。

一种非常宽大的黑色天鹅绒斗篷，采用宽袖设计，饰有较宽的有褶荷叶边，上面覆盖着黑色凸花花边，有的款式带刺绣。

曼特农胸衣（Maintenon corsage）
女式

时期：1839年和19世纪40年代。

一种紧身晚礼服上衣，前幅正中饰有丝带结，腰部有一条网眼花边。

少校假发（Major wig）
男式

时期：1750年~1800年。

普通民众佩戴的一种军式假发，一种带有遮秃假发和两缕在颈背处绑成螺旋鬈的假发，在后面形成一个双辫。"我的两缕少校假发"（1753, J. Hawkesworth, *The Adventurer*），"他的假发是一种自然的飘逸鲍勃头，但是偶尔加上两条小尾巴，有时看上去就像一顶少校假发"（1754, *The Connoisseur*）。

详见"准将假发（brigadier wig）"。

修补再利用（Make do, Make do and mend）
时期：20世纪。

指在现金或资源短缺的情况下，通过重新利用现有资源进行即兴发挥和巧妙创造。

指重新制作衣服、拆开羊毛衣服并重新编织，等等。在第一次世界大战和第二次世界大战期间和之后，政府鼓励这种做法。

化妆（Make up）
男女皆宜

时期：19世纪以后。

指表演者在准备任何类型的舞台表演过程中改变他们面部外貌的一种方式，有时也包括手部。这种繁重的准备工作通常会带来女性时尚化妆创新。

详见"化妆品（cosmetics）"。

马六甲藤杖（Malacca cane）
男式

时期：18世纪。

一种使用马六甲地区产的棕榈树的"云纹"或斑驳的茎材制成的手杖，英语中也称为"clouded cane（云纹藤杖）"。

马穆鲁克袖（Mameluke sleeve）
女式

时期：1828年~1830年。

一种整体非常宽松的袖子，适合日间穿着，采用轻薄面料制成。

马穆鲁克头巾（Mameluke turban）
女式

时期：1804年。

一种采用白色缎子制成的头巾，前面向上卷起，类似圆形帽冠上的帽檐，饰有一根较大的鸵鸟羽毛。

曼丘洛装饰袖（Mancheron）

女式

时期：19世纪。

一种非常短的不抽褶袖套，类似肩章，与日间礼服或者带油户外服一起使用。19世纪60年代开始，这种叫法逐渐被"epaulette（肩章）"一词取代。

芒谢特（Manchette）

女式

时期：19世纪30年代～20世纪。

一种戴在便宴服手腕位置的花边褶。

对襟马褂（Mandarin coat）

女式

时期：20世纪以后。

一种用刺绣丝绸面料制作的长款外套，线条笔直且较窄，旨在模仿中国上层社会男子穿的服装。英语中有时称为"coolie coat（苦力外套）"。

详见"马褂（mandarin jacket）"。

中式领（Mandarin collar）

女式，有时也有男式款

时期：20世纪以后。

一种狭窄的立领，前面开口，中国官员等人的服装上采用这种领子。经改良后用于衬衫、连衣裙和夹克等多种西方服装。

官帽（Mandarin hat）

女式

时期：1861年。

一种采用黑色天鹅绒制作的帽子，类似官员戴的帽子，扁平的帽冠后面饰有羽毛。

马褂（Mandarin jacket）

女式

时期：20世纪以后。

一种直筒式夹克，前片用纽扣扣住，领子采用窄型立领。中国官员穿的一种服装，最初采用刺绣丝绸制作。1950年之后，开始出现采用其他面料制作的进口款或者西式仿制品。

曼迪利翁（Mandilion, Mandeville）

男式

时期：16世纪70年代～17世纪20年代。

一种宽松的齐臀夹克，袖子收拢（后改为假袖），侧缝采用开衩设计。通常以"穿歪了（colley-westonward）"的方式穿。17世纪，"mandeville"一词更为常用；1630年，通常指一种侍从服装。

时装模特（Mannequin）

女式

时期：18世纪中期～20世纪中期。

源自法语词汇，指艺术家所使用的人体活动模型或假人。后来，含义有所延伸，指在女裁缝师和时装设计师的陈列室中展示服装的年轻女性。查尔斯·弗莱德里克·沃斯（1825～1895）是最早使用时装模特的女装设计师，不知名的年轻女性通常兼任女裁缝师或销售助理，但是这种做法演变出多种不同的形式。英国设计师露西尔（Lucile,

1863~1935）给她的时装模特起了名字，保罗·波烈（1879~1944）带上他的时装模特们参加巡回展览并且为他们拍摄影片。为了给那些容易上当受骗的年轻女性提供进入这个看上去光鲜亮丽的新兴行业的机会，培训学校应运而生，这个行业也包括摄影。到了20世纪70年代，英语中几乎不再使用这个词，并被"model（模特）"一词取代。

曼侬袍（Manon robe）
女式

时期：19世纪60年代。

一种用丝绸面料制作的日间礼服，前片采用连裁设计，后片有一个宽大的华托褶风格的箱形叠褶，从衣领自然下垂到下摆位置。下摆饰有一条较宽的荷叶边。

曼特（Mant）
详见"曼图亚（mantua）"。

夏吾贝（Manteau）
男式

时期：16世纪。

一种男式斗篷。"manteau à la reître（骑士式外套）"或者"法式斗篷（French cloak）"是一种罗盘斗篷，即呈圆形，或者"半罗盘"形斗篷，即呈半圆形。

女式

详见"曼图亚（mantua）"。

曼蒂尔（Manteel）
女式

时期：18世纪30年代~50年代。

一种类似围巾的披肩，前端较长，后面通常有一个垂下的风帽。

曼特莱（Mantelet, Mantlet）
男式

时期：中世纪。

一种短款披风或披肩。"他的肩膀上搭着一条曼特莱，上面镶满了红宝石"（1386年，Chaucer, *Knight's Tale*）。

女式

时期：18世纪和19世纪。

"曼特莱，一种女式小款斗篷"（1730, Bailey, *Dictionary*）。在19世纪，指一种圆形领口的半披巾，有的款式带有一个垂下的风帽或者一条小披肩，有的带有又短又宽的袖子。用作户外斗篷。

曼特拉（Mantella, Mantilla）
女式

时期：1840年~1860年。

一种小披风，背部较宽，前片有长长的围巾式装饰，有时，如果采用网眼织物制成，可能会被误称为"mantilla（曼蒂拉）"。

时期：16世纪以后。

"mantilla"这种拼写表示一种戴在头上或者披在肩部的长款网眼织物制作的围巾或者头巾，主要是西班牙女性佩戴。

披风（Mantle, Mantil）

男女皆宜

时期：12世纪以后。

一种类似斗篷的宽松拖地式长款外套，无风帽。"mantle"一词于12世纪再次从法国引入，在古英语中的写法是"mentel"，也有许多其他描述这种服装的变体。14世纪前属于一种日常服装，后来通常是男性在仪式活动上穿，通常用右侧肩膀上的三粒大纽扣扣上，方便右臂自由活动。女性款式在前片系合。

时期：16世纪。

"双层披风"是指带内衬的披风。

时期：17世纪和18世纪。

一种婴儿使用的大块披肩。"护士在给婴儿穿外套之前包裹他们的最外层的衣服"（1735, Dyche and Pardon, *Dictionary*）。

时期：19世纪。

长度不一，有的披风带有一块或者多块披肩，有的带袖。

曼图亚/夏吾贝/曼托/曼顿/曼图亚礼服（Mantua, Manteau, Manto, Manton, Mantua gown）

女式

时期：17世纪中期～18世纪中期。

一种长款礼服，上衣无骨架支撑，与罩裙连接在一起，罩裙前片采用开襟设计，露出里面被称为"petticoat（衬裙）"的装饰性打底裙。其独特之处在于罩裙后片的片状垂坠物，布置较为复杂精致，18世纪30年代的最终样式包括一个窄版裙裾。可在所有社交或者正式场合穿。"一袭拖地长款曼图亚掠过地面"（1712, J. Gay, *Trivia*）。

曼图亚霍兹（Mantua hose）

时期：17世纪初期。

意大利北部曼图亚生产的针织丝绸长袜。16世纪开始进口的曼图亚采用各种不同的面料制作，主要是丝绸；到了18世纪，出现了花缎和棱纹绸两种面料的款式。

曼图亚裁缝/曼图亚女工（Mantua maker, Mantua woman）

男女皆宜

时期：17世纪～20世纪初期。

指制作曼图亚的人，后来称为"dressmaker（女服裁缝师）"。"mantua woman（曼图亚女工）"这种用法较少，且18世纪之后不再使用。

毛式（Mao style）

男女皆宜

时期：1949年之后。

中国服装的西化始于孙中山（1866～1925）领导的政府。这种风格的服装发展的基础是最早出现在日本的简化军装式夹克或者狩猎夹克，特征是前片带扣，有四个口袋，采用立领设计，后来它的领子改良为一种窄型翻领，与裤子搭配穿着。1927年，毛泽东开始穿这种风格的服装。另外，这种风格还受到了20世纪20年代和30年代苏联学生穿的一种简化风格服装的影响。这种风格的服装有两种略微不同的变体，但是一般都是黑色、蓝色、灰色或者卡其色（卡其色适用于军队服装），并且国家鼓励全民都穿这种风格的服装。"毛式"风格的物品包括软帽、领子、短上衣、西装和裤子等，简单的风格和较少的颜色影响了20世纪60年代和70年代的西方设计师。

马塞尔波浪（Marcel wave, Marcelle wave, Marcel wave）

女式

时期：1872年以后。

法国弗朗索瓦·马塞尔·格拉图（François Marcel Grateau, d.1936）于1872年发明的一种使用特殊反向烫发钳将头发烫成大波浪的方法；20世纪30年代，这种烫发技术被永久波浪烫发取代。这种烫发技术消失以后很长一段时间内，"马塞尔波浪（marcel wave）"或者"marcelling（烫大波浪）"这种叫法依然广泛使用。

玛丽·安托瓦内特半身裙（Marie-Antoinette skirt）

女式

时期：1895年~1900年。

一种带有七块拼衩日间穿的半身裙，前片有一个拼衩，两侧各一个，后片有两个，饰有箱状叠褶，裙摆长3.6~5.4厘米。

详见"拼片裙（gored skirt）"。

玛丽·安托瓦内特袖（Marie-Antoinette sleeve）

详见"玛丽袖（marie sleeve）"。

玛丽袖（Marie sleeve）

女式

时期：1813年~1829年及1872年。

一种长及手腕的袖子，用几根丝带分隔成多节。1872年重新命名为"玛丽·安托瓦内特袖"，并迎来复兴。

玛丽·斯图亚特上衣（Marie Stuart bodice）

女式

时期：1828年。

一种晚礼服上衣，前片紧身并且带有骨架支撑结构，一直延伸到腰部，形成一个宽而尖的腰线。

玛丽·斯图亚特软帽（Marie Stuart bonnet）

女式

时期：19世纪20年代~1870年。

一种前帽檐卷曲的软帽，前额上方中间位置有一个凹陷。寡妇常戴的一种帽子。

玛丽·斯图亚特帽（Marie Stuart hat）

女式

时期：1849年。

一种用薄纱制作的晚礼服帽，帽檐较为坚硬并且卷起，前额中间部位有一个凹陷。

英式水手帽（Marin anglais bonnet）

女式

时期：19世纪70年代。

类似儿童戴的水手帽，饰有花朵、羽毛和丝带，戴在脑后，并用一个丝带蝴蝶结系在颌下。

水手袖口（Mariner's cuff）

详见"水手袖口（à la marinière cuff）"。

马力诺·法利埃罗袖（Marino Faliero sleeve）

女式

时期：1830年~1835年。

一种宽大的悬饰袖，肘部用一根丝带系住。以1820年拜伦勋爵（Lord Byrond）的同名戏剧命名。

马尔博罗帽（Marlborough hat）

女式

时期：1882年。

一种由网眼花边和托斯卡纳稻草制作的大平顶帽，饰有色彩较暗的长羽毛，稍微偏向一侧戴在头上。

旱獭软帽（Marmotte bonnet）

女式

时期：1832年。

一种非常小巧的软帽，前面的帽檐较窄，类似一顶小巧的比比罩帽。

旱獭无边便帽（Marmotte cap）

女式

时期：1833年。

一种戴在头部靠后位置的半块手帕，系在颌下。白天在室内戴。

侯爵夫人上衣（Marquise bodice）

女式

时期：1874年。

一种晚礼服上衣，边缘饰有褶边，前片呈心形设计。

侯爵夫人披风（Marquise mantle）

女式

时期：1846年。

一种短款塔夫绸曼特莱，采用短袖设计，腰背部收紧，以贴合腰身，饰有荷叶边和网眼花边。

侯爵胡（Marquisetto, Marquisotted beard）

男式

时期：1550年~1600年。

一种修剪得很短的胡须。

玛丽帽/玛丽·斯图亚特女王帽/玛丽·斯图亚特帽（Mary cap, Mary Queen of Scots cap, Marie Stuart cap）

女式

时期：18世纪50年代和60年代。

一种室内佩戴的帽子，前额上方两边卷起，中间有一个"V"形凹陷，采用黑纱或者纱罗织物制作，边缘饰有法国珠饰。"由于这顶帽子使用黑纱制作的，不用清洗，又为过于实用，所以不太可能成为时尚品"（1762, *London Chronicle*）。

时期：19世纪40年代晚期~60年代晚期。

白天佩戴的玛丽·斯图亚特无边便帽迎来复兴。

玛丽珍鞋（Mary Janes）

女式

时期：1927年以后。

一种美式童鞋，也受到成年人的欢迎。一种用光滑皮革或者漆皮制作的圆楦头鞋，脚踝部位有一条较窄的带子，在一侧用一粒纽扣扣上；鞋跟为平跟或者微高跟。

玛丽·斯图亚特帽（Mary Stuart cap）

详见"玛丽帽（mary cap）"。

时髦男子（Masher）

男式

时期：1870年~1900年。

指当时穿着考究的花花公子，19世纪90年代，英语中也称为"Piccadilly Johnny（皮卡迪利·约翰尼）"。

时髦男子立领（Masher collar）

男式

时期：19世纪70年代和90年代。

一种非常高的圆形立领，时髦男子会用这种领子。

时髦男子防尘外套（Masher dust wrap）

男式

时期：19世纪80年代。

一种紧身因弗内斯，袖窿较大，用披肩盖住，后片不完整。

面罩/全面罩（Mask, Whole mask）

女式

时期：1550年以后。

一种遮盖面部的面具，眼睛、鼻子和嘴巴位置有对应形状的穿孔。质地轻薄的面罩在嘴巴部位有一颗珠子，佩戴者会把这颗珠子含在嘴里。戴面罩的目的是隐藏身份，骑马时防晒、防风和防雨，女士去剧院时也会佩戴。"vizard（面甲）"或者"vizard mask（全面甲）"是一种全面罩，而"loo mask（半截面罩）"则是一种半面罩。"她戴着面罩，穿着骑马装"（1611, Lord Barry, *Ram-Alley*）。

男式

时髦男子有时会戴，尤其是在意大利参加化装舞会或狂欢节时。

化装舞会服装（Masquerade costume）

男女皆宜

时期：18世纪。

在庆祝节日和重大事件时，化装和佩戴面罩的传统由来已久。在信奉天主教的国家，从12月下旬到大斋节之间的狂欢节，会举办热闹的娱乐活动。在意大利各个城市，街头剧场和舞会会鼓励人们戴上面罩并化装，用来隐藏身份。宫殿、游乐园以及剧院也会举行类似的假面舞会，这种舞会在欧洲迅速传播，比如伦敦和巴黎分别于1708年和1715年举办了假面舞会，并且奥地利、德国的各个联邦州以及俄罗斯都有这种活动。化装最简单的方法就是在普通衣服外面穿上连帽化装斗篷，戴上面罩和面纱或者三角帽，后来人们开始穿各种不同的传统服饰以及土耳其或者其他异域风格的服装。到了20世纪，狂欢节再次在威尼斯流行起来，出现了一些设计更为大胆的现代化化装方式和面罩。

详见"舞会服（fancy dress）""凡·戴克服（Vandyke dress）"。

孕妇装（Maternity wear）

女式

时期：中世纪以后。

有关这种穿着的记载较少。16世纪之前的一种较为宽松的服饰，可能是为了方便孕妇穿着，不带腰带。16世纪和17世纪出现的无袖礼服和简做绣花马褂即美观又实用，成为系带上衣的替代品。到了17世纪晚期和18世纪，紧身褡（corset）可能已经被贾普外套取代，而封口布袋装就是为此设计的理想款式。

19世纪，开始出现新颖的服装设计，包括推出标准款式，增加宽松的前片饰片，穿短款外套、赴茶会服装和戴披巾以及一系列相对不规则的服装，等等。然而除了19世纪80年代"孕期束腹带（gestation stay）"和20世纪初期的"孕妇紧身褡（maternity corset）"广告之外，与此相关的信息非常有限。20世纪早期到中期，从高抵肩到臀部非常宽松的简做连衣裙和罩衫是主要的孕妇装款式。像英国从20世纪60年代初期开始运营的"好妈妈"（Mothercare）等专业，品牌提供全系列孕妇用品，也表明了这一领域的巨大商机。尽管有许多不同款式的孕妇装，但是年轻的女性通常会定制一些时尚服装或者购买大码时装。

详见"哺乳衣裙（nursing dress）"。

玛蒂尔达斯（Matildas）

女式

时期：19世纪。

裙装下摆上的天鹅绒装饰。

19世纪40年代，也指戴在头上的一束花。

玛蒂尼（Matinée）

女式

时期：1851年。

一种采用细薄布或平纹细布制作的带风帽的男大衣，套在晨礼服外面，在户外穿。

灰格子呢披衣（Maud）

女式

时期：1855年。

一种带流苏的格子花呢大衣，包住肩部和腰部。

超长大衣/超长连衣裙/超长半身裙（Maxi coat, Maxi dress, Maxi skirt）

男女皆宜

时期：20世纪60年代晚期。

迷你短裙依然流行的时期出现的一个词，指一种超长的服装。这类服装通常长至脚踝，在年轻人中流行了几年，这种大衣通常套在迷你裙外面，富有创新精神的法国设计师皮尔·卡丹（b.1922）在他1969年的系列设计中推出了搭配短靴的超长连衣裙。由于劳拉·阿什利等人的作品，受爱德华式风格的影响，这种超长风格有多种款式。

马萨林风帽（Mazarin hood）

女式

时期：1675 年～1699 年。

一种夏普仓风格，以路易十四的首席大臣枢机主教马萨林（Cardinal Mazarin，1602～1661）的侄女的名字命名。

野兽的印记马甲（M. B. waistcoat）

详见"袈裟背心（cassock vest）"。

形驳口大衣领（M-cut collar）

男式

时期：19 世纪。

外套翻领和翻边驳头之间"M"形的凹口剪裁。最早出现于1800年，约1850年不再用于日间礼服。到了1870年，一直用于多种晚礼服。

测量 / 卷尺（Measurements, Measuring tape）

时期：古典时期以后。

19 世纪出现合理的测量方式之前，并不能实现准确测量昂贵的面料以及人体的尺寸。早期的测量单位包括码、英尺和英寸，测量时会存在几码、几英尺或者几英寸的误差。另外，早期测量单位还包括厄尔（"ell"，在英格兰1厄尔等于45英寸，在苏格兰等于37.2英寸，在低地国家等于27英寸）和纳尔（"nail"，2.25 英寸），所有这些单位都基于对手臂长度的测量，从肘部或肩部到手腕或指尖，等等。1543 年，"3 英尺 9 英寸等于 1 厄尔"——大约等于现代的 1 米（R. Record, *Ground of Artes*, quoted in OED）。不论是真实测量的还是估量的，都很容易出现误差；在 1729 年 7 月的一宗法庭案件中，汉娜·詹宁斯（Hannah Jennings）在测量"约10码"的梭结花边时被告知"她量出来的码数并不准……"（*Old Bailey Proceedings*）。她可能用的是木折尺或者木标尺，而裁缝和女服裁缝师则采用了其他方法。卡尔索（Garsault）曾在 *L'Art du Tailleur*（1769）中提到"1 英寸宽且长度适中的一条纸……称为量尺……放在身体上需要量尺寸的地方，然后每次测量都用剪刀在量尺上做好标记"。到了 19 世纪初期，赫恩（Hearn）在他的 *Rudiments of Cutting Coats*（1819）等作品中推荐使用"tape inch measure（带英寸尺寸的卷尺）"。1805 年，*Transactions of the Society of Arts* 中指出，"一种用油性颜料制作的卷尺［类似斯特兰德大街（the Strand）的眼镜商卡里先生（Mr. Cary）制作的卷尺，用于测量木材］，一面标有英寸，从 1 到 10、到 20、30 等，而非每英尺重新开始编号，另一面分为英尺和四分之一英尺"。1824 年在一家眼镜店，犯罪未遂的小偷要求"看卷尺"，证明了卷尺的出现与眼镜商有关。卷尺的价格在 2 先令到 8 先令之间，长度也不同，1849 年，"一把 6 英尺的卷尺被偷了"。

卷尺是标记有准确尺寸的一段上光亚麻布或者棉布带，通常以英寸和英尺为单位，但是在曼彻斯特 Gallery of Costume 展出的一把早期女服裁缝师使用的卷尺上一面单位是英寸，另一面是纳尔，并且这把卷尺可以卷起来放入一个骨质盒子中。织物、纤维或塑料成为缝纫和裁缝卷尺的常用材料，但建筑和其他户外行业则使用可伸缩的金属卷尺。

梅克伦堡帽（Mecklenburg cap）

女式

时期：18世纪60年代。

一种"头巾卷"，作为室内佩戴的帽子，可追溯到1761年梅克伦堡-斯特雷利茨夏洛特公主（Princess Charlotte）与乔治三世的联姻。

美第奇领（Medici collar, Medicis）

女式

时期：18世纪~20世纪初期。

一种领子，通常采用网或者网眼织物制作，在后颈部位竖立起来，向前倾斜延伸，到上衣前片部分消失。"一个用德累斯顿网眼织物制作的宽大的美第奇领"（1778, Sir N. Wraxall, Memoirs of the Court of Berlin）。

美第奇连衣裙（Medici dress）

女式

时期：19世纪70年代。

一种带裙裾的短袖公主裙，前片采用围裙式装饰。

美第奇袖（Medici sleeve）

女式

时期：19世纪30年代。

一种至肘部较为蓬松但在手腕处收紧的日常装袖子。

美杜莎假发（Medusa wig）

女式

时期：1800年~1802年。

一种用"一团像蛇一样垂下来的卷发"制作的假发。

瓜形袖（Melon sleeve）

女式

时期：1809年~1815年。

一种形似甜瓜、较为蓬松的晚礼服袖子，绕肩或齐肘。通常搭配透明的长袖，延伸到手腕处。

梅洛特（Melote）

男式

时期：中世纪~16世纪初期。

最初是一种羊皮衣，后来指一种用任何粗毛皮制成的斗篷，主要是（如果不是完全）僧侣或修士在工作时穿。

下巴托（Mentonnières, Chin stays）

女式

时期：19世纪20年代和30年代。

由薄纱或网眼织物制成的网眼纱褶裥边饰，缝在帽带的嵌饰上，并系在颔下，环绕面部下半部分形成一圈白色的褶边。

美人鱼尾（Mermaid's tail）

女式

时期：1875年~1882年。

后系带半身裙裙裾的昵称。

玛莉帽（Merry Widow hat）

女式

时期：1907年~1910年。

一种典型的装饰华丽的宽边帽，这种风格帽子的典型，最初是由英国设计师露西尔（1863~1935）设计，由女演员莉莉·艾尔西（Lily Elsie, 1886~1962）于1907年在伦敦首次上演的歌剧 *Franz Lehár* 中佩戴。这种风格的帽子为黑色，通常采用粗草等颜色较为暗淡的稻草制作，帽冠较高，上面覆盖着黑色薄纱或羽毛，通常搭配白色或浅白色连衣裙。这一时期，舞台上的时尚产生了巨大的影响。

金属线织物（Metal clothing）

女式，有时也有男式

时期：20世纪以后。

将金属线编织到织物中或者在刺绣中使用金属线，这种做法已经有几百年的历史，到了20世纪，曾一度流行卢勒克斯（Lurex）等织物。然而，虽然金属用来制作纽扣、拉链等，但是在西班牙设计师帕科·拉巴纳（Paco Rabanne, b.1934）之前，很少有人用金属来制作服装。作为一位珠宝商，帕科于20世纪60年代尝试使用金属圆盘、链条、铝等金属来制作服装。另类时尚中也用到了金属材料。

金属钮孔（Metal eyelet）

时期：1823年以后。

束腰、靴子等使用的金属包边穿绳孔，取代缝制的鞋带孔，专利可追溯到1823年。

超短裙（Micro skirt）

女式

时期：20世纪60年代以后。

一种超短迷你裙，更像一根腰带，而非半身裙。21世纪初，再次出现这种风格的短裙。

迷地裙（Midi skirt）

女式

时期：20世纪60年代晚期及70年代初期。

结婚礼服，1942年。采用白色花缎制成，饰有蛇形图案和美第奇领。

一种长及小腿的半身裙，最初搭配高筒靴穿。后来的时尚服装设计中，通常会采用这种长度。

米兰软帽（Milan bonnet）

男式

时期：1500 年～1550 年。

一种无边便帽，帽冠柔软，形似贝雷帽，帽檐卷起，两边通常有开缝。这种软帽通常经过裁剪饰有装饰性"钩丝（pullings out）"或者金线（aglet）。"用深红色缎子制作的米兰软帽，通过金线织物抽起来"（1542, Halle, *Chronicle*）。黑色款更为常见。

米兰外套（Milan coat）

时期：16 世纪。

轻型盔甲，可能是铠甲。

军用折叠帽（Military folding hat）

详见"歌剧帽（opera hat）"。

军用佛若克礼服大衣（Military frock coat）

男式

时期：19 世纪。

1820 年，普通民众开始穿这种服装。一种无带盖口袋的佛若克礼服大衣，前片通常有饰带镶缀。早期的款式采用普鲁士形领或者翻领，但是无驳头。

军服领结（Military stock）

男式

时期：18 世纪中期～19 世纪中期。

普通民众佩戴。一种成品硬质颈巾，18世纪和19世纪分别用硬纸板和皮革提高它的硬度，系在或扣在后面。18世纪，军人用的款式通常为黑色，而普通民用的款式则是白色，两种均一般采用边缘饰有小山羊皮的凸纹丝绸制成。乔治四世废除了普通民众戴的白色款式，威廉四世试图复用这种款式，但是没有成功。

挤奶女工帽（Milkmaid hat）

详见"牧羊女帽（bergère hat）"。

挤奶女工半身裙（Milkmaid skirt）

女式

时期：1885 年。

一种用两款颜色的条纹布料制作的素色连衣裙，罩裙在腰部收拢，一侧卷起，露出里面的衬里，并用一圈绳子抽起来。仅白天穿。

女帽商（Milliner）

时期：16 世纪以后。

指销售花式商品和时尚配饰的人，这个词源自意大利米兰。事实上，众多此类物品都起源于米兰。到了 17 世纪末，一些休闲服装开始与配饰和装饰品一起搭配销售，如扇子、手套、丝带和网眼花边等。19 世纪晚期以后，这个词开始指销售头饰的人。"毫无疑问，女帽商已经将她的手艺升华成了一门精湛的艺术，并且'楼上私人陈列室'里的愉悦且精致的氛围为着装中最重要的一点——选择一顶新帽子，营造了全新的氛围"（1904, *The Lady's Realm*）。

女帽商佩恩（Payne）的时装版画广告。图中的晚礼服样式非常简单，重点凸显了女帽——两项无边便帽上装饰有华丽的羽毛、丝带以及纹理对比鲜明的包裹面料。1802年。

迷你连衣裙（Mini dress）

女式

时期：1965年~1970年，21世纪复兴。

一种裙子的底边远高于膝盖的短裙，年轻女孩和女性穿着。最初推出时"受到了年长者的强烈反对"（1968, J. Ironside, *A Fashion Alphabet*）。

极少主义（Minimalism）

时期：20世纪20年代以后。

涵盖艺术、设计、文学、音乐和哲学等各个领域的运动，摒弃多余的东西，倡导减少浪费，追求朴素简单以达到效果。这个术语在服装领域并不常用，但20世纪20年代和30年代可以被理解为具有极少主义特征。最明显的例子发生在20世纪90年代，当时的设计师反对20世纪80年代的过度浪费，采用简单的色调，拒绝追求表面效果。

迷你裙（Mini skirt）

详见"迷你连衣裙（mini dress）"。

两色拼接（Mi-parti）

男式

时期：14世纪和15世纪。

指将一件衣服从视觉上分为两部分的方法，右侧为一种颜色或图案，左侧为另一种对比色或图案。这种方法在1320年以及1370年尤其流行，但是男士马裤和侍从服装一直到14世纪末和15世纪初都延续了这种方法。后来，指纹章的配色方案。有时也会采用"motley"（杂色）一词，但这个词通常指小丑和滑稽演员的服装，不用来指时尚服饰。

梅斯蒂克帽（Mistake hat）

女式

时期：1804年。

一种草帽或者粗草帽，帽冠高而平，前帽檐呈钝尖状，大幅度向上翘，后帽檐向下翻。通常戴在脑后。

 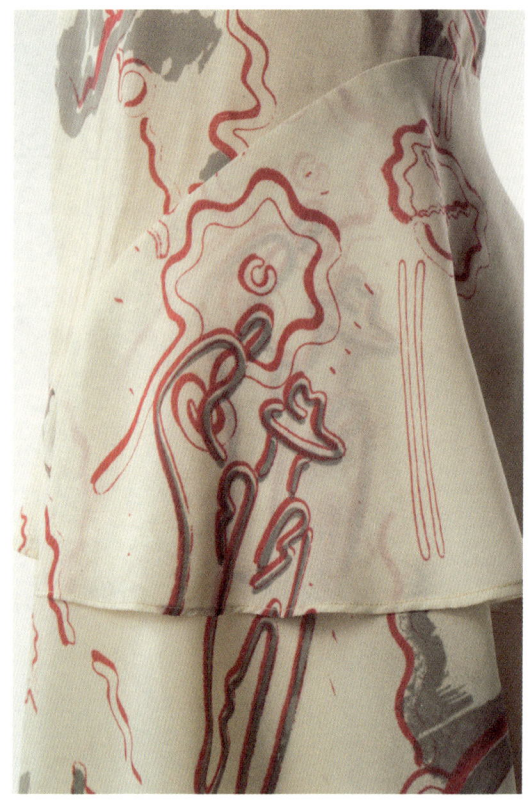

迷你裙，1966年。这件质地轻薄的夏季连衣裙由西尔维娅·艾顿（Sylvia Ayton）设计，上面的纺织品印花由赞德拉·罗德斯设计。他们在20世纪60年代末联手创作，后来走上了不同的职业道路。（右）印花纺织品的细节。

主教法冠（Mitre headdress）

女式

时期：1420年～1450年。

详见"心形头饰（heart-shaped headdress）"，两者都是19世纪作者使用的描述性词语。

连指手套（Mitt）

女式

时期：1750年～1870年。

英文单词"mitten"（连指手套）的缩写，指一种无指手套。

连指手套（Mitten, Metteyn, Mytan, Meting）

男式

时期：13世纪以后。

拇指和其他四指分装在两个指套内的一种手套。有时，手掌部位横向剪开，从而在不摘手套的情况下手指可以伸出来。通常是乡下人佩戴，用来保暖。

女式

时期：16世纪中期～17世纪晚期。

无指手套，拇指指套开口，装饰性较强，由各种面料制成，常常有刺绣装饰。

时期：18世纪。

连指手套通常与手肘等长，手指从一个开口中露出，开口背面是手套的延长部分，形成一个尖角形的翻盖。翻盖通常设计有装饰性衬里，将翻盖向后翻转即可看到衬里。连指手套多用小山羊皮、棉、丝绸或风格更为朴素的精纺毛纱等材料制成。

时期：19世纪以后。

连指手套可长可短，且通常为网状或镂空状。19世纪30年代和40年代，黑色短款连指手套与晨礼服搭配，而长款手套则与晚礼服搭配。19世纪70年代，为了搭配晚装，这类手套得以复兴。到20世纪时，偶有质地轻薄的款式和更加厚重的羊毛款式出现。

连指袖（Mitten sleeve）

女式

时期：1891年。

用网眼织物等制作的新款连指袖，手臂部位较为贴合，长及指关节，用于搭配晚宴和戏剧服装。

摩押（Moab）

女式

时期：1865年~1870年。

一种帽冠形似碗状的头巾帽，因"摩押是我的洗盆"（Moab is my washpot）这句话而得名。

摩押头巾（Moabite turban）

女式

时期：1832年。

一种由多层褶皱组成的绉纱头巾，一侧有羽毛头饰，斜戴在面部上方。

摩伯帽（Mob cap）

女式

时期：18世纪和19世纪。

一种室内穿着的白色帽子，采用细棉布或平纹细布制成，饰有鼓起的发网和褶边。1750年前的款式呈软帽状，两侧的垂饰被称为"颔下带（kissing-strings）"或"系带（bridles）"，可自然下垂，也可系在颔下。

1750年后不再系在头上，而是以较为宽松的方式戴在头上，同时褶边饰有一条丝带。在不同的时期帽子尺寸不同，例如18世纪80年代，尺寸较大，到了后期则有所变小。18世纪普通的摩伯帽作为睡帽使用，英语中称为"night-cap"。

详见"拉内拉摩伯帽（ranelagh mob）"。

长至手腕的黑色网状无指手套。手腕部位布满点状花纹图案，有弹性，约1840年~1845年。

莫卡辛鞋（Moccasins）

男女皆宜

时期：20世纪。

最初北美印第安人穿的一种鞋子，鞋帮位置的皮革从脚底一直裹到脚背，通常指一种质地柔软、无跟的休闲鞋。

详见"懒汉鞋（loafer）"。

餐巾（Mockador, Mocket, Mocheter, Mokadour, Moctour, Moketer）

时期：15世纪~17世纪。

一种用来擦鼻子的手帕，或儿童用的围涎。"用来擦拭眼睛和鼻子的餐巾"（15世纪初期，Lydgate, *Minor Poems* "Advice to an Old Gentleman"）。

详见"儿童小手帕（muckinder）"。

摩斯族（Mod）

男女皆宜

时期：20世纪50年代晚期~60年代中期。

指英国的一群年轻人，他们外表的打扮和所追求的服装风格及音乐与摇滚派不同，摇滚派在风格上更接近泰迪男孩。这类早期亚文化运动体现了青少年日益增强的独立意识和购买力。摩斯族十分欣赏披头族和美国大学里流行的时尚风格，穿着干净整洁，留着非常精致的短发。这些年轻人穿着颜色鲜艳、前开襟有纽扣的有领衬衫、布雷泽外套和窄版裤子，或者意大利风格的马海毛套装，系着领带，脚穿尖头皮鞋或暇步士（软仿麂皮系带鞋的商品名）。年轻女性喜欢穿两件式上衣、朴素的窄版裙或滑雪裤和宽松直筒连衣裙（shift dresses）。最受摩斯族欢迎的外套是拉链式派克大衣（parka）。尽管披头士乐队否认自己也是摩斯族，但在20世纪60年代初，他们初入乐坛时，他们的穿着便属于典型的摩斯族风格。

时装模特（Model）

女式

时期：20世纪中期以后。

英语中曾被称为"mannequins"，指受雇为时装公司试穿衣服，为杂志和报纸上的摄影报道试穿服装的年轻女性，1960年后，英语中开始称为"model"。早期冷酷风格的漂亮女子被时髦但品位独特的年轻女子取代，她们的个人时尚品位与展示高级定制服装的能力同样重要。到20世纪80年代末，涌现出一批具有国际影响力的年轻女性，她们能销售从服装到化妆品、香水等在内的各种产品，她们被称为"超级模特（super model）"（这种叫法最早出现于20世纪40年代），她们的辨识度非常高，她们的名字、外表以及对其工作和私生活的国际报道都颇具辨识度。

虽然服装模特也包括男性和儿童，但他们通常被称为"男模"或"童模"。

遮着布（Modesty piece）

女式

时期：18世纪以后。

一条网眼织物或带网眼花边的亚麻布，穿低胸装时别在紧身褡的胸前位置遮住胸部。

摩尔达维亚披风（Moldavian mantle）

女式

时期：1854年。

一种长披风，披肩较为宽大，长度为拖地板型，两侧垂在手臂上，形成"大袖箍紧口袖（elephant sleeve）"。

紧身短上衣（Monkey jacket）

男式

时期：19世纪50年代以后。

一种无腰短款飞行员式外套。

蒙茅斯帽（Monmouth cap）

男式

时期：16世纪70年代~1625年。

一种生产于伍斯特郡蒙茅斯和比尤德利的针织无边便帽，帽冠较高，无帽檐和翻边。威尔士人、士兵、水手等人会佩戴这种帽子。

详见"比尤德利帽（bewdley cap）"。

蒙茅斯卷边帽（Monmouth cock）

男式

时期：1650年~1700年。

一种宽边帽子，帽冠较低，呈圆形，可以"翘起"，即翻起来露出另一面，该名称即取自这种可以翘起翻边的特性。自17世纪60年代晚期开始，这种帽子在年轻人中非常流行。

交织字母纽扣（Monogram buttons）

男式

时期：19世纪70年代。

黑色背景上饰有主人姓名字母的组合式纽扣，流行于外套和马甲。

蒙塔古卷发（Montague curls）

女式

时期：1877年。

一种配晚礼服的发型，其特征为前额头发设计成新月形的卷发并粘在前额上。

圆猎帽（Montero, Mountera, Mountere, Mountie cap）

男式

时期：17世纪初期以后。

一种无舌尖顶帽，两侧都可以放下来，系在或扣在颌下。"……一种圆猎帽或风帽，旅行者用它保护自己的脸部和头部免受冬季冻伤和夏季炎热天气的影响"（1611, Cotgrave）。

孟德斯潘胸衣（Montespan corsage）

女式

时期：1843年。

一种低胸紧身晚礼服胸衣，胸部为方形裁剪，腰部、前片和后片呈深"V"形设计。

孟德斯潘帽（Montespan hat）

女式

时期：1843年。

一种搭配晚礼服的小巧天鹅绒圆帽，前缘翘起，饰有一根羽毛。

孟德斯潘活褶（Montespan pleats）

女式

时期：1859年～1870年。

双层或三层的箱状叠褶，形状大而扁平，缝在厚布制成的半身裙腰带上。

孟德斯潘袖（Montespan sleeve）

女式

时期：1830年。

一种日常装的袖子，上半部分较为蓬松，肘部用一根带子系紧，下垂到前臂上端的一条锯齿状褶皱上。

蒙拉奥（Mont-la-haut）

女式

时期：17世纪晚期。

英文单词"commode（康莱德）"的同义词。"蒙拉奥，一种可逐渐将头饰抬高的装置"（1694, *The Ladies' Dictionary*）。

蒙庞西耶披风（Montpensier mantle）

女式

时期：1847年。

一种后摆比前襟短的披风，前片下端呈尖角状，两侧肩部位置开衩，手臂可自由活动。

登月靴（Moon boots）

男女皆宜

时期：20世纪70年代以后。

第一双登月靴由意大利泰尼卡（Tecnica）公司生产，并于20世纪70年代初期获得名称授权。受宇航员在月球行走时所穿的鞋的启发，设计者推出了一种适应寒冷、多雪、潮湿等环境的靴子。这种靴子的特征包括深色鞋底、高度隔热衬里和鲜艳的色彩，另外边缘饰有毛皮。20世纪70年代中期，登月靴已成为一种流行的滑雪装备，并在此之后推出许多款式。

娃娃（Moppet）

时期：18世纪。

一种身穿法国最新时服的洋娃娃，被运到英格兰作为一种微型模型，供女服裁缝师向顾客展示服装使用。

摩拉维亚刺绣（Moravian work）

时期：19世纪初期。

一种后来（约1850年）被称为"英格兰刺绣"的棉质刺绣，起源于18世纪末被驱逐出波希米亚的摩拉维亚难民之手。

晨礼服（Morning coat）

男式

时期：19世纪以后。

原型为骑马装外套或纽马基特外套。前片从靠近腰臀位置的纽扣处开始，采用倾斜设计，后片的裙子到腰部有开衩，臀部有两粒纽扣，领部为倒挂领和短驳头设计。通常为单排扣，衬裙内侧有口袋，但1850年后口袋增加了褶皱设计，臀部后袋为带盖口袋，左胸的口袋为外袋。

时期：1860年～1880年。

通常称为"狩猎上装"，为单排扣或双排

扣设计，带盖口袋的右上侧设有票券袋。

19 世纪下半叶，特别是在低腰服装流行之时，晨礼服开始逐渐取代佛若克礼服大衣，成为正装。

时期：20 世纪。

越来越多地出现在正式的、特殊的场合。

女式

时期：1895 年。

一种定制的男式晨礼服，后来成为一种女装，并被称为"日间夹克（day jacket）"，穿在采用男式领口和背心设计的马甲外。

晨袍（Morning gown）

男式

时期：18 世纪～19 世纪 30 年代。

一种宽松的长款外套，腰间系有饰带或束腰带，通常作为一种内衣在室内穿着。

详见"睡袍（nightgown）""晨衣（dressing-gown）""榕树服（banian）"。

晨衣（Morning walking coat）

详见"骑马装外套（riding coat）"。

研钵帽/学位帽（Mortar）

男式

时期：17 世纪。

一种形似研钵的帽子。"我要戴着研钵帽去找他"（1623, Middleton and Rowley, *The Spanish Gipsy*）。

此外，还指一种学位帽，其上部由方形的硬质材料制成。

莫斯切托（Moschettos）

男式

时期：19 世纪初期。

与同时期的紧身长裤相似，但和绑腿一样，其目的是更方便地穿长筒靴。

莫斯科裹袍（Moscow wrapper）

男式

时期：1874 年。

1902 年版 T.H. Holding *Coats* 上的晨礼服图版。从普通的三粒纽扣到一粒纽扣，每件外套都有细微的不同之处，裤子所选的布料也有细微不同。配饰包括一顶高顶礼帽、硬领或翼形领、领巾、蝴蝶领结或窄领带、手套、手杖，等等；身材较胖的模特手里还会拿一把伞和雨衣。

晨礼服外套，1837~1840年。采用深紫红色缩绒面料制成。该服装采用黑色丝绸衬里，袖口用棕色丝绒，衬垫和衬里设计巧妙，所形成的轮廓样式时尚，深受欢迎。这种精致的英式剪裁风格深受花花公子群体的青睐。（右）晨衣服外套的后视图。

一种宽松的大衣，悬挂样式，设计有宝塔袖，暗门襟扣合件一直系到颈部，领部为较窄的倒挂领，由阿斯特拉罕羔羊皮制成，且边缘处均修剪整齐。

亲子连衣裙（Mother and daughter dresses）

女式

时期：20世纪初期。

指成人和儿童版本的时尚服装，由法国时装设计师简奴·朗万（1867~1946）等人制作。

哈伯德妈妈斗篷（Mother Hubbard cloak）

女式

时期：19世纪80年代。

一种由长毛绒、天鹅绒、锦缎、缎子或开司米制成的及膝长斗篷，带有绗缝衬里，领口高，且较为贴合，穿上后系在颈部，肩部设计有宽松的袖子。1882年后，侧缝处有通风门，且背部可用丝带蝴蝶结收拢起来，覆盖在巴斯尔裙撑上。

珍珠母纽扣（Mother-of-pearl buttons）

时期：1770年~1800年。

一种在某些贝壳内部形成的乳白色坚硬材料，被用来制作男式及女式外衣上的大纽扣。

时期：1800年以后。

指一种较为小巧的珍珠母纽扣，1800年开始用在内衣上，1820年用在男式衬衫上。这种纽扣也被用作各类配饰的装饰物。

汽车服（Motoring dress）

男女皆宜

时期：约1900年~20世纪30年代。

1900年，驾驶早期汽车的行为被称为"赛车狂热（passing craze）"，这是一种需要穿着防护服的体育活动或户外爱好。

无论男性女性，既可以做驾驶员，也可以做乘客，且他们的衣着差异相对较小。冬季款式为毛皮衬里的长款皮大衣或厚重的织物大衣，男性戴帽子和护目镜，女性戴宽大的带面纱的帽子或带护目镜的头巾。夏季，除了样式朴素的头巾和护目镜，还会穿亚麻布或羊驼呢做的防尘外衣。随着非敞篷车成为主流，此类服装的重量和数量都相应减少。然而，皮革汽车服一直到20世纪30年代仍然很受欢迎。到第二次世界大战结束后不久，长及大腿的大衣，即"吉普大衣"，开创了20世纪50年代及以后驾车外套的风潮。而到20世纪后期，与早期汽车运动相关的各种专业服装仅剩驾驶手套。

假痣（Mouche）

女式，有时也有男式

时期：1595年~18世纪末。

一种贴在脸上用作装饰的黑色补丁片。

塑形衣（Moulds, Mowlds）

男式

时期：1550年~1600年。

德罗瓦兹的一种，内部填充有马鬃等材料，形成与棉或亚麻松软织物相仿的时髦款式，在外面套上蓬松的马裤。"用黑色棉布做一身塑形衣，为此他们准备了12天"，"做一条天鹅绒马裤，套在塑形衣上……"（1569, Petre Accounts, Essex Record Office）。

丧服（Mourning attire）

男女皆宜

时期：14世纪和15世纪。

对所有阶层而言，黑色是最适合丧服的颜色。"穿着黑色的衣服，泪流满面"（1386年, Chaucer, *Knight's Tale*）。

时期：16世纪。

这一时期，黑色是常见的颜色，但在官廷中也允许穿白色丧服。守寡的皇室成员通常穿白色丧服。

时期：17世纪和18世纪。

这一时期，皇室成员穿紫色丧服，而其他社会群体通常穿黑色。

时期：19世纪以后。

这一时期，出现了各种样式的女式丧服，涵盖服全丧、半丧和居丧等场合，颜色从全黑到淡紫色和灰色不等，维多利亚女王丧偶一事，对上流社会产生了冲击，但在她1901年逝世后，丧服的规则逐渐放宽，第二次世界大战后不再受限。

黑纱（Mourning band）

男式

时期：17世纪。

一种与围巾相似的黑纱帽带，一般由跟随灵车的人佩戴。"另一个跟随灵车的人……黑纱帽带垂在耳后，被称为'哀悼带（trawerbande）'，也就是黑纱"（1618年，Fynes Moryson, *Itinerary*）。

这种习俗一直延续到1880年。如果死者是童男处女，则男性哀悼者佩戴的头巾后部是白色的。在哀悼期间，高顶礼帽的黑色帽带会加宽，有时会覆盖到接近帽顶的两侧，以示哀悼的程度，这一传统一直延续到19世纪末。

黑布制作的哀悼臂章，围在左上臂；最初是一种军人装束，约1820年为普通民众所采用，并逐渐成为哀悼场合的"正式"象征。肩带的宽度根据与死者的关系有所不同，常见尺寸为7~10厘米。这一习俗一直延续到21世纪。

悼念花环（Mourning garland）

男女皆宜

时期：17世纪。

一种柳树枝制成的花环或帽带，一般在

银质椭圆形胸针或吊坠，玻璃下有发饰，1800年出现。18世纪中期，受到哀悼活动的影响，在吊坠或胸针中保留挚爱之人一缕头发的做法流行开来。图中所示是一个简单的配饰，用栗色的头发做成一个小花束。到19世纪，在众多与死亡和纪念有关的服装和配饰中，用于悼念场合的珠宝首饰，特别是包含头发的首饰，成为一大关键要素。

所爱之人死亡或失踪时佩戴。

悼念手套（Mourning gloves）

男女皆宜

时期：18世纪和19世纪。

由小山羊皮制成的黑色手套，出席葬礼的所有人都会佩戴，葬礼后丧亲者也会佩戴，佩戴时间长短不一。

悼念手帕（Mourning handkerchief）
男女皆宜
时期：18世纪和19世纪。
详见"手帕（handkerchief）"。

悼念结纽（Mourning knot）
男式
时期：18世纪。
固定在左臂臂章上的一束黑丝带。"军官们……左臂上戴着悼念结纽"（1708, *British Apollo*）。

哀悼花束（Mourning posy）
男女皆宜
时期：17世纪。
一束迷迭香，哀悼者参加葬礼时携带并在葬礼最后投掷到棺材上。

悼念绸带（Mourning ribbons）
男式
时期：17世纪。
系在帽子上的黑色绸带。

悼念围巾（Mourning scarf）
男式
时期：17世纪和18世纪。
一种采用黑色丝带或上等细布制成的围巾，长达3厘米，葬礼上逝者的重要亲朋好友佩戴，饰有帽带。

悼念头饰（Mourning tire）
女式
时期：17世纪。
一种黑色面纱。
详见"爱情与着装（love and clothing）"。

穆斯可特服式袖口（Mousquetaire cuff）
女式
时期：1873年。
一种日常装袖子上的大翻边袖口。

穆斯可特服式手套（Mousquetaire gloves）
女式
时期：1890年。
绣有刺绣的扇形手套，带金属护手。

穆斯可特服式帽（Mousquetaire hat）
女式
时期：1857年～1860年。
一种棕色蘑菇形草帽，帽檐周围垂有黑色网眼花边。

穆斯可特服式披风（Mousquetaire mantle）
女式
时期：1847年。
一种边缘饰有穗带的黑色天鹅绒披风，袖子采用宽松短款设计，有外口袋，衬里为绗缝缎子。

穆斯可特服式袖（Mousquetaire sleeve）
女式
时期：1853年，1873年复兴。

一种袖口翻边设计的长袖，袖口裁剪成深"V"形尖角。

八字须（Moustache, Mustache, Mustachio, Mouchado）

时期：16世纪以后。

"八字须指上唇上方的胡子"（1551, W. Thomas, trans. of Barbard's *Travels in Persia*）。18世纪，八字须较为少见；到了19世纪，八字须被认为是军队的象征；到了克里米亚战争时期（1853～1856）鼓励普通民众留八字须；整个20世纪及以后，出现了各式各样的八字须。

儿童小手帕（Muckinder, Muckender, Muckiter, Muckinger）

时期：15世纪初期～19世纪初期。

一种擦拭鼻子和眼睛的手帕。"擦擦你的鼻子……你祖母给你的儿童小手帕呢？"（1607, Marston, *What you will*）。"振作起来，用我的儿童小手帕擦干你的眼泪"（1633, B. Jonson, *Tale of a Tub*）。

也指儿童围涎或餐巾。

详见"餐巾（mockador）"。

暖手筒（Muff）

女式

时期：1550年以后。

一种用于保护双手抵御寒冷的遮盖物，也可用作优雅的配饰。呈管状或扁平状，不同款式尺寸差别较大，由毛皮、羽毛、精细织物制成，内有填充物。18世纪，女式暖手筒通常有相搭配的披肩。19世纪80年代，女式暖手筒上加入了用来装牌盒和钱包的口袋。

男式

时期：1600年～1800年。

"失物招领——一件大的男士貂皮暖手筒"（1695, *London Gazette*）。较为少见。

暖手筒手镯（Muff bracelet）

女式

时期：1650年～1700年。

一种套在手腕上的小暖手筒。

腕套（Muffetees）

男女皆宜

时期：18世纪和19世纪。

一种成对的小巧暖手筒，戴在手腕上，用于保暖或者打牌时保护袖口的褶边。

此外，也指一种一端采用封口设计的小暖手筒，戴在手上用来保暖，有些款式有单独的拇指套。"请给我母亲买一副黑色丝绸法式暖手筒……要买带拇指套款式的。"（1748, *Purefoy Letters*）。

19世纪时，指一种较为粗糙的连指手套，"采用皮革或针织精纺毛纱面料制成，供年长的男性佩戴"（1808～1818, Jamieson）。

1877年，作为女士暖手筒再次出现，英语中称为"muffatee"。

松饼帽（Muffin hat）

男式

时期：19世纪60年代。

一种采用织物制作的圆帽，帽冠扁平，帽冠一圈是窄版立式帽檐，适合在乡村佩戴。

长围巾（Muffler）

女式

时期：16世纪30年代～17世纪60年代。

一种沿对角线折叠的正方形布料，戴在嘴部和下巴上，有时戴在鼻子上，用以抵御冷空气，有时还可用作伪装。

详见"颏部斗篷（chin clout）"。

男女皆宜

时期：16世纪以后。

一种系在脖子上用于保暖的围巾。

暖手筒斗篷（Muff's cloak）

男式

时期：16世纪晚期及17世纪初期。

一种德式带袖斗篷，类似荷兰式斗篷，"muff"一词是对外国人的一种贬低，尤其是德国人或瑞士人。

暖手筒绳（Muff string）

一条将暖手筒挂在脖子上的丝带，偶有使用。

裸跟鞋（Mules, Moiles, Moyles, Mowles）

男女皆宜

时期：16世纪以后。

一种只有前半部分的轻便室内鞋，有的款式为平底，有的为高跟。"一种没有鞋后跟或鞋帮的拖鞋。"

详见"潘多弗尔斯（pantofles）"。

穆勒式帽子（Muller-cut-down）

男式

时期：19世纪70年代。

一种有边帽子的俗称，类似高度减半的高顶礼帽，以1864年杀人犯的名字命名，因被剪掉的帽子而被人识别他的身份。

蘑菇式扁帽（Mushroom hat）

女式

时期：19世纪70年代和80年代。

一种蘑菇形状的草帽，小帽冠上饰有大量的丝带、花朵。19世纪80年代，还饰有小鸟装饰。

蘑菇袖（Mushroom sleeve）

女式

时期：1894年。

一种晚礼服短袖，袖窿周围有褶皱，用蕾丝褶边镶边。

N

纳布切特（Nabchet, Nab-cheat）
时期：16世纪和17世纪。

有边帽子或无边便帽的俚语叫法。

手帕（Napkin）
时期：16世纪~18世纪。

一种擦拭鼻子用的手帕，通常为某一地方的叫法。另外，还指用作餐巾的一块织物、颈巾和小毛巾。

手帕帽（Napkin-cap）
男式

时期：18世纪。

一种摘下假发后用于遮住秃头的普通睡帽或者家居帽。"然后，他摘下他的假发袋（即假发），脱下外套和马甲……经过一番折腾，他又戴上了手帕帽"（1746, H. Walpole, Letters）。

手帕挂钩（Napkin hook）
女式

时期：17世纪。

一种将手帕挂在腰带上的钩子。年轻男孩送给女孩的一种常见礼物或表达"酬谢"的形式。

拿破仑领带（Napoleon necktie）
男式

时期：1818年。

一种略窄的紫罗兰色领带，环绕后颈，领带两端向前交叉但不打结，系在吊裤带上或放在腋下绑在背后。据说拿破仑在1815年从厄尔巴岛返回法国时戴的领带就是这种风格。1830年左右，这种领带被称为"科西嘉领带（Corsican necktie）"。

拿破仑靴（Napoleons）
男式

时期：19世纪50年代。

长军靴的一种新叫法，靴子长至膝盖以上，后面有一个圆弧，便于膝盖弯曲。普通民众骑马时会穿。这种叫法用以致敬拿破仑三世（1808~1873）。

围裙（Napron）
时期：1300年~1450年。

指围裙，源自古法语单词"naperon"，是"nape、nappe（桌布）"的缩写。自1460年起，"appurn"或"apron"较为常用。

国家标准服装（National Standard Dress）

女式

时期：1918 年。

推出国家标准服装是一种尝试，旨在在物资匮乏的年代，推行一种简单的多用途服装。这类服装不需要钩眼扣子或金属扣环，用丝绸制成，可用作"户外服装、家居服、休闲服、赴茶会服装、晚宴服装、晚礼服和睡袍（outdoor, housegown, rest gown, teagown, dinner gown, evening dress and nightgown）"（1918, Cunnington, *English Women's Clothing in the Present Century*）。纸样提供了三种变体款式，对于家庭女服裁缝师而言都较为实用。第二次世界大战期间，这一想法对特种实用服装产生了影响。

那不勒斯软帽（Neapolitan bonnet）

女式

时期：1800 年。

一种用麦秆编成的软帽，帽冠上系有麦秆菊和稻草色丝带，松散地系在胸前。

星云头饰（Nebula headdress）

女式

时期：1350 年～1420 年。

19 世纪作家用来指代女性头饰的一种描述性术语。

详见"波纹头巾（goffered veil）"。

奈卡提（Neckatee）

时期：18 世纪中期。

不常见，指颈巾。

颈扣（Neck button）

男式

时期：17 世纪中期。

一种装饰纽扣，戴在时尚的短款达布里特颈部。这种纽扣带有一个小环，在颈部将达布里特扣合，而下面则通常敞开，露出里面的衬衫。

项链（Neck-chain）

男式

时期：中世纪～17 世纪中期。

一种男性佩戴的金色或镀金黄铜链条，用作装饰品。作为便于携带的一种财物，中世纪的旅行者有时会佩戴，从上面剪下几个小环就可以当钱用。17 世纪，英语中通常将其称为"8 字形链（jack chain）"。

时期：20 世纪晚期。

戴项链，尤其是金项链，在一些男性中成为一种时尚，比如运动员、表演者等。

颈巾（Neckcloth）

男式

时期：1660 年～19 世纪中期。

泛指围在脖子上的任何领巾或颈饰，与衣领不同。1660 年以前，"neckcloth（颈巾）"指女士颈巾。

带领软帽（Necked bonnet）

男式

时期：1500 年～1550 年。

一种后部有一圈环绕颈部的宽翻盖的帽

子，双层或单层面料，有的款式带衬里，有的无衬里。

颈巾（Neckerchief, Neckercher, Neckkerchief）

女式

时期：14世纪晚期～19世纪晚期。

任何围在脖子上的方形或条形饰品，由亚麻布或其他材料制成。"在他（孩子）的肩上、脖子上必须围一条颈巾"（1460, Russell, *Boke of Nurture*）。

"neckercher"是18世纪和19世纪的一种地方性叫法。

详见"方头巾（kerchief）"。

男女皆宜

时期：19世纪。

有时指面积较大的真丝领巾。

围巾（Neck handkerchief）

男式

时期：18世纪和19世纪。

类似"cravat"或"necktie"。"去买领巾（cravats）或围巾（neck-handkerchiefs）"（1712, Steele, *The Spectator*）。

颈巾（Neckinger）

女式

时期：16世纪～19世纪。

英语单词"neckercher"的变体，一种地方性叫法。

项链（Necklace）

女式

时期：16世纪以后。

一串珠子、宝石、金属链环或类似的物品，系在颈间作为装饰。

详见"项链（neck-chain）"。

此外，17世纪和18世纪，也指戴在脖子上的丝带或网眼花边。

领口（Neckline）

女式

时期：20世纪初期以后。

用于描述衬衫、连衣裙或类似服饰的颈部与胸部间的区域，与其他描述性词汇（高、低、船形等）一起使用。"领口总能成为头条"（1968, J. Ironside, *A Fashion Alphabet*）。

领带（Necktie）

男式

时期：19世纪。

1830年开始使用的一个词汇，但并未完全替代早期的"cravat（领巾）"一词。一种由不同面料制成的系在衬衫衣领下方的带子，宽度各不相同。

颈饰（Neck-wear）

男式

时期：1870年以后。

在美国指领带，20世纪晚期开始广泛使用。

手工针绣（Needlework）

详见《词汇表：纤维、织物、材料》。

女装轻薄睡衣（Négligée, Négligé）

男女皆宜

时期：18 世纪。

指在室内或室外穿着随意的人，也指在家里穿的女式宽松长袍和男式休闲服装。

时期：19 世纪以后。

通常指女士轻便晨衣，由轻薄的或暴露的织物制成。

另外一个含义指18世纪50年代，在巴黎设计的一种男士假发。

还指一种黑色束腰带（mourning girdle），一头饰有一个约23厘米长的吊坠。1818年，夏洛特公主逝世时，由女性佩戴用以表示哀悼。

尼赫鲁上装（Nehru jacket）

男式，有时也有女式

时期：20 世纪 60 年代以后。

印度政治家贾瓦哈拉尔·尼赫鲁（Jawaharlal Nehru，1889~1964）穿的一种夹克风格的上衣，基于印度本地一种更长的长衫演化而来，一种长袖、齐臀、胸前带纽扣的亚麻布或棉布夹克，高圆领，成功将印度传统男性服饰与欧洲风格相结合。20世纪60年代后期，开始在西方流行，男女都穿，如今依然在印度流行。

纳尔逊（Nelson）

女式

时期：1819 年~1820 年。

一种巴斯尔，用来增强当时希腊式伛步的效果。

详见"弗里斯克（frisk）"。

纳尔逊帽（Nelson hat）

女式

时期：1895 年。

一种帽檐前后大幅度翘起的草帽，前面饰有一根羽毛，帽檐边缘饰有丝带蝴蝶结。

新古典主义服装（Neoclassical dress）

男女皆宜

时期：18 世纪晚期及 19 世纪初期。

反对装饰华丽的洛可可风格，支持简约、整齐的设计。通过考古发掘及对古典艺术的再度关注，这一时期的服饰轮廓狭窄，重现了古典服饰外观的某些方面。

下层服饰（Nether integuments）

详见"私密之物（unmentionables）"。

耐扎·斯托克斯（Nether stocks）

男式

时期：1515 年~17 世纪晚期。

霍兹下部或长袜部分，上部的叫法不同，比如"马裤（breech）"、"阿帕·斯托克斯（upper stocks）"以及后期的"宽松短罩裤（trunk-hose）"。

16 世纪末，有时指女士长袜。

新世纪（New Age）

时期：20 世纪晚期及 21 世纪初期。

特别是"水瓶座时代"，从占星学意义上讲，指更高的精神意识和集体理解。这种方法包括针对服装起源和生产的生态学方法、折中主义的简单性、更强有力的伦理方法，循环利用也是如此。新时代的旅行者是这种实用性的典型代表，但也是一场不断变化的多元化运动。

详见"民族服饰（ethnic dress）""嬉皮风格（hippie style）""格朗基（grunge）"。

纽盖特缘饰（Newgate fringe）

男式

时期：19世纪。

一种俗称，指下巴处胡须的缘饰。

新风貌（New Look）

女式

时期：1947年。

美国记者用这个术语指时装设计师克里斯蒂安·迪奥（1905~1957）于1947年推出的"卡罗尔（Corolle）"时装。超女性化的轮廓凸显胸部、窄腰和宽下摆长裙（面料长达18米），解决了第二次世界大战时物资匮乏的问题，同时也是对20世纪30年代后期新维多利亚风格的回溯。

纽马基特外套（Newmarket coat）

男式

时期：1838年~1900年。

曾被称为"riding coat（骑马装外套），1750年至1800年被称为"Newmarket coat（纽马基特外套）"，是一种骑马装外套［详见"佛若克（frock）"］。纽马基特外套是一种燕尾服，有单排扣或双排扣设计，前片从腰部以上开始采用斜裁设计，通常不系扣。下摆较短，采用圆角设计，袖子有袖口，通常有带盖后袋。到了1850年，英语中通常称为"圆角礼服（cutaway coat）"，到了1870年，开始用作一种晨礼服。

纽马基特夹克（Newmarket jacket）

女式

时期：1891年。

一种紧身的单排扣或双排扣齐臀夹克，采用翻领设计，丝制驳头采用男装剪裁方式。纽马基特风格的典型特征是臀部有带盖口袋（真口袋或假口袋），袖子用袖口或带纽扣的开衩收紧。通常是定制斜纹粗花呢服装的一部分。适合日常穿着。

纽马基特大衣（Newmarket overcoat）

男式

时期：1881年。

类似单排扣佛若克大衣，腰身较短，下摆较长。天鹅绒衣领和袖口较为常见，通常采用家纺布或格子花纹织物制成。

女式

时期：1889年。

一种量身定做的单排扣或双排扣大衣，腰部收紧，下摆敞开长及地面。臀部有带盖口袋，袖子收拢。设计有天鹅绒领子、驳头和袖口。由制作冬装的厚重织物制成，20世纪初期仍有人穿。

纽马基特上装（Newmarket top frock）

男式

时期：1895年。

一种大衣，类似佛若克礼服大衣，设计有宽大的天鹅绒衣领，腰缝处有口袋，长度到膝盖以下约10厘米处。采用粗糙的切维奥特羊毛制成，衣身采用丝绸或缎面衬里，下摆采用格子衬里。

纽马基特背心（Newmarket vest）

男式

时期：1894年。

一种由格子花呢或有格子图案的织物制成的马甲，扣子位置较高，有的款式有带盖口袋，有的没有，主要是运动员穿的一种服装。

新浪漫主义（New Romantic）

男女皆宜

时期：20世纪70年代晚期~80年代中期。

指这一时期与时尚和音乐亚文化运动有关的人，最初用来反对朋克风格，并且激发了20世纪70年代初至中期时尚摇滚风格的复兴。色彩鲜艳的头发、独特的妆容、中性化但充满魅力的服饰，是乔治男孩（Boy George）和英国设计师维维安·韦斯特伍德的海盗系列和新浪漫主义系列作品的典型特征（b. 1941）。

尼菲尔斯（Nifels, Nyefles）

女式

时期：1450年~1500年。

一种女士佩戴的面纱。

睡帽（Night-cap）

时期：14世纪~19世纪中期。

男式

一种由四块圆锥形布料制成的无檐便帽，帽檐收紧上翻，通常具有装饰性，16世纪非常常见，流行时期出于舒适，人们会在室内佩戴来替代假发。

用金属线在丝绸上刺绣，并配有发光饰片的男士白色亚麻布睡帽，1600年~1610年。

最初也指一种普通的可水洗帽子，睡觉时佩戴。19世纪，因它的形状类似果冻，英语中通常被称作"jelly-bag（果冻包）"，一般由针织丝绸制成，顶部饰有流苏。

详见"比晶帽（biggin）"。

女式

时期：18世纪和19世纪。

一种系在下颌的摩伯帽，睡觉时佩戴。

睡帽假发（Night-cap wig）

男式

时期：18世纪初期。

一种鲍勃假发，卷发环绕脑后和脸颊两侧。

睡衣（Night-clothes）

男式

时期：16世纪以后。

16世纪前，男性都是裸睡或者穿着外出服睡觉，后来，男性睡觉时穿着不同材质的睡衣。到了16世纪，贵族穿刺绣衬衫或"缎面衬衣式睡袍（wrought night-shirts）"。19世纪，睡衣的设计类似宽松倒挂领外出服，或者宽松及踝睡袍。

女式

时期：16世纪以后。

非正式晨袍或睡衣。"我的夫人卡斯尔梅恩穿着睡衣，看起来很漂亮"（1667, Pepys' Diary）。

与男性一样，16世纪以前，女性都是裸睡或者穿着外出服睡觉，后来穿睡衣（night-chemise）睡觉。

考福睡帽（Night coif）

女式

时期：16世纪和17世纪。

一种女式考福帽，作为睡帽或睡觉时佩戴。一般饰有刺绣，通常和扎头带一起佩戴。"一种饰有卡梅里克刺绣（cameryck cutwork）、缀着亮片的考福睡帽，配扎头带佩戴"（1577～1578, Nichols, Progress of Queen Elizabeth）。

睡袍（Nightgown）

男式

时期：16世纪～18世纪晚期。

一种宽松长袍或长款大衣，有时带毛皮衬里。17世纪和18世纪时，根据当时的流行时尚进行剪裁，在室内作为晨衣穿着，或用于户外休闲晨间拜访。

详见"榕树服（banian）""印度睡袍（Indian nightgown）""晨袍（morning gown）"。

女式

一种无骨架支撑、舒适但通常非常精致的服饰，室内室外都能穿，有时出席婚礼等正式场合时也穿。尽管一天之中任何时候都能穿，但也称为"晨袍（morning gown）"。类似曼图亚（mantua），也有可能是曼图亚以此为基础发展而来。

时期：19世纪以后。

一种宽松长袍，通常由棉、亚麻布或丝绸制成，仅在睡觉时穿。英语中通常称为"night dress（睡裙）"。

晚间颈巾（Night-kercher）

女式

时期：16世纪。

晚间佩戴的一种颈巾。

睡眠面罩（Night-mask）

女式

时期：17世纪。

"这是精致的睡眠面罩，里面装有药膏，

可以抚平皱纹，令皮肤更光滑"（1627, M. Drayton, *The Muses' Elysium*）。

详见"铅白（ceruse）"。

女式睡衣（Night rail, Night rayle）

女式

时期：16世纪~19世纪晚期。

一种用上等细布、荷兰亚麻布、丝绸或缎子制成的披肩，垂至腰部或臀部，穿衣前或脱衣后穿。"我们整理你的束带和你太太的睡衣及衣物时"（1891, T. Hardy, *Tess of the d'Urbervilles*）。

睡袍（Night-shift）

女式

时期：17世纪晚期。

一种仅在睡觉时穿的修米兹，睡裙或睡袍。

衬衣式睡袍（Night-shirt）

男式，后来也有女式

时期：16世纪以后。

一种仅在睡觉时穿的衬衫。20世纪和21世纪，偶见男女穿着。

详见"睡衣（pyjama）"

睡鞋（Night slippers）

时期：16世纪晚期。

在卧室穿的拖鞋。20世纪起，英语中常被称为"bedroom slippers（卧室拖鞋）"。

尼卡伯（Niqab）

女式

伊斯兰女性用以保护自己免受陌生人注视的三种服饰元素之一。一种黑色面纱，呈正方形或长方形，眼部有一条细缝，在某些情况下，这条细缝用装饰网遮住。如果搭配吉尔巴（jilbab）、喜佳伯（hijab）佩戴，并遮住双手，则形成了全罩面纱。

尼斯代尔（Nithsdale）

女式

时期：1715年~1720年。

一种带风帽的长款骑马装斗篷。"被称为'尼斯代尔'，名人用这个名称来指伯爵夫人"（1719, D'Urfey, *Pills to purge Melancholy*）。

尼斯代尔伯爵夫人（1680~1749）的丈夫是詹姆斯党人叛乱的支持者，1715年，她用斗篷和风帽作为伪装，将丈夫从伦敦塔中解救出来。

尼维诺斯帽（Nivernois hat）

男式

时期：18世纪60年代。

一种宽边三角帽，帽冠扁平，帽檐沿帽冠展开。"他头上戴的那顶大帽子像伞一样，这种帽子叫'尼维诺斯帽'。"（1765, *London Magazine*）

由于其形似伞状，也称为"防水帽"。

诺福克外套（Norfolk jacket）

男式，有时也有女式

时期：1880年以后。

一种长至大腿中部的拉翁基·夹克，前片和后片中间采用箱状叠褶造型，臀部风箱式大口袋，左胸设计有直插式开缝口袋，配有一条自制腰带。由诺福克衬衫（Norfolk shirt）发展而来。1894年，常在上面加一个抵肩，并从抵肩位置开始设计有箱状叠褶。通常由哈里斯粗花呢和家纺布制成。

诺福克衬衫（Norfolk shirt）

男式

时期：1866年~1880年。

一种短款的休闲夹克，后片中间和前片采用箱状叠褶造型，衣领、袖口设计与衬衫类似。前摆有带盖口袋，腰带采用相同布料制成，扣子通常扣紧。用粗花呢制成，适合在乡村穿着。后来发展成为诺福克外套。

诺尔玛胸衣（Norma corsage）

女式

时期：1844年。

一种晚礼服上衣，中间有结构松散的褶皱，用一个金质装饰物固定。

花束（Nosegay）

时期：15世纪以后。

一小束散发芬芳气味的花束或药草，用作治疗传染病。16世纪和17世纪，人们参加婚礼时会戴在帽子上。"他的帽子上用几根网眼花边系了一束花束，先生，他的帽子全是绿色的"（1599, Henry Porter, *The Two Angry Women of Abingdon*）。

凹口（Notch）

男式

时期：19世纪以后。

指外套或马甲领口与驳头之间的缝隙。形状多样，裁缝将这条小缝隙称为"light（光）"，"M-notch（M形凹口）"形似字母"M"，长方形凹口被称为"step（阶梯）"。

宝石胸针（Nouch）

详见"宝石胸针（ouch）"。

哺乳衣裙（Nursing dress）

女式

时期：19世纪初期。

一种特殊结构的连衣裙，从后面用钩眼扣子将上衣扣住，因此母亲在哺乳时无须脱掉上衣，每个乳房上方有一个小狭缝开口，隐藏在上衣织物的布片（robin）或者褶皱下面，可以用扣子扣上。这种连衣裙在1820年至1850年使用。

尼塞特（Nycette, Niced）

女式

时期：15世纪晚期及16世纪初期

一种轻便的颈巾。

详见"方头巾（kerchief）"。

尼龙长袜（Nylons）

女式

时期：1930年后以后。

英文词组"nylon stockings（尼龙长筒袜）"的简称。

O

奥特兰乡村帽（Oatland village hat）

女式

时期：1800年。

一种白天佩戴的帽子，前后帽檐都向上翘，帽冠呈圆顶状，周围有一条丝带。采用稻草、合股线（twist）或麦秆（leghorn）制成。以约克公爵夫人（Duchess of York）在乡间的住宅名称命名。

欧比腰带（Obi）

时期：19世纪晚期。

一种长饰带，日本人用来将和服等服装束在腰间。这种风格于19世纪传入西方后变得较为流行，并为20世纪的时装设计师所借鉴。

欧比帽（Obi hat）

女式

时期：1804年。

一种走路时佩戴的草帽或者粗草帽，帽冠较高，平顶设计，帽檐较窄，并且在前面向后卷，丝带从帽檐穿过帽冠系在下颌，帽冠上饰有一圈丝带。以一部舞剧中的角色命名。

椭圆形裙箍/正方形裙箍（Oblong hoop, Square hoop）

女式

时期：18世纪40年代~60年代。

一种内衣，构造各异，水平方向上在腰部两侧突出，前片和后片展平处理，使得臀部非常宽。有的款式带有铰链，通过较窄的门道时可以用铰链将罩裙折叠在腋下。它是宫廷礼服的必需品，改良后，1820年前一直存在。

八角形领带（Octagon tie）

男式

时期：19世纪60年代~20世纪初期。

一种成品围巾，正面在领带针上方有四个小翼，而背面用钩子和穿绳孔将颈带固定住。

奥斯（Oes, Owes）

女式，极少为男式

时期：16世纪和17世纪。

缝在服装面料上的小环或纽孔，起到装饰性作用。"绣有'奥斯'的网纱面纱"（1616, Chapman, *Masque of the Inns of Court*）。

详见"发光饰片（spangles）"。

现成服装（Off-the-peg）

男女皆宜

时期：1850年以后。

指可以直接从商店现货购买的服装，而非量身定制的服装。20世纪之前，这种服装在面料和合身方面往往带有廉价和劣质的含义。

露肩式（Off-the-shoulder）

女式

时期：20世纪以后。

一种领口设计风格，露出颈部、肩膀和上臂；常用于正式的晚礼服。

洞眼（Oilets）

时期：18世纪及19世纪初期。

"eyelets（洞眼）"或者系带孔（lacing hole）的早期叫法。

涉水靴（Oker, Hogger, Hoker, Coker）

男式

时期：16世纪。

"农夫穿的靴子，被称为'涉水靴'"（1552, Hulcot）。

奥尔登堡软帽（Oldenburg bonnet）

女式

时期：1814年。

一种非常大的软帽，帽檐较宽且向前凸出，扁平的帽冠上饰有鸵鸟羽毛，下颌系着缎带领带。以亚历山大一世（Tsar Alexander I）的妹妹奥尔登堡公爵夫人（Duchess of Oldenburg）的名字命名，1814年，公爵夫人曾随亚历山大一世参加入城大典。

橄榄扣（Olive button）

时期：18世纪中期以后。

一种长方形或椭圆形的纽扣，通常用丝绸包覆。

盘花纽扣（Olivet, Olivette）

时期：18世纪中期以后。

一种橄榄形的木质纽扣，用丝绸或者穗带包覆，用于系合勃兰登堡（Brandenburg）。

详见"盘花纽扣（frog-button）"。

翁迪纳克里诺林（Ondina crinoline）

女式

时期：19世纪60年代。

一种笼式克里诺林，裙箍呈"波浪圈"状（引自19世纪坎宁顿的《19世纪英国妇女的服装》）。

连体衣（Onesie）

男女皆宜

时期：2000年之后。

最初，在美国指由轻质织物制成的婴儿连体衣，通常有袖子和裤腿，但是在裆部用撳扣扣住，与英国的背心连装裤（Romper suit）类似。20世纪90年代晚期，美国电视屏幕上出现了前片带拉链的休闲针织棉、羊毛或雪尼尔连衣裤，有的带风帽和脚套，有的则不带。到了2008年，欧洲和英国开始流行"成人连体衣"，受欢迎程度不亚于圣诞节和新年期间穿的季节性服装——节日针织套衫。由于设计成慵懒风或者睡衣样式，因此对于一些人来说这种风格过于休闲。2015年5月，澳大利亚政府部门禁止在工作场所穿连体衣、Ugg靴、平底人字拖鞋和牛仔裤等（2015年5月25日，*Daily Telegraph*）。

网上购物（Online shopping）

时期：20世纪80年代以后。

这一概念是随着计算机及相关技术的发展而出现的。最初是邮购配饰、服装和美容产品这种模式的一种变体，但是随着信息传播速度超越了传统方法，网上购物迅速取代了其他远距离订购模式。2012年3月下旬《纽约时报》（*The New York Times*）上的一篇文章讨论了这种新型购物体验。

西雅图的埃里克·诺德斯特龙（Erik Nordstrom）指出："客户对服务的定义以及期望的服务提供方式正在迅速发生变化……许多顾客喜欢亲手触摸、亲身感受并试用产品，但是他们也希望能从网上获得信息。"诺德斯特龙很早就在店铺里提供了无线网络服务（Wi-Fi），并且在测试充电站以及iPad和电脑集群。将应用程序下载到手机上，改变了购物管理方式。

详见"商品目录（catalogues）""邮购（mail order）"。

欧普艺术（Op Art）

时期：20世纪60年代中期以后。

一种使用大胆、抽象设计的运动，通常使用黑白等对比强烈的颜色。这一运动对20世纪60年代末的面料设计和服装以及2000年的复兴都产生了深远的影响。

开襟罗布（Open robe）

女式

时期：19世纪。

一种裙装风格，半身裙前片从腰部以下采用开襟设计，露出里面的装饰性打底裙或衬裙。在19世纪30年代和40年代，白天和晚上都非常流行穿这种风格的服装。

虽然这种结构从16世纪以后就已经开始使用，但是似乎直到19世纪才被称为"open robe（开襟罗布）"。

夜礼服斗篷（Opera cloak）

女式，有时也有男式款

时期：19世纪初期以后。

一件拖地长晚装斗篷，通常采用高档面料制成。

歌剧帽（Opera hat）

男式

时期：1750年~1800年。

一种小巧的、扁平状三角形帽，为了便于在腋下携带而设计，也称为"手臂帽（chapeau bras）"。

时期：1800年~1830年。

一种新月形的帽子，帽冠柔软，可以将新月形的两侧帽檐压缩，像手臂帽一样放在腋下，也称为"军用折叠帽（military folding hat）"或"卷边帽（cocked hat）"。1830年以后，除搭配全套礼服外，歌剧帽演化成了"环形折叠帽（circumfolding hat）"，后来演化成"吉布斯帽（gibus）"。

香橙花花环（Orange-blossom wreath）

详见"新娘面纱（wedding veil）"。

东方风格（Orientalism）

时期：1600 年以后。

指几个世纪以来，东方国家的服装和习俗对西方服装、时尚的影响，土耳其、印度、中国和日本的面料和服装式样影响了西方的设计和结构思想。

金（或银）线刺绣饰边（Orphrey, Orfrey, Orfray, Orfries, Orphrieis）

时期：13 世纪以后。

金线刺绣，从13世纪初开始，指装饰服装边缘的金色刺绣窄带，尤其是教会的法衣。后来，指用任何种类的刺绣制作的窄条，比如蓝色、红色和绿色的金线刺绣饰边，也有素丝绒。

奥雷莱特（Orrelet, Orilyet）

女式

时期：1550 年~1600 年。

源自法语词汇"oreillet"，最初指头盔上的耳罩，后来指女士考福帽上遮住耳朵的侧片部分，英语中也称为"cheeks and ears（脸颊耳朵护套）"。

桶状结（Osbaldiston tie, Barrel knot）

男式

时期：19 世纪 30 年代和 40 年代。

一种以桶状形式用中心结系起来的领带。

爱丽丝·麦考尔（Alice McCAll）服装制作图案中发布的两款女装设计图。左侧女士佩戴了一顶蒂罗尔风格的帽子，当时帽子、手套和手提包通常是户外服装的必备品。"中性服装舍了领子"，尽管每个胸前口袋上都有装饰性手帕，但是这些精简版套装旨在符合 1942 年颁布的服装配给或公用事业（Utility）法规。

宝石胸针（Ouch, Nouch）

时期：13 世纪~15 世纪。

一种镶有珠宝的扣环或带扣，一系列珠宝。

详见"庞蒂菲卡尔斯（pontificals）"。

欧勒（Ourle, Orle）

时期：13 世纪和 14 世纪。

毛皮的边。"orle"一词是后来出现的一种用法。

大衣（Out-coat）

男式

时期：17世纪晚期及18世纪。

一种在户外穿的大衣。

全套衣服（Outfit）

男女皆宜

时期：19世纪以后。

设计或者选择在一起穿的一套服装，通常包括首饰、鞋子等配饰。

椭圆形海狸帽（Oval beaver hat）

男式

时期：1817年。

一种在椭圆形帽模上制作的帽子，是对之前使用的圆形帽模的改良，如果使用圆形帽模，需要使用一颗"帽子螺丝"来将帽子调整为头的形状。

工装裤（Overalls）

男式

时期：19世纪。

指白色灯芯绒或皮革制成的宽松长裤，骑行时穿，由普通民众根据19世纪初期的兵服改造而成。"巴拉贡（Baragon）马厩夹克和工装裤，约109元人民币"（1840, Domestic bill）。

时期：19世纪以后。

指用来保护工人衣服的一种服装，如粗布或可洗面料制成的罩衫或长外套，或肩部有围涎和带子的裤子。

大衣（Overcoat）

男式，后来也有女式

时期：18世纪以后。

穿在室内套装外的一种在户外穿的外套，1780年，女性将其穿在裙装外面。

详见"厚大衣（greatcoat）"。

罩裙（Overskirt）

女式

时期：19世纪中期以后。

穿在连衣裙的半身裙外面的一条额外的裙子，通常由质地较轻的面料制成，较短，或者在正面或侧面开襟，起装饰性或保护性作用。

宽大衣袍（Overslop）

男式

时期：950年~14世纪晚期。

指一种宽松罩袍，也可指一种披肩、教士袍或斜襟衣。

宽大斯托克斯（Overstocks）

详见"斯托克斯（stocks）"。

外穿背心（Over-vest）

女式

时期：20世纪晚期。

一种最初穿在运动胸罩外面的休闲服，现在演变为一种无袖休闲款式，用于替代T恤。

1902 年，T.H. Holding, *Coats*（第四版）上展示的大衣。图中所示是一组 Holding 用以介绍说明"常规切斯特大衣（Normal Chester）"[切斯特菲尔德大衣（Chesterfield overcoat）在当代的简称]的前后视图；包括一件"萨克切斯特大衣（Sac Chester）"（右上）、一件"D.B. 切斯特大衣（D. B. Chester）"、一件"D.B. 阿尔斯特宽大衣（D. B. Ulster）"（右下）和一件"扣合的塔尔玛式大衣（Yoked Talma）"（中下）。图中所示的这些服装采用不同类型的布料、衣领和扣合件——暗门襟或纽扣，用于不同的场合；同时图中也展示了各类服装需要搭配的不同帽子，如圆顶硬呢帽、高顶礼帽和霍姆堡毡帽。

牛津裤（Oxford bags）

男式

时期：20 世纪 20 年代。

牛津大学的一些学生穿的一种以英式风格为主的阔腿裤。

牛津纽扣鞋（Oxford button-overs）

男式

时期：19 世纪 60 年代。

"覆盖脚背并通过扣子扣上，而不是用绳子系上的牛津鞋"（1862, Mayhew Bros, *London Life and London Poor*）。

牛津手套（Oxford gloves）

男女皆宜

时期：16 世纪中期～17 世纪中期。

指通常带有牛津伯爵香水气味的手套。

牛津鞋（Oxford shoe）

男式

时期：19 世纪晚期。

一种在前面系带的鞋，鞋面缝合在鞋带的贴边上。

牛津领带（Oxford tie）

男女皆宜

时期：19 世纪 90 年代。

一种两头宽度相同的窄版直型领带。男性用以搭配普通西装，女性用以搭配晨间衬衫。

牛津靴（Oxonian boots, Collegians）

男式

时期：1830 年～1850 年。

一种短靴，后常为黑色涂漆织物制成。靴子顶部两侧各裁剪出一个楔形缺口，方便穿脱。

牛津装（Oxonian jacket, Oxford coatee）

男式

时期：19世纪50年代和60年代。

一件"真正的牛津燕尾服，亮蓝色，只有两粒纽扣和两个扣眼，饰有各种漂亮的口袋，口袋位置采用传统设计"（1855, F. Smedley, *Harry Coverdale's Courtship*）。

详见"针织套衫（jumper）"。

牛津鞋（Oxonian shoe）

男式

时期：1848年。

"前面用鞋带系上，一共有三到四对鞋带孔。鞋面高出关节（即脚踝）。脚背上有接缝"（sparkes-hall）。

P

垫肩（Padded shoulders）
男女皆宜

时期：18世纪以后。

用来垫在衬衫、大衣和夹克衫的肩部，从而增加肩线的宽度和高度。

详见"权力着装（power dressing）"。

紧腰骑马外衣（Paddock coat）
男式

时期：1892年以后。

一种腰部无接缝的双排扣或单排扣长款大衣，采用暗门襟扣合设计。一条接缝从袖窿一直延伸至臀部的带盖口袋顶部，从而提高服装与身体的贴合度，与老式宽外套形成鲜明对比，其余设计与老式宽外套类似，也有一个侧身。1893年复兴后，被一些人叫作"新式宽外套（new paletot）"。

两种款式都有较宽的侧面活褶，隐藏了背开衩，口袋较多。

侍童软帽（Page bonnet）
女式

时期：1874年。

与夏洛蒂·科黛软帽（Charlotte Corday bonnet）相同。

侍童发型（Page boy）
女式

时期：20世纪20年代以后。

模仿文艺复兴时期绘画中侍童的发型，通常与下巴齐长，沿面部向内卷，前额留有较长的刘海。

礼服夹（Pages）
详见"礼服夹（dress clips）"。

宝塔形遮阳伞（Pagoda parasol）
女式

时期：18世纪90年代～19世纪30年代。

一种遮阳伞，伞盖在伞杖上呈双弯（"S"形）曲线形，据说撑开后就像一座宝塔的塔盖。

宝塔袖（Pagoda sleeve）
女式

时期：1849年～19世纪60年代。

一种袖子，内侧有一条接缝，为了使肘部以下更为宽松，接缝在肘部被裁断并收紧，改为外侧接缝，延伸至手腕附近。有些款式在前端开有狭缝。1857年，这种狭缝几乎与整个袖子的长度相同。到了1859年，这种叫法被"漏斗袖（funnel sleeve）"取代。与昂盖象特搭配穿。

时期：20 世纪。

一种窄版长袖，袖口在手腕上方约15厘米处，常带有小衬袖或可拆卸的短袖。

巴拉汀围巾（Palatine）

女式

时期：19 世纪 40 年代。

一种领式披肩，两头较长且采用平整设计，前面一直延伸至臀部。

详见"巴拉汀（pallatine）"。

巴拉汀皇室围巾 / 女式毛皮披肩（Palatine royal, Victorine）

女式

时期：1851 年。

一种带有绗缝风帽、前面有短边的毛皮围巾。

帕拉佐裤（Palazzo pants）

女式

时期：20 世纪 60 年代。

一种阔腿宽松长裤，通常在非正式场合穿，"帕拉佐睡衣（palazzo pyjamas）"是它的一种分体式变体。

垂形宽条（Pale）

时期：14 世纪晚期到 16 世纪初期。

一条垂直条纹布或一系列对比色条纹布中的一条。

"但你说的只是你所佩戴的霍兹上面的垂形宽条"（ca.1384, Chaucer, *House of Fame*）"。

详见"两色拼接（mi-parti）"。

宽外套（Paletot）

男式

时期：19 世纪 30 年代 ~ 1900 年。

法语中指腰部无接缝的短款厚大衣，背部通常采用整片剪裁，但一般都有侧缝，很多款式无侧褶。即便后片有背开衩，开衩的长度也很短。

女式

时期：1839 年 ~ 19 世纪末。

一种及膝长斗篷，肩部的硬褶自然垂下，带有较为硬挺的短款披风，袖窿设计有翻边。到1843年，设计有三片披肩、一个天鹅绒衣领和宽松的袖子。

时期：1860 年 ~ 1890 年。

"短款宽外套（short paletot）"或"快艇夹克（yachting jacket）"作为户外夹克穿着。

时期：1865 年 ~ 1884 年。

"长款宽外套（long paletot）"通常指一种户外修身夹克，长及膝盖以下，袖子较紧，通常饰有网眼花边；19 世纪 70 年代出现了无袖款式，并有华托褶或制作成卡萨克外套样式。

时期：20 世纪初期。

指一种修身长款大衣。

宽外套斗篷（Paletot-cloak）

男式

时期：19 世纪 50 年代。

一种勉强遮住臀部的单排扣或双排扣无袖短斗篷，在前片扣合，袖窿开缝设计。

宽外套斗篷（Paletot-mantle）

女式

时期：1867 年。

一种带有披肩和悬饰袖的及膝长斗篷。

宽外套式骑装式外衣（Paletot-redingote）

女式

时期：1867 年。

一种修身款户外长大衣，腰部无接缝，采用翻领设计，有时带有波浪形披风。整个前片全部扣合。

直筒大衣（Paletot-sac）

男式

时期：19 世纪 40 年代和 50 年代。

一种单排或双排扣直筒短款宽外套，通常用风帽代替衣领。

帕利塞德（Palisade）

女式

时期：1690 年～1710 年。

一种用于支撑高高的方当伊高头饰夸菲尔的金属丝框架。"帕利塞德，用来在公爵领结或第一个结纽旁边支撑头发的一种金属丝"（1690, J. Evelyn, *The Fop-Dictionary*）。

详见"康莱德（commode）""蒙拉奥（mont-la-haut）"。

帕拉包缠式外衣（Palla）

女式

时期：公元前 100 年～公元 300 年。

一种在室外穿的长款宽松外衣或围裹式服装，类似男式托加长袍，也可以拉起来包住头部。

后来指祭坛布或圣杯盖布。

巴拉汀（Pallatine）

女式

时期：1680 年～18 世纪初期。

一种貂皮围巾或披肩。"过去被叫作'貂皮披肩（sable tippet）'，但是现在因为它的款式更新，更接近法式设计，因此它的名字也变得更时髦了"（1694, *Ladies' Dictionary*）。

帕留姆（Pallium）

男式

时期：希腊罗马时期。

一种类似希玛纯的长方形大斗篷或大披风，几乎可以肯定是采用羊毛制成的。

后来指在教堂里穿的法衣。

帕默斯顿大衣（Palmerston wrapper）

男式

时期：1853 年～1855 年。

一种单排扣袋式大衣，前片宽松下垂，采用包裹式设计。袖子较为宽松，延伸至手背位置，无专门的袖口，领子和驳头较为宽大，一直延伸至纽扣搭门位置，共有四个扣眼，带有侧襟口袋。以英国政治家帕默斯顿勋爵（Lord Palmerston, 1784~1865）的名字命名。

帕尔托克（Paltock, Paltok, Paultock）

男式

时期：14世纪~15世纪中期。

用于系霍兹的基庞或达布里特。

帕米拉软帽（Pamela bonnet）

女式

时期：1845年~1855年。

一种小巧的草帽，帽檐较窄，面部采用敞开式设计，向后倾斜并与帽冠相接，帽后平整且带有一个小帘子，饰有缎带，有时还缀以花朵。以塞缪尔·理查逊（Samuel Richardson）1741年小说中的同名女主人公的名字命名。

帕米拉有边帽（Pamela hat）

女式

时期：1845年。

一种用粗稻草编织成的吉卜赛小帽。

巴拿马帽（Panama hat）

男式

时期：19世纪30年代以后。

一种由巴拿马草的叶子编织的纤维物制成的帽子，最早出现在厄瓜多尔，后在欧洲流行，在夏季佩戴。20世纪的款式包括可以卷起并放入行李中的旅行款式，最初的编织纤维被麦秆辫的替代品取代。

饰缝裙（Panel skirt）

女式

时期：1894年。

一种白天穿的半身裙，罩裙比打底裙短5厘米，左侧采用开襟设计，露出对比强烈的装饰性饰片。

拼接缝（Panes）

男式，有时也有女式

时期：1500年~1660年。

一种装饰品，通过将材料裁剪成长长的带状，或使用长度类似、平行且上下连接的丝带制成。通过这种饰片，可以将衬衫或袖子的一部分从缝隙中抽出，或者可能会抽出色彩鲜明的衬里。比如一件"深红色天鹅绒嘎翁，法式袖上衬有金属饰片"（1523, *Inventory of Dame Agnes Hungerford*）。这种装饰也常见于宽松短罩裤。

裙撑（Panier）

女式

时期：18世纪以后。

法语中指侧裙箍或裙撑。在18世纪的英格兰尚未出现"panier"这种用法，"hoop"一词更为常用。

19世纪晚期和20世纪初期，指一种将半身裙或罩裙束在臀部的多莱帕斯风格，也有"pannier（潘妮尔）"这种写法。

英式裙撑（Panier anglais）

女式

时期：18世纪。

裙环式衬裙（hoop）在法语中的叫法，在英格兰较少用。

裙撑用衬裙（Pannier crinoline）

女式

时期：19世纪70年代。

汤姆森（Thomson）设计的裙撑用衬裙是笼式克里诺林和巴斯尔的结合体，上部环绕背部和两侧。

潘妮尔礼服（Pannier dress）

女式

时期：1868年。

一种带有双层半身裙的日间礼服，上半身下面的抽绳将半身裙的后侧和两侧紧紧束起，打底裙带有裙裾，饰有荷叶边。

灯笼裤（Pantalettes）

女式

时期：1812年~19世纪40年代。

女式紧身长裤。一种长款直筒板型的白色德罗瓦兹样式的穿在外裤里的裤子，长度至小腿以下，裤脚饰有网眼花边或褶裥。儿童款式穿在半身裙里面，但是会露出一部分，流行至约1850年，一直到19世纪40年代，女性骑行服一直采用这种款式。

窄裤/紧身长裤/灯笼裤（Pantaloons）

男式

时期：1660年~1680年。

与裙腿裤（petticoat breeches）相同，"……紧身长裤是男女通用的一种裤型"（1661, J. Evelyn, *Tyrannus or the Mode*）。"一种新流行的骑行紧身长裤"（1662, Sir Miles Stapleton, *Household Books*）。

时期：1790年~1850年。

一种紧身裤袜，与腿型较为贴合；1817年之前，长度至小腿以下；到了1840年，长度至脚踝，常带有短的侧缝，在脚底用带子系住，英语中称"tights（紧身袜）"。

女式

时期：1812年~19世纪40年代。

一种长款直筒板型的德罗瓦兹样式的内衣，1820年以前较为少见。19世纪30年代，英语中称为"trousers（长裤）"。"那些腿型不好看的人一般都在短裙下面穿上紧身长裤"（1822）。

除了儿童款式，在裙子下面穿紧身长裤的方式在1840年之前已经不流行了。

紧身马裤（Pantaloon-trousers）

男式

时期：1815年~1830年。

一种混合式服装——上半部分采用紧身设计，但小腿以下采用相对宽松的样式，无侧缝。裤脚被裁成正方形，或者在脚背部位采用镂空处理。

潘廷领（Panteen collar）

女式

时期：19世纪80年代。

一种二重领，领子较高，常见于定制的

女式夹克和外套。

男式
时期：19世纪。

神职人员佩戴的白色倒挂领，1860年到1870年间，被立领和普鲁士形领取代，这种风格深得福音派和不遵奉圣公会的新教牧师的青睐。

紧身女衬裤（Pantie girdle, Panty girdle）
女式

时期：20世纪60年代。

轻便、有弹性且无骨架支撑的腰带和女短裤的一种结合体，不同款式长度各异，搭配紧身袜穿。

女短裤（Panties, Pants）
男女皆宜

时期：20世纪以后。

指短内裤。

在美国，"pants"一词也用来指裤子（trousers），早期词汇"pantaloons（紧身长裤）"的简写。

女式连裤袜（Pantihose, Pantyhose）
女式

时期：20世纪60年代以后。

在美国，指女式紧身袜"。

潘蒂莱（Pantile）
男女皆宜

时期：17世纪40年代～1665年。

圆锥形帽子的俗称。19世纪，人们用俚语"tile"代指帽子。

潘多弗尔斯（Pantofles, Pantables, Pantacles, Pantobles, Pantibles）
男女皆宜

时期：15世纪晚期～17世纪中期。

裸跟鞋样式的一种外靴。从1570年开始较为常见。

女式套装（Pants suit）
女式

时期：20世纪晚期。

在美国，指女士裤装套装。

纸制连衣裙（Paper dress）
女式

时期：20世纪60年代。

一种通常由黏合纤维或无纺纤维等人造纤维制成的连衣裙，并非完全采用纸制品制成；维莱恩（Vilene）就是一个典型的例子。这种服装属于一次性用品，价格便宜。后期的改良款式具有防火性能，不易撕裂，分解之前可多次清洗使用。

纸样（Paper pattern）
时期：19世纪中期以后。

用于制作各种款式和尺码服装的模板；人们将其别在织物上，然后进行裁剪和缝合。由于纸样的出现，从19世纪60年代以后，家庭作坊模式的服饰制作发展更成熟。

详见"巴特瑞克（butterick）"。

纸制内衣（Paper underwear）

女式

时期：20世纪60年代。

一时兴起的一种新奇事物，据说是为了方便度假而设计的一次性女性短裤和女装无袖衬裙。

卷发纸（Papillotte）

男女皆宜

时期：18世纪。

一种用来卷头发的螺旋纸。

卷发梳（Papillotte comb）

女式

时期：1828年。

一种用玳瑁壳制作的装饰性梳子，长7～10厘米，用来竖起两鬓的头发。

邮轮卡波特帽（Paquebot capote）

女式

时期：19世纪30年代。

与"比比卡波特帽（bibi capote）"相同。帽檐内侧饰有缎带和金色网眼花边。

降落伞帽（Parachute hat）

详见"气球帽（balloon hat）"。

遮阳伞（Parasol）

女式

时期：1800年～1860年。

一种女性用来遮挡阳光的装饰性轻便阳伞。宝塔形遮阳伞较为常见，其他款式则较为小巧并且为铰链式设计，因此伞盖可以垂直转动，用作扇子，详见"扇形遮阳伞（fan parasol）"。1811年，钢制伸缩伞杆问世；从1838年开始，带有可折叠伞杆的小阳伞常见于马车上。从那时起，遮阳伞的设计更为优雅；19世纪三四十年代出现了象牙雕刻伞柄，这一时期的遮阳伞的特点包括流苏镶边以及彩色丝绸和蕾丝伞盖；到了19世纪60年代，开始流行黑色马耳他蕾丝伞盖。

时期：1860年～1900年。

到了1867年，"宝塔形遮阳伞已经完全

（左）印花棉布遮阳伞或带短木木制伞杆和流苏的遮阳伞。印花采用装饰派艺术风格，1925年。（右）带伞杆和伞架的遮阳伞内部视图。

消失；这一时期的伞柄更长；伞盖开始出现条纹设计以及锦缎和缎子面料"。19世纪80年代，圆顶状遮阳伞较为常见，内衬色彩鲜艳；伞柄上装饰有大水晶和瓷制旋钮；从1886年开始，用丝带蝴蝶结装饰伞尖和伞柄；1888年，出现了一种设计有"和阿尔卑斯山登山杖一样长"的伞柄以及和台球一样大的旋钮的遮阳伞；到了1890年，出现了雪纺绸或双绉制成的伞面，配以较宽的荷叶边或整个伞面膨起来；1896年，开始流行德累斯顿瓷制伞柄；1899年，彩色宽条纹样式的精致丝绸伞面较为流行。

时期：20世纪。

约1914年之前，非常流行装饰性极强的遮阳伞。第一次世界大战之后流行的日本纸质遮阳伞和适合开车时使用的短柄遮阳伞风格更为简单，后来，太阳镜搭配宽边帽开始逐渐取代遮阳伞。

羊皮纸假小腿（Parchment calves）

男式

时期：1750年~1800年。

穿在长袜里面的羊皮纸，用来改善腿形。

详见"假小腿（false calves）"。

男大衣（Pardessus）

女式

时期：19世纪40年代以后。

半长或中长款带袖户外大衣的统称，腰部采用收腰设计，通常设计有圆形披风或细长披肩，饰有网眼花边或天鹅绒。

佛若克礼服大衣（Pardessus redingote）

男式

时期：19世纪50年代以后。

"佛若克礼服大衣（frock coat）"的法语名称。

长方形印花布（Pareo, Pareu, Parou）

女式，有时也有男式

时期：20世纪60年代以后。

波利尼西亚人用来围系成裙子、腰布等的布。最初指采用树皮布制成的裹身服装，在法属波利尼西亚和其他法属太平洋岛屿地区较为流行。后来指一种莎笼，或者指一种由明亮的印花棉布制成的男式围腰，在最初的发源地以外被用作海滩装。

派克大衣（Parka）

男式，后来也有女式

时期：19世纪晚期。

该词源自俄语，指一种带风帽的服装，长及大腿，类似爱诺瑞克外套，但前片带有扣合件，通常有毛皮衬里。

这种外套具有防风功能，常用于户外活动，如各种冬季运动，也常发给军人，并逐渐成为摩斯族最喜欢的户外服装。摩斯族成员通常在剩余军用物资商店购买派克大衣（parka），并且优先选择较长和宽松的款式，他们还定制了各种各样的徽章用来装饰。20世纪60年代以后，很多公司开始生产各种颜色和饰面的派克大衣。现代版的派克大衣种类繁多。

帕罗克（Parrock）

男式

时期：15 世纪。

一种带袖窿的宽松斗篷。"帕罗克或者水兵服"（1440，*Promptorium Parvulorum*）。

两色拼接霍兹（Parti-coloured hose）

男式

时期：14 世纪中期～15 世纪中期。

套脚式长筒紧身袜，袜筒长及大腿内侧两腿分叉处，袜筒通常颜色各异或带有条纹。"他们穿的霍兹有两种颜色，或者有更多的颜色"（1413，*Eulogium, Anon*）。

详见"两色拼接（mi-parti）"。

打褶绣花紧身衫（Partlet, Patlet）

男式

时期：1500 年～1550 年。

指无袖夹克衫或穿低领达布里特时仅用来遮挡露在外面的上胸部和颈部，在当时是一种非常时髦的打扮。打褶绣花紧身衫通常具有很强的装饰性。"一件做得像打褶绣花紧身衫的直筒无袖夹克"（1523, Letters and Papers, Henry Ⅷ）。

女式

时期：16 世纪和 17 世纪。

一种打底衫，类似16世纪30年代开始出现的搭配低胸、高领服装穿的女式无袖胸衣。"不量量她颈部的尺寸，他没办法制作打褶绣花紧身衫的立领"（1523, Letters and Papers, Henry Ⅷ）。

详见"活袖（detachable sleeves）"。

全套首饰（Parure）

女式

时期：18 世纪晚期。

通常一起佩戴的一套相配的珠宝。可能包括手镯、胸针、项链和耳环，还可以选择一顶皇冠。"半全套首饰（demiparure）"是指两件相配的首饰，如耳环和项链。

帕什米娜披肩（Pashmina）

女式，有时也有男式

时期：20 世纪 90 年代晚期。

一种质地非常轻盈的开司米披巾。"pashm"一词属于波斯语，表示喜马拉雅山山羊身上品质最佳的腹部纤维，"pashmina"一词在19世纪中期的英国不仅指梭织织物，也指由梭织织物制成的披巾。

现代款式颜色多样，通常由丝绸经线和开司米纬线编织而成，于20世纪90年代末开始流行起来，有些款式是用棉或粘胶纤维制成的饰有刺绣的廉价复制品。

前帽片（Pass）

男女皆宜

时期：17 世纪。

指男帽或女帽的正面。

帕斯（Passe）

女式

时期：1864 年。

指软帽帽檐下面的花带或饰边。

金银线花边（Passementerie）

详见《词汇表：纤维、织物、材料》。

铅质玻璃（Paste）

时期：17世纪中期以后。

一种类似玻璃的坚硬玻璃状成分，用于制造仿制宝石。

假痣（Patches）

女式

时期：16世纪90年代~18世纪晚期。

天鹅绒或丝绸制成的黑色小圆点，形状各异，用胶泥粘在面部用作装饰。在某些时期，比如18世纪初期，脸上假痣的不同排列顺序代表不同的政党。

男式

时期：18世纪。

男士很少用假痣装扮。

贴袋（Patch pocket）

时期：19世纪以后。

一种用织物缝在衣服上面形成的口袋，通常是方形或长方形的，与修补旧衣服用的补丁相同。

专利蕾丝（Patent lace）

详见《网眼花边词汇表》。

漆皮靴（Patent-leather boots）

男式

时期：19世纪70年代以后。

一种鞋面由漆皮制成的及踝纽扣靴，用来搭配日间礼服和晚礼服。到了20世纪，由于人们不再穿靴子，漆皮靴逐渐被漆皮晚宴鞋取代。

巡逻夹克衫（Patrol jacket）

男式

时期：1878年。

一种单排扣齐臀紧身夹克衫，由五粒纽扣扣合，领子样式为普鲁士形领，双侧臀部和左侧胸部都设计有横开口袋。这种夹克衫采用军服剪裁设计，搭配齐膝紧身短裤，便于骑前轮大后轮小的自行车。

女式

时期：1889年。

一种背片无中缝的齐臀紧身夹克衫，前片饰有军服辫带，窄袖设计，袖口收紧；立领设计。受埃及的一场军事战役启发而出现的一种军事风格。

木套鞋（Pattens）

男女皆宜

时期：14世纪~19世纪中期。

由木质鞋底和皮带组成的外靴，鞋底用皮带系住，穿在靴子和鞋履的外面，从而当人走路时鞋底不沾染污垢。木套鞋在不同时期的样式不尽相同。通常适合在乡间穿，15世纪和18世纪非常流行，一直到17世纪，这个词和木屐（clogs）是同义词。从约1630年开始，人们开始在木套鞋下面连接铁环状底座，"女士们把木套鞋放在走廊，那是一种木质的鞋子，鞋底连接着铁环状底座。她们外出的时候，会穿着自己的皮革鞋或者呢绒鞋踩到这些木套鞋里面"（1748, Pehr Kalm's *Account of his Visit to England*, Stockholm, 1753. Trans. J. Lucas, 1892）。

直到19世纪中期，农村女性一直穿木套鞋。

帕蒂黑玉（Patti jets）

女式

时期：1869年。

一种用丝带串起来的抛光黑玉，配有类似的耳环；用以搭配晨衣。人们使用这种由褐煤或石化煤抛光而来的黑玉已经长达数个世纪，19世纪下半叶尤为喜用。

详见"黑玉纽扣（jet buttons）"。

波特纳（Pautener）

男式

时期：中世纪～17世纪。

挂在束腰带上的袋子。

领航外套/飞行员式外套（Pea jacket, Pilot coat）

男式

时期：19世纪30年代以后。

用作大衣或短款无缝外套，采用海员厚绒呢或马海毛制成。设计有双排扣、宽驳头和天鹅绒面料的衣领，后片裙摆采用封闭式设计。用作大衣时，衣身宽松，类似麻袋，衣角裁剪为方形，长及膝盖上方。19世纪50年代，设计有硕大的纽扣，并且通常有一个较短的背开衩。从约1860年开始，英语中被叫作"reefer（双排扣水手上衣）"。这两种叫法都表明了这种服装的用途。当时的水手和海军军官穿的为更短、更简单的海军蓝羊毛款式，扣子分别为普通纽扣和黄铜纽扣。它能在20世纪流行，很大程度上归功于剩余军用物资商店。然而，作为一种经典的设计，如今也出现了各种其他颜色和面料制作的款式。

细尖头鞋（Peaked shoe）

详见"细尖头鞋（piked shoe）"。

珍珠（Pearls）

女式，有时也有男式

时期：中世纪以后。

指用来装饰服装的单颗或成串的珍珠、仿制珠宝。珍珠是在牡蛎体内发现的质地光滑、坚硬、银白色的颗粒，是在牡蛎壳内的沙子等刺激物周围形成的。无论是真的籽珠

一双设计有丝织锦缎鞋帮和羊毛衬里的木套鞋，可见系带孔，但是没有用以系合的鞋带或缎带（1730年～1740年）。

还是镀膜玻璃所制，都用于刺绣。

农妇裙（Peasant skirt）

女式

时期：1885年。

一种肥大的圆形网球半身裙，通常由两到三个宽褶和一条网眼花边做成。

农民风格（Peasant styles）

女式，有时也有男式款

时期：20世纪以后。

为了获得一种更为简单的着装方法，几个世纪以来，许多欧洲国家的上流采用、改制了民间服饰或具有地区风格的服装。彩色头巾、全袖刺绣上衣、抽褶裙或完整的套装、围裙式皮短裤（德国南部皮裤）和蒂罗尔帽都在不同时期出现了。

豌豆荚式达布里特（Peascod-bellied doublet）

男式

时期：16世纪70年代～1600年。

布威（bulwer）是1653年用的一个词，指一种时尚，即将达布里特的前襟垫在腰部，从而使束腰带上方膨起一圈。最初是一种荷兰风格。英语中也被叫作"long-bellied doublet（长身豌豆荚式达布里特）"。

佩克托尔（Pectoll）

男式

时期：16世纪。

衬衫的胸部。

七分裤（Pedal pushers）

女式

时期：20世纪50年代以后。

一种长及小腿的紧身裤，通常由结实的织物制成。专为骑自行车运动而设计，这种长度能确保裤子不会粘在踏板上。

三角墙形头饰（Pediment headdress）

女式

19世纪对16世纪出现的英式风帽（English hood）的叫法。

小贩（Pedlar）

男女皆宜

时期：14世纪以后。

关于"pedlar（在美国叫作'Peddler'）"一词，英语中有多种叫法，比如"chapman（货郎）"、"hawker（摊贩）"、"manchester merchant（曼彻斯特商人）"和"scotch merchant（苏格兰商人）"。有些叫法仅在书籍和小册子中用过。在服装领域，"pedlar"指持有执照的流动商贩。他们经销一些轻便商品，挨家挨户进行推销。琼·丹特（Joan Dant, d.1714）就是一位成功的小贩。她是贵格会一位成员的遗孀，她在丈夫去世后做小贩，经营"绸布、针织袜类和男子服饰用品"生意。"她把所有货品都背在背上"。她去世之后，剩下的所有物品都是优质的丝绸——手套、长袜等。在《英国商人全集》（*The Complete English Tradesman*，1726）一书中，丹尼尔·笛福（Daniel Defoe）将那些"把货物从一个市场带到另一个市场，或者从一家带到另一家"的人描述为"petty chapmen（小货郎）"，但其实他们都是"pedlar"，或者是摊贩（hawker）——叫喊着进行售卖。1748年，朱迪斯·拉撒路（Judith Lazarus）在一宗法庭案件中说，"我是个小商贩，并且已经向国王支付了大额执照费用"（*Old Bailey Proceedings*）。到了19世纪晚期，分别出现了马车摊贩和背包摊贩执照，马车摊贩向国内税收署支付2英镑，而背包小贩则向警察支付5先令。博物馆藏品中就有摊贩娃娃，它们都穿着带风帽的红色斗篷，这种斗篷被称作"红衣主教服（cardinal）"，身上挂着各种微型商品，比如布料、衣物和贵金属物品等。

19世纪初期盛行的小贩娃娃。在各类小贩定期挨家挨户推销商品的时期，这种娃娃较为流行。这类娃娃的典型特点包括身着款式简单的大衣，头上戴着一顶体面软帽，身上的围裙防止衣服与篮子发生摩擦，但最明显的特征是它们的"红衣主教服"，一种带有红色风帽的斗篷。虽然留存下来的真人大小的红色斗篷较少，但在小贩娃娃身上出现了许多这类服装。小贩们会带着各种各样的货品，图中展示的这些货品都属于奢侈品，有各种年代的银器，其中年代最久远的来自约1690年。

眼镜（Peeper, Peepers）

男女皆宜

时期：17世纪晚期及18世纪。

英语单数形式指小望远镜或镜子，复数形式是俚语用法，指一副眼镜。"'peeper'，一种小望远镜"（1785, F. Grose, *Dictionary of the Vulgar Tongue*）。

露趾凉鞋（Peep-toe）

女式

时期：20世纪30年代中期以后。

指露出一个或多个脚趾的鞋子。

陀螺裙（Peg-top skirt）

女式

时期：20世纪50年代以后。

一种形似木桩的半身裙，腰部和下摆较窄，臀部较丰满。

陀螺袖（Peg-top sleeves）

男式

时期：1857年~1864年。

一种上宽下窄的袖子，经改良，19世纪20年代流行的羊腿袖而出现的一种款式。

陀螺裤（Peg-top trousers, Zouave trousers）

男式

时期：1857年~1865年。

一种臀部蓬松、逐步向裤脚口收细的低腰裤子。仅适合白天穿，从未广泛流行。1892年，经改良再度流行起来。

这种风格的裤子在20世纪的法国和欧洲其他地方偶有流行。

长细齿发梳（Peigne giraffe）

详见"长颈鹿形梳子（giraffe comb）"。

约瑟芬插梳（Peigne Josephine）

女式

时期：1842年。

一种上面饰有小球的长齿梳子，通常为镀金的，戴在脑后，用来搭配晚礼服。

女晨衣（Peignoir）

女式

时期：18世纪晚期。

一种采用轻薄面料制成的宽松裹袍，作为日常便装或非正式晨装穿着。上衣无骨架支撑。1840年，出现带有主教袖的款式。"她……把她的女晨衣从肩膀上褪下来"（1780年9月，*Gentleman's & London Magazine*）。

细长披肩（Pelerine）

女式

时期：1740年～18世纪末。

一种前面带有长长的垂饰的短披肩，通常在胸前交叉，绕过腰部，然后在身后系住。

时期：19世纪。

一种披肩式衣领，但从1825年开始，又开始流行18世纪时期的风格，通常由细棉布或平纹细布制成，常绣有或饰有网眼花边。

时期：20世纪。

20世纪初期，"完全遮盖肩部的女用披肩变得非常流行"（1903, Cunnington, *English Women's Clothing in the Present Century*）。

皮长外衣（Pelisse, Pellice）

男式

时期：18世纪初期以后。

一种带毛皮衬里的斗篷或披风，通常齐腰长，是骑兵团制服中的一部分。

女式

时期：18世纪。

一种带有肩部披肩或风帽和开缝袖窿的及膝长斗篷，用丝绸、缎子或毛皮做衬里和装饰。"一件用精美的锦缎和黑貂皮衬里制成的皮制长外衣"（1718, *Letters of Lady Mary Wortley Montagu*）。

时期：1800年～1810年。

最初长度为及膝长，有的款式有袖子，有的款式无袖，后期演化成及踝长，有袖且较为修身，通常有一块或者多块披肩。

时期：19世纪80年代。

一种冬天的长款披风，通常为天鹅绒、丝绸或缎子质地，披在肩上，袖子肥大。在整个19世纪，襁褓中的婴儿使用的皮制长外衣通常是带有披肩的长斗篷，通常采用米色开司米制成，不过也有明亮颜色（蓝色或猩红色）的款式。

La Poupee Modele，R Ackermann Jnr（1793～1868）出版，1829 年。身着两种不同装束的娃娃，都在连衣裙里面穿着修米兹和束腰，裙子设计有细腰带和丰满的贝雷袖。带图案的面料可能是印花棉布，与两种不同风格的细长披肩搭配：一种与淡紫色和白色相间的连衣裙搭配，裙身上有刺绣，边缘带褶边，采用低领剪裁（前视图和后视图）；另外一种（前视图和上半身后视图）披肩的衣领更高，循着细长披肩的"V"形线条绣有刺绣，凸显了颇有层次感的锯齿状和带有荷叶边设计的边缘。两者都与坎兹上衣有相似之处。

皮制长外衣式披风（petit bord）

女式

时期：1838 年～1845 年。

一种中长款或拖地长的斗篷，披肩长及腰部，围在手臂上形成悬饰袖。19世纪40年代，这种披风在腰背部抽紧。

女士长外衣（Pelisse-robe）

女式

时期：1817 年～1850 年。

一种将皮制长外衣前片用丝带蝴蝶结完全系住或用钩眼扣子完全扣合的日间礼服。约 1840 年以后，英语中称为"redingote（骑装式妇女外衣）"。

佩利松（Pelisson）

男女皆宜

时期：14 世纪～16 世纪初期。

一种毛皮制成的长袍或罩衫，与皮尔奇（pilch）相同。

佩拉德（Pellard）

详见"奥布兰袍（houppelande）"。

彭布罗克大衣（Pembroke paletot）

男式

时期：1853 年～1855 年。

一种长及小腿的高腰双排扣大衣，设计有宽驳头，双排纽扣，每排四粒，有一个胸前口袋和两个带翻盖的侧袋，袖子设计较为简单，袖口翻边。

槟城律师拐杖（Penang lawyer）

男式

时期：19 世纪。

一种由槟城的棕榈茎干制成的拐杖。

铅笔裙（Pencil skirt）

女式

时期：20 世纪 30 年代以后。

一种窄裙，根据长度从臀部到膝盖或膝

盖以下完全采用直筒设计。

吊坠（Pendicle）

男式

时期：15世纪晚期～17世纪。

一种垂饰，男性仅佩戴单只耳环时期，流行的一种吊坠耳饰。

彭特斯（Pentes）

女式

时期：1886年。

由丝绸或天鹅绒制成的金字塔形饰片，有渐变条纹，形成拖地长的打底裙饰片，罩裙或束腰外衣披在身上，从而露出饰片。

佩柏勒斯衫（Peplos）

女式

时期：公元前480年～公元前300年。

一种由一块长方形的亚麻布或羊毛制成的长款外衣，后改用棉布或丝绸。垂直折叠后，包裹身体穿着，与凯同衫的区别在于这种服装的胸部和背部有一层翻边织物，用别针或胸针别在肩部顶部，且在腰部或胸部下方用腰带系住。

女式佩柏勒斯衫长及脚踝，但女神或神话人物穿着的款式长度仅及膝处。在雅典城一年一度的仪式中，人们会在雅典娜神像前祭献一件刺绣精美的佩柏勒斯衫。

褶襞短裙（Peplum）

女式

时期：1866年，19世纪90年代复兴。

一件白色棉质长外衣，1815年～1820年；长袖、前片开襟；袖子、前片以及领子都以荷叶边修饰，且饰有英格兰刺绣。

一种短款束腰外衣或罩裙，前、后均裁开，两侧呈尖形垂挂。搭配日间礼服。

时期：20世纪以后。

一种裁剪成尖角状的罩裙，或加长版巴斯克衫，以产生部分罩裙的效果。

波形褶襞巴斯克衫（Peplum basque）

女式

时期：1866年。

一种搭配腰带穿的带有波形褶襞的巴斯克衫，搭配日间或晚礼服上衣穿着。

波形褶襞上衣（Peplum bodice）

女式

时期：1879年。

一种晚礼服上衣，侧面长长的饰条形成裙撑。

波形褶襞德尔曼（Peplum dolman）

女式

时期：1872年。

一种两侧有长长的花边的德尔曼长袍。

波形褶襞女裙（Peplum jupon）

女式

时期：1866年。

一种拼片衬裙，底部设计有三根钢箍和一条有褶的宽荷叶边，取代笼式克里诺林。

波形褶襞罩裙（Peplum overskirt）

女式

时期：1894年。

采用装饰性织物制作的垂布，用腰带在背部束起打褶，束起后整体长度变短，腰带以下部分呈波纹状在前身垂至下摆，同时沿前胸宽的整个侧缝固定，露出前胸部分。

波形褶襞仑当特披风（Peplum rotonde）

女式

时期：1871年。

一种带有背开衩的齐腰圆形斗篷，边缘部分饰有流苏。

珀迪塔连衣裙（Perdita chemise）

女式

时期：1783年。

一种有着紧身上衣和"V"形设计的宽边单垂领或双垂领日间礼服。这种礼服从前胸到下摆都用纽扣或缎带、领带系紧，长长的窄版袖子在手腕处扣合。腰部的宽饰带在身后系住，并在裙身后片自然下垂。

香水（Perfume）

时期：16世纪以后。

最初指具有芳香气味的气体，后来指可以涂抹在身体或衣服上的芳香液体。原料含有天然成分和人造成分。早期最著名的人造香水是香奈儿5号。英语中也称为"fragrance"或"scent"。

详见"茉莉手套（jessamy gloves）"。

假发（Periwig）

详见"假发（wig）"。

烫发（Permanent wave）

女式，极少为男式

时期：20世纪以后。

指使用乳液、卷发器和加热器将直发变成卷发的过程。

详见"马塞尔波浪（marcel wave）"。

男子假发（Peruke）

详见"假发（wig）"。

秘鲁帽（Peruvian hat）

女式

时期：19世纪初期。

由古巴产的棕榈叶编成辫子而制作的一种帽子。"弗雷泽的专利秘鲁帽……不会被雨水损坏"（1816）。

花瓣领（Petal collar）

女式

时期：1950年之后。

一种由重叠的椭圆形织物制成的衣领，形似花瓣。

法式夹克衫（Petenlair, Pet-en-l'air, French jacket）

女式

时期：1745年~18世纪70年代。

早期出现的一种法国时尚，最先由其他国家采用，后来才开始在英国流行起来。一种长及大腿或膝盖的夹克式上衣，背部采用袋形设计，中袖设计，通常采用斯塔玛卡式前襟。与一种叫作"衬裙（petticoat）"的普通半身裙搭配。

"受此启发，技术娴熟的技师裁剪掉了一半的麻袋，做出了法式夹克衫"（1751, "Hymn to Fashion", *The Gentleman's Magazine*）。

彼得潘领（Peter Pan collar）

女式

时期：1909年以后。

一种受詹姆斯·巴里（J. M. Barrie）创作的戏剧和书籍启发而设计的小巧翻领。"日间穿的无领上衣只适合非常年轻的人，彼得潘领和克劳汀领也是如此"（1911, *The Woman's Book*）。

彼得沙姆哥萨克裤（Petersham Cossacks, Petersham trousers）

男式

时期：1817年~1818年。

一种极为宽松的哥萨克裤，在脚踝和脚面处大面积展开，或在脚踝处抽紧形成荷叶边。以摄政时期的花花公子查尔斯·彼得沙姆子爵（Charles, Viscount Petersham，1780~1851）的名字命名。

彼得沙姆佛若克礼服大衣（Petersham frock coat）

男式

时期：19世纪30年代。

一种双排扣佛若克礼服大衣，设计有宽大的天鹅绒衣领、驳头和袖口，臀部饰有带盖斜口袋。无侧身衣片。

彼得沙姆厚大衣（Petersham greatcoat）

男式

时期：19世纪30年代。

一种带有短款披肩的厚大衣。

小边礼帽（Petit bord）

女式

时期：1835年~1850年。

用于搭配晚礼服的一种头饰；最初是一种带有发光帽檐的小帽冠礼帽，饰有缎带和冠羽。到了19世纪40年代，这种帽子的尺寸有所减小，演化成一种无边礼帽，通常采用天鹅绒面料制作，帽檐较窄且上翻。通常以横向倾斜的方式戴在脑后。

衬裙（Petticoat）

男式

时期：1450~1600年，1520年之后较为少见。

一种内穿达布里特，通常加衬垫，用于保暖；后来被称作"马甲（waistcoat）"。"冬季，在衬衫外面穿一件猩红色的衬裙吧"（1577, Andrew Borde, *Regyment*）。

女式

时期：16世纪~19世纪。

19世纪前，"petticoat（衬裙）"多指裙装的裙摆，是嘎翁的一部分，而非内衣。面料颜色可以是对比色，也可以是同色系，有时还会刺绣图案或缝上穗带等。不过，其在现代含义出现前，专指内衣时，英语中一直称为"under-petticoat（内穿衬裙）"。

时期：16世纪~18世纪末。

多采用劣质面料（通常是白色法兰绒，18世纪时也用细棉布），用网眼花边或手工针缝花边系在身上。穿在裙撑下，有时英语中也称为"dickey（假衬衫）"。

时期：19世纪。

设计逐渐变得更为精致，19世纪40年代出现多种款式，其中最常见的是法兰绒衬裙。到了19世纪60年代，白色棉质衬裙与公主线衬裙风格截然不同。最初，衬裙前片通常是低胸设计，1825年后，衬裙边缘处多饰有英格兰刺绣装饰。

到了19世纪90年代，衬裙常采用丝绸或缎子面料，褶边华丽，流苏繁复，边缘处还用丝带和蕾丝装饰，行走时会发出"勾人心魂的沙沙"摩擦声。

时期：20世纪以后。

衬裙款式更加多样化，主要分为长裙和短裙。面料多用人造纤维来仿制真丝和缎子，但总体款式线条较为流畅。20世纪末，尽管胸罩衬裙结合了胸罩和衬裙的优点，但是衬裙已经不再属于必备内衣。

衬裙式胸衣（Petticoat bodice）

女式

时期：1815年以后。

无袖连体衬裙，通过拼片或碎褶与腰部的褶边连接，使得臀部更有型。19世纪90年代，该词用于指代遮盖托束腰的上衣。

详见"妇女贴身背心（camisole）"。

裙腿裤（Petticoat breeches）

男式

时期：17世纪60年代~70年代。

出自罗梅恩·德·胡格的 Figures à la mode，1670 年。这幅时尚插图中刻画了一位身着短款开襟达布里特和斗篷的男子，不过关注重点则在其裙腿裤、丰满的假发以及衣服上繁多的缎带装饰。范达克领上饰有宽大的网眼花边。

裤腿非常宽松，腰部打褶或收拢，像裙裤一样垂至膝盖处或以上。一些款式衬有内里，以作宽松的内穿马裤，在膝盖上方收拢成一条带子。腰部和大腿外侧常饰有丝带环。

详见"花式织物（fancies）""重褶裤（rhinegraves）""窄裤/紧身长裤/灯笼裤（pantaloons）"。

直到18世纪中叶，裙腿裤还是跑堂脚夫的常见装束。

锡铅纽扣（Pewter buttons）

时期：17 世纪晚期。

空心锡铅纽扣于1683年获得专利。18世纪时多见于工人服装，较为廉价。锡铅是指锡铅或锡铜合金，呈深灰色。

摄影与时尚（Photography and Fashion）

时期：19 世纪 30 年代晚期。

照相机准确的人像捕捉方式迅速改变了记录人的外貌的形式，并产生了持久影响。相比于让艺术家画肖像，去照相馆拍照的价格更容易接受。尽管早期便有人尝试进行艺术摄影，但正是业余爱好者和专业人士拍摄的数百万张照片，让我们得以见证来自不同国家的不同社会群体一年内在不同时间、不同地点的外形变化，为150多年来的非理想化外貌提供了丰富的证明材料。随着摄影过程的简化，用摄影的方式来记录时尚艺术成为一种可行的记录方式。早期有影响力的摄影师包括阿道夫·德·迈耶男爵（Baron de Meyer, 1868～1946）、乔治·霍宁根·华内（George Hoyningen-Huene, 1900～1968）、塞西尔·比顿（Cecil Beaton, 1904～1980）和理查德·阿维顿（Richard Avedon, 1923～2004）。*Vogue*是第一本以时尚摄影为主要内容的杂志，德·迈耶是该杂志的早期摄影人。到了20世纪20年代，时尚摄影师开始拍摄来自世界各地、穿着各式流行时装的模特、时装设计师和上层女性。斯诺登勋爵（Lord Snowdon）、大卫·贝利（David Bailey）、特伦斯·多诺万（Terence Donovan）和马里奥·特斯蒂诺（Mario

Testino）等一代又一代的时尚摄影师，通过报纸、杂志、电视和电影记录时尚的魅力。

弗利吉亚帽（Phrygian cap）
男式

时期：9 世纪～12 世纪末。

指18世纪帽顶略微朝前翻的尖顶帽。古典时期及中世纪早期头饰的常见样式，法国大革命时期，也与自由帽有关。

菲兹卡尔假发（Physical wig）
男式

时期：1750 年～1800 年。

有学识的专业人员佩戴，用来代替全套头顶假发。类似大号长款鲍勃假发，将头发从额前向后梳，有的中间分开，有的不分开；脑后像"灌木丛"，常垂至颈背。"什么假发叫'lion（狮子）'或'庞培（pompey）'"（1761, Gentleman's Magazine）。

皮卡德鞋（Picards）
女式

时期：17 世纪。

"法国流行的新式鞋"（J. Evelyn, Ladies' Dictionary）。

皮卡迪利领（Piccadilly collar）
男式

时期：19 世纪 60 年代以后。

一种与衬衫分开的浅立领，颈后的纽扣和前襟的饰钉扣在领上。但在1895年，出现了"一种较宽的二重领剪裁，这种剪裁是方便佩戴围巾饰带"。

皮卡迪利长须（Piccadilly weepers）
男式

时期：19 世纪 70 年代和 80 年代。

经过梳理的长胡须。

雕花花边（Pickadil, Pickardil, Piccadilly）
男式

时期：16 世纪。

一种布料上的花纹或扇形花边，用作装饰，常用于达布里特下摆，据说是"用多个雕花花边制成"的。

男女皆宜

时期：16 世纪晚期～1630 年。

后来指一种带花纹的硬挺支撑，用于衣领或拉夫领的背面（背带）。"他的背带是怎么跟他的皮卡迪利一块动的"（1617, Henry Fitzgeffery, Notes from Blackfryers）。

前尖胡须（Pickdevant, Pique devant）
男式

时期：16 世纪 70 年代～1600 年。

一种短小的尖胡子，通常搭配向上梳理的八字须。

阔边花式帽（Picture hat）
女式

时期：19 世纪 90 年代以后。

一种用稻草或质地轻盈的材料制成的宽边大帽子，色彩鲜艳，饰有强烈的对比色。

以庚斯博罗（Gainsborough）1787年为德文郡公爵夫人（Duchess of Devonshire）画的肖像命名。20世纪上半叶，这种帽子通常饰有丝带和人造花，在夏季花园聚会、赛车比赛等场合佩戴。

皮埃蒙特礼服（Piedmont gown, Robe à la Piémontèse）

女式

时期：1775年。

袋状长袍的一种变体，箱状叠褶与上衣后片分开，形成一个从肩部到臀部的连接结构，褶皱与罩裙在两者的连接部位接头。

丑角服（Pierrot）

女式

时期：18世纪80年代~90年代。

一种低领紧身夹克上衣，带有短巴斯克。通常搭配与之相匹配的荷叶边衬裙，适合日间穿着。

丑角披肩（Pierrot cape）

女式

时期：1892年。

一种及膝长斗篷，带披肩和缎子丑角拉夫领。

丑角领（Pierrot collar）

女式

时期：19世纪80年代以后。

一种质地柔软松垂的拉夫领，与戏剧人物皮埃罗（Pierrot）身上穿的白色宽松衣服和发白的脸有关。皮埃罗和皮耶雷特（Pierette）（角色的女版）的服装是流行的舞会服。

丑角拉夫领（Pierrot ruff）

女式

时期：1892年。

一种拉夫领，边缘饰有毛皮，作为披肩用于户外。

丑角软帽（Pifferaro bonnet）

女式

时期：1877年。

一种毛毡软帽，帽冠扁平，帽檐较窄，略微向上翘起，饰有羽毛。

丑角有边帽（Pifferaro hat）

女式

时期：1877年。

一种帽冠较低且形似烟囱的帽子，帽檐前饰有一根羽毛。

鸽翼遮秃假发（pigeon-winged toupee）

男式

时期：18世纪50年代和60年代。

从耳朵上面伸出的一两缕横向硬质卷发，前额和两鬓部位的头发柔顺自然。搭配不同风格的辫子佩戴。

详见"'鸽翼式'假发（aile de pigeon）"。

辫子式假发（Pigtail wig）

男式

时期：18世纪。

一种用黑丝带螺旋绑住或交织而成的带有长辫子的假发，通常用黑丝带蝴蝶结在上下打结。

细尖头鞋（Piked shoe, Peaked shoe）
男女皆宜

时期：14世纪和15世纪，主要是1370年~1410年及1460年~1480年。

一种鞋头形似长矛的鞋，鞋头长于脚趾，同时期的木套鞋也有这种设计。

详见"克拉科（copped shoes, cracowes）"。

皮尔奇（Pilch, Pilche）
男女皆宜

时期：14世纪~16世纪初期。

一种紧身毛皮外衣，冬天男女都穿，神职人员在寒冷的教堂里穿上它用以保暖。

时期：17世纪晚期。

裹在尿布外面的婴儿服装或包裹物，"现在指包裹幼儿下半身的法兰绒织物"（1694, *Ladies' Dictionary*）。

药盒帽（Pillbox）
女式

时期：20世纪50年代以后。

一种有边帽子，形状类似装药丸的圆柱形小盒。20世纪60年代初期，因美国前总统夫人杰奎琳·肯尼迪·奥纳西斯（1929~1994）而流行。

皮里昂式帽（Pillion）
男式

时期：14世纪晚期~16世纪中期。

一种圆顶有边帽子或无边便帽，主要是神职人员和学者佩戴。

飞行员式外套（Pilot coat）
详见"领航外套（pea jacket）"。

饭单裙（Pinafore）
时期：18世纪晚期。

一种儿童穿的可洗罩衫，罩在佛若克前面，防止将其弄脏，类似围裙。

饭单裙装（Pinafore costume）
女式

时期：1879年。

一种带有束腰外衣的网球装，前片是围涎饭单裙样式，有一根腰带，穿在公主裙和褶叠短裙外面，束腰外衣采用华丽面料制成，如蓬帕杜缎子。

围裙装（Pinafore dress）
女式

时期：20世纪以后。

一种无袖连衣裙，最初采用围涎式前襟，后来采用各种不同的开襟样式，但通常套在上衣或毛衣外面。"饭单裙长袍（pinafore gown）"于1906年问世，但围裙装在20世纪30年代才开始流行。

黄铜纽扣（Pinchbeck buttons）

时期：1770年开始。

采用铜锌合金制成的纽扣，约1700年由英国钟表匠克里斯托弗·平奇贝克（Christopher Pinchbeck）发明。多用于仿制价格更为昂贵的镀金纽扣。

锯齿切裁（Pinking, Pouncing）

时期：15世纪晚期~17世纪。

一种装饰形式，在布料、成衣或鞋子通过裁剪或打孔的方式形成小孔，或非常短的狭缝，然后排列成图案。

"一千五百次锯齿切裁，制作一件裙子……"（1580, Egerton MS）。

"这双鞋子……采用锯齿切裁，上面带有你名字的字母"（1600, Dekker, *The Gentle Craft*）。

时期：17世纪中期以后。

"Pinking"一词在现代指裁剪成小荷叶边或各种角度的无褶边的边缘。为实现这种设计，有人发明了"齿边布样剪刀（pinking shears）"。

垂片头饰/无边便帽/饭单裙（Pinner）

女式

时期：17世纪~18世纪中期。

室内无边便帽的垂饰，通常用别针别住。17世纪80年代，指室内无边便帽。"一位女士的头饰两侧有长长的垂饰，垂在脸颊两旁也可指长耳式头巾"（1688, R. Holme, *Armory*）。

18世纪，一般省略垂饰设计，"pinner"指一种带褶边的扁平圆形无边便帽。

时期：17世纪。

有时指领巾，但更常指带围涎的围裙，一种饭单裙，这种用法沿用至今。

针（Pins）

时期：中世纪以后。

一种细的金属，通常是圆柱形，针尖尖锐，针头呈圆形且较宽，用于扣合衣物。一种钉头被锤在针杆末端周围的钉子，到了1830年，被带针头和针杆的针取代。

详见"安全别针（safety pin）"。

平森鞋（Pinson, Pinsnet, Pinsonet）

男女皆宜

时期：14世纪~16世纪末。

一种轻便的室内鞋，早期款式通常是毛皮制成的。16世纪，搭配具有保护作用的鞋套一起穿。"一种穿在拖鞋里面的潘普鞋或平森鞋"（1599, Minsheu）。17世纪，"pump（浅口鞋）"取代了这个词。

管形线缝/绲边（Piped seams, Piping）

女式

时期：19世纪20年代以后。

一种装饰，用细绳沿衣服接缝围成管状褶皱。1822年，首次出现在平纹细布衣服上的一种构造，到了19世纪40年代，成为一种非常普遍的时尚潮流，在男士外套和马甲上会用窄边细绳来模仿实现相同的效果。

派普斯（Pipes）

男式

时期：17世纪和18世纪。

一种小卷的管状黏土，加热后用来增强假发的卷曲效果。

详见"鲁莱特（roulettes）"。

皮普金 / 塔夫绸皮普金（Pipkin, Taffeta pipkin）

女式

时期：1565年～1600年。

一种小巧的有边帽，帽冠扁平，向内收拢，通过打褶设计收紧成扁平帽檐，通常有镶珠宝的窄帽带，饰有羽毛。

充纱罗织物（Piquets）

女式

时期：1878年。

一种装饰性花饰，用于装饰成熟女性佩戴的晚间蕾丝小帽。

普拉卡德（Plackard, Placart, Placcard, placcate）

男式

时期：15世纪晚期～16世纪中期。

一种斯塔玛卡或胸甲，用于遮住低领达布里特或夹克的"V"形或"U"形间隙。

女式

时期：14世纪中期～1540年。

侧开身外套的前襟饰片或斯塔玛卡部分，常饰有刺绣或皮毛，也指用来搭配长袍或衬裙的斯塔玛卡。

衩口（Placket）

女式

时期：16世纪以后。

一种女裙或衬裙顶部附近的短开口、狭缝。

19世纪，"半身裙或衬裙后片的开襟，从腰部向下延伸，用来增大腰带处的开口，便于头和肩膀从裙子中间伸出"（1882, *Dictionary of Needlework*）。20世纪，半身裙或连衣裙的后腰或侧腰部通常设计有衩口，上衣颈部也会有这种设计。通常用从右到左的扣合件来隐藏。

格子花呢（Plaid）

男女皆宜

一种较长的斜纹毛料，通常编织有各种颜色的棋盘格或花呢格纹图案，用作苏格兰高地服装的外层或顶层。

详见"格子花呢衣裙（arisaid）""苏格兰短裙（kilt）"。

简约蝴蝶结领结（Plain bow stock）

男式

时期：19世纪30年代。

一种前面饰有蝴蝶结的直边黑色丝绸。

胸饰（Plastron）

女式

时期：19世纪及20世纪初期。

源自法语词汇，指"胸前护垫（breast plate）"，上衣前襟上的饰片，与上衣其他部分的颜色和材质不同。

镀银纽扣（Plated buttons）

男式

时期：18世纪。

通常指镀银纽扣，与镀金（gilt）纽扣不同。约1750年前，银的表面都是用法式镀法获得的，之后则采用谢菲尔德（Sheffield）镀法。男士外套上较为常用。

砖形鞋底（Platform soles）

女式

时期：1940年开始。

一种厚重合成鞋底，采用软木、橡胶或其他材料制成，表面覆有皮革。

普拉托夫帽（Platoff cap）

女式

时期：1814年。

一种淡粉色缎子制成的晚间佩戴的帽子，帽檐呈扇形，镶有一排珍珠，帽冠上缀有珍珠流苏。以1814年参加伦敦和平庆典（Peace celebrations）的哥萨克将军米哈伊尔·普拉托夫（Matvei Platov，现代拼写）的名字命名。

海滩装（Playsuit）

女式

时期：20世纪30年代以后。

一种海滩装，短裤与上衣采用连体设计，或者短裤搭配配套的衬衫。

褶（Pleat）

时期：16世纪以后。

女式砖型底裸跟鞋，1974年~1975年。由萨查鞋业（Sacha footwear）出售，由印有花卉图案的棕色皮革制成，采用压线饰缝。鞋底约12.7厘米高。

一种褶皱，通过熨烫或其他压力将织物或布料沿一边固定，或将部分、整个边缘缝在一起。

打褶衬衫（Pleated shirt, Plaited shirt）

男式

时期：1806年~19世纪70年代。

最初是一种日间衬衫，上面的纵向褶较窄，从胸前垂下，无褶边，前片用三颗纽扣扣合。1840年起，也用于搭配晚礼服，前片用装饰性纽扣扣合。

打褶裤（Pleated trousers）

详见"哥萨克裤（cossacks）"。

橡胶底帆布鞋（Plimsolls）

男女皆宜

时期：19世纪中期以后。

一种橡胶底帆布运动鞋。

布鲁得霍斯短裤（Pluderhose）

男式

时期：1550 年～1600 年。

一种德国和瑞士风格的宽松短罩裤，特点是有宽大的饰片和宽阔的拼接缝，饰片下方常垂有丝绸衬里。

高礼帽（Plug hat）

男式

时期：19 世纪 30 年代以后。

在美国，指高顶礼帽。

普拉米特（Plummet）

时期：17 世纪。

一种耳饰。"用普拉米特堵住耳朵"（1617, H. Fitzgeffery, *Satyres*）。

详见"吊坠（pendicle）"。

鼓腮物（Plumpers）

女式

时期：17 世纪晚期～20 世纪初期。

采用各种材料制成的小球或衬垫，用来使牙齿少的人的脸颊看起来更为丰满。

"某些非常薄、圆、轻的（软木）球，用来充盈和填充脸颊的凹陷"（1690, J. Evelyn, *The Fop's Dictionary*）。

"布顿夫人脸颊两侧都放了软木鼓腮物，为了不露出来，她说话从不超过六个字"（1780, Mrs Cowley, *The Belle's Stratagem*）。"（车祸）后，罗莎贝拉的鼓腮物丢了，她很沮丧"（1825, Harriette Wilson, *Paris Lions and London Tigers*）。

高尔夫灯笼裤（Plus fours）

男式，有时也有女式

时期：20 世纪 20 年代以后。

一种特别加长加宽的灯笼裤的变体，因上面悬垂的额外 10 厘米长的织物而得名。

普利茅斯手杖（Plymouth cloak）

男式

时期：17 世纪。

"粗短棍（cudgel）"或"手杖（cane）"的俚语叫法。"我们手里拿着普利茅斯手杖"（1677, Aphra Behn, *The Rover*）。

装饰吊袋（Pochette）

女式

时期：20 世纪以后。

一种类似信封的扁平椭圆形手袋，无提手或者背面有一个带状提手，可以用手提。约 1975 年后，开始生产男士款式。

衣袋（Pocket）

男式

时期：15 世纪～16 世纪中期。

一种小荷包，不缝在衣服上，用来装纸币等。

时期：16 世纪中期～17 世纪晚期。

一种小荷包；16 世纪末期，缝在宽松短罩裤和马裤里面；17 世纪初期，缝在外套里面，例如："我账房的钥匙在我外套左边的衣袋里"（1633, W. Rowley, *A Match at Midnight*, Act 3）。

时期：17世纪晚期~19世纪晚期。

约1690年起，出现带盖衣袋。18世纪开始，衣袋设计在马甲里面。

详见不同变体："风箱式口袋（bellows pocket）""胸前口袋（breast pocket）""卡迪（caddie）""横开口袋（cross pocket）""怀表口袋（fob pocket）""后袋（hip-pocket）""长型口袋（long pocket）""盐罐式口袋（salt-box pocket）"。

此处提到的描述性术语需作解释，例如，"后袋"与"臀部口袋"不同，后袋是在裤子后面，而臀部口袋则在连裙外套臀部位置的外面。

"活褶里的口袋（pocket in the pleats）"与"半身裙里的口袋（pocket in the skirt）"不同。前者指上衣下摆后面一条褶皱下面的开口，而后者则在半身裙的衬里上。

"斜口袋"是指外套表面的狭缝开口，缝狭边缘通常用锁边固定。连裙外套"线缝口袋（pocket in the seam）"指的是腰缝处的一条横向开缝（无锁边），位于侧面，一种常见的票券袋。

时期：20世纪以后。

不同的风格与特定的服装相关，但是范围很广。外露的口袋包括胸前口袋和贴袋等，隐藏式口袋则包括偷猎者的口袋、票证和手表口袋等。

女式

时期：18世纪。

衣袋成为一件单独的物品，是扁平的小袋子，或者用狭幅织物连接在一起的一对袋子。"放在我衣袋里，在罩衫旁边的中间位置"（1701, J. Swift, *Mrs Harris' Petition*）。衣袋系在腰间，位于衣服下方，可以从开襟口位置伸进去。常饰有彩色刺绣图案。

时期：19世纪。

1820年之前，不再流行系带口袋，开始流行随身携带的必需品袋（indispensable）或收口网格包（reticule）。

尽管如此，人们出行时还会用这种系带口袋，后来称为"铁路口袋（railway pockets）"。

一种半身裙上的内置口袋，可以从后面的口袋孔伸进去。1840年，变得非常常见，并且加了表袋，表袋隐藏在腰前的上衣褶皱之中。几年后，表袋的位置发生变化——设计在腰带。1876年，公主裙和波兰式连衫裙裙摆后方下摆处加上了一个贴袋，这种贴袋十分方便扒手行窃。1899年，出现了一种十分新颖的手帕袋，位于半身裙衬里上或者衬裙下摆上方的边线上。

时期：20世纪以后。

如果衣袋设计会影响服装的线条，则通常会省略，但宽下摆裙、外套、夹克等都可以在侧缝处或外面设计上衣袋。

袖珍盒/袋（Pocket book）

男式

时期：17世纪晚期。

一种折叠式盒子或钱包，放在衣袋里，

用来装证件或纸币，如今多为美国人使用。

女式

时期：19世纪初期以后。

一种钱包或小手包，主要在美国使用的一种说法。

胸袋手帕（Pocket handkerchief）

男女皆宜

时期：16世纪以后。

棉、亚麻布或丝绸制成的精美手帕，边缘饰有蕾丝花边或刺绣，常拿在手中而非放在衣袋里。男士手帕一般比女士手帕大。19世纪，白天用的男士手帕通常是彩色的。摄政时期的悼念手帕（mourning handkerchief）可能是纯黑色的，后来演化成白色，但带有黑边，边缘的宽度取决于哀悼的程度。

详见"手帕（handkerchief）""餐巾（mockador）"。

袋形裙箍（Pocket hoop）

女式

时期：18世纪20年代和70年代。

"最小尺寸的裙箍，通常称为'袋形裙箍（pockethoops）'"，巴斯集会厅（Bath Assembly Rooms）的规定中曾有提及，后来裙箍尺寸变小，规定中再一次提及。例如，1774年7月提到的"便衣时尚（undress fashions）"："浅棕色睡衣和带有小巧的袋形裙箍的外套（即衬裙）……"（*The Lady's Magazine*）。

尖袖（Pointed sleeves）

详见"连肩袖（raglan sleeves）"。

（左）一对衣袋，1710年~1740年。上面的刺绣设计精巧，与18世纪前20年的"稀奇古怪"丝绸有相似之处。印花布、棉布或亚麻布制的衣袋可以无花纹装饰，也可以带装饰，通常有刺绣装饰。图中的这对衣袋似乎是用旧衣物制成的，因为它们的设计并不规则，不符合衣袋的常规形状。（右）刺绣衣袋的细节。

尖包头系带（Points）

男式

时期：15世纪～17世纪中期。

一种丝绸或皮革领带，尖头部分饰有金线，可用来装东西，也可用作装饰品。实用性的尖包头系带可以将霍兹、宽松短罩裤或马裤固定到达布里特上。约1630年，尖包头系带可以将活袖固定到达布里特上，并将短上衣或短上衣的前片系合。作为装饰，16世纪和17世纪用于固定成束或单独的蝴蝶结，装饰男女服饰。

小袋（Poke）

男女皆宜

时期：1300年以后。

一种钱袋或类似麻袋的袋子，如今常指纸袋。16世纪和17世纪，与"衣袋（pocket）"同义。

波克罩帽（Poke bonnet, Poking bonnet）

女式

时期：1799年～19世纪末。

一种软帽，帽檐朝向脸颊，采用敞开式设计。该词适用于各种款式，"poke"（帽子向前延伸的部分）通常非常小。

平褶棒（Poking sticks）

时期：16世纪。

一种木条或骨条，加热后用来给拉夫领抚平活褶。1574年，出现了钢制平褶棒。

风琴袖（Pokys sleeves）

详见"风琴袖（bagpipe sleeves）"。

警察披肩（Policeman's cape）

女式

时期：1895年。

一种从圆形织物上剪下的一片式披肩。

波兰长筒靴（Polish boots）

女式

时期：19世纪60年代。

饰有垂坠流苏和彩色高跟的高筒靴。

波兰厚大衣（Polish greatcoat）

男式

时期：1810年。

一种长款紧身外套，衣领、袖口、驳头采用俄国羔羊皮制成，采用环扣和盘花纽扣系合。搭配晚礼服穿。

波兰夹克（Polish jacket）

女式

时期：1846年。

一种及腰长的夹克，翻边和衣领采用男式服装风格。方形袖子上的开缝沿内侧一直到肘部。采用开司米制成，内衬为绗缝缎子，在海边或乡下穿。

波兰披风（Polish mantle）

女式

时期：1835年。

一种及膝披风，带有细长披肩；采用缎子制成，边缘饰有皮毛。

紧身短夹克（Polka）

女式

时期：1844年。

一种短款紧身披风或夹克，袖子宽松，采用开司米或天鹅绒制成，内衬丝绸。一种户外服装，是卡萨维克（casaweck）的一种变体。

马球外套（Polo coat）

男女皆宜

时期：19世纪晚期。

一种宽松外套，马球比赛等体育赛事中穿着，通常采用驼毛制成。几乎同一时期出现的马球牌双面厚绒呢（polo cloth）是一种采用驼毛和羊毛梭织而成的布，编织结构较为松散。1818年成立的美国公司布克兄弟（Brooks Brother）于1910年推出了一种白色织物制成的马球外套，穿在骑行服外面，后来采用驼毛制成。

马球领（Polo collar）

男式，后来也有女式

时期：1899年。

一种经过浆洗工艺处理的白色二重领，前襟向两边倾斜分开。

时期：20世纪。

美国的一种叫法，类似波罗领（polo neck）。

波兰式连衫裙（Polonaise, Polonese）

女式

时期：18世纪50年代。

一种带风帽的小斗篷。

时期：18世纪70年代～19世纪70年代。

一种连衣裙，罩裙后片束起并完全露出打底裙，通常及踝，有时有裙裾。

时期：20世纪初期。

偶尔指一种束腰外衣或罩衣的风格。

波兰式大衣（Polonaise pardessus）

男式，后来也有女式

时期：1773年。

绅士会穿"波兰式佛若克（polonese Frock）"。

时期：19世纪30年代。

常指军装风格的骑装式妇女外衣，通常采用蓝色织物制成，是一种大众服装。

女式

时期：19世纪40年代。

一种短款半长大衣，胸前系扣，从中线向外倾斜设计，露出连衣裙。有的款式带有短款方形细长披肩。

波罗领（Polo neck）

男女皆宜

时期：20世纪初期以后。

一种裙装或针织套衫的圆形高翻领。

波罗尼亚（Polonia, Polony heel）

男女皆宜

时期：17世纪。

人们穿上当时流行的高跟靴或高跟鞋走路时会摇摇晃晃。"像骑马时一样摇摇晃晃,直到他失去平衡……"(1617, H. Fitzgeffery, *Notes from Black Fryers*)。

马球衫(Polo shirt)

男式,后来也有女式

时期：19世纪晚期。

一种短袖运动衫,最初采用白色梭织棉布制成,翻领设计,颈部有两三粒纽扣。后来出现了多种不同的变体,包括各种不同的颜色、长袖以及胸前带有制造商标志等。

波尔维里诺(Polverino)

女式

时期：1846年。

一种宽大的包裹式丝质斗篷,无内衬,带风帽款和不带风帽款都有。

香盒(Pomander)

女式

时期：1500年～17世纪90年代。

一种用金银珠宝制成的容器,用来装香水或被认为可以预防感染的成分。盒子通常呈圆形、扁平状或球形,带有穿孔。香盒悬挂在身前的束腰带上。香盒内盛放的物质配方各不相同,泛指"香丸(pomanders)",比如"用这种方法制作一颗香丸……"(1542, A Boorde, *Dyetary of Helth*)。花花公子偶尔会携带香丸。

香油/润发油(Pomatum)

男女皆宜

时期：16世纪以后。

最初指用在面部和手上的一种油膏,但后来逐渐指头发上使用的有香味的油膏,也指"润发脂",这两种含义都表明它最初的原料是苹果。

蓬帕杜(Pompadour)

女式

时期：18世纪。

详见"蓬蓬(pompon)"。

淡黄色真丝长袍后视图,缎子衬裙上绣有花卉花纹。长袍下摆有环扣,裙摆抬高时可产生时尚的波兰式连衣裙效果。1780年用作结婚礼服。

The Milliner and Dressmaker，1872 年。图中的两名年轻女子身穿最新流行的"疾调粉色和阴沉蓝色"罩裙，呈现出波兰式连衫裙的效果，为后背增添吸引力，并且露出装饰华丽的打底裙。当时的一本杂志介绍到，这样一套完整的服装可能需要 22.5 米的布料；单是波兰式连衫裙就需要约 8 米。后面那位不清晰的男子可能是一位管家或男伴——他的黑布衣服与两位女子的淡色服装形成了氛围略微阴沉的对比。

时期：19 世纪 70 年代～20 世纪初期。

一种可以将额前的真发卷起来的垫子，或者一种用来模仿相同发型的人造假发。

男式

时期：19 世纪 80 年代以后。

在美国，指一种将头发从额前向后梳成一个整体的发型，无发缝。

蓬帕杜上衣（Pompadour bodice）

女式

时期：19 世纪 70 年代。

一种日间穿的上衣，胸前有一个方形开襟，紧身中袖设计，饰有较宽的褶边。

常见于搭配波兰式连衫裙。

蓬帕杜鞋跟 / 法式鞋跟（Pompadour heel, French heel）

女式

时期：18 世纪 50 年代～60 年代。

一种细高跟，鞋腰部分较窄，向下呈曲线形成一个小平面。

蓬帕杜大衣（Pompadour pardessus）

女式

时期：19 世纪 50 年代。

一种用彩色丝绸制成的大衣，饰有流苏，袖子半长，自然垂下，仅在颈部系扣。夏季穿着。

蓬巴杜裙（Pompadour polonaise）

女式

时期：1872 年。

一种黑色薄软绸制成的波兰式连衫裙，饰有较大的鲜艳花朵图案，搭配素色连衣裙穿。

庞贝丝绸饰带（Pompeian silk sash）

女式

时期：19 世纪 60 年代。

一种宽大的黑色丝绸饰带，饰有神话题材的图案，搭配夏季服饰，通常是白色夹克、上衣和彩色半身裙。

庞培（Pompey）

详见"菲兹卡尔假发（physical wig）"。

蓬蓬（Pompon, Pompom）

女式

时期：18世纪40年代～90年代。

由丝带等多种元素构成的装饰品，戴在头上或无边便帽上。"女性戴在头饰前半部分中间的装饰品。它们的形状、大小和组成各不相同，如有蝴蝶、羽毛、金属丝、鸡冠花、网眼花边等"（1748, *The London Magazine*）。

"pompadour（蓬帕杜）"一词的简写，"pompadour"一词偶有使用。

时期：19世纪晚期。

一种圆形毛绒球或类似的绒毛镶边饰物，用于帽子、外套或其他衣物上。

披巾雨披（Poncho）

男式

时期：19世纪50年代。

一种双排扣披肩式大衣，设计有非常宽松的宝塔袖，英语中称为"talma（塔尔玛）"。与塔尔玛斗篷和塔尔玛披风不同。

女式

时期：19世纪60年代。

一种宽松的及膝长斗篷，颈部至下摆处系扣，设计有小立领，长袖设计，在手腕处收拢，袖子被披肩遮盖。

男女皆宜

时期：20世纪以后。

一种形似毯子的结实衣服，中间有一条缝，方便头部套进去。原产于南美，但美国将其运用到休闲服装中。

庞蒂菲卡尔斯（Pontificals）

男式

时期：16世纪。

胸针、扣环或带扣，通常是装饰性的；更常见的是戒指。"一堆宝石胸针，也称为银质和镀金'庞蒂菲卡尔斯（pontifical）'"（1508, Will of Joan Hampton, Somerset Wills）。

详见"宝石胸针（ouch）"。

波耶特（Ponyet, Poynet）

男式

时期：14世纪～16世纪。

达布里特的前袖，采用不同的面料制成。"达布里特……天鹅绒面料的前袖在当时称为达布里特波耶特"（1555, T. Marshe, *Institution of a Gentleman*）。

时期：17世纪。

"小巧的长发夹"（1611, T. Cotgrave），搭配装饰性的花边。

狮子狗式发型（Poodle cut）

女式

时期：20世纪中期。

一种紧密卷曲的短发，看上去像法国贵宾犬。

波普艺术（Pop Art）

时期：20世纪50年代以后。

一场艺术运动，将现代流行文化中的图像和主题以及大众媒体制作的各种内容转化为类似摄影色彩鲜艳的清晰图像。这一运动最著名的两位代表人物是英国艺术家彼得·布莱克（b. 1932）和美国艺术家安迪·沃霍尔（1928~1987）。他们的创意和图像被运用到织物设计、T恤衫和主流时尚中。一些评论家认为，他们的作品是20世纪90年代极少主义影响时尚界的先驱。

流行音乐（Pop music）

时期：20世纪50年代以后。

同波普艺术一样，"pop"一词是"popula（流行的）"的缩写。尽管流行音乐有着悠久的历史（民歌、灵歌、爵士乐、柔情歌手等），但直到1952年，英国才推出了二十大排行榜（Top Twenty charts），这表明唱片明星在年轻人生活中的重要性与日俱增；与此同时，年轻人也有钱购买专门针对他们这个群体的服装。美国、英国和国际艺术家的着装方式影响了20世纪50年代以后的年轻人，就像电影明星的着装风格曾经影响他们父母那一代人一样。埃尔维斯·普雷斯利（Elvis Presley）、披头士乐队和滚石乐队、摩城唱片（Tamla Motown）明星、男孩和女孩乐队等，个人和团体都表现出了独特的着装方式，并被广泛模仿。

家事服（Popover）

女式

时期：20世纪40年代以后。

在美国，指宽松、容易穿脱的休闲服。常指一种裹身式服装或束腰外衣。"Sunbound家事服，可搭配裤子……宽松的束腰和宽松的和服式袖子"（*New York Times*，1968年12月3日）。

波普袜（Pop socks）

女式

时期：20世纪60年代晚期。

英语中指尼龙袜或厚袜子，袜口有松紧带，长及膝盖。在第一代迷你半身裙问世时，这种袜子开始流行，并且一直用来搭配长裤或长裙。美国的叫法是"knee-highs"。

陶瓷纽扣（Porcelain buttons）

时期：18世纪晚期。

绅士外套和马甲上的一种时尚装饰品，1785年获得专利。

套叠式平顶帽（Pork-pie hat）

女式

时期：19世纪60年代。

一种平顶有边帽子，帽冠较低，用稻草或天鹅绒制成，帽檐较窄且四周翘起。

炮形饰边（port cannon）

详见"炮形饰边（cannons）"。

蓬帕杜裙夹（Porte-jupe pompadour）

女式

时期：19 世纪 60 年代。

有八根吊带的腰带，系在裙子下面，走路时用来拉住裙子。

两格式旅行衣箱（Portmantua）

详见"斗篷袋（cloak bag）"。

葡萄牙式法勤盖尔（Portuguese farthingale）

女式

时期：1662 年，流行时间较短。

一种法勤盖尔，前后扁平、侧面宽大；凯瑟琳·德·布拉干萨（Catherine of Braganza）与查理二世（Charles Ⅱ）的结婚仪式上曾穿过这种服装，之后开始成为一种时尚，但并未在英格兰流行起来。1630 年，法勤盖尔不再流行。

邮差帽（Postboy hat）

女式

时期：1885 年。

一种小巧的平顶草帽，帽冠较高，帽檐狭窄，整个帽檐采用向下倾斜的设计。前面饰有一缕羽毛。戴在头顶上。

常礼帽（Pot hat）

详见"高顶礼帽（top hat）"。

钱袋（Pouch）

男式

时期：12 世纪～16 世纪初期。

一种包或旅行袋，挂在束腰带上或系在绅士的腰带上，通常在佩带上插一把刀或匕首。

波夫（Pouf）

女式

时期：18 世纪晚期。

一种精致的头饰。

时期：19 世纪晚期。

一种衬垫或一卷真发，也可以是假发，用来使发型显得更蓬松。

裁缝行业中指一种将织物收拢来创造"蓬松袖（pouf sleeve）"等效果的元素。法国设计师克里斯汀·拉克鲁瓦（Christian Lacroix, b. 1951）在 1987 年创立自己的品牌，不久后推出了一款被称为"le pouf"的蓬松球状短裙。

普兰（Poulain, Poulaine, Pullayne）

男女皆宜

时期：1395～1410 年，1460 年～1480 年。

法语词汇，指细尖头鞋，在英格兰很少有这种叫法。

详见"克拉科（cracowes）"。

锯齿花边（Pouncing）

详见"锯齿切裁（pinking）"。

普尔波万（Pourpoint）

详见"基庞（gipon）"。

搽粉外套 / 搽粉嘎翁 / 搽粉裙装（Powdering jacket, Powdering gown, Powdering dress）

男式

时期：18 世纪。

一种宽松的包裹式衣服，及踝，英语中简称"jacket"，给假发搽粉时穿，用来保护衣服。

权力着装（Power dressing）

女式

时期：20 世纪 80 年代。

指一种商务女性的穿着，她们身穿定制套装，垫肩较宽，脚穿高跟鞋，妆容时尚，头发梳在后面。2009 年复兴。

孕妇束腹（Pregnant stay）

女式

时期：1811 年。

一种紧身褡，包裹住肩膀至臀部以下部位，带有精致的骨架结构设计，"通过压缩和缩小，呈现出期望中女性身体在怀孕状态下的自然曲线"。

详见"孕妇装（maternity wear）"。

预科生款式（Preppie, Preppy）

男女皆宜

时期：20 世纪中期以后。

源于"preparatory（预备的）"一词，指美国富裕家庭里身穿整洁经典服装的保守年轻学生。这一群体的典型风格包括：年轻男学生穿着干净利落的衬衫、灯芯绒宽松长裤或斜纹布裤、布雷泽外套或泡泡纱夹克，搭配乐福便鞋，年轻女学生穿着百褶裙或苏格兰短裙，有褶边领的白色女式衬衫，费尔岛毛衣、开司米卡迪根式开襟毛衫和简单的皮鞋。

"我的儿子们不想要那双乐福便鞋，因为它们"太像预科生款式了"（*New York Times*，1978 年 5 月 6 日）。

详见"常春藤（联合会）风格（Ivy League）"。

成衣（Prêt-à-porter）

法语词汇，指成衣。

威尔士亲王夹克（Prince of Wales' jacket）

男式

时期：1868 年。

一种宽松的双排纽扣水手上衣，有三对纽扣，而非四对。

鲁珀特亲王服（Prince Rupert）

女式

时期：1896 年。

一种长款紧身外套，采用天鹅绒或长毛绒制成，搭配衬衫和半身裙。

公主裙（Princess dress）

女式

时期：19 世纪 40 年代～20 世纪中期。

英语中又称"agnes sorel"、"fourreau"和"gabrielle"，指一种腰部无开衩的连衣裙，上衣和裙子连裁设计，拼片式下摆。这种风格通常与威尔士王妃，后来的亚历山

女士套装，约 1985 年~1987 年。纯黑色羊毛铅笔裙与充满活力的橙红色羊毛和聚酯夹克形成鲜明对比，夹克采用曲线线条设计，领子较高，有厚重的肩部填充物，是 20 世纪 80 年代权力着装的特色。标签上注明了这套西装的设计者是法国设计师蒂埃里·穆勒（Thierry Mugler，b.1948）。

德拉女王相关，1878年至1880年期间非常流行。

20 世纪，这种风格常被称为"princess line dress（公主线连衣裙）"。

王子袖（Prince's sleeve）

男式

时期：19 世纪 30 年代。

一种手腕开衩处嵌有尖角的袖子。

公主线（Princess line）

女式

时期：20 世纪以后。

一种起源于19世纪的公主裙风格，遵循身体自然轮廓，用缝裥塑造身材，但腰部无开衩；裙装部分通常比鞘型连裙装宽松。

公主线衬裙（Princess petticoat, Princess slip）

女式

时期：19 世纪 40 年代以后。

一种作为内衣裤穿的衬裙，上衣与裙子采用连裁设计，腰部无开衩。19世纪70年代非常流行，当时的款式是从后面系扣。到了1882年，发展成为前襟系扣，后片采用箱状叠褶，其中箱状叠褶通过狭幅织物连在下面的侧缝上并系在一起，形成类似巴斯尔一样突出的效果。

20 世纪出现的采用连裁设计的衬裙和上衣被称为"slip（女装无袖衬裙）"。

公主风波兰式连衫裙（Princess polonaise）

女式

时期：19 世纪 70 年代。

一种公主式风格的波兰式连衫裙。法语词汇是"petit casaque"。

公主风罗布（Princess robe）

女式

时期：1848 年。

一种公主式风格的日间礼服，腰部无开衩，下摆采用拼片式设计。整个前片饰有纽扣，两侧有垂下来的丝带线条。开放式袖子长至肘部以下，与昂盖象特配合着穿。这种风格在当时非常罕见。

防护服（Protective clothing）

男女皆宜

时期：20世纪以后。

由于人造纤维、太空探索的发展以及一些国家将健康与安全置于首位的理念，确保身体健康的服饰、配饰和相关设备等防护服，很大程度上得到改良，并且由于非常重要未受到时尚潮流的影响。最早的时候，即20世纪之前，防护服是为作战的人而设计，后来虽然设计较为原始，但也用于消防和在陌生环境中生存。后来，发展出了轻质护身甲和阻燃织物，其中包括家庭中使用的聚氯乙烯围裙、橡胶手套和防水外套等，所有这些都得益于防护服的创新发展。

普鲁登特（Prudent）

男式

时期：18世纪末。

据认为是一种冬季裹身物。"绅士们开始脱掉他们的皮草和普鲁登特"（1774, *Westminster Magazine*）。

普鲁士形领（Prussian collar）

男式

时期：19世纪及20世纪初期。

一种高翻领或二重领大衣领口，通常领口较浅，衣领两端几乎在前面相接。

幻觉派情调（Psychedelic）

时期：20世纪60年代。

指服装的鲜艳色彩和搭配，是对尝试迷幻药的人内心状态的一种有形表达。

详见"嬉皮风格（hippie style）"。

蓬蓬袖（Pudding sleeve, Puddle sleeve）

男式

时期：18世纪。

一种宽大的袖子，尤指牧师长袍上的袖子。"每条胳膊上都有一个蓬蓬袖"（1709, J. Swift, *Baucis and Philemon*），"收到的款项，用于将蓬蓬袖嘎翁改成马斯特袖（master sleeve）……"（1755, Domestic bills, Suffolk Record Office）。

尖角布（Puff）

男式

时期：19世纪及20世纪初期。

一种轻薄面料制成的拼衩，填充在马裤或长裤腰带后的"V"形缺口中；缺口两侧有系带孔和系带，可以拉紧来贴合腰围，产生一种"蓬松"效果。

帕法（Puffa）

男女皆宜

时期：1975年以后。

专有名词，指一种有柔软绒毛填充物的绗缝服装。英国帕法（Puffa）公司最初生产夹克和双面马甲，如今还提供各种马术服和时尚服装。"puffa"一词通常指各种类似的绗缝大衣或夹克。

皱褶/钩丝（Puffs, Pullings out）

时期：1500年～17世纪50年代。

将衬衣或亮色衬里等材料通过抽出开衩或拼接缝所产生的效果；仅仅起到装饰作用。

详见"拼接缝（panes）"

泡泡袖（Puff sleeves）

女式

时期：20世纪以后。

一种短袖，尤指肩部较宽，织物常收拢成一束的短袖。最初在年轻女孩服饰上使用。

巴哥风帽（Pug hood）

女式

时期：18世纪。

与短风帽相同，一种质地柔软的风帽，饰有活褶，从脑后中间向四周散开，有的有披肩，有的没有。通常为黑色，背面有彩色衬里，向后翻，可框住面部，佩戴时使用一根与衬里相配的丝带系在下颌。

详见"长款风帽（long hood）"。

钩丝（Pullings out）

详见"皱褶（puffs）"。

套衫（Pullover）

男女皆宜

时期：20世纪以后。

一种上衣，通常是针织款式，无扣合件，从头上套下来。

详见"针织套衫（jumper）""毛衣（sweater）"。

帕特尼帽（Pultney cap）

女式

时期：18世纪60年代。

一种白天在室内戴的无边便帽，额头中间有一个凹陷，由两条弧线连接。有的款式后面会带两个垂饰。

轻舞鞋（Pumps）

男女皆宜

时期：16世纪下半叶以后。

一种薄鞋底、软鞋帮的平底鞋，通常采用西班牙产的皮革制成。"轻舞鞋是薄底无跟鞋"（1688, R. Holme, *Armory*）。儿童穿浅口轻舞鞋（dancing pumps）。

男式

时期：19世纪。

低帮短跟浅口鞋，约1890年前都饰有丝带蝴蝶结，后来蝴蝶结被省略了。一直到20世纪搭配全套晚礼服穿，后被其他鞋取代。

女式

时期：20世纪以后。

指橡胶底帆布鞋，在美国，也指女士船形高跟浅帮鞋。

潘吉（Punge）

男式

时期：中世纪。

一种钱包。

朋克时尚（Punk fashions）

男女皆宜

时期：20世纪70年代以后。

20世纪70年代中期，英国那些心怀不满以及无业的年轻人支持的一种另类着装方式，后来被主流设计师所接受。即兴"解构"是这类风格的一个特色——他们把黑色的塑料垃圾桶变成衣服，马桶拉链、安全别针和将剃须刀片当作夸张的珠宝，头发涂上胶并染成各种颜色，还是用黑色和食尸鬼般的化妆品。与许多其他亚文化群体一样，他们巧妙地利用二手和剩余军用物资商店的衣服，这些衣服通常是染色的并且是定制款，给经济拮据的年轻人带来了朋克的感觉。朋克和哥特风是两种紧密相连的风格。

镶边（Purfle）

时期：1400年~18世纪。

衣服的装饰边或饰边。可能带有刺绣图案、较宽的缘饰或毛皮边。

镶边的（Purfled）

时期：16世纪。

用装饰物镶边。

清教徒软帽（Puritan bonnet）

女式

时期：1893年。

一种小巧的椭圆形或三角形平顶软帽，无帽冠，帽尖在前，镶有网眼花边或羽毛。

双反面针织物（Purl）

时期：16世纪和17世纪。

拉夫领的褶皱或褶边。"我见他整出戏都不满地坐在那儿，因为他领带上的花边掉到了他够不着的地方，再也订不到了"（1618, N. Field, *Amends for Ladies*）。

也指一种修饰织物或配饰的网眼花边，由丝绸、金、银或金属制成。

小钱袋（Purse）

时期：中世纪以后。

最初是一种钱袋，但是从14世纪开始，演化成了一种没有金属饰品的小包，用来装钱，能够被划开，1362年就曾出现小偷划开小钱袋的事情。

几个世纪以来，小钱袋的形状不断变化。18世纪，针织"袜钱袋（stocking purse）"非常流行。到了19世纪，通常带有金属扣合件。19世纪中期开始，流行"金镑钱袋（sovereign purse）"，它是一种带有内部弹簧的金属管状容器，一头装整磅金币，另一头装半磅金币。20世纪，开始出现多种不同织物制成的钱袋，大小形状不一，但皮革款式较为普遍，通常有几个内部隔层来装硬币、纸币、信用卡等。

猫皮软帽（Pussy-cat bonnet）

女式

时期：1814年~1818年。

一种软帽，由猫皮制成，期间非常流行。

男式

也是一种廉价男性硬礼帽的俚语叫法。

时期：19世纪60年代和70年代。

一种长款外衣，与"野兽的印记"马甲搭配。

"对牛津运动派助理牧师穿的特殊'野兽的印记'外套使用的最轻率的叫法"。

详见"袈裟背心（cassock vest）"。

睡衣（Pyjama, Pyjama suit）

男女皆宜

时期：19世纪80年代以后。

最初是宽松的棉质或丝质裤子，腰部系带，亚洲和中东国家男女都穿。19世纪最后25年，与宽松的上衣（通常是夹克式上衣）相关，指各种颜色的睡衣，通常带条纹，代替"night-shirt（衬衣式睡袍）"。"睡衣的末日已经注定。那些有睡衣的人应该好好保存它们，以后才可以向后代展示他们祖先曾穿过的奇妙而可怕的衣服……睡衣套装将取而代之……起源于东方的丝绸等，一般有条纹"（1897, *Tailor & Cutter*）。

在20世纪，与其他词一起使用，通常指传统男女睡衣或女式慵懒睡衣。20世纪20年代晚期以后，女式慵懒睡衣用作晚装和休闲日装。

金字塔式饰片（Pyramids）

女式

时期：1858年。

一种饰有三角形饰片的日间裙装装饰，底部在下，饰片的颜色和材质与裙子不同，有时是两种颜色交替出现。

金字塔式装饰（Pyramid style）

女式

时期：1845年。

一种日间裙装装饰，饰有多根由天鹅绒等织物制成的水平带，带子自上而下逐渐收窄。

Q

旗袍（Qipao）

女式

时期：1925年以后。

一种中国城市女性穿的连衣裙，20世纪50年代开始在西方流行。直译成英语是"banner gown"，表明类似满族女性的穿着风格。在电影制作业和外国旅游业发达的"东方巴黎"上海，旗袍非常流行；然而，尽管是在上海，这种紧身服装也被认为是一种大胆的设计。

有裙摆和袖子长度各不相同的不同款式，但一般都是较窄的中式领，从颈部到腋下采用对角式扣合件扣合。由于缎子、锦缎和刺绣款式价格昂贵，很快就被较为廉价的面料取代。在广东话中，旗袍被称为"cheungsam"，后来西方将其称为"cheongsam"。

纸牌头饰（Quadrille head）

女式

时期：18世纪晚期。

一种时髦的无边便帽样式。"如今，女士们在纱罗帽子上戴上印有黑桃、红桃、方块和梅花A的垂饰，称为'纸牌头饰'"（1792, *Northampton Mercury*）。

鹌鹑颈靴（Quail-pipe boot）

男式

时期：14世纪晚期到17世纪初期。

一种软皮长筒靴，穿上后腿部会产生褶皱，被认为非常时尚。可能指文艺复兴时期"像鹌鹑颈一样有褶皱的高帮鞋"（ca 1400, Chaucer, *Romaunt of the Rose*）。"一个用鹌鹑颈靴掩盖他细腿的花花公子"（1602, T. Middleton, Blurt, *Master-Constable*）。

奎克无边便帽（Quaker cap）

详见"贞德（joan）"。

奎克有边帽（Quaker hat）

男式

时期：18世纪。

一种三角帽，帽冠很高，帽檐敞开。19世纪，帽冠较低的平顶宽边圆帽取代了这种帽子。

四角帽（Quartered cap）

男式

时期：18世纪中期～19世纪中期。

男孩戴的一种平顶圆冠无边便帽，材料分为几部分，戴在有或无小面甲的硬头巾上。"男孩缎子四角帽"（1757, *Norwich Mercury*）。

绗缝衬裙，1760 年，绗缝细节图。

奎尔波（Querpo, Cuerpo）

男式

时期：17世纪。

西班牙语，表示"身体（body）"，指没戴斗篷或没穿上装的人，也就是只穿贴身衣服。

"因为我带了斗篷和剑，所以在街上穿着奎尔波走不适合我这种绅士的身份"（1647, Beaumont and Fletcher, *Love's Curl*）。

详见"上装（upper garment）"。

奎尔波风帽（Querpo hood）

女式

时期：17世纪。

一种柔软无装饰的风帽。

辫子（Queue）

男式

时期：17世纪晚期。

假发上垂下来的辫子。

网眼纱褶裥边饰（Quilling）

时期：19世纪以后。

用网眼花边、薄纱或丝带轻轻缝制而成的圆形小褶，边缘敞开，形成类似圆凹褶的褶皱。用于装饰服装。

绗缝衬裙（Quilted petticoat）

女式

时期：1710年~1750年。

这一时期之前和之后都较为少见。衬裙前片露出时，作为有罩裙的长袍的半身裙穿着，但本质上是外裙的一部分，而非内衣。

时期：18世纪初期及1850年以后。

一种内衣，18世纪，用来撑开半身裙；19世纪，主要用来保暖，采用缎子或羊驼呢制成，填充絮料或凫绒。

绗缝（Quilting）

用任何材料制成的三层绗缝线迹，比如外侧或正面是优质材料，下层通常填絮，第三层是衬里。缝线沿对角线呈菱形或奇特设计形状，18世纪非常常见，但后期较为少见。

小型带柄眼镜（Quizzing glass）

男女皆宜

时期：18世纪及19世纪初期。

一种挂在项链上的单片眼镜，是一种非常时髦的配饰。19世纪20年代，花花公子常将这种眼镜固定在他们的手杖顶部。

考福帽（Quoif, quafe）

详见"考福帽（coif）"。

R

拉巴加斯软帽（Rabagas bonnet）
女式

时期：1872 年。

一种小巧的高顶窄边软帽，帽檐四周翘起，帽冠上饰有羽毛、花朵或丝带，从后面垂下，用一个较大的丝带蝴蝶结系在下颌。因法国戏剧家萨都的同名政治讽刺剧而得名。

激进派时髦（Radical chic）
男女皆宜

时期：20 世纪 70 年代以后。

一种服饰风格，与采用左翼激进思想和观点的时尚相关。标语T恤衫、回收衣物和平价商品就是在这一运动中出现的。

拉格兰靴（Raglan boot）①
男式

时期：19 世纪 50 年代晚期。

狩猎时穿的一种靴子，采用柔软的黑色皮革制成，长及大腿中部。以克里米亚战争将军拉格兰勋爵（1788～1855）的名字命名。

---

① Raglan 音译；下文中与 Raglan 搭配的词语，如果在汉语中有固定译法，则采用了常用的译法。——译者注

连肩型披风（Raglan cape）
男式

时期：1857 年～20 世纪初期。

一种单排扣宽松袋状大衣，常采用暗门襟；无开叉。根据袖子嵌饰的剪裁方式加以区分，最初称为"尖袖（pointed sleeves）"，后来称为"连肩袖（raglan sleeves）"。连肩型披风的袖口非常宽松，口袋无袋盖。通常由防水面料制成。

拉格兰轻皮短外套（Raglan covert coat）
男式

时期：1897 年。

一种连肩袖轻皮短外套。

插肩大衣（Raglan overcoat）
男式

时期：1898 年。

是对19世纪50年代披巾雨披（Poncho）的复兴，但是采用了连肩袖，长款设计且较为宽松，旁摆衩有两粒纽扣，正面采用暗门襟扣合件设计，通常采用防水材料制成，代替了马金托什防水布（mackintosh）。

连肩袖（Raglan sleeve）

时期：1857 年以后。

363

袖子不再插入圆形袖窿，而是沿着外缝线向上延伸成一个尖角，与领口开衩缝合在一起，取代独立的肩缝，防止雨水进入。

详见"尖袖（pointed sleeve）"。

啦啦队裙（Rah-rah skirt, Ra-ra skirt）

女式

时期：20世纪60年代以后。

一种啦啦队队员穿的多层褶边短款半身裙，是迷你半身裙的一种新变体，20世纪80年代及后期，深受年轻女性喜欢。

颈巾（Rail, Rayle）

女式

时期：15世纪晚期~17世纪晚期。

一种叠成披巾状围在脖子上的颈巾。"女性穿衣时围在脖子上的一块缩褶织物，叫作'Rail（颈巾）'"（1678, *Phillips Dictionary*）。

详见"头巾（head rail, night rail）"。

金线条裤（Railroad trousers）

男式

时期：1837年~1850年。

指有竖条纹的裤子，不久后也指有横条纹和竖条纹的裤子。

铁路口袋（Railway pockets）

女式

时期：1857年~20世纪初期。

有侧开襟的扁平口袋，穿在裙子下面，用狭幅织物系在腰间。与克里诺林（crinoline）搭配时是为了保护贵重物品不被偷窃。

橡胶雨衣（Raincoat）

男女皆宜

时期：20世纪以后。

一种防水外套，由天然或合成纤维织物制成；重量各不相同，重的像一件有衬里的冬季外套，轻的像一件薄的塑料外套。

详见"马金托什（mackintosh）"。

拉米利斯假发（Ramillies wig）

男式

时期：18世纪。

侍卫队军官和模仿军事风格的普通民众佩戴的一种带有长辫子的假发。辫子由上至下逐渐变细，黑丝带蝴蝶结系在辫子上方和下方或仅在下方。1780年起，辫子有时会翘起，用缎带领带绑在颈背处，或者高高地卷起并用发叉固定在假发后面。

拉姆普尔方披肩（Rampoor-chuddar）

女式

时期：19世纪。

一种产自印度的精细粗纺毛披巾，有多种颜色，以红色和白色为主。流行于19世纪下半叶。

拉内拉摩伯帽（Ranelagh mob）

女式

时期：18世纪60年代。

一种沿对角线折叠的纱罗织物或精致的天然丝圆纬针织物（mignonette）梭结花边

手帕，戴在头上，尖包头系带朝后，系在下颌，然后将两端向后翻转，别在后面，从脖子垂下，仿自市井女性系在耳朵上的丝绸手帕。是一种时尚的便装。

拉内拉披肩（Ranelagh or Rattlesnake tippet）

女式

时期：1775 年。

一种轻便的蕾丝披肩。采用"粘有花朵的金色细线"制成（1775, *Lady's Magazine*）。

拉斯塔风格（Rasta style）

男女皆宜

时期：20 世纪 30 年代以后。

20 世纪 30 年代中期，牙买加爆发拉斯塔法里运动（Rastafarian Movement），这一运动的象征色是红色、黄色、绿色和黑色。几十年后，著名歌手鲍勃·马利（Bob Marley, 1945～1981）依然倡导这一运动。

除了将长发编成蓬松的辫子外，这种风格独特的标志是用象征性颜色编织的针织帽无边便帽或贝雷帽。T恤衫、棒球帽、运动鞋、行李等也会用这些常见的颜色进行装饰。

合理服饰（Rational dress）

女式

时期：1880 年～1900 年。

为了让穿着紧身胸衣和厚重服装的女性更为舒适、更便于行动所采取的诸多尝试之一。其中最成功的一种设计是骑车时穿的尼克博克，旅行和商务场合时穿的更为实用的女式衬衫和简式半身裙或西装。

灯笼裤（Rationals）

女式

时期：19 世纪 90 年代以后。

尼克博克（knickerbockers）的俗称，年轻女性骑自行车时穿。

详见"女式灯笼裤（bloomers）"。

定量配给（Rationing）

男女皆宜

时期：20 世纪。

第一次世界大战期间，由于物资短缺，服装和织物方面实行非正式配给。第二次世界大战期间，英国和美国都实行了系统的配给制度，设计经济型服装，并为许多服装分配配给点数。

详见"服装配给（Clothes rationing）""国家标准服装（National Standard Dress）""《实用计划》（*Utility scheme*）"。

藤杖（Rattan）

时期：17 世纪和 18 世纪。

一种用东印度棕榈树制成的手杖。

成衣（Ready-made clothes）

男式

时期：17 世纪晚期。

17 世纪 60 年代以后，伦敦开始有人出售斗篷、睡袍、女式骑装等衣物。18 世纪中叶，出现了专为工人阶级设计的成衣套装广告，例如"男童和成年男性宽式和窄式套装成衣，平纹结子花呢和起绒粗呢套装……各种款式的纬起毛织物衣服，永固缎纹织物马

男士三件套普通西装，1935 年~1937 年。这套西装在伦敦博柏利进行特价销售，售价为 4 英镑（约 36 元人民币），采用格伦厄克特（Glen Urquhart）地区的方格羊毛布料制成。这种布料在美国被称为"Glen Plaid（威尔士亲王格）"，自 19 世纪威尔士亲王使用以来，一直是一种备受欢迎的面料，也流行于制作各种非正式服装；直到肖恩·康纳利在《黄金手指》（*Goldfinger*，1964）中穿这种面料的服装后，它的全球知名度才进一步增加。这套 20 世纪 30 年代的西装是一套价格昂贵的西装成衣，当时许多男士仍然更喜欢量身定制。（右）西装外套和马甲的细节，方格图案。

甲和马裤，天鹅绒和长毛绒马甲和马裤，各种尺寸的俄罗斯灰褐色佛若克，防水毛呢料和达夫尔大衣和马甲……"（1758 年 5 月 13 日，Advertisement, *Norwich Mercury*）。

19 世纪和 20 世纪，随着手工制作的服装越来越少，成衣的种类逐渐增多，"ready-made clothes" 逐渐被 "ready-to-wear"（成衣）取代，后者指男女成衣，但 "ready-made" 仍然指男士西装。

裙装成衣（Ready-made dresses）

女式

时期：18 世纪。

18 世纪末开始流行平纹细布、印花布和方格色织布等面料，当时采用这些面料为工人阶级设计的裙装成衣就已经出现在广告中了。

时期：19 世纪。

19 世纪 40 年代，中产阶级购买半身裙成衣时，常常会买一块足以制作上衣的布料。到了 1865 年，一些由方格色织布、马海毛等制成的晨礼服成衣开始出现在广告中，然而，只要仍然流行紧身上衣，没有经过裁缝师定制剪裁的服装是不可能成为"时尚"的。到了 19 世纪后半叶，在女性接受成衣方面取得了很大进步。尽管许多人可能认同"商店里卖的成衣往往会有令人不悦的相似之处"（1875 年，*How to Dress Well on a Shilling a Day*）。

时期：20 世纪以后。

第一次世界大战以后，随着服装简化设计的推行，百货商店、连锁商店和邮购商品目录的发展，所有社会成员都能购买裙装成衣。

成衣（Ready-to-wear）

男女皆宜

时期：20 世纪中期以后。

是 "prêt-à-porter（成衣）" 的英文说法，指世界各地时装公司设计的廉价系列。不过，该词通常也适用于所有成衣。

详见"副线品牌（diffusion lines）"。

披肩领子（Rebato）

女式

时期：1580 年～1635 年。

一种白色立领，用金属丝制成并用别针固定在低领上衣脖颈处。"三件白色纺线的披肩领子，用线缝住（Three rebateres of whight loome worke. Rebating wiers）"（1589, Essex Record Office）。

17 世纪，该词用来指衣领或拉夫领的金属丝支撑。"这些由支撑物和披肩领子固定的大拉夫领"（1631, Dent, *The Plaine Man's Pathway to Heaven*）。

骑装式妇女外衣（Redingote）

男式

时期：1830 年。

英语中也称为 "polonaise（波兰式连衫裙）"，是一种军装风格的厚大衣，采用蓝色布料制成，饰以盘花纽扣，臀部有倾斜设计的带盖口袋，搭配毛领。

女式

时期：1790年~1820年。

一种在胸部系合的轻便大衣。（新娘）"全身都饰有网眼花边，穿上一件普通的长袍和一件银色的骑装式妇女外衣后，开始了她的旅途"（1799, *The Jerningham Letters*, ed. E. Castle, 1896）。

时期：1820年，1835年至19世纪60年代最常见。

女士长外衣（pelisse-robe）的变体，是一种由皮制长外衣（pelisse）演化而来的修身长袍，前襟至下摆全部系合。19世纪40年代，裙装部分通常是"en tablier（围裙）"设计。到了1848年，这种叫法取代了"Pelisse-robe（女士长外衣）"。当时，上衣和裙装有时采用分体式设计，但之前骑装式妇女外衣的显著特点是前片开襟、贴身设计，并且带有驳头。

时期：1890年~1914年。

指后片贴身、前片半合身的户外大衣。

骑装式礼服（Redingote dress）

女式

时期：1869年。

一种公主风格的日间礼服，上衣采用双排扣设计，有天鹅绒翻领，或者采用开襟设计并露出里面的马甲，扣子一直扣到颈部。

芦苇帽（Reed hat）

女式

时期：1879年。

一种由芦苇编织而成的帽子，可以做成任何形状，打网球或洗澡时佩戴。

双排纽水手上衣（Reefer）

男式

时期：1860年以后。

一种非常短的低领双排扣夹克，有三至四对纽扣，驳头较短，无后开衩，但侧缝有短开衩，前片采用方形剪裁设计。有时会作为大衣穿着。19世纪90年代，仅流行用作外套。

详见"飞行员式外套（pilot coat）""领航外套（pea jacket）""快艇夹克（yachting jacket）"。

紧身双排纽上衣（Reefer jacket）

女式

时期：19世纪90年代。

一种在户外穿的双排扣夹克，采用蓝色斜纹哔叽布料制成，类似男性服装。

再现服装（Re-enactment costume）

男女皆宜

时期：20世纪60年代以后。

组织和推广特定历史时期的团体和社团，例如穿着经过仔细研究并尽可能与私人和公共收藏中现存原作相似的服装参与战斗。

欧洲、北美和英国的一场重要运动，根

　　Costumes Parisiens（1824 年）描绘了一对时髦的夫妇。男士身穿以骑马装外套为基础设计的骑装式妇女外衣（Redingote），英语中通常称其为"Greatcoat（厚大衣）"，宽大的披肩搭在一件马甲上，下身搭配窄裤，头戴一顶高顶礼帽。女士身上的斗篷边缘用皮毛装饰，衬里也可能是毛皮的，没有遮盖住下面更为宽松、装饰华丽的半身裙，头上那顶饰有羽毛的宽檐卷边帽使得整个装扮不一致，太宽。

两套度假装，*Paris Chic*，1936 年。左侧女郎所穿白色泽西是一套"适合水上运动的时髦套装"，图中（右）提供了这套服装背面的详细情况以及搭配海军风格的短款夹克穿着的效果。另一位女郎身着一件"淡蓝色亚麻布的裤式佛若克，由布鲁耶尔（Bruyère）设计，地址为蒙多维街 4 号（Créations Bruyère, 4 rue de Mondovi）"。据 1932 年的一篇文章记载，布鲁耶尔夫人（Mme Bruyère）于 1929 年与朗万正式开始合作服装生意，其设计深受美国人欢迎。

据档案记录，这一运动为染色、纺纱、编织和服装制作发展提供了大量的实践知识。美国内战、欧洲的拿破仑战争以及17世纪的英国内战尤其具有代表性，影视公司利用这些团体并严格复制过去的时尚和军事装备来增加真实感。画廊、遗产保护中心、博物馆和庄园住宅使用再现演员来提供实践教育，这些团体和个人经常讨论服装的制作方式、外观设计、对运动的影响等。

赛船衬衫（Regatta shirt）

男式

时期：1840年。

一种由细棉布或牛津衫衬布制成的条纹衬衫，属于夏季休闲户外服。前片无活褶或褶边。

摄政有边帽（Regency hat）

女式

时期：1810年。

一种边缘翻起并带有一条金色帽带的毛皮帽子。

骑士斗篷（Reister clok, Reiter cloak）

男式

时期：16世纪70年代～17世纪70年代。

一种及膝斗篷，有时配以扁平的方形垂领；有时配以披肩。

详见"法式斗篷（french cloak）"。

宗教衬裙（Religious petticoat）

女式

时期：17世纪。

一种被清教徒女性绣上宗教故事图案的衬裙，从某种意义上来说，也属于一种半身裙。"她的工作是绣宗教衬裙……"（1631, Jasper Mayne, *The City Match*）。

度假装（Resort wear）

女式

时期：20世纪。

在美国，指在时尚度假胜地度假时穿的一系列服装，包括沙滩服、游泳服等。

收口网格包（Reticule, Ridicule）

女式

时期：1800年～19世纪20年代。

一种女士手提包，通常为菱形或圆形，由天鹅绒、缎子、丝绸、红摩洛哥革或彩色珠子制成，袋口由一根细绳收紧。由于当时的裙装没有口袋，这种手提袋可以用来装手帕、钱包、香水瓶等物品，使用较为方便。

详见"必备手提包（indispensable）"。

怀旧（Retro）

时期：20世纪晚期。

对早期服装风格的回顾，虽然通常存在于人们的记忆之中，但有些实际的服装及表现形式融入了时兴款式之中。

详见"复古（vintage）"。

翻领（Revers）

时期：14世纪以后。

最初，指服装的饰面或镶边，通常由毛皮制成。后被用来指大衣、马甲或上衣的后沿。20世纪开始，通常指驳头。

双面服装（Reversible clothing）

时期：19世纪以后。

通常指里外两穿的外套或夹克，里外两面的颜色或材质不同。一位记者在讨论入室盗窃者的夜间行为时写到，"在这种情况下，他们经常穿'双面'外套，或者说里外两穿的外套，一面色彩明亮，另一面颜色暗沉"（1863, *Cornhill Magazine*）。

重褶裤（Rhinegraves）

详见"裙腿裤（petticoat breeches）"。

莱茵石（Rhinestone）

时期：19世纪晚期。

最初剧院中使用的一种仿钻石，由玻璃或铅质玻璃制成，后被主流珠宝商采用，20世纪上半叶尤为流行。

衣服边/缎带（Riband, Ribbon）

时期：14世纪和15世纪。

衣服的边缘。

时期：16世纪以后。

指较窄的丝绸或装饰织物带，服装和配饰上使用。

收口网格包（Ridicule）

详见"收口网格包（reticule）"。

骑马靴（Riding boots）

时期：中世纪以后。

几个世纪以来，出现了多种不同的形式和风格，但通常由结实的皮革制成。靴筒往往到膝盖位置，有时更高。

骑马装外套（Riding coat）

男式

时期：1825年~19世纪70年代。

通常指短款连裙外套，前片从腰部开始采用斜裁设计，活褶中设计有口袋，后来的款式中，臀部位置增加了带盖口袋。裙角为圆形。从腰部以上开始，前片偏离中线处的倾斜度逐渐增大，形成了具有独特名称的系列款式：

时期：19世纪30年代。

也称为"morning walking coat（晨衣）"，但到了1838年，被称为"newmarket coat（纽马基特外套）"。

时期：1850年~1870年。

19世纪50年代被称为"cutaway coat（圆角礼服）"。到了60年代，被称为"shooting coat（狩猎上装）"。

时期：19世纪70年代。

已经演化成"morning coat（晨礼服）"，"是对旧款纽马基特骑马装外套的最新改制"（*The Tailor & Cutter*）。

Ladies in the Dress of 1794.

除了"1794 年穿着连衣裙的女士(Ladies in the Dress of 1794)",图中还有一位穿着肋形装的小男孩。左侧的女士身穿一套女式骑装,而右侧的女士则身穿一套日装或晨礼服。

时期：20 世纪以后。

"骑马装外套"一词通常指长款、及膝款或更长款式的防水外套，如德瑞莎-波恩（Driza-Bone）。

骑马连裙装（Riding coat dress）

女式

时期：1785 年~1800 年。

一种类似厚大衣（Greatcoat）的裙装，设计有宽衣领和大驳头，前片全部用扣子扣合，并设计有小裙裾，长袖紧致。

详见"厚大衣式裙装（greatcoat dress）"。

骑马燕尾服（Riding dress-coat）

男式

时期：19 世纪初~60 年代。

一种腰部有横向裁剪的大衣，类似圆角的短款燕尾服。在城里骑马时穿。

骑马装佛若克礼服大衣（Riding dress frock coat）

男式

时期：19 世纪 20 年代。

一种采用了宽衣领和大驳头设计的佛若克礼服大衣，在城里骑马时穿。

女式骑装（Riding habit）

女式

时期：18 世纪。

一种专门为女性侧骑设计的服装，包括一件仿男士服装的外套和马甲以及一条称为"petticoat（衬裙）"的半身裙，无裙裾。1780年，增加了裙裾。也有人穿骑马连裙装。

时期：19 世纪。

最初女式骑装是一种类似骑马连裙装的长袍，通常饰有勃兰登堡，后来，改为骑装式妇女外衣风格；到了1840年，夹克搭配长裙成了常见的风格；到了1860年，为了更适合鞍桥，裙装部分被裁掉；到了19世纪70年代，女性开始在裙子里面穿长裤。1890年，开始出现不带裙裾的女式骑装。

时期：20 世纪。

20 世纪初期，流行马裤外穿连衫围裙的风格，跨骑时，通常在马裤外穿分体裙或及踝外套。1920 年，时尚杂志中出现了不搭配裙装的夹克搭马裤风格，到了 1930 年，在年轻的一代中，马裤搭长筒靴或骑马裤的装扮几乎取代了传统的女式骑装。

骑马帽（Riding hat）

男女皆宜

一种为骑马活动专门设计的帽子，这一概念的产生与赛马活动相关。骑师在赛马的过程中需要采取措施保护眼睛不受强光照射，也需要确保头发不会遮挡面部。

17 世纪晚期，流行帽冠较为柔软的无舌尖顶帽；到了 18 世纪，男性和女性则更常戴三角帽；19 世纪，高顶礼帽的缩短版很受欢迎，女性款式配上了面纱；到了 20 世纪，男性开始普遍佩戴窄帽檐的硬冠赛马帽，不久后也风靡女性群体。

详见"赛马帽（jockey cap）"。

骑马裙箍（Riding hoop）
女式

时期：18 世纪 20 年代。

一种骑马时穿的小巧裙箍。"女式骑装，售价 £4:17:0。骑马裙箍衬裙，2，17/-"（1723，*Blundell's Diary and Letters*）。

里戈莱托披风（Rigoletto mantle）
女式

时期：1835 年。

一种及膝披风，带有细长披肩，采用缎子制成，边缘饰有皮毛。

指环（Ring）
男女皆宜

时期：中世纪以后。

通常佩戴在一根或多根手指上的一种珠宝首饰。内刻有首字母或简单信息的指环，常用于成年礼、订婚、结婚等仪式，但如果是贵金属制成的指环并且镶有较大的宝石，则也用于体现指环主人的角色（主教）、地位（印戒）或财富。由玻璃、塑料和其他非贵重材料制成的常常被称作人造珠宝饰物，也包括指环。脚趾上也可以戴指环，鼻子上可以戴鼻环，身体的其他部位也都可以佩戴环形装饰物。

详见"身体穿孔（body piercing）"。

里夫林鞋（Riveling, Rilling）
男女皆宜

时期：12 世纪 ~ 14 世纪。

一种用生皮制成，外层带毛的鞋。

详见"布洛克鞋（brogues）"。

罗布（Robe）
男式

时期：中世纪。

源自法语，意思是嘎翁长袍，最初指仪式上穿的礼服，还指一种宽松的外衣，后来，更常用来指晨衣。

详见"嘎翁（gown）"。

女式

时期：18 世纪。

除了用来指一种法式裙装，较为少用。

时期：19 世纪。

指一种女式裙装，内有衬裙或半身裙，外有罩裙，半身裙前身开襟，通常前短后长，也泛指嘎翁长袍。

有时也指一种户外服装或皮制长外衣，后者在后期专门用"pelisserobe"一词表述。

晨衣（Robe de chambre）
男女皆宜

时期：18 世纪初期以后。

一种通常由奢华布料制成的晨衣。

晚礼服（Robe de soir）
女式

法语词汇，指晚礼服。

朗万裙（Robe de style）
女式

时期：20 世纪 20 年代。

法语中指一种款式更长、裙身更为饱满

的半身裙，与同一时期更为流行的窄款修米兹形成鲜明对比。

法国式罗布（Robe à la française）

女式

时期：17世纪晚期到18世纪晚期。

法国人用来区分这种更为宽松的多褶长袍和合身的曼图亚，后者被称为"Robe à l'anglaise（英国式罗布）"。

这一风格的长袍由17世纪晚期的女式晨衣（négligée）风格演化而来，后者在当时被称为"robe battante（钟形裙）"或者"robe volante（华托服）"，暗示了这种休闲风格的裙装具有宽松、轻盈的特征。这种风格在起源上被认为属于典型的法国风格，以至于在整个欧洲，它被称为"Robe à la française（法国式罗布）"，18世纪30年代后出现了更为合身的款式。

英国式罗布（Robe à l'Anglaise）

女式

时期：18世纪。

一种在英国尤为流行的合身长袍，上衣风格多种多样，包括斯斯塔玛卡式前襟、带纽扣前襟和无缝前襟。其中带纽扣前襟是缝在上衣内衬上的假马甲。18世纪70年代，采用了将曼图亚上衣合身的后片设计与袋形外衣的后裾结合在一起的混合样式，但是由于这种设计过于束身，后期演化出了开衩设计。18世纪70年代出现了紧身背部款式，到了80年代，腰部开始采用分裁设计。

皮埃蒙特礼服（Robe à la Piémontèse）

详见"皮埃蒙特礼服（piedmont gown）"

罗宾（Robin, Robings）

女式

时期：18世纪和19世纪。

一种较宽的平面饰边，用来装饰礼服颈部和上衣前片，有时还从开襟式罩裙的边缘一直延伸到下摆。

罗宾上衣（Robin front）

女式

时期：19世纪。

一种饰有罗宾饰边的上衣，两条饰边分别从肩部一直到腰线处相交，形成一个深"V"形。

摇滚派（Rockers）

男女皆宜

时期：20世纪60年代。

与摩斯族形成鲜明对比，但由于20世纪60年代初两个团体之间的对峙，人们总是会把两个群体联系到一起。尽管摇滚派是摇滚乐的狂热粉丝，但他们对时尚的兴趣远不如摩斯族。摇滚歌手，无论男女，都留着长发，穿着破旧的牛仔裤和皮夹克，以此来体现他们对狂野摩托车的热爱以及对1954年的《飞车党》中马龙·白兰度（Marlon Brando，1924~2004）的敬意。在许多方面，摇滚派可以说是后来的摩托车团体的先驱，这类团体的特点包括言语粗鲁、身着皮衣、对时尚漠不关心。

法国式罗布（Robe à la française）或袋形外衣，约1760年至1770年。图中有着色彩鲜艳的花朵图案的丝绸花缎，可追溯到1740年至1745年，有迹象表明，后来人们改造后用来制作舞会服，18世纪70年代不再流行，但在此之前就已经出现了前后都较为合身的款式。图中袋形外衣所用丝绸锦缎上，可以看到弯曲如蛇形的袍身设计，饰有隐藏的流苏。

白色法衣（Rocket, Rochet, Roket, Roget）

男女皆宜

时期：14世纪和15世纪。

一种女式长袍，常用白色亚麻布制成。神职人员也穿这种服装。

时期：16世纪和17世纪。

一种斗篷，颜色任意。"一种不带披肩的短斗篷"（1688, R. Holme, *Armory*）。

罗盖洛（Roguelo dress）

女式

时期：1807年。

一种前片修身且饰有罗宾饰边的上衣，后片宽松似布袋，低领，配以三角形披肩。

帽垫（Roll）

男式

时期：15世纪。

夏普仑上的圆形衬垫，当时风帽逐渐被无边便帽或有边帽子取而代之。通常与帽子的颜色不同，比如"一顶带有紫色毛毡衬垫的猩红色风帽……一顶带绿色衬垫的灰红色帽子"（1459, *Fastolfe Inventory*）。

发垫（Roll, Rolls, Rowles）

女式

时期：16世纪和17世纪。

一种衬垫，放在头发下面，用于垫高前额的头发。"一位女士前面的头发垫在前额上，最近一些优雅的女性把它们称为'发垫'"（1548, Elyot, *Dictionary*）。

翻领（Roll collar）

时期：19世纪以后。

翻在大衣或马甲底领外面的领面造型，卷成弧形，与驳头紧密连接。约1840年以后，尽管这种领子设计改为平整形，但这种叫法一直沿用下来。

滚筒式法勤盖尔（Roll farthingale）

详见"臀围撑垫（bum roll）"。

罗利奥（Rollio）

时期：19世纪。

一种将衣料卷成非常窄的管状样式的剪裁方式。

详见"叠连饰边（rouleaux）"。

滚展式弹力紧身褡（Roll-on）

女式

时期：20世纪30年代以后。

一种质地轻盈的弹力紧身褡，无扣合件。

卷起式马裤（Roll-up breeches）

男式

时期：17世纪晚期~18世纪中期。

搭配卷筒长袜穿的马裤，在袜子和裤子的相接处扣住，而非在膝盖处扣合。"卷起式马裤在裤管两侧的最下方扣上"（1679, The Isham Accounts）。

卷筒袜（Rollups, Rollers, Roll-up stockings, Rolling stockings or Hose）

男式

时期：17世纪晚期~18世纪中期。

一种长袜，穿着时需拉至膝盖处，并在此处外翻出又宽又平的卷边。"6双卷筒袜和18双短袜"（1697, *London Gazette*）。

罗马式连衣裙（Roman dress）

时期：公元前100年~公元300年。

古罗马帝国的公民所穿服饰，由古典的希腊长袍演化而来。外形和构造以简洁实用为特点，便于行动。

详见"突尼卡（tunica）""托加长袍（toga）""帕拉包缠式外衣（palla）""帕留姆（pallium）""斯多拉女衫（stola）"。

罗马"T"形胡（Roman T-beard）

详见"锤剃胡子（hammercut beard）"。

浪漫风连衣裙（Romantic dress）

男女皆宜

时期：19世纪初期。

这一时期的艺术、文学和音乐特点都与古典主义信条背道而驰，表现出一些的特征。服装的轮廓被弱化，并且中世纪晚期和文艺复兴时期流行的饰边以及很多装饰元素再次流行起来，女性服装中尤为突出。

详见"美第奇领（medici collar）"、"凡·戴克（Vandyke, Vandyking）"。

背心连装裤（Romper suit）

男女皆宜

时期：20世纪以后。

俗称连衫裤（rompers），指婴儿玩耍时穿的连体衣，也指年轻女性穿的非正式服装。军队中常以此作为俚语，指所有或部分战斗服。

罗克洛尔服（Roquelaure, Roculo, Roccelo, Rocklo）

男式

时期：1700年~1750年。

一种带有单片或双片披肩领的及膝斗篷，前片用扣子扣住，后片采用便于骑马的背开衩设计。"寻物启事：丢失一件带有铜扣的蓝色斗篷，或称罗克洛尔服"（1744, *Boston News Letter*）。

罗斯伯里领（Rosebery collar）

男式

时期：1894年。

一种用白色亚麻布制成的可卸领，后高近7.6厘米，前尖呈圆形。以英国已故首相罗斯伯里勋爵（Lord Rosebery, 1847~1929）的名字命名。

玫瑰花饰（Roses）

男女皆宜

时期：1610年~1680年。

缎带或网眼织物制成的较大的装饰用玫瑰花饰品，常镶有珠宝或发光饰片；主要用于装饰鞋子，后期也用于装饰吊袜带和帽带。

仑当特披风（Rotonde）

女式

时期：19世纪50年代。

一种短款环状披风，通常与连衣裙的面料相同。

详见"塔尔玛披风（talma mantle）"。

叠连饰边（Rouleaux）

女式

时期：19世纪以后。

19世纪20年代，用于装饰裙装的一种

松散的膨胀成管状的面料，尤其用在半身裙的底部。后期陆续用作各种服装的装饰，但通常被做成细长的"十"字形织物管。

鲁莱特（Roulettes）

详见"派普斯（pipes）""比尔博凯（bilboquets）"。

圆形连衣裙或长袍（Round dress, Gown）

女式

时期：18世纪晚期～19世纪中期。

指一种上衣和裙身部分采用连体设计的裙装，裙身部分四周闭合，而非前襟开衩漏出打底裙，在18世纪的服装中偶见，带有轻便的裙裾。到了19世纪，不再有裙裾设计，所以指一种没有裙裾的连衣裙。

圆耳朵帽（Round-eared cap）

女式

时期：18世纪30年代～60年代。

一种白色室内帽，围绕面部呈弧形延伸到耳朵或耳朵以下。门襟带有单个或两个褶边，常见的设计是在中间有一个小饰边和皱褶，后缘无任何褶边，仅用一根细绳将帽子系紧。后端较浅，常露出大片脑后的头发。

帽子两侧的垂饰可有可无，有的款式是单侧有，有的是两侧都有，附在前面饰边的下边缘。单侧垂饰款的垂饰通常别在帽冠上，或松散地系在下颌，这种款式通常为仆人戴的款式。从约1745年开始，两侧的褶边有所加宽，并经过浆洗处理，再后来用金属线固定在离面部较远的位置，形成了"巨大的帽檐"。同时帽子顶端变窄，并在中间形成一个小小的"V"形褶——形成"一种方便捏取的帽子"，垂饰也变得较为少见。这种帽子采用细棉布、网眼织物、纱罗织物和网制成，通常带有熟丝衬里，可供选择的垂饰也有很多，比如缎带、羽毛或小巧的人造花。这种帽型有时也称为"考福帽"。

圆帽（Round hat）

男式

18世纪70年代出现的一种非正式帽子，开始逐渐取代三角帽。

拉翁多·霍兹（Round hose）

男式

时期：16世纪50年代～1610年。

一种填充后膨胀成类似洋葱形状的宽松短罩裤。

详见"法式霍兹（french hose）""宽松短罩裤（trunk-hose）"。

小圆（Roundlet）

男式

时期：17世纪。

指一种在15世纪流行于夏普仑帽上的卷状设计。

罗克萨兰式上衣（Roxalane bodice）

女式

时期：1829年以后。

一种低领上衣，顶部饰有带褶皱的宽带，向下倾斜到中间，以一定角度相交。中

连衣裙，1823年。由三种颜色的版画或滚筒印花棉布制成。这款圆形连衣裙的简洁风格因其大胆的图案设计、丰满的肩部线条、锥形长袖以及下摆适度的褶边而变得生动起来。（右）印花棉布细节。

间通常有一根延伸到腰部的骨架结构。

罗克萨兰式袖（Roxalane sleeve）

女式

时期：1829年以后。

一种晚礼服上的蓬松袖套，肘部上方和下方鼓起，并用一根流苏带固定于肘关节的上方。可以搭配或不搭配白金色蕾丝芒谢特。

罗克斯堡暖手筒（Roxburgh muff）

女式

时期：1816年。

用几根白色缎带缠绕制作的天鹅绒暖手筒。

皇家乔治领结（Royal George stock）

男式

时期：19世纪20年代～30年代。

一种黑色热那亚全丝花丝绒和缎子制成的领结，缎子沿天鹅绒向下倾斜并在前方打结。

鲁本斯软帽（Rubens bonnet）

女式

时期：1872年。

一种一侧帽檐向上翘的小巧软帽，帽冠上饰有蝴蝶结和羽毛。

鲁本斯有边帽（Rubens hat）

女式

时期：19世纪70年代和80年代。

一种一侧帽檐向上翘的高顶帽，有多种不同的款式。

褶裥饰边（Ruche, Rouche）

时期：19世纪初期。

通常指由抽褶或打褶的轻质织物制成的窄版褶边，如纱罗织物或网眼织物，用以装点服装或配饰。

帆布背包（Rucksack）

男女皆宜

时期：19世纪晚期。

一种由两根背带分别绕过双肩携带的背包，由帆布和皮革等多种不同的材料制成。最初徒步旅行和散步时会携带，后来另作他用。

拉夫领（Ruff）

男女皆宜

时期：16世纪60年代～17世纪40年代。

一种由细棉布、上等细布或类似布料制成的圆领，褶边经过浆洗工艺和熨烫处理，呈放射状从颈部向四周展开，起初附在衬衫领圈上，但是到了1570年，已经演变为一件单独的物品。男款通常为全封闭款式，而中性款式会在下颌留出一个缺口。

筒形褶皱在英语中称为"sets"，经过压纹辊模压后形成一系列褶皱。拉夫领饰有流苏带。

有各种不同的款式，包括1615年至1640年年间出现的倒拉夫领（falling ruff）。倒拉夫领在抽褶之前没有经过正式的压褶，缝制在较高的颈带上之后垂在肩部。短拉夫领是拉夫领的袖珍版，在17世纪初期深受清教徒的喜爱。1625年至1650年年间流行的椭圆拉夫领仅女性佩戴。它"经过正式筒状压褶，形成一个巨大的封闭式拉夫领，褶皱在肩部横向展开"，常搭配一顶宽边海狸帽。17世纪的女式拉夫领通常会有一个由纱罗织物或网眼织物制成的小巧颈部褶边，点缀在领子的内边缘。

时期：18世纪以后。

18世纪40年代至1830年，曾在女性群体中小范围再度流行，且在1874年至1900年再次流行。20世纪偶有使用。

褶皱衬衫（Ruffled shirt）

男式

时期：18世纪～19世纪中期。

一种沿胸部有熨制褶边的衬衫，搭配日间礼服或者晚礼服，但从1840年开始，逐渐开始仅用来搭配晚礼服。褶边向前伸出，宽度各不相同，最多可达7.6厘米。

褶边（Ruffles）

男女皆宜

时期：1550年～17世纪晚期。

16世纪较为少见的一种用法，与"hand ruff（手部褶皱饰物）"同义，连接在衬衫袖子上。"他们手上有非常不雅观的褶边"（1571，

MS. Letter, Library of Corpus Christi College）。

男式
时期：17 世纪～19 世纪早期。
20 世纪男士衬衫前片的褶边。

女式
时期：1690 年～1800 年。
由网眼织物或细棉布制成的宽荷叶边，搭配中袖，通常拥有多瓣扇形边缘。

时期：1800 年以后。
一种衣领、袖口的褶皱边缘和其他服饰的饰面。

鲁利恩（Rullion）
时期：17 世纪。
一种用剥下的兽皮制成的鞋子，可能起源于苏格兰。

臀垫/臀部褶裥/假臀垫（Rump, Rump-furbelow, False rump）
女式
时期：18 世纪。
一种新月形的小臀垫，从后面或侧面置于裙子下面，1770 年至 1790 年，样式十分高耸，但后期的款式则非常小巧。
详见"软木臀垫（cork rump）"。

跑堂服（Running clothes）
男式
时期：17 世纪晚期～18 世纪中期。
跑腿男仆穿的衣服，侍从服的一种。"弗朗西斯·罗宾逊（Francis Robinson），跑腿男仆……跑堂服……德罗瓦兹、长袜、便鞋、无边便帽、饰带和衬裙马裤"（1720, Wages, Duke of Somerset's Servants, *Gentleman's Magazine*, lxi）。

俄式女衫（Russian blouse）
女式
时期：19 世纪 90 年代。
一种宽松的束腰上衣，前片垂至膝盖，后片稍长。20 世纪再度流行。

俄罗斯皮帽（Russian fur hat）
男女皆宜
时期：20 世纪。
也称为"cossack hat（哥萨克帽）"或"zhivago hat（齐瓦戈帽）"，这两种叫法都表明了它最初的灵感来源以及在俄罗斯境外的受欢迎程度。一种不带帽檐的毛皮帽子，帽冠高度中等，一般由阿斯特拉罕羔羊皮或又厚又密的毛皮制成。

俄罗斯夹克（Russian jacket）
女式
时期：1865 年。
一种穿在带袖马甲外面的无袖短夹克。

俄罗斯背心（Russian vest）
详见"加里波第上衣（garibaldi bodice）"。

S

木屐袖（Sabot sleeve）

女式

时期：19世纪。

膨松袖的一种变体，肘部上方有一个或两个膨松的延伸部分。1827年至1836年，搭配晚礼服使用，到了1836年至1840年，则搭配日装使用。后来演变成维多利亚袖（victoria sleeve）。

袋形外衣（Sac, Sack, Sacque）

女式

时期：16世纪～17世纪晚期。

一种宽松的长袍，可能是一种乡村服装。"挤奶的时候……弗伦普顿（Frumpton）的乡下姑娘穿着起绒粗呢制的袋形外衣"（1599, George Peele, *Sir Clyomon*）。

时期：17世纪晚期及18世纪。

"我夫人今天第一次穿上了叫作'da Sac'的法国礼服"（1669, *Pepys' Diary*）。

一种非正式礼服，最初前片和后片都较为宽松，从肩部到下摆呈金字塔状下垂。这种风格作为一种孕妇装在18世纪上半叶一直非常流行。

18世纪早期流行的样式特点包括：前片和后片有宽松且未经缝合的活褶，前片从腰部到下摆全部缝上，或者不缝，露出衬裙。

18世纪30年代，活褶变得更加规整，设计成箱状叠褶样式，并且上衣设计得更贴身。18世纪50年代之前，袋形外衣作为一种开襟式罗布，更受人们青睐，几乎取代了曼图亚长袍，成为一种正式礼服。

18世纪70年代，它的流行趋势逐渐减退，但是作为特定的法院庭审服饰被保留了下来。从18世纪70年代起，腰部有时会缝有箱状叠褶，例如英国式罗布（robe à l'Anglaise）的设计，或者采用宽松剪裁，例如皮埃蒙特礼服（robe à la Piémontèse）。

袋形夹克（Sack-back jacket）

女式

时期：1896年。

一种宽松的短款夹克，边缘常饰有毛皮。

袋式服（Sack dress）

女式

时期：1960年以后。

一种宽松的短款连衣裙，裙边剪裁通常较窄。由西班牙时装设计师克里斯特巴尔·巴伦夏加（Cristóbal Balenciaga，1895～1972）设计，被其他设计师和制造商所效仿。

袋式大衣（Sac overcoat）

男式

时期：19 世纪 40 年代~1875 年左右。

一种长度接近膝盖的宽松大衣，前片有四个扣眼以及用窄版贴边装饰的横开口袋。袖子较为宽大，袖口很宽。后片整体裁剪，底部有一条短缝。边缘系合或用双线缝制。19 世纪 60 年代，这种大衣的扣子设计得很高，配有非常窄的领子和驳头，并且前片有三四个扣眼，可选配口袋。有些风格设计有天鹅绒领子、驳头和袖口。

狩猎外衣/狩猎套装（Safari jacket, Safari suit）

男式，后来也有女式

时期：19 世纪以后。

19 世纪，为了方便越野探险而设计的一种服装，尤其是在东非较为流行。欧洲人喜欢既结实又轻便的服装，包括软木盔（pith-helmet-style hat）风格的帽子或遮阳帽（solar topi）。其中软木盔风格的帽子采用干燥的木髓制作，而遮阳帽则是一种印度叫法，指任何保护头部免受太阳照射的欧式帽子。其他物品包括衬衫、夹克和由结实棉布制成的裤子（通常为浅色）以及靴子和绑腿（通常由几块皮质防护面料或防护织物缠在腿上）。夹克的特点包括一根腰带、背部开缝设计、外口袋打褶并带盖以及前片系扣，在风格上与诺福克外套相同。在 20 世纪的电影中，演员在非常迷人的外景中身着这类风格粗犷的服装，激发了时装设计师的创作灵感。

防护服/婴儿背带（Safeguard）

女式

时期：16 世纪初期~18 世纪晚期。

一种在骑马和骑行时穿的罩裙，防止灰尘和冷风的侵袭。偶有采用大围裙的样式，通常搭配一个斗篷或上衣，也指婴儿背带，"一种防护服，一种用来包裹婴幼儿的缠带"（1706, Phillip's *World of Words,* ed. J. Kersey）。

详见"骑士斗篷（foot-mantle）"。

时期：1745 年~1790 年。

在英格兰西部被称作"seggard"，但使用时间较早。

男式

一种彩色围裙，也起到保护作用；使用者为烘焙师等。

安全别针（Safety pin）

时期：1878 年以后。

丹麦安全别针，带有较宽的保护鞘，覆盖住针尖，被广泛使用，后来发展为各种尺寸和不同种类的金属材料。

水手衫（Sailor blouse）

女式

时期：19 世纪 90 年代。

一种女学生穿的带有蓝色海军翻领和袖口的白色亚麻衫，仿照海军服的样式。

水手领（Sailor collar）
女式

时期：19世纪晚期。

根据水手制服设计的宽边平翻领，多在大衣、夹克、衬衫等服装上使用，在第一次世界大战和第二次世界大战期间尤其流行。

水手帽（Sailor hat）
女式

时期：19世纪60年代。

一种克里诺林帽（crinoline hat），帽冠低平，宽边帽檐向下渐收，饰有丝带和羽毛。

时期：19世纪80年代。

一种平顶硬草帽，不同款式的帽冠高度和帽檐宽度会略有不同。

男式

时期：19世纪80年代。

一种受到小男孩喜欢的草帽样式；帽檐较宽且呈喇叭状，帽冠底部一周缠有丝带，上面通常绣着一艘船的奇特名称。

水手平结领带（Sailor's reef knot tie）
男式

时期：19世纪70年代以后。

一种流行的领带打法，中间的结纽将两侧领带垂直分开，两端自由垂落，通常留有空隙。19世纪90年代最流行，受欢迎度不亚于四步活结领带（four-in-hand）。

20世纪多为方形和"V"形结样式。

水手服（Sailor suit）
男式

时期：1870年。

一种流行的男童服，最初由一件水手衫搭配一条宽松肥大的尼克博克或丹麦长裤，裤脚口放开，长度恰好到膝盖。

时期：1880年以后。

开始采用宽大的白色翻领，尼克博克也更为贴合腿部，也可搭配长至脚踝的喇叭状水手裤（Jack Tar trousers）。常见的配饰有挂带和水手长哨子。采用蓝色斜纹哔叽布料编织而成，饰有穗带，搭配水手帽。

水手裤（Sailor trousers）
女式

时期：20世纪以后。

沿用传统海军系扣方式的一种裤子，开襟设计，用来扣住裤腰和侧面。

高腰裤（Salopettes）
男式，后来也有女式

时期：20世纪以后。

法语中指工人穿的高腰工装裤，前片采用围涎风格，带肩带；后来裤腿逐渐改为贴合脚踝的设计，1950年后，成为一种受欢迎的滑雪服。滑雪初学者建议穿防水款式。

盐罐式口袋（Salt-box pocket）
男式

时期：1790年。

马甲上使用的一种矩形带盖口袋，取代

扇形袋盖。

凉鞋（Sandal）

男式

时期：中世纪~16世纪。

一种鞋子，脚背上的带子与鞋底连接，带子有不同的设计方式。

时期：1600年~20世纪初期。

修道士和朝圣者穿的一种鞋。

男女皆宜

时期：20世纪20年代以后。

海滩装中开始出现各种形式、更为结实的轻便凉鞋，最终成为一种夏季较为普遍的鞋。

详见"勃肯凉鞋（birkenstock sandals）"。

凉鞋/拖鞋（Sandal-shoes, Sandal-slippers）

女式

时期：1790年~19世纪末。

薄底平底低帮拖鞋，脚背和脚踝周围用纵横交错的丝带缠绕，用于室内和晚间服饰。

卫生舞会礼服（Sanitary ball dress）

女式

时期：1890年。

一种舞会礼服，搭配有淡黄色或粉红色小羊皮紧身底衣，用于保护胸部免受当年的流感侵袭。

桑斯弗莱克特姆笼式裙衬（Sansflectum crinoline）

女式

时期：1860年。

一种耐水洗的笼式克里诺林，裙箍覆有古塔胶杜仲胶，其他部位则有可拆卸的荷叶边。

桑顿/苏托尔（Santon, Sautoir）

女式

时期：19世纪20年代。

一种彩色丝绸领巾，常搭配一个小巧拉夫领，起到挺括作用。

撒丁岛袋形外衣（Sardinian sac）

男式

时期：1856年。

一种宽松的单排扣袋式大衣，方领设计，无驳头，搭配钟形长袖，"袖子没有实际作用，但可以随意垂下"。前片用绳子和流苏系合。

纱丽（Sari, Saree）

女式

一块棉布或丝绸，围住整个身体，绕过一侧肩膀；印度女性的一种主要服饰。

莎笼（Sarong）

女式，有时也有男式

马来语，意为"保护套"，指系在腰间或腋下的一条带状长布料。传统的马来和爪哇男女服饰，西方女性将其用作海滩装，20世纪中叶开始也偶见于男性穿着。

萨尔普（Sarpe, Serpe）

男式

时期：15 世纪。

一种环绕颈部披在肩上的装饰性领子，与项链不同。

饰带（Sash）

男女皆宜

时期：16 世纪以后。

一种由柔软材料制成的带子或围巾，两端系在一起，而非扣在一起，或者以其他方式束紧；系在腰间或肩上，起装饰作用。

男式

时期：16 世纪~18 世纪。

腰带，用作制服的一部分，不与军装一起使用时可搭配休闲装。

详见"颈巾（burdash, berdash）"。

女式

时期：16 世纪以后。

18 世纪之前，与妇女长睡衣（négligé）搭配使用；与连衣裙搭配时有不同宽度的饰带，后来也偶有出现不同风格和面料的饰带。

靴筒垫（Sashoon, Sashune）

男式

时期：17 世纪晚期。

一种穿在靴子里戴在腿上的皮革垫。"穿长筒靴的人会用填充或绗缝皮革绑在小腿上，用来增加腿部的厚度，使靴筒看上去硬挺且没有褶皱"（1688, R. Holme, *Armory*）。

碟状领（Saucer-collar）

女式

时期：1898 年。

一种向外展开的高领，用来搭配时尚的日间礼服。

苏托尔（Sautoir）

女式

时期：20 世纪以后。

一种珍珠长项链或镶满宝石的黄金项链。

详见"桑顿（santon）"。

萨克逊刺绣（Saxon embroidery）

详见"英伦刺绣（English work）"。

单排扣（S-B）

男式

时期：19 世纪。

服装裁剪术语，指外套或马甲的单排扣设计。

S 曲线（S-bend）

女式

时期：19 世纪 90 年代晚期及 20 世纪初期。

指这一时期紧身褡所塑造出的曲形轮廓。

斯卡维隆（Scabilonians, Scavilones）

男式

时期：1550 年~1600 年。

指一种可能源自莫斯科的新式德罗瓦兹。"内勒（Nayler）脱下耐扎·斯托克斯袜，把丝绸斯卡维隆褪至脚踝，就这么赤足光腿地进来了"（1571, *Holinshed's Chronicle*）"。

详见"桶状霍兹（barrel hose）"。

束腿霍兹（Scalings, Scaling hose）

男式

时期：1550 年 ~ 1600 年。

可能是一种新式齐膝短裤，类似威尼斯式裤（venetians）。"用一根带子将束腿霍兹膝盖以下的部分束紧"（1566, Sir Philip Sidney's Accounts）。

荷叶边（Scallop）

仿照扇贝壳的边缘曲线，将凹弧和凸弧交替相连而制成的一种装饰性边形。

斯卡尔贝特（Scalpette）

女式

时期：1876 年。

"通过在隐形织网上设计浓密头发而制成的前额假发。"戴在帽冠的前侧，用来遮盖稀疏的头发，最早出现于美国。

女式衬裤（Scanties）

女式

时期：20 世纪 20 年代以后。

指特别短的女短裤。

斯卡布罗帽（Scarborough hat）

女式

时期：1862 年。

帽檐前面较宽且翘起的一种帽子，后侧略微倾斜；尽管许多人认为这种帽子"相当粗俗"，但当时颇为流行。

斯卡布罗-阿尔斯特宽大衣（Scarborough Ulster）

男式

时期：1892 年。

一种带有披肩和风帽的无袖阿尔斯特宽大衣。

围巾/领巾（Scarf）

男女皆宜

时期：16 世纪中期以后。

一种用于保暖，围在脖子或搭在肩上的窄条织物。16 至 17 世纪时，男士有时会以此作为饰带佩戴。到了 20 世纪，指围巾。

详见"长围巾（muffler）"。

男式

时期：1830 年 ~ 20 世纪初期。

一种系在衬衫正面的宽大领巾，常用装饰性领带针固定在特定位置。到了 19 世纪末，指两端比中间宽得多的任何垂坠领带。

围巾式褶布（Scarf drapery）

女式

时期：19 世纪 70 年代。

指用半身裙前片的布料制成的装饰，即一种镶有各式各样的荷叶边、褶边和缎带的褶裥或"围巾"。

围巾面纱（Scarf veil）

详见"面纱（veil）"。

爽健（Scholl's）

男女皆宜

时期：1959年以后。

最初的爽健运动凉鞋于1959年推出，风靡全球。它的特点包括脚底部分采用山毛榉木，脚背有一条可调节的皮带以及鞋底采用橡胶制成，能够支撑一定重量，适合锻炼时穿，是出生于芝加哥的威廉·肖勒博士（Dr William Scholl）设计的众多鞋类产品和足部护理产品之一。肖勒博士自1904年起到1968年去世，一直致力于鞋类产品和足部护理产品的开发。

裁剪（Scissoring）

详见"长嵌缝（slashing）"。

勺形领口（Scoop neckline）

女式

时期：20世纪50年代以后。

指各类女服上的一种圆形低胸领口，穿着时会露出肌肤或者其他服装，比如穿勺形领口的针织套衫时会露出里层的衬衫。

苏格兰法勤盖尔（Scotch farthingale）

女式

时期：16世纪晚期及17世纪初期。

显然与威尔法勤盖尔类似。"这件苏格兰法勤盖尔……请您把它，把它收紧……这件苏格兰款式合身吗？它能夹紧并向四周靠拢吗？"（1605, Marston and Chapman, *Eastward Hoe*）。

半头式鲍勃假发（Scratch bob, Scratch wig）

男式

时期：1740年~1800年。

一种仅覆盖脑后的鲍勃假发，有时候会带一个卷。佩戴的时候会把前半部分的真发梳起来。"一卷式半头式假发"（1764, *The Oxford Sausage*）。

小袋（Scrip）

时期：中世纪。

指钱袋或旅行袋。

发束（Scrunchie）

女式

时期：20世纪晚期。

一种美式束发方式，即将头发梳成马尾或以类似的方式将头发从面部归拢起来。由松紧带外包裹一层松散的环绕织物制成，有时会使用珠子或花朵做装饰。发束于20世纪80年代末问世并迅速流行起来。

袖孔（Scye）

男式

时期：19世纪。

服装裁剪术语，指上衣袖窿下段的弧形部分。

水手帽（Sea cap）

男式

时期：15世纪晚期到17世纪初期。

可能类似蒙茅斯帽（monmouth cap）。

水手大衣（Sea coat）

男式

时期：15世纪晚期～17世纪末。

指一种常见于水手穿的有衬里和风帽的上衣。

水手服（Sea-gown）

（可能是男式）

时期：15世纪晚期到17世纪初期。

指一种在海上穿的外套。

海豹皮大衣（Sealskin coat）

女式

时期：19世纪80年代。

一种后片采用一片式剪裁的外套，在当时尤为流行。1882年到1888年期间的款式，在巴斯尔上饰有一个宽大的扁平蝴蝶结。

女裁缝师（Seamstress, Sempstress）

女式

时期：16世纪以后。

仅进行普通缝纫的女性工种，不负责提供服装裁剪和制作所需的较为复杂的技能。"去旧交易所，我那漂亮的女裁缝师买了四条带子"（*Pepys' Diary*，1665年4月8日）。

二手服装（Second-hand clothing）

男女皆宜

时期：17世纪以后。

过去，人们会不断回收和改制旧衣服。有史以来，似乎除了送给家人朋友并进行改制的旧衣服，二手服装交易市场一直很繁荣。当然，在19世纪30年代的英国，二手服装商必须获得许可证。到了20世纪，慈善商店的发展为二手服装交易增添了新的方向。

透明装（See-through clothing）

男式

时期：20世纪30年代。

20世纪30年代，男性游泳时不穿上衣引起热议，不过这种行为后来逐渐被人们接受。

女式

时期：20世纪60年代以后。

美国设计师鲁迪·简莱什（Rudi Gernreich，1922～1985）在1964年推出了一款专为女性设计的赤裸上身泳衣，在当时引起了相当大的公愤，但是到了1968年，伊夫·圣·罗兰（1936～2008）的系列作品中也有一件透视女装。在后来的几十年时间里，透明面料和越来越轻薄的服装在欧洲和北美开始被大众接受。

塞格德（Seggard）

详见"防护服/婴儿背带（safeguard）"。

束带（Seint）

男女皆宜

时期：中世纪。

一种束腰带。

详见"束带（ceint）"。

无名女子，照片拍摄于1852年。在这张拍摄于摄影棚中的摆拍照片中，一名坐着的女子正在做女工——可能是在做简单的针线活或者是刺绣，这两种工作在当时都被认为是有用的女性技能；或者，这位女子也可能是一名职业女裁缝师。她虽然没有戴帽子，但是为了不遮挡面部，她将头发梳成了一个发髻。她的上衣和半身裙造型简单，面料朴素，袖子和上衣有少量装饰。在1856年笼式克里诺林出现之前，仍然由多层衬裙支撑出宽大的裙摆。

镶边（Selvage）

时期：14世纪以后。

编织织物边缘时使用的防止织物散开的一种边。

半圆式法勤盖尔（Semicircled farthingale, Demi-circled farthingale）

女式

时期：1580年~1620年。

详见"法式法勤盖尔（french farthingale）"。

女裁缝师软帽（Sempstress bonnet）

女式

时期：1812年。

一种软帽，用一根又长又宽的丝带在下颌交叉系住，然后拉到帽冠的顶端，并系成一个蝴蝶结样式。

"旧斗篷、旧套装或者旧外套"（Marcellus Laroon Ⅱ, The Cryes of London，1687年~1688年）。这位贫穷的街头商人身上穿的邋遢衣服，是由阿尔塞西区的乡绅服装修剪而来。由于买不起假发和外套，他在自己的带袖马甲和马裤外面罩了一件轻薄的斗篷。就连他的两只鞋子也无法配成一对。他售卖的二手服装，也都是老旧的款式。

西班牙女式齐腰短外套（Señorita）

女式

时期：19世纪60年代。

一种形似波蕾若的短款平纹细布夹克，中袖设计，穿在晚礼服外面。

闪光装饰片（Sequin）

时期：19世纪80年代以后。

源自意大利词汇"zecchino"（意为古金币），类似早期缝在服装和配饰上的穿孔金属发光饰片。20世纪开始，其制作材料变得更轻巧，通常由塑料制成，颜色、尺寸和形状也更多样。

锁（毛边）（Serge）

时期：19世纪。

指一种平式缝接工艺，通常用于缝合毛边的接缝处，以防止织物开线。

详见《词汇表：纤维、织物、材料》。

蛇形/龙形编发（Serpent, Dragon）

女式

时期：18世纪。

指一绺向后卷并垂下的长发。"女性或女演员仅在宫廷舞会上，或舞台上使用这种蛇形、龙形编发，平时很少见"（1768, G. Bickham, *The Ladies' Toilet*）。

拉夫领（Sets）

详见"拉夫领（ruff）"。

塞廷（Settee）

女式

时期：17世纪晚期。

女式室内无边便帽上的双垂饰。

缝纫机（Sewing machine）

时期：1790年以后。

在欧洲和北美进行了各种针法的多次实验后，列察克·梅里瑟·胜家（I.M.Singer）于1851年申请了一项锁式线迹缝纫机专利，他的公司很快占领了整个国际市场。这种机器为国内的专业服装制造领域带来了革命性的变化，虽然许多竞争对手或是发明了新的机型，或是完善了胜家最初的设计概念，但从19世纪中期开始，一提到缝纫机，大家最先想到的还是胜家。直到20世纪，这种权威地位才被其他制造商撼动。

胸挡（Shade）

女式

时期：1750年~19世纪初期。

一种用于遮盖低领长袍胸部的透明网、纱罗织物或网眼织物，有的款式在颈部附有小巧的拉夫领。这种时尚款式在18世纪50年代最流行。

遮阳帽（Shadow）

女式

时期：1580年~1640年。

与邦乃滋类似，但不属于风帽。由天鹅绒、亚麻布或上等细布缀以网眼花边制成。"一顶由天鹅绒制成的法式遮阳帽，用以遮挡阳光，防止晒伤"（1617, Fynes Moryson, *Itinerary*）。

长毛绒拉夫领（Shag-ruff）

女式

时期：17世纪。

一种蓬松的或轮廓不规则的拉夫领。

莎士比亚领（Shakespere collar）

男式

时期：19世纪60年代以后。

一种较窄的翻领，领尖向下延伸至衬衫正面。

莎士比亚马甲（Shakespere vest）

男式

时期：1876年~1877年。

一种单排扣或双排扣马甲，翻领设计，领尖较宽且朝下，驳头短而窄，且带有凹口。

纱丽克米兹（Shalwar kameez）

男女皆宜

时期：19世纪20年代以后。

"shalwar（纱丽服）"一词源自波斯语，指一种在南亚某些国家流行的男女宽松裤子。"kameez（克米兹）"指一种及膝的长袖衬衣，与裤子搭配穿。这种穿搭组合在设计师的灵感来源之前，在欧洲已经有几个世纪的历史。

黑缎袍（Shamew）

详见"黑缎袍（chammer）"。

假悬饰袖（Sham hanging sleeves）

详见"悬饰袖（hanging sleeves）"。

沙姆斯（Shams）

详见"半长衬衫（half shirt）"。

塑形衣（Shapewear）

详见"紧身褡（corsets）""束腰带（girdle）""塑身裤（spanx）""束腰（stays）"。

薄片帽（Shaving hat）

男式

时期：18世纪初期。

一种用木头薄片代替稻草精细编织制成的有边帽子（1723, "Elizabeth Robinson, Shaving Hatmaker", *London Gazette*）。

披巾（Shawl）

女式，有时也有男式

时期：18世纪中期~20世纪。

一种用来覆盖肩部和上半身的方形或长方形包裹物，尺寸和材质各异。19世纪上半叶，女性主要将其用于配饰，搭配室内服装；男性则在乘坐马车旅行时用作一种保护物。披巾是由羊毛、丝绸、棉布等单一布料或多种布料混纺制成，带有梭织、印制或刺绣图案。从20世纪开始，各种成分的合成纤维织物也被用于制作披巾。较为常见的包括开司米披巾，原产于克什米尔，由石山羊的羊毛制成，并于18世纪晚期出口欧洲。1818年，英格兰当地开始制造披巾。1826年，开始用澳洲羊毛在爱丁堡生产。1804年，仿照克什米尔图案，开始出现用丝经纱和羊毛纬纱制造的法式披巾。

1815年以后，通常由带花朵的丝绸制成，尺寸约为2.2米见方，带有宽边。1803年出现的诺里奇披巾带有丝经纱和羊毛纬纱梭织而成的"填充"图案，尺寸常为0.9米见方。产自苏格兰的佩斯利细毛披巾出现于1808年，用丝绸或棉质经线和羊毛或棉质纬线制成，或者全部由丝绸制成。到了1830

时装版画中展示了一件日间礼服，1824年~1825年。上图的视角为侧视图，侧面展示了软帽的结构，可见弧形帽檐、用褶皱和缎带装饰的帽冠，戴在一顶系在下颌的无边便帽上。简单的连衣裙设计凸显了与连衣裙搭配的白色装饰领的褶边，尤为吸睛的设计还有连衣裙上用来突出上袖宽度的衣领。衣领、袖口和裙摆上简单的荷叶边或褶饰属于典型的表面装饰，常见于19世纪20年代。诺里奇披巾在19世纪20年代开始流行，或许人们可从中窥见克什米尔披巾在英国的痕迹。

一条长方形羊毛披巾，带有独特的松果花纹图案。常被叫作"Paisley shawl（佩斯利细毛披巾）"，以披巾的一个主要产地命名，1835年。整个19世纪，许多欧洲制造商都仿制了披巾上的印度和波斯图案，披巾也成为各阶层女性的一种主要配饰。

年，常用"博塔尼精纺细毛织物（botany worsted）"，即澳大利亚羊毛制造披巾。这种披巾在19世纪四五十年代非常流行，带有松果或布塔图案。

1860年出现了"双面佩斯利细毛披巾"，正反两面的图案相同。随着半身裙尺寸的扩大，时尚披巾的尺寸也不断增加，在克里诺林流行时期长达 3.6 米。

详见"拉姆普尔方披肩（rampoor-chuddar）"。

时期：20 世纪以后。

虽然披巾在20世纪初期的几十年间十分流行，但逐渐被卡迪根式开襟毛衫和轻便的夹克衫代替。直到20世纪60年代，佩斯利才再度流行起来。到了20世纪90年代，出现了轻如羽毛的帕什米娜披肩。

青果领（Shawl collar）

男式

时期：19 世纪 20 年代以后。

指外套或马甲上的宽翻领，与驳头相连，无凹口。1850年后，这种叫法逐渐被"roll collar（翻领）"取代。

到了20世纪，男服女服上都可见青果领的设计。

披巾式马甲（Shawl waistcoat）

男式

时期：19 世纪。

指采用青果领设计的马甲或设计有披巾的织物马甲。单纯用披巾做成的马甲较为少见。

鞘型连裙装（Sheath dress）

女式

时期：20 世纪 20 年代以后。

一种紧密贴合身体曲线的紧身连衣裙。由美国电影和电影黄金时代的魅力明星掀起的一种流行风格。

羊皮袄 / 羊皮外套（Sheepskin coat, Sheepskin jacket）

男女皆宜

时期：20 世纪以后。

虽然早期人们已经开始用羊皮制作斗篷等衣物，但是羊毛层经常被穿在外面。到了19世纪，世界上一些地方兴起了新的想法，即用加工过的干净羊皮制作夹克和外套等简做服装，皮面在外，羊毛面在里。这种皮衣比许多毛皮大衣便宜，适合旅行、晨起驾车和其他户外活动，成为20世纪60年代开始流行的一种时尚服装。更有嬉皮士在旅行结束时，从阿富汗带回来这种服装的刺绣变体。

雪尔发型 / 雪尔衫（Shell）

女式

时期：18 世纪。

一种打成蝴蝶结状的松散发型。

时期：20 世纪晚期。

指穿在夹克衫里面的一种轻便贴身上衣。

运动套装（Shell suit）

男女皆宜

时期：20 世纪 80 年代。

田径服的一种变体，色彩鲜艳。喜欢舒适、不追求时尚的人常用它代替长裤加衬衫的穿搭。

衬衣（Shift）

女式

时期：18 世纪。

"shift"一词逐渐取代了"smock"一词，指在19世纪被称为"chemise（修米兹）"的内衣。这种服装贴身而穿，采用家纺布、亚麻布或棉布制成。

舍弗特服装（Shift dress）

女式

时期：20世纪60年代以后。

一种裁剪简单的裙子，较为贴合身体，但并未过度强调身体轮廓，通常是无袖短裙款式。

详见"迷你连衣裙（mini dress）"。

欣格型短发型（Shingle）

女式

时期：20世纪20年代。

一种锥形短发，所有的发梢都像屋顶瓦片一样露出来。

船帆发型（Ship-tire）

女式

时期：16世纪晚期及17世纪初期。

指一种时髦的夸菲尔发型。"你有弯弯的眉毛，正好配上船形的发饰"① (1598, W. Shakespeare, *The Merry Wives of Windsor*)。

多层收皱（Shirring）

时期：20世纪以后。

指一层层的碎褶，类似多层细褶（gauging）。从1940年开始，人们通常用非常细的弹性线来创造这种效果。

汗衫（Shirt）

男式

时期：中世纪早期以后。

在1840年，背心问世之前，贴身穿的一种衣服。14世纪和15世纪时期的汗衫分别配有围颈带和立领，到了16世纪则又加入了旁摆衩的设计。之后，衬衫外露的部分开始用各式各样的刺绣、褶皱、褶边和网眼花边进行装饰。19世纪出现了用于日常穿着的有色西装衬衫，可拆卸的假领子被有着相同或者对比颜色的活领取代。20世纪的汗衫有各种颜色、重量和款式，人们还会在天气炎热的时候穿短袖汗衫。

详见"水上运动衫（aquatic shirt）""箭领衬衫（arrow shirts）""科拉萨（corazza）""夏威夷式衬衫（hawaiian shirt）""历史衬衫（historical shirt）""打褶衬衫（pleated shirt）""褶皱衬衫（ruffled shirt）"以及"猪小肠饰边（chitterlings）""半长衬衫（half shirt）"。

女式

时期：19世纪90年代。

指女性在夏天穿的衬衫。

时期：20世纪以后。

指女版的男性衬衫，胸前设计有褶裥，除了系扣设计不同之外，其余部分全部仿照男款衬衫的剪裁。

---

① 梁秋实译本，中国广播电视出版社。——译者注

衬衫式德罗瓦兹（Shirt-drawers）

男式

时期：1890年。

长及小腿中部的一种衬衫，"并且开衩从两侧改为前后片的正中间，因此能衬托出修长的腿型"。自此人们不再单独穿着德罗瓦兹。

衬衫式连衣裙（Shirt dress, Shirtwaist dress）

女式

时期：20世纪30年代以后。

一种上衣前片系扣的裙装，设计有衣领和下摆，看起来像一件加长型衬衫，因为实用性较强，因此已经成为一种经典服装。

衬衫别针（Shirt pin）

男式

时期：19世纪。

"用珠宝商的金线制作的衬衫别针"（1825, T. Hook, *Sayings*）。别在衬衫的胸部。

鞋（Shoe）

男女皆宜

时期：中世纪以后。

一种脚部遮盖物，通常由皮革鞋底和皮革或织物鞋面组成。几个世纪以来，随着鞋的功能和时尚潮流的变化，外形设计变化较大。

鞋扣（Shoe-buckle）

男女皆宜

时期：17世纪中期~1790年。

一种附在鞋面前部用来固定鞋子的长方形或椭圆形金属扣，1770年尺寸有所增大，极具装饰性。"鞋扣从前确实是一种用来固定鞋子的装置；但现在情况完全相反，鞋子成了附属品，除了为扣上鞋扣之外别无用处"（1777, R. B. Sheridan, *A Trip to Scarborough*）。

时期：1800年以后。

具有实用性的小鞋扣旁边开始出现装饰性鞋扣，与鞋子连为一体，不可拆卸。

鞋拔（Shoe-horn, Showing horn）

时期：16世纪以后。

一种有着弧形边缘的半管状器具，常由金属或角状物制成。到了20世纪，则惯用塑料材质制作。当靴子或鞋子太紧时，人们常用鞋拔来帮助双脚滑入其中。"铁制鞋拔"（1576, City of Exeter Records）。

鞋带（Shoe-laces）

时期：19世纪以后。

指将鞋帮两侧系在一起的系带，通常为马海毛编织而成的穗带，但女鞋系带常用缎带制成。到了20世纪，人们改用棉线或尼龙绳制作系带。

鞋花（Shoe-rose）

详见"玫瑰花饰（roses）"。

鞋带（Shoe-strings）

时期：17世纪~19世纪中期。

指通常用缎带做成的、用于固定鞋的系带。"但他没有熨鞋带"（1825, Harriette Wilson, *Paris Lions and London Tigers*）。

领带式鞋带（Shoe-tie necktie）

男式

时期：19 世纪 50 年代。

一种"不及手表缎带宽度一半宽"、非常窄的领带式鞋带，系成蝴蝶结样式装饰在鞋头或者穿上一个圆环后两端悬垂。

详见"拜伦领带（byron tie）"。

狩猎上装（Shooting coat）

男式

时期：19 世纪 60 年代～80 年代。

通常指"morning coat（晨礼服）"。

幼婴装（Short-coat）

时期：16 世纪～19 世纪。

婴儿可以爬行时穿的一种服装；在穿幼婴装之前，婴儿穿的是婴儿衣，主要是襁褓带。

短款风帽（Short hood）

详见"巴哥风帽（pug hood）"。

短裤（Shorts）

男式

时期：1820 年～1850 年。

偶指晚礼服马裤。

时期：20 世纪以后。

在美国，指衬裤。

男女皆宜

时期：20 世纪 30 年代以后。

指运动、徒步和户外度假时穿的短裤，裤长短至膝盖或者膝盖以上。越来越多的人在夏季休闲场合穿短裤来取代长裤。

短款防泥水护腿（Short spatterdashes）

男式

时期：18 世纪。

类似靴套（spats），但当时没有这种叫法，主要是乡下人穿。

短腹豌豆荚式达布里特（Shotten-bellied doublet）

男式

时期：1560 年～1580 年及 17 世纪。

前片短小，与豌豆荚式达布里特（peascodbellied doublet）正好相反。

挂肩提包（Shoulder bag）

女式，有时也有男式

时期：20 世纪 40 年代以后。

一种非常普通的带有长肩带的包；因可以背在肩上而非常受欢迎，后来被发放给了英国的妇女服务机构，到了20世纪40年代晚期，流行度有所下降，但是到了20世纪80年代，以多样的款式和尺寸再度流行起来。

肩带（Shoulder belt）

男式

时期：17 世纪。

之前用"baldrick"一词表述；指从右肩斜跨到左臀或左臀以下位置的带子，用于悬挂剑或剑杆，穿在达布里特上面。1680 年以后，逐渐被腰带和搭环取代，穿在外套和马甲里面；到了18世纪后半叶，又被带链条的切割钢制挂钩取代。

肩带（Shoulder heads, Shoulder straps）

女式

时期：17世纪以后。

"吊在肩部并将女式裙装前部和后部连接在一起的带子（1688, R. Holme, *Armory*）。"

肩饰（Shoulder knot）

男式

时期：1660年~1700年。

一种由丝带线环、绳或者网眼织物编织而成的束状配饰，有时还饰以珠宝，佩戴在右肩上。自18世纪开始，成为侍从服的一部分，"佩戴肩饰的骑士"成为侍从的代名词。

肩垫（Shoulder pad）

男女皆宜

时期：20世纪40年代以后。

一种垫在外套或裙装肩部之上的衬垫，用来增加肩宽。通常可以拆卸，但也有固定在服装外层布料和内衬之间的款式。

详见"权力着装（power dressing）"。

短套领衫（Shrug）

女式

时期：21世纪初期。

一种轻便短袖短款波蕾若外套，与无袖连衣裙搭配，穿脱自如。

西西里式上衣（Sicilian bodice）

女式

时期：1866年。

一种晚礼服上衣，带有低胸领口，裁剪方正；束腰外衣系在上衣上，前后各有两片及膝长的饰片，形成"以四条饰带收尾"的效果。

长（Side）

时期：15世纪和16世纪。

意为"长的"，例如"长袖（side sleeves）"、"长裙（side gown）"等。

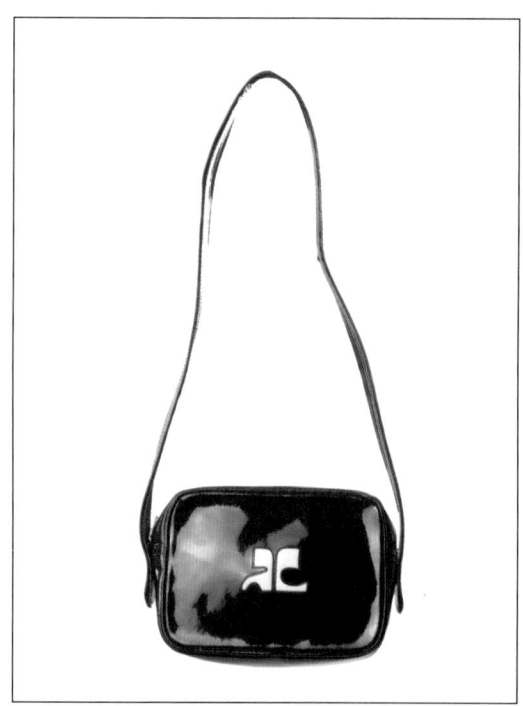

安德烈·库雷热设计的一款女士斜肩背包，1972年。从黑色漆皮上的将姓名首字母缩写 AC 裁掉，露出底下的白色——20世纪品牌、标志、商标常用的一种首字母缩写变体。

侧身片（Side body）

男式

时期：19世纪40年代以后。

服装裁剪术语，指将单独的饰片从袖窿下方插入，并延伸至腰线处，达到贴合身形的目的。

侧边（Side edge）

男式

时期：19世纪。

一种填充进连裙外套背开衩中的扇形袋盖，从内部的侧褶向外延伸，形成与窄版直袋相似的外形。这种装饰品在1810年首次在一些厚大衣上出现，1820年后应用到佛若克礼服大衣上，并在1829年后出现在日间燕尾服上；后来到了19世纪40年代和1873年再次流行，用在某些上衣和牛津装上。在一些侍从服外套上依然能够看到这类侧边装饰。

侧开身外套（Sideless surcoat）

女式

时期：1360年～1500年，1525年前用作国服。

一种低领口的无袖长罩袍，侧边从肩部到臀部有巨大的开衩，露出衬裙的袖子和上衣部分。前襟饰片有各种装饰，被称为"普拉卡德（plackard）"。

侧片（Side piece）

女式

时期：19世纪。

女士外套上的饰片，等同于男式服装的"侧身片（side body）"。

硬礼帽（Silk hat）

男式

时期：1797年以后。

据说由伦敦男子服饰用品商约翰·海瑟林顿（John Hetherington）发明，并于1797年1月15日由其本人第一次佩戴，当时引发了一阵骚动，人们指责他"扰乱治安，因为他在公共道路（Public Highway）上出现时，头上戴着一个闪闪发光的高大物件，会吓到胆小的人"。这一说法缺乏证据，可能只是一个噱头。不过，这种能与海狸帽相媲美的帽子后来演变为高顶礼帽，从约1830年开始，成为绅士们青睐的头饰，表面由丝绸制成，能在兔毛毡上发出绸缎般的光泽。

单排扣（Single-breasted）

男女皆宜

时期：18世纪晚期。

一种在前幅正中用一排纽扣系合的服装，无双排扣大衣、夹克等服饰上常见的叠层布料。"单排扣普通西装，只有一粒、两粒，或三粒纽扣，价格6英镑8先令6便士起"（1925, Army and Navy Stores）。

单衬衣/运动衫（Singlet）

男式，后来也有女式

时期：18世纪以后。

18世纪及19世纪初期流行的一种无衬里马甲（采用单排扣，而非双排扣），通常由羊毛针织或梭织而成。

后来，演化为贴身款式，成为背心的一种。到了20世纪，开始在体育运动员中流行开来，无论男女均可穿着，人造纤维的出现加速了这一服饰的普及。在现代，这类服饰通常为无袖设计，勺形领口，与无袖T恤衫类似。

希丰尼亚（Siphonia）

男式

时期：19世纪50年代和60年代。

一种长款防水大衣。其中"口袋形希丰尼亚（pocket siphonia）"为短款，采用薄面料制成，可以卷起，方便携带。

警笛服（Siren suit）

男式

时期：20世纪。

一种连体服装，上衣与裤子采用上下连装设计，通常前片扣合，采用结实的面料制成。

参见"连衫裤工作服（boiler suit）"。

肋形装（Skeleton suit）

男式

时期：1790年~1830年。

一种男童套装，包括一件双排扣紧身夹克衫和一条及踝长裤，夹克衫上的扣子一直到肩部以上，而裤子则扣在夹克衫腰间且有双层门襟，夹克下摆塞入裤中。通常由土布制成。

皮袄（Skin-coat）

男式

时期：16世纪。

一种皮夹克，通常由农民和牧羊人穿着。

光头党（Skin-head）

男式

时期：20世纪60年代晚期及70年代。

一种工人阶层中流行的"亚文化"，其特点是短发或光头，穿T恤衫和背带短牛仔裤，脚穿马丁靴之类的厚重靴子。光头党与"亚文化"群体摩斯族（Mods）有关，后来又与朋克运动联系在一起。与第二次世界大战后英国的许多"亚文化"一样，光头党强加自己的想法，无视主流时尚风格，为年轻人，尤其是年轻男性重新设计服装，因而不可避免地对时尚界产生了影响。21世纪光头风格的流行，在很大程度上归因于其"硬汉（hard-man）"原型的影响。

紧身高级弹力毛衣（Skinny-rib sweater）

女式

时期：20世纪60年代中期及70年代。

一种手工或机器编织而成，紧密贴合身体轮廓的针织套衫，通常采用螺纹针法编织而成。后期偶有流行。

滑雪裤（Ski-pants）

男女皆宜

时期：20世纪。

一种采用弹性面料制成的紧身裤装，通过脚底的带子固定。最初专为滑雪运动而设计，但在后来也受到其他群体，特别是女性的青睐，成为宽松裤装的替代品。

下摆 / 半身裙（Skirt）

男式

时期：17 世纪以后。

男性外套腰部以下的部分，随着时尚风格的变化，其长度也发生了巨大变化。

女式

时期：中世纪～19 世纪。

偶尔用来描述女式裙装腰部到下摆之间的部位，19 世纪逐渐被"petticoat（衬裙）"一词取代。

时期：20 世纪以后。

单独的裙装和连身裙、连衣裙一起，成为重要的时尚服饰。其中知名度较高的一类为迷你裙。

裙褶（Skirt ruff）

女式

时期：19 世纪 80 年代。

一种带有褶饰的厚面料，系于日常裙装的里侧，以实现裙摆撑起的效果。

滑雪衣（Ski-wear）

男女皆宜

时期：20 世纪 20 年代以后。

一种滑雪服装，通常为高领夹克，颈部和腕部为紧身设计，并配有长裤、帽子、手套和靴子，设计用于保暖和方便滑雪时活动。弹性织物或人造纤维（如尼龙，或后来的莱卡）被用于生产专业和业余滑雪衣的特殊产品系列。

详见"滑雪后服装"（après-ski wear）"。

无檐便帽（Skull-cap）

男式

时期：17 世纪～20 世纪初期。

一种贴合头部的圆顶帽或低顶圆帽。可作为睡帽佩戴，在 19 世纪也被作为"吸烟帽（smoking-cap）"佩戴。

Gazette du Bon Ton 上的时装版画，1920 年。图中的女滑雪者头戴贴头帽，身穿裹身大衣和高筒靴。大衣的面料"agnella"由法国罗迪埃公司（Rodier）生产。该公司生产的冬季白色羊绒面料和开司米面料是其从开始生产新型毛织品和混合面料以来的众多创新之一。此时滑雪衣仍是时装的一种变体，尚未成为独立的服装样式。

宽松长裤（Slacks）

男女皆宜

时期：20 世纪 20 年代以后。

一种宽松剪裁的拖地长裤，适合非正式场合穿着。

斯拉默金（Slammerkin）

女式

时期：1730 年～1770 年。

一种宽松、无骨架支撑的晨袍，配有位于背部的拖地裙裾和短衬裙。作为一种睡衣，可以不带撑裙圈。

拍击鞋（Slap-shoe）

女式

时期：17 世纪。

一种裸跟鞋，通常也属于高跟鞋的一种。"拍击鞋或淑女鞋都是底部宽松的鞋子"（1688, R. Holme, *Armory*）。

长嵌缝（Slashing, Scissoring）

时期：15 世纪 80 年代～17 世纪 50 年代。

一种装饰，即在衣服的任何部位（通常是裤筒和袖子）剪出长短不一的缝。缝线对称排列，通过拉出里面的白色内衣（如衬衣）来填补空隙，1515 年后，也用颜色鲜艳的衬里来填补。

斜口袋（Slash pocket）

男式

时期：19 世纪。

一种男式大衣上横向剪裁的口袋，无袋盖。

圣袍（Slavin, Sclaveyn, Sclavin）

男式

时期：13 世纪晚期～15 世纪晚期。

一种朝圣者穿的披风。

袖子（Sleeve）

男女皆宜

时期：中世纪以后。

衣服的一部分，用来包住整个或部分手臂，通过系带或缝线，与上衣的袖窿相连，有许多尺寸不一、款式各异的变体，如羊腿袖（gigot sleeve）。

带袖马甲（Sleeved waistcoat）

男式

时期：17 世纪 60 年代～18 世纪 50 年代。

详见"马甲（waistcoat）"。

袖口（Sleeve hand）

时期：17 世纪。

袖子开口的一端，手可以从中伸出，末端通常在手腕处或更靠上的位置。

无袖斯宾塞（Sleeveless spencer）

时期：1800 年～1801 年。

详见"斯宾塞（spencer）"。

袖绳（Sleeve string）

详见"袖绳（cuff string）"。

袖钳（Sleeve tongs）

女式

时期：1890年以后。

一种装饰用金属钳，用于将宽大的裙袖从外套或大衣的袖子上拉下来。

后背带鞋（Sling backs）

女式

时期：20世纪30年代以后。

一种凉鞋或普通鞋款式，鞋跟后部有一圈带子，通常打孔并带有一个小带扣，以便调整松紧度。

吊带防尘外衣（Sling duster）

女式

时期：1886年。

一种带绑带式袖型的防尘外衣，通常采用黑白格纹的丝绸制成。

绑带式袖型（Sling sleeve）

女式

时期：1885年。

用防尘外衣或披风的披肩制成的袖子，披肩两侧水平连接，刚好在腰部以上，上方有一个袖窿，像吊索一样将手臂支撑起来。

袖袋（Sleeve puffs/puffers）

女式

时期：1825年～1836年。

"到了19世纪20年代末，袖子变得非常长，以至于需要额外的材料，如填充羽绒的衬垫、加固的衬布、鲸须等来支

一种由白色亚麻布绣制的男士长袖马甲，饰有白线刺绣，前片有扣合件，共15个扣眼，可拆卸的纽扣已从纽孔上取下，1740年~1750年。

撑"（Nora Waugh, *The Cut of Women's Clothes 1600~1930*）。现存的袖袋坚固而轻便，棉布填充羽绒，亚麻布填充羽毛。

吊袖斗篷（Sling-sleeve cloak）

详见"伯恩哈特披风（bernhardt mantle）"。

活络里子 / 套裙 / 女装无袖衬裙（Slip）

男式

时期：1888年～1939年。

分别扣在马甲"V"字形两侧的白色凹凸织物，略微突出，这种设计可能是为了防止弄脏衬衫，也可能是防止贴身马甲下的残留物。据说这种风格起源于爱德华七世国王（King Edward Ⅶ）。和晨礼服搭配穿着是唯一正确的穿搭方式。

女式

时期：17世纪。

一种作为裙装衬底的内衣，特别是透明裙装。"为我的夫人准备的套裙"（1620, Lord William Howard of Naworth, *Household Books*）。

时期：18世纪。

一种胸衣罩。"劳森太太（Mrs Lawson）的宽松女装无袖衬裙经过裁剪，和新衬衣很搭配"（1756, The Lawson Family, *Domestic Accounts*）。

时期：20世纪以后。

一种轻薄的简做衬裙，既有拖地长款式，也有及腰款式。

套头衫（Slip-on, Slip-over）

男女皆宜

时期：20世纪30年代以后。

一种套在上衣或衬衣外面的毛衣或套头衫，通常为针织衫。"无袖套头衫男士，双色图案，蓝色、灰色、黄褐色和棕色"（1935, Army and Navy Stores catalogue）。

浅口便鞋（Slipper）

男女皆宜

时期：16世纪以后。

"Slype-Shoe"一词为盎格鲁-撒克逊人的用法，是一种易于穿脱的轻便低帮鞋的统称，一般鞋帮较低。19世纪之前，经常用"shoe"一词指代浅口便鞋。

便鞋（Slip-shoe）

男式

时期：16世纪～18世纪中期。

一种平跟裸跟鞋。"他们穿着一种可以轻松穿上的便鞋"（1555, Watreman, *Fardle of Facions*）。

而"slip-shod"一词最早出现于1570年左右，指穿着拖鞋走路时步履蹒跚的模样。

缝/开开衩（Slit）

女式

时期：13世纪晚期。

衣服上的开襟，有时会缝上口袋。

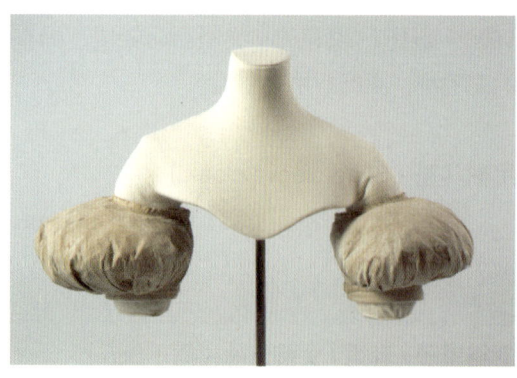

一种袖袋，约1830年。经过浆洗工艺处理的印花布，用于和贝雷帽或吉格特风格的宽大长袖搭配。

开缝口袋（Slit pocket）

男式

时期：19 世纪。

外套或者大衣上的一种直袋。

斯莱文斯（Slivings, Slivers, Slives, Sleevings）

男式

时期：16 世纪晚期及 17 世纪初期。

一种宽大的马裤，通常视为一种"现成低档衣服"。

斯隆漫游者（Sloane ranger）

女式

时期：20 世纪 70 年代晚期。

由安妮·巴尔（Anne Barr）和彼得·约克（Peter York）创造的术语，用来指那些平时在伦敦生活和工作，在切尔西的斯隆广场或附近购物并且人脉较广的年轻女性。

这一女性群体的服饰风格具有明显的古典特色。斯隆漫游者的典型代表是戴安娜·斯宾塞夫人（Diana Spencer）于 1981 年嫁给威尔士亲王之前的穿衣风格。

宽大罩衣/拖鞋/斗篷/睡袍/外衣/宽松裤/工作服（Slop）

男式

时期：14 世纪晚期及 15 世纪初期。

一种套在达布里特外面的短外套。

男女皆宜

时期：15 世纪晚期~1550 年。

一种拖鞋，后来指斗篷或睡袍。"Slop——一种睡袍"（1530, *Palsgrave*）。

女式

时期：16 世纪晚期及 17 世纪初期。

一种女式长袍。"夫人们和淑女们早晨穿着长袍，通常不会敞开"（16 世纪晚期, *Book of Precedence*, Queen Elizabeth's Academie）。

男式

时期：16 世纪晚期及 17 世纪初期。

主要指非常宽松的齐膝短裤，称为"slivings（斯莱文斯）"，偶尔也指拼缝宽松短罩裤，尤其是宽大的款式，如布鲁得霍斯短裤（pluderhose）。各种禁止商人穿着此类服装的规定中都提到了"great sloppes"这一正式名称。例如"裁缝理查德·贝特（Richard Bett）违反公告和法令条例，穿着'calligas'（即鞋类）和'great sloppes'，罚款 4d"（1565 年 10 月, *Essex Sessions Records*）。

"腰以下是德国人，又宽又大的裤子"[①]（1599, W. Shakespeare, *Much Ado about Nothing*）。"穿着一条难受的宽松裤"（1600, B. Jonson, *Cynthia's Revels*）。

关于对大学生的类似限制，详见"短款宽松裤（small slops）"，但在后者所处的时期，即 1585 年，该词指代的是齐膝短裤（knee breeches），而 Essex Sessions Record 在

---

① 梁秋实译本，中国广播电视出版社。——译者注

1565年的记载中，该词指的是"棉或亚麻松软织物制成的宽松短罩裤（bombasted trunkhose）"，而非马裤。

时期：18世纪晚期及19世纪初期。
通常指一种劳动者穿的罩衫。"……穿一件浅色外套、一件马甲，中间是一件工作服和一条皮马裤"（1774, *Norwich Mercury*）。"一件浅色半直筒大衣，外罩一件棕色工作服和一条纬起毛织物制成的棕色马裤"（1815, *Bury and Norwich Post*）。

宽腿霍兹（Slop-hose）
男式
时期：15世纪~18世纪。
一种水手穿着的马裤。"一种宽膝马裤，通常由水手穿着"（1736, *Bailey's Dictionary*）。

宽松套衫（Sloppy Joe）
男女皆宜
时期：20世纪50年代。
一种非常宽松的大毛衣，通常指女性"借用"体型较大的男性朋友的衣服穿着的情况。

现成低档衣服（Slops）
时期：19世纪。
一种价格便宜的成衣或旧衣服，有时也指结合有这三种特点的服装。

阔软边呢帽（Slouch hat）
男女皆宜
时期：18世纪及19世纪初期。

一种帽檐下垂或者未翘起的帽子。

紧身齐膝短裤（Small clothes）
男式
时期：1770年~19世纪中期。
马裤的一种委婉叫法。

小门襟/双层门襟（Small falls, Split falls）
详见"门襟"（falls）"史排尔（spair）"。

短款宽松裤（Small slops）
男式
时期：1585年~1610年。
一种裤腿敞开，不遮膝盖的短马裤。"……也不能穿任何宽松裤，只能穿普通的短款宽松裤，不能超过膝盖以下"（1585年，剑桥大学学生着装规定）。

罩衫（Smock）
女式
时期：900年~1290年。
一种贴身女性内衣，样式宽松，呈"T"字形，颈部和袖子边缘有聚拢线或绑带，通常长及膝盖甚至更长。

时期：13世纪晚期~17世纪。
一种由上等亚麻布制成的时尚罩衫，通常绣有金线或彩色丝绸。

时期：17世纪和18世纪。
这一时期的罩衫开始采用宽大的气球袖设计，镶有褶边；到了18世纪，袖子呈微喇状；直到约1740年，褶边才逐渐消失。

在不同时期使用的面料也不尽相同，有亚麻布、细棉布、荷兰亚麻布，偶尔也用丝绸。对不太富裕的群体，通常用亚麻织物。

详见"衬衣（shift）"。

长罩衣（Smock-frock）

男式

时期：18世纪和19世纪。

该词可与罩衫互换使用，指一种乡村工人穿的家纺布或棉布制成的宽松长袍。长约及膝，有些款式带有水手领，有些款式则有抵肩。一般在前片有罩衫或褶皱，装饰有和主人所在地相关的各种图案。

女式

时期：19世纪80年代。

一种受唯美主义运动影响的非正式女装。"任何有艺术气息的人都有一件这样的罩衫，其裁剪方式和农场工人的服装一样，方形倒挂领，前后拢起，全袖拢起，套在骑装式衬衫外面，在打底裙外卷起，腰间系腰带"（1880）。

19世纪晚期及20世纪初期，儿童，尤其是女孩，也穿这种服装。

伸缩绣缝（Smocking）

女式

时期：1880年以后。

一种蜂窝状装饰的针法，其基本方式是将布料紧密聚拢，并用各种缝制图案固定聚拢在一起的布料。

罩衫衬裙（Smock petticoat）

女式

时期：17世纪。

一种衬裙。"两件精纺罩衫衬裙"（1627，*Lismore Papers*）。

吸烟装外套（Smoking jacket）

男式

时期：19世纪50年代以后。

由天鹅绒、开司米、长毛绒、美利奴或印花法兰绒制成的单排扣或双排扣圆形短外套，内衬为色彩鲜艳的布料，通常饰有勃兰登堡、橄榄或大纽扣。在家里等非正式场合穿着，但在20世纪已不常见。

蜗牛纽扣（Snail button）

时期：18世纪。

一种饰有法国结的包扣纽扣，用于男士外套和马甲。

蛇形发辫（Snake）

男式

时期：17世纪。

"love lock（爱之发丝）"的俗称。"他身后缠绕着0.9米长的蛇形发辫"（1676, J. Dryden's Epilogue to Etherege's *The Man of Mode*）。

胶底帆布鞋（Sneakers）

男式，后来也有女式

时期：19世纪晚期。

美国人对软底鞋的一种叫法，材质通常为帆布配橡胶底；到了20世纪晚期，通常与"trainers（运动鞋）"同义。

束发带（Snood）
女式

时期：20世纪以后。

在更早期的用法中，指缎带或发带，但现在一般指固定发髻或其他卷发样式的细绳或网状物。在户外使用时可以戴帽子，也可不戴，也可以用布料制成并将其固定在帽子上。

斯诺斯金（Snoskyn, Skimskin, Snowskin, snufkin, Snuftkin）
女式

时期：16世纪晚期及17世纪初期。

一种套在手上的小巧暖手筒。

便鞋/短袜/袜子（Socks）
男式

时期：8世纪~15世纪晚期。

有时也指代拖鞋或轻便鞋。

男女皆宜

时期：14世纪初期以后。

一种短袜。中世纪时与无脚长袜一起穿着，但到了16世纪，男子通常与靴套和马镫套一起穿着；1790年开始，与紧身长裤一起穿着；19世纪时，与长裤一起穿；约从1890年开始，男袜改由弹性袜吊固定。

时期：20世纪。

袜子的种类越来越丰富，有使用传统纤维制成的类型，也有合成纤维袜，长度从脚踝到膝盖不等，颜色和图案各异，适用于各种休闲活动。

袜带（Sock suspenders）
详见"背带（suspender）"。

带底霍兹（Soled hose）
男式

时期：撒克逊时期，13世纪至15世纪以后。

一种由厚羊毛或薄皮革制成的长袜，附有皮革底，不用穿鞋。

15世纪，出现了长筒袜霍兹，形成了早期的紧身袜样式，这些长筒袜也可能有皮革底。

苏法利诺（Solferino）
时期：1860年。

最早用于衣料的两种苯胺染料之一，相当于现代的紫红色。因1859年6月的法奥战争而得名。

详见"马真塔红（magenta）"。

苏立泰尔/粒宝石（Solitaire）
男式

时期：18世纪30年代~70年代。

一种系在长筒袜上的黑色丝带，通常和丝带假发一起搭配使用。宽大的苏立泰尔披在颈部，在下颌打蝴蝶结，或者塞进衬衫前襟，或用别针固定，或打一个活结，让其垂下来。窄版苏立泰尔贴身佩戴，并在前部打硬领结。

女式
时期：1835 年。
一种围在脖子上的彩色窄围巾，前部打活结，两端垂到膝盖处。搭配白色日间礼服。

男女皆宜
时期：19 世纪以后。
胸针或领带针上镶嵌的单颗宝石。

墨西哥阔边帽（Sombrero）
男式，有时也有女式
时期：18 世纪晚期。
一种遮住脸部的宽边帽，最初在西班牙和拉丁美洲国家佩戴，也有其他国家的人佩戴。"他［阿尔弗雷德·丁尼生（Alfred, Lord Tennyson）］总是穿着他的西班牙斗篷，戴着一顶墨西哥阔边帽，这引起了很多人的兴趣"（Sir Charles Tennyson, *Alfred Tennyson*, pub 1949, p 425）。从 20 世纪初期开始，这种帽饰在美国电影中越来越受欢迎。

索尔蒂（Sorti，Sortie）
女式
时期：17 世纪晚期。
"小丝带的一个小结从头饰和软帽之间露出来"（1690, J. Evelyn, *Mundus Muliebris*）。

礼服斗篷（Sortie de bal）
女式
时期：19 世纪 50 年代～70 年代。
一种搭配晚礼服穿着的连帽斗篷，一般用丝绸、缎子或开司米制成，有绗缝衬里。

苏夫莱袖（Soufflet sleeve）
女式
时期：1832 年。
一种晚礼服袖子，长度较短，排布有大量竖状褶皱。

海员防水帽（Sou'wester）
男式，有时也有女式
时期：19 世纪以后。
一种防水帽，帽檐后部较宽，可遮住衣领，通常由水手和渔民佩戴。

太空探索（Space exploration）
时期：1960 年以后。
太空探索时期开发出了多种面料和流线型服装，对主流服饰风格产生了影响。
详见"登月靴（moon boots）"。

斯佩尔（Spaier, Spere, Speyer）
时期：中世纪～16 世纪晚期。
指衣服上的任何垂直缝隙。

时期：16 世纪晚期及 17 世纪。
衣服上的开襟。

史排尔（Spair）

男式

时期：19世纪40年代～19世纪晚期。

有时指马裤的下摆。"有些人会将史排尔或门襟误称为'褶皱'"（1843, J. Couts）。

详见"门襟（falls）"。

发光饰片（Spangles）

时期：15世纪晚期～19世纪晚期。

一种闪亮的金属小圆片，通常以穿孔、缝合或粘贴等方式附在织物上作为装饰。

在16世纪，用于装饰男女服装、帽子和长袜等；到了17世纪，用于装饰吊袜带、拖鞋和鞋花；到了18世纪，常见于男士外套和女士扇子；19世纪晚期，偶尔用于装饰女士软帽和晚礼服。

详见"奥斯（oes）""闪光装饰片（sequins）"。

西班牙马裤 / 西班牙式紧身裤（Spanish breeches, Spanish hose）

男式

时期：1630年～1645年，1663年～1670年复兴。

一种高腰长腿马裤。腰带处设计的一些活褶使得裤子的臀部宽松肥大，裤腿从大腿处至膝盖以下逐渐收窄，裤脚用缎带玫瑰花结或蝴蝶结系住，或者采用敞开式设计垂在长袜外面，裤子边缘通常用丝带蝴蝶结装饰。常在裤腿外侧饰有穗带或纽扣。根据R. Holme（1688, *Academie of Armory*）的描述，再次流行后的款式"在古代被称为'Trowsers'，很有弹性，常被拉致紧贴大腿，从膝盖往上用10或12粒纽扣扣住两侧"。

西班牙式紧身裤挂在达布里特衬里上，并用纽扣扣住，无暗门襟。

西班牙斗篷（Spanish cloak）

男式

时期：16世纪和17世纪。

一种带风帽的短款斗篷。

时期：1836年～20世纪初期。

一种圆形短款齐肩晚装斗篷，内衬为鲜艳的丝绸。

西班牙法勤盖尔（Spanish farthingale）

女式

时期：1545年～1600年。

一种采用摩卡多（mochado）、纬起毛织物、硬衬布或羊毛材料制作的打底裙，丝绸或天鹅绒材质的更为昂贵，用由灯芯草、木头、金属丝或鲸须制成的裙箍撑起，从而使穿在外层的半身裙呈漏斗形、圆顶形或钟形。有些款式仅在下摆处有一圈裙箍。

西班牙有边帽（Spanish hat）

女式

时期：1804年～1812年。

一种由天鹅绒、缎子或有光里子制成的大帽子，前侧帽檐翘起，饰有羽毛。适合搭配晚礼服或外出便装。

西班牙夹克（Spanish jacket）

女式

时期：1862年。

一种从前胸扣合的短款户外夹克，从胸部至腰部用斜裁设计，有的款式设计有小巧的巴斯克衫，有的没有。

西班牙定音鼓服（Spanish kettledrums）

男式

时期：1555年~16世纪70年代。

"trunk-hose（宽松短罩裤）"的方言用语，特别是指名为"round hose（拉翁多·霍兹）"的款式。

西班牙袖/开衩袖（Spanish sleeve, Slashed sleeve）

女式

时期：1807年~1820年。

一种晚礼服短袖，肩部蓬松，两侧开衩设计，露出丝绸衬里。

塑身裤（Spanx）

女式，有时也有男式

时期：1998年~1999年以后。

美国的萨拉·布雷克里（Sara Blakely，b.1971）发明了这种塑形衣（紧身衣的一种新叫法），并以"Spanx"的商品名推向市场。1998年，萨拉为了在穿着白色长裤时能够呈现流畅的身体轮廓，把一双带有塑身衣的紧身袜从袜口处剪掉了包脚部分。到2000年，她研制出了塑形服装的原型，这种服装从腰部以上的部位开始，一直覆盖到大腿中部，全部用肤色莱卡制成。这一创新相当成功，借此，萨拉于2012年成为有史以来最年轻的白手起家的亿万富翁。虽然紧身裤最初是专为女性设计的，但2011年推出了男士款。尽管很多紧身衣公司在当时已经相当成熟，也推出了许多Spanx的仿制品，但只有萨拉的公司成了知名品牌。尽管长短不一的款式层出不穷，但所有款式都旨在实现无赘肉的塑身效果。

就像对早期紧身衣做出的评价一样，健康专家并不推崇塑形裤：2012年4月17日《每日邮报》发表了一篇题为"为什么塑形裤会让你感到恐慌"的头条文章。

靴套（Spats, Spatts）

男式

时期：1800年~1939年。

"一种小巧的防泥水护腿，长度略过脚踝，也被叫作'half-gaiters（半长绑腿）'"（1802, *James' Military Dictionary*）。

一种高度略过脚踝的短款绑腿，用一根绳子从外侧扣系在脚底，但一直到19世纪中期改版后，普通民众才开始使用。1860年，流行靴套配裤子，且两者采用相同面料制成。到了1878年，开始流行与晨礼服搭配，但直到1893年，才开始与佛若克礼服大衣搭配穿着，并且常由白色、灰色或浅黄褐色的缩绒厚呢或帆布制成。第一次世界大战后，人们就很少穿这种靴套了。

防泥水护腿（Spatterdashes）

男式

时期：17世纪70年代以后。

一种由皮革、帆布、布料或棉质织物制成的裹腿，通常长过膝盖，且外侧用系带、带扣或扣子等系合或扣合。18世纪出现了一种延长至脚部的款式，脚底连接有马镫带。"一种没有鞋底的轻型靴子"（1736, *Bailey's Dictionary*）。

眼镜（Spectacles）

男式，后来也有女式

时期：13世纪晚期。

指用于矫正远视或近视的单片或一副镜片，最早可能是欧洲人发明的。13世纪晚期的威尼斯（Venice），曾记录有一副眼镜。塞缪尔·佩皮斯（Samuel Pepys）在其日记中记录到，原以为自己要失明了，于是"今天晚上我特意购买了一副绿色眼镜，看看它们能否改善我眼睛的情况"（1666年12月24日，*The Diary of Samuel Pepys*）。本杰明·富兰克林（Benjamin Franklin）于18世纪70年代中期发明了双焦眼镜，到了19世纪20年代，又出现了三焦点眼镜。"specs"一词于约1807年就已经作为眼镜的昵称，为人所知。与19世纪朴素实用的金属或玳瑁壳制成的镜架相比，女性似乎更喜欢单柄眼镜。到了20世纪下半叶，眼镜开始成为一种时尚品，当时塑料取代了玻璃成为镜片的主要制作材质；同时，也出现了不同形状和颜色的镜框。多焦点镜片于20世纪60年代问世，设计师们开始在其设计的系列配饰中增加带有徽标的眼镜架。

详见"太阳镜（sunglasses）"。

速比涛（Speedo）

男女皆宜

时期：20世纪30年代初期以后。

澳大利亚泳装品牌的专利名称，于1928年首次使用，并因一位瑞典游泳运动员身着该品牌创造了世界纪录而闻名于世。近几十年来，主要指男式短款紧身泳裤，但该品牌也提供成人和儿童款泳装以及家常便服。

斯宾塞（Spencer）

男式

时期：1790年~1850年。

一种及腰短款夹克衫，翻边袖设计，领口为二重领或翻领，前片用纽扣扣合，户外穿着，用来保护胸部，主要在乡村穿着，或者运动员穿。"年轻绅士们首选的斯宾塞或束腰外衣套装，售价为£1:15:0英镑"（1838, *The Globe,* advertisement）。

女式

时期：1790年~19世纪20年代。

一种及腰或略短的夹克衫，常为无袖设计，可作为户外服装或室内晚礼服，装饰性极强。这种夹克衫的样式取决于其装饰的上衣的款式。

详见"中式斯宾塞外套（chinese spencer）""坎兹上衣（canezou）"。

时期：19世纪晚期。

一种法兰绒或针织材质的无袖斯宾塞。年老或体弱的人通常为了保暖，将其穿在夹克衫下面。

斯宾塞斗篷（Spencer cloak）

女式

时期：1804年。

一种用网纱制成的中袖斗篷。

短款斯宾塞（Spencerette）

女式

时期：1814年。

一种"贴身"的斯宾塞，前胸处闭合，但颈部剪裁较低，且领口边缘饰有蕾丝褶边。

斯宾塞假发（Spencer wig）

男式

时期：18世纪。

18世纪上半叶较为流行的一种假发，有时简称为"spencer（斯宾塞）"。

钉鞋（Spiked shoes）

男式

时期：1861年。

一种打板球时穿的鞋子，鞋底带有永久性鞋钉，该种鞋子于1861年3月获得专利。

尖嘴靴（Spit-boot）

男式

时期：18世纪~19世纪中期。

一种结合了鞋子和绑腿的靴子，穿上后用外侧一系列互锁的扣合件扣合。最后一个扣合件在脚踝处，呈铁"尖嘴"或"尖钉"状，十分尖锐，嵌在铁槽中。

主要流行于英格兰北部。"一双尖嘴靴"（1707, *N. Blundell's Diary*）。

双层门襟 / 小门襟（Split falls, Small falls）

详见"门襟（falls）"。

碎条草帽（Splyter-hat, Splinter hat）

时期：16世纪。

用劈开的稻草条（也叫作"splints"）代替管状的整根稻草编织而成的草帽。

勺状后裥（Spoon back）

女式

时期：1885年。

指束腰外衣后片或羊毛外出服半身裙上的多莱帕斯环状褶。

勺状软帽（Spoon bonnet）

女式

时期：1860年~1864年。

一种帽檐较窄且贴近耳朵的软帽，前额上方部分像勺子一样笔直地向上方延伸，其余部分向后倾斜，与小帽冠相连，以带有巴佛蕾饰边的丝绸作为后饰。

运动夹克（Sports jacket）

男式

时期：20世纪以后。

指一种非正式场合穿的夹克衫。"运动休闲款式。两种风格的夹克衫"（1922, Harrods）。

运动服（Sportswear）

男女皆宜

时期：20世纪以后。

泛指体育活动中所穿的多种类型和款式的服装。

详见"滑雪衣（ski-wear）""田径服（track suits）""运动鞋（trainers）"。

弹簧靴（Spring boots）

男式

时期：1776年。

后开衩内装有鲸须弹簧的一种长筒靴，以防起皱。

史克威尔（Square）

女式

时期：16世纪和17世纪。

一种头罩。"女人生病时戴在头上"（1611，G. Florio，*A Worlde of Wordes*）。

时期：16世纪~18世纪。

由绣花亚麻布或细棉布制成的饰片，用作女式衬衣胸口饰片。16世纪初期，也指方领口的珠宝镶边。

时期：19世纪晚期。

一种用作领巾或围巾的方形织物。

正方形裙箍（Square hoop）

详见"椭圆形裙箍（oblong hoop）"。

肠线纽扣（Stalk button）

时期：1700年~1750年。

一种用肠线做成的带纽脚纽扣。

立领（Stand collar）

男式

时期：19世纪以后。

一种外套或马甲的直立式领子，无翻领。

二重领（Stand-fall collar）

男式

时期：19世纪及20世纪初期。

一种衬衫翻领，内层叫作"stand"，外层或翻起的部分叫作"cape"。

无翻边立领（Standing band）

详见"邦德领（band）"。

浆粉（Starch）

时期：16世纪以后。

约16世纪60年代，英格兰首次使用，用于使拉夫领、衣领等变得更为挺括。有时被染成黄色或蓝色，欧洲国家也可见其他颜色。

上浆工/上浆机器/上浆领巾用亚麻布（Starcher）

男女皆宜

时期：16世纪以后。

受雇给亚麻布以及后期的棉布、平纹细布上浆的人，经常一并处理其他与衣物有关的家务。比如1669年，查理二世的王后凯瑟琳（Catherine）女王的仆人中，就有"一名洗衣工、一名熨衣工和一名上浆工"。到了20世纪，也指上浆机器。

男式

时期：19世纪。

指上过浆的颈巾用亚麻布，*Neckclothitania; or Tietania: being an Essay on Starchers by one of the cloth*（1818）中既记录了男性痴迷于完美领巾的历史，也讽刺了这种现象。

斯达奥普（Startup, Startop, Styrtop, Stertop）

男式，有时也有女式款

时期：16世纪初期～19世纪初期。

早在1517年，该词用来指一种高至脚踝以上部位的鞋，有的款式使用系带或带扣固定，有的款式较为宽松，后来被叫作"bagging shoe（装鞋袋）"。这种鞋子通常由生皮革制成，适用于乡村和运动场合。女式款可能更为优雅。"她的斯达奥普是用绿色的天鹅绒制成的，精致、合脚，还泛着银光"（16世纪晚期，Sylvester's trans of Du Bartas）。19世纪之前，这个词一直用来指乡村鞋类，之后常用来指一种短款绑腿。

法令无边便帽（Statute cap）

男式

时期：1571年～1597年。

一种针织羊毛帽。根据英国《1571年法令》（1597年废除）规定，任何低于特定等级的人在星期日和宗教节日中需佩戴此帽，违令者罚款0.75英镑。"聪明人都戴着平织的法令帽子"（1588, W. Shakespeare, *Love's Labour's Lost*）。

束腰固定钩（Stay hook, Crochet）

女式

时期：18世纪。

固定在束腰前片的小钩子，用来悬挂怀表。通常是装饰性的。"带有精美细石的银色束腰固定钩"（1743, *Boston Gazette*）。有时也被叫作"breast Hook（胸钩）"。"镶有金子和宝石的胸钩……"（1762, *Boston News Letter*）。

束腰（Stays）

"corset（紧身褡）"早期的叫法。

尖顶头饰（Steeple headdress）

详见"埃宁女帽（hennin）"。

斯滕凯尔克（Steinkerk）

男式，有时也有女式款

时期：1692年～1730年，1730年到1770年期间不再流行。

一种长领巾，通常镶有网眼花边，在下颌轻轻打结，两端要么穿过外套的扣眼，要么别在一侧，或者有时候直接悬垂在身前。这种时尚及名称均源自1692年8月的斯滕凯尔克之战（Steenkerque）。女性常用斯滕凯尔克来搭配女式骑装。

女式内衣/一套就穿好的衣服（Step-ins）

女式

时期：20世纪30年代以后。

在美国，指有松紧性的紧身褡，也指其他不需要套头穿的服装。

一件女式束腰,1785 年~1788 年。棕色棉布质地,内衬天然亚麻布,并以鲸须为骨撑。由其羽骨间存有缝隙可知,该束腰是半骨撑式。

梯形领(Stepped collar)
男式
时期:20 世纪以后。
一种留有"V"形凹口用以与驳头相接的领子。

黏合绷带裙(Sticking plaster dress)
女式
时期:1893 年。
指一种缎子质地的紧身黑色晚礼服。

硬衬(Stiffener)
详见"领巾(cravat)"。

细高跟(Stiletto heels)
女式
时期:20 世纪 50 年代以后。

1847 年 9 月,王室束身衣作坊主尼古拉斯·吉里(Nicholas Geary)夫人签的一张收据。1844 年和 1846 年分别制作了两件束腰。一年多后,客户终于支付了账单上的费用。

指鞋子或凉鞋的锥形高鞋跟，被认为形似意大利匕首的锋利窄刃，被称为"stiletto（匕首）"。

马镫霍兹 / 马镫长袜（Stirrup hose, Stirrup stockings）

男式

时期：17世纪。

一种长袜套，脚背下方而非鞋底有一根带子固定，骑行时穿在精美长袜外面作为保护，与靴套的用途相同。

马镫裤（Stirrup pants）

女式

时期：20世纪以后。

指紧身裤，通常由弹性面料制成，脚下有一根带子，与滑雪裤类似。

斯托克 / 斯托克斯（Stock, Stocks）

男式

时期：1400年～1610年。

指霍兹裤的裤腿部分，起初是用"tights"一词表示的。1550年后，指宽松短罩裤的裤腿部分，通常称为"Nether stocks（耐扎·斯托克斯）"，约1550年以前，臀部被叫作"upper stocks（阿帕·斯托克斯）"、"overstocks（宽大斯托克斯）"，或"the breech（后臀）"。从约1590年开始，"stock"一词偶尔用于指长筒袜。

时期：1735年～19世纪末。

一种成品高颈巾，通常由亚麻布或细棉

一只银色的尖头细高跟皮鞋，约1960年。一只由Clarks of Street制造的带有平纹和压花皮革效果的晚宴鞋。

布制成，用纸板框架加固，并在后脖处用带扣扣住或直接系住。18世纪的黑色军服领结常被追求时尚的普通民众效仿穿戴，从1820年开始，成为普通民众步入英国宫廷时所穿的正装。约1890年，开始流行在狩猎和骑马时佩戴一种由纱罗织物制成的狩猎领巾，穿戴时围绕脖颈两圈，不搭配衣领。这种风格一直风靡至20世纪。

斯托克带扣（Stock buckle）

男式

时期：18世纪～19世纪中期。

指将斯托克扣在颈后的带扣。在18世纪，带扣虽然在假发的遮盖下很少外露，但通常为装饰性用品，有的被镀上金、银、金色铜，有的是未加工的原始状态，有的镶有真的珠宝或仿制珠宝。

斯托克-德罗瓦兹（Stock-drawers）

时期：17世纪。

极少使用，指长袜。

长袜（Stockings）

男女皆宜

时期：1550年以后。

紧紧包裹住足部和腿部的一种袜子。尽管从撒克逊时代开始就有人穿着此物，但在16世纪中期之前，它们通常被叫作"hose（霍兹）"、"nether stocks（耐扎·斯托克斯）"、"stocks（斯托克斯）"等。"用两只小羊羔的毛做一双长袜，需要16天。用丝绸缝合，需要2天。用织物封底，需要2天"（1570，Petre Accounts, Essex Record Office）。

16世纪初期，"Stocking of hose"指宽松短罩裤的长袜部分，即宽松短罩裤的裤腿部分，并不是一件单独的衣物。16世纪晚期的男女长袜可能是编织款式。材质和颜色各异：羊毛、棉线和丝，素色或带有绣花。这一传统在女式长袜中一直延续到20世纪，即便在20世纪40年代尼龙彻底改变了丝袜的外观之后，这一传统依然存在。

男式

时期：1830年以后。

这一时期，男性开始穿袜子（穿马裤时除外）。

女式

时期：20世纪60年代以后。

在许多年轻女性群体中，紧身袜开始取代长袜，但拼缝长袜和提拉袜也吸引了不少忠实的受众，这类袜子的设计初衷是无须使用吊带也可保证袜筒不下滑。

斯多拉女衫（Stola）

女式

时期：公元前100年～公元300年。

穿在突尼卡外面的一种无袖长袍，外层再穿上帕拉包缠式外衣。这种三层穿搭是罗马上层女性的典型服装。

斯多拉女衫（Stole）

女式

时期：16世纪以后。

中世纪教会用语，指女性佩戴的毛皮或保暖肩巾。

斯塔玛卡（Stomacher）

男式

时期：15世纪晚期及16世纪初期。

一种胸甲，通常装饰性较强，用来遮盖前片的低领达布里特的"V"形或"U"形领口。

女式

时期：16世纪晚期～18世纪70年代。

一种华丽的长饰片，用作开襟式低领上衣的前片。斯塔玛卡在腰部形成一个倒三角尖头或圆头，上部水平边缘形成了低胸领口的边缘。关于"高斯塔玛卡（high stomacher）"和"低斯塔玛卡（low stomacher）"。

详见"斯塔玛卡式前襟连衣裙（stomacher-front dress）"。

斯塔玛卡式上衣（Stomacher bodice）

女式

时期：19世纪20年代。

一种带有翻边的上衣,称为"细长披肩驳头(pelerine lapel)",从肩部向下倾斜至腰部呈"V"字形,封边部分用褶皱或褶裥填充,上边缘饰有领巾。

斯塔玛卡式前襟连衣裙(Stomacher-front dress)

女式

时期:1800年~1830年

一种起源于18世纪中期的一种结构,指一种扣合在女性裙装前片上的款式。具体有两种款式:"高斯塔玛卡"和"低斯塔玛卡"。其中高斯塔玛卡的特点包括:半身裙的前三分之一从两侧分开,形成类似系绳围裙或倒置裙瓣的样式,上衣的前片固定在上面,类似围裙式围涎,在肩部用别针别住;另外,腰部有一根细绳,在背面系住裙瓣,连接处可以用腰带或饰带遮盖。"低斯塔玛卡"的特点包括:裙瓣不包括上衣的前片部分,通过交叉折叠的包裹式前襟、罗宾上衣、农舍紧身胸衣或马甲胸衣来闭合前片。

斯塔玛卡,1730年。亚麻布和丝绸材质,饰有丝线和金属线刺绣,中间部分交织有金线。底部的结构形状和祥与同一时期的束腰前片类似。

斯托特(Stote, Stoat)

时期:19世纪。

一种将布的两边缝在一起且不露出接缝的方法,特别适用于厚重织物的缝纫。

直筒英格兰半身裙(Straight English skirt)

女式

时期:1890年。

一种长度及踝的日间半身裙,背面采用碎褶或单向褶设计以呈现丰满度,正面和侧面则采用缝裥,使得腰部设计较为贴合。前片平坦或上部略有垂坠感,距下摆约30厘米处,带有硬质衬里或平纹百褶衬裙。

斯特雷茨(Straights)

男女皆宜

时期:中世纪~1900年。

在"boot"一词出现以及鞋匠们研发出制作左右鞋底的新技术之前,指鞋子。在弃用"斯特雷茨(straights)"方面,男鞋先于女鞋。

直筒裤（Straight trousers）

男式

时期：19世纪以后。

指裤腿部分自上而下剪裁成同一宽度的一种裤子。

直筒马甲（Straight waistcoat）

男式

时期：19世纪。

服装裁剪术语，指一种无驳头的单排扣马甲，立领或有或无。

束带紧身长裤（Strapped pantaloons）

男式

时期：1819年～19世纪40年代。

一种每条裤腿都用脚背下的带子绑紧的紧身长裤。

束带裤（Strapped trousers）

男式

时期：19世纪20年代～1850年，1850年到1860年不再流行。

每条裤腿都由脚背下方的一条带子或一对带子固定的一种裤子。

街头风格（Street style）

男女皆宜

时期：20世纪60年代以后。

指由一群收入微薄却才华横溢的年轻人对时尚产生的影响，他们在诸如慈善商店这种很有特点的地方搜寻衣服，然后进行改装，并将新旧面料和新老款式的服装混搭在一起。这些风格被主流时装设计师借用，从而创造出一种新的"向上渗透（trickle-up）"的效应。

狭领结（String tie）

男式

时期：1896年。

一种非常窄的蝴蝶领结。

条纹背心（String vest）

男式

时期：20世纪30年代以后。

一种用狭幅织物做边的宽松无袖背心，像网状物，通常适合气温比较暖和的月份，从21世纪初期开始，逐渐过时。

条/带（Strips）

女式

时期：1650年～1700年。

素色或饰有网眼花边的直带织物，从双肩向下交叉，在身前形成"V"形，用来镶饰和填充低领上衣。

斯特罗瑟（Strossers, Straser）

男式

时期：16世纪晚期及17世纪初期。

有时称为"trousers（裤子）"，但本质上是一种休闲服装，长度及膝或及踝；可能由对角式剪裁的亚麻布制成，以达到紧身的效果。

饰纽（Stud）
男式
时期：18世纪中期以后。

宽底短领上的一种纽扣，用于将衣服的各个部分穿入交错的穿绳孔中扣在一起。18世纪，它的唯一作用是偶用于将衬衫袖口扣住。从1830年开始，衬衫的前片通常用饰纽系合，到了19世纪40年代，人们将三枚装饰性饰纽用小链子连在一起，称其为"系链饰纽（tethered studs）"，通常用于晚礼服。随着1860年开始流行在日常服装上采用可分式领，衬衫颈带的背面也加上了一枚饰纽。

约1870年前，搭配晚装的饰纽，带有彩色宝石、珍珠、钻石等一直十分流行，后逐渐被纯金饰纽取代。

女式
时期：20世纪以后。

偶指为有耳洞的人设计的或圆或扁平的小巧耳饰。

半后肩宽（Style width）
男式
时期：19世纪以后。

服装裁剪术语，指从外套后片中线缝到袖窿最近边缘的水平测量值。

风格师/造型师/服饰搭配师/发型师（Stylist）
男女皆宜
时期：20世纪20年代以后。

美国人将这个词与时尚联系在了一起，但很快被英国人效仿。1928年7月的《每日快报》介绍了北美百货公司的一个新职位——"stylist"，负责连接运用各种时尚潮流，并据此进行所有款式、配饰和服装的推广；同年9月，哈洛德百货公司（Harrods）提出了"Fashion Buyers and Stylists（时尚买手和造型师）"这种说法；到了20世纪60年代，美发师也开始称自己为"stylist"；再后来，杂志在进行时装摄影时的一个角色也被叫作"stylist"，负责用一系列材料来帮助创造"气氛"；到了20世纪80年代，一些需要服装、珠宝和其他配饰的搭配，但自己又对此知之甚少的名人或其他公众人物，都需要一位"stylist"来帮助工作繁忙的他们做好搭配工作。好莱坞一年一度的奥斯卡颁奖典礼是其中一个对他们来说劳动强度最大、最烦琐，但同时最有价值的活动。期间，他们奔波于演职人员、时装公司、美容师、美发师和珠宝商之间，进行各种联络，从而确保他们的客户成为全场焦点。

圆锥形帽子（Sugarloaf hat）
男女皆宜
时期：17世纪40年代。

风格与科波坦（copotain）类似的一种帽子，但帽檐通常比早期科波坦的宽。

套装（Suit, Sute）
男女皆宜
时期：17世纪以后。

指通身由一种面料制成的服装，比如1736年威尔士王妃的婚礼服装。"身着华丽的丝绸套装"（*Read's Weekly Journal*）。

19 世纪以后，"suit"一词用来指一套男士普通西装。

服装套装（Suit of apparel）

男式

时期：16 世纪和 17 世纪。

指至少由达布里特和霍兹组成的一套服装，两者都是这种"套装"中不可或缺的一部分。

结纽套装（Suit of knots）

详见"结纽（knot）"。

睡衣套装（Suit of night-clothes）

男式

时期：18 世纪。

一种口语表达，指睡帽和衬衣式睡袍。"赶快拿上一套睡衣，我们就出发吧"（1703, Colley Cibber, *She Wou'd and She Wou'd Not*）。

飞边套装（Suit of ruffs）

男女皆宜

时期：1560 年~1640 年。

指颈部飞边和手部飞边互相搭配的一种套装。

苏丹娜围巾（Sultana scarf）

女式

时期：1854 年。

一种围在坎兹上衣外面的宽松围巾，具有东方色彩，穿着时在腰臀部系住，两端悬垂。

苏丹娜袖（Sultana sleeve）

女式

时期：1859 年。

一种在前侧被剪裁开的大悬饰袖，常见于卡萨克外套。

苏丹妮（Sultane）

女式

时期：17 世纪晚期以及 18 世纪 30 和 40 年代。

1690 年，伊芙琳（Evelyn）将其描述为一件饰有纽扣和环扣的长袍。到了 18 世纪，演变为由短流苏、斯塔玛卡和平整背部组成的休闲长袍，有时饰有羽毛，并且明显能看出受到了土耳其元素的影响。"我猜，我的夫人会穿着她的苏丹妮出行吧？"（1734, J. Gay, *The Distress'd Wife*）。

苏丹妮裙（Sultane dress）

女式

时期：1877 年。

一种公主风日间礼服，其一侧系有精心设计的垂坠围巾。

苏丹妮夹克衫（Sultane jacket）

女式

时期：1889 年。

一种无袖祖阿芙型女短上装，"勉强达到肩胛骨以下"。

苏尔坦袖（Sultan sleeve）

女式

时期：19 世纪 30 年代。

一身由外套、马甲和马裤组成的男式套装。灰色螺纹丝绸质地，用彩色丝线绣有花卉花纹，1780年。

一种挂在手臂和前臂中间的较大的日常装袖子。

禁奢法令（Sumptuary legislation）

时期：中世纪以后。

对消费进行规定的宗教或世俗法律，包括可以购买什么样的织物、织物的制造方式以及社会不同群体如何穿着。大多数法令是针对妇女和少女制定的，但执行难度较大。从本质上讲，这类法令其实是在一个地区或国家内部加强等级制度的一种手段，后期国袍上的貂皮纹带和类似的深奥细节中可以窥见这些法令的痕迹。到了19世纪，大多数法令早已被遗忘，但是礼仪手册起到了类似的作用，规定了社交活动中可以和不可以穿着的服饰。

太阳镜（Sunglasses）

男女皆宜

时期：19世纪晚期。

指用于保护眼睛免受阳光照射的有色眼镜，问世于19世纪80年代的德国。到了20世纪，成为一种风格多变的时尚配饰，通常印有知名设计师的标志，昵称为"墨镜（shades）"。

日光褶（Sunray pleats）

时期：19世纪晚期。

从衣服（通常是半身裙）的一个中心点向边缘放射式散开的一种活褶。

日光裙（Sunray skirt）

女式

时期：1897年。

一种圆形日间半身裙。由两段宽幅材料拼接成正方形，半身裙剪成圆形，腰部中心位置剪出一个洞，裁剪合身，喇叭裙（flared skirt）就是以此为基础发展而来。

上托图斯（Supertotus）

时期：中世纪。

一种带风帽的有袖斗篷，常由旅行者穿着。

罩衫（Super tunic）

男女皆宜

时期：9 世纪～14 世纪末。

13 世纪和 14 世纪通常称为"surcoat"或"surcote"。后用来指一种在加冕礼上穿的服装。

男式

一种套头穿的宽松衣服，穿在束腰外衣外面，形状各异。到了 14 世纪，款式更为合身。专为参加仪式而设计的款式为长款，其他场合的款式则为长度及膝的款式。袖子较宽，为中袖或长袖，紧身的长袖款式较为少见。

详见"加尔纳什（garnache）""宽袖防寒服（garde-corps）"和"塔巴德式外衣（tabard）"。

女式

一种长款宽松服装，穿在束腰外衣或衬裙外面，宽松长袖设计，袖型呈管状或钟形。在12世纪的一些款式中，采用悬垂袖口。从13世纪到14世纪中期，则出现了一些无袖款式。

详见"侧开身外套（sideless surcoat）"。

萨波塔斯（Supportasse, Underpropper）

男女皆宜

时期：约 1550 年～1650 年。

通常用金线、银线或丝线缠绕而成的一种金属丝框架，固定在颈后，用来支撑一种较大的经过浆洗工艺处理的拉夫领或直领。"用以支撑领子的整个框架和主体，以免掉落"（1583, Stubbes, *Anatomie of Abuses*）。

详见"雕花花边（pickadil）""披肩领子（rebato）"。

盔甲罩袍（Surcoat, Surcote）

男女皆宜

时期：中世纪～17 世纪。

一种风格多变的华丽外衣。它逐渐成为国袍的一部分，并演变成了传令官或贵族穿着的礼仪服装。

详见"罩衫（super tunic）"。

瑟克尼，萨克尼（Surkney, Suckeny）

男女皆宜

时期：中世纪。

一种乡村人穿的粗糙、宽松的佛若克或华达呢。

斜叠上衣（Surplice bodice）

女式

时期：1881 年。

一种从颈部到肩膀和胸部布满碎褶的日间上衣。

超现实主义（Surrealism）

时期：20 世纪初期。

一场旨在表达潜意识思想的艺术和文学运动，这一运动浪潮也席卷了时尚界，主要支持者有设计师伊尔莎·斯奇培尔莉（Elsa Schiaparelli，1890～1973），其与艺术家萨尔瓦多·达利（Salvador Dali，1904～1989）关系密切。

男用外套 / 女式连帽斗篷（Surtout）

男女皆宜

时期：17世纪晚期。

与勃兰登堡大衣（Brandenburg overcoat）同义。女款为带风帽的披风。

时期：18世纪。

约1730年之后较为流行，一种宽松的长款大衣，带有一个或多个被称为"披肩"的展领，也被叫作"wrap-rascal"。

时期：19世纪20年代~40年代。

通常被叫作"surtout greatcoat"，是一种单排扣或双排扣厚大衣，款式类似佛若克礼服大衣，佛若克大衣就是以此为基础发展而来。

女式

时期：18世纪晚期。

一种带披肩的大衣。"乔尔梅利夫人（Mrs Cholmeley）的大衣设计有驳头、天鹅绒高立领和三片扇形的披肩，用质量上乘的混合海狸呢制成，袖子则为天鹅绒质地"（1785, *Cholmeley Papers at Bransby*）。

吊袜带（Suspender belt）

女式

时期：1878年以后。

一种最初由女性开始使用的弹性袜吊，一端固定在紧身褡的边缘，另一端夹在长袜上端。到了1882年，吊袜带"几乎过时了，被背带（suspenders）取代，吊带是用缎子制成的，有弹性，带有镀金支架、夹子以及适合紧身褡的紧身腰带"。

时期：20世纪初期以后。

除了紧身褡上的夹子之外，还出现了其他款式，最常见的是一种轻质松紧带，上面悬挂着带有金属和橡胶夹子的吊带来夹住长袜，两前两后。

背带（Suspenders）

男式

时期：19世纪以后。

指裤子上的吊裤带。"……一位英国水手穿着有吊裤带的裤子走在高街（the High Street）上……吊裤带在他的肩膀上相互交叉"（1825, *Ackermann's Repository*）。

在美国，仍然常用于指"brace（掉裤带）"，并且在英格兰作为行业领域中的替代品。

时期：1895年以后。

袜带是一种防止袜子滑落的设计，设计样式为围绕小腿的弹性吊袜带，即用一种以金属和橡胶夹为末端的垂坠件夹住袜口。

显然，这种设计是在女服风格的基础上发展而来，因此最初并不受男性欢迎。到了20世纪，松紧袜套成为一种日常穿着，这种支撑结构也变得较为少见。

襁褓带（Swaddling bands, Sweath-bands）

时期：中世纪~18世纪晚期。

指用来将婴儿的身体和四肢包裹住的长包带，包裹后类似木乃伊。婴儿在断奶前，通常采用这种装束。"给她的孩子买了一条毯子和襁褓带"（1785, *Essex Records*）。

18 世纪初期，精英阶层开始用婴儿衣来取代襁褓。

宽式女短大衣（Swagger coat）

女式

时期：20 世纪以后。

一种宽松的轻薄大衣，宽摆从肩部开始向下延展，适合穿在西装或其他笨重的服装外面。在美国称为"topper（轻便大衣）"。

燕尾服（Swallow-tail）

男式

时期：1850 年。

一种将腰部以下的前襟裁掉，仅保留后面的"尾巴"的外套。该词逐渐用于指晚间燕尾服。

天鹅喙紧身褡（Swanbill corset）

女式

时期：1876 年。

一种长款紧身褡，后系带设计，前身有一个较长的金属巴斯克，在下腹部呈弧形。

斯沃琪（Swatch）

男女皆宜

时期：20 世纪 80 年代以后。

一种时尚手表的商品名，表带用柔性塑料制成图案新潮、色彩鲜艳，有多种季节款和限量版。

包布（Swathe）

时期：19 世纪。

用来包裹婴儿的一种物品。

针织套衫/运动衫/毛线衫（Sweater）

男式

时期：1890 年以后。

一种长度过臀的宽松针织运动衫，套在尼克博克外面穿。最初的款式中常见围绕脖颈的立领。1894 年，为了方便在高尔夫活动中穿着而设计的马球领应运而生。自行车骑手仍穿着过时的款式，但"所有穿着这种旧款式的人都像暴发户，无一例外"（1900, *Tailor & Cutter*）。

到了 20 世纪，穿着场景仍旧以体育活动为主，但作为日常穿着也更为普遍。

女式

时期：20 世纪初期以后。

常在体育运动场合或休闲场合穿着，但逐渐成为一种重要的服装类别。"各种针织物：毛衫、卡迪根式开襟毛衫、羊毛衬衫、女式衬衫和波蕾若……"（1940, *Vogue*）

连裙毛衣（Sweater dress）

女式

时期：20 世纪中期以后。

一种类似加长毛衣的紧身连衣裙。

长袖运动衫（Sweatshirt）

男女皆宜

时期：20 世纪以后。

一种宽松的长袖休闲上衣,通常在体育活动中穿,由可洗的棉质品制成,内有绒毛衬里,20世纪晚期成为主流的休闲服装。

一种领口设计,非常宽的方形领逐渐向下倾斜收成"V"形,与心形的顶部类似,颇具艺术效果。

鸡心领口(Sweetheart neckline)

女式

时期:20世纪。

游泳衣(Swimsuit, Swimwear)

男女皆宜

泛指游泳时穿的任何服装,包括比基尼

让·路易·雪莱(Jean-Louis Scherrer,1935~2013)设计的晚礼服,1985年。绿色和紫色闪光绸质地,鸡心领设计,花瓣袖十分宽大,裙子部分较窄,上衣后片为低领开口设计,下身饰有巴斯尔式蝴蝶结和裙裾,是一件体现权力着装风格的晚装款式。

泳装、泳衣等。

斯怀尔（Swire, Sworl, Swyrell）

时期：中世纪。

指在刺绣或装饰服装时使用的一种合股线或卷线。

瑞士腰带（Swiss belt）

女式

时期：19世纪。

1815年和1816年流行的一种腰带样式；19世纪60年代及1880年至1900年再次流行。一种前面加宽成菱形且上下呈尖角状的腰带。从19世纪60年代开始，可能会系在前面，用作紧身胸衣。

瑞士上衣（Swiss bodice）

女式

时期：1867年。

一种配有瑞士腰带的天鹅绒上衣，搭配带袖女式无袖胸衣。

剑（Sword）

男式

时期：16世纪~18世纪末。

在享有盾形纹章（有佩带徽章资格）的家族中，所有男士均可佩剑，后来被认为是绅士着装中的必要元素。

无边女帽（System）

详见"无边帽（toque）"。

T

塔巴德式外衣（Tabard）

男式

时期：13世纪晚期及14世纪。

在13世纪晚期，指一种长度适中的环状披风；到了14世纪，演变为一种罩袍，其中一种形式即为"加尔纳什（Garnache）"，同一时期，也指一种教服。后来，演变为仪式服装和传令官服装；直到21世纪初期，还有传令官穿着此类服装。

日本式厚底短袜（Tabi）

男女皆宜

时期：17世纪初期以后。

日本厚底棉质踝袜，通常为白色，大脚趾单独分开。适合搭配凉鞋和和服，也可在室内穿作袜子和鞋子。这种袜子传入西方已有几个世纪之久，到了20世纪晚期较为常见。

围裙（Tablet）

女式

时期：16世纪。

"apron（围裙）"的一种较为少见的叫法，由法语词汇"tablier"演变而来的一个英语词汇。

围裙式半身裙/围裙（Tablier skirt）

女式

时期：19世纪50年代和70年代。

前胸宽由两侧的下行饰边界定的一种半身裙，指一种装饰性的围裙或单独的饰片。20世纪偶被使用，而法语词汇"en tablier"是一种更为优雅的叫法，指一种围裙或模仿围裙外观的一种服装。

围裙式束腰外衣（Tablier tunic）

女式

时期：1875年。

一种三角形的罩裙，其中一个角几乎垂到半身裙前片下摆位置，另外两个角则系在夹克上衣的巴斯克衫底下。

搭扣/搭钩/钩扣（Tache）

时期：15世纪～17世纪。

一种胸针、扣环、带扣或挂钩。

塔克线（tackover）

男式

时期：18世纪以后。

指连裙外套背开衩顶部褶皱的重叠部分。

塔夫绸皮普金（Taffeta-pipkin）

详见"皮普金（pipkin）"。

塔里奥尼大衣（Taglioni）

男式

时期：1839年～1845年。

一种平铺在肩上的双排扣厚大衣，领子很大，且驳头宽及胸部，衣领、驳头和袖口采用方格缎子、天鹅绒或"一种类似毛皮的新型丝绸材料"制成。外套的腰部为合身设计，下摆则宽松且较短，背部或侧面无活褶。背部中央有开衩，顶部有一道三角形塔克线。两侧都有横开口袋或开缝口袋。袖子带有翻边袖口。整体采用斜纹装绲边。仅前身可见腰缝。

以芭蕾舞剧《仙女》（*La Sylphide*）的创作者、著名芭蕾舞大师菲利波·塔里奥尼（Filippo Taglioni，1777～1871年）的名字命名。

塔里奥尼佛若克礼服大衣（Taglioni frock coat）

男式

时期：1838年～1842年。

一种单排扣佛若克礼服大衣，下摆短而宽松，臀部通常没有纽扣。设计有非常宽大的领子和一条大披肩，臀部设计有斜口袋或带盖口袋，后背开衩，无活褶，但是带有塔克线。

燕尾（Tail）

详见"裙裾（train）"。

尿布（Tail clout）

时期：16世纪晚期～17世纪。

一种婴儿尿布。

燕尾服（Tail coat）

男式

时期：19世纪中期～20世纪初期。

19世纪50年代，一种口语化的叫法，指带燕尾的正式男式外套，尤其是圆角礼服、晨礼服或燕尾外套。

裁缝／定制女服（Tailleur）

女式

时期：19世纪晚期～20世纪70年代。

法语中指裁缝，或在本词典中指为女性顾客量身定制的服装。英国裁缝约翰·雷德芬（John Redfern，1853~1929）从19世纪80年代中期起，就是这种风格的杰出代表。他的顾客包括各国的皇室成员和其他上层女性。

裁缝／剪裁（Tailor, Tailoring）

男式，有时也有女式

时期：13世纪以后。

数个世纪以来，服装裁剪和制作的从业者都是男性，即便在出现"曼图亚裁缝"和"女服裁缝师"之后，也一直如此。直到20世纪，女式骑装和紧身背心的制作也都是男性的专属领域。

坎贝尔在他的 *The London Tradesman*（1747）中写到，当时一家典型的裁缝店会有一位师傅、一个工头，工头"会在师傅不在时把量尺寸、裁剪和针线活完成，并送到

维多利亚女王、女王的母亲肯特公爵夫人和女王的丈夫阿尔伯特亲王的时装版画。这张较为紧凑的版画中展示了四种晚间发型：公爵夫人身着晨礼服，手拿皮毛暖手筒，头戴一顶日间软帽。女王身着晚礼服，手握一把扇子，将带有佩斯利旋涡图案的披巾放在一边。亲王则身着日间礼服，一条紧身长裤搭配塔里奥尼佛若克礼服大衣，内搭短款马甲，戴着高领巾，留着整齐的八字须，1843年。

顾客的家中……"。"单一工种的裁缝"负责缝接缝、钻扣眼，并为工头需要完成的工作做准备。将近80年后，The Book of English Trades and Library of the Useful Arts（第12版，1824年）中也出现了类似的描述。然而，到了19世纪，出现了大量德国和英格兰出版的基于新几何与数学原理的剪裁指南和系统。尽管缝纫机的问世和成衣的流行带来了更大的改变，传统剪裁仍旧跟设计款女装一样，保有盛名，总有顾客愿意为独特性买单。

定制女服（tailor-made）

女式

时期：1877年以后。

一种女式晨装和乡村服装，通常由一整块相同面料的布制成，在19世纪90年代，有时会使用两种面料。

基本特征是，服装由裁缝而非女服裁缝师制作，并且根据男性线条制作，并且经常模仿当时流行的男性服装剪裁。

直到17世纪晚期，女式正装都是由裁缝制作，女式骑装通常由裁缝制作，但查尔斯·沃斯（Charles Worth，1825~1895）于1858年开始在巴黎作为女服裁缝师提供服务后，出现了较为明显的变化。到了1867年，"一位伦敦裁缝最近开了家女服裁缝店"。诸如斗篷和阿尔斯特宽大衣等各种女式户外服装都开始由裁缝制作，但全套服装从1877年开始才大范围量身定制。

详见"裁缝/定制女服（tailleur）"。

定制骑装式妇女外衣（Tallien redingote）

女式

时期：1867年。

"沃斯设计制作了一款非常漂亮的户外服装，叫作'波兰式连衫裙（polonaise）'或'定制骑装式妇女外衣（tallien redingote）'"（1867）。前片有一个心形开襟，后片为正片剪裁，饰有饰带，后面有一个大蝴蝶结，每一侧的饰带末端为蝴蝶结，向下垂，饰带或与裙子采用相同材质，或由黑色丝绸制成。

通过增加背部的蓬松度，这种服装逐步发展成为19世纪流行的波兰式连衫裙。

The Present Fashions (Summer)，1830 年。伦敦裁缝本杰明·里德的广告牌，在一处小的伦敦布景中展示了一系列身着时装的人物。一天中，不同时间以及不同场合的服装都囊括其中，女士们身着晚礼服（远左和最右）、日间礼服（中右）和女式骑装（中左）。男士们则是身着正式、非正式和骑马服装，从各个角度进行了展示。男装逐渐出现暗色调趋势，仅在马甲上可见图案——装饰过多的软帽和无边便帽以及袖子的宽度足以体现女装的不实用性。

塔尔玛（Talma）

详见"披巾雨披（poncho）"。

塔尔玛斗篷（Talma cloak）

男式

时期：19 世纪 50 年代。

一种宽翻领及膝斗篷，通常为绗缝织物，且有丝质衬里。与晚礼服搭配穿着。以法国演员弗朗索瓦·约瑟夫·塔尔玛（François Joseph Talma，1763~1826）的名字命名，他将托加长袍重新引入古典戏剧中。

塔尔玛拉翁基（Talma lounge）

男式

时期：1898 年。

一种设计有直前襟、连肩袖的拉翁基·夹克，设计有弧形口袋或斜口袋。

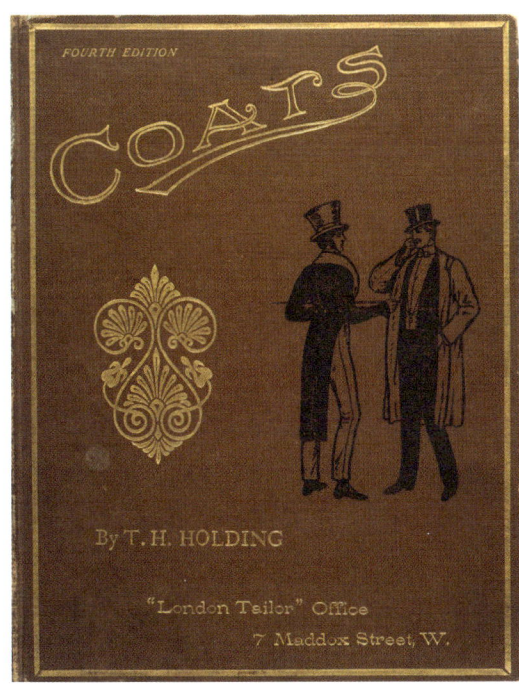

1902 年 T.H. Holding *Coats*（第四版）的封面，书中介绍了 Holding 成功的剪裁系统。他感到自豪的是，本书于 1885 年首次出版，不久就分别于 1888 年和 1893 年发行了第二版和第三版。整个 19 世纪有大量的各类剪裁手册，故而作者之间的竞争较大。Holding 产出较多，作品涵盖书籍、月刊和邮寄版剪裁课程等。

塔尔玛披风（Talma mantle）

女式

时期：19 世纪 50、70、90 年代。

在19世纪50年代，指一种带有风帽或流苏垂领的长款斗篷，1854年，款式有所变短，被叫作"rotonde（仓当特披风）"。在19世纪70年代，出现了一种与其类似但添加了袖子的款式。到了19世纪90年代，再度流行，但是款式变成一种带有深色天鹅绒领子或网眼花边披肩的宽松袖及地大衣样式。

塔尔玛大衣（Talma overcoat）

男式

时期：1898 年。

一种宽袖窿插肩大衣。"穿着塔尔玛大衣外出时，将手插在裤袋里是一种时尚"（1899，*The London Tailor*）。

苏格兰便帽（Tam-o'-Shanter）

女式

时期：19 世纪 80 年代。

这种苏格兰无边便帽以苏格兰诗人罗伯特·彭斯（Robert Burns，1759～1796）的一首诗命名，并且于19世纪80年代开始在女性群体中流行开来。不过，在苏格兰，多为男孩和成年男子佩戴。

当时流行的款式为柔软的圆形平顶帽，无帽檐，帽冠中央有一个绒球。采用天鹅绒、长毛绒、布料或钩编花边制成，一直流行到20世纪，也称为"tam"或"tammie"。

探戈时装（Tango fashions）

女式

时期：1913 年以后。

探戈作为交谊舞从阿根廷传入欧洲和北美。跳探戈舞时，男士可以穿平常的日装或晚装，但在当时流行的霍步裙，由于设计紧绷且收缩，女士连衣裙或半身裙须在腿的一侧开一条缝，以便跳舞。内衣也随之有所改变，"探戈和上宽下窄的衣裙时尚造就了一种全新形式的裙裤。其特点为完全由从腰部垂下的一块布料制成，从前片的腰部垂到膝盖，再向上到腰臀部，腿部两侧有开衩"

（1913, Quoted in C. W. Cunnington, *English Women's Clothing in the Present Century*）。

探戈舞鞋于1884年问世，但直到约1910年，半身裙的长度被缩短之后才流行起来。特点包括高鞋背、中等鞋跟，穿着时用带扣或系带系在脚背上，鞋带或狭幅织物在腿上纵横交错。

20世纪20年代，鲁道夫·瓦伦蒂诺（Rudolph Valentino）饰演的电影《末日四骑士》（1921）上映。在影片中，他用探戈征服了观众，自此探戈再度流行起来。那时，只有真正的舞蹈狂热爱好者才会穿那些看起来像是专门为阿根廷舞者设计的服装，比如短裙、脚背系带的鞋子和简便的内衣。

运动背心（Tank top）

男女皆宜

时期：20世纪60年代以后。

一种贴身的短款无袖套衫，通常采用低圆领或"V"形领口设计，常见各种颜色和图案的针织款式。

卷尺（Tape measure）

详见"测量/卷尺（measurements, measuring tape）"。

塔布什帽（Tarboush）

男式

时期：18世纪初期以后。

一种帽冠直立、呈圆锥形的布帽或毡帽，在伊斯兰国家可单独佩戴或作为头巾式女帽的一部分。帽子通常为红色，带有垂坠丝绸流苏，流苏通常为蓝色。凯末尔·阿塔图尔克（Kemal Atatürk，1881~1938）在20世纪20年代的服饰改革期间禁止民众佩戴具有奥斯曼土耳其风格的"土耳其毡帽（fez）"。

流苏手帕（Tasselled handkerchief）

男女皆宜

时期：16世纪。

一种胸袋手帕，边角饰有流苏，通常有流苏饰边。

详见"带扣手帕（buttoned handkerchief）"。

塔特（Tater）

男式

时期：15世纪。

"tetour"——风帽一词的拼音拼写形式。"垂在耳后的长塔特"（即带有尾状长飘带的风帽或夏普仑）（1490, *A Treatise of a Gallant*）。

塔特萨尔花格呢马甲（Tattersall vest）

男式

时期：1895年以后。

一种由花哨的小格纹材料制成的运动马甲，单排扣设计，共有六粒纽扣，无领，且有四个带盖口袋。

梭结花边（Tatting）

时期：19世纪初期以后。

一种由结纽和环组成的镶边花边，利用象牙或金属梭子和结实的线绣制而成。另一种变体在制作中用针代替了梭子。

文身刺花（Tattoo）

男式，后来也有女式

时期：早期现代时期以后。

水手经常在出海时文身，即通过穿刺的方法将墨水嵌入皮肤，从而形成难以消除的图案或信息。传统的文身是蓝色或靛蓝色，但也有其他颜色。

20世纪晚期，文身成为包括电影明星等人在内的男性和年轻女性日益追捧的一种潮流。

牛头发式（Taure）

详见"牛头发式（bull head, bull-tour）"。

"T"形鞋（T-bar shoes）

女式，有时也有男式

时期：1920年以后。

一种鞋，鞋面中间有一根棒一直延伸到脚踝下方的带扣，从而形成字母"T"的形状。在20世纪30年代更为流行，常出现在凉鞋和女鞋上，偶见于男式凉鞋。

赴茶会服装（Teagown）

女式

时期：1877年~1940年。

一种无须搭配紧身褡的宽松连衣裙，最初仅已婚妇女穿着。"赴茶会服装源起于女士们习惯身着漂亮的晨衣在女主人的闺房里喝茶。现在，绅士们也可以参加茶会，因此女晨衣已经演化成一种缎子、丝绸等制成的优雅的便服"（1877）。

它的风格追随当代时尚，但从1889年开

赴茶会服装，1908年~1914年。丝绸缎内衬羊毛绉纱，饰有亚麻梭结花边，让人联想起和服，带有伦敦老邦德街（Old Bond Street）的拉塞尔和艾伦茶袍店（Russell and Allen Teagowns）的标签。

始，高腰帝国风格受到青睐，带有长长的悬饰袖和长长的蕾丝边。搭配一顶网眼织物和平纹细布制成的摩伯帽穿着。在19世纪80年代，尽管这种紧贴的式样尤其适合婚后有孕在身的女性，但也逐渐"允许年轻女士穿着"。

详见"孕妇装（maternity wear）"。

到了20世纪，这种叫法依然存在，但其风格与设计更为规整的长裙和外出喝茶时穿的短装风格有所重合。

赴茶会夹克

女式

时期：1887年以后。

常用来替代赴茶会服装。一种后片贴身、前片宽松、袖子紧致且饰有大量网眼花边的夹克衫。人们常穿着此装赴下午茶，用以替代定制的上衣。

特迪式胸衣连裤（Teddy, Teddie）

女式

时期：20世纪70年代以后。

一种质地轻盈的内衣，紧身上衣与女短裤相连的一件式服装，用纽扣等固定在胯部下方。通常由丝绸或人造材料制成。

泰迪男孩（Teddy boys）

男式，有时也有女式

时期：20世纪50年代以后。

身着约爱德华时期（1901～1910）的时尚服装的年轻男性。对应的女性群体，身着的外套和鞋子更为收敛，但将头发向后梳成类似早期追求蓬松感的式样。

T恤衫（Tee）

"T-shirt"（T恤衫）的另一种叫法。

收缩杆遮阳伞（Telescope parasol）

女式

时期：1811年。

这种遮阳伞的伞杆或手柄由一根钢管制成，可以像望远镜一样拉伸。

圣堂骑士斗篷（Templar cloak）

详见"水兵服（caban）"。

泰普勒斯（Templers, Templettes, Temples）

女式

时期：1400年～1450年。

由金银珠宝或精美刺绣制成的圆形装饰物，戴在鬓角，包裹住头发，由额头上方交叉的连接头带或头饰的其余部分支撑。

详见"博斯（bosses）"。

网球鞋（Tennis shoes）

男式，很久以后也出现女式

时期：16世纪以后。

软底鞋。"缝制六双带毡子的鞋，打网球时穿"（1536, Wardrobe Accounts, Henry Ⅷ）。

1878年，出现了用印度橡胶制成鞋底的草地网球鞋，到了20世纪，随着运动鞋的发展，网球鞋变得更坚固、更具支撑性，女性也开始穿网球鞋。

帐篷装（Tent dress）

女式

时期：1950年以后。

指一种肩部合身并向下一直到下摆逐渐变宽的连衣裙或外套。得益于西班牙设计师巴伦西亚加（Balenciaga，1895～1972），这种服装与出现在美国、欧洲和英国的袋式服以及钟形和喇叭形服装一起，将"新风貌"的重点从束缚转移到新的形式上，20世纪60年代，紧身迷你连衣裙的出现代表了这种新样式的顶峰时期。

网球裙，约1895年~1905年：由长袖衬衫和半身裙组成的分体式套装。线条和细节与这一时期的日间礼服相似，不过到了19世纪90年代，白色已成为网球服装的标准颜色。图中的网球裙用淡紫色饰带精心装饰。

阔边毡帽（Terai hat）

女式，有时也有男式款

时期：19世纪80年代~20世纪中期。

英格兰女性在热带国家佩戴的一种骑马帽。材质为毛皮或羊毛毡，在帽檐边上将两顶帽子缝在一起。内部有红色衬里，帽冠上有一个金属镶边的开口。帽冠通常较低，帽檐宽7~12厘米。"她过去常常在西姆拉市场（Simla Mall）来回小跑……头上戴着一顶灰色的阔边毡帽"（1888, R. Kipling, *Plain Tales from the Hills*）。

特蕾莎（Teresa, Thérèse）

女式

时期：1770年~1790年。

一种戴在头上的轻纱围巾，有时系在室内佩戴的无边便帽上。

国防自卫队大衣（Terrier overcoat）

男式

时期：1853年。

类似飞行员式外套。"黑色和棕褐色，带有大瓷纽扣"（*Punch*）。

泰特（Tête）

详见"头饰（head）"。

"羊头"发型（Tête de mouton）

女式

时期：1730年~1755年。

一种假卷发，"后面卷曲或者叫作'羊头'发型"（1782, *Plococosmos*）。

"我们也有类似的产品，现在流行将头部的两侧都卷曲起来，效果最佳"（1731, *Weekly Register*）。

纺织品（Textiles）

各类编织布的统称，用于区分博物馆内藏品类别的常用方式，即将戏服/服饰/时装藏品与纺织品藏品（包括室内装饰品和服装）区分开来。

戏剧服装（Theatre costume）

男式，后来也有女式

时期：中世纪以后。

无论在舞蹈、歌剧、戏剧表演还是后来的电影和电视节目中，服装都是表演者的重要工具。它能够早于动作和声音，第一时间塑造出人物形象，而且对于诸如小丑、忧郁症患者等角色而言，当表演者穿着传统服装出场时，会立即被认出。

宫廷娱乐活动包括假面舞会、歌剧和戏剧，其中的主要角色可能由皇室成员和廷臣扮演，很少有人观看，但18世纪中期以后，巡演演员和城镇中出现的剧院使人们注意到了这些存在于橱窗之外的昂贵的时尚服装。舞台表演者早于电影明星受到追捧且被效仿。埃伦·特里（Ellen Terry）身着杜塞（Doucet）设计的服装，莉莉·兰特里（Lillie Langtry）则穿着沃斯（Worth）设计的服装，这些专业女装设计师的作品同那些非主流风格的服装一起，吸引了新的受众，莉娜·阿什韦尔（Lena Ashwell）穿着的"……简单的柔软白色丝绸长袍，可能是利伯提的最新款之一，而且非常漂亮，任何对艺术服装有品位的现代少女都可以模仿……"（1895, The Sketch）。这些都是19世纪90年代的例子。

1906年，演员兼经纪人乔治·亚历山大爵士（Sir George Alexander）在皮内罗（Pinero）的 His House in Order 中穿着软领衬衫和普通西装亮相，呈现了这种略带休闲风的男装风格。随后几代英国和欧洲演员都十分青睐英国剪裁和法国时装，后来，随着电影的影响力不断扩大，美国的休闲服装风格成为主流。

详见"舞会服（fancy dress）""化装舞会服装（masquerade costume）"。

西奥多帽（Theodore hat）

女式

时期：1787年。

弗兰克·罗伯特·本森夫人的照片，摄于1890年~1900年。女演员康斯坦斯·本森（Constance Benson，1864~1946）是演员兼经纪人弗兰克·本森（Frank Benson）的妻子，她经常在她丈夫执导或演出的剧目中出演角色。在这张《皆大欢喜》（As You Like It）的剧照中，她饰演罗莎琳德（Rosalind）。作为一名扮演年轻男性的年轻女性，她完全遵守了男性角色的服装传统。19世纪的戏剧服装都经过精心研究，并根据戏剧的历史背景设计，方便观众辨认和欣赏。

"帽冠非常高，饰有两层纱罗织物和精致的金色网边饰，边缘镶嵌着蓝色缎带。前面有一大束芙蓉色花朵，后面有长及腰部的宽幅薄纱垂饰。"（1787年12月，*Ipswich Journal*）。

保暖衣（Thermal clothing）

男女皆宜

时期：20世纪以后。

有史以来，人们一直在不断寻求能在寒冷的气候条件下保暖的衣物。后来随着人造纤维和天然纤维技术的发展，人们开始使用这类面料制作内衣，如连衫裤、背心、长衬裤、手套、袜子等，类似的面料也被用作外套衬里。如今，丝绸与其他面料一同被用于制作美观的保暖内衣和外衣。在极端环境中，人们经常穿着多层衣物，"除了长衬裤、保暖袜和两顶帽子外，哈维尔（Harwell）还穿了一件T恤"（1978年4月16日，*Detroit Free Press*）。

丁字裤（Thong）

女式，有时也有男式

时期：1975年以后。

这种类似兜裆布（g-string）的超短"V"形内裤可以遮住生殖器部位，臀部下方用松紧带固定住，既可避免明显的内裤痕，也可提升性感度。20世纪晚期，丁字裤和三角裤演化成略带实用性的男性和女性的内裤。

三层结构大衣（Three-decker）

男女皆宜

时期：1877年~20世纪初期。

一种有三条披肩的阿尔斯特宽大衣。详见"卡里克（carrick）"。

三层亚麻纽扣（Three-fold linen button）

时期：1841年~20世纪。

一种用三层亚麻布包裹的纽扣，1841年由约翰·阿斯顿（John Aston）推出。

三件套（Three-piece suit）

男式

时期：18世纪以后。

18世纪时偶有使用，指大衣、马甲和马裤一起穿的搭配。到了20世纪，通常指普通西装和马甲。

三道缝夹克（Three-seamer）

男式

时期：1860年以后。

一种圆形外套，背部中间有一条接缝，两侧分别有一条侧缝。与之形成对比的是，有侧身设计的外套有五道缝线。

带地下室三层楼高帽（Three-storeys-and-a-basement）

女式

时期：1886年。

帽冠很高的时髦帽子的俗称。

线头（Thrum, Thrummed）

男女皆宜

时期：16世纪~18世纪初期。

"毡制品有两种——光面毡或线毡"

（1547, Statutes at Large）。

线头是未编织的经线的末端废料，通常会留在织布机上。线头可以用来制作各种帽子，如软帽、无边便帽和睡帽等，还可以加进其他织物中，经常提到的有"线头编帽"。

提比（Tibi）
男式

时期：1840年以后。

一种将大衣上部的纽扣扣在一起的环扣，与扣在扣眼中的纽扣不同。

票券袋（Ticket pocket）
男式

时期：19世纪50年代晚期。

一种装火车票的小口袋，通常位于大衣右侧带盖口袋的上方。1875年，因弗内斯大衣（inverness）的左袖口上方加入了这一口袋元素；19世纪90年代，拉翁基·夹克右侧口袋上方也加入这一元素；到了1895年，晨礼服也开始采用类似的口袋设计。

领带（Tie）
男式，有时也有女式

时期：20世纪50年代中期开始。

"领带（necktie）"的俗称。

后系带半身裙（Tie-back skirt）
女式

时期：1874年~18

一种带裙裾的日装或晚装裙装，侧缝处缝有一连串的带子，这些细带系起来后，裙子后片聚拢，前片展平。由此，细带前面的裙身大幅度收紧，变成一种霍步裙。

紧身裤袜（Tights）
男式

时期：19世纪。

有时指代紧身长裤，尤其是搭配晚礼服的长裤。在马戏演员服装或戏服领域还指用弹力织物制成的贴身长袜，这种长袜包含了短裤并延伸到腰部，男女演员都可以穿。

女式

时期：20世纪60年代中期以后

尼龙紧身袜作为长袜的替代品问世后，很快就发展出了各种厚度、颜色和图案。

紧身裤（Tight-slacks）
男式

时期：1881年。

一种在膝盖处非常紧但裤脚松垮的裤子。

蒂尔伯里有边帽（Tilbury hat）
男式

时期：19世纪30年代。

一种平顶小礼帽，帽冠高而渐狭，帽檐窄而圆。

蒂皮特（Tippet）
男女皆宜

时期：中世纪。

柯特哈蒂裙（cotehardie）衣袖垂下的饰带，也指"尾状长飘带"（liripipe）。

女式，有时也有男式

时期：16世纪以后。

一种短披肩。

提图斯发型/假发（Titus hair, Titus wig, Hair à la Titus）

男式

时期：1790年～1810年。

一头短发或者类似的假发，并且故意制造出凌乱的风格。

详见"布鲁图斯短发/假发"（brutus head）。

托比拉夫领（Toby ruff）

女式

时期：1890年。

一种用雪纺绸或极薄的全丝绉制成的颈饰，围两三层，用丝带系在喉部，适合日间穿戴。

托格（Tog）

时期：中世纪。

一种从拉丁托加长袍（latin toga）演变来的外套。

时期：16世纪。

服装的俗称。"我孩子外套上的裙带（幼儿助走带）剪掉了，让她只穿外套"（1617, *Diary of Lady Anne Clifford*）。

时期：16世纪以后。

服饰的俚语叫法。英语词组"togged out"意为穿着华丽。

托加长袍（Toga）

男式

时期：公元前100年～公元300年。

古罗马公民的正式服装，穿在束腰外衣外面，从肩部交叠包裹整个躯体，18世纪晚期重新用作戏服。

套环（Toggle）

时期：20世纪。

一种用于扣合服装的装置，将一小段骨料、塑料或类似材料穿过一个环或孔，当从水平方向调整到垂直方向时仍保持固定位置。代替纽扣，多见于德弗尔大衣上。

薄亚麻织物（Toile）

时期：19世纪晚期。

法语中指用于制作高级定制服装或量身定制服装板型的布料，通常是硬挺的平纹细布，可进行裁剪、钉扣和调整而不失其质地结构。

亚麻裹布（Toilet, Twillet）

男式

时期：17世纪。

男士理发时披在肩上的宽松亚麻裹布。"理发师将亚麻裹布披在他的肩上后（问道），我该怎么修剪您的头发"（1684, J. Phillips, translation of Plutarch）。

女式

时期：18世纪。

指女士在打理头发时穿的宽松外套。

梳妆用帽（Toilet cap）
男式
时期：17世纪。
男士理发时戴的一种普通睡帽。

梳妆打扮（Toilette）
女式，有时也有男式
时期：18世纪以后。
穿衣风格或方式，如裙子、西装等。

托普（Top）
详见"遮秃假发（toupee）"。

长筒靴（Top boots）
男式
时期：18世纪80年代~20世纪初期。
曾被称为"赛马靴（jockey boots）"。靴子长度在膝盖以下，靴口带翻边，翻边颜色通常较浅或不同，例如黑色配褐色的翻边。靴子上配有用于穿脱的拉环，还有马靴吊袜带或靴绳。19世纪时期，用纽扣和带子系紧。

托普扣（Top button）
一种仅正面镀金的纽扣，如底面也镀金，则被称为"全镀金纽扣（allover）"。19世纪中期，这种纽扣被称为"高顶纽扣（high-top）"。

轻薄大衣/大衣/厚大衣（Top coat, Overcoat, Greatcoat）
男式
时期：18世纪以后。
指外出时穿在西装外面任何样式的外套。18世纪使用"top coat（轻薄大衣）"和"greatcoat（厚大衣）"这两种叫法，而到了19世纪中期，则开始使用"overcoat（大衣）"这种叫法。
"厚大衣（greatcoat）"指一种适合旅行的厚实服装；"轻薄大衣（top coat）"指适合步行时穿的轻便服装；"大衣（overcoat）"指适合乘坐火车时穿的类似服装。

佛若克大衣（Top frock）
男式
时期：1830年~20世纪初期。
一种剪裁类似佛若克礼服大衣（frock coat）的外套，但通常略长，一般是双排扣。可不穿内衣独立穿着，看起来像一件外套。
详见"上装（upper garment）"。

高顶礼帽（Top hat）
男式
时期：19世纪以后。
一种形似烟囱管帽的高顶礼帽，帽檐狭窄，通常两侧略微卷起。但在某些年代，如1840年，帽檐几乎是平的。这种样式出现在18世纪末，当时还没出现这种叫法。到了1830年，演化成为一种高冠海狸帽，但后来完全被硬礼帽取代。1850年，这种帽子的高度达到了最高，帽冠约有20厘米高。到了19世纪末，帽子高度降至12厘米。这种高顶礼帽通常为黑色，但运动型款式可能为灰色或棕色；约从1820年开始，流行运动员佩戴白色高顶礼帽；到了19世纪30年代和40年代，所有绅士都普遍佩戴白色高顶礼帽。

详见"烟囱帽（chimney-pot hat）""常礼帽（pot hat）""硬礼帽（silk hat）""高礼帽（plug hat）"。

女式

时期：19世纪30年代以后。

女性骑手可能会佩戴高顶礼帽，但到了20世纪逐渐被"骑马帽（riding hat）取代"。

顶髻（Top knot）

详见"结纽（knot）"。

上空装（Topless）

男女皆宜

时期：20世纪以后。

从字面上理解，指从头到腰不穿任何衣服。很多男士常在海边采用这种装束，但女性较少。20世纪晚期，人们开始接受赤裸上身享受日光浴这种行为后，女性也开始采用这种装束。

大礼帽（Topper）

"他的白色大礼帽"（1820, Sporting Magazine）。

美国词汇，指短款"宽式女短大衣（swagger coat）"。

详见"高顶礼帽（top hat）"。

无边帽/托克（Toque, Toocke, Tock, Tuck）

女式

时期：16世纪～17世纪初期。

一种女士方头巾或考福帽。

时期：1815年～1820年。

"一种三角形的马鬃垫或结构，我认为叫作'无边帽/托克'或系统，固定在女性的头上……在这个系统上，头发被竖起来，变得卷曲"（1817, Maria Edgeworth, *Harrington*）。

时期：19世纪。

一种无帽檐且较为贴合头部的头巾状帽子，白天出门时佩戴，有时也搭配晚礼服。材质多样，有丝绸、缎子、麦秸等，从1817年起一直流行到19世纪末，但19世纪50年代除外。

时期：20世纪。

一种无帽檐且较为贴合头部的高冠帽，通常采用柔软的面料制成，有时饰以羽毛或胸针，流行于20世纪20年代，与乔治五世的配偶玛丽王后（Queen Mary）有关。

托凯（Toquet）

女式

时期：19世纪40年代。

一种小巧的缎面或天鹅绒无边帽，前面的帽檐较浅且上翘，饰以鸵鸟羽毛。

戴在头部靠后的位置，与晚礼服搭配。1867年，该词被用作"套叠式平顶帽（pork pie hat）的一种更优雅的说法"。

无边帽式头巾（Toque-turban）

女式

时期：19 世纪 40 年代。

一种无边帽式的头巾，供晚间佩戴。

斗牛士帽（Toreador hat）

女式

时期：1890 年~20 世纪初期。

一种圆形帽子，帽冠扁平，浅而圆，用毛毡或麦秸制成，斜戴。受比才（Bizet）的歌剧《卡门》（1875年）和艾玛·加尔维（Emma Galvé）同名角色的启发而产生的一种时尚。

斗牛士紧身裤（Toreador pants）

女式

时期：20 世纪中期。

膝部系带的贴身长裤，类似西班牙斗牛士所穿的长裤。

螺旋冠状头饰（Torsade）

女式

时期：1864 年。

用天鹅绒或薄纱缠绕，或编织而成的冠状头饰，带有长长的垂饰，搭配晚礼服佩戴。

托特包（Tote）

女式

时期：20 世纪以后。

一种非常大的手提包或斜肩背包，可由各种材料制成，而且由于可能需要携带重物，因此通常比较轻便，"托特包——非常棒的编织用品，适合购物"（1969年9月24日，*Daily Colonist*）。

随着21世纪初手提包尺寸的增加，这个词被用来指时髦、昂贵的设计师品牌手袋以及实用的帆布或尼龙手袋。

遮秃假发（Toupee, Toupet, Foretop, Top）

男式

时期：1730 年~18 世纪末。

假发上前额向后卷起的头发，在1730年之前，假发通常是中分的。

时期：19 世纪以后。

与自然发色融为一体的一片假发或一顶小假发。

女式

时期：19 世纪晚期。

假发制成的刘海或额头卷发。

裙撑（Tournure）

女式

时期：1882 年~1889 年。

英语单词"bustle（巴斯尔）"的礼貌用语，源自法语，意为"形式"或"形状"。

托尔假发（Tower, Tour）

女式

时期：17 世纪 70 年代~1710 年。

戴在前额的假卷发，通常与方当伊高头饰（fontange）一起佩戴。

田径服（Track suit）

男女皆宜

时期：20世纪中期以后。

一种宽松的分体式服装，脚踝和手腕处有松紧，运动员在热身时或比赛后穿着，后演变为休闲服。

详见"运动套装（shell suit）"。

商标（Trade mark）

时期：18世纪以后。

销售前贴在商品上的铭牌或专有标志，用于标注特定商品或一系列商品的制造商信息。商标通常需要注册并受法律保护。在英国，商标类似书籍（1709）和版画（1734）的版权，但到了1839年，《设计版权法》（*Design Copyright Act*）规定，版权只有将装饰品或其图像或样式在贸易委员会（Board of Trade）注册后版权才会生效。1843年的进一步立法将保护范围扩大到所有外观设计，而不仅仅是装饰性外观设计。1883年，《专利、设计和商标法》（*Patents, Designs and Trademarks Act*）将1839年以来的所有立法进行了整合和合理化调整。

详见"品牌（brand）""商标（logo）"。

特拉法尔加头巾（Trafalgar turban）

女式

时期：1806年。

绣有英国海军上将纳尔逊勋爵（Lord Nelson, 1758～1805）名字的晚礼服头巾，纳尔逊勋爵在一场海战中为了获胜而牺牲。

裙裾（Train, Tail）

男女皆宜

时期：中世纪以后。

连衣裙、礼服或礼袍后片底边的加长部分，形成拖地效果。"短裙裾"（demitrain）指一种短裙裾，是将礼服的后片裙摆做得比前片裙摆长一些。

男性在加冕典礼等场合所穿礼服的一个共同特点是裙裾的长度取决于穿用者的地位，比如高级司法官员和类似职务的公职人员所穿的礼服。上层女性自古以来就穿着带裙裾的礼服，其中最独特的是前后都有裙裾的礼服，这种礼服在1440年的*Book of Precedence*一书中有所记载："外衣是一种制作得类似紧身或直身袍子的晨服，穿在曼特（man-tell）袍下面，伯爵夫人所穿的款式前后片必须各有一条裙裾。男爵夫人所穿的款式则无裙裾。前片裙裾较窄，宽度不得超过20厘米，并且必须束在束腰带下或挂在左臂上。"（Harl. MS 6064）

运动鞋（Trainers, Training shoes）

男女皆宜

时期：20世纪60年代以后。

运动员和其他运动者在训练时穿的一种没有鞋钉的软鞋。有许多知名品牌，其中包括美国的"匡威（Converse）"。匡威的经典运动鞋已有90多年的历史，最初是为篮球运动员设计的，只有黑色帆布和厚橡胶底款式，但从20世纪60年代开始也生产其他颜色的运动鞋。其他人尤其是年轻人也非常青睐这种轻便的休闲鞋。

梯形线（Trapeze line）

女式

时期：1958年。

"trapeze"为"trapezium（梯形）"的缩写，这种款式由克里斯蒂安·迪奥（1905~1957）设计，由伊夫·圣·罗兰（1936~2008）接替迪奥成为首席设计师的第一个季度推出。是一种宽松坚挺、下摆宽大的及膝裙装，前片贴合上胸部，后片宽松从肩部垂落，总体轮廓形似帐篷。

哀悼带（Trawerbandes）

时期：17世纪。

黑纱。

战壕外套（Trench coat）

男式，后来也有女式

时期：19世纪晚期。

一种类似军旅风格的大衣，第一次世界大战期间战壕中的军官可选择穿着。一种带腰带的长款大衣，有带盖口袋，通常可以防水，有的款式设计有披肩，用来保护肩部。从20世纪20年代起，这种大衣成为男女皆宜的经典款式。雅格狮丹和博柏利曾分别于19世纪50年代和1901年推出这种外套。

战壕帽（Trencher hat）

女式

时期：1806年。

一种帽檐呈三角形的硬礼帽，帽檐在前额上方形成一个尖角。

特雷苏尔（Tressour）

女式

时期：14世纪。

一种由金银珠宝或织物做成的串珠头饰。

紧身格子呢绒裤（Trews）

男式

时期：中世纪早期以后。

现在指苏格兰裙，源于爱尔兰语"trius"（盖尔语中写作"triubhas"），最早的描述见于约公元800年的《凯尔经》（Book of Kells）。书中记载了两种早期形式的裤子，一种是单色的紧身裤子，长度仅到膝盖以下，供军人穿着，一种是长款裤子，在脚底用扣袢扣住。第一种主要是马裤搭配长筒袜，与另一种拖地长的紧身款式搭配；另一种与文艺复兴时期的绘画中所见的有脚裤子类似，为确保合身度采用斜裁设计。1746年，这种裤子和其他苏格兰服装被禁，但托马斯·彭南特（Thomas Pennant）在1769年创作的《苏格兰纪行》（Tour of Scotland，1794年出版）中写到，"贵族们穿着马裤和长袜一体的紧身格子呢绒裤（truis）"，表明紧身格子呢绒裤（trews）再次出现。到了1911年，苏格兰低地军团通常都穿这种裤子。这种裤子的现代款式与普通长裤并无二致，虽然不再采用斜裁设计，但没有侧缝和高腰设计，与短外套搭配穿着。

女式

时期：20世纪以后。

约1945年之后，出现了更为修身的款

式,成为受欢迎的女性休闲服饰,布料也不再仅限于格子布,"她穿着一件衬衫,搭配一件羊毛印花修身收口紧身格子呢绒裤"(1958年3月5日,*Woman's Own*)。

三角帽(Tricorn, Tricorne hat)

男式,有时也有女式

时期:1690年~18世纪末。

19世纪,指男子骑马时戴的三角卷边帽,女性偶有佩戴。

经编织物(Tricot)

详见《词汇表:纤维、织物、材料》。

特里尔比帽(Trilby hat)

男式,有时也有女式

时期:1895年以后。

一种质地柔软的黑色毡帽,帽檐较窄,帽冠凹陷,类似霍姆堡毡帽(homburg)风格,因赫伯特·比尔博姆·特里爵士(Sir Herbert Beerbohm Tree, 1853~1917)在剧中戴着这样一顶帽子扮演斯文加利(Svengali)而得名。

特罗洛普(Trollopee)

女式

时期:18世纪。

"我没有穿过他们的特罗洛普裙(trolloping sacks)"(1733, Duchess of Queensberry)。

详见"斯拉默金(slammerkin)"。

特罗蕾丝帽(Trolly cap)

女式

时期:1750年~1800年。

一种饰有特罗花边的室内帽。

散步服(Trotteur)

女式

时期:19世纪90年代~20世纪。

法语中指雷德芬(Redfern)于19世纪90年代推出的一款羊毛材质的步行服,通过借用男式夹克剪裁并与及踝半身裙结合在一起,使行动更加自如。

详见"裁缝/定制女服(tailleur)"。

熨裤机(Trouser press)

时期:1890年以后。

一种由两块平板组成的装置,将裤子放在两块平板之间,然后用拇指螺丝拧紧这两块板。通过这种方式,可以保持裤子前腿上的时尚折痕。到了20世纪,改进版的电加热烫裤机问世,在许多酒店和家庭生活中发挥了重要作用。

长裤(Trousers, Trowsers)

男式

时期:1730年~18世纪末。

一种从腰部延伸至脚踝、围裹住双腿的服装。裤腿没有定型,松紧程度各不相同。这一时期的长裤采用宽腿设计,长度刚好在小腿肚以下,用一条窄腰带扣在前面,前开口有纽扣,但没有门襟。

穿长裤的多为城镇或乡村的非贵族男子

以及水手和士兵。"一个出海的人穿着……长裤"（1771, Salisbury Journal）。"一个穿着长裤的骑兵团"（1782, The Torrington Diaries）。

尽管马裤在所有社会群体中很常见，但乡绅很少穿长裤，"他穿着自己最好的长裤和干净的白色德罗瓦兹"（1730年，Wm. Somerville, The Officious Messenger）。

时期：1807年～20世纪初期。

这一时期，长裤开始成为一种日装时尚，1817年成为流行的晚装，但直到1850年，长裤才完全取代了晚礼服马裤。

闭合方式为小门襟，从1823年起，偶有采用暗门襟，这一方式在1840年普遍采用。

详见"美式裤子（american trousers）""哥萨克裤（cossacks）""鳄鱼皮时髦男子裤（eelskin masher trousers）""法式裤子（french bottoms）""绑腿裤（gaiter bottoms）""打褶裤（gaiter bottoms）""金线条裤（railroad trousers）""直筒裤（straight trousers）""祖阿芙裤（zouave trousers）""紧身裤（tight-slacks）"。

时期：20世纪以后。

几十年来，虽然长裤的裤型基本固定，但其宽度、是否增加翻边以及实际的布料都在不断发展。随着20世纪30年代中期后拉链的逐渐引入以及松紧腰休闲裤作为可选，人们对舒适度的看法开始改变。

详见"法兰绒（flannels）""牛津裤（oxford bags）""牛仔布（jeans）"。

女式

时期：19世纪。

女性在骑马时会在肥大的女式骑装裙装里面穿长裤。19世纪上半叶，这种裤子是采用人字斜纹布制成的绑带紧身长裤。在19世纪30年代，则用白色弗洛伦廷厚绸制成。在19世纪50年代，有的款式采用羚羊皮制成，并带有黑色脚蹬。自1860年开始，采用黑色或深色布料制成，腰背部有一根带子和带扣，左髋部有开襟，臀部有羚羊皮或棉布衬里。

虽然在19世纪的法国，女性穿长裤是非法的，但军队中的女性补给员可以在短裙下穿长裤，这些款式出现的时间比女式灯笼裤早了几十年。英语中"trousers"一词也可指1830年至1860年期间，年轻女孩的裙摆下露出褶边的长打底裤。

时期：20世纪以后。

19世纪晚期，人们尝试在骑自行车时穿尼克博克，第一次世界大战以后，逐渐出现了多种形式和风格的长裤，到了20世纪晚期，相比裙装，许多女性更喜欢牛仔裤或长裤。

详见"女士裤装套装（trouser suit）"。

伸裤器（Trouser stretcher）

时期：约1880年。

一种用于拉伸裤腿以消除"松垮感"的工具，常用的有两种。第一种是一个弯成"H"形的长钢圈，不用时插入裤腿，通过拉伸布料来保持裤形。

第二种是一个木制衣架，夹住裤子的两端，通过螺旋作用将裤子拉长，这种工具通常与熨裤机一起使用。

女士裤装套装（Trouser suit）

女式

时期：19世纪晚期。

在出现夹克和尼克博克的组合款式之前，艺术界的女性偶尔也会穿与男性款式类似的夹克和长裤。20世纪30年代，因德国女演员玛琳·黛德丽（Marlene Dietrich，1901~1992）曾穿着这种套装而得以流行，但是一直到20世纪60年代之后才真正地流行起来，同时代的伊夫·圣·罗兰还推出了女性塔士多礼服（tuxedo）——吸烟装（le smoking）。

男裤（Trouses, Trowses）

男式

时期：16世纪和17世纪。

通常指男性在宽松短罩裤下穿的德罗瓦兹内裤。"他穿着嘎翁、马甲和男裤走来走去"（1625, B. Jonson, *Staple of News*。舞台说明：年轻人在等着裁缝来给他送衣服）。

嫁衣（Trousseau）

女式

时期：19世纪以后。

在过去的几个世纪中，年轻女性结婚前会缝制和绣制各种纺织品、服装和软装饰品，但是到了19世纪，有人提出了出售固定数量的嫁衣这种想法。例如1867年，人们可以花100英镑来购买嫁衣。到了1868年，根据经济能力，人们可以花20英镑来购买。这些服装主要包括内衣和晚间服，具体包括修米兹、睡袍、衬裙、长袜以及手帕。到了1900年，开始流行18件套嫁衣。

到了20世纪，该词的含义扩大到包括婚礼后所穿的外衣，但在21世纪已经很少使用。

宽松短罩裤/宽腿短裤/宽松马裤/拉翁多·霍兹/法式霍兹（Trunk-hose, Trunk slops, Trunk breeches, Round hose, French hose）

男式

时期：1550年~1610年。

男士下装的上半部分，从腰部到臀部，这一部分可进行不同程度的加长，通常可拼接［详见"拼接缝（panes）"］，并在裆部附近或大腿下半部与长袜部分相连。这种带卡尼昂（canions）的款式一直延续到1620年。

运动短裤（Trunks）

男式

时期：19世纪。

运动员和游泳者穿的紧身内裤或短裤，该词在19世纪初就已经开始使用，可能源于戏剧里出现的运动短裤或短马裤。

时期：20世纪。

"短裤"，一种短小的紧身内衣，可能根据泳裤设计。

树干袖（Trunk sleeves）

详见"大炮袖（cannon sleeves）"。

束／紧身衣（Truss）

男式

时期：14世纪晚期~1630年。

动词，表示"捆绑"。"to truss the points（绑带子）"，意为用束衣带将合身长袜以及后来穿的宽松短罩裤绑紧在达布里特上。

男女皆宜

时期：16世纪和17世纪。

一种紧身上衣或马甲。"一件带有缎袖的紧身衣"（1606, Surrey Wills, The clothes of Mary Parkyn's husband）。

紧身裤（Trusses）

男式

时期：16世纪70年代~17世纪初期。

有时用于指紧身威尼斯式裤。"……其他人则穿直筒紧身裤和魔鬼马裤"（1592, Nashe, *Pierce Penilesse*）。

T恤（T-shirt）

男式，后来也有女式

时期：20世纪以后。

最初指一种款式简单的针织棉圆领短袖背心，穿在其他衣服里面，可能起源于欧洲。在第一次世界大战期间，T恤显现出了在不同气候和条件下的实用性，因此大受美军欢迎。由于它的多功能性，从20世纪中期开始，出现了各种颜色和图案的T恤，男女老幼都可以把它当作一种轻便的休闲上衣来穿。

英语中也写作"tee"。

T恤衫式连衣裙（T-shirt dress）

女式

时期：1960年以后。

一种加长版T恤，通常是一种简单的短款连衣裙。

紧身女衣（Tube）

女式

时期：1960年以后。

一种长短不一、无特定样式的服装。最著名的是"无肩带紧身上衣（boob tube）"——一种无肩带、通常有弹性的休闲上衣。

圆筒形领带（Tubular necktie）

男式

时期：1852年获得专利。

一种由各种材料织成的圆筒形领带，无接缝。

褶裙（Tucked skirt）

女式

时期：1895年。

一种日装裙，前片饰有宽大的箱状叠褶，后片有活褶，腰部采用马鬃织品实现硬挺效果，臀部的一系列垂直收褶使侧面更显丰满。

领巾（Tucker）

女式

时期：17世纪。

"领巾（pinner 或 tucker）是一种窄幅织物，素色或带有镶边，围系在女性礼服的领口。"（1688, R. Holme, *Academie of Armory*）

时期：18 世纪和 19 世纪。

低领上衣的白色镶边，通常饰有褶边，由网眼织物、上等细布、平纹细布或柔软织物制成。在19世纪也用作晚礼服的配饰。翻过来垂在上衣的前面时，英语中称为"falling tucker（垂落的领巾）"。

都铎披肩（Tudor cape）

女式

时期：19 世纪 90 年代。

一种波浪形披风，前后均有尖角形抵肩，领子为天鹅绒美第奇领，通常由绣花布料制成。

塔夫特（Tuft）

男式

时期：15 世纪。

一种流苏。

时期：17 世纪～19 世纪。

被明显剪短的一小撮头发或胡须。

时期：18 世纪。

指英国大学学位帽中间位置悬挂的流苏饰物。

束腰外衣（Tunic, cote）

男式，极少为女式

时期：9 世纪～14 世纪初期。

一种长短不一的宽松紧身衣，相当于衬裙（kirtle）。

男式

时期：1660 年～1680 年。

束腰外衣或大衣，一种宽松的外套，垂至膝盖上方，前襟系扣，有"宽大的袖子"，固定搭配背心（即一种宽松的内衣）。束腰外衣和马甲由查理二世于1666年引入。

时期：1840 年～1860 年。

一种小男孩穿的夹克式上衣，腰臀部以上采用紧身设计，裙摆收拢或打褶，在膝盖上方，有的款式袖子较长，有的则到手腕处，露出白色衬衫袖子，前片系合，通常搭配长及脚踝或刚好到膝盖以下的裤子。

突尼卡（Tunica）

男女皆宜

时期：希腊罗马时期。

一种类似衬衫的"T"形服装，古典时代希腊人和罗马人穿在最里层的基础服饰。通常由羊毛制成，袖子有长有短。这一形制贯穿了整个服饰史，后来演变成衬衫、连衣裙和其他相关服饰。

束腰裙装（Tunic dress）

女式

时期：19 世纪。

一种带罩裙的连衣裙，其中罩裙被称为"tunic（束腰外衣）"，其长度和设计各不相同，但通常整个衣身采用闭合设计。

时期：20世纪。

1914年前，法国设计师保罗·波烈（1879~1944）等人带动了窄身罩衣的时尚。在20世纪60年代，在裙子或裤子外面套上一件罩衣的穿搭风格又风靡起来，此后一直时断时续地流行。

裘尼克衬衫（Tunic shirt）

男式

时期：1855年获得专利。

The Ladies Magazine（1801年6月刊）的时装版画。"巴黎裙（Paris dress）"一词将英式风格与当时在法国流行的风格区分开来，后者更加轻薄和暴露。图中所示的这款低领、高腰、拖地款的内裙设计有中袖，外面搭配一件不对称的束腰外衣，用一根带子系在胸部下方。束腰外衣上装饰着不同颜色的织物带、珠片和流苏。配饰包括戴在卷发上的宽松头巾、长手套，一把扇子和低跟鞋。

一种前片全开的衬衫，不需要套头穿，是现代衬衫的最初形式。

裘尼克裙（Tunic skirt）

女式

时期：1856年以后。

一种双层半身裙。19世纪50年代流行的一种晚礼服款式，上层裙子或束裙饰有网眼花边，下摆饰有较宽的荷叶边；到了1897年，偶有出现双层设计的日装裙，并以此命名；到了20世纪初期，特别是20年代和30年代，通常为窄裙。

头巾式女帽（Turban）

女式

时期：18世纪60年代~19世纪50年代。

一种由织物制成的头饰，包在头上或设计成头巾样式，基于欧洲以外的款式改造而来。19世纪前，一直被用于搭配正装或便装，后来主要作为一种晚间头饰。

时期：20世纪。

20世纪上半叶非常流行的日间头饰。"黑色褶皱软羊革（nappa）头巾式女帽，配以皇家泽西条纹，还有其他颜色可供选择，售价为5基尼币"（1942, Harrods）。

翻边/镶边（Turf, Tyrf, Tark）

时期：15世纪。

风帽或袖口的翻边，或镶边。

男式

时期：16 世纪。

帽子的翻边，16世纪，英语中通常称为"bonnet（软帽）"。"一顶黑色的米兰软帽，双层翻边"（1526, Papers, etc. Henry Ⅷ）。

花盆帽（Turf hat）

男式

时期：约 1830 年。

一种帽冠较高而略呈锥形的帽子，平顶，两边分别有一个上翘的宽帽檐。

土耳其软帽（Turkey bonnet, Turkey hat）

男式

时期：15 世纪和 16 世纪。

指任何高顶圆柱形无边帽。"戴着高高的 Powle 尖顶帽，就像一顶土耳其软帽"（1566, John Heywood, *The Spider and the Flie*）。

当时备受欢迎的外国时尚之一："西班牙人在肚子上戴的科多佩斯；意大利人戴在臀胯位置的腰带；荷兰人的短上衣和土耳其软帽；最初我们都看不上还嘲笑它们，但很快，我们不仅留下了它们，还在某种程度上超越了它们，根据西班牙人的科多佩斯制出了英式足球……将土耳其软帽改造成了凯帕斯高帽（Caiphas）"（1576, George Gascoigne, *Delicate Diet for Droonkardes*）。

土耳其长袍（Turkey gown）

男式

时期：1525 年以后。

据说起源于土耳其，可能与匈牙利长款大衣样式相同，窄型长袖，可以敞开穿，也可以用环或带扣和带子从前片系紧。这种袍子被认为是主流的普通长袍，后来被清教徒牧师采用。他们认为，公认的神职人员的服装上有宽大的袖子会产生罗马天主教的味道。"不要穿带有大袖子和披肩的长裙，这种着装不受你们教派欢迎，更完美的一些人（即清教徒）穿土耳其长袍、华达呢、佛若克或最流行的睡袍，以免迷信"（1570, Harding, *Computation*）。

为亨利八世制作的一件黑色天鹅绒土耳其长袍，镶有银边，饰有猞猁皮，上面有"77粒涂黑色珐琅的圆形金纽扣"。

土耳其裤（Turkish trousers）

女式

时期：20 世纪。

"……土耳其套装裤实际上是为了在自己房间的私密空间穿着而设计的，紧急情况下可以穿上拖地长的外套，以更加得体地应对各种情况"（1926, Lady Angela Forbes, *How to Dress*）。

详见"女式灯笼裤（bloomers）""哈伦裤（harem pants）"。

翻边头巾（Turnover）

女式

时期：17 世纪。

一种女士头巾。

裤脚翻边（Turn-ups）

男式，后来也有女式

时期：19 世纪晚期。

常用来指裤腿翻边。通常用于休闲装和

普通西装，从不用于晚装。女性运动装也效仿了这种风格。在20世纪后期，裤腿翻边时有流行，但并未形成一种大众时尚。

塔楼式上衣（Turret bodice）
女式
时期：1883年。
一种带裙褶的巴斯克式上衣。

龟领（Turtle neck）
男式，后来也有女式
时期：19世纪晚期。
在美国，指高度介于波罗领和水手领之间的紧身衣领，常用于毛衣。

图坦卡蒙风潮（Tutankhamen influence）
女式
时期：1922年之后。
埃及的少年法老图坦卡蒙陵墓以及大量陪葬品的发现，引起了在服装和配饰上使用埃及图案和颜色的流行风潮。

塔士多礼服（Tuxedo）
男式
时期：1898年以后。
在美国，指晚宴夫克礼服，通常仅用一粒扣子扣上。

粗花呢夫克（Tweedside）
男式
时期：1858年以后。
一种宽松的休闲夫克，单排扣，扣子设计比较靠上，通常只扣最上面的扣子，长及大腿中部，领子较小，有时驳头较短，有贴袋或开缝口袋。"我们应该指出来，这是最丑但也是最时尚的服饰之一"（1859, *Gentleman's Herald of Fashion*）。

粗花呢大衣（Tweedside overcoat）
男式
时期：19世纪50年代。
一种及膝的粗花呢夹克。

特温（Twine）
男式
时期：19世纪40年代。
"正如法国人所称"，一种英式围裹式大衣。一种双排扣的直筒大衣（paletot-sac），类似宽松的切斯特菲尔德大衣（chesterfield）。

两件式上衣（Twin set）
女式
时期：20世纪20年代晚期。
一套搭配穿的卡迪根式开襟毛衫（cardigan）和针织套衫（jumper），针织套衫通常为短袖，在20世纪90年代，英语中有时也称为"shell（雪尔衫）"。通常由羊毛编织而成，但也可以用棉、人造丝、丝绸，或天然、合成纤维混合面料制成。

麻花纽扣（Twist button）
时期：19世纪60年代。
一种用结实的棉线包覆的纽扣。

分体式服装（Two-piece costume）

女式

时期：20 世纪。

有时指一套夹克和半身裙套装，极少用来单独描述裙子和夹克。

泰伊假发（Tye）

男式

时期：18 世纪。

一顶带束辫的假发。

小女孩短衬裙（Tyes）

女式

时期：19 世纪晚期。

美国对女孩戴的围裙的叫法。

蒂罗尔服饰（Tyrolean costume）

男女皆宜

时期：20 世纪 30 年代以后。

设计师伊尔莎·斯奇培尔莉（Elsa Schiaparelli，1890~1973）在 20 世纪 30 年代采用了传统奥地利民俗服装的形式和花纹图案。由于这一做法以及人们的旅行次数不断增加，这种风格开始广泛流行，并且在巴伐利亚也有发现，包括刺绣衬衫、紧身马甲、颜色鲜艳的浓缩羊毛夹克、皮短裤男士皮革马裤和蒂罗尔帽。

详见"蒂罗尔帽（tyrolese hat）"。

蒂罗尔斗篷（Tyrolese cloak）

女式

时期：1809 年。

一种披肩，前片斜垂至膝盖，两端呈圆形。由带有网眼花边的有光里子制成。

蒂罗尔帽（Tyrolese hat）

女式

时期：1869 年。

一种毡帽，帽冠小而平坦，中心逐渐收窄，帽沿狭窄并略微翘起。一侧装饰有羽毛帽花结。

时期：20 世纪 30 年代。

人们对奥地利风格的追捧带动了复兴，英语中称为"tyrolean hat（蒂罗尔帽）"。

U

Ugg 靴（Ugg boots）

男式，后来也有女式

时期：20 世纪初期以后。

一种澳大利亚风格的软羊皮靴，20世纪30年代，剪羊毛的工人所穿的一种靴子；20世纪50年代和60年代经过改良，用途更为广泛，人们开始在冲浪后穿上这种靴子用来保暖；到了20世纪70年代，冲浪爱好者将这种靴子带到美国，滑雪后或休闲活动时穿；20世纪90年代初，女演员帕米拉·安德森（Pamela Anderson）在《海滩游侠》（*Baywatch*）中穿了一双这种靴子，从此风靡全球。Ugg成为一种风格而非一个品牌，这个词可能源于"ugly（丑陋）"。如今，许多国家都生产这种靴子，除了人们熟悉的自然浅棕褐色外，还有不同的款式和颜色。

绸遮阳（Ugly）

女式

时期：1848 年 ~ 1864 年。

一种附加帽沿的俗称，形似可折叠车篷的前部，戴在软帽前面用于遮阳。由丝绸包覆的弓形藤条制成，不使用时可以折叠平放。

阿尔斯特宽大衣（Ulster）

男式

时期：1869 年 ~ 20 世纪中期。

一种带有腰带的大衣，腰带可以是一整根，也可以是一根背带。最初带有可拆卸式风帽，但到了19世纪70年代，可拆卸式披肩更为常见；到了1875年，左袖袖口上方增加了一个票券袋。

这种大衣有单排扣或双排扣两种款式，前片带纽扣；19世纪90年代，暗门襟设计十分常见。衣身长度有所不同；在19世纪70年代，这种外套到脚踝位置。

女式

时期：1877 年 ~ 1940 年。

一种长款大衣，有的款式带有裙裾，通常由织物或防水布料制成。除了"三层披肩款式"或卡里克（carrick）款式外，其他设计元素与男装相似，有两到三个披肩。

伞/伞帽（Umbrella）

女式

时期：17 世纪。

最初主要用来遮阳，形状近乎扁平。"她平躺在那里，像一把伞（umbrella）"（1616, Ben Jonson, *The Devil is an Ass*）。

时期：18世纪初期~18世纪中期。

采用油绸或亚麻布制成，伞骨为鲸须或藤条，伞盖形似宝塔或穹顶，一般被视为女性专用物品，如果男性使用会被认为是一种怪异行为。1752年，在巴黎的沃尔夫上校（Colonel Wolfe）观察到，"这里的人都用伞……我很纳闷，这么有用的一种做法竟然没有被引到英格兰"。1750年，乔纳斯·汉威（Jonas Hanway）大胆地撑起了伞。

男女皆宜

时期：19世纪。

1800年到1810年之间，指当时一种宽檐男士帽子。"一顶耷拉着的大海狸伞帽，只需再加一条黑纱帽带就能戴着去参加葬礼了"（1800, C. L. Lewes, *Memoirs*）。

然而，到了1800年，那些打伞用来遮雨的人开始使用宝塔形状的伞，伞架由鲸须和金属架构成。1835年，有人提出申请金属管状伞架专利。1848年，羊驼呢伞盖问世。1852年，塞缪尔·福克斯（S. Fox）获得了横截面呈"U"形的金属伞架专利。价格较低的伞采用方格色织布（gingham）伞盖，这也成了伞的通用名称。到了19世纪中叶，绅士们带伞成为一种时尚，"最重要的是要选一把像光线一样又长又轻便的伞"（1858, *Punch*）。19世纪下半叶，随身携带一把折起来的伞仍未过时。到了1895年，"随身携带一把结结实实卷起来的伞的做法达到了顶峰。时尚的男士和伞就像跟他们的爱人一样密不可分"（*Tailor & Cutter*）。

女士伞由各色丝绸制成，保留了遮阳伞的一份优雅，尽管伞的尺寸变大了。

时期：20世纪以后。

伞仍然受到男士女士的欢迎，还出现了有透明伞面的伞、尺寸较大的彩色高尔夫伞以及可折叠伞或可伸缩伞等。

伞袍（Umbrella robe）

时期：18世纪。

一种长罩袍。"买了一件伞袍，在下雨天葬礼上穿"（1768, Essex Records）。

伞形裙（Umbrella skirt）

女式

时期：1891年。

一种由双宽幅布料制成的裙子，沿斜线裁剪，仅后片有一条缝线，隐藏在箱状叠褶下。臀部采用褶裥修饰并带小裙裾。整体有内衬，内侧后系带。

底帽（Under cap）

男式

时期：16世纪。

一种室内帽，一般类似考福帽，有的款式像无檐便帽，戴在有边帽子、无边便帽或软帽下面，通常由老年男性佩戴。底帽有时被称为睡帽，可单独佩戴。

女式

时期：16世纪~19世纪中期。

一种戴在室外帽或软帽下的室内帽。几个世纪以来，其形状有所变化，但大多都接近于考福帽的样式。

内衣（Underclothes）

男女皆宜

穿在其他衣服下面的衣物，尤其是贴身衣物，如连衫裤、衬衣、背心等。

衬裤（Underpants）

男女皆宜

时期：20世纪以后。

短款紧身灯笼裤或短裤。

撑领架（Underpropper）

详见"萨波塔斯（supportasse）"。

假袖子（Under sleeves）

详见"昂盖象特（engageantes）"。

汗背心（Undervest, Vest）

男女皆宜

时期：19世纪40年代以后。

这种内衣根据"羊毛贴肤"这一卫生原则制作，通常采用美利奴羊毛制成，长度到大腿，有袖子，领口有一个短开口和扣子。这种衣物取代了一种法兰绒贴身马甲，可由法兰绒制成较便宜的款式。从1875年开始，女性开始穿着可水洗丝绸制成的彩色背心，并引入了适合胸部形状的三角形布料。

19世纪90年代，出现了腋下有透气开口的天然羊毛和羔羊毛男士背心，英语中当时称为"undershirts（汗衫）"。

20世纪，背心通常由针织棉或类似材料制成，因此变得愈为轻便，并且开始流行男士条纹背心，女性除了在极冷条件下穿保暖背心外，逐渐不再穿背心。

贴身马甲（Under-waistcoat）

男式

时期：1790年~1850年，1888年复兴。

一种无袖马甲，比外穿马甲短但略长于其上缘；露出的部分采用高档面料制作，与罩袍的颜色形成鲜明对比。在1825年至1840年间最流行，当时可以叠穿多件贴身马甲；到了19世纪40年代，其用途逐渐局限于晚装，约在1850年后不再流行；1888年，白色女装无袖衬裙款式的贴身马甲再度流行。

内衣（Underwear）

详见"内衣（underclothes）"。

便装（Undress, Common dress）

男女皆宜

时期：18世纪及19世纪初期。

指非正式风格的服装，如日常穿着的服装，尤指晨礼服。

制服（Uniforms）

男式，后来也有女式

时期：中世纪以后。

与职责或职业相关的任何服装都可以称为制服，相关人员穿上后可以被其他人迅速认出，如修道院和寺院中的人、身着侍从服的仆人以及身穿特殊款式和颜色制服的士兵。

详见"吉姆无袖衫（gym-slip）"。

不分性别的服装（Unisex）

男女皆宜

时期：20世纪60年代以后。

指男女皆宜穿着的服装款式、发型和鞋类，如T恤衫、牛仔裤、运动鞋。

大学运动服（University athletic costume）

男式

时期：1886年。

这种装束包括一件中袖背心及膝尼克博克、腰间饰带、踝袜和系带鞋。

大学外套（University coat）

详见"斜领外套/大学外套（angle-fronted coat, university coat）"。

大学背心（University vest）

男式

时期：1872年。

一种双排扣马甲，有两对纽扣，前角从最下面的纽扣开始倾斜，与大学外套（university coat）搭配穿着。

私密之物（Unmentionables）

男式

时期：19世纪。

男士裤子或马裤的多种委婉叫法之一；从1800年左右的"inexpressibles（不可言传之物）"开始，发展出"unwhisperables（不能低声说出之物）""nether integuments（下层服饰）""don't mentions（不可提及之物）""bags（宽松裤子）"和"kicksies（踢腿）"等一系列表达方式，令人赞叹或幽默滑稽。

不能低声说出之物（Unwhisperables）

详见"私密之物（unmentionables）"。

上装（Upper garment）

男式

时期：17世纪以后。

用来区分上层男性和其他男性的额外外套。

"因为我们穿着短上衣和霍兹，而没有穿上装、斗篷或长袍，一定被认为是小酒馆侍者，忙碌地上下奔走"（1613, S. Rowlands, *Knave of Hearts*）。

如果一位上层男性在户外没有穿上装、法衣或长袍以及戴斗篷，或者没有携带一把剑，他会认为自己穿着不得体。不穿这种外套，表示只穿了"奎尔波（querpo, cuerpo）①"。值得注意的是，嘉德勋章（Order of the Garter）上的嘉德之星是绣在上装上的，而"圣乔治小标章"（Lesser George）是系在颈部的丝带上，不一定总是露在外面。当皮普斯（Pepys）参观伦敦塔（Tower of London）这座皇宫时，他必须在门口把剑摘掉，然后他才意识到自己"着装不当"，不得不退到一家酒馆，同时派人送来他的斗篷（1662年10月30日，*Diary*）。这种礼仪一直

---

① 音译，下同，表示仅穿了贴身衣物。——译者注

延续到19世纪末，在维多利亚时代，城市里的绅士除非穿着大衣，否则必须携带一根拐杖来代替剑。

阿帕·斯托克斯（Upper stocks）

详见"斯托克斯（stock）"。

实用计划（Utility scheme）

男女皆宜

时期：1941年~1949年。

第二次世界大战期间，英国实行服装定量配给，并于1942年推出了"实用性服装"（utility clothing）。设计师委员会针对裙装、西装和大衣设计制定了标准制式，然后进行生产，主要目的是减少面料的使用以及减少

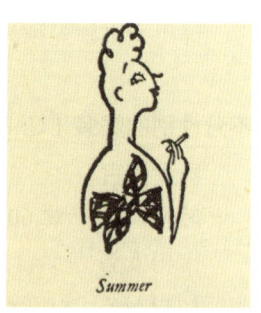

福加斯（Fougasse，Cyril Kenneth Bird的化名，1887~1965）在 Punch 杂志上发表的漫画，1945年2月。图中以诙谐的方式展示了"实用性（utility）"与"修补一下对付使用（make do and mend）"这两条规定，这两条规定在第二次世界大战中发挥了重要的作用。一块方形格子围巾在一年四季中都有巧妙的用途。在战争期间，围巾常常取代帽子和其他配饰。

带有脚踝束带和楔形高跟的露趾厚底鞋。鞋面采用仿麂皮制成，鞋跟采用对比色仿麂皮和鳄鱼皮条带制成。鞋内印有"utility（实用性）"标记，制作时间为1941~1945年。

使用稀缺资源进行任何装饰。尽管如此，一件男性实用性西装仍然需要花费成年男性每年获得的66张服装票券中的26张。

详见"服装配给（clothes rationing）"。

V

鞋面（Vamp, vampey）

时期：15世纪以后。

指靴子或鞋子的前上部，源自古法语"avantpied"一词。

凡·戴克（Vandyke, Vandyking）

女式

时期：18世纪50年代以后。

指用网眼花边或布料制成的服装用锯齿状花边，或指阶段性流行在时髦服饰和舞会服上采用的拉夫领，"环绕着她象牙色的脖颈/缀满了精巧的凡·戴克拉夫领，就像女王贝丝（Queen Bess）的侍女们以前戴过的那种"（1755, Francis Fawkes, *Odes*）。此外，也指网眼花边手帕。"这种物品最近又开始流行了，被称为'凡·戴克（Vandyck）'"（1769, *London Magazine*）。

凡·戴克服（Vandyke dress）

男式

时期：18世纪。

一种身着化装舞会服装画肖像画的时尚，类似17世纪30年代安东尼·凡·戴克（Anthony Van Dyck）在英格兰时所穿的服装，"我穿着凡·戴克服……袖子和胸口部分有开衩"（1770, *Diary of Silas Neville*）。

女式

孟塔古夫人（Mrs Montagu）曾身着女式凡·戴克服出现肖像画中，"……我穿着白色绸缎服，戴着精致的新蕾丝制作的领巾、方头巾和褶边，佩有珍珠项链和耳环，头上点缀着珍珠和钻石，我的头发卷曲得像凡·戴克画作中的人一样"（1747, Elizabeth Montagu, *Correspondence 1720～1761*）。

瓦伦斯（Varens）

女式

时期：1847年。

一种短款户外夹，袖子较为宽松，采用开司米或天鹅绒制成，内衬丝绸；卡萨维克（casaweck）和波尔卡（polka）的一种变体。

宽松上衣或夹克（Vareuse）

女式

时期：20世纪50年代。

一种传统的重棉质布列塔尼渔夫罩衫，出现在1957年由克里斯蒂安·迪奥推出的系列中。

植物象牙纽扣（Vegetable ivory buttons）

时期：1862年。

用南美棕榈树的种子制成的球形纽扣。

面纱（Veil）

女式

时期：中世纪。

一种头巾。

时期：18世纪晚期。

一块透明的布料，如网眼织物、蕾丝或纱罗织物，搭配户外帽子佩戴，用来遮住部分或整个面部，有时也会戴在帽子后面作为装饰物。19世纪20年代和30年代，通常是一大块白色或黑色织物。

19世纪60年代，半面纱十分流行。19世纪70年代的围巾面纱可以遮住整个面部，并且"足够长，可以像围巾一样围绕整个颈部，在海边时佩戴"。

1889年和19世纪90年代，开始流行缀有斑点的大块面纱，通过一根绳子系在下颌，"有点像挂在马脖子上的草料袋"。

到了20世纪，开始流行尺寸更小且更为轻便的面纱，通常从帽子前面卷到后面或完全忽略。在20世纪后期，指像伊斯兰女性佩戴的布尔卡一样的整块面纱。

详见"仿巴里纱（voilette）""新娘面纱（wedding veil）"。

威尼斯软帽（Venetian bonnet）

女式

时期：1800年。

一种用麦秸花环或花朵装饰的小草帽，细绳从背后的蝴蝶结中伸出，松散地系在胸前。

威尼斯斗篷（Venetian cloak）

女式

时期：1829年。

一种黑色缎面斗篷，有衣领、披肩和宽大的悬饰袖。

威尼斯式裤（Venetians）

男式

时期：1570年~1620年。

齐膝短裤，16世纪80年代最流行。"威尼斯紧身裤长度到膝盖以下，在腿部的吊袜带处用花边丝带或类似的东西系紧"（1583, Philip Stubbes, *Anatomie of Abuses*）。

威尼斯式裤通常呈梨形，较为宽松，臀部一般比较肥大，向下逐渐收窄至膝盖，在1570年至1595年间流行。然而，有些款式整体很宽松，这种款式在英语中称为"venetian slops（威尼斯宽腿短裤）"。

还有一些款式则"像威尼斯加利甘斯科因（galligascoigne）一样紧贴臀部"（1610, S. Rowlands, *Martin Mark-All*），英语中也称为"trusses（紧身裤）"。

威尼斯袖（Venetian sleeve）

女式

时期：1858年。

一种日常装袖子，袖窿处贴身设计，向下展开一直延伸到前臂中部，前端开衩，几乎延伸到肩部。搭配袖口收紧、大而蓬松的昂盖象特（engageante）。

威尼斯宽腿短裤（Venetian slops）

详见"威尼斯式裤（venetians）"。

维尼·阿莫伊胸结（Veney-a-moi, Venez-a-moi, Venze moy）

详见"阿萨辛胸结（assasin）"。

开缝/开衩（Vent）

时期：15世纪以后。

指垂直开衩，通常从外套、衬衫等服装的下摆开始，旨在方便活动。"物品：一件红色毛毡夹克，开衩处缝有红色皮革"（1422～1483, Paston Letters）。

文托耶（Ventoye, Ventoy）

女式

时期：17世纪。

一种意大利扇子，由一个短柄和顶部的矩形扇面组成。

维罗纳胸甲（Veronese cuirasse）

女式

时期：1880年。

一种背部系带的针织上衣。

维罗纳裙（Veronese dress）

女式

时期：19世纪80年代。

一种日间礼服，配有一件毛料制成的长款纯色公主式束腰外衣，长及膝盖，深"V"形花边延伸到丝绸打底裙的下摆位置，裙摆上有较宽的箱状叠褶。

背心（Vest）

男女皆宜

时期：17世纪以后。

最初用来指一种保暖贴身马甲，后来指一种贴身穿的内衣。

详见"汗背心（undervest）"。

男式

时期：17世纪60年代～70年代。

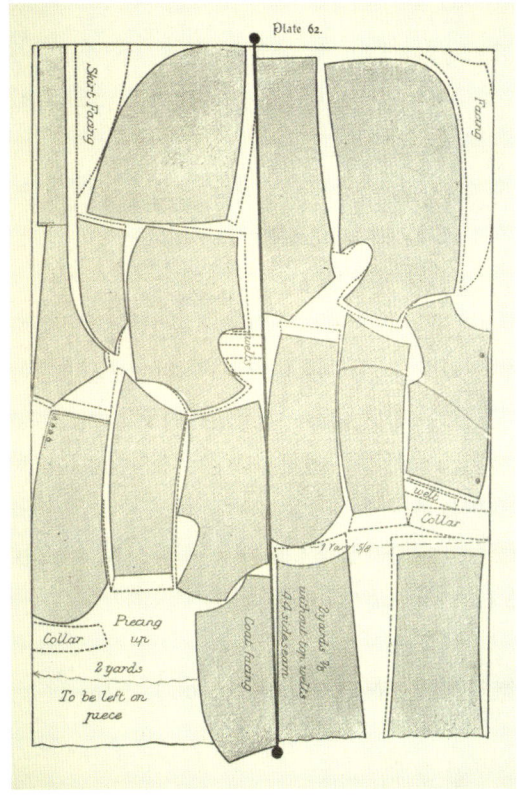

"取料（Taking the Stuff）"，摘自T.H. Holding Coats（第四版），1902年。作者用整本书展示了他的裁缝体系，包括如何充分利用每一米布料。这张图展示的是可以用不到2米的布料制作"一件93厘米长的外套和背心"。当时，"vest"和"waistcoat"两个词可以互换使用。

一种及膝大衣，袖子及肘，通常在腰部用饰带或带扣腰带扎紧，一般穿在束腰外衣或外套里面。这种束腰外衣和背心主要流行于英格兰宫廷，是外套搭配马甲风格服饰的前身，也是男士西装的起源。

时期：19世纪以后。
与英语单词"waistcoat（马甲）"同义，美国依然使用"vest"。

女式
时期：1794年~19世纪。
一种有不同设计的无袖短上衣，可搭配全套晚礼服穿着。

时期：19世纪初期。
指法式长款紧身褡。
"新发明的巴黎背心……采用华丽的法国斜纹织物制成，配有永不断裂的双层撑条，它的款式极为优雅，顶部的保留设计使其穿起来非常舒适，还可以使内部的衬垫……保持在合适位置，避免了所有长款紧身褡带来的令人不悦的皱褶和摩擦……"（1802年7月3日，*Norfolk Chronicle*上的广告词）。

维多利亚上衣（Victoria bodice）
女式
时期：1899年。
一种与全套晚礼服搭配的上衣，方形或圆形领口非常低，由肩带固定，通常用褶边和薄纱装饰。

维多利亚软帽（Victoria bonnet）
女式
时期：1838年。
一种缎制软帽，帽冠较小且未经硬挺处理，帽沿贴脸并围绕着脸部延伸至下颌以下，再向上呈圆形弯曲至帽顶。系帽带从帽沿弯曲处穿过系在下巴下。帽沿内部通常用花朵装饰，后面有完整的长绸带（bavolet）。

维多利亚披风（Victoria mantle）
女式
时期：19世纪50年代。
一种及膝披风，肩部披肩剪裁方正，前面较短，后面长度过腰，或者仅有锯齿状装饰，有宽松的悬饰袖。

维多利亚皮长外衣式披风（Victoria pelisse-mantle）
女式
时期：1855年。
一种前襟系扣的双排扣披风，长度及膝，带有平翻领和宽松的短袖，袖口反折，两侧有口袋。

维多利亚裙（Victoria skirt）
详见"古蕾妮裙（grannie skirt）"。

维多利亚袖（Victoria sleeve）
女式
时期：1838年和19世纪40年代，19世纪90年代复兴。
一种日常装的袖子，肘部有大大的荷

叶边，上部有两个较小的荷叶边，前臂袖口收紧。

女式毛皮披肩（Victorine）

女式

时期：1849年和19世纪50年代。

一种扁平的窄版领式披肩，前端较短，用丝带系在颈部，并用毛皮镶边。

时期：1899年。

一件及腰或及踝斗篷，采用带褶裥的高领设计，且领口周围衬有贴身的毛皮荷叶边。

维戈内（Vigone）

男式

时期：17世纪中期。

一种用驼毛代替海狸毛制作的帽子。

复古（Vintage）

男女皆宜

时期：20世纪晚期。

在过去的几个世纪里，偶有流行早期的服装，比如舞会服，或者像蕾丝新娘面纱或洗礼长袍等一些"传家宝"可能会重新出现。然而，从配饰到整套服装，每一种物品的购置和定期重复使用，都是近期才出现的现象。

从20世纪70年代开始，人们开始看重穿戴家族物品，或者从慈善商店、拍卖会以及专业经销商那里寻找某一特定时代的流行款式。为名人设计服装的造型师使这一潮流成为新闻焦点，而以远低于现代高级定制服装

一幅由 J. D. de St Jean 于1673年创作的法国时尚版画，图中描绘了一位穿着随意的年轻女性。紧密卷曲的头发框住面部，但部分被系在下颌的方头巾所遮盖。她戴着一张面具，用来伪装或抵抗恶劣天气，而宽松的短款外套则起到了保暖作用，外套边缘饰有皮草。半身裙向后卷起，露出里面用昂贵的图案织物制成的衬裙，衬裙上镶有装饰带。配饰包括一串珍珠项链、及肘长的手套和高跟鞋。

的价钱就能购得高级定制服装的乐趣，吸引了许多国家的时尚爱好者。

小提琴式上衣（Violin bodice）

女式

时期：1874年。

一种日间上衣，后片有一块形似小提琴琴身的深色布料。与公主裙搭配的款式，深

色布料部分会延伸至裙装内部。

比拉哥斯里布（Virago sleeve）

时期：1600 年～1650 年。

"女式长袍的开衩袖，十分蓬松，在当时非常流行"（1688, Randle Holme, *Armory*）。

夏斗篷（Visite）

女式

时期：1845 年～20 世纪初期。

在19世纪80年代，泛指一种宽松的户外服装，包括细长披肩、斗篷、披风以及带披肩的大衣等，到了19世纪90年代，则采用双层披肩和高领设计。

面罩（Vizard）

一个完整的面罩。

详见"面罩（mask）"。

浅口鞋（Voided shoe）

男女皆宜

时期：16 世纪。

一种鞋面较短的鞋子，只留有鞋头和脚背带。"'克雷皮达（crepida）'，一种带鞋带的浅口鞋"（1565, Thomas Cooper, *Thesaurus*）。

仿巴里纱（Voilette）

女式

时期：19 世纪 40 年代～20 世纪初期。

一种时尚的迷你面纱，也是一种轻薄的衣料。

详见《词汇表：纤维、织物、材料》中的"巴里纱（voile）"。

边饰（Volant）

时期：19 世纪。

一种小的荷叶边或褶边，通常用作装饰。

沃鲁佩尔（Volupere, Voluper）

男女皆宜

时期：14 世纪。

一种无边便帽或头饰。

女式

时期：16 世纪。

一种头饰，可能是一块方头巾。

硬橡胶纽扣（Vulcanite buttons）

时期：1888 年。

硬橡胶（vulcanite/ebonite）是一种硬质的硫化橡胶，英语中也称为"ebonite"，可以进行切割和抛光，用来代替黑玉。

硫化橡皮筋（Vulcanized rubber bands）

时期：1845 年～20 世纪初期。

1845 年获得批准，用于制作吊袜带和腰带。

W

填絮裙摆（Wadded hem）

女式

时期：1820 年 ~ 1828 年。

填充了棉絮的裙子下摆。

腰带（Waistband）

男式

时期：18 世纪以后。

系在马裤、长裤等裤腰上的带子，后面中间有一个短开口，两侧各有一个系带孔，用于系带穿过；约1790年后，这个开口通常用一块羚羊皮封住。腰带是因在宽松短罩裤中使用而得以流传下来的；大约在1836年后不再流行，但在美式裤子中仍有使用。

男女皆宜

时期：19 世纪。

指可拆卸的腰带。

时期：20 世纪以后。

系在短裤、裙装、裤子等有明显腰部线条的服装顶部环绕腰部的带子。

马甲（Waistcoat）

男式

时期：16 世纪 ~ 1668 年。

一种及腰长的内穿达布里特，英语中有时称为"petticoat（衬裙）"，即一种短上衣，通常采用绗缝设计，可以单穿或搭配可拆分的袖子。可用于保暖；如出于展示目的则通常采用华丽的面料制作。

时期：1668 年 ~ 1800 年。

一种打底衣，最初的剪裁与大衣相似，但没有臀部的纽扣和褶皱；从约1750年开始采用无袖款；约到了1800年，偶有老年人穿着。

1775年左右，长度有所变短，前裙片仅呈片状；到1790年之前不再设计有前裙片；18世纪30年代之前，采用单排扣样式；到了18世纪80年代，双排扣款式较为流行，并且到了18世纪90年代成为常见款式。

时期：1800 年以后。

在不同时期，流行有单排扣和双排扣日装马甲，19世纪90年代开始，晚装双排扣马甲开始被接纳。

详见"乔其（jockey）""直筒衣（straight）""塔特萨尔花格呢马甲（tattersall vest）""披巾（shawl）""法式背心（french vest）"。

时期：20世纪以后。

第二次世界大战之前，马甲一直属于正装的一个组成部分。

但在非正式场合，马甲不属于必需品，人们可以穿针织马甲，后来出现了皮革和麂皮或者布料马甲。

女式

时期：16世纪和17世纪。

一种紧身夹克式上衣，通常与衬裙或睡衣一起穿，用于增加保暖性；常取代普拉卡德或斯塔玛卡。

时期：18世纪~20世纪初期。

剪裁与男装相同，搭配女式骑装穿着，或作为开襟上衣的打底衫，有时是假马甲，只有缝合的前襟。

时期：1800年~1850年。

法兰绒马甲可作为内衣穿着，以增加保暖性。1840年，汗背心的出现取代了法兰绒马甲。

时期：1851年。

一种马车服搭配精致刺绣马甲的时尚，马甲有缝褶以贴合身体，有时为18世纪的锦缎面料男士马甲，19世纪再次流行这种时尚。

时期：1880年~20世纪初期。

采用男装剪裁方式的定制马甲在当时较常见。

时期：20世纪以后。

马甲偶尔也会很流行，采用各种不同的织物制成，也有用针织、皮革或麂皮制成的。

男士马甲，约1840年。帆布上饰有羊毛刺绣，内衬和底衬为白色棉布和亚麻布，背部的调节带有四排松紧带。自19世纪30年代起，松紧带开始用于配饰和服装。因使用柔软的德国羊毛在帆布上绣出每针一格的图案，这种鲜艳的刺绣被称为"柏林绒线刺绣（Berlin wool-work）"。整个欧洲和美国的业余刺绣爱好者都对这种刺绣情有独钟，但其鲜艳的色彩和缺乏原创性的针法却遭到了艺术刺绣倡导者的反感。

马甲胸衣式连衣裙（Waistcoat-bosom dress）

女式

时期：1800年~1810年。

一种低胸款式的连衣裙，上衣前襟扣住。

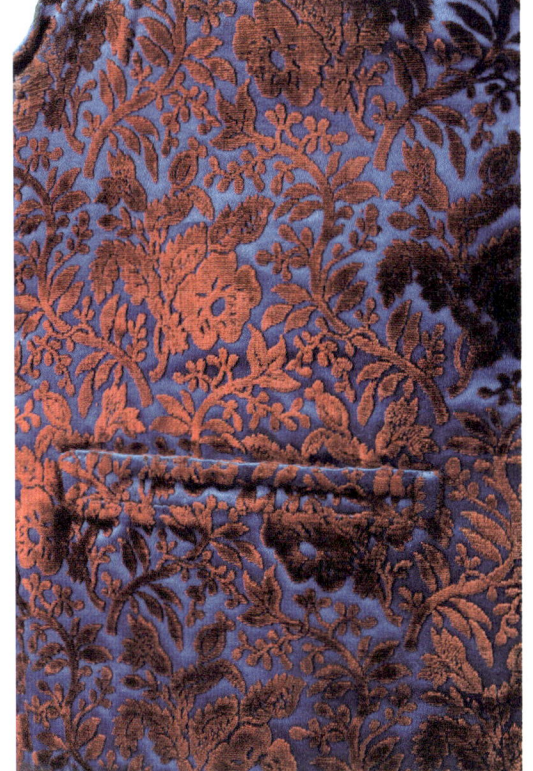

（左）男士晚装马甲，1838年~1843年。提花丝绒面料，纽扣用相同的面料包覆；三个浅口袋，其中一个可放手表。从19世纪30年代晚期开始，马甲与日益朴素的外套和裤子形成了鲜明的对比。（右）花纹丝绒和横向口袋开口的细节图。

详见"斯塔玛卡前襟连衣裙（stomacher-front dress）"。

腰缝（Waist seam）

男式

时期：1823年开始。

一种连接正装大衣衣身和裙摆的水平缝。

旅行袋（Wallet）

男女皆宜

时期：中世纪~19世纪初期。

旅行时使用的一种包，容量较大，可容纳各种物品，包括衣物，类似小贩的背囊或朝圣者的小袋。

时期：19世纪以后。

在美国，指用来装文件和纸币的扁平包或钱包，最初用皮革制成，后来采用各种天然的和人造材料制成。

沃德尔帽（Wardle hat）

女式

时期：1809年。

一种带圆锥形帽冠的草帽。这种叫法记录了1809年一桩臭名昭著的事件，由下议院的沃德尔上校（Colonel Wardle）揭露。

衣服保管库 / 全部行头 / 衣柜（Wardrobe）

时期：15 世纪。

一间用来存放衣物的房间，有时也存放盔甲。从15世纪开始，也指属于某个人的衣服。

时期：17 世纪晚期。

一个剧团拥有的服装和道具库存。

时期：19 世纪。

一种带有挂钩、导轨、搁板或抽屉的家具，用于放置衣物。

蜂腰式紧身带（Waspie）

女式

时期：20 世纪 40 年代晚期。

英语单词"wasp-waisted（蜂腰）"的缩写，指一种有撑条的短款紧身褡，紧身有弹性。穿在新风貌风格服装下面，后来在任何需要收腰的时候穿。

挂表（Watch）

男女皆宜

时期：16 世纪晚期。

一种小型便携式计时器。在16世纪晚

（左）女式日间礼服，1960 年。这种款式强调了蜂腰式紧身带的重要性，可以塑造出女性的曲线，而这种曲线很快就被 20 世纪 60 年代晚期的年轻时尚取代。（右）蜂腰式紧身带的细节。

期，可以悬挂在链条或丝带上，有各种形状。17世纪大部分时间里，英格兰在钟表生产方面都处于领先地位，但法国率先在钟表平衡机构上安装了弹簧。

挂表链（Watch guards）

男式，后来也有女式

时期：18世纪以后。

挂表价格昂贵，且容易被盗，因此人们开发了一系列保护装置，将它固定在主人的身上或衣物上。18世纪和19世纪，出现了表绳、表链和表带来保护挂表；19世纪90年代，挂表手链和后来的表带成为常见的装饰品。装在装饰盒里的挂表挂在腰带和衣服上随身携带；18世纪开始出现男士表链。所有挂表都是用钥匙上发条的，直到19世纪40年代才出现了发条按钮。当时，女性首饰包括手链式挂表和戒指表。

第一款腕表是由路易·卡地亚（Louis Cartier，1875~1942）于1904年为巴西航空先驱阿尔贝托·桑托斯·杜蒙（Alberto Santos-Dumont）设计的，于1911年开始向公众销售。另外，也有女式腕表，并逐渐取代了怀表。随着瑞士主要手表

一款女式金表，背面为扭索状绿色珐琅（如右图所示），中央镶嵌一颗珍珠，表盘外缘镶有珍珠。手表悬挂在一枚蝴蝶结形的金质珐琅胸针上，约制作于1880年。

The Queen 杂志，1883 年 3 月 3 日。图中从不同角度展示了五套室内和室外服装，突出了此类服装的轮廓和装饰性垂褶和镶边。左上方女士的垂褶裙背片采用了瀑布式设计。每套服装都有完整的配饰系列，还展示了帽子、手套、暖手筒和遮阳伞。

制造商在奢侈品和大众腕表领域的竞争，腕表的种类和形式也迅速增加。20世纪晚期，卡地亚（Cartier）、百达翡丽（Patek Phillippe）、劳力士（Rolex）等腕表品牌或制造商与知名时装设计师一样重要。

详见"斯沃琪（Swatch）"。

瀑布裙（Waterfall back）

女式

时期：1883年～1887年。

晨礼服或外出服的裙身部分，从腰部到下摆有一系列的荷叶边，再加上突出的裙撑，使得"裙身仿佛倾泻在悬崖峭壁上"。

瀑布颈巾（Waterfall neckcloth）

详见"邮件马车式领带（mail-coach necktie）"。

防水布（Waterproof）

时期：1800年以后。

最初指多种样式的户外服装，其所用面料的线在编织之前进行了防水处理，因此有别于浸渍印度橡胶溶液的纺织品。

详见"马金托什（mackintosh）"。

1893年，博柏利申请了由外层华达呢面料和内层软粗花呢面料制成的防水材料专利，1896年，曼彻斯特的约瑟夫·曼德勒伯格（Joseph Mandleburg）公司推出了"丝绸条纹防水材料（silk striped proofing）"。

防水斗篷（Waterproof cloak）

女式

时期：1867年。

一种用防水材料制成的斗篷，带有流苏小风帽。

华托裙（Watteau）

女式

时期：19世纪70年代。

一种有华托背的波兰式连衫裙，通常由缀满花朵的白色织物制成。

华托上衣（Watteau body）

女式

时期：1853年～1866年。

一种巴斯克依奴式上衣，方形低领设计，两侧前襟不相接，由丝带蝴蝶结交叉形成的无袖胸衣收拢在腰间，袖长到肘部，饰有较宽的花边褶。其名称源自法国艺术家安托万·瓦托（Antoine Watteau，1684～1721）作品中的服饰风格。

华托服（Watteau costume）

女式

时期：1868年。

一种服饰，上衣前面呈三角，圆形下摆边缘有宽褶，罩衣在裙摆两侧卷起，后片从颈部到下摆饰有华托褶。

华托褶（Watteau pleat）

女式

时期：1850年～20世纪初期。

18世纪袋形礼服的复兴款式。偶有出现这种设计，尤其是作为19世纪50年代和60年代的便宴服，19世纪80年代到20世纪初期是赴茶会服装的一大特色。

华托袍（Watteau robe）

女式

时期：19世纪50年代。

一种开襟长袍风格的舞会礼服，后片饰有华托褶，并镶有蕾丝。

穿戴式长袖（Wearing sleeves）

女式

时期：17世纪。

套在手臂上的袖子，不同于常见的假悬饰袖。"三件礼服配有穿戴式长袖，另外三件礼服配有长袖"（1612~1613, Warrant to the Great Wardrobe on Princess Elizabeth's marriage）。

结婚礼服（Wedding dress）

女式

时期：19世纪。

19世纪之前，结婚礼服没有固定的款式，但上层社会家庭一般穿白色或银色款式。1800年至1840年间，结婚礼服是一种半圆领短袖晚礼服，配白色长手套。从1830年起，礼服的材质一般为丝绸或缎子外加白色蕾丝。从1844年起，白色便宴服取代了低领晚礼服，到了1867年，白色书面细布开始取代丝绸或缎子。从19世纪80年代起，结婚礼服一直采用高领设计，但当时"新娘通常穿'饯行礼服结婚'"，整个19世纪新娘都可以穿这类服饰，并且出身低微的女性也较为流行穿这类服饰。

时期：20世纪以后。

百货商店提供结婚礼服成衣。对于那些会缝纫或能找到裁缝的人来说，百货商店提供多种纸样和面料。除了寡妇和年长的新娘外，一般选择白色结婚礼服。礼服的长度在不同时期有所不同，比如在20世纪20年代和60年代较短，但多数及踝，新娘可以选择配裙裾，头上覆盖的是头纱而非帽子。到了20世纪晚期，年轻新娘通常穿无肩带的白色晚礼服，将礼服风格与晚间派对上的穿着风格相结合。更为低调的新娘可能会在面纱下面穿一件短袖或长袖披肩。

新娘吊袜带（Wedding garter）

女式

时期：16世纪~18世纪。

通常为蓝色，这一颜色与圣母马利亚有关，但有时也有白色或红色。新娘吊袜带是人们争相得到的彩头："……把你的吊袜带送给年轻的小伙子们和伴娘吧；他们身上绕着新郎的刺绣腰带"（1648, Herrick, *Hesperides*）。

年轻男子会将吊袜带的碎片戴在帽子上。

婚礼手套（Wedding gloves）

男女皆宜

时期：16世纪和17世纪。

参加婚礼的宾客会收到白色手套。"五六

Le Bon Genre No 94: La Corbeille de Mariage,1820 年。在法国，订婚时，新郎要为新娘送上一只装满礼物的礼篮（corbeille/basket）。上图中，一群年轻女性正在查看礼篮中的礼物，按照传统其中应该包括扇子、手套、珠宝和蕾丝等配饰，另外还包括女性梦寐以求的昂贵克什米尔披巾。历史上非常著名的一只婚礼礼篮是拿破仑一世于 1810 年送给他的第二任妻子奥地利的玛丽·路易斯的。玛丽于 1814 年定居帕尔马，原花篮也存在此地；不幸的是，花篮中的物品已不复存在。

双洁白无瑕的婚礼手套"（1599，Dekker，*Untrussing of the Humorous Poet*）。

结婚刀件（Wedding knives）

女式

时期：15 世纪～17 世纪末。

一对放在同一个鞘中的刀具被赠送给新娘佩戴，作为她已婚身份的象征。"看，我的束腰带上挂着我的结婚刀件"（1609，Dekker，*Match Me in London*）。

新郎套装（wedding suit）

男式

时期：19 世纪。

在过去几十年中，时髦的上层男性结婚时穿的新郎套装仅仅是一套仪式性的全套礼服，通常配有白色马甲和长袜。

到了 1820 年，蓝色燕尾服配镀金纽扣、白色马甲和黑色过膝马裤成为一种习俗；到了 1830 年左右，马裤通常被白色长裤或紧身长裤取代；19 世纪 50 年代，佛若克礼服大衣开始取代日间礼服外套。"P 先生来问

结婚礼服,1960 年。厚重的象牙色丝绸饰以老式布鲁塞尔梭结花边,赠给新娘玛格丽特·罗宾逊;婚纱由女服裁缝师克里斯蒂娜·西亚佩拉(Christina Ciapella)与新娘共同设计制作。这件婚纱上衣规整,裙摆有丰满的箱状叠褶,是 20 世纪 50 年代末和 60 年代初典型的时尚礼服。

我他的结婚礼服是不是应该选佛若克礼服大衣,我建议他这样穿,尽管我认为这与新娘的头纱不太搭(1853, *Lady Elizabeth Spencer Stanhope's Letter-Bag*, ed. A. M. W. Stirling)。到了 1860 年,新郎礼服已演变成了蓝色或紫红色的佛若克礼服大衣,搭配白色马甲和淡紫色绒面长裤。

19 世纪 70 年代,佛若克礼服大衣逐渐被晨礼服取代;到了 1886 年,穿晨礼服已成为一种习俗,而到了 19 世纪 90 年代,又恢复为黑色佛若克礼服大衣、浅色双排扣马甲和灰色条纹开司米长裤,配漆皮纽扣靴;大约从 1850 年起,开始佩戴白色纽孔花;1840 年,黑色丝质高顶礼帽取代海狸帽,成为一种常见的配饰。约 1870 年,浅色手套开始被淡紫色手套替代。

时期:20 世纪以后。

在 20 世纪 20 年代之前,人们一直穿着佛若克礼服大衣搭配浅色马甲,但在第一次世界大战之后,对于那些买得起正装的人来说,晨礼服外套搭配条纹裤子和黑色或浅色马甲更为常见。许多男性都穿着制服和普通西装。

尽管晨礼服穿搭在整个 20 世纪都流行,但大多数男性在参加公证婚礼和宗教婚礼时通常选择普通西装。

新娘面纱 / 新娘披纱(Wedding veil, Bridal veil)
女式

时期:1800 年~1900 年。

17 世纪流行的一种时尚,但在 1800 年前较为罕见。从 1800 年至 1860 年,面纱戴在头上,垂到后背,几乎拖地。面纱通常采用白色网眼织物面料,特别是在 19 世纪 40 年代,维多利亚女王引领了使用布鲁塞尔梭结花边或霍尼顿花边的时尚。

约从 1830 年开始,面纱上增加一个香橙花花环;1860 年以后,尽管早期的风格一直延续到19世纪80年代,但此时开始流行面纱过脸垂到腰间或膝盖这种戴法;1892年,面纱的一角被设计成与膝盖齐高，戴在面部"面纱用珠光宝气的别针整个从两侧向后拢起"。

时期：20世纪以后。

丝质网面或薄纱制作的轻盈面纱取代了蕾丝面纱，而在第一次世界大战前后非常流行带有面纱的朱丽叶帽，长长的面纱取代了带裙裾的礼服，或者短面纱通常搭配冠状式头饰，如香橙花花冠。"……一顶小三角帽，后面拖着好几码长的披纱……"（1931, *Essex County Standard*）。这些风格的变体一直延续到第二次世界大战之后，人造网面或薄纱取代了丝绸，配以小巧的帽子、仿制的皇冠和鲜花（真花或假花）或羽毛，与及肩或更长的面纱搭配佩戴。

坡跟鞋（Wedgies, Wedge-soled shoes）

女式

时期：20世纪30年代以后。

虽然类似坡跟鞋底的设计（即形成凸起鞋底的坚实部分）早已出现，但意大利制鞋师萨瓦托·菲拉格慕（Salvatore Ferragamo, 1898～1960）才是首位将坡跟引入制鞋业的人。这种款式在20世纪30年代末的美国尤为流行，此后时断时续地流行。

20世纪50年代的皱纹橡胶底男鞋是女士坡跟鞋的一种变体，鞋底和鞋跟的分界不明显。

服丧黑纱（Weed, Weyd, Wede）

时期：9世纪以后。

指某种类型的衣服，一直流传到19世纪，指"寡妇服（widow's weeds）"，意为丧服。

服丧臂带/帽带（Weepers）

男式

时期：18世纪。

用平纹细布制成的臂带。"哀悼者会在袖子上夹上一小块平纹细布，这块布叫作"weepers（服丧佩带物）""（1762, O. Goldsmith, *The Citizen of the World*）。

时期：19世纪。

系在哀悼者帽子上的平纹细布宽帽带，两端垂到腰后，在葬礼上佩戴，一般为黑色，但如果死者是童男处女，则戴白色。在19世纪最后25年里，这种帽带不常见。

详见"丧服（mourning attire）"。

韦尔奇假发帽（Welch wig）

男式

时期：1800年～1850年。

一种表面蓬松的精纺毛纱帽，旅行时或其他场合佩戴。"牧师在雨天的葬礼上戴的韦尔奇假发帽（welch wig）"（1849, Albert Smith, *The Pottleton Legacy*）。

韦尔斯利裹袍（Wellesley wrapper）

男式

时期：1853年。

一种袋状短款裹袍，双排扣，边缘常用皮毛装饰，前片用军用勃兰登堡饰纽带系紧。

威灵顿长筒靴（Wellington boot）

男式

时期：1817年以后。

类似长筒马靴（top boot），但筒口无可翻折的部分。这个叫法和其他威灵顿服装用品是为了纪念威灵顿公爵（Duke of Wellington），这位伟大的英国将军和政治家于1815年在滑铁卢战役中击败了拿破仑一世。

男女皆宜

时期：20世纪以后。

改指威灵顿风格的橡胶靴。

威灵顿外套（Wellington coat）

男式

时期：1820年~1830年。

"一种厚大衣和打底衣各占一半的大衣（即佛若克礼服大衣），在膝盖下方紧密相接，接缝以下部分方正规整（1828, *The Creevey Memoirs*）。

威灵顿佛若克大衣（Wellington frock）

男式

时期：1816年~19世纪20年代。

维多利亚佛若克礼服大衣（Victorian frock coat）的前身，起初是一种单排扣外套，卷领或普鲁士形领，无驳头，纽扣一直延伸到腰部，下摆裙宽大及膝。前片无缝设计，后片有侧褶且中间有一条开衩，臀部有纽扣。无腰缝。

1818年，为了改善服装的合身度，腰部增加了一个水平缝裥，1823年，裁缝将这个腰身裥（fish，服装裁剪术语）延伸成腰缝。裙摆两侧常见带盖口袋。

威灵顿帽（Wellington hat）

男式

时期：1820年~1840年。

一种高顶海狸帽，"帽冠宽阔，达20厘米，比头顶要宽"（1830, *Dissertatio Castorum*）。

威灵顿紧身长裤（Wellington pantaloons）

男式

时期：1818年~19世纪20年代。

从小腿往下有侧边开衩的紧身长裤，开衩用环扣闭合。

贴边/沿条（Welt）

时期：16世纪以后。

一种服装或部分服装的紧固边，16世纪时指一种装饰性边缘，与护布（guard）同义。"用天鹅绒紧边的嘎翁"（1592, *Quips for an Upstart Courtier*）。

制鞋术语，指在鞋面和鞋垫边缘缝制的窄条皮革，与鞋底相接。

淋湿光泽外观（Wet look）

时期：20世纪20年代以后。

织物表面由化学材料或其他涂层形成的看似湿润的光泽。

详见《词汇表：纤维、织物、材料》中的"打蜡（ciré）"。

鲸须（Whalebone）

时期：中世纪以后。

海象或类似哺乳动物的长牙，常与鲸类混淆。通常指从鲸鱼的上腭取下的角质，用于提升胸衣和服装的挺阔度。

详见《词汇表：纤维、织物、材料》。

鲸须上衣/胸衣（Whalebone bodice, Whalebone bodies）

女式，也有儿童款式

时期：16世纪和17世纪。

一种用鲸须条加固的长袍的上衣部分，有时是一对束腰款式的紧身底衣，有时将两者结合在一起；前片为装饰性的，如果有礼服外套遮盖，后片则像紧身褡一样朴素。"……孩子（一个三岁的女孩）第一次穿上一对鲸须上衣……"（1617, *Diary of Lady Anne Clifford*）。

威尔法勤盖尔/法勤盖尔（Wheel farthingale, Farthingale）

女式

时期：1580年～17世纪20年代。

一种由金属丝或鲸须制成的轮形结构物，外覆织物，通常是丝绸。围在腰间，稍微向后倾斜，礼服的裙摆沿着这个结构水平展开，然后从边缘自由垂落到地面。它是法式法勤盖尔的一种变体，外观类似浴缸。

详见"凯瑟琳威尔法勤盖尔（catherine wheel farthingale）"、"意大利法勤盖尔（Italian farthingale）"。

威斯克领（Whisk）

女式

时期：1625年～1720年。

一种较宽的范达克领或领子，通常用宽花边装饰。"女士威斯克领有素色和带花边两种，因为垂在肩膀上，多数被称为颈甲或垂威斯克领"（1688, R. Holme, *Armory*）。

惠特尔（Whittle）

女式

时期：17世纪以后。

有多种含义，但主要指一种大披风、斗篷或披巾，通常用法兰绒制成，农村女性使用，特别是抱着婴儿的母亲。"我那件带流苏的惠特尔"（1668, Will of Jane Humphrey, of Dorchester, MA, USA）。

"卧床期费用也很高，得买摇篮，买惠特尔……"（1730年，W. Somerville, *The Yeomen of Kent*）。

全背式外套（Whole backs）

时期：19世纪。

指中间无背缝的外套。

全襟（Falls）

详见"门襟（falls）"。

呢帽（Wide-awake）

男式

时期：19世纪。

用毡或其他材料制成的宽边低顶帽。适合在乡村佩戴。

假发（Wig, Periwig, Peruke）

男女皆宜

时期：16 世纪以后。

一种人造发套，男女均有佩戴，用于装饰或遮盖头发稀疏的头顶或秃顶。

18 世纪到约 1790 年，男性几乎普遍佩戴，而女性则在 1795 年到 1810 年间佩戴较多。

克里斯皮金·范·德帕斯（Crispijn van der Passe）根据艾萨克·奥利弗（Isaac Oliver）给伊丽莎白一世绘制的画像雕刻的作品，1600 年左右。这幅画展示了威尔法勤盖尔，长长的悬饰袖以及与上衣相连的宽大袖子，使伊丽莎白一世身形更为丰满。一条蕾丝镶边的拉夫领敞开，别在两边领口上，一条长而薄的披风系在花环状的领子上，突出了头部和面部。女王可能戴着假发，她拥有许多不同颜色的假发。另外，她的上装饰着珍珠或宝石扣环或胸针。现藏于伦敦国家肖像馆。

许多款式有专门名称，例如"阿多尼斯假发（adonis）""丝袋假发（bag-wig）""鲍勃假发（bob）""准将假发（brigadier）""旅行假发（campaigne）""卡多根假发（catogan）""花椰菜假发（cauliflower）""卡克森假发（caxon）""俱乐部假发（club）""发辫假发（cue-peruke）""短款假发（cut-wig）""迪维利耶假发（duvillier）""少校假发（major）""鸽翼遮秃假发（pigeon-winged toupee）""辫子式假发（pigtail）""拉米利斯假发（ramillies）""半头式假发（scratch）""遮秃假发（toupee）""泰伊假发（tye）"。

时期：20 世纪。

人造品逐渐取代真发丝用来制作整顶假发，或发片等部分假发。

温帕尔头巾（Wimple）

女式

时期：12 世纪晚期～14 世纪中期，少见于 15 世纪。

一块长长的白色亚麻布或丝绸，从颈部前方垂下，围裹住下颌，两端别在耳朵上方的头发上，与面纱或头带或两者同时佩戴，有时也单独佩戴。

时期：1809 年。

指一种戴在头上的纱罗织物，搭配晚礼服。

伪装/折叠佩戴（Wimpled）

时期：16世纪。

"wimpled"一词有两层含义：一是"伪装"，二是"折叠佩戴"，指围巾像温帕尔头巾（wimple）一样佩戴。

"为什么要戴面纱？难道不应该将其揭下来吗？"（1590，*Three Lords and Ladies of London*）。

防风夹克（Windbreaker, Windcheater）

男女皆宜

时期：1950年以后。

一种短夹克，腰带合身，原型为英国皇家空军飞行夹克，有羊毛、华达呢和合成纤维织物等多种材质，所有这一类型的夹克基本都具有防水功能，并配有前拉链，户外运动和休闲活动时穿着。

详见"爱诺瑞克外套（anorak）"。

翼形领（Wing collar）

男式

时期：19世纪~20世纪中期。

一种立领，两个前领角朝下，也称为"蝴蝶领（butterfly collar）"。

肩翼（Wings）

男女皆宜

时期：1545年~17世纪40年代。

上衣、达布里特、短上衣以及女士礼服的肩缝上突出的硬挺条饰，通常具有装饰性，常见新月形。配有活袖时，肩翼可以隐藏系带。

时期：1750年~1800年。

肩翼样式的室内帽的侧翼，如睡鼠帽（dormouse cap）。

高领角（Winkers）

男式

时期：1816年~1820年。

极其时髦的人所穿的衬衫领子上非常高的尖角，一直到眼角位置。

尖头鞋（Winkle-picker shoes）

男女皆宜

时期：20世纪50年代以后。

这种细长鞋头的新款鞋与泰迪男孩穿的仿麂皮绉纱底鞋形成了鲜明对比，在被命名为"winkle-picker"之前它还有多种叫法。这种鞋深受摩斯族以及后来的朋克族和哥特派的喜爱，从披头士乐队到莱昂国王（Kings of Leon）等摇滚乐队都对它情有独钟。这种鞋的材料通常十分引人注目，如珠光鳄鱼皮。女式款式通常鞋跟较低，鞋头细长，或者是细高跟和"针尖鞋头"的结合体，因此这种鞋有时也称为"needlepoint shoes（针尖鞋）"。

威茨舒拉披风（Witchoura, Witzchoura mantle）

女式

时期：1808年~1818年及19世纪30年代。

一种带有宽披肩和毛皮饰边的披风，最初产自波兰，19世纪30年代，再次出现这种叫法，指一种没有披肩，但有高立领和悬饰长袖的披风，这种披风通常有毛皮饰边或衬里，属于冬季服装。

巫女帽（Witch's hat）

女式

时期：1800年以后。

类似吉卜赛帽。最基本的特点是帽沿用几根从帽冠上垂下来的缎带系在下颌。

神奇胸罩（Wonderbra）

女式

时期：1935年以后。

一种加拿大风格的上托文胸，在美国和加拿大销售了数十年，后在20世纪90年代初期风靡全球，当时英国戈萨德公司（Gossard）获得美国品牌方的许可后开始生产这种文胸，并于1991年将其重新包装为终极"必备"胸罩——通过两个钢圈对女性乳房进行上托并使其看起来更挺立。尽管营销活动是针对男性的，但仍有数以百万计的女性购买。

伍德斯托克手套（Woodstock gloves）

男女皆宜

时期：18世纪。

"鹿皮制成的骑马手套，在伍德斯托克（woodstock）买的，这种手套就是因为是在伍德斯托克产的所以才叫这个名字"（1777, Letters of Mrs Graham）。

全羊毛装（Woolward）

时期：16世纪。

全身穿着羊毛材质的衣服，即没有亚麻布衬衫。"我浑身穿的都是羊毛衣服"（1590, Love's Labours Lost）。

宽松外套（Wrap）

女式

时期：19世纪初期以后。

一种穿在裙子外面的宽松、简做服装，通常与"cloak（斗篷）"或"shawl（披巾）"互换使用。

"白霜丝绒包裹，中长款衬里厚重双绉。精心修剪的负鼠皮毛，售价13基尼币"（1925, Rogers Brothers, Colchester）。

围裹式大衣（Wraparound）

女式

时期：1950年以后。

指通过系带系合来裹紧身体的衣服，不用纽扣、拉链或类似物品进行扣合。莎笼式裹身半身裙是一种非常流行的海滩装；设计师和制造商设计并生产了各种不同的变体样式，配有领带和腰带，与女式衬衫和连衣裙类似。美国设计师黛安·冯芙丝汀宝（Diane von Furstenberg，1946年至今）在20世纪70年代设计了一款裹身式泽西连衣裙，成为那些忙碌女性衣橱中的经典款式。

裹袍/宽大长衣（Wrapper）

女式

时期：18世纪。

指女性在卧室或者睡觉时穿的一种宽松长袍。"我的夫人睡觉时一般只穿一件宽松的长袍或裹袍，其他什么也不穿"（1744, Report

Costumes Parisiens, 1834 年。图中描绘了三人盛装出席晚间订婚仪式的情景。左侧的女子身着毛皮衬里的威茨舒拉披风,披风具有典型的宽松披肩领和悬饰长袖。其女伴的打底裙外有装饰性半身裙,上衣设计有宽大的贝雷袖和窄腰线。男士头戴一顶锥形高顶礼帽,身穿奢华又昂贵的长款毛皮镶边晚装斗篷。

of the Annesley Cause; evidence of the maid. *The London Magazine and Monthly Chronologer*)。
"精美厚实的印花棉布……为我母亲制作两件裹袍"(1739, *Purefoy Letters*)。

男式
时期:1840 年~1860 年。
19 世纪 40 年代,指各种形式的单排扣和双排扣宽松大衣,有时也指切斯特菲尔德大衣。到了 19 世纪 50 年代,指一种长至大腿的宽松大衣,前片裁剪成包裹样式,有时用纽扣扣住,但更常见的款式还是用双手来裹住。领子为宽披巾样式。常与晚礼服搭配穿着。

前片包裹式裙装(Wrapping front dress)
女式
时期:1800 年~1830 年。
一种低胸斯塔玛卡前襟连衣裙,上衣以交叉方式系合。

包裹式长袍(Wrapping gown)
女式
时期:1700 年~1750 年。

指一种上衣前片为包裹式，且与半身裙顶端相连的裙装。

拉布拉斯卡洛外套（Wrap-rascal）

男式

时期：1738年~1850年。

一种宽松的大衣，19世纪通常指乡下人穿的外套或旅行时坐在马车外面的人穿的一种外套。常由厚重织物制成。

腕套/手镯/腕带/吸汗带（Wristband）

男女皆宜

时期：16世纪以后。

指一种连接在袖子上的带子，环绕手腕用纽扣扣住或用带子系住，常见于修米兹和衬衫上，但后来也可见于女式衬衫、休闲夹克衫等，也指手镯，一种单件珠宝，不固定在衣服上。后来所指范围有所扩大，指人们常在进行慈善或政治活动中佩戴的一种象征身份的腕带，往往由廉价的皮革、塑料或橡胶制成。而在体育运动中，指一副可以吸汗的带子，也称为吸汗带，通常还有配套的束发圈。

腕表（Wrist watch）

详见"挂表（watch）"。

Y

快艇夹克/短外套（Yachting jacket, Short paletot）

女式

时期：1860年～1890年。

一款方形剪裁的短款户外外套，长及臀部。单排扣或双排扣款式都有，纽扣较大，袖型宽松。

扬基颈巾（Yankee neckcloth）

男式

时期：1818年～19世纪30年代。

详见"美式颈巾（american neckcloth）"。

亚莫克便帽（Yarmulke）

男式

一种东正教犹太男孩、成年男子和其他男性在宗教场合戴的薄款圆形无檐便帽，通常通过发夹固定，也称为"kippah（犹太帽）"。

双面纱（Yashmak）

女式

出于文化和宗教原因，伊斯兰女性佩戴的一种厚重的面纱，用来遮盖眼睛下方的脸部。

自耕农帽（Yeoman hat）

女式

时期：1806年～1812年。

一种帽冠饱满、宽大且质地柔软的有边帽子，或带有上翻的小帽檐，或没有帽檐，但帽冠收拢成一条宽带。适合搭配晨衣或外出服。

男式衬裤（Y-fronts）

男式

时期：1935年以后。

一种采用棉质针织布制成的贴身衬裤，腰部带有松紧带，前裆部有倒"Y"形开襟，美国袜业公司Coopers的一种专利产品，最初被认为过于大胆，但最终成为流行款式。直到20世纪90年代，随着拳击短裤和运动短裤的兴起，这种衬裤的流行热潮才逐渐冷却。

"Y"字形（Y-line）

女式

时期：1955年。

由克里斯蒂安·迪奥（1905～1957）设计的款式风格，突出颈部和肩部，衣领较大，但向裙底方向逐渐收窄。

抵肩（Yoke）

时期：19 世纪以后。

设计在颈部和胸部（或肩部）之间具有特定形状的部分，覆盖上半身，衣服缝制在上面；在某些款式的半身裙中，腰带下方也采用了类似的设计。

1902 年 T.H. Holding *Coats*（第四版）上展示的带有抵肩设计的诺福克外套。文中将其描述为"一件实用而漂亮的运动外套"。图中描绘了一名男子，头戴配套的无舌尖顶帽，身穿诺福克外套和由鲜艳的格子羊毛布料制成的马裤。与此同时，结实的手套、带有图案袜口的针织长袜和带有纽扣设计的绑腿使得整套服装更加完整。Holding 提供的款式共包括五个样式的诺福克外套。

抵肩式上衣（Yoke bodice）

女式

时期：19 世纪 80 年代以后。

带有抵肩设计的上衣或女式衬衫。从 1894 年开始，诺福克外套上常见类似的抵肩设计。

育克裙（Yoke skirt）

女式

时期：1898 年以后。

一条日间外出穿的半身裙，下半部分设计有一个尖角形抵肩，由圆形布料裁剪而成。搭配衬底或仅在腰部附有衬里时穿。有些在膝盖以下设计有荷叶边。

约克棕褐色手套（York tan gloves）

男女皆宜

时期：1780 年～19 世纪 20 年代。

淡黄褐色软皮手套，长、短款皆有。"约克棕褐色手套……内部光滑，系在肘部上方"（1788, *Mrs. Papendiek's Memoirs*）。男款长及手腕处。

约克袍（York wrapper）

女式

时期：1813 年。

一种高领晨礼服，后片系扣；由平纹细薄布制成，前片饰有用蕾丝或针线制成的"钻石"交替图案。

青年风格（Youth styles）

男女皆宜

时期：20 世纪 50 年代以后。

青少年服装，20世纪30年代晚期最先由美国人使用并流传至其他地方。在欧洲，青少年或青年风格掀起了各种浪潮，其中一些是特定国家特有的。英国出现的这类浪潮较多，有泰迪男孩、摩斯族和摇滚派、朋克风格、新浪漫主义、哥特风格等。20世纪60年代以后，这些风格（有时称为街头风格）被寻找灵感的知名设计师模仿和改造。

浴衣（一种和服式的轻便衣）（Yukuta）

男女皆宜

时期：20世纪以后。

一种质地轻盈的棉质和服，布满印花图案，最初是在沐浴后穿着，但现在用作晨衣或家居服。自19世纪初期就流传到了西方，到了20世纪较为流行。

Z

青年爵士乐风格（Zazou style）

男女皆宜

时期：20世纪40年代。

法国版兹特套装，最初起源于美国，颇受一群年轻男女的喜爱，尤其是20世纪40年代初期，德国入侵法国期间居住在巴黎的年轻人。

男性穿着紧身长裤，搭配宽大的长至大腿的落肩夹克。女性穿着宽松的夹克衫或方肩毛皮大衣，搭配百褶短半身裙和厚底鞋。

拉链（Zip fastener, Zip, Zipper）

时期：19世纪晚期。

19世纪90年代，美国出现了实验性系固件，但金属齿互锁系固件是第一次世界大战之前才出现的，并于1917年用于制作美国海军的防风夹克。"zip（拉链）"这种叫法较为少用，1935年，斯奇培尔莉（Schiaparelli）将这项发明描述为"闪电塑料系固件（lightning plastic fastener）"，但到了20世纪20年代，这种叫法已经非常常用，"许多新款运动服都有拉链"（1927年11月22日，*Daily Express*）。

垫料（Zone）

女式

时期：18世纪70年代和80年代。

嘎翁开襟上衣的填充物，形状根据露出间隙的形状而变化。

兹特套装（Zoot suit）

男式

时期：20世纪30年代晚期以后，但60年代以后较为少见。

非裔美国人的一种穿衣风格，但作为一种原创性设计被其他群体采用。一种宽肩、窄腰、背部呈褶裥状的长款夹克衫，搭配宽松的梨型窄脚裤，配饰有悬垂的钥匙或表链、宽边帽和彩色丝绸领带。这些服装通常颜色鲜艳或有鲜明的图案设计，对主流和非主流设计师都产生了影响。

祖阿芙大衣/东方裹身衣（Zouave coat, Oriental wrapper）

男式

时期：1845年。

一种斗篷式外套，领子和袖口由天鹅绒制成，整个衣片均有丝绸内衬和绗缝。"结合了外套和斗篷的优点，可以当作骑马或步行外套，也可以当作夜礼服斗篷。"

祖阿芙型女短上装（Zouave jacket）

女式

时期：1859 年～1870 年以及 19 世纪 90 年代。

丝绸、天鹅绒或织物制成的一种夹克，后片无背缝，门襟带呈圆形，仅在颈部系合。

The Queen 杂志增刊 *The Lady's Weekly Journal* 中的时装版画，1863 年 3 月 18 日。图中展示了两位身着日间服装的年轻女性。后面的女性身着"祖阿芙型女短上装……这种上装通常由编织布或天鹅绒制成"，套在紧身胸衣和半身裙外面。图中所示的天鹅绒款式，在 1863 年售价为 2 基尼币。两位女性都穿着由克里诺林支撑的宽下摆裙。前景中的女性戴着玛丽·斯图亚特软帽和手套，准备外出，而她的同伴则戴着饰有蕾丝和花朵的室内帽子。

虽款式众多，但都保留了主要特征。最初的设计采用了1859年意大利战争中阿尔及利亚的祖阿芙兵团中的元素。

男式

时期：19 世纪 60 年代。

男童穿的一种类似夹克的服装。

祖阿芙型宽外套（Zouave paletot）

男式

时期：19 世纪 40 年代。

一种羊驼毛制成的防水宽外套。"可以直接穿，也可以内搭打底衣。向公众提供的最有绅士风度、最低调的服装之一。"

祖阿芙裤（Zouave trousers, Sarouel trousers）

详见"陀螺裤（peg-top trousers）"。

词汇表：纤维、织物、材料

A

马尼拉麻（Abaca）

时期：19世纪。

一种可产出马尼拉麻的棕榈树的本地名称，也指一种纤维，用于"制造最精致的纺织面料和优雅的马尼拉帽"。

醋酸纤维（Acetate）

时期：1869年以后。

一种先由合成纤维纱制成纱线，然后再用纤维素制成的面料，由德国人发明，用于制作轻薄、丝滑的织物。

丙烯腈系纤维（Acrylic）

时期：1947年以后。

一种用以替代羊毛的合成纤维，后来出现了"阿克利纶（acrilan）"和"奥纶（orlon）"等商标名。

阿德里安堡（Adrianople）

时期：1878年。

一种无光棉衬里，1880年，指一种印有阿拉伯式花纹的红色印花布。

埃罗芬素色丝纱罗（Aerophane）

时期：1820年。

一种精致的波纹绉纱。

埃罗特克斯网眼织物（Aertex）

时期：1888年以后。

英格兰发明的棉质蜂窝网眼织物，1888年，Aertex公司成立后将这种织物用于内衣和运动服的制作。

阿拉莫德绸（Alamode）

时期：17世纪。

"一种有光泽的轻薄黑色丝绸"（chambers），通常被叫作"mode"。

海马绒（Albatross）

时期：20世纪。

一种质地轻盈的毛织品，表面略带波纹。

艾伯特绉（Albert crape）

时期：1862年。

一种品质上乘的黑色丝绸，用于制作哀悼用品。1880年由丝绸和棉制成。

阿利平毛葛（Alepine, Alapeen, Allopeen）

时期：18 世纪。

一种由丝绸和羊毛，或马海毛和棉制成的混纺面料。1832年，成为一种类似邦巴津织物（bombazine）的纺织品的名称。

花色斜纹织物（Alexander）

时期：中世纪。

一种条纹丝绸面料。

阿尔及利亚绸（Algerine）

时期：1840 年。

一种斜纹闪光绸，绿色和罂粟红相间，或蓝色和金色相间。

阿拉贾织物（Allejah, Alajah）

时期：18 世纪初期。

泛指所有凸纹织物，也指一种产自土耳其斯坦的凸纹丝织品。

阿利巴利织物（Alliballi）

时期：19 世纪初期。

一种印度平纹细布。

羊驼呢（Alpaca）

时期：1841 年。

一种富有弹性和光泽的纺织品，由羊驼毛和丝制成，后来也有棉质的。最初由泰特斯·索尔特爵士（Sir Titus Salt）于1838年发明。

阿尔帕戈（Alpago）

时期：1843 年。

"一种结实的缎子布料。"

阿曼（Amen）

时期：19 世纪。

一种花纹持久的优良品质，英语中也称为"draft"。

阿米斯（Amice）

时期：16 世纪。

一种灰色毛皮，可能是松鼠皮。

艾米·罗布萨特缎子（Amy Robsart satin）

时期：1836 年。

一种缎子，"白色底上饰有金线描边的白色花朵或银线描边的浅色花朵"。

阿纳巴斯（Anabas）

时期：18 世纪初期。

一种廉价的棉质面料。

安科特河谷天鹅绒（Ancote vale velvet）

时期：1840 年。

一种棉质天鹅绒。

安达卢西亚绸（Andalusian）

时期：1825 年。

一种精致的平幅耐洗绸缎，带有挖花图案。

盎格鲁 - 美利奴呢（Anglo-merino）

时期：1809 年。

一种几乎与平纹细布一样精细的纺织品，产自诺里奇，取材自英王乔治三世的美利奴羊绒。

安哥拉山羊毛（Angola, Angora）

时期：1815 年。

"新驼羊毛织物"，由来自小亚细亚安哥拉附近的美洲驼羊羊毛制成。最初作为马海毛进口。1850 年，与彩色丝绸经线梭织在一起，称为"poil de chèvre（山羊毛）"。

苯胺染料（Aniline dyes）

时期：1856 年以后。

从煤焦油中提取的染料，在现有织物颜色的基础上提供了更多选择。第一种合成染料是由威廉·亨利·帕金（William Henry Perkin，1838～1907）发现的，他发明的苯胺紫（俗称淡紫色）一经推出即获成功，并带来了进一步的发现。

安特恩（Anterne）

时期：18 世纪初期。

一种由羊毛和丝绸或马海毛和棉混纺而成的面料。

苹果花（Applebloom, Appleblue）

时期：14 世纪。

一种在颜色上与苹果花类似的布料，也可能是图案类似。

阿奎恩（Aquerne）

时期：1200 年。

松鼠的毛皮。

芳族聚酰胺（Aramid）

时期：20 世纪。

由合成聚酰胺（尼龙的一种）制成的人造纤维。由芳族聚酰胺纤维编织而成的织物具有非常结实且耐高温的特点，可在极端条件下使用。这种织物通常用于制作工作服、夹克、手套和需要提供优质保温性能的类似物品。

阿里尔毛织纱罗（Ariel）

时期：1837 年。

一种彩底上有白色四边形图案的羊毛纱罗织物。

阿玛津（Armazine）

时期：18 世纪。

一种坚固的凸纹丝绸，用于制作女士礼服和男士马甲。

貂皮（Armine）

详见"貂皮（ermine）"。

阿莫瓦尔（Armoire）

时期：1880 年。

一种非常粗的凸纹丝。

黑色丝带（Armoise, Armoisin, Armozeen）

时期：16 世纪。

一种通常为黑色的塔夫绸。在19世纪，

是"一种几乎贯为黑色的厚重丝绸，用于制作葬礼上的帽带和围巾"（1840, Perkins）。

阿莫佐（Armozeau）

时期：19 世纪 20 年代。

一种类似光亮绸但较薄的丝绸。

小卵石纹织物（Armure）

时期：1850 年。

一种华丽的丝毛混纺面料，几乎看不到如斜纹、三角形或链条等图案。

阿穆雷特（Armurette）

时期：1874 年。

一种精美的丝毛混纺面料。

人造丝（Artificial silk）

详见"人造丝（rayon）"。

阿斯特拉罕羔羊皮（Astrakhan）

时期：18 世纪以后。

一种产自俄罗斯阿斯特拉罕地区的小羔羊的皮，皮毛丝般顺滑，也称为"Persian lamb（波斯羔羊皮）"。20世纪初期，仿羊皮编织的毛织品非常流行。

阿斯特拉金（Astrakine）

时期：1932 年。

一种质地轻盈、柔韧的天鹅绒，表面仿波斯羔羊皮。

艾德莱斯花绸（Atlas）

时期：17 世纪和 18 世纪。

从印度进口的一种光滑丝绸织物；在英格兰，指用金线和银线梭织而成的华丽丝绸，也可泛指用艾德莱斯花绸制成的礼服。"身着华丽艾德莱斯花绸服装的女士们"（1706）。

阿达比（Attaby）

时期：14 世纪。

一种丝绸织物，后来被叫作"Tabby（波纹绸）"。

奥古斯塔（Augusta）

时期：17 世纪。

一种产自德国奥格斯堡的纬起毛织物。

阿维尼昂绸（Avignon）

时期：19 世纪。

一种用于制作外套衬里的丝质塔夫绸。

阿伊勒沙姆织物（Aylesham）

时期：13 世纪和 14 世纪。

通常由亚麻布制成，但也有毛料，产自诺福克的阿伊勒沙姆（aylesham）。

湛蓝色布料（Azure）

时期：16 世纪。

一种蓝色布料，颜色类似普兰凯特蓝（plunket）。

B

獾皮（Badger）

时期：中世纪。

獾的毛皮，但上层社会群体不会使用这种皮毛。

粗棉布（Baft）

时期：16世纪。

一种粗棉织物，通常为红色、蓝色或未染色的，或印有格子图案的织物。

巴格达绸（Bagdad）

时期：1872年。

一种东方丝绸织物，条纹与阿尔及利亚绸上的条纹类似，但线条更宽，面料也更厚实。

巴格希拉毛圈丝绒（Bagheera）

时期：20世纪初期。

一种毛圈绒头天鹅绒，用作晚礼服面料，后来出现了人丝绸制成的仿制品。

拜戈荷兰亚麻布（Bag Holland）

时期：17世纪。

一种用于制作衬衫的优质亚麻布。

台面呢（Baise, Baize, Bays）

时期：16世纪。

一种类似轻薄斜纹哔叽布料的毛料，由来自西属尼德兰的瓦隆难民于1561年带入英国。众多"新式布料（New Draperies）"之一。

酚醛树脂（Bakelite）

时期：1907年以后。

由比利时列奥·亨德里克·贝克兰博士（Dr Leo Baekeland）发明，贝克兰博士在1907年至1909年间发明了一种虫胶的热塑性塑料替代品。它是第一种可以在加热时成型、批量生产并在模具中成型的合成塑化材料。这种材料的广告语为"上千种用途的材料（The Material of a Thousand Uses）"。被用来制作纽扣、皮带和鞋扣、珠宝、手袋扣环等。

宝大锦（Baldekin, Baudekin）

时期：中世纪。

一种饰有金线的华丽丝绸织物，与锦缎类似。

鲸须（Baleen）

时期：14世纪。

鲸鱼上腭的角质物质，自16世纪起用于制作盔甲和服装，当时被叫作"whalebone"。

光柔马海毛（Balernos）

时期：1874年。

一种质地非常柔软丝滑的马海毛。

群青印花薄纱（Balzarine）

时期：19世纪30年代。

一种与巴雷格纱罗类似的棉和精纺毛纱混纺面料。

巴尔泽林（Balzerine）

时期：1889年。

一种窄条昆捻纱罗织物，饰有真丝绉宽条纹。

班布罗（Bambulo）

时期：1885年。

一种略透明的粗织闪光帆布织物。

孟加拉织物（Bangal, Bengal）

时期：17世纪。

从孟加拉进口的各种布匹商品，可能包括印花布、方格色织布、丝绸等。

班纶丝（Banlon）

时期：20世纪。

指增加合成纤维织物重量和弹性的一种工艺，由美国J. Bancroft & Sons公司发明。

巴拉西厄领带绸（Barathea）

时期：19世纪40年代。

一种用于制作哀悼用品的黑色丝绸和精纺毛纱混纺面料。后来，指采用斜纹席纹织法制作的精纺面料。

巴雷格纱罗（Barege）

时期：1819年。

一种以丝绸为表面，混合羊毛制成的半透明镂空网眼织物。有的全部采用羊毛制成。

比利牛斯山产巴雷格纱罗（Barege de Pyrenees）

时期：1850年。

一种印有精美叶子和绚丽鲜花朵图案的巴雷格纱罗。

巴雷格纱罗-昆捻纱罗织物（Barege-grenadine）

时期：1877年。

一种棉麻混纺巴雷格纱罗。

巴雷库恩斯（Barleycorns）

时期：18世纪。

一种格子织物，有的为猩红色；确切成分未知。

巴林厄姆织物（Barlingham）

时期：14世纪。

诺里奇附近的巴林厄姆出产的一种塔夫绸。

巴米利恩（Barmillion）

时期：17世纪。

曼彻斯特产的一种纬起毛织物（1641）。

男爵缎（Baronette satin）

时期：19世纪。

一种用丝绸纤维制作的运动装面料，背面为棉质，类似乔其纱缎子。

巴普尔（Barpour）

时期：1847年。

一种斜纹丝绸和羊毛混纺面料。

巴拉坎风雨大衣（Barracan）

时期：18世纪晚期及19世纪。

一种厚实的粗糙凸纹面料，类似羽纱，经线为丝绸和羊毛，纬线为安哥拉山羊毛。18世纪常见波纹样式。

纬二重单面绒布（Barragon）

时期：18世纪。

可能与帕拉贡（paragon）一样。

荷兰粗亚麻布（Barras）

时期：17世纪和18世纪。

一种从荷兰进口的帆布或亚麻布，用于制作颈巾。

巴拉蒂绸（Barratee）

时期：19世纪。

一种丝绸织物，属于巴拉西厄领带绸的一种。

律师格子花呢（Barrister's plaid）

时期：19世纪50年代。

一种用来制作裤子的织物，饰有小格子图案。

巴辛绉呢（Basin de laine）

时期：1855年。

一种厚实的羊毛麻纱，正面为螺纹，反面为质地柔软的长绒毛。

长绒法兰绒（Bath coating）

时期：18世纪和19世纪。

一种双面凸起的厚实台面呢，用于制作大衣。

蜡染（Batik）

时期：19世纪。

爪哇发明的一种技术，具体工艺流程包括：首先通过在独特的图案区域内，用蜡覆盖底布，在纺织品上塑造图案，然后对暴露的区域进行染色。如果需要多种颜色，则可重复该流程。这种方法经荷兰传到英国。

细薄棉布（Batiste）

时期：19世纪20年代。

上浆棉质平纹细布，带有金属线制饰面。

巴蒂斯特绉呢（Batiste de laine）

时期：1835年。

一种印花薄型毛织物（chaley）新材料，但与丝绸混纺而成。饰有形成正方形的缎子条纹，始终采用两种对比强烈的颜色。

详见"印花薄型毛织物（challis）"。

宝大锦（Baudekin）

时期：中世纪。

一种昂贵的进口提花丝织物，有的采用金线经线和丝线纬线制成。到了15世纪，演变成了彩花细锦缎绸，有素色或带图案样式，以一种或多种颜色编织。

面部有白斑的獾皮（Bauson skin）

时期：16 世纪。

獾皮。

巴亚德横条绸（Bayadere）

时期：19 世纪 40 年代。

一种带条纹的丝毛混纺面料，素色条纹和闪光条纹交替排列。

棉缎纹条子布（Bazan, Basen）

时期：13 世纪。

用橡树皮或桦树皮鞣制的羊皮。

熊毛皮（Bearskin）

时期：17 世纪以后。

作为一种用于制作服装的毛皮，最早出现于1619年，18世纪，指一种用于制作工人工装的织物。

仿熊皮织物（Bearskin cloth）

时期：19 世纪。

一种质地较为粗糙的厚实毛料，表面带有蓬松的绒毛，类似仿熊皮粗绒大衣（dreadnought）。

博多伊（Beaudoy）

时期：18 世纪。

一种用于制作长袜的精纺毛纱织物。

博珀斯（Beaupers）

时期：16 世纪和 17 世纪。

一种类似旗布的亚麻布。

海狸毛皮（Beaver）

时期：中世纪。

指海狸的皮毛，用于制作手套。

时期：18 世纪晚期及 19 世纪。

一种大衣，其中一面经过剪毛、重缩呢工艺以及拉毛处理，19世纪得到广泛应用，当时海狸皮也被用于制作伍德斯托克手套。

也指一种羊毛毡和兔毛制成的用来制作帽子的布料，加上海狸毛的绒毛，则可用来制作品质上乘的帽子。

仿狸绒（Beaverteen）

时期：19 世纪。

一种斜纹棉织物，经线被拉成环状，形成毛圈绒头，1827年的记录中曾有提及。

贝群开司米（Beche-cashmere）

时期：1848 年。

一种"比法兰绒厚实但是如丝绸般柔软"的毛料。

拜德（Bed）

时期：1600 年。

类似"细哔叽"的一种质地较为轻薄且粗糙的精纺毛纱。

经条灯芯绒（Bedford cord）

时期：19 世纪。

指平纹和马裤呢的一种组合，灯芯绒沿经线方向延伸，全部采用羊毛或棉毛混纺而成。主要用于制作马裤。后来也指具有类似螺纹的丝绸和棉混纺面料，但是叫法不变。

贝肯（Begin）

时期：14 世纪。

一种有射线状（条纹）装饰的丝织物。

薄斜纹呢（Beige）

时期：1874 年。

一种羊毛骆马绒，通常为咖啡色；质地轻薄结实的精纺毛纱，带有光滑的斜纹。

比利时亚麻布（Belgian linen）

时期：1879 年。

一种厚实的花缎样亚麻布，底色为淡黄色，上面带有彩色图案。

贝拉丁（Belladine, Bellandine）

时期：18 世纪。

一种来自近东的优质白色丝绸面料。

颈背皮（Bend-leather）

时期：17 世纪和 18 世纪。

动物背部和侧面的皮革，用于制作过膝长筒靴的靴筒。

孟加拉织物（Bengal）

时期：17 世纪。

一种源自东印度群岛的棉质混纺面料；1680年的记录中曾有提及。Johnson（1755）将其定义为"一种质地轻薄的丝绸和毛发材料，用于制作女装"。具有"孟加拉条纹"的条纹棉质样式很受欢迎。

详见"孟加拉织物（bangal）"。

孟加拉织品（Bengaline）

时期：1869 年。

一种质地非常轻盈的马海毛织物，呈本色或织有非常小的花朵图案。

时期：1880 年。

指一种与巴雷格纱罗类似的织物。

时期：1884 年前。

"sicilienne（西西里面料）"的一种新叫法，一种凸纹丝毛混纺面料，纬线为羊毛。

孟加拉府绸（Bengaline poplin）

时期：1865 年。

一种带有较粗凸纹的府绸。

孟加拉鲁塞（Bengaline Russe）

时期：1892 年。

一种斑点呈对比色的闪色羊毛和丝绸。

柏林刺绣十字布（Berlin canvas）

时期：1820 年。

由各种颜色的丝混纺纱制成的一种帆布，纱线的棉芯较为结实。

柏林毛线刺绣品（Berlin work）

时期：19 世纪。

最初从德国进口的图案和刺绣羊毛，用于生产拖鞋、吸烟帽、马甲等较小的物品。

比斯（Besshe, Bise, Bice, Bisshe）

时期：13 世纪～16 世纪。

可能是松鼠或类似动物的皮毛。

伯宰（Birdseye）

时期：16 世纪。

深色底布上有亮点的一种丝绸织物；常用于制作女士风帽。

里尔黑布（Black-a-lyre）

时期：14 世纪。

布拉班特省里尔（Lire）产的一种黑布。

黑色弹性织物（Black elastic）

时期：1884 年。

一种类似麦尔登呢的织物，"但像骆马绒一样柔软"（*Tailor & Cutter*）。

布莱克里邦德（Blackerybond）

时期：16 世纪。

一种带有细长丝带的里尔黑布。"用于制作束腰带的布莱克里邦德"（1550, Middleton MSS）。

丧服布（Blacks）

时期：17 世纪。

指制作丧服使用的任何黑布。

白底黑线刺绣（Black work）

时期：16 世纪。

黑色丝绸刺绣，通常在亚麻布上绣制。通常绣以连续不间断的卷曲图案。常用于衣领、罩衫、腕带和手帕。白底黑线刺绣以及类似的红色刺绣被称为"red work（白底红线刺绣）"，有时也称为"Spanish Work（西班牙刺绣）"。

毯布（Blanket, Blanket cloth）

时期：中世纪～17 世纪。

一种白色的毛料，带有拉绒而成的绒毛。非上层群体常用。

毯布（Blanket cloth）

时期：19 世纪。

英格兰西部产的一种厚实全羊毛织物，表面起绒。多用于制作大衣。

详见"威特尼毯料（witney blanket）"。

布劳德默（Blaunchmer, Blaundemer, Blaundever, Blauner）

时期：14 世纪和 15 世纪。

一种毛皮，不确定是哪种动物，但可能是一种白毛动物，而且很明显较为昂贵。

蓝布（Blue）

时期：15 世纪。

"斯塔福蓝（stafford blue）"，斯塔福郡产的一种蓝布。

时期：16 世纪和 17 世纪。

"考文垂蓝（coventry blue）"，考文垂镇产的一种蓝布。

着蓝布（Blueing）

时期：18 世纪。

一种蓝色材质。"2.7米着蓝布"（1715，Essex Records）。

博卡辛（Boccasin）

时期：15世纪~18世纪初期。

"一种与塔夫绸类似的优质硬衬布"（Cotgrave）。

浓缩羊毛（Boiled wool）

时期：20世纪。

通过热洗或毡化工艺处理，生产紧实毛织品的一种工艺。

博卡辛（Bokasyn）

时期：15世纪。

根据费尔霍特的说法，是一种纬起毛织物。

邦巴塞特呢（Bombazet）

时期：18世纪和19世纪。

一种由棉和精纺毛纱混纺而成的轻薄斜纹织物，通常为黑色，用于制作哀悼用品。

邦巴津织物（Bombazine）

时期：16世纪。

1572年，诺里奇的佛兰德织工引入。由丝经纱和精纺毛纬纱制成；最初的自然色被归类为"白线刺绣（white work）"，17世纪以后，通常为黑色，用于制作哀悼用品。表面为斜纹样式。

博内特（Bonéette）

时期：1877年。

一种有花缎图案的羊毛和丝绸混纺织物。

书面细布（Book muslin）

时期：19世纪。

一种硬饰面的平纹细布，比薄细布略粗糙。

博拉托（Borato, Boraton, Burato）

时期：16世纪。

一种质地轻薄的丝绸和精纺毛纱混纺面料，类似邦巴津织物。

博尔斯利（Borsley）

时期：18世纪。

一种用精梳用毛制成的面料。

博塔尼（Botany）

时期：19世纪。

最初由澳大利亚博塔尼湾附近的美利奴羊毛制成的精纺毛纱，约1830年开始进口。后来，指最高品质的精纺毛纱。"博塔尼精纺细毛织物披巾"（1830）。

结子绒织物（Bouclé）

时期：19世纪晚期。

用纱线在任何面料上梭织或针织而成的饰面，上面有结纽或环状图案，因此表面凹凸不平或呈现皱状纹理。

结子绒布（Bouclé cloth）

时期：1886年。

一种表面有结纽和卷曲的布料。

博拉坎厚毛织物（Bouracan）

时期：1867年。

一种螺纹府绸。

绵绸（Bourrette）

时期：1877年。

一种斜纹毛料，上面有彩色的结纽和绢丝丝线。

缩绒厚呢（Boxcloth）

时期：19世纪。

一种经过重缩呢工艺处理的毛织品，重缩绒表面类似毛毡，最初用于制作驾驶外套。

穗带（Braid）

时期：中世纪以后。

由各种织物交错梭织而成的一种窄带，用作服装的镶边。

枝状天鹅绒（Branched velvet）

时期：15世纪和16世纪。

一种有装饰图案的天鹅绒。

布劳尔织物（Branched velvet）

时期：18世纪。

印度产的一种蓝白相间的棉织物。

巴西凸纹有光里子（Brazilian corded sarcenet）

时期：1820年。

一种彩色的有光里子，上面有一条较粗的白色缎质凸纹。

布里奇沃特（Bridgwater）

时期：16世纪。

英格兰布里奇沃特镇产的一种阔幅布。

布莱顿绒布（Brighton nap）

时期：19世纪初期。

诺里奇产的一种类似台面呢的毛料，但是表面有结纽。

布里利亚内特（Brillianette）

时期：1790年。

一种上光毛料，饰有条纹和花朵；产自诺里奇。

波点花衬衫布（Brilliante）

时期：19世纪40年代。

一种饰有带光泽的小斑点的棉布。

亮光薄呢（Brilliantine）

时期：1836年。

一种质地非常轻盈的面料，由丝绸和山羊绒混纺而成。

有光内衣绸（Brilliants）

时期：1863年。

一种白底丝绸面料，白底上有花缎小图案。

布里斯托尔红布（Bristol red）

时期：16世纪。

英格兰西部布里斯托尔产的一种染成红色的布。

布列塔尼布（Britannia）

时期：17世纪。

从布列塔尼进口的一种亚麻布。

英国布（British cloth）

时期：17世纪。

详见"布列塔尼布（britannia）"，这种叫法更为常用。

阔幅布/绒面呢（Broadcloth）

时期：中世纪以后。

一种较为精细的平纹毛料。

时期：19世纪。

一种由细美利奴羊毛纱线制成的平纹斜纹织物，经过重缩呢和重缩绒整理工艺处理。

锦缎（Brocade）

时期：中世纪以后。

一种带有凸起图形图案的织物（beck）。一种由金银线交织而成的丝绸（strutt）。18世纪，凸起的图案用彩色丝绸并通过增加额外的纬线编织而成，纬线固定在图案区域内，而非从一个镶边连接到另一个镶边。

布罗坎廷（Brocantine）

时期：1898年。

一种精细的毛织品，用丝绸织成单色图案。

凸花厚缎（Brocatelle）

时期：19世纪。

在法国，指一种棉经毛纬交织物衬里面料，也指带有本色凸起阿拉伯式花纹图案的厚重缎子和厚重凸纹丝绸。

挖花织物（Broché）

时期：19世纪。

一种表面有缎纹的天鹅绒或丝绸。

英格兰刺绣（Broderie anglaise）

时期：1600年以后。

在欧洲，指一种以穿孔为中心的精美白色提花刺绣，也称为"瑞士或马德拉刺绣（swiss/madeira embroidery）"，从19世纪中期开始特别流行，常用作内衣和儿童服装的装饰。

布罗埃拉（Broella）

时期：中世纪。

乡下人和僧侣所穿的一种粗布。

布罗盖蒂（Brogetie）

时期：17世纪。

可能是一种粗糙的锦缎。

布罗利奥-布罗利奥（Broglio-broglio）

时期：18世纪。

一种羽纱。

布伦兹维克织物（Brunswick cloth）

时期：15世纪。

一种产自布伦兹维克的亚麻布。

布鲁尔（Brure）

时期：1912年。

一种精美的土耳其毛巾布。

布鲁塞尔（Brussels）

时期：14世纪。

一种从布鲁塞尔进口的织物，有各种颜色。

布鲁塞尔羽纱（Brussels camlet）

时期：18世纪中期。

一种更结实的爱尔兰府绸，常用于道袍和外套。

硬衬布（Buckram）

时期：13世纪~19世纪。

指精细的亚麻布或棉布，类似亚麻织物（lockeram），用于制作服装和家居用品。

硬麻布加固帆布（Buckram canvas）

时期：16世纪以后。

用树胶硬化的一种麻或亚麻粗布，用于制作外套和其他服装的衬里。

鹿皮呢（Buckskin）

时期：15世纪。

用雄鹿的皮制作而成的皮革，用于制作手套。18世纪用于制作皮马裤。

鹿皮呢（Buckskin cloth）

时期：19世纪。

一种编织结构紧密的淡黄色斜纹毛料，取代了鹿皮，尤用于骑行马裤。

羔羊皮（Budge, Boge, Bogey）

时期：中世纪。

白色或黑色小羔羊皮，皮毛外层上浆并用作饰边，通常是进口的。

时期：17世纪。

偶指小山羊皮。

暗黄皮革（Buff, Buff-leather）

时期：16世纪~19世纪。

最初指由水牛皮制成的皮革，但通常指由牛皮制成的厚皮革，用油上浆且表面粗糙，多用于制作军装。呈暗淡的乳黄色，这种颜色通常被称为"buff（米色）"。

布芬（Buffin）

时期：16世纪。

一种低档的羽纱，用来制作穷人穿的嘎翁、达布里特等。

长圆形玻璃珠（Bugle）

时期：16世纪以后。

一种管状珠饰，通常为黑色，串在一起用来装饰服装。

保加利亚织物（Bulgarian cloth）

时期：1883年。

一种淡黄色棉织物，平纹或带条纹，采用金银丝交织物和彩色丝绸织成。

旗布（Bunting）

时期：1881年。

一种粗糙的修女黑色薄呢。

布赖尔（Burail）

时期：17世纪及18世纪初期。

"丝质拉什（silk rash）"，一种半丝绸、半精纺毛纱织物。

比尔代（Burdet）

时期：18世纪。

一种丝绵混纺织物。"各种半丝混纺织物，例如英格兰和土耳其的'比尔代'……"（1740）。

比尔密绒粗呢（Bure, Buret）

时期：17世纪。

"一种半丝绸、精纺毛纱织物"（Cotgrave）。

时期：1874年。

一种带有宽斜螺纹的粗羊毛织物。

布雷尔（Burel）

时期：1300年～19世纪。

一种深红色的毛料。

伯里丹绸（Buridan）

时期：1836年。

一种带有较宽横条纹的丝绸，由一种颜色的两种色调构成。

粗麻布（Burlap, Borelap）

时期：17世纪。

粗亚麻布，后来指一种粗帆布。

伯内特（Burnet）

时期：13世纪。

一种棕色的织物。

布拉坎（Burracan, Burragon）

时期：16世纪和17世纪。

一种粗布。

布斯蒂安（Bustian）

时期：15世纪。

一种纬起毛织物。

比西恩（Byssine）

时期：13世纪。

一种精致、丝滑的亚麻织物。

拜占庭织物（Byzantine）

时期：1881年。

一种由丝绸和羊毛紧密梭织而成的半透明暗色织物，用于制作哀悼用品。

拜占庭花岗岩纹理呢（Byzantine granite）

时期：1869年。

一种深棕色毛料，上面缀满金线装饰。

C

卡舍米尔（Cachemire）

时期：1876年。

一种细羊毛和丝绸织物，图案通常采用东方色调。

皇家羊绒（Cachemire royal）

时期：1889年。

类似一种背面为丝绸的奢华开司米。

卡达斯（Caddas, Caddace）

时期：1400年。

用作填料的绣花丝线、羊毛或羊绒。

卡迪斯（Caddis）

时期：16世纪。

一种梭织狭幅织物，也指一种粗斜纹哔叽布料。

卡迪斯皮革（Caddis leather）

时期：16世纪和17世纪。

指来自西班牙卡迪斯的皮革。

卡法（Caffa）

时期：16世纪。

根据科特格雷夫（Cotgrave）的说法，是一种粗塔夫绸。

卡福伊（Caffoy）

时期：18世纪。

从阿布维尔进口的一种布料，可能是花缎，爱尔兰也有发现，含马海毛。

卡拉伯（Calaber, Calabre）

时期：中世纪。

灰松鼠的毛皮。

卡拉曼科亚麻布（Calamanco, Calimanco）

时期：16世纪。

一种上光的毛料，有平纹、条纹或格子款式。

时期：18世纪。

单面上光的精纺毛纱织物。

时期：19世纪。

一种平纹或斜纹的棉质精纺毛纱织物，高度上光。

古苏格兰丝绸（Caledonian silk）

时期：1810年~1820年。

类似府绸，但是表面更丝滑，且白色底面上有棋盘格图案。

印花布（Calico）

时期：16世纪以后。

最初由印度棉制成，但在1600年~1773年，采用棉纬线和亚麻经线进行制作，之后则完全由棉线制成。得名于马拉巴尔海岸的卡利卡特镇，故而有时被称为"卡利卡特布（calicut cloth）"。

卡利卡特布（Calicut cloth）

时期：16世纪。

详见"印花布（calico）"。

卡尔顿（Calton）

时期：17世纪。

一种较为粗糙的窄幅布料，产于英格兰北部，与起绒粗呢类似。

同色深浅花纹丝绸（Camayeux silk）

时期：1850年。

一种色彩叠加的中式丝绸织物。

坎巴雅麻胶布（Cambaye）

时期：18世纪和19世纪。

一种产自印度的棉布。"一种粗格子布"（1727, A Hamilton）。

细薄布（Cambresine）

时期：18世纪。

一种来自坎布雷（Cambresine）和东亚的精细亚麻布。

细棉布（Cambric）

时期：16世纪以后。

一种质地非常精细的亚麻布。

卡美隆（Cameleon）

时期：1830年。

一种正面有大花束图案、反面有条纹图案的丝绸；19世纪40年代，指一种三色闪光绸；到了19世纪50年代，指一种闪光府绸。

骆驼毛（Camel hair）

时期：17世纪晚期。

纯骆驼毛——质地柔软，颜色较浅，类似羊毛，从乳白色到浅棕色有多种不同的颜色，用于制作外套。从19世纪开始，出现了羊毛和骆驼毛混纺面料。开司米和羊毛混纺并染成驼色后被称为"长毛骆驼绒（camel hair cloth）"。

卡默利纳粗绒呢（Camelina）

时期：19世纪。

一种骆马绒织物，上面饰有非常小的篮状图案，表面有竖起的松散绒毛。

卡默利粗绒呢（Cameline）

时期：1284年。

一般认为是一种由骆驼毛制成的面料或者服装。19世纪晚期，指一种印花织物。

羽纱（Camlet, Chamlet）

时期：15世纪。

最初被认为是一种骆驼毛或马海毛，后来用各种不同的面料混纺而成。1600年，英国开始生产羽纱，是一种具有独特纬向肋纹的平纹经线织物。这种面料可以饰以金属线、图案或者波纹。有时成分为"一半丝绸，一半毛"（1675）；到了18世纪，由羊毛混纺丝绸或者其他毛织成，或者是一种混纺面料；到了19世纪，开始加入棉或者亚麻成分。有平纹和斜纹两种样式。

仿驼毛呢（Camletto, Camletteen）

时期：18世纪。

"一种精梳用毛"（1739）。"一种品质上乘的精纺羽纱"（1730, Bailey）。

卡玛卡（Cammaka）

时期：14世纪和15世纪。

一种来自东方的昂贵面料，可能是由丝绸和骆驼毛混纺而成，用于制作皇室服装和教会法衣。

卡莫乔（Camocho）

时期：16世纪和17世纪。

一种产自意大利的丝绸面料。

伪装服（Camouflage）

时期：20世纪以后。

一种棉质或合成纤维织物，印有随机色块，被认为可以方便部队士兵进行伪装，通常为深棕色、橄榄绿和浅黄灰色，但是根据部队所在地域的不同会有所变化。

烛芯纱/缝纫用棉线（Candlewick）

时期：14世纪。

仆人所用的一种织物。

时期：20世纪。

一种质地柔软的棉纱，用于在平面布料上塑造绒或隆凸线条表面。

坎塔隆（Cantaloon）

时期：1600年。

一种精纺毛纱的新潮叫法，指一种单层羽纱。18世纪，指丹尼尔·笛福提到的英格兰西部产的一种织物，一种用较细的单纱织成的精纺毛纱。

厚斜纹棉布（Cantoon）

时期：19世纪。

一种纬起毛织物，一面为细绳，另一面是由与线绳成直角的纱线织成的光滑表面。

帆布（Canvas）

时期：16世纪。

粗麻布，通常是一种进口面料。品质较好的帆布用纺线、丝线或金属线编织而成，并且间隔饰有绒毛，或者缝有绗缝。因此有"tufted canvas（簇绒帆布）"之说。

仿羔皮（Caracule, Caracul）

时期：1892年。

与阿斯特拉罕羔羊皮类似，毛上面的卷较大。

羔皮面料（Caracule material）

时期：1894年。

法兰绒衬里上的一种鳄鱼皮加马海毛表面，呈现出一种黑中带彩的效果。

卡达（Carda）

时期：14世纪。

一种用于制作盔甲罩袍的织物，可能是

用于制作衬里。

白色主教服布料（Cardinal white）

时期：16世纪晚期。

一种未染色的白色羊毛土纺布。

克力欧卡（Carioca）

时期：1938年。

纽约Colony Sales Corporation使用的商品名称，指羊毛、棉质、丝绸和人造丝面料。

卡梅林中级骆马毛（Carmeline）

时期：1870年。

一种类似骆马绒的精细布料。

卡默利特平纹薄呢（Carmelite）

时期：19世纪90年代。

一种类似轻质薄斜纹呢的全羊毛平纹布料。

卡纳根（Carnagan）

时期：19世纪20年代。

一种用于制作裤子的织物。

粗纺厚呢（Carpmeal）

时期：15世纪~18世纪。

一种粗布，产自英格兰北部，主要用于制作衬里。

白色粗纺厚呢（Carpmeal white）

时期：16世纪。

主要用于制作霍兹的衬里。

卡雷尔（Carrel, currelles）

时期：16世纪晚期~18世纪初期。

一种丝绸和精纺毛纱混纺织物。

卡罗达里（Carrodary）

时期：18世纪。

最初称为"cherryderry（切里德里）"，是一种印度棉布。

凯里（Cary）

时期：14世纪和15世纪。

一种粗布。

卡斯班斯（Casbans）

时期：19世纪。

一种类似细薄布的棉布，但是更为结实，用于制作衬里。

开司米（Cashmere）

时期：19世纪以后。

一种质地柔软、品质上乘的毛织品，最初从克什米尔进口，1824年，约克郡和佩斯利出现了叫作"缩绒厚呢（thibet cloth）"的仿制品。这种面料为采用精细的精纺毛纱织成的斜纹布。最初的纱线为藏山羊毛，如今也采用喜玛拉雅山脉和蒙古地区赡山羊的羊毛。

叙利亚开司米

时期：1840年。

一种品质上乘的斜纹开司米，比薄花呢更厚实，但是质地非常柔软且无反面。

开司米斜纹布（Cashmere twill）

时期：1890年。

一种法国开司米的棉质仿制品。

开司梅里安（Cashmerienne）

时期：1880年。

一种两面均为斜纹的优质毛料。

仿开士米薄呢（Casimir）

时期：1877年。

一种由精纺毛经纱和羊毛纬纱斜向斜纹织成的薄型斜纹毛织物。

仿开士米薄呢绸（Casimir de soie）

时期：1853年。

一种看上去类似闪光绸的丝毛混纺面料。

卡塞内特（Cassenet）

时期：19世纪初期。

一种采用对角线斜纹织法的衣料，经纱为棉，纬纱为细羊毛或羊毛与丝的混纺料，适合制作夏季服装。

一上二下斜纹布（Cassimir, Cassimere）

时期：18世纪和19世纪。

1766年，英格兰布德拉夫的弗朗西斯·耶伯里（Francis Yerbury）发明的一种专利布。根据耶伯里的说法，"我发明的薄布有两种，我把它们叫作"一上二下斜纹布"（cassimire），一种在织造时用扁鲸绗缝，另一种用圆鲸绗缝……纬纱不能以与普通布相同的方式纺成，而是应该拉成更细的线……"这种早期的一上二下斜纹布被描述为（R. P. Beckinsale, *The Trowbridge Woollen Industry*）"一种纬纱和经纱通常被纺成大致相同细度的布，且编织时加入了斜螺纹"，布料经过重缩呢处理。

1820年，仅采用西班牙进口的美利奴羊毛面料，而到了拿破仑战争时期，由于西班牙羊毛供不应求，开始使用一些其他替代面料，包括棉毛混合织物；1817年，广告上刊登了"制作用于马甲和长裤的专利马海毛一上二下斜纹布（Mohair Cassimere）"。

从约1820年开始，德国萨克森羊毛和西里西亚羊毛开始取代质量下降的西班牙羊毛；1850年，这两种德国羊毛被澳大利亚美利奴羊毛取代。在那之前，众多作家就经常混用"一上二下斜纹布（cassimere）"和"克什米尔斜纹布（kerseymere）"，而随着引入澳大利亚美利奴羊毛，这两种织物本身也就不再进行区分了。

卡塔拉法（Catalapha）

时期：17世纪。

一种被列入1641年宪章中的丝绸面料。

卡塔洛涅（Catalowne）

时期：17世纪。

一种低等羽纱（camlet），据说与布芬（buffin）材质相同。

肠线（Catgut）

时期：18世纪。

一种由羊肠制成的材料，被用来制作某

种大衣纽扣的柄。

卡特林（Catling）

时期：17世纪。
一种光亮绸。

猫皮（Catskin）

时期：中世纪。
仅指黑色或白色的猫皮，斑猫皮则被归类为"野猫皮（wild cat）"。

肯吉特里斯（Caungeantries）

时期：16世纪。
一种由精纺毛经纱和丝纬纱织成的带有斑点样式的织物。

卡里毛里（Caurimauri）

时期：14世纪。
一种粗织物，质地可能和卡里（cary）一样。

马裤呢（Cavalry twill）

时期：1914年以后。
一种由精纺毛纱或人造丝绸制成的斜纹布料，凸纹凸起呈对角线分布。在第一次世界大战期间，供骑兵团使用的卡其色布料，后来被普通民众用来制作浅黄/浅褐色的裤子。

赛拉尼斯（Celanese）

时期：1921年。
英国早期产的一种合成纤维和织物"塞拉尼斯人造丝（Celanese Artificial Silk）"的专有名称。

赛勒斯（Celes）

时期：1916年。
真丝绉纱。

赛勒斯特琳（Celestrine）

时期：中世纪。
一种浅蓝色的普兰凯特（plunket）面料。

纤维素（Cellulose）

从植物细胞壁中提取的不溶性碳水化合物，用于生产多种植物纤维或天然纤维。
同时也是醋酸纤维、人造丝和三醋酸纤维等人造纤维或合成纤维的主要成分。

薄纱（Cendal）

时期：中世纪。
一种类似粗糙有光里子布的丝织物。

森德林（Cendryn）

时期：中世纪。
一种质地优良的灰色布料。

查多（Chadoe）

时期：17世纪。
一种来自东印度群岛的印花棉布或棉麻织物。

绷子刺绣花边（Chain lace）

时期：16世纪和17世纪。
一种由单根绳子打结而成的编结花边。

细亚麻布（Chaisel, Cheisil）

时期：中世纪。

用于制作衬衫和罩衫的精细亚麻布。

印花薄型毛织物（Challis, Chaley）

时期：1831年。

一种由丝绸和精纺毛纱制成的斜纹薄织物，最初原料为丝绸和驼毛。带彩色印花。

印花薄型巴雷格纱罗（Challis barege）

时期：19世纪。

一种印花薄形毛织物，有时带有凸纹或条纹。

查隆薄呢（Chalon）

时期：中世纪。

一种双面绒布料（chaucer）。

香贝坦（Chambertine）

时期：1872年。

一种亚麻羊毛混织物，用于制作夏季服装。

尚布莱特（Chamblette）

时期：17世纪。

原为全丝面料，后来采用精纺毛纬纱以平纹方式梭织而成。

钱布雷布（Chambray）

时期：19世纪80年代。

一种紧密、结实、粗糙的轻薄织物（zephyr）。

羽纱（Chamlet）

详见"羽纱（camlet）"。

羚羊皮（Chamois）

时期：16世纪以后。

一种最初由亚洲和欧洲的羚羊皮制成的柔软而富有弹性的皮革。经过几个世纪，羚羊皮已被绵羊皮、小牛皮、鹿皮和山羊皮等代替，但这种皮革的乳白色调依旧是一种流行色。

尚佩涅亚麻（Champeyn, Champaigne cloth）

时期：15世纪。

一种精细亚麻布。

闪光效应（Changeable）

时期：15世纪以后。

指织物呈现一种以上的颜色。

香农布料（Channon cloth）

时期：15世纪。

一种精纺毛纱织物。

查米尤斯绉缎（Charmeuse）

时期：1907年。

一种轻盈柔软、类似缎子的丝绸，反面无光泽。后来指任何反面无光泽、表面半光滑的丝、棉或人造丝缎纹织物。

闪色布（Chatoyante）

时期：1847年。

一种薄的灰底羊毛面料，带有宽大的缎

纹格子。

方格子花纹布（Check, Checkery, Checkers）

时期：15世纪以后。

一种织有或印有交叉线图案的织物，交叉线形成棋盘一样的方格，有一种变体款式叫作"犬牙花纹格"（hound's-tooth check）的不规则碎格。

干酪包布（Cheesecloth）

时期：20世纪。

一种质地轻盈的松织平纹棉布，原产于印度，20世纪60年代和70年代流行用于制作服装。

切克拉顿（Cheklaton, Ciclatoun）

时期：13世纪和14世纪。

最初指一种猩红色的纺织品，后演变为金线织物。

切勒（Chele）

时期：中世纪。

貂咽喉处的毛皮。

切尼（Cheney）

时期：17世纪和18世纪。

一种羊毛或精纺毛纱织料，可能是菲利普切尼（philip and cheney）的简称。

雪尼尔（Chenille）

时期：17世纪晚期。

一种像天鹅绒一样的精细绳绒，底层为短丝或羊毛短线，过去用作装饰。

切里德里（Cherryderry）

时期：18世纪。

一种类似方格色织布的印度棉织物。

羚羊皮（Cheveril）

时期：中世纪。

小羚羊皮，用于制作手套。

切维奥特羊毛（Cheviot）

时期：19世纪。

一种苏格兰粗花呢，由结实的粗羊毛经缩绒制成，表面较为粗糙。从1880年开始，专指一种由细小的细线条和格子织物组成的柔软羊毛织物，用于制作女士服装。

斜纹毛棉布料（Chevron de laine）

时期：1878年。

产于德国的一种斜织细布，每条横线都是采用反向斜纹方式编织。

奇科雷（Chicorée）

时期：19世纪。

指任何不卷边的织物。

雪纺绸（Chiffon）

时期：1890年。

一种精致的丝绸织物，接近半透明。

雪纺塔夫绸（Chiffon taffeta）

时期：1906年。

类似有光里子。

中国绉（China crepe）

时期：19世纪。

一种由生丝制成并经过橡胶浸渍和捻合工艺处理的绉纱，比普通绉更厚。

中国花缎（China damask）

时期：1879年。

一种带有棕榈图案的双色棉质花缎。

中国纱罗织物（China gauze）

时期：1878年。

一种饰有成簇绣花丝线的浅色纱罗织物。

中国夏布/苎麻布（China grass）

时期：1870年。

一种由苎麻纺成的平纹织物，用于制作夏季背心。

栗鼠毛皮（Chinchilla）

时期：19世纪以后。

一种南美栗鼠（一种小型动物）的皮毛，用于制作华贵外套和小配饰。

印色丝（Chiné silk）

时期：19世纪20年代。

一种看似图案"流动"的丝绸。

摩擦轧光印花棉布（Chintz）

时期：17世纪和18世纪。

一种印有彩色图案的棉麻摩擦轧光细布，最初从印度进口。

薄木条（Chip straw）

时期：18世纪晚期。

一种由木材或类似纤维制成的薄条，可编织成软帽和有边帽子。

奇萨姆斯（Chisamus, Cicimus, Sismusilis）

时期：中世纪。

一种手感不一的毛皮，"可能来自黑海地区的老鼠（pontic mouse）"，以普林尼（Pliny）提到的一种古代动物命名，可能是黄鼠狼。

铬革（Chrome leather）

时期：19世纪晚期。

美国首先研发出了使用铬化合物鞣制皮革的技术，并于1884年获得专利。这种技术比植物鞣制更快，制出的皮革坚韧防水或柔软有弹性，可用于制作包、靴子、手套和鞋子。

切克拉顿（Ciclatoun）

详见"切克拉顿（cheklaton）"。

打蜡（Ciré）

时期：20世纪以后。

法语中指打蜡处理，可在织物表面产生光泽，近乎抛光。该术语虽然不指一种真正的织物，但常用来描述经过打蜡处理的绸缎。

西塞莱天鹅绒（Ciselé velvet）

时期：1876年。

一种以天鹅绒为底，带有凸起花纹的缎面织物。

麝猫毛皮 / 麝猫香（Civet）

时期：17 世纪。

麝香猫的毛皮，也指从麝香猫体内提取的麝香物质，用于制作香水。

克莱门汀（Clementine）

时期：1834 年。

一种华丽厚实的丝纱，用于制作软帽衬里等。

金线织物 / 银线织物（Cloth of gold, Cloth of silver）

时期：中世纪。

一种非常华丽的织物，由丝绸或羊毛与大量的金银扁线或带子交织而成。

克洛蒂尼（Clotidienne）

时期：1833 年。

一种带有带状条纹的缎子。

科堡斜纹呢（Coburg）

时期：19 世纪 40 年代。

一种类似法国美利奴羊毛织物的毛棉斜纹织物。

薄麻纱（Cobweb lawn）

时期：1600 年。

一种非常精细的透明亚麻布。

科格维尔（Cogware）

时期：14 世纪。

一种常见的粗织物，类似起绒粗呢，产自英格兰北部。

手风琴式织物（Concertina cloth）

时期：1892 年。

一种丝线织行其中的凸纹布。

兔毛皮（Coney）

时期：中世纪。

成年兔子的毛皮。

阔棱厚灯芯绒（Constitution）

时期：1800 年。

"一种带有明显棱纹的凸条灯芯绒"，用于制作马裤。

科拉绸（Corah silk）

时期：19 世纪。

一种产自印度的白色轻盈耐洗绸缎。

凸纹长毛绒（Corded shag）

时期：1807 年。

一种带有明显凸纹的长毛绒，类似灯芯绒。

凸纹丝绸（Corded silk）

时期：19 世纪。

一种表面有凸起螺纹或凸纹的厚重丝绸。

科尔迪利尔（Cordelière）

时期：1846 年。

一种丝毛混纺面料。

科尔多瓦皮革（Cordovan）

时期：中世纪。

质量上乘的西班牙产皮革。

灯芯绸（Corduasoy）

时期：18 世纪。

根据费尔霍尔特的说法，是一种"在粗线上梭织的厚丝绸"，但可能与灯芯绒（corduroy）混淆。

灯芯绒（Corduroy）

时期：18 世纪以后。

一种带凸纹的厚实棉织物，有类似天鹅绒的绒毛。

灯芯棉绒（Corduroy velveteen）

时期：1879 年。

一种带凸纹的平绒，用于制作裙子。

科尔多瓦皮革（Cordwain）

时期：中世纪。

科尔多瓦皮革或西班牙产皮革。

可发姆（Corfam）

时期：20 世纪 60 年代。

美国杜邦公司（Du Pont）于 20 世纪 60 年代开发的一种合成鞋"皮革"的商标名称，这种皮革比以前的人造皮革更柔软透气。

科林纳（Corinna）

时期：1837 年。

一种花色丰富，类似刺绣的丝织品。

螺旋斜纹呢（Corkscrew）

时期：19 世纪 70 年代。

一种精纺毛纱织物，"从外观上看，一条螺纹沿着非常低的角度延伸"（Tailor & Cutter）。

康奈利（Cornelly）

时期：1938 年。

用康奈利刺绣机在布料上绣出花边图案，然后将布料去掉只留下刺绣图案。

科维拉（Corvella）

考陶尔德（Courtauld）的一个商标名，指考特尔（courtelle）与棉的混纺品。

棱纹绸（Cotelé）

时期：1865 年。

一种有棱纹的厚丝绸。

科特勒特（Cotelette）

时期：1881 年。

一种没有弹性的袜织羊毛织物。

细棱条细平布（Coteline）

时期：1892 年。

一种条纹羊毛灯芯绒。

科托林（Cotoline）

时期：1886 年。

一种黑色的法兰绒和羊毛混合物，类似奥斯曼（ottoman）丝绸，但质地更为柔软。

科茨沃尔德羊毛（Cotswold）

时期：16 世纪。

一种产自英格兰科茨沃尔德（Cotswold）优质绵羊毛，多用于制作帽子。

棉（Cotton）

时期：中世纪以后。

包裹棉花种子的柔软绒毛纤维，在欧洲最初用作衬垫或填充材料，后来进口的棉花用来纺织织物。

详见"印花布（calico）"。

棉布（Cotton cloth）

时期：15世纪~17世纪。

绒毛被"棉化"或拉长的毛料。"他们把这种纬起毛织物的棉花拉长"（1495, Act II, *of Henry VII*）。

赤褐色棉（Cotton russet）

时期：16世纪。

带有长绒毛的赤褐色布料。

库舒克橡胶（Couchouc）

时期：19世纪。

19世纪20年代，人们开始使用天然橡胶来制作吊袜带和束腰等衣饰，其编织物被称为"松紧带"（elastic）。

考陶尔德新丝绉（Courtauld's New Silk Crepe）

时期：1894年。

"几乎和雪纺绸一样薄而柔软。"

考特尔（Courtelle）

时期：20世纪50年代。

考陶尔德（Courtauld）产的腈纶的商标名，在20世纪50年代取代了粘胶纤维。

详见"科维拉（corvella）"。

人字斜纹布（Coutil）

时期：19世纪40年代。

一种法式斜纹棉布，重量较轻。

薄斜纹外套料（Covert）

时期：19世纪。

一种由两色精纺毛经纱捻织在一起制成的全羊毛布料。

绉纱（Crape, Crepe, Crêpe）

时期：17世纪以后。

一种有褶皱的透明丝纱，最初为黑色，因此用于制作哀悼用品，"crape"也仅指用于哀悼的黑色绉纱，19世纪后期，出现了"crepe"这种拼写形式，表示一种类似的材料，有各种颜色，并用于常规用途。

克莱文特防雨布（Cravenette）

时期：1899年。

Bradford Dyers Ltd.持有的一种布料专利，可使织物具有防水性，多用于轻皮短外套。

克雷米尔（Cremil, Cremyle）

时期：14世纪。

用来制作方头巾的上等棉细布。

双绉（Crêpe de Chine）

时期：1860年。

一种质地非常柔软的中国绉纱，由细丝经纱和紧密捻合的精纺毛纬纱制成，后来指一种细腻、柔软的丝绸绉纱。

乔其纱（Crêpe georgette）

时期：20 世纪。

一种棉质、人造丝或真丝材质的透明薄绉纱，表面有纹理但无光泽。

充双绉（Crepeline）

时期：19 世纪 70 年代。

双绉的廉价替代品，采用马海毛和精纺毛纱制成。

乳香绉纱（Crêpe mastic）

时期：1908 年。

一种有光泽而厚重的双绉。

府绸绉纱（Crêpe poplin）

时期：1871 年。

一种丝毛混纺面料，略带压痕，但像绉纱面料一样带有褶皱。

皇家绉纱（Crêpe royal）

时期：1889 年。

一种透明的双绉。

苏丹尼绉纱（Crêpe sultane）

时期：1910 年。

一种表面有光泽的绉纱。

缇兹拉绉纱（Crêpe tizra）

时期：1928 年。

罗曼羊毛。

厚绉纱（Crepon）

时期：1866 年。

一种具有丝绸光泽和柔软触感的中国绉纱。1882年以前，指一种由羊毛、丝绸或混纺面料制成的织物，表面呈现出类似绉纱的光滑感，但更为厚实。19世纪90年代，指一种羊毛织物，表面经过起皱处理，条纹或方格间呈现出蓬松的效果。通常还掺有少量的丝。

克雷波汀（Crêpotine）

时期：1904 年。

一种由柔软的羊毛和丝绸制成的夏季织物。

克雷斯特布（Crest cloth, Cress cloth）

时期：15 世纪和 16 世纪。

一种常用于制作衬里的亚麻布。

大花型瑰丽印花装饰布（Cretonne）

时期：1867 年。

一种无光泽彩色斜纹棉织物。

松捻双股细绒线（Crewel）

时期：16 世纪。

用于刺绣和挂毯工艺的双股精纺毛纱线（bailey）。约1800年前，也指吊袜带、束腰带和装饰物。16世纪后期，"crewel"重新使用，指双松捻双股细绒线制成的刺绣。

克林普纶（Crimplene）

时期：20 世纪 50 年代晚期。

519

聚酯纤维的一个变种，帝国化学工业公司（ICI）推出的涤纶（terylene）产品，用于服装制作。

克里诺林（Crinoline）

时期：1829年。

"一种由马鬃制成的新材料"，不久后改用马毛和棉花制成，用于制作硬挺的衬裙。1856年，通常指"人造克里诺林"或裙箍，最初是由鲸须制成，后来改用金属丝或表簧，并由织物或带子将多个圆形裙箍固定在一起。

克里斯普（Crisp）

时期：14世纪和15世纪。

一种上等细布，后被"cyprus（塞浦路斯）"或"pleasaunce（普莱桑斯）"取代，但最初"crisp（克里斯普）"这种叫法在1600年左右再次使用，指"新式布料"。

克里斯蒂格雷（Cristygrey）

时期：中世纪。

一种在1393年被归类为"野生皮（wildware）"的毛皮，取自动物的头部或"冠毛"。

番红花布（Crocus）

时期：18世纪。

用藏红花染的黄色亚麻布。

克罗普斯（Croppes）

时期：15世纪。

由从动物臀部剪下的毛皮制成。

十字花边（Cross lace）

时期：16世纪。

一种编结花边。

拷花丝绒（Crushed velvet）

时期：20世纪。

经辊压或其他方式加工后，天鹅绒表面形成了一种不规则或仿古式样。

库比卡薄呢（Cubica）

时期：19世纪。

一种精纺毛纱斜纹里子布，用于制作衬里。

库吉（Culgee, Culgar）

时期：17世纪和18世纪。

一种来自东印度的丝绸面料，颜色丰富。"有两种，一种是缎子（satten），另一种是塔夫绸（taffety）。常用于制作手帕和长袍"（1696, *Merchants' Wharehouse Opened*）。

卷曲布料（Curled cloth）

时期：17世纪。

一种表面有长绒毛的毛料。

麻棉混纺交织布（Cuttanee, Cottony）

时期：17世纪和18世纪。

一种用于制作衬衫、领带等的优质东印度亚麻，也可采用丝绸制成或带金属条纹。

挖花花边（Cut-work）

详见"英格兰刺绣（broderie anglaise）""白线刺绣（white work）",另见词典中的"挖花花边（cut-work）"。

希克拉斯（Cyclas）

时期：中世纪。

详见"切克拉顿（ciclatoun）"。

赛普拉斯（Cypress）

时期：16世纪。

一种轻薄透明的丝绸和亚麻材料，采用平纹或绉纱编织而成，有白色和黑色两种，黑色用于哀悼。

塞浦路斯（Cyprus）

详见"克里斯普（crisp）"。

D

大可纶（Dacron）

时期：20世纪50年代中期。

美国杜邦公司生产的一种合成聚酯纤维的商品名。

达格斯温（Dagswain）

时期：15世纪和16世纪。

一种非常粗糙的布料。

"简单的衣物对我们来说完全足够了，能用上达格斯温和毯子，我们很满足。"（1547, Boorde, *Introduction to Knowledge*）

达玛辛（Damasin, Damasellours）

时期：17世纪和18世纪。

用金属线织成的织锦缎。

花缎（Damask）

时期：中世纪以后。

一种饰有图案的单色织物，由亚麻、丝绸或羊毛制成，上面的编织图案通过对比鲜明的编织面在背面呈现反转效果。

高级薄花呢（Delaine）

时期：19世纪30年代。

一种质地柔软的全羊毛织物，采用平纹编织，经线使用精纺毛纱，类似薄花呢（mousselaine de laine），但不像平纹细布那么细薄，有些品种可以印花。

丹宁布（Denim）

时期：18世纪以后

一种进口斜纹哔叽布料，法文"serge de nîmes"的简称，后来指一种彩色斜纹棉织物，用于制作工作服，尤其是被称为"jeans（牛仔裤）"的蓝色裤子。

521

丹麦缎纹呢（Denmark satin）

时期：19 世纪。

一种编织有缎子斜纹的厚实织物。

德里布（Derry）

时期：19 世纪。

"棕色德里布是一种结实的宽幅亚麻布"（1872, *Cassell's Household Guide*, part 2）。

德索伊（Desoy, Serge de soy）

时期：18 世纪。

一种结实的斜纹丝绸（perkins），19世纪时英语中称为"silk serge（丝哔叽）"，用于制作内衬。

德沃尔（Devoré）

时期：19 世纪晚期。

起源于法语"dévorer"，意为"消耗、吞噬"，指将专有浆料用在混合纤维织物上时，可以灼烧掉纤维素或粘胶纤维（如棉和亚麻纤维），而保留动物纤维或聚酯纤维（如羊毛或丝绸）。当浆料涂抹在天鹅绒上时，会蚀掉粘胶堆绒，留下丝质底面，涂抹在棉和亚麻上则会产生蕾丝状的空隙。

贡斜纹（Diagonal）

时期：19 世纪 70 年代。

一种精纺毛纱织物，具有多重斜纹，斜纹花型形成鲜明的对比效果，是一种时髦的大衣布料。

闪光珠饰网织物（Diamanté）

时期：19 世纪。

一种镶嵌有玻璃仿钻的网织物。

菱形花边（Diamond lace）

时期：16 世纪。

一种有菱形图案的编结花边。

菱纹织物（Diaper）

时期：15 世纪以后。

一种亚麻或棉麻织物，通过将纱线按照方向简单排列成菱形或类似形状的图案，用光线反射出设计图案。

迪耶普哔叽（Dieppe serge）

时期：1872 年。

一种带有粗斜纹的哔叽。

条格麻纱（Dimity）

时期：17 世纪。

"一种精细的纬起毛织物，一种棉织品"（bailey）。19 世纪，指一种结实的平纹或斜纹棉织物，一面有凸起的图案，有时有印花。

迪菲拉（Diphera）

时期：1842 年。

一种细腻柔软的小山羊皮，用于制作女式软帽。

吉达（Djedda）

时期：1866 年。

一种带有丝绸斑点的山羊毛织物（poile

de chevre）。

杰尔萨卡沙（Djersa kasha）

时期：1928年。

一种平纹织物。

母鹿皮革（Doeskin）

时期：19世纪。

一种产自英格兰西部的柔软、精细布料，经线非常紧密，不露织纹，表面光滑平整，设计类似柔软的母鹿皮。19世纪中期前后流行用作裤子布料。

狗皮革（Dogskin）

时期：17世纪以后。

用来制作手套的皮革，有时也指羊皮。

德莱（Doily）

时期：17世纪。

一种毛织品，用于制作衬裙。以发明人Doily（17世纪的伦敦布料制造商）的名字命名，他"在斯特兰德大街经营着一家亚麻布商店"（Sir Hans Sloane）。

双面厚绒布（Domette）

时期：19世纪。

一种用棉经纱和羊毛纬纱编织而成的法兰绒，编织结构较为松散。

多尼盖尔粗花呢（Donegal tweed）

时期：1890年。

"一种棕色的家纺粗花呢"，用于制作厚大衣，有平纹和二上二下双面斜纹两种织法。

多卡斯（Dorcas）

时期：18世纪。

一种印度棉布。

多莉亚（Dorea）

时期：17世纪和18世纪。

一种条纹非常宽的印度平纹细布。

多尔尼克（Dorneck, Dornick）

时期：16世纪。

一种产自诺福克的布料，仿制佛兰德的丝绸或精纺毛纱面料，在苏格兰则指一种亚麻布。

多雷廷（Dorretteen）

时期：1792年。

一种由丝绸和羊毛混纺制成的细条纹面料，条纹为暗纹，产于诺里奇。

多尔塞廷丝毛呢（Dorsetteen）

时期：18世纪。

一种由精纺毛经纱和丝纬纱织成的织物。

双面织物（Double-faced）

时期：19世纪以后。

一种双面加工的织物，因此可以制成正反两面穿的服装，无须进一步调整。

详见"双面服装（reversible clothing）"。

道拉斯粗棉布（Dowlas）

时期：16世纪~19世纪。

一种粗麻布，主要用于制作衬衫、罩衫等，供经济条件较差的人穿。

达兹恩斯（Dozens）

时期：16世纪~18世纪。

一种克尔赛呢或毛料。"北方白布俗称'多辛斯（dosins）'"（1523），也产于英格兰西部，称为"西部达兹恩斯（Western Dozens）"。

德拉布（Drab）

时期：18世纪和19世纪。

一种结实的厚布，通常带有斜纹，颜色呈暗褐色或灰色。

德拉夫特（Draft）

详见"阿曼（amen）"。

特拉纶（Dralon）

时期：1955年~1958年。

专有名词，指一种纺织用腈纶，也指腈纶织物，主要用于软装饰。20世纪60年代，曾有人尝试用来制作特拉纶和尼龙混合服装面料。

粗纺呢绒（Drap de Berry）

时期：17世纪和18世纪。

一种产自法国贝里（Berry）的毛料。

法国织物（Drap de France）

时期：1871年。

一种双面斜纹开司米。

波斯织物（Drap de Persse）

时期：1907年。

一种缎面、羊毛背衬的布料。

全丝斜纹硬挺绸（Drap de soie）

时期：19世纪。

"府绸（poplin）"的同义词。

丝绒布料（Drap de velours）

时期：1861年。

一种质地柔软的厚天鹅绒布料。

威尼斯织物（Drap de Venise）

时期：1866年。

一种螺纹府绸。

德拉普·福罗（Drap fourreau）

时期：1867年。

一种厚而光滑的布料，底面为长毛绒。

手工提花织物（Drawboys）

时期：18世纪。

一种花纹织物的名称，因最初需要男孩来调节织布机踏板而得名，后来使用雅卡尔提花织机（jacquard loom）制作。"带图案的精美手工提花织物，用于制作带缘饰的女式外套"（1750, *Boston Gazette*）。

抽花绣（Drawn-work）

时期：16 世纪。

通过抽出部分纬线并缝合剩余的经线和纬线，在织物上形成图案的抽线工艺。

仿熊皮粗绒大衣（Dreadnought）

时期：19 世纪。

一种粗糙厚实的毛料，上面的绒毛较为蓬松，乡下人用来制作大衣。

斜纹布（Drill）

时期：18 世纪以后。

一种结实的斜纹亚麻布，用于制作夏季套装。"身着……一件白色斜纹布佛若克（frock）"（1757, Norwich Mercury）。

花缎（Droguet）

时期：1860 年。

一种用混合纱线织成的布料，上面有各色的织锦图案，是一种廉价的锦缎仿制品。

杜格特（Drugget）

时期：18 世纪。

一种平纹或凸纹毛织物，"非常薄且窄，材质通常为全羊毛，有时为半毛半丝，有时有斜纹，但通常没有"（1741, Chambers）。

杜卡普（Ducape）

时期：18 世纪和 19 世纪。

一种结实的平纹丝织物。"比那不勒斯产的重厚丝织物（gros de Naples）更柔软"（Beck）。19 世纪，常进行织锦或上光处理。

帆布（Duck）

时期：19 世纪。

由双经双纬制成的白色粗亚麻布，多用于制作炎热季节时穿的裤子。

德弗尔/达夫尔（Duffel, Duffle）

时期：17 世纪晚期。

"一种粗羊毛"（defoe），原产于布拉班特。19 世纪指"一种结实的缩绒法兰绒，通常起绒"（1835, Booth）。

后来指一种用于制作大衣的带有蓬松厚绒毛的布料，因此也产生了航海"达夫尔大衣（duffle coat）"。

粗蓝布（Dungaree）

时期：17 世纪和 18 世纪。

一种粗糙的印度印花布。

邓斯特（Dunster）

时期：14 世纪~16 世纪。

一种产自萨默塞特（Somerset）的细毛织品。

杜兰斯（Durance）

时期：16 世纪~18 世纪。

一种耐用的毛料，一种产自诺里奇的精纺毛纱。

杜兰特（Durant）

时期：18 世纪和 19 世纪。

"一种上光的毛织品，有些人称之为'永固缎纹织物（everlasting）'"（1828, Webster's

Dictionary）。

杜雷托（Duretto, Durotta, Duretty）

时期：17 世纪。

一种由马海毛和羊毛线或丝绸制成的结实面料。"6码的杜雷托马甲内衬0.4英镑"（1723）。

杜洛瓦（Duroy）

时期：18 世纪。

一种产自英格兰西部的粗毛织物，类似棉经毛纬平纹呢（tammy）。"身穿灰色杜洛瓦大衣和马甲"（1722, *London Gazette*）。

也指花缎织物中的一种上光棉线（glazed cotton）（1791, Norwich）。

杜蒂（Dutty）

时期：17 世纪。

一种细布，也可能是一种印花布。

杜法丁绒（Duvetyn, velours）

时期：20 世纪。

一种质地柔软的绒面材料，由羊毛或丝绸或两者混纺制成，并带有细腻的绒毛。

E

艾丝莉德（Eccelide）

时期：1837 年。

一种带印花和条纹的开司米和丝绸面料。

本色生丝（Ecru silk）

时期：20 世纪。

只去除少量天然胶质的丝绸。

埃德拉（Ederella）

时期：1916 年。

一种"具有绒面效果的"织物。

埃及布（Egyptian cloth）

时期：1866 年。

一种由丝绸和些许羊毛混纺而成的柔软织物。

弹性织物（Elastic）

时期：19 世纪。

1820 年，汉考克（Hancock）首次申请了将生橡胶（天然橡胶）应用于线材以制造"弹性"面料的专利。然而在 18 世纪，"elastic"一词在英语中用来指沿斜线裁剪的弹性织物。1884 年，也指一种"类似麦尔登呢（melton），但像骆马绒（vicuna）一样柔软"的新布料（tailor & cutter）。

埃拉奇（Elatch, Elatcha）

时期：17 世纪。

一种印度条纹丝绸。

象灰织物（Elephant cloth）

时期：1869年。

一种用亚麻绳捻制而成的布，网眼呈篮状。

艾莱门特斯（Ellementes）

时期：17世纪。

一种精纺毛纱织物。

埃尔米内塔（Elminetta）

时期：18世纪。

一种质地较薄的棉织物。

伊利西安波纹厚呢（Elysian）

时期：19世纪。

一种带有斜线或波纹绒面的毛织大衣布料。

刺绣（Embroidery）

时期：中世纪以后。

用丝线或金属线，在布料或织物表面缝制针法图案，使其更加丰富。

上胶（Enamelled）

时期：18世纪。

指用胶对纺织品进行硬化处理。

风神绸（Eolienne）

时期：20世纪。

一种类似府绸但重量更轻的衣料，通常由丝绸和羊毛制成。

埃潘杰琳（Epangeline）

时期：1868年。

一种全毛的棱纹布料。19世纪90年代，指带有细凸纹的羊毛棉缎。

埃潘格里棱纹绸（Epinglé cloth）

时期：20世纪。

一种呈现横向细螺纹效果的织物。

海绵呢（Éponge）

时期：1912年。

一种质地柔软且结构松散的棉、羊毛或丝织物，类似平纹结子花呢（ratine），经线通常与粗糙或环绕的纬线捻在一起。

貂皮（Ermine）

时期：中世纪以后。

白鼬冬季的白色毛皮。14世纪下半叶，开始出现带点花纹的貂皮（用貂尾上的斑点来区分皇室御用貂皮和普通貂皮）。

埃尔米内塔（Erminetta）

时期：18世纪。

一种质地较薄的亚麻或棉织物。

埃斯梅拉达（Esmeralda）

时期：1831年。

一种带有黑色和金色刺绣的白色绉纱或纱罗织物。

埃斯塔明（Estamine）

时期：17世纪和18世纪。

一种编织结构松散的羊毛织物。19世纪后期，指一种略厚的哔叽，质地结实，"带图案的全毛埃斯塔明"（19世纪90年代）。

鸵鸟绒毛（Estrich, Estridge）

时期：16世纪。

一种用鸵鸟毛绒制成的毛毡材料，可替代海狸毛用于制作帽子。

伊特鲁里亚布（Etruscan cloth）

时期：1873年。

一种像毛巾布一样表面粗糙的布料。

永固缎纹织物（Everlasting, Lasting）

时期：18世纪~1840年。

一种双经单纬的结实精纺毛纱面料。"一种表面光亮的布料"（1829）。

博览会格纹布（Exhibition checks）

时期：1851年。

一种大格纹织物，在万国博览会（the Great Exhibition）举行的这一年被用来制作裤子。

F

面料（Fabric）

时期：19世纪以后。

一种用于制作服装的加工品或梭织品，常与"织物"（material）互换使用，但织物通常仅用于指羊毛产品，不包括丝绸或合成纤维产品。"相对于所谓的连衣裙织物，丝绸越来越受欢迎"（*Daily News*，1884年10月27日）。

经面织物（Faced cloth）

指任何正面与背面编织或处理工艺不同的布料。

提花织物（Faconné）

法语中指在编织中加入小图案的织物，类似花纹织物。

菲尔绸（Faille）

时期：1863年。

"一种不带波纹的云纹绸（moiré silk）"，质地比罗缎（grosgrain）更为柔软亮丽。

费莱特（Faillette）

时期：1898年。

一种有螺纹的柔软毛织物，光泽如丝。

福尔丁（Falding）

时期：中世纪。

一种类似起绒粗呢的粗布料，也有"farrenden"、"farrender"和"farendine"三种叫法。

时期：17世纪。

一种丝绸和羊毛混纺织物。

防水毛呢料（Fearnought, Fearnothing, dreadnought）

时期：18世纪。

一种结实的长绒厚布，几乎不透风雨。"一件防水夹克和背心"（1741, Essex Records）。

羽毛（Feathers）

时期：15世纪以后。

尤其指鸵鸟的羽毛。18世纪晚期之前，男性将鸵鸟的羽毛用作头饰装饰品，而女性则从16世纪就开始将其用作相同的用途。特别是在19世纪，各种本地鸟类和进口鸟类的羽毛都被用来制作头饰、暖手筒和斗篷等。

毛毡（Felt）

时期：中世纪以后。

一种用羊毛纤维和毛皮组成的固体材料，无须编织，而是通过加热、加湿和加压处理将两种成分结合在一起，一种制作帽子的常用材料。

毡制针织（Felted knitting）

时期：16世纪。

将特意编织得过大的针织品（通常是帽子）经过浸泡、揉搓和捶打处理，使其产生毛毡效果并收缩到所需尺寸的过程。

细带（Ferret）

时期：17世纪。

一种较窄的丝绸或棉质丝带，属于狭幅织物的一种。

纤维（Fibre）

纺织工艺中的基本元素，即天然或人工结构的线条状纤维，被捻合成纱线，然后用于制造织物。

花纹织物（Figured stuffs, Figured fabrics）

时期：18世纪。

"用热熨斗压印的花朵、图案、树枝等图案"（1741, Chambers）。19世纪，用彩色丝线将图案织入织物中。

费格雷罗（Figurero）

时期：17世纪。

一种羊毛织物。

费格雷托（Figuretto）

时期：17世纪。

一种昂贵的花饰，据认为是采用金属线编织而成。

菲古里（Figury）

时期：15世纪。

一种带图案的缎子和天鹅绒织物。

菲尔德平纹细布（Filled muslin）

时期：19世纪中期。

一种精细的平纹细布，其带有的"浮纹斑点（lappet spot）"是通过在对应的经线上成"Z"字形交错额外的经线产生的。

菲洛泽拉（Fillozella, Fillozetta, Philiselie）

时期：17世纪。

一种双层羽纱。"一种粗糙的丝绸"（1598）。

芬格姆斯（Fingroms）

时期：18世纪。

根据丹尼尔·笛福的说法，是一种主要产于苏格兰斯特林（Stirling）的粗哔叽。

网眼布（Fish-net）

时期：19世纪晚期。

一种结构松散的织物或网眼织物，与渔网无异，主要用于制作长袜和紧身袜。

艾鼬皮毛（Fitchews, Fitchet, Filches）

时期：中世纪。

臭鼬（polecat）或艾鼬（fitch）的毛皮，底毛是黄褐色，上层毛皮是华丽有光泽的棕色，接近黑色。

佛朗明哥（Flamingo）

时期：1928年。

"一种具有时尚褶皱效果的丝毛混纺面料"（C. W. Cunnington, *English Women's Clothing in the Nineteenth Century*）。

佛兰德斯哔叽（Flanders serge）

时期：17世纪。

一种产自英国的精纺毛纱织物。

法兰绒（Flannel）

时期：中世纪以后。

一种原产自威尔士的毛料，16世纪时称为"威尔士棉布"（welsh cottons），采用羊毛纱线制成，轻微捻合，质地松散，采用平纹或斜纹织法制成。

棉织法兰绒（Flannelette）

时期：1876年。

最初是一种美国布料，一面有斜纹，另一面有类似长毛绒的表面，主要由羊毛制成，后来几乎完全由棉花制成以模仿法兰绒。

羊毛状物（Fleece）

时期：中世纪以后。

绵羊或其他长毛动物的毛，用于制作服装。20世纪晚期，美国迈登迷公司（Malden Mills）于1979年申请了摇粒绒（Polarfleece）的专利，用于制作非技术性服装，如轻便运动服，迈登迷公司还申请了高密度抓毛绒（Polartec）专利，用于制作技术性要求较高的服装。

弗洛拉米达（Florameda）

时期：17世纪。

一种"有花朵或其他图案的织物"（Beck）。

佛罗伦萨（Florence）

时期：15世纪。

一种最初从意大利进口的毛料。

时期：19世纪40年代。

一种带凸纹的巴雷格纱罗或昆捻纱罗织物，也可以用来指一种制作衬里的轻薄塔夫绸。

弗洛伦蒂娜（Florentina）

时期：18世纪和19世纪。

普伦尼拉斜纹薄呢（prunella）的一种，采用精梳羊毛织成。

弗洛伦廷（Florentine）

时期：16世纪。

一种从佛罗伦萨进口的丝绸或绸缎织物。

时期：19世纪。

"一种主要用于制作男士马甲的丝织物，有条纹、花纹、平纹或斜纹多种款式。还有另外两种以此命名的面料，一种是精纺毛纱［以前叫佛罗伦萨面料（florence）］，另一种是类似牛仔布的棉质面料，通常带有条纹，用于制作裤子"（Beck）。后者在1817年被称为"新发明的民族弗洛伦廷式（National Florentine）"。

弗洛里内尔（Florinelle）

时期：18世纪晚期。

一种上光锦缎，饰有条纹和花朵，产自诺里奇。

弗勒特丝绸（Flurt silk）

时期：中世纪。

提花丝织物。

粗纺厚呢（Flushings）

时期：19世纪。

一种类似德弗尔（duffel）的厚重毛织品。

弗因斯（Foines, Foynes）

时期：中世纪。

石貂（beech marten）的皮毛；石貂属臭鼬类。

福雷斯特织物（Forest cloth）

时期：16世纪~18世纪。

一种优质毛料，原产于英格兰的迪恩森林（Forest of Dean）。

福雷斯特白布（Forest white）

时期：16世纪和17世纪。

一种产自约克郡佩尼斯通（Penistone）的白色家纺布，染成红色或蓝色时被称为"佩尼斯通（pennystone）"。

薄软绸（Foulard）

时期：19世纪20年代。

一种质地柔软、轻盈的耐洗斜纹丝绸，原产于印度，后产于法国。

毛织薄呢（Foulard poile de chèvre）

时期：1870年。

一种类似薄软绸的山羊毛织物，"散发着日本丝绸光泽"。

糙面粗哔叽（Foule）

时期：1882年。

一种斜纹羊毛织物，质地如天鹅绒般柔软。"类似仿开士米薄呢（casimir），如丝般柔软光洁"。

狐皮（Fox fur）

时期：中世纪。

中世纪早期，英国人就开始采用本地狐狸的毛皮制作服饰。1600年左右，开始使用俄罗斯黑狐的毛皮。后来，人们更倾向于选择红狐和银狐的毛皮。

法国黑玉（French jet）

时期：1893年。

一种由镶嵌在金属圆片上的黑玉切面组成的服装装饰，是一种仿黑玉玻璃，常被用于制作珠子等。

起绒粗呢（Frieze）

时期：中世纪。

一种带绒的毛料，原产于爱尔兰。"一种产自威尔士的粗布"（1662, *Fuller's "Worthies"*）。

平纹结子花呢（Frisé）

时期：19世纪晚期。

一般指凸起的图案或表面效果。1885年，开始流行一种花纹像毛圈天鹅绒一样竖起的锦缎。几年后，出现了"黑色丝质羊毛面料的凸起平纹结子花呢条纹（raised frisé stripe）"（*The Daily News*，1892年10月24日）。

弗里萨多（Frizado）

时期：16世纪和17世纪。

一种类似粗羊毛织物（baise）的厚重精纺毛纱织物。

弗鲁弗鲁（Frou-frou）

时期：1870年。

一种像缎子一样的浴布。

弗尔古朗特（Fulgurante）

时期：1920年。

"一种丝绸、缎子和绉纱的混纺面料"（C. W. Cunnington, *English Women's Clothing in the Nineteenth Century*）。

人造毛皮（Fun fur）

时期：20世纪60年代以后。

使用一系列人造纤维（如腈纶和涤纶）制作的仿皮草面料，有多种颜色和图案，也使用染色的养殖兔皮。

毛皮（Fur）

质地更为柔软和厚实的动物皮毛，非毛发也非羊毛。

有史以来，毛皮服装、衬里和配饰所提供的优越保暖性使得某些动物的毛皮备受追捧，兔皮不是特别流行，但雪貂皮和黑貂皮非常受欢迎。

详见单个词条，如"栗鼠毛皮（chinchilla）""狐皮（fox fur）""貂皮（mink）"等。

纬起毛织物（Fustian）

时期：中世纪。

一种由亚麻经纱和棉纬纱制成的粗斜纹织物（beck），表面类似天鹅绒，因此也有"仿天鹅绒（mock velvet）"之称。14世纪时，似乎也指一种产自诺里奇的毛纺或精纺毛纱织物。

绒面纬起毛织物（Fustian anapes）

时期：17世纪。

一种产自那不勒斯的纬起毛织物（fustian），一种平绒面料，"仿天鹅绒或绒面纬起毛织物"（Cotgrave）。

艾鼬皮（Fycheux）

时期：15世纪。

鸡貂（foumart）的毛皮，"又称臭鼬（polecat）或艾鼬（fichet）"。

G

华达呢（Gabardine）

时期：1879年。

一种编织前经过防水处理的专利布料，是一种精细的精纺或精纺与棉混纺斜纹布，织造紧密，具有防水功能，比雨衣等橡胶布更舒适。此外，还有全棉华达呢。这种面料由托马斯·博柏利发明。

加拉忒亚（Galatea）

时期：19世纪。

一种结实牢固的条纹棉织物，仿亚麻编织，有明显的斜纹。

缎带（Galloon）

时期：17世纪以后。

一种用羊毛或雪貂毛线制成的衣服边饰。1848年，"缎带现在是纯丝制的"。

甘布龙布（Gambroon）

时期：1817年。

一种由精纺毛纱和棉经纱以及棉纬纱制成的平纹斜纹布，有的也用马海毛制成；用于制作马甲、马裤和长裤。

戈利克茨亚麻布（Garlicks）

时期：17世纪。

一种产自普鲁士西里西亚（Silesia）戈尔利茨（Gorlitz）的亚麻布。

纱罗织物（Gauze）

时期：13世纪以后。

一种质地非常轻薄的半透明丝织品。18世纪时，由亚麻和丝绸制成。到了19世纪，由棉制成。

透明纱（Gauze illusion）

时期：1831 年。

一种细密的丝绸纱罗织物，类似薄纱（tulle）。

纱丝菲德（Gauze sylphide）

时期：1832 年。

一种由纱罗织物和缎带交替条纹组成的织物，其中缎带绣有花束图案。

印花巴雷格纱罗（Gazeline barege）

时期：1877 年。

一种半透明的纯美洲驼羊毛织物，类似巴雷格纱罗。

珠纱（Gaze perlee）

时期：1833 年。

一种印有丝绸小方块的半透明纱罗织物。

烧毛毛纱布（Genappe cloth）

时期：1863 年。

一种羊毛和棉织物，通常有同色系深浅两种色调的条纹。

麝猫皮（Genet, Jennet）

时期：中世纪。

一种麝香猫的皮毛，呈灰色或黑色。

热那亚棉纬平绒（Genoa plush）

时期：1887 年。

一种类似天鹅绒的长毛绒，绒毛非常短但较为厚实，一种平绒。

热那亚全丝花丝绒（Genoa velvet）

时期：18 世纪和 19 世纪。

一种全丝锦缎天鹅绒。"这个术语现用于描述底布为缎子，阿拉伯式花纹采用天鹅绒制作的布料。"（1876年）

根特布（Gentish）

时期：16 世纪和 18 世纪。

一种原产于佛兰德斯根特（Ghent in Flanders）的织物。在不同时期也可能指布料或亚麻布。

吉奥莱恩（Geolaine）

时期：1928 年。

羊毛乔其纱。

乔其纱（Georgette）

时期：1914 年。

一种质地较薄的丝质绉纱，密度低于双绉（crêpe de chine）。后来用棉布、人造丝等仿造。

德国哔叽（German serge）

时期：18 世纪。

一种用精纺毛经纱和羊毛纬纱制成的斜纹哔叽布料。

绒丝带（Gimp）

时期：17 世纪以后。

一种用线绕在金属丝或细绳上形成的粗糙花边，由各种不同质量的丝绸、羊毛或棉花制成，用作装饰。

详见《网眼花边词汇表》。

姜粉布（Gingerline）

时期：17 世纪。

一种织物，最初为红紫色。

方格色织布（Gingham）

时期：17 世纪。

一种来自印度的进口棉布，采用染色纱线制成，18世纪在曼彻斯特和格拉斯哥仿制。19世纪时，指一种最初由亚麻后来由棉花制成的结实方格布。

闪光绸（Glacé silk）

时期：1840 年。

一种表面具有特殊光泽的平纹塔夫绸。

上光荷兰亚麻布（Glazed holland）

时期：18 世纪。

一种荷兰摩擦轧光印花棉布。

戈利（Goaly）

时期：1874 年。

一种本色丝绸，类似精细的帆布。

戈德尔明（Godelming）

时期：14 世纪。

一种产自萨里郡戈德尔明（Godalming）的小牛皮。

戈尔特斯（Gore-tex）

时期：20 世纪晚期。

戈尔及同仁有限公司（W. L. Gore & Associates Inc.）的一个注册商标。这种织物于1989年推出，使用了戈尔公司的专利膜技术，是一种既透气又能防潮防风的织物。

薄纱（Gossamer）

时期：19 世纪。

一种用于制作面纱的华丽丝纱。

古尔古兰斯（Gourgourans）

时期：1835 年。

一种以浅色为底，带有白色缎纹的衣料。

花岗石纹呢（Granite）

时期：19 世纪 20 年代。

一种用雪尼尔制成的材料，用来做头饰。1865年，指一种具有同色系深浅两种色调的中国羊毛织物。

格拉泽特（Grazet）

时期：18 世纪。

一种廉价的灰色羊毛制品。

昆捻纱罗织物（Grenadine）

时期：19 世纪。

一种轻薄的丝绸或丝绸和羊毛纱罗织物，类似巴雷格纱罗，但网眼更大。种类较多，有平纹的也有花纹的，有全羊毛材质的也有棉质的。

灰皮（Grey）

时期：中世纪。

据说是从德国进口的灰松鼠皮毛。

格罗格兰姆呢（Grogram）

时期：17 世纪和 18 世纪。

"一种塔夫绸，比普通面料更为厚重和粗糙"（bailey），最初由丝绸和马海毛制成，后来被称为"土耳其格罗格兰姆呢（turkey grogram）"。面料明显经过上胶硬化处理。

罗缎（Gros, Grosgrain）

时期：19 世纪以后。

一种品质极佳的结实丝织物，织边之间有一条线，但没有府绸上的细纹那么明显。

伦敦横棱绸（Gros de Londres）

时期：1883 年。

类似奥斯曼丝绸，但线更加精细，由"两条粗纹理夹两条细纹理"组成。

重厚丝织物（Gros de Naples）

时期：18 世纪。

类似塔夫绸，但更结实。"光亮绸（lutestring）现在称为'重厚丝织物（gros de Naples）'"。

时期：19 世纪。

一种有点类似爱尔兰府绸的凸纹丝绸。

罗马绸（Gros de Rome）

时期：1871 年。

一种皱纹丝绸，质地介于双绉和薄软绸之间。

彩色横条纹绸（Gros des Indes）

时期：1827 年。

一种带有横向窄条纹的厚重丝绸。

无光细棱纹绸（Gros de Suez）

时期：1867 年。

一种丝织物，"两条较粗纹理之间夹三条较细纹理"。

图尔横棱绸（Gros de Tours）

时期：1833 年。

一种类似毛圈天鹅绒的华丽凸纹丝绸，可媲美棱纹金银线织锦（rep imperial）。

伊韦横棱绸（Gros dhiver）

时期：19 世纪。

一种质地介于波纹绸（tabby）和棱纹绸（paduasoy）之间的丝绸。

柞蚕丝绸（Gros tussore）

时期：1910 年。

一种在棱纹底上略带颗粒状凸起的丝绸。

凸花花边（Guipure lace）

详见《网眼花边词汇表》。

高罗佩荷兰亚麻布（Gulik Holland）

时期：18 世纪。

一种非常精细的白色亚麻布，用于制作衬衫。

古塔胶（Gutta-percha）

时期：1842 年之后。

一种取自东南亚树木的汁液，可用作天然乳胶，和天然橡胶一样可用于制作防水衣物。

H

英国优质呢绒（Habit cloth）

时期：19 世纪。

一种光滑、紧密的细毛织品，无斜纹。

全丝薄软绸（Habutai）

时期：19 世纪初期。

一种精细柔软的日本丝绸。

详见"日本丝绸（Jap silk）"。

哈尔宾斯（Hairbines）

时期：18 世纪晚期。

一种表面粗糙的平纹精纺毛纱织物，类似马海毛，产于诺里奇（Norwich）。

汉堡亚麻布（Hambrow）

时期：16 世纪和 17 世纪。

一种产自德国汉堡的精细亚麻布。

汉德瓦普斯（Handewarpes）

时期：16 世纪。

一种产自东英吉利亚的白色或彩色布料。

哈登（Harden）

时期：15 世纪初期至 19 世纪初期。

一种普通亚麻布，采用大麻或亚麻（Beck）纤维束或最粗糙的大麻或亚麻制成。

野兔毛皮（Hare）

时期：中世纪。

野兔腿上的毛皮，尤以爱尔兰野兔冬季的白色毛皮最受推崇。

哈莱姆条纹布（Harlem stripes）

时期：18 世纪。

一种产自荷兰的亚麻布。

哈勒丁织物（Harrateen, Harriteen）

时期：18 世纪。

一种用精梳用毛制成的廉价毛织品，常用于制作床罩。

哈灵顿（Harrington）

时期：1835 年。

一种结实的布料，"两面光滑且有绒毛"，表面通常有簇绒，用于制作冬季大衣。

哈里斯粗花呢（Harris tweed）

时期：1850 年之后。

一种编织结构松散的家纺粗花呢布，产自外赫布里底群岛（Outer Hebrides）的刘易斯和哈里斯岛（Lewis and Harris），手工编织。20世纪时，欧洲和北美的时尚市场出现了不同重量和颜色组合的哈里斯粗花呢产品，为了防止假冒，这类产品的标签带有"Orb标志（Orb logo）"。

哈瓦德（Harvards）

时期：19世纪90年代。

一种二上二下双面斜纹或平纹棉质条纹衬衫。

大麻（Hemp）

时期：17世纪。

一种产于亚洲的一年生草本植物，因其坚韧而有弹性的纤维而种植，用于制作绳索和类似未漂白亚麻布的结实布料。

亨利埃塔布（Henrietta cloth）

时期：19世纪90年代。

一种类似上等开司米的布料，但带有丝经纱或纬纱。

赫格利斯编带（Hercules braid）

时期：1850年。

一种黑色或白色的狭幅编带，采用粗螺纹编织方式编织。

人字呢（Herring-bone）

时期：19世纪以后。

一种沿斜纹走向交替编织的织物，以产生类似鲱鱼脊骨的"人"字形效果。

黄麻平纹布（Hessians）

时期：18世纪。

一种由大麻或黄麻制成的粗布。

荷兰亚麻布（Holland）

时期：15世纪～18世纪。

指最早从荷兰进口的精细亚麻布，后来指所有精细亚麻布。"在弗里斯兰（Frizeland）制造并被叫作弗里斯兰产荷兰亚麻布（Frize holland）的布料最结实，而且颜色最好看"（1741, *Chambers's Encyclopædia*）。"荷兰或佛兰德亚麻布常由两种纱线或线织成……经线由佛兰德斯纱线制成，纬线则由西里西亚纱线制成。苏格兰的荷兰亚麻布是由相同质地的经纬线织成的，要么是来自本国的亚麻，要么是最好的外国亚麻"（1742, *The Champion*）。

霍尔姆斯（Hollmes）

时期：17世纪。

一种纬起毛织物。

镂空蕾丝（Hollow lace）

时期：16世纪。

一种用于镶边的编结花边。

家纺布（Homespun）

时期：16世纪以后。

最初指一种家庭纺织的本土布料，后来指一种类似本土布料的粗糙梭织羊毛布料。到了20世纪，指爱尔兰或西部高地产的粗花呢。

河南府绸（Hoonan）

时期：1904年。

一种有细密纹理的柞蚕丝。

席纹呢（Hopsack）

时期：19世纪60年代以后。

一种羊毛制成的平纹织物，纬线和经线不是由一根线组成，而是由两根或多根线交织在一起形成一连串小方块图案。19世纪90年代，成为一种流行的衣料。通常也用来指一种饰面粗糙的织物。

席纹呢哔叽（Hopsack serge）

时期：1891年。

一种粗织的毛料小方块纹哔叽。

霍恩斯科特细哔叽（Hounscot say）

时期：15世纪。

一种英格兰精纺毛纱织物。

中等亚麻平布（Housewife's cloth）

时期：15世纪开始。

"一种质地介于精细亚麻织物和粗制亚麻织物之间的布料，适合家庭使用"（1727~1741, *Chambers's Encyclopaedia*）。

胡姆斯（Hummums）

时期：18世纪。

一种东印度产的平纹棉布。

I

伊卡特（Ikat）

时期：20世纪下半叶。

一种防染技术，用扎染法在织造前对纬线和经线进行染色。这一传统技艺源自印度尼西亚，20世纪在西方成为一种颇受欢迎的服饰染色工艺。

帝国织物（Imperial, Cloth imperial）

时期：中世纪。

一种丝绸织物，饰有金线绘制的彩色图案。最初产于东罗马帝国拜占庭。

帝国纱罗织物（Imperial gauze）

时期：19世纪。

一种由白色经线和彩色纬线编织而成的松散纱罗织物。

条子丝绒（Imperial velvet）

时期：1870年。

一种带有交替条纹的织物，由丝绸棱条和丝绒条组成，其中丝绸棱条比丝绒条窄一半。

因德林斯（Inderlins）

时期：18 世纪。

一种产自汉堡的粗织大麻织物。

印度布（Indian）

时期：18 世纪。

指平纹拉丝网眼织物["印度工艺（Indian work）"]或平纹细布。

印度棱条格薄细布（Indian dimity）

时期：18 世纪。

"现在被叫作'斜纹印花布（twilled calico）'"（Mrs Papendiek Journals, pub. 1887）。

原纱染色羊毛（Ingrain）

时期：中世纪。

在纺织前进行染色的一种羊毛，尤指染成猩红色、深红色和紫色。

亚麻彩带（Inkle）

时期：16 世纪~18 世纪。

指不是很富裕的人用作廉价绲边的一种亚麻布狭幅织物，有的是白色，但多数情况下是彩色。

双螺纹针织物（Interlock）

时期：20 世纪初期以后。

一种针织面料，缝线编织结构紧密，通常是棉质的，用来制作男士内衣。

伊奥内蒂斯（Ionetis）

时期：中世纪。

麝猫皮，麝猫的皮毛与貂皮相似。

伊普西博埃（Ipsiboe）

时期：1821 年。

一种黄色的绉纱，以阿林考特子爵（Vicomte d'Arlincourt）所著同名小说命名。

爱尔兰呢（Irish cloth）

时期：13 世纪~15 世纪。

一种羊毛制成的织物，例如起绒粗呢或亚麻布。

意大利棉毛呢（Italian cloth）

时期：1850 年之后。

一种表面光泽的织物，由博塔尼纬线和棉纱经线织成，用作外套里衬。

细薄布（Jacconet）

时期：19 世纪初期。

一种质地介于平纹细布和细棉布之间的轻薄棉布，与奈恩苏克布类似。

J

雅卡尔织物（Jacquard fabric）

时期：19世纪以后。

以法国里昂约瑟夫·马里·雅卡尔（Joseph Marie Jacquard）的名字命名。雅卡尔发明了一种附加设备，为使用织布机编织花纹织物带来了革新性的变化，雅卡尔织物有多种款式，包括锦缎和平纹细布。

经棱纹呢（Janus cord）

时期：1867年。

一种由羊毛和棉混纺而成的黑色棱纹平布，正反面精巧的纱线分布均匀。常用于制作哀悼用品。

日本茧绸（Japanese pongee）

时期：1870年。

一种与绉纱纹理相同的丝绸，表面更光滑。

日本丝麻缎（Japanese silk）

时期：1867年。

一种类似羊驼呢的丝绸织物，结实、有弹性。

日本平纹细布（Japan muslin）

时期：18世纪。

一种用织布机纺织的平纹细布，上面有朦胧的或"日本风格的"图案。

日本呢绒（Japan stuff）

时期：17世纪和18世纪。

被认为是印花布。"这种没有杂质的精美短衬裙，有些是由日本呢绒制成的，有些产自中国"（1661, J. Evelyn, *Tyrannus or the Mode*）。

日本丝绸（Jap silk）

时期：20世纪。

一种原产于日本的平纹平面丝绸，质地轻盈，"带有印花的日本丝绸很美"（1902年5月14日，*Today*）。

详见"全丝薄软绸（habutai）"。

雅尔迪尼埃（Jardinière）

时期：1841年。

一种点缀着小花的条纹绉纱。

牛仔布（Jean）

时期：16世纪以后。

一种斜纹棉布或纬起毛织物。19世纪指一种斜纹棉缎。

纬起毛牛仔布（Jeans fustian）

时期：17世纪。

一种含有羊毛的牛仔布。

泽西（Jersey）

时期：16世纪以后。

这种叫法源自16世纪一种用泽西岛的

羊毛制成的精纺毛纱。18世纪，指"用梳理法从其他羊毛中分离出来的精品羊毛"（Bailey）。1879年，指一种精细、有弹性的平织织物，包括泽西、米兰尼斯花边和经编织物在内，这类织物最初由羊毛或精纺毛纱制成，后来改用棉、人造丝或丝绸制作。

黄麻纤维（Jute）

时期：18世纪以后。

指取材自黄麻属植物树皮的纤维，用于制作坚韧的绳索或布。原产自孟加拉，后来其他地方也出现了各种变体。

K

卡拉库尔羔羊毛皮（Karakul）

详见"阿斯特拉罕羔羊皮（astrakhan）"。

卡拉米尼（Karamini）

时期：1878年。

一种表面有轻微绒毛的轻质毛织品。

卡沙（Kasha）

时期：1926年。

由巴黎品牌Rodier注册的名称。一种二上二下双面斜纹的匹染精纺毛纱织物，表面柔软，抚摸时手感像羊毛制品，或指一种羊毛和山羊毛材质的法兰绒，质地柔软、丝滑，采用斜纹织法制成。

肯德尔绿色粗呢（Kendal）

时期：14世纪以后。

一种通常为绿色的粗糙的毛料，最初产于坎伯兰郡的肯德尔镇。

垦丁（Kenting）

时期：18世纪。

一种源自荷兰的精细亚麻布，18世纪中期进口至爱尔兰，后在爱尔兰实现了本地化生产。

克尔赛呢（Kersey, Carsie）

时期：中世纪~19世纪初期。

一种有多种质地和花纹的毛料。可能是以它的发源地的名字命名，即萨福克郡克尔赛村。在针织物出现之前，多用于制作长袜。这种织物也属于18世纪约克郡的传统"窄布"之一，并且在17和18世纪，德文郡也有制造。

克什米尔羊毛料（Kerseymere）

时期：18世纪和19世纪。

19世纪时，有记录载明"一种有着独特织纹的精细毛料，编织过程中的每一针都有三分之一的经线位于纬线之上，三分之二位于下面"。然而，18世纪的具体情况不详，似乎是已获专利的一上二下斜纹布的一种替换品，相似度非常高，关于这种面料的名称，首次出现在1772年1月30日的《巴斯和威尔茨纪事报》（*Bath and Wilts Chronicle*）的一则广告中，被称为"kerzymear"。尚不确定它是由英格兰还是西班牙羊毛制成，但可以确定的是，1820年后，萨克森美利奴羊毛替代了原先的西班牙羊毛，同时时尚杂志中交替使用"kerseymere"和"cassimir"这两个名称。到了1845年，像帕金斯（Perkins）这样的纺织业领域的作家，认为名称的不同只是拼写的问题，这一观点也被1885年的贝克（Beck）和后期的一众作家采纳。早期记录中混乱，且愈演愈烈，是因为人们在记录存货和手写裁缝账单时习惯简写材料名称，例如"saxon drab kersey"（1822）中的"kersey"可能是"kerseymere"的简写。

凯夫拉（Kevlar）

时期：20世纪70年代初期以后。

专有名词，指一种高硬度、高抗拉强度的人造纤维；主要用作复合织物的增强剂。在合成纤维织物中添加这种纤维，可以起到防火、防水、防风的作用，从而保护人体。

小山羊皮（Kid leather）

时期：17世纪以后。

一种由小山羊或小羊羔的皮制成的皮革，精细、柔韧，用于制作手套和鞋子。

基尔马诺克（Kilmarnock）

时期：18世纪。

一种在基尔马诺克镇制造的苏格兰羊毛哔叽。

金考布锦（Kincob）

时期：18世纪。

一种通常用金银线刺锈的印度织物，到了19世纪中期，称为"brocade（锦缎）"。

克鲁滕（Kluteen）

时期：1815年。

一种带有条纹的法国提花丝织物，用于制作女式斯宾塞和皮革长外衣。

尼克博克（Knickerbocker）

时期：1867年。

一种单色或带有斑点的羊毛毛料，厚重、粗糙。这一毛料出现的时期与尼克博克服装问世的时期相吻合，由此推测，这种毛料正是为了制作该类服装而设计的。

针织（Knitting）

时期：中世纪以后。

使用长金属针将一系列线圈互锁成单线后进行编织而制成的一种连续网状织物。一位名叫詹姆斯·诺伯里（James Norbury）的杰出从业者告诉坎宁顿夫妇（the Cunningtons），"可以很肯定地说，'针织帽'是于14世纪、15世纪和16世纪在英格兰制造的。在对'毡制的'无边便帽进行毡制之前，要先进行针织……"。早在1320年的一张牛津库存单（Oxford Inventory）上（Thorold Rogers, *History of Agricultural and Prices in England*）就列有两对"印花精纺毛纱——针织绑腿"。

在爱德华四世（Edward Ⅳ）的统治

下,"国家通过了一些法案,来保护英国编织工在与欧洲大陆上的其他编织工竞争中的权益……当下,袖子、无边便帽以及部分款式的宽松马甲都是由英国编织的"。1589年,牧师威廉·李(William Lee)发明了可以进行机器编织的织袜机[详见"弹力织物(stockinet)"、"克什米尔长袜布(stocking-kerseymere)"]。

在20世纪后25年的挖掘中,发现了手工和机器编织的服装,尤其是无边便帽较多,许多都保存完好。19世纪晚期,手工或机器生产的针织服装日渐盛行。到了20世纪,成为一种流行的家庭消遣。

打结(Knotting)

时期:17世纪和18世纪。

一种花式线编工艺,即在线上打上结纽,类似梭结花边的制法,用于为服装镶边,18世纪末,常用于长袜的制作。

L

网眼花边(Lace)

时期:中世纪以后。

指衣服的各种配饰。包括:一种通常由紧密编织而成的线或丝绸制成的线,两端通常有金属饰物,用作将两端拉在一起,如鞋带、束腰的系带,一种织布机编织的细穗带,一种编结花边,15世纪下半叶以后,用作服装的边缘配饰,通常由金属线制成。一种由亚麻、棉、丝绸、羊毛或金属线制成的镂空织物,16世纪出现。1660年以后,梭结花边或骨状花边(将缠线轴上的线绣在枕头上而制成)开始与刺绣(即针绣花边)区别开来。

包括手工和机器制作的网眼花边在内的各类花边,详见《网眼花边词汇表》。

贴线刺绣品(Laid work)

时期:16世纪。

一种与贴花相对应的装饰形式。

莱恩薄软绸(Laine foulard)

时期:1861年。

一种丝绸和羊毛制成的耐洗绸缎织物。

莱克(Lake)

时期:中世纪。

一种精细亚麻布,也可能是一种上等细布(Strutt)。

羔羊皮(Lambskin)

时期:14世纪以后。

用于制作服装衬里和饰面的黑色和白色羊皮。

羊仔毛纱(Lambswool)

时期:20世纪以后。

用羔羊毛纺成的纱线,常用于针织卡迪根式开襟毛衫和针织套衫。

金银锦缎（Lamé）

时期：20世纪20年代以后。

取自法语，指"金属带"，用来指一种由金属线梭织而成的织物，常用于制作女式晚礼服。

彩花细锦缎（Lampas, Lawmpas, Lampors）

时期：14世纪。

指包括平纹、缎子或带纬纱的斜纹在内的所有类型的花纹织物，通常为彩色，制作过程中，有时如锦缎一样，用经线进行局部绲边，有时则覆盖织物的整个宽度，进行整体绲边。该织物的纤维可以是纯丝质的，或棉丝混合的，抑或纯棉的。

人造羊毛（Lanital）

时期：1936年。

一种基于牛奶的一种成分制成的人造纤维。"意大利已经成功开始用牛奶生产人造羊毛，并且证实，该种被称为'人造羊毛'（lanital）的产品具有适用于纺织业的性能"（*Nature*，1937年12月23日）。

拉普兰海狸毛皮（Lapland beaver）

时期：1859年。

一种"表面有斜纹，外观类似长毛绒的纺织品，颜色多样"。用于制作披肩和户外服装。

橡皮线（Lastex）

时期：20世纪初期。

美国橡胶公司（US Rubber Company）使用的名称，指由橡胶、棉、人造丝或丝绸混纺而成的弹力绒，用于制作妇女紧身褡和内衣。

强捻厚斜纹织物（Lasting）

详见"永固缎纹织物（everlasting）"。

乳胶（Latex）

时期：20世纪初期以后。

最初指一种质地较轻的天然橡胶，比如"乳胶橡胶"，但后来出现了人造乳胶。它比早期的橡胶弹力更大，正如1954年*Life*杂志中一则广告所说，"可调节的Playtex乳胶吊袜带，让您能够随处站坐、随意弯腰、随心伸展"。由于弹性较好，被用于制作泳装和水上运动用品，乳胶不同于橡胶，是一种透气的材料。到了20世纪80年代，与莱卡同用于贴身上衣、半身裙和短裤的制作。到了21世纪，尤其常见于田径和自行车运动服。

上等细布（Lawn）

时期：14世纪以后。

一种非常精细的半透明亚麻布，但《1363年禁奢法》（*Sumptuary Laws of* 1363）中指出，是一种粗糙的乡村用布，当时的农夫、牧羊人、马车夫等不得使用除了"毯布和赤褐色上等细布"以外的任何布料。17世纪，通常被称为"法式上等细布（french lawn）"，指一种质量上乘的细棉布。这种布料的名称取自一个叫拉昂（Laon）的法国小镇，据说这种织物最初是在拉昂生产的（skeat）。它与兰斯（Rheims，法国东北部城市）生产的布料相同，也与康布雷的细棉布相似，这两个邻近的城市均以出产高品质亚麻布而闻名。

皮革（Leather）

时期：中世纪以后。

用于制作服装和配饰的动物皮。

莱姆斯特（Lemister, Lemster）

时期：16世纪。

一种用于编织无边便帽的精细羊毛制品，绝大部分产自赫里福德郡的羊毛都用于制作这种面料。

详见"比尤德利帽（bewdley cap）""蒙茅斯帽（monmouth cap）"。

纱罗（Leno）

时期：18世纪晚期及19世纪初期。

一种类似纱罗织物的亚麻布。

豹皮（Leopard）

时期：15世纪。

豹皮，在16世纪尤其流行。

莱里昂（Lerion）

时期：12世纪。

可能由灰色睡鼠的毛皮制成。

莱蒂斯（Lettice）

时期：中世纪。

一种类似白毛皮的白色毛皮，可能是雪鼬的毛皮。

利凡廷里子绸（Levantine）

时期：1815年。

一种带有斜纹的有光里子。19世纪40年代，指一种华丽、结实的斜纹丝绸织物，类似19世纪70年代的斜纹软绸。

利凡廷绸（Levantine folicé）

时期：1837年。

一种带有阿拉伯式花纹的丝绸，质地柔软而华丽。

利伯提刺绣丝线（Liberty Art silks）

时期：19世纪70年代以后。

最初指在欧洲印制的东印度柞蚕丝绸，到了19世纪80年代，泛指以利伯提注册商标销售的丝绸，设计精美。

利莫辛（Limousine）

时期：1874年。

一种质地厚实而粗糙的毛面毛料，比切维奥特羊毛粗糙。

亚麻布（Lincloth）

时期：13世纪。

即亚麻布（linen cloth）。

林肯绿呢（Lincoln green）

时期：14世纪。

一种绿色织物，猎人、皇室护林官等人常用。

亚麻布（Linen）

时期：中世纪以后。

一种由亚麻编织而成的织物，从罗马时代或更早即在英格兰制造。品种繁多，品质各异。

棉经毛纬交织物（Linsey-woolsey）

时期：16世纪。

一种由亚麻和羊毛织成的织物，据说最初是在萨福克郡的林赛镇制作的。有着螺纹经线和精纺毛纱纬线。

莱尔线（Lisle）

时期：19世纪中期以后。

由手纺双层棉纱线捻制而成，纤维紧密，饰面通常做丝光处理。根据其名称可判断最初的发源中心地为法国里尔。主要用于制作长袜。

极薄金丝绉（Lisse）

时期：19世纪。

一种无皱褶的丝纱。1894年，有记录载明"耐揉、改良版雪纺绸的新叫法"（C. W. Cunnington, *English Women's Clothing in the Nineteenth Century*）。

侍从网眼花边（Livery lace）

时期：18世纪以后。

一种为需要悬挂此物的家庭专门设计的穗带，由精纺毛纱编织而成。

利扎尔（Lizard, luzard）

时期：16世纪和17世纪。

猞猁的毛皮。

美洲驼绒（Llama）

时期：1889年。

"一种有弹性的羊驼绒类织物。"由南美洲的美洲驼的毛制成。

美洲驼毛织物（Llama cloth）

时期：19世纪。

带有美洲驼毛毛面的织物，长绒毛饰面。可用于制作各种大衣。

亚麻织物（Lockeram, Lockram）

时期：15世纪~17世纪。

一种粗亚麻布，用于制作穷人穿的衬衫和罩衫。

镜子丝绸（Looking-glass silk）

时期：1892年。

"闪闪发光的表面上像是有波纹。"

洛蕾塔（Loretto）

时期：18世纪。

一种用于制作马甲的精细丝绸织物。

卢伊辛绉（Louisine）

时期：19世纪80年代。

一种质地非常轻薄的斜纹软绸。

真丝绡（Love）

时期：18世纪和19世纪。

一种有窄缎条纹的薄丝绸，用来制作缎带。

卢赛恩（Lucern）

时期：16世纪。

猞猁的毛皮。

英国优质丝光布（Luisine）

时期：1834年。

一种厚重的棱纹丝绸。

伦巴丁（Lumbardine）

时期：16世纪。

指精细的纱罗织物，与"普莱桑斯（pleasaunce）"相同。

卢勒克斯（Lurex）

时期：20世纪40年代以后。

美国陶氏化学公司（Dow Badische Company）生产的金属纤维纱的注册商标。卢勒克斯由棉、尼龙、人造丝、丝绸或羊毛纤维梭织或针织而成，用于制作服装，尤其是晚礼服。

有光呢（Lustre）

时期：19世纪。

一种由丝绸和精纺毛纱制成的薄府绸。19世纪90年代，指一种表面有光泽的马海毛。

光亮绸（Lutestring, Lustring）

时期：16世纪晚期～19世纪。

原指一种精细的、略带光泽的塔夫绸。19世纪，指一种非常精细光滑的凸纹丝绸。

卢瑟琳（Lutherine）

时期：18世纪。

术语"混合织物"下，可能是光"Lustre（有光呢）"的早期写法。

卢维斯卡棉粘斜纹布（Luvisca）

时期：1915年。

考陶尔兹公司（Courtaulds）生产的一种质地柔软且有光泽的人造丝绸。

莱卡（Lycra）

时期：1958年以后。

美国杜邦公司引进的一种人造纤维；其良好的弹性、耐磨性和拉伸性使其成为制作内衣不可或缺的材料。20世纪70年代以后，更是用于制作紧身袜、运动服和泳衣。

山猫皮（Lynx）

时期：中世纪以后。

一种带有黑色斑点的灰褐色毛皮，长而丝滑，用作服装的衬里和装饰。

详见"卢塞恩（lucern）"。

M

玛卡布（Macabre）

时期：1832年。

一种质地轻盈的丝毛混纺面料，饰有小图案和哥特式镶边。

马克拉梅（Macramé）

时期：20世纪。

一种原产于阿拉伯的家具装饰性结纽，20世纪60年代，用于装饰服装和配饰。

麦当娜（Madonna）

时期：19世纪。

一种花哨的羊驼呢，一种带有缎子条纹的平纹织物。

马德拉斯（Madras）

时期：1825年。

一种平纹细布，透明底上绣有粗而柔软的线勾勒而成的图案。有多种可水洗的马德拉斯面料适合制作刺绣服装，如马德拉斯平纹细布（madras muslin）或马德拉斯纯棉布（madras net muslin）。从19世纪晚期开始，也指一种轻盈的棉织物，白色底面上梭织有防抽丝的条纹或格子，用于制作服装。

马林丝纱罗（Malines）

时期：1885年。

一种紧密编织而成的花哨帆布，表面交织错落。

曼彻斯特棉布（Manchester cottons）

时期：16世纪。

"曼彻斯特市产的毛料被叫作'Manchester cottons（曼彻斯特棉布）……'"（1590, Camden）。曼彻斯特市生产纯棉织物的历史可追溯至1640年。

时期：18世纪。

指一种棉毛条纹织物。

曼彻斯特棉天鹅绒（Manchester velvet）

时期：18世纪。

棉质天鹅绒。

斗篷料（Mantling）

时期：18世纪。

一种质地粗糙的蓝白格子棉布，常用来制作围裙。

曼图亚丝绸（Mantua silk）

时期：17世纪。

"我们这些乡下人觉得最难仿造的就是那些绚丽的意大利丝绸"（1758, *A New Geographical and Historical Grammar*）。

单经缎（Marabout, Marabou）

时期：19世纪。

指一种非洲鹳的羽毛。此外，到了1877年，指一种手感非常柔软但表面粗糙且款式保守的毛织物。

马拉穆夫（Maramuffe）

时期：17 世纪。

一种便宜的布料，也被叫作"金字塔细哔叽（pyramid）"。由粗纺毛纱平织而成，也指一种暖手筒。

仿大理石布（Marble）

时期：13 世纪~18 世纪。

一种通过梭织或染色以模仿大理石花纹的布料，也指用丝绸制成的类似织物。

马布里努斯（Marbrinus）

时期：14 世纪。

一种用浅色经线和彩色纬线梭织而成，以模仿大理石外表面纹理的精纺毛纱织物。

马瑟林绸（Marceline）

时期：1833 年。

"一种轻质亮光有光里子"（C. W. Cunnington, *English Women's Clothing in the Nineteenth Century*）。

凹凸纹细布（Marcella）

时期：18 世纪~20 世纪初期。

一种棉质衲缝或粗糙的凹凸织物，带有鲜明的浮雕花纹。常用于制作马甲。

玛格丽特（Marguerite）

时期：18 世纪。

一种由丝、羊毛和亚麻梭织而成的衣料。

马里波萨（Mariposa）

时期：1872 年。

一种平纹和点纹相间的水洗棉缎。

马罗坎棱纹绉（Marocain）

时期：20 世纪。

一种由绉纱梭织而成的平纹织物，"鹅卵石"花纹饰面，也指一种有棱纹的丝、丝毛或纯毛织物。

薄纱罗（Marquisette）

时期：1906 年。

"介于尼农绸和双绉之间的一种面料"（C. W. Cunnington, *English Women's Clothing in the Nineteenth Century*）。

详见"昆捻纱罗织物（grenadine）"。

马提尼克（Martiniques）

时期：18 世纪晚期。

诺里奇产的一种毛织品。

貂皮（Martrons, Marters）

时期：中世纪。

松貂毛皮，带有浓郁的深棕色。

马特拉塞凸纹布（Matelassé）

时期：1839 年。

一种结实、厚重的丝织织物，外观与衲缝类似。

麦加（Mecca）

时期：1877 年。

质地最轻薄的一种纱罗织物，羊毛中掺有少量丝。

梅克伦伯提花缎纹呢（Mecklenburgh）

时期：18 世纪。

羊毛花缎，带有彩色花朵图案组成的条纹，产自诺里奇。

梅德莱（Medley）

时期：16 世纪～19 世纪。

一种用不同颜色的羊毛组成的经线和纬线编织而织的布料。

梅尔罗斯（Melrose）

时期：18 世纪。

一种由丝经纱和羊毛纬线织成的织物。

麦尔登呢（Melton）

时期：19 世纪以后。

一种经过重缩呢工艺处理的毛料，有浓密的短绒毛，梭织结构较为紧密。类似海狸呢。

梅留辛茸毛毡呢（Melusine）

时期：1948 年。

用于制作有边帽子的长毛毡。

孟斐斯（Memphis）

时期：1836 年。

一种半透明的超精细山羊绒织物。

丝光处理（Mercerization）

时期：1850 年以后。

由兰开夏郡成功的印花布染色师约翰·默瑟（John Mercer）发明的一种工艺，棉花经过苛性钠的处理，饰面丝滑，整个织物也更为结实。

美利奴（Merino）

时期：1826 年。

一种最初由西班牙美利奴羊的羊毛制成的轻薄斜纹毛料，也指一种由精纺毛纱制成的背面平纹哔叽，手感非常柔软。"法式美利奴"虽然是在英格兰制造的，但品质更佳。市场中曾出现多款花哨的含棉劣质品。

美利奴绉纱（Merino crêpe）

时期：19 世纪。

一种丝和精纺毛纱的闪光混纺面料。

梅塞尔劳尼（Messellawny）

时期：17 世纪。

"17 世纪的面料"（Beck）。可能是一种棉布或者平纹细布。

墨西哥织物（Mexican cloth）

时期：1865 年。

一种由强韧生丝制成的可洗织物。

超细纤维（Microfibre）

时期：20 世纪晚期。

一种特细人造纤维，比羊毛和丝绸分别细八倍和两倍，用超细纤维制作的织物具有轻盈、柔软和贴服等优良品质。用于生产织物的超细纤维包括丙烯酸超细纤维、尼龙超

551

细纤维、聚酯超细纤维和人造丝超细纤维。

天然丝圆纬针织物（Mignonette）

时期：18世纪。

一种质地轻薄的精细枕结花边，约1750年后常用于制作头饰。

详见《网眼花边词汇表》。

米卡多塔夫绸（Mikado）

时期：1875年。

一种仿日本丝绸的丝质羊驼呢，制造商为布拉德福德的李斯特（Lister）。

米兰塔夫绸（Milanese taffeta）

时期：1880年。

采用"十"字形梭织制成的一种半透明丝绸织物。

水乳布（Milk-and-water）

时期：16世纪。

可能因其颜色（蓝色/白色）而得名的一种布，可能是一种毛料。

米尼金（Minikin）

时期：17世纪。

一种台面呢，一种产自诺里奇的平纹精纺毛纱。

白毛皮（Miniver）

时期：中世纪。

取自红松鼠冬天的灰白色皮毛。有两种版式的毛皮：一种带有灰色，叫作"白鼬粗毛皮（miniver gros）"；另一种仅保留了白色皮毛，叫作"白鼬纯毛皮（miniver pure）"。

水貂毛皮（Mink）

时期：15世纪。

一种叫作"Putorius lutreola"动物的黑色皮毛，是一种类似欧洲白鼬的动物，其皮毛类似貂皮，但更短、更光滑。在19世纪晚期和20世纪，逐渐被北美体型更大的同类动物的皮毛取代。大概从1940年开始，人们通过在野外捕捉或逐渐增加人工养殖量，来获取其浓密且有光泽的皮毛。水貂毛皮的颜色原本较深，貂场通过饲养或者将白色貂皮染色的方式获取多种色调。

镜面丝绒（Mirror velvet）

时期：19世纪90年代。

一种有波纹的天鹅绒，表面可反光。

米斯泰克（Mistake）

时期：1806年。

一种用来做缎带的暗色丝绸。

莫卡多（Mockado）

时期：16世纪~18世纪末。

一种仿天鹅绒制品，通常为羊毛面料。

仿天鹅绒（Mock velvet）

时期：17世纪。

那不勒斯产的一种纬起毛织物，一种斜纹棉织物。

莫代尔（Modal）

时期：20世纪。

一种粘胶纤维的替代品，但也将纤维素基底用于制造合成纤维。这种替代品被视为棉质织物的有力竞争对手。其良好的吸收性、悬垂性和染料吸收性，使其无论单独还是与其他纤维一起用于针织制品，或是纺织物都颇具优势。

马海毛（Mohair）

时期：17世纪以后。

一种安哥拉山羊毛梭织织物。有两种版式：一种是平纹的；另一种是波纹的。18世纪描述为"丝绸制成，无论经线还是纬线，纹理都很紧密"（1738, Chambers）。19世纪，开始与丝、羊毛或棉经一起编织，类似羊驼呢。到了20世纪，开始出现使用合成纤维或者混纺面料制造的仿制品，其外观往往具有松散蓬松的特征，但顺滑性较差。

马海毛低级有光呢（Mohair lustre）

时期：19世纪90年代以后。

一种用马海毛纬线和棉经线制成的黑色织物，类似羊驼呢。有三种品质的版式：紧实的"亮光薄呢（brilliantine）"，最有光泽；"西西里呢（sicilian）"，最厚重；"光亮呢（lustre）"，质地最轻。

波纹轧光条影丝织物（Moiré antique）

时期：19世纪。

一种质地厚重、结实的波纹罗缎，波纹呈不规则状。

古洛伊斯波纹织物（Moiré gauloise）

时期：1904年。

一种精美且质地柔软的波纹轧光条影丝织物。

波纹薄线呢（Moirette）

时期：1896年。

一种精纺毛纱织物，类似波纹织物，但质地更轻。表面饰有波纹图案，稍硬。用于制作"丝鸣衬底（rustling foundations）"和衬裙。

波纹绒（Moiré velours）

时期：1897年。

一种带有较大的不规则图案的丝毛波纹天鹅绒。

厚毛头斜纹棉布（Moleskin）

时期：19世纪。

一种粗糙而结实的斜纹纬起毛织物；类似纬二重单面绒布。工人用来制作裤子。

时期：20世纪。

一种结实的梭织棉质织物，天鹅绒饰面。

莫利通双面绒（Molleton）

时期：1865年。

一种质地厚实而顺滑的平纹或二上二下斜纹法兰绒，用于制作晨衣。后常用棉布代替。

花岗石纹织物（Momie cloth）

时期：19世纪80年代。

一种用棉或丝经纱以及羊毛纬纱编织而

成的织物，类似一种精细的绉绸，通常为黑色，用于制作哀悼用品。

长毛猴毛皮（Monkey）

时期：20世纪初期。

一种使用埃塞俄比亚地区的猴皮和丝滑的黑色长毛制成的毛皮。

猴皮（Monkey skin）

时期：1858年。

一种用来制作女性暖手筒的时兴材料。

僧侣布（Monks' cloth）

时期：15世纪。

一种精纺毛纱织物。

蒙庞西耶织物（Montpensier cloth）

时期：1871年。

一种顺滑而柔软的布，背面带斜纹。

摩拉维亚刺绣（Moravian work）

时期：19世纪初期。

对16世纪空花绣的一种复兴样式，边缘有纽扣孔，英格兰刺绣就是以此为基础发展而来。

波纹织物（Moreen, Moireen）

时期：18世纪以后。

一种由细经线和粗纬线编织而成的全精纺毛纱平纹织物，表面有"波纹"。

虎斑纹绸（Morelly）

时期：17世纪。

一种波纹绸。"一件有着黄黑色条纹的虎斑纹绸外套"（1681, *Verney Memoirs*）。

摩里斯科刺绣（Morisco work）

时期：16世纪。

一种刺绣，即用金银贴线缝绣创作出阿拉伯式花纹图案。"一对带有摩里斯科刺绣的袖子"（1547, Inventory of the Wardrobe of Henry VIII）。

摩洛哥革（Morocco leather）

时期：17世纪以后。

一种用漆树鞣制的山羊皮，通常为红色。

莫斯科海狸呢（Moscow beaver）

时期：1868年。

一种蓬松且有绒毛的海狸呢，用于制作大衣。

苔绒呢（Moss cloth）

时期：1878年。

一种质地柔软而华丽的丝毛织物，布面饰有苔绒纹理。

苔绒绉（Moss cloth）

时期：20世纪。

一种表面有不规则苔绒纹理的织物。

杂色呢（Motley）

时期：14世纪以后。

一种混色羊毛制成的精纺毛纱，最初为一种精细的织物，后来变得较为粗糙。"他们（丹麦朝臣）称之为肯特布的那种布，我们叫作'motley（杂色呢）'"（1617, Fynes Moryson）。

摩弗伦羊毛哔叽（Moufflon serge）

时期：1918年。

"一种磨毛羊毛织物"（C. W. Cunnington, *English Women's Clothing in the Nineteenth Century*）。

木尔坦平纹细布（Moultan muslin）

时期：19世纪40年代。

带有梭织图案的平纹细布，"用垂饰轮（lappet wheel）编织，格拉斯哥独有"。

山苔纹呢（Mountain moss）

时期：1859年。

"与海狸毛相似，但质地更轻盈、柔软"。常用混合色或单色，其中一个用途就是用来制作宽松的披肩。

薄花呢（Mousselaine de laine）

时期：1833年。

一种质地轻盈的精细毛料，质地类似平纹细布，通常"像印花布一样带有艳丽的图案"。英格兰产的由棉经线和精纺毛纬纱制成，法国产的则由纯羊毛经纬线制成。

云纹薄花呢（Mousselaine de laine chiné）

时期：1841年。

带有云纹图案的薄花呢。

全丝薄纱（mousselaine de soie）

时期：19世纪。

一种非常精细、柔软、带网眼的丝绸织物，雪纺绸的一种早期形式。

藏纹薄花呢（Mousselaine Thibet）

时期：1832年。

一种表面带有波纹的半透明丝毛混纺面料。

丝绒薄花呢（Mousselaine velours）

时期：1832年。

一种带有立绒条纹的薄花呢。

莫桑比克毛纱罗（Mozambique）

时期：1865年。

一种丝绸织锦，毛料昆捻纱罗织物。

细薄衣料（Mull muslin）

时期：19世纪。

一种质地柔软但不丝滑的薄平纹细布；比奈恩苏克布更精细。

再制呢绒（Mungo）

时期：19世纪。

一种用碎呢片制成的织物，尤指经过硬捻和毡制工艺处理的布。

详见"软再生毛（shoddy）"。

马斯科德（Muscord）

时期：17世纪。

一种毛料。

莫斯科（Muscovite）

时期：1884年。

"一种非常厚实的凸纹丝绸"（C. W. Cunnington, *English Women's Clothing in the Nineteenth Century*）。

莫斯科天鹅绒（Muscovite velvet）

时期：1883年

一种在螺纹丝绸底上编织而成的天鹅绒锦缎。

穆塞尔（Muser）

时期：16世纪。

一种用线悬垂在衣服表层的发光饰片，而非缝制固定。

平纹细布（Muslin）

时期：17世纪以后。

一种表面有柔软绒毛的精细棉布。约1670年，英格兰开始进口"产自印度的薄平纹细布"，取代了时装领域常用的淡黄色亚麻布和细棉布。约从1780年开始，在英格兰和苏格兰制造。19世纪使用的品种可分为七大类。

第一类是"书面细布（book muslin）"，类似花薄纱（swiss），但更粗糙；第二类是"印度布（Indian）"，质地柔软、轻薄但不透明，略带"油腻"感；第三类是一种开放式编织但很结实的纱罗织物；第四类是"马德拉斯（madras）"，透明底面上织有螺纹图案；第五类是"细薄衣料（mull muslin）"；第六类是"蝉翼纱（organdie）"，一种质地柔软、不透明的薄纱，表面有凸起的小点；最后一类是"薄细布（swiss muslin）"，饰面较硬，但几乎是透明的。

蒙蒂维利耶（Musterdevillers, Musterdevelin, Must deviles）

时期：14世纪和15世纪。

一种产自诺曼底郡蒙蒂维利耶经的灰色混合毛料。

米兰纬起毛织物（Myllion）

时期：16世纪。

一种产自米兰的纬起毛织物。"一块米兰纬起毛织布……"（1588, Essex County Sessions Rolls）。

N

珠光丝绒（Nacré velvet）

法语词"nacré"，意为"珍珠般的"。这种风格的天鹅绒的底色与绒毛的底色不同，具有多变的效果。

奈恩苏克布（Nainsook）

时期：18世纪。

一种质地略为厚重的印度平纹细布。

纳克（Nak, Naquet）

时期：中世纪。

一种从近东进口的金线锦缎。

南京棉布（Nankeen, nankin）

时期：18世纪。

一种原产于南京的黄褐色棉布。

纳帕皮（Nappa leather）

时期：1895年以后。

一种质地非常柔软的皮革，通常以山羊或绵羊的毛皮与明矾一起鞣制而成，最初用于制作手套，现用于制作多种其他服装。

珠皮呢（Naps）

时期：18世纪。

指一种经过"起绒"工艺处理或将绒毛拧成结纽的织物。

色织席纹绸（Natte）

时期：1874年。

一种结实、厚重的丝织织物，外观与蚕丝经线添纱（cane-plaiting）类似。

纳汀（Nattine）

时期：1916年。

一种细薄织物，类似帆布。

牛皮（Neat's leather）

时期：中世纪。

用小牛，即犊子牛的牛皮制成的皮革；用于制作鞋类。

手工针绣（Needlework）

时期：中世纪以后。

用针缝制衣服、刺绣或制作软装饰的工艺或艺术。19世纪中期，缝纫机的发明并没有消减人们对手工缝制服装的需求。

斑点纹粗呢（Neigeuse）

时期：1877年。

一种质地柔软的斜纹毛料，表面粗糙且缀有斑点或"凝结物"。

网眼织物（Net）

时期：16世纪以后。

一种精细网眼织物，用于制作面纱等。

荨麻织物（Nettlecloth）

时期：17世纪。

一种用荨麻纤维代替大麻制成的亚麻布，与"scots cloth（苏格兰布）"同义。"用红绸和荨麻织物为打褶绣花紧身衫织成的三层衬里"（1553, Hatfield Papers）。

网眼织物（Network）

时期：16世纪和17世纪。

通过在方网眼上编织图案而制成的网眼花边，有时也用亚麻布和贴花裁剪而成，但绝大多数是像织锦一样用针脚织成。"一套黑色网织套装"（1574, Lord Middleton MSS）。"网织套装"包括配套的带子、拉夫领、褶边等，很大程度上增强了男式服装或女式裙装的套装感。

新式布料（New Drapery）

时期：16世纪。

难民织布工的队伍，1561年以瓦隆人为主，1568年则以荷兰人为多，定居在科尔切斯特、诺里奇、梅德斯通等地。他们带来了一些新毛料，称之为"new drapery（新式布料）"，包括"sarges""perpetuanoes""bayes"等。对比之下，"旧式布料"指阔幅布、克尔赛呢等纺织品。实际上，一些所谓的"新式布料"其实是用新名字命名的旧式布料，并且"buffyn""catalowne"和"pearl of beauty"指的是同一种织物；"peropus"和"paragon"是同一种织物；"saye"和"pyramides"是同一种织物；在过去，这些织物也有很多其他名字"（Complaint by the Worsted Weavers of Norwich, reign of James VI & I）。

尼农绸（Ninon）

时期：20世纪。

一种轻质平纹织物，最初为丝绸面料，后来改由人造丝和尼龙制成。

装饰性穗带（None-so-pretty's）

时期：1770年。

一条亚麻狭幅织物，上面织着五颜六色的图案。

诺里奇绉纱（Norwich crepe）

时期：19世纪。

一种由有着同种颜色的两种深浅色调的丝经纱和精纺毛纬纱织成的纺织品，属于一种双面织物，与邦巴津织物不同的是，诺里奇绉纱没有斜纹。

诺里奇纬起毛织物（Norwich fustian）

时期：16世纪。

一种产自诺里奇的精纺毛纱织物，仿绒面纬起毛织物，1554年，成为一种正式名称。

诺里奇细呢（Norwich grograine）

时期：16世纪。

一种诺里奇生产的精纺毛纱织物。

诺里奇缎子（Norwich satin）

时期：16世纪。

一种产于诺里奇的精纺毛纱织物，也指"russel satin（罗素缎面）"和"satin reverse（反面缎）"。

诺瓦托（Novato）

时期：17世纪。

一种羊毛或丝绸织物。"一条灰色诺瓦托霍兹"（1614, Lismore Papers）。

修女黑色薄呢（Nun's cloth）

时期：1881年。

"一种质地轻薄且无斜纹的精细毛织品，以前被叫作'mousselaine de laine'，是一种旗布"（C. W. Cunnington, *English Women's Clothing in the Nineteenth Century*）。

细白亚麻线/刺绣用精白棉线（Nun's thread, sister's thread）

时期：16世纪。

一种产于意大利和佛兰德斯修道院的细白线，用于制作网状织物和网眼花边。

修女薄纱（Nun's veiling）

时期：1879年。

一种质地轻薄的羊毛制巴雷格纱罗，与"voile（巴里纱）"同义。后被用作"nun's cloth（修女黑色薄呢）"的同义词。

尼龙（Nylon）

时期：1930年以后。

指一系列使用聚酰胺结构的合成纤维；1930年，由美国杜邦公司研制，用于制作针织袜类和服装。一种多功能合成材料，可用于制作不同重量的织物，从而消除了早期尼龙织物的黏性。

O

涂油革（Oiled leather）

时期：18世纪。

经过鱼油涂制的皮革，仿羚羊皮，用于制作劳动者穿的马裤。

奥尔德姆（Oldham）

时期：中世纪。

一种产自诺福克的粗制精纺毛纱织物，可能是"aldham"的变体。

奥利耶特（Ollyet）

时期：17世纪。

一种产自诺里奇的毛料，与邦巴津织物类似。

奥丁（Ondine）

时期：1871年。

一种质地非常柔软且亮丽的丝毛混纺面料。到1893年，指一种凸纹丝绸。

经向波纹织物（Ondule）

时期：1865年。

经线上有波浪形纹路的织物。

负鼠毛皮（Opossum）

时期：20世纪初期。

一种生活在澳大利亚、新西兰和美国的有袋动物的厚毛皮，呈褐色、灰色和黑色，常用于制作大衣衬里和镶边。

奥尔加吉斯（Orgagis）

时期：18世纪。

一种粗糙的印度棉布。

蝉翼纱（Organdie, Organdy）

时期：19世纪以后。

一种饰面清新的棉质细纱罗织物。详见"平纹细布（muslin）"。

透明硬纱（Organza）

时期：19世纪初期以后。

一种质地轻盈而结实的半透明丝绸织物，20世纪，常指一种合成纤维织物。

东方缎（Oriental satin）

时期：1869年。

一种质地柔软而厚重的全羊毛或丝毛混纺面料，由一明一暗两种颜色梭织而成。

奥尔良棉毛呢（Orleans cloth）

时期：1837年。

类似一种没有斜纹的科堡斜纹呢，由薄棉经线和精纺毛纬纱织成。

奥纶（Orlon）

时期：20世纪40年代以后。

美国杜邦公司在第二次世界大战期间，首次生产的腈纶纤维的商品名；常作为羊毛的替代品，用于制作针织面料。

绣带（Orphrey）

时期：中世纪。

一种绣金制品，后来，指所有刺绣制品上的细长镶边。

奥斯布罗（Osbro）

时期：17世纪。

一种精纺毛纱纬起毛织物，常混织有丝绸。

低支纱柳条或色格棉布（Osnaburg, Ozenbrig）

时期：16世纪。

一种德国亚麻布。

水獭皮（Otter fur）

时期：中世纪。

用作衣服装饰的水獭毛皮。

奥斯曼长毛绒（Ottoman plush）

时期：1882年。

一种丝绸织物，凸纹宽底面上缀有又密又厚的绒毛织成的长毛绒图案。

奥斯曼棱纹平布（Ottoman rep）

时期：1882年。

用扁平线进行双面平纹梭织而制成的有光泽的缎子。

奥斯曼缎子（Ottoman satin）

时期：1832年。

一种华丽的暗色系缎子，织有花朵图案。

奥斯曼丝绸（Ottoman silk）

时期：1882年。

"泛指所有有一条横向凸纹且中间有两三条凸纹的丝绸"（C. W. Cunnington, *English Women's Clothing in the Nineteenth Century*）。

奥斯曼天鹅绒（Ottoman velvet）

时期：1869年。

一种织有彩色锦缎花纹的天鹅绒。1879年，指一种华贵的毛边天鹅绒。

猞猁皮（Ounce）

时期：16世纪。

原指猞猁的皮毛，后来指其他小型猫科动物的皮毛。

沃特纳尔线（Outnal thread, Wotenall thread）

时期：16世纪。

可能指19世纪初期定义为"佛兰德棕色亚麻线"的一种线。

牛津布（Oxford）

时期：19世纪初期。

一种凸纹棉毛织物。

牛津衬衫布（Oxford shirting）

时期：19世纪。

一种有彩色窄条纹的平纹棉布。

P

白色背衬（Packing white）

时期：1483年。

1483年《英格兰国会法案》中提到的一种毛料。

帕多瓦（Padou）

时期：18世纪。

一种从帕多瓦（意大利地名）进口的丝带。

帕多瓦哔叽（Padua serge）

时期：18世纪。

一种用于制作贫穷女性所穿长袍的织物。1863年，指一种用于制作衬里的丝哔叽。

棱纹绸（Paduasoy, Poodesoy, Pattisway）

时期：17世纪和18世纪。

由17世纪的法语词汇"pou de soie"演变而来的一个英语词汇，指一种结实的有凸纹或有横棱纹并经消光整理的丝绸，通常饰有图案。后期又改回"poult de soie"。

亮晶绸（Paillette silk）

时期：1904年。

一种有光泽的丝绸，缎子面料中最朴实的一种。

佩斯利（Paisley）

时期：19世纪以后。

苏格兰一个小镇的名称，后来代指梭织有独特圆锥体图案（印度语为buta）的精细毛料，19世纪主要用于制作披巾。1970年后，这种设计被印在多种面料上。

帕尔米拉（Palmyrene）

时期：1827年。

介于府绸和巴雷格纱罗之间的一种纺织品，用丝线绣有刺绣图案。

帕尔米里恩（Palmyrienne）

时期：1831年。

一种闪光毛丝织物，类似全丝薄纱（mousselaine de soie）。

潘皮利翁（Pampilion）

时期：15世纪～16世纪。

产自纳瓦拉①的黑色羔羊皮。16世纪时，也指一种毛毡。

平绒（Panne）

时期：1899年。

一种质地介于天鹅绒和缎子之间的柔软丝织物，有时指缎面天鹅绒或光泽度较高的丝绸。

详见"平绒（panne velvet）"。

平绒（Panne velvet）

时期：18世纪晚期。

一种由丝或人造丝梭织而成的柔软有光泽的织物，其绒毛均沿同一方向压平，从而加强了表面的光泽度。

帕拉贡（Paragon）

时期：17世纪。

一种类似佩罗普斯（peropus）的双层羽纱。"可以肯定，帕拉贡（paragon）、佩罗普斯（peropus）和菲洛泽拉（philiselle）都是双层羽纱，唯一的区别是一种是双层经线，其余两种是双层纬纱"（1605年，"Allegations on behalf of the Worsted Weavers"）。

在18世纪，指一种由精梳用毛制成的面料。

棉毛呢（Paramatta）

时期：19世纪。

一种最初由丝经纱和精纺毛纬纱制成的织物，与科堡斜纹呢类似。后来，其经线改用棉质。主要用于制作哀悼用品。

帕拉普斯（Parapes）

时期：17世纪。

一种类似帕拉贡（paragon）的织物。

帕奇梅迪尔（Parchmentier）

时期：19世纪。

一种产自诺里奇的质地轻薄但较硬的羊毛布料。

巴黎薄麻布（Paris cloth, Toile de Paris）

时期：中世纪。

一种精细的白色亚麻布。

时期：17世纪。

一种毛料。

巴黎织物（Parisian cloth）

时期：19世纪。

一种由棉经线和精纺毛纬纱制成的英格兰织物。

---

① 中世纪时期位于西班牙东北部和法国西南部的王国。——译者注

巴黎黑色薄花呢（Parisienne）

时期：19世纪。

一种有锦缎小图案的法国美利奴羊毛织物，1842年，指英格兰产的一种精纺毛纱，一种饰有图案的奥尔良棉毛呢。

金银线花边（Passementerie）

时期：16世纪~17世纪。

金银线、丝线或棉线制成的装饰性穗带和其他装饰品。

时期：19世纪。

用珠子、丝线和金属线装饰的彩色穗带和缘饰。

拼缝品（Patchwork）

时期：18世纪。

将各种颜色和图案的小块织物缝在一起，从而形成一个较大的成品。20世纪后期，也出现了这种风格的印花织物。

漆皮（Patent leather）

时期：18世纪晚期。

由涂有多层真漆或亮光漆的皮革制成的一种非常光滑的皮革。20世纪引入其他颜色和人造替代品之前，通常是黑色。

专利线/厄林花边专利线（Patent thread, Urling's patent）

时期：1817年。

用煤气火焰烧掉细小纤维后产生的一种棉线，厄林花边即由此而来。

美人珍珠（Pearl of beauty）

时期：17世纪。

一种对"新式布料（new drapery）"的新潮叫法，也称为"'buffyn''catalowne'和'pearl of beauty'，指的是同一类布料，即单层尚布莱特（chamblette），只是宽度有所不同"（1604）。一种条纹精纺毛纱，"经线为彩色，条纹植绒"。

双面横棱缎（Peau de soie）

时期：19世纪80年代。

一种颜色偏暗、质地厚重的丝绸编织布料，采用双面缎纹织法，外观与棉缎相仿。

薄缎（Peeling, Peelon）

时期：18世纪。

一种质地较薄的缎子。

北京宽条子绸（Pekin）

时期：19世纪30年代。

一种类似塔夫绸的丝绸面料，整个带有精美的条纹，因此也称为"北京条纹绸（pekin stripe）"。到1879年，也指其他颜色偏带有光泽条纹的面料。

北京呢绒（Pekine lainage）

时期：1912年。

一种质地较薄的燕麦色布料，表面呈颗粒状。

北京花绸（Pekin Labrador）

时期：1837年。

一种带有花环图案的北京丝绸。

北京绣花绸（Pekin point）

时期：1840年。

一种十分华贵的白色丝绸，绘有花朵或带有枝叶的花束，图案还带有金色点缀。

北京维多利亚绸（Pekin Victoria）

时期：1842年。

一种丝绸面料，质地光滑，反射白色、樱桃红色或蓝色光芒，图案为白色。

长毛绒（Pelluce）

时期：16世纪。

长毛绒英文单词"plush"的早期写法。

皮毛

时期：中世纪。

毛皮（fur）类材料的通用名称。

毛皮镶边（Pelurin）

时期：中世纪。

带毛皮镶边的布料。

佩尼斯通粗毡呢（Penniston, Pennystone）

时期：16世纪~18世纪。

一种起源于英国约克郡佩尼斯通的粗毡呢布。

详见"福雷斯特白布（forest white）"。

高级密织棉布（Percale）

时期：19世纪初期。

一种制作精良的印花布，表面较为光滑，且通常有小印花设计。到1863年，该词又被用来指代"表面光滑的亚麻布（a fine glazed linen）"。

珀克林（Percaline）

时期：1848年。

一种质地介于方格色织布和平纹细布之间的彩色棉布，带有条纹或方格纹，带彩色印花。

佩尔莱塔夫绸（Pereale taffeta）

时期：1859年。

一种用细棉布制成的有光里子。

佩尔卡莱（Perkale）

时期：1818年。

法式漂白轧光细布。

佩莱恩（Perlaine）

时期：1921年。

一种类似厚经面织物的柔软毛织品。

贝纶（Perlon）

时期：1941年以后。

专有名词，指一种德制尼龙纤维。例如1960年一句女士束腰带的广告词提到："轻便的贝纶腰带"。

佩罗普斯（Peropus）

时期：17世纪。

一种双面羽纱，通常带有波纹。

详见"帕拉贡（paragon）"。

珀佩突纳（Perpetuana, Perpets）

时期：16世纪晚期。

一种用毛织品制成的"新式布料"，外表富有光泽，使用精梳用毛为经纱，粗纺羊毛为纬纱。"身穿素淡珀佩突纳的清教徒"（1606, Dekker, *The Seven Deadly Sins*）。

深灰蓝色（Perse）

时期：13世纪和14世纪。

一种深青色布料，可能是指哔叽。

波斯绸（Persian）

时期：17世纪~19世纪。

一种质地轻薄、柔软的丝绸，通常为平纹布料，多用作外套、礼服的内衬。

波斯羔羊皮（Persian lamb）

详见"卡拉库尔羔羊毛皮（karakul）"。

波斯缩绒厚呢（Persian thibet）

时期：1832年。

一种带绣花设计的毛料，绣花设计与披巾相仿。

珀斯佩克斯有机玻璃（Perspex）

时期：1935年。

商标名称，指一种强韧且透明的丙烯酸塑料，与玻璃相比质量轻且不易碎裂，深受珠宝设计师青睐。

彼得沙姆布料（Petersham cloth）

时期：19世纪中期以后。

"一种厚重的毛料，表面带有圆形绒毛"（1904, Tailor & Cutter）。

彼得沙姆棱条丝带（Petersham ribbon, Petershams）

时期：1840年。

一种厚实的双层平纹丝带，带波纹，带图案或条纹。

菲力普切尼绒布（Philip and Cheney, Philip and China）

时期：17世纪和18世纪。

一种类似羽纱的毛料，可织成波纹："15码带波纹的菲力普切尼绒布"（1627）。

菲洛塞尔（Philoselle）

时期：17世纪。

一种羽纱。

详见"帕拉贡（paragon）"。

绒毛（Pile）

时期：16世纪以后。

长毛绒或天鹅绒等厚重面料突起的绒毛或表面部分，卷曲的绒毛可予以保留，也可剪掉。

凸纹棉布或亚麻布（Pillow）

时期：18世纪。

一种平纹纬起毛织物。

海员厚绒呢（Pilot cloth）

时期：19世纪。

一种厚重的靛蓝色斜纹布料，一面有绒

毛，用于制作厚大衣。

平泰多印花砑光平布（Pintado）

时期：17世纪。

一种产自东印度的染色棉织物。

凹凸织物（Piqué）

时期：19世纪以后。

通常指一种棉织物，以凸起的螺纹编制而成，采用菱形图案，也有横向或纵向的平直螺纹式样。"蜂窝纹布（waffle piqué）"则采用蜂窝形纹样。

背面平纹哔叽（Plainback）

时期：1813年。

最初指一种用精纺毛纱编织而成的人造全棉仿牛仔，后来以此为基础，开发出单斜纹美利奴。

塑料（Plastic）

时期：20世纪以后。

一种人造树脂状物质，自20世纪30年代开始，用于生产带扣、纽扣、珠宝等物品。20世纪60年代出现了使用聚氯乙烯面料的外套。

普莱桑斯（Pleasaunce）

时期：16世纪。

"一种带有金色条纹的纱罗织物"（Strutt），用于制作头巾。

详见"克里斯普（crisp）"。

普洛丹（Plodan）

时期：16世纪。

一种格子纹粗纺毛织面料，女性一般将其用作斗篷。

普罗米特（Plommett, plummet）

时期：16世纪和17世纪。

一种产自诺里奇的毛纺或混纺面料，可能属于普兰凯特（plunket）面料的一种。

普罗曼兹纱罗织物（Ploughman's gauze）

时期：1801年。

一种精纺纱罗织物，表面有绸缎做成的斑点，用于制作女士晚礼服。

普兰凯特（Plunket, plonkete）

时期：中世纪。

一种毛料，通常为蓝色。

长毛绒（Plush）

时期：16世纪。

一种表面有长绒毛的棉质、毛质或丝质天鹅绒面料，通常由羊毛和其他毛皮（如公羊毛）混纺而成。到了19世纪，指一种蓬松并带有柔软的长绒毛的棉质天鹅绒。

山羊毛织物（Poile de chevre）

时期：1861年。

一种以山羊毛做纬线，以丝绸做经线的平纹面料，表面如绸缎般有光泽。

波兰黑松鼠皮（Polayn）

时期：中世纪。

黑松鼠的皮毛，可能起源于波兰。

波达维斯（Poldavis）

时期：16世纪晚期。

一种粗纺亚麻布。

猪毛（Polony wool）

时期：17世纪晚期。

用于仿制海狸帽的材料。

聚酯（Polyester）

时期：20世纪40年代以后。

1941年发现的一种材料，1946年之后用作装饰面料。1963年，美国的杜邦公司推出大可纶（dacron），自此聚酯纤维开始被用作服装面料。得益于优异的强度、韧性、速干等特性，在全球范围内成为用量仅次于棉花的纺织原料。

蓬帕杜（Pompadour）

时期：18世纪。

一种华丽的塔夫绸，饰有缎纹条和彩色花枝图案。"克拉克（Clarke）先生穿着带金色纽扣的蓬帕杜"（1762, Smollett, *Launcelot Greaves*）。

中国风蓬帕杜（Pompadour chiné）

时期：1840年。

一种斜纹毛织面料，带有中国风的小图案和细小的横向丝状条纹。

公爵夫人蓬帕杜（Pompadour duchesse）

时期：1850年。

一种缎面宽条纹面料，宽条纹之间用装饰有细小花朵图案的条纹隔开。

山东绸蓬帕杜（Pompadour shantung）

时期：1880年。

一种与薄软绸相似的厚实耐洗绸缎，其亮面采用蓬帕杜花纹样式。

丝绸蓬帕杜（Pompadour silk）

时期：1832年。

一种丝绸面料，底色为黑色，绣有断枝、柠檬、玫瑰、绿叶等图案，且图案有明显的凸起。

茧绸（Pongee）

时期：19世纪70年代。

一种淡褐色柞蚕丝绸。

仿长卷毛狗皮织物（Poodle cloth）

时期：19世纪晚期。

一种面料，通常由马海毛和羊毛混纺而成，表面绒毛呈环形。

波佩尔（Popel, Pople）

时期：15世纪。

松鼠背部的毛皮。

明斯特蒲伯斯（Popes minsters）

时期：17世纪。

可能指的是从明斯特一带进口的一种亚

麻布。

府绸（Poplin）

时期：1685年以后。

一种以丝线为经线、羊毛或精纺毛纱为纬线的棱纹平布，表面走线整洁。这种面料包含三种类型：单层布、双层布、带毛圈款式。其中，与毛圈天鹅绒不同，带毛圈款式饰有大量凸纹，且两面样式一致。府绸既可以织成平纹，也可织成波纹或锦缎。爱尔兰府绸于18世纪出现，由精纺纱线和丝线织成。到了20世纪，指代织物的结构而非面料成分，棉质府绸也较为流行。

花府绸（Poplin broché）

时期：1841年。

一种带有挖花花纹的府绸。

纱府绸（Poplinette）

时期：1859年。

"有时被称作'norwich lustre（诺里奇光泽）'，偶尔又被当作'Japanese silk（日本丝绸）'。"指一种由上光线和丝绸织成的面料。

拉克缇府绸（Poplin lactee）

时期：1837年。

一种白色的府绸。

拉玛毛府绸（Poplin lama）

时期：1864年。

一种与薄花呢相似，但质地更柔软、厚实的面料。

波莱恩（Porraye）

时期：中世纪。

一种自外地引进的绿色面料；16世纪用来指绿色。

绉绸（Poult de soie）

时期：19世纪。

一种品质极佳的纯凸纹丝绸。1863年前，指"一种丝线和羊驼呢的混纺面料，表面富有光泽"（C. W. Cunnington, *English Women's Clothing in the Nineteenth Century*）。

详见"棱纹绸（paduasoy）"。

双层棉毛交织厚呢（President）

时期：19世纪70年代。

一种质地厚重的双层交织织物［详见"双面织物（double-faced）"］；表面用棉线做经线，羊毛线做纬线。

公主面料（Princess stuff）

时期：17世纪和18世纪。

一种由山羊毛经纱和丝纬纱织成的衣料。

亲王面料（Prince's stuff）

时期：18世纪。

一种黑色平纹毛料，编织结构紧密，用于制作牧师袍、法官袍等，也用来制作丧服。

普林塞塔（Princetta）

时期：1800年~1840年。

一种使用精仿丝线做经线，精纺毛纱做纬线的面料。

印花织物（Printed fabrics）

时期：16世纪以后。

早期关于该词的记录为，"1535~1536年，衣柜必需品（wardrobe warrant），制作一种黑色印花缎时使用"。纺织品印花始于1676年的伦敦，最早使用木刻版制作印花布。使用印花面料制作女士服装，在19世纪30年代，以及20世纪的多个时期都十分流行。

普伦尼拉斜纹薄呢（Prunella, Prunello）

时期：17世纪和18世纪。

一种黑色粗纺斜纹里子布，常用于制作学位服、法官袍、牧师袍等。

优质粗纺呢（Puke）

时期：15世纪和16世纪。

一种引进的毛料，通常在进行编织之前染成近黑色。

布利格德（Pullicat）

时期：16世纪~18世纪。

一种来自印度布利格德（位于马德拉斯市附近）的棉织物，18世纪晚期曾被用于制作彩色手帕。

朋特纳多（Puntenado）

时期：17世纪。

一种意大利风格的针绣花边。
详见《网眼花边词汇表》。

皮瑞德（Pured）

时期：中世纪。

指位于动物腹部的白色毛皮。

双反面针织物（Purl, Purle）

时期：14世纪以后。

"一种适用于骨状花边的饰边"（Bailey）。
"一种狭幅编带"（Planché）。

反针编织天鹅绒（Purled velvet, Pirled velvet）

时期：16世纪。

一种天鹅绒面料，包含多个用未经裁剪的金色线圈编织而成的装饰图案。

普尼罗（Purnellow）

时期：18世纪。
一种精纺毛纱织物。

聚氯乙烯（PVC）

时期：20世纪以后。

聚氯乙烯，于1844年发现并应用于家庭地面铺设、装饰面料等。PVC纤维有易于清洁和表面防水的特性，在20世纪60年代受到青睐，并被用于制作外套。

金字塔细哔叽（Pyramid）

时期：17世纪。
一种幅面较宽、质地轻薄的粗纺面料。

Q

奎伊娜（Quiana）

时期：20世纪60年代以后。

由杜邦公司推出的一种轻质免熨尼龙纤维，既可用于针织，也可进行梭织。

绗缝（Quilting）

时期：18世纪和19世纪。

一种成衣用衬垫，通常用缎子制成并缝有棉线，用于制作衬裙和男士外套里。

详见词典正文中的"绗缝（quilting）"。

昆廷（Quintin）

时期：17世纪。

"一种法式里衬面料，源自皮卡第省圣昆廷市"（1687, Miege）。

R

兔皮（Rabbit）

时期：中世纪以后。

一种颇受欢迎且造价低廉的毛皮，取自一种分布于多个国家的小型啮齿类动物。近年来，此类毛皮会被染色或绣上图案，用来仿昂贵的毛皮材料。

详见"兔毛皮（coney）"。

浣熊毛皮（Raccoon）

时期：19世纪以后。

从一种美洲哺乳动物身上采集而来的毛皮，颜色从浅灰色到黑褐色不等，1920年至1940年期间尤为流行。

镭锭府绸（Radium poplin）

时期：1916年。

一种由丝绸和羊毛混纺而成的面料，与丝质府绸相近。

拉西米尔丧服绸（Radzimir）

时期：1849年。

一种全部由丝绸制成的黑色面料，用于制作丧服。

酒椰叶纤维（Raffia）

时期：19世纪以后。

酒椰树的嫩叶制成的纤维，一般将其作为刺绣线用于生产粗纺面料，针织或梭织均可使用。20世纪生产出塑料酒椰叶纤维，当时使用天然或人造酒椰叶纤维制成的包袋、帽子等饰品曾多次流行。

拉格玛斯（Ragmas, Ragmersh）

时期：14 世纪~16 世纪。

一种东方风格、带金色图案的面料。

原色粗呢（Raploch white）

时期：16 世纪。

一种未染色的白色粗织羊毛土纺布。

拉斯杜莫尔（Ras du More）

时期：18 世纪。

一种质地厚重的黑色丝绸，质感与黑色丝带相似，一般用于制作哀悼装束。

拉什（Rash）

时期：16 世纪。

一种质地顺滑的面料，既可用丝绸制作［称为"silk rash（丝质拉什）"］，也可用精纺毛纱制作［称为"cloth rash（粗纺拉什）"］，后期又称为"shalloon（斜纹里子布）"。

纯毛哔叽（Rateen）

时期：17 世纪。

一种质地厚重、容易起绒的斜纹面料。

时期：18 世纪。

一类粗纺羊毛布料的统称。

平纹结子花呢（Ratine）

时期：1910 年。

一种松织棉质或毛质松软棉布，表面粗糙不平，带有颗粒状或簇状的编织结。

拉提内特（Ratinet）

时期：18 世纪。

一种质地较薄的纯毛哔叽。

线条呢（Ray）

时期：14 世纪。

指带有条纹的面料，但在实际使用中则被用来形容未经染色的面料。

雷恩布（Raynes）

时期：中世纪。

一种质地上乘的亚麻布，产于法国雷恩。

人造丝（Rayon）

时期：20 世纪初期以后。

最初称为人造"装饰性"丝绸，由纤维制成，最早用于生产长袜，1912年后用于生产服装，1924年改用现名。随着该材料的广泛使用，其产量也随之增加。

白底红线刺绣（Red work）

详见"白底黑线刺绣（black work）"。

赛船衬衫料（Regatta shirt）

时期：1840 年。

一种带有染色窄条纹的棉质纤维。

里金斯绸（Regence）

时期：1889 年。

一种外观华丽、带有螺纹缎面的丝织品。

难民绸（Renforcée）

时期：17世纪末。

一种质地强韧与阿拉莫德绸（alamode）相似的丝织品，由法国难民中的编织工于1685年后发明。

棱纹平布（Rep, Repp）

时期：19世纪以后。

一种布满横向螺纹的面料，有包括毛质、丝质、丝毛混纺（如府绸）等在内的多个变种。棉质棱纹布在20世纪十分流行。

矢车菊棱纹布（Rep bluet）

时期：19世纪。

一种深蓝色丝质棱纹布，带有黑色缎面矢车菊图案。

棱纹金银线织锦（Rep imperial）

时期：1835年。

一种仿制毛圈天鹅绒的丝绸，外表华丽。

棱纹有光里子（Rep sarcenet）

时期：19世纪。

一种质地介于重厚丝织物（gros de naples）和法式天鹅绒之间的面料。

雷西尔达纤维（Resilda fabrics）

时期：1908年。

一种耐揉搓、不易沾染污渍的羊驼呢面料。

拉丹绸（Rhadames）

时期：1883年。

一种质地柔软、带对角纹理的缎子。

莱茵石（Rhinestone）

时期：19世纪晚期。

一种玻璃或塑料材质的钻石仿制品，常用作装饰服装或鞋类，尤其是自20世纪30年代之后。

波纹仿马皮长毛绒（Ripple pony cloth）

时期：1914年。

一种表面富有光泽与带精纺螺纹的镜面丝绒相似的面料。

罗恩斯（Roanes）

时期：15世纪以后。

一种精仿毛织物，通常为黄褐色，产于法国鲁昂。17世纪之前，指一种产自鲁昂的亚麻布。

罗曼（Romaine）

时期：1928年。

一种产自法国，采用经面缎纹织法的衬里面料，也指"一种采用平直织法的黯面轻质毛纺面料"（C. W. Cunnington, *English Women's Clothing in the Nineteenth Century*）。

罗萨迪莫伊（Rosadimoi）

时期：1820年。

"ras de st maur"这一名称的变体，后来指"拉西米尔丧服绸（radzimir）"。

罗塞塔（Rosetta）

时期：1700年～1750年。

一种条纹或格子纹面料，可能是一种丝绸。

罗塞尔绸（Rosille de soie）

时期：1840年。

一种带有网状图案和黑白花朵图案的黯面面料。

罗斯金（Roskyn, Ruskin）

时期：中世纪。

夏季松鼠的皮毛，呈红栗色。

碎呢（Rug）

时期：16世纪~18世纪。

穷人穿的一种起绒粗呢。

朗斯威兹原色起绒粗呢（Rum-swizzle）

时期：1850年。

一种爱尔兰风格的起绒粗呢，采用未染色的羊毛织成。

罗塞林（Russaline）

时期：18世纪。

诺里奇产的一种毛料。

罗塞尔棱纹呢（Russel cord）

时期：19世纪80年代。

最初用来指一种全精纺毛纱织物，但很快便转而指棉纺织物，与粗纺阿尔帕卡凸条纹布相似，用于制作服装衬里。

罗塞尔斜纹细呢（Russells）

时期：16世纪，18世纪复兴。

表面富有光泽的精纺毛纱，外观与缎子相似，产于英国诺里奇。与"罗素缎面（russel satin）"是同义词。

罗素缎面（Russel satin）

时期：16世纪。

一种产自诺里奇的精纺毛纱面料，与缎子类似，表面富有光泽。

详见"诺里奇缎（norwich satin）"。

拉塞特（Russet）

时期：15世纪和16世纪。

一种粗布或家纺布（bailey），有的呈棕色，有的呈灰色。穷人使用的一种布料。

俄罗斯绉纱（Russian crêpe）

时期：1881年。

一类垫布，采用密集梭织的方法织成。

俄罗斯细亚麻帆布（Russian duck）

时期：19世纪。

一种精纺漂白亚麻帆布，用于制作夏季服装。

俄罗斯起绒格子薄呢（Russian velvet）

时期：1892年。

一种质地较轻的格子纹毛纺面料，纹理均匀，条纹上有细小的圆弧形凸起，颜色与底布的颜色不同。

鲁津斜纹绸（Russienne）

时期：19世纪初期。

一种丝织面料。

S

黑貂皮（Sabelline）
时期：17世纪。
黑貂的毛皮。

紫貂（Sable）
时期：中世纪。
一种与鼬皮类似的动物皮毛，呈深棕色且富有光泽，有时也有黑色，因而有时也用作黑色的同义词。

粗平袋布（Sackcloth）
时期：16世纪和17世纪。
一种主要由穷人使用的亚麻面料，与帆布相比纹路更粗糙，有多种颜色，一般用于制作外套。

鞍饰绞绕针织物（Saddle twist）
时期：1865年。
一种裤料，"带有用细线织成的螺纹"。

萨加塞毛织物（Sagathy）
时期：18世纪。
一种质地轻盈的毛织品，属于一种斜纹哔叽布料，有时与少量丝绸混纺。

帆布（Sailcloth）
时期：19世纪晚期。
一种强韧的棉质帆布，采用密集梭织法织成，有时也和适量黄麻和亚麻混纺。20世纪40年代以后，出现了质地较为轻盈的样式，常被用于服装生产。

圣奥梅尔（Saint Omer）
时期：17世纪。
一种英格兰精纺毛纱织物。

索尔兹伯里法兰绒（Salisbury flannel）
时期：18世纪。
"这座城市的主要工业品包括法兰绒、杜格特（drugget）以及一种被称为'索尔兹伯里白（salisbury whites）'的面料"（1768）。

六股丝锦缎（Samite）
时期：中世纪。
一种昂贵的丝质面料，通常用金色或音色丝线交织而成。

萨姆龙（Sammeron）
时期：16世纪。
一种优质亚麻布。"一种近似亚麻或大麻的面料，其质地比亚麻更精细，但比大麻更粗糙"（Halliwell）。

桑托伊（Santoy）
时期：1904年。
一种丝毛混纺面料，极富光泽。

萨拉塔衬衫衣料（Sarata shirting）

时期：1870年。

一种亚麻布制成的衬衫衣料。

有光里子（Sarcenet, Sarsenet）

时期：中世纪。

一种质地较薄且柔软的丝绸面料，表面微微泛光，有平织和斜纹织两种样式，且颜色丰富，有时还会带有光泽。后期多用于制作服装衬里。

萨西亚图斯（Sarciatus, Sarzil）

时期：中世纪。

底层穷人使用的一种毛料（strutt）。

萨迪尼安（Sardinian）

时期：1870年。

一种质地厚重、表面有簇状绒毛的斜纹毛织面料，常用于制作大衣。

八页综花式斜纹布（Satarra cloth）

时期：1893年。

"它的纹理很像板丝呢（hop-sack），但表面有很像花哨的精纺毛纱"。

棉缎（Sateen）

时期：1838年。

一种光面棉质缎子，表面和绸缎类似。

缎子（Satin）

时期：中世纪以后。

一种真丝斜纹面料，经线或纬线在交错之前会穿过其他若干方向的纱线，从而形成光滑的表面。织物表面平滑且富有光泽，还可通过加热进一步提高光泽度，织物背面则为暗色。可通过修正增强其表面光泽度。

安托瓦内特缎面（Satin Antoinette）

时期：1834年。

一种底色为白色，带有缎面阴影光线效果的缎子，绣有花束图案。

布隆德蕾缎面（Satin blonde）

时期：1833年。

一种以彩色面料为底，绣有白色花朵图案的缎子，类似缎子上的金色花边。

羊绒缎面（Satin cashmere）

时期：1893年。

一种耐揉搓的全羊毛面料，表面如丝绸般柔软。

中国缎（Satin de Chine）

时期：1850年。

一种丝绸和精纺毛纱混纺缎子。

精纺缎纹呢（Satin de laine, Satin cloth）

时期：1836年。

一种表面光滑的毛料，用于制作男士紧身长裤。

双面缎（Satin doubleface）

时期：1928年。

一面富有光泽，另一面带波纹效果的缎子。

杜巴利缎（Satin du Barry）

时期：1832 年。

一种黑色条纹和带图案条纹交替编织而成的缎子。

公爵夫人缎（Satin duchesse）

时期：1870 年。

一种质地较厚且耐用性高的平纹缎子。

普莱耶缎（Satine playé）

时期：1873 年。

一种棉毛混纺面料，带有斜条纹，表面非常光滑。

萨蒂尼斯科（Satinesco）

时期：17 世纪。

一种品质较差的缎子面料，属于源自诺里奇的"新式布料"之一。

埃斯梅拉达缎（Satin Esmeralda）

时期：1837 年。

一种颜色丰富，搭配深色天鹅绒的华丽缎子。

充经缎（Satinet）

时期：17 世纪～19 世纪。

一种质地轻薄的缎子，通常带有条纹，"女士们用它来做夏季穿的睡袍"（C. W. Cunnington, *English Women's Clothing in the Nineteenth Century*）。1816年，出现了带有缎面条纹的丝毛混纺面料。

方当伊高缎（Satin fontange）

时期：1841 年。

一种白色和彩色条纹相间的缎子。

薄亮软缎（Satin foulard）

时期：1848 年。

一种带有条纹或斑点的缎面丝绸织物。

光洁厚斜纹布（Satin jean）

时期：1870 年。

一种具有缎面光泽的精纺斜纹棉布。

利塞特缎（Satin Lisette）

时期：1916 年。

一种正面用绢丝、反面用羊毛编织而成的面料。

美利奴缎（Satin merino）

时期：1846 年。

一种正面较开司米更为细腻光滑，反面则与长毛绒相近的面料。

奇异高级里子缎（Satin merveilleux, Merv）

时期：1881 年。

一种质地柔软的直贡呢，类似质地厚实的斜纹软绸，但正面光泽度更高，背面较暗。

蒙特斯潘缎（Satin Montespan）

时期：1833 年。

一种造型华丽的丝绸，以暗白色为底，并装饰有大方块条纹。

蓬帕杜缎（Satin pompadour）

时期：1835 年。

一种以白色为底并绣有彩色花朵图案的缎子。

反面缎（Satin reverse）

时期：16 世纪。

"norwich satin（诺里奇缎）"的同义词。

土耳其缎（Satin turc）

时期：1868 年。

一种质地柔软且颜色鲜艳的毛料。

天鹅绒缎（Satin velouté）

时期：1837 年。

一种"像天鹅绒一样华丽，和平纹细布一样柔软"的缎子（C. W. Cunnington, *English Women's Clothing in the Nineteenth Century*）。

维多利亚缎（Satin Victoria）

一种类似丝绸的羊毛面料，带有窄条纹。

萨蒂奈特（Sattinet）

时期：18 世纪末。

一种产自诺里奇的精纺毛纱，采用缎纹织法织成。

萨克森（Saxony）

时期：18 世纪末以后。

一种由产自萨克森的美利奴羊毛制成的布料。约1820年前，在英国，指一种美利奴羊毛或博塔尼面料，属于柔软粗花呢和马裤呢的一种，以质地光滑、柔软和致密著称。

细哔叽（Say）

时期：中世纪。

"一种质地轻薄的毛料哔叽"（bailey）；"一种质地柔软轻薄的羊毛丝绸混纺斜纹面料"（Linthicum）。后者使用丝绸做经线，羊毛做纬线。

塞耶特呢（Sayette）

时期：16 世纪晚期。

"新式布料"之一，是一种羊毛和丝绸混纺面料。

鲜红色布 / 猩红色（Scarlet）

时期：中世纪。

最初指一种精细的羊毛织物，后来指一种颜色。

斯科舍丝绸（Scotia silk）

时期：1809 年。

一种类似花缎丝绒（velours broché）的棉花、丝绸混纺面料。

苏格兰布（Scots cloth）

时期：17 世纪。

一种使用荨麻纤维编织而成的亚麻布。详见"荨麻织物（nettlecloth）"。

海豹毛皮（Seal）

时期：18 世纪晚期。

18 世纪晚期，人们开始使用水生哺乳动

物海豹的毛皮来制作帽子。到了19世纪晚期，染成棕色或黑色后，用于制作海豹皮大衣。此类毛皮以浓密、华丽而著称。

海豹绒（Seal plush）

时期：19世纪。

一种表面无光泽的长毛绒。

泡泡纱（Seersucker）

时期：18世纪以后。

一种源于印度的棉布。"坎特伯雷平纹细布和泡泡纱"（1791, *Salisbury Journal*）。

其他国家生产的一种仿制面料，采用棉布、人造丝或丝绸的平纹或条纹绉条织物，经线上有起皱的条纹，可以水洗。这种面料主要用于制作成人和儿童的夏装。

西里西亚细布（Selisie lawn）

时期：18世纪。

从西里西亚进口的一种细薄布。

塞尔维汀（Selvytine）

时期：1906年。

如天鹅绒般光滑柔软，防水且耐揉搓。

森皮特纳姆（Sempiternum）

时期：17世纪和18世纪。

一种类似斜纹哔叽布料的斜纹羊毛面料，因其耐用性而得名。

森普林汉姆（Sempringham）

时期：14世纪。

一种起源自林肯郡的织物。

闪光装饰片（Sequin）

时期：19世纪以后。

一种装饰用的金属圆片，其灵感来自意大利威尼斯的一种小面额硬币古金币（zecchino），用于装饰各类服装和配饰，在20世纪，这种闪光装饰片多由塑料制成。

详见"发光饰片（spangle）"。

塞奇（Serche）

时期：1600年。

可能指一种马海毛或斜纹哔叽布料。

斜纹哔叽布料（Serge）

时期：中世纪以后。

一种编织结构松散的斜纹精纺毛织品，自17世纪开始广泛使用。不同种类的面料在进口时，其原产地名称被曲解，例如"serge of chalon（查隆斜纹哔叽布料）"（1649）变为"shalloon（斜纹里子布）"，"serge de nimes（尼姆斜纹哔叽布料）"变为"denim（丹宁布）"等。经线通常由精纺毛纱制成，纬线多采用羊毛。

杜索伊哔叽（Serge dusoy）

时期：18世纪。

一种质地结实的斜纹丝绸，其纹路十分精细（Perkins）。

尼姆哔叽（Sergenim）

时期：18世纪。

一种产自法国尼姆的斜纹哔叽布料。详见"丹宁布（denim）"。

罗亚尔哔叽（Serge royale）

时期：1871年。

一种亚麻和羊毛的混纺织物，具有明亮、柔滑的外观。

绒织物（Shag）

时期：16世纪～18世纪。

一种质感蓬松的面料，通常采用精纺毛纱制成。"用精纺毛纱或丝绸制成的厚绒布"（linthicum）。常用于制作衬里。

沙格林（Shagreen）

时期：18世纪和19世纪。

一种带纹理的丝绸织物。

斜纹里子布（Shalloon）

时期：16世纪～19世纪。

"一种轻盈的羊毛面料"（Swift），最初在查隆制造并被称为"rash"。后来，多用于制作男装衬里。一种编织结构松散的羊毛面料，两面都有斜纹。

麂皮革（Shammy, Shamoy）

时期：17世纪以后。

一种羚羊皮。

香克斯（Shanks）

时期：15世纪和16世纪。

小山羊、山羊和羊羔腿部的黑色皮毛，用于制作服装的衬里和镶边。

山东绸（Shantung）

时期：19世纪70年代。

一种质地轻薄柔软且未经染色的中国丝绸。到了1904年，也指柞蚕丝绸的粗粒度。后来，除了丝绸，还出现了使用棉和人造纤维制成的仿制品，所有仿制品均染有各种颜色。

雪克斯金细呢（Sharkskin）

时期：20世纪以后。

一种由人造丝、丝绸或羊毛等制成的斜纹织物，表面光滑有光泽。

羊灰布（Sheep's grey）

时期：17世纪。

一种未染色的黑白羊毛土布。

黄褐色羊毛布（Sheep's russet）

时期：16世纪。

可能是一种与防水毛呢料（fearnought）相同的面料。"这种黄褐色布料被称为'friars' cloth（修道士面料）'或'shepherd's cloth（牧羊人面料）'"（1598, John Florio, *A Worlde of Wordes*）。

牧羊人面料（Shepherd's cloth）

时期：18世纪。

一种与防水毛呢料（fearnought）相同的面料。

软再生毛（Shoddy）

时期：19世纪。

一种再生产面料，类似再制呢绒，但由精纺毛纱和其他质地松散的毛料组成。

闪光绸（Shot silk）

时期：19世纪中期以后。

一种用不同颜色的经纬纱线织成的面料，营造出色彩多变的效果。

西西里面料（Sicilienne）

时期：1870年。

一种优质府绸，采用丝绸做经线，山羊绒做纬线。

西里西亚亚麻布（Silesia）

时期：18世纪和19世纪。

一种较薄、质地粗糙且表面有光泽的亚麻布，18世纪用于制作颈巾和领巾，19世纪大量用于制作衬里，通常呈褐色。

西里斯特里安（Silistrienne）

时期：1868年。

一种质地结实的羊毛和丝绸混纺织物。

丝绸（Silk）

时期：中世纪以后。

一种蚕丝面料。英国曾长时间进口生丝和成品丝绸，贸易路线经过几个世纪的发展，覆盖近东、法国、意大利、西班牙、印度和中国等地。16世纪，特别是在1685年以后，伴随外国纺织工的大量涌入，来自佛兰德的难民将真丝织物生产技术引入了英国。

大马辛缎（Silk damascene）

时期：1876年。

一种丝毛混纺面料，带有羊毛和缎子交替编织而成的细条纹。

丝绸细毛料（Silk delaine）

时期：19世纪30年代。

一种丝绸和精纺毛纱混纺面料。

丝哔叽（Silk serge）

时期：19世纪。

一种质地轻薄的斜纹丝绸面料，多用于制作大衣衬里。

银色面料（Silverets）

时期：18世纪。

一种用于制作丧服的面料。

辛盹（Sindon）

时期：15世纪以后。

一种精细的亚麻面料。

西珀斯（Sipers）

一种精致的上等细布，同时也是"赛普拉斯（cypress）"的同义词。

德巴拉贡哔叽（Sirge debaragon）

时期：17世纪。

一种质地轻便的斜纹哔叽布料。

锡尔萨卡（Sirsaka）

时期：1835 年。

一种丝绸，带有纵向的浅色窄条纹以及横向的深色条纹。

西斯金（Siskin）

时期：14 世纪。

一种绿色的佛兰德面料。

姊妹线（Sister's thread）

详见"修女黑色薄呢（Nun's cloth）"。

薄羊皮（Skiver）

时期：18 世纪。

一种较薄的熟皮。

三页斜纹里子布（Sleasy holland）

时期：18 世纪。

指"所有质地轻薄、做工不佳的荷兰亚麻布"（1741, Chambers）。

未加工丝线（Sleaved silk）

时期：16 世纪。

指生丝。

斯莱西亚上等细布（Slesia lawn）

时期：17 世纪。

一种类似细棉布的精细亚麻布。

鞋面花缎（Slipper satin）

时期：20 世纪。

一种耐磨、编织紧密的面料，背面无光泽，表面半光滑。

高级充茧绸棉布（Soisette）

时期：19 世纪。

一种精细的平纹细棉布，表面质地柔软，采用平纹织法制成。

苏西（Soosey）

时期：18 世纪。

一种来自印度的丝绵混纺条纹面料。

丝质亚麻羊毛混纺织物（Soyeux linsey）

时期：1869 年。

一种轻盈光亮的羊毛府绸。

斯潘德克斯（Spandex）

时期：1958 年以后。

由杜邦公司推出的合成纤维，因其弹性好、质地轻盈等特点，被应用于针织袜类、女式贴身衣裤和泳装的生产。

发光饰片（Spangle）

时期：15 世纪～19 世纪。

一种闪闪发光的小装饰片，通常由金属制成，最初为菱形，后来改为圆形，用缝线固定在衣服上。

西班牙黑纱（Spanish crape）

时期：18 世纪。

一种诺里奇生产的全精纺毛纱织物。

西班牙混色面料（Spanish medley）

时期：17世纪和18世纪。

由西班牙美利奴羊毛和英国羊毛混纺而成的一种多尔塞特细毛织品。

斯巴达天鹅绒（Sparta velvet）

时期：17世纪。

"绒面纬起毛织物（fustian anapes）"的别称。

螺旋形威特尼（Spiral Witney）

时期：1861年。

"一种表面有短卷毛的柔软材料，介于海狸绒毛和起绒粗呢之间"。

绢丝（Spun silk）

时期：19世纪晚期。

由短纤维纺成的一种纱线，通常由废料制成，有时称为"schappe silk"。

斯坦福蒂斯（Stamfortis）

时期：中世纪初期。

一种质地结实且昂贵的面料。

斯坦默尔粗毛呢（Stammel, Stamin）

时期：中世纪。

英语中早期称为"stamin"，表示一种精纺毛纱面料，通常为红色。在16世纪，名称改为"stammel"，指一种质量良好的精纺面料或棉经毛纬交织物，一般为红色。

弹力织物（Stockinet, Stockingette）

时期：18世纪以后。

一种编织紧密的羊毛织物，具有类似针织材料的网眼。19世纪初期曾用于紧身长裤的制作，后来采用丝绸、棉花和合成纤维制成，表面平整光滑。

克什米尔长袜布（Stocking-kerseymere）

时期：1836年。

"具有萨克森布的表面质地和硬度以及长袜的弹性。"用于制作晚礼服的裤装。

砂洗（Stone-washed）

时期：20世纪。

对织物进行人工做旧或仿磨损处理的一种技术，通常用于丹宁布的生产。最初使用真石头来研磨布料表面并减淡颜色，但随后便改用更容易控制的化学方法进行。

窄幅布（Strait）

时期：15世纪和16世纪。

指任何"狭长"或狭窄的布料，与阔幅布不同，其尺寸于1464年通过法规的形式确定。

斯特兰林（Stranlyng）

时期：中世纪。

松鼠秋季的皮毛。

斯特拉斯堡面料（Strasburg cloth）

时期：1881年。

一种类似灯芯绒的棉织物，但没有长毛绒面。

条纹长毛绒（Striped plush）

时期：1865 年。

一种长毛绒和窄条纹、暗淡和明亮色泽交替出现的面料。

呢绒（Stuff）

时期：中世纪以后。

指用"长羊毛或精梳用毛"（caulfield and stewart）制成的精纺毛纱。"与其他毛料的区别在于没有绒毛或绒面。"这种区分早在17世纪就已出现。

仿麂皮（Suede）

时期：19 世纪以后。

通常指经过特殊处理，产生丝滑、轻微拉绒质感的小牛皮。这种皮革起源于瑞典（法语：suède），用于制作服装和手套等配饰。

苏丹妮织物（Sultane）

时期：1866 年。

一种由丝绸和马海毛制成的织物，与精致的羊驼呢相似，有缎面或印经平纹织物交替组成的清晰条纹。

特细缩绒呢（Superfine）

时期：18 世纪。

由西班牙美利奴羊毛制成的优质细毛织品。

时期：19 世纪。

一种起源于英格兰西部、使用美利奴羊毛制成的细毛织品，质地非常厚重，毛毡感强，有凸起并经剪毛处理，手感柔软结实，表面富有光泽。约1880年前，一直被用于制作男装。

斜纹软绸（Surah）

时期：1873 年。

一种质地柔软明亮的印度丝绸，两面都有斜纹，比薄软绸（foulard）更结实。

苏萨平（Sussapine）

时期：16 世纪。

一种昂贵的丝绸纺织品。

苏泽特（Suzette）

时期：20 世纪。

一种用加捻纱线制成的雪纺绸，质地厚重。

天鹅绒（Swansdown）

时期：18 世纪以后。

最初指天鹅的细羽绒，主要用于制作暖手筒和女用披肩。19世纪时，指一种混纺织物，最初由羊毛和丝绸制成，后来用羊毛和棉花制成。

厚密法兰绒（Swanskin）

时期：18 世纪和 19 世纪。

一种表面有绒毛的厚实斜纹法兰绒；工人用这种面料来做裤子衬里。

斯瓦里杜（Swarry-Doo）

时期：1893年。

"一种富有光泽的斜纹丝绸"（Tailor & Cutter），用作礼服外套的饰面面料。

西尔威斯特林（Sylvestrine）

时期：1831年。

一种仿丝绸织物，由木材制成，是目前已知第一次制造人造丝的尝试。

详见"人造丝（rayon）"。

T

塔巴勒花绸（Tabaret）

时期：18世纪。

"精纺塔巴勒花绸，最流行的面料，华贵锦缎丝绸的仿制品"（1749，*Boston Gazette*）。一种质地光滑、与织锦相仿的羊毛织物，其质感与波纹塔夫绸（tabbinet）相似。

波纹塔夫绸（Tabbinet）

时期：18世纪晚期及19世纪。

一种带波纹的府绸。

波纹绸（Tabby）

时期：17世纪~20世纪初期。

一种厚实的塔夫绸，表面光泽，并带有波纹。

塔夫绸（Taffeta）

时期：14世纪以后。

最初指一种有光泽的平纹丝织物，后来指一种质地轻薄且有光泽的丝织物，带有波浪形的光泽。塔夫绸有多种类型：16世纪的"闪光塔夫绸（changeable taffeta）"表面有闪光，"闪光绸（glacé silk）"的表面非常光滑。到20世纪，可以用合成纤维来制作塔夫绸。

白底彩条塔夫绸（Taffeta coutil）

时期：1847年。

一种白底上有蓝色或淡紫色条纹的丝绸混纺织物。

绢丝塔夫绸（Taffetaline）

时期：1876年。

一种马海毛织物。

塔马蒂耶（Tamatiye）

时期：1863年。

一种类似昆捻纱罗织物但较厚的轻质羊毛材料，经线在每一针纬线之间捻一次，为纱罗组织。

绷圈刺绣（Tambour）

时期：18世纪和19世纪。

一种借助鼓形绷圈进行刺绣的形式。

塔梅特（Tamett）

时期：17 世纪。

一种产自诺里奇的布料。

塔米恩（Tamine）

时期：16 世纪。

一种质量上乘的羊毛织物。17世纪时，是一种光滑的精纺毛纱。

泰米斯薄呢（Tamise）

时期：1876 年。

一种质地柔软的羊毛织物，混纺有少量丝绸。

棉经毛纬平纹呢（Tammy）

时期：17 世纪~19 世纪。

一种精纺毛纱，显然与"塔米恩（tamine）"相同。

狭带（Tape）

时期：中世纪以后。

一种扁平的狭幅编织带，最初采用亚麻制成，后来采用棉布织成。

塔勒丹薄纱（Tarlatan）

时期：19 世纪 30 年代。

一种类似纱罗织物的轻薄平纹细布，质地坚硬。

鞑靼羊绒（Tartarian cachmere）

时期：1823 年。

柔软轻盈，从不起皱，且色彩丰富，适合制作女装。

鞑靼丝绸（Tartaryn）

时期：中世纪。

一种华丽的丝绸织物，可能为中国舶来品。

塔特萨尔（Tattersal）

时期：1891 年。

一种具有鲜明格子图案、类似马鞍毯的布料。

陶顿（Taunton）

时期：16 世纪。

一种产自陶顿的细毛织品。

塔维斯托克（Tavistock, Western Dozens）

时期：16 世纪。

一种产自塔维斯托克的克尔赛呢。

茶色布（Tawny）

时期：17 世纪。

一种毛料，通常呈黄褐色。

特伦达姆（Terrendam）

时期：18 世纪和 19 世纪。

一种印度棉布。

毛巾布（Terry towelling, terry cloth）

时期：19 世纪晚期。

一种脱脂棉或亚麻织物，表面通常有未经裁剪的环形纹路，用于制作海滨服、晨衣等。

毛圈天鹅绒（Terry velvet）

时期：19世纪。

最初为一种未经裁剪的天鹅绒，后为一种表面细密的棱条丝织物，与天鹅绒完全不同。

涤纶（Terylene）

时期：20世纪以后。

1941年，英国化学家发现的聚酯纤维的商标名，最终由ICI（帝国化学工业公司）卖给了美国制造商。和早期的尼龙一样，用于服装制作。

交织织物（The Union）

时期：1815年。

一种丝绸和棉花织物。

缩绒厚呢（Thibet cloth）

时期：1874年。

一种质地柔软、类似法兰绒面料的厚实布料，表面有长长的山羊毛；19世纪初也指产自约克郡地区的仿羊绒；1824年佩斯利也开始生产。

粗厚灯芯绒（Thickset）

时期：18世纪。

一种非上层社会穿的粗制纬起毛织物。

线（Thread）

时期：中世纪以后。

一种缝纫用的细线，用亚麻、棉花、丝绸或羊毛捻制而成，很多种类都有专门名称，如15世纪科隆产的科林线（coleyn）；15至17世纪的布鲁日线（bruges）；16世纪考文垂线（coventry，一种鲜艳的蓝色，主要用于刺绣）；16世纪的"细白亚麻线（nun's thread）""刺绣用精白棉线（sister's thread）"和"盎司线（ounce thread）"（均指一种主要用于花边制作的白色细线）以及许多其他品种。

雷电呢（Thunder and lightning）

时期：18世纪。

一种由精纺毛经纱和羊毛纬纱制成的斜纹哔叽布料，又名"德国哔叽"。

褥套布（Ticking）

时期：15世纪以后。

一种床垫套用亚麻织物。

泰克伦堡亚麻棉混纺粗布（Ticklenburgs）

时期：17世纪和18世纪。

一种产自德国泰克伦堡的粗亚麻布。

扎染（Tie-dye）

时期：20世纪以后。

一种在西方使用较晚的传统技艺，将织物加捻和打结，然后进行染色。展开后，原来的底色与染色区域形成复杂的图案。

领带绸（Tie-silk）

时期：20世纪。

一种结实的丝绸，类似薄软绸，最初用于制作男士领带，但也用于制作其他物品，"既漂亮又实用的领带绸衬衫连衣裙"

(*Guardian*，1961 年 5 月 30 日)。

丝纱罗（Tiffany）

时期：17 世纪。

一种透明的丝纱。

条子斜纹织物（Tigrine）

时期：1834 年。

丝绸和开司米的一种混纺面料，类似直贡呢，质地非常柔软有弹性。

金银丝交织物（Tinsel, Tylsent, Tilson）

时期：16 世纪。

一种华丽的丝绸面料，由纬线交织金银丝或金银条制成有的款式带图案，有的不带，后来也可用丝绸或羊毛与金银丝交织而成，也指一种闪亮的网眼织物，或铜线制成的廉价仿制品，这些仿制品常用于制作戏服。

麻毛粗呢（Tiretaine）

时期：13 世纪。

一种质量上乘的毛料，通常为猩红色，多用于女装。

薄纱罗（Tissue）

时期：中世纪。

一种价格最昂贵的金银线布料，在锦缎、彩花细锦缎或天鹅绒底布上编织有不同长度和粗细的立体金属线环。"用于制作马鞍袍双层衬里的海绿色薄纱罗，长7.2米"[1612~1613年，伊丽莎白·斯图尔特公主（Princess Elizabeth Stuart）嫁衣的一部分]。

时期：18 世纪以后。

后被逐渐用来指闪光的轻质织物。

绗缝薄织物（Tissue matalassé）

时期：1839 年。

一种表面"类似绗缝小方块"的布料，用于制作男士大衣。

托宾（Tobin, Tobine）

时期：17 世纪。

一种产自诺里奇的条纹毛料，材质同样为丝绸。"一种丝绸托宾外套（jerkyn）"（1611, Will of Jeremy Wayman）。

时期：18 世纪。

一种类似弗洛伦廷厚绸的斜纹丝绸。

时期：19 世纪。

一种厚实的斜纹丝绸。

宽幅平织棉布（Tobralco）

时期：1912 年。

一种可水洗的埃及棉织物，表面柔软光洁。

波纹棉质印花布（Poult de soie）

时期：1898 年。

一种厚实的丝绸双色面料，饰有繁密的螺纹。

背心呢（Toilinet, Toilonette）

时期：18 世纪末。

一种带条纹或格子图案的素色优质毛料，有点类似美利奴羊毛织物。

时期：19 世纪上半叶。

一种"由棉丝经线和羊毛纬线织成"的布料，多用于制作马甲。

粗麻布（Treillis）

时期：18 世纪。

也叫硬衬布。

经编织物（Tricot）

时期：19 世纪。

英语单词"knitting（针织）"的法语词汇，指表面有细垂直线，反面有十字线的针织或少数梭织织物。

1838 年，这种材料在英格兰被用作"一种制作紧身长裤的新材料"，类似丝袜。20 世纪，人造纤维的一系列实验彻底改变了其生产和使用。

详见"泽西（jersey）"。

柏林经编针织物（Tricot de Berlin）

时期：1808 年。

一种质地非常轻盈的针织品，据说类似棉纱布，用于制作女士外出服。"被称为'柏林经编针织物'的丝网披巾"（1835）。

特里佩（Tripe）

时期：15 世纪~17 世纪。

羊毛或线制成的仿天鹅绒，又称"仿天鹅绒（mock velvet）""绒面纬起毛织物（fustian anapes）""丝绒（velure）"。

特里波林（Tripoline）

时期：1874 年。

一种有斜纹缎子的土耳其绸。

特瑞科（Tryko）

时期：1916 年。

一种表面柔软如仿麂皮的羊毛织物。

簇绒帆布（Tufted canvas）

时期：17 世纪。

"带线的条纹或簇绒帆布"，用亚麻线或丝线制成的"条纹"或"簇绒"。

簇绒棉布（Tufted dimity）

时期：18 世纪。

一种表面有簇绒的纬起毛织物，用于制作内衬裙。

充丝绒（Tuft mockado）

时期：16 世纪和 17 世纪。

羊毛或丝绸制成的充绒品，其图案是由簇绒几何排列组成，而非花纹。

起毛塔夫绸（Tufttaffeta）

时期：16 世纪和 17 世纪。

一种留有绒毛的塔夫绸。

图克斯（Tukes）

时期：16 世纪。

一种硬衬布。

薄纱（Tulle）

时期：18世纪以后。

一种精美的丝绸珠罗纱，最早于1768年在诺丁汉由机器制造而成，后来用人造网进行仿制。

阿拉克尼薄纱（Tulle arachne）

时期：1831年。

一种清晰透明的薄纱，混织有金线和丝线，绣有浅色刺绣图案。

图利（Tuly）

时期：16世纪。

指丝绸或线织物（贝克）。

土耳其府绸（Turco poplinnes）

时期：1867年。

一种具有柔软丝滑光泽的羊毛织物。

都灵纱罗织物（Turin gauze）

时期：19世纪。

一种生丝梭织成的纱罗织物。

都灵天鹅绒（Turin velvet）

时期：1860年。

一种模仿毛圈天鹅绒的丝毛混纺面料。

土耳其天鹅绒（Turkish velvet）

时期：1845年。

一种有横向棱纹的丝绒；"一组棱纹与另一组棱纹之间用平纹缎条隔开"。

柞蚕丝（Tussore）

时期：1869年。

一种半毛半棉的面料，表面质地类似府绸。后来到了19世纪，一般指柞蚕丝绸（tussore silk）。

柞蚕丝绸（Tussore silk）

时期：17世纪以后。

一种褐色"野"蚕丝，外观不规则，最初从印度和中国进口。19世纪末，这种丝绸被大量用作服装材料。

粗花呢（Tweed）

时期：1825年以后。

一种原产于苏格兰的毛料，质地松散且有弹性。"1825年，一张发票上的'tweel'一词被误读为'tweed'，后来人们就将'tweed'用作商品名称。"（1875, *The Tailor & Cutter*）

这种布料是由染色纱线梭织而成，有粗糙到精细光滑等各种品级，包括在西部高地和爱尔兰当地制作的家纺布、哈里斯粗花呢（harris tweed）、多尼盖尔粗花呢（donegal tweed）和西英格兰粗花呢（west of England tweed）。这一术语曾被用于泛指轻质毛料，但在20世纪晚期，再次用来指粗花呢。

斜纹布（Twill）

时期：中世纪以后。

一种织物，其特征是纬线穿过一根或两根以上的经线，在经线下方形成平行的对角线脊。也有同名棉织物。

加捻线（Twist）

时期：16 世纪。

由两根或多根棉、麻、丝或类似细丝相互缠绕而成的线。

泰勒森（Tylesent）

时期：16 世纪。

"金银丝交织物（tinsel）"的同义词，一种闪闪发光的金属纤维织物。

U

乌姆里楚尔（Umritzur）

时期：1880 年。

一种驼毛粗面面料，质地柔软轻盈，色彩具有艺术感，由利伯提百货推出。

混纺织物（Union）

时期：19 世纪以后。

一种质地结实的织物，由棉和亚麻制成并经过大量修整和硬化处理。

V

松鼠皮（Vair）

时期：中世纪。

一种背部呈灰色、腹部呈白色的松鼠毛。"whole fur"或"gros vair"指背部和腹部的毛，"mean vair（miniver）"则仅指腹部的毛。

瓦朗斯（Valence）

时期：14 世纪。

可能是"一块薄布"的另一种说法。

瓦伦西亚（Valencia）

时期：1830 年~1840 年。

一种由棉经线和纬线制成的精纺毛纱，多用于制作马甲（perkins）。1850年，专指一种英国优质呢绒。

瓦伦丁（Valentine）

时期：1833 年。

一种质地轻盈、色彩较暗的丝绸织物。

旺达尔（Vandales, Vandelas）

时期：17 世纪。

从法国和荷兰进口的粗亚麻布。

维可牢尼龙搭扣（Velcro）

时期：1960 年以后。

专有名词，指用于固定织物、皮革等的条带式快扣。维可牢尼龙搭扣由两个可以剪成所需长度的互锁条带组成，其中一根条带上有尼龙环小，另一个则有尼龙小钩，可以互相压合或拉开。

维莱汀（Veletine）

时期：1812 年。

一种有小图案的丝绸织物。

绒布（Velluto）

时期：1883 年。

一种仿热那亚全丝花丝绒的布料。

丝绒（Velour）

时期：19 世纪。

一种羊毛或羊毛混纺面料，质地柔软光滑，绒面紧密剪裁，类似天鹅绒。

花缎丝绒（Velours broché）

时期：19 世纪。

一种有缎子花纹的天鹅绒。

羊毛天鹅绒（Velours de laine）

时期：1894 年。

一种在羊毛底布上印有天鹅绒条纹或格子图案的织物。

达芬绒（Velours du dauphin）

时期：1777 年。

带有不同颜色小条纹的天鹅绒，产于伦敦斯皮塔菲尔德。

北方天鹅绒（Velours du nord）

时期：1881 年。

一种印有彩色图案的黑色缎面面料，上面饰有浮雕的天鹅绒花朵。

棱纹丝绒（Velours épinglé）

时期：19 世纪。

一种毛圈天鹅绒。

丝绒（Velure）

时期：17 世纪。

仿天鹅绒。"我的（马裤）是丝绒……不是你认为的天鹅绒的"（1604, *The London Prodigal*）。

印花棉绒（Velveret）

时期：18 世纪。

一种类似天鹅绒的纬起毛织物。

天鹅绒（Velvet）

时期：中世纪以后。

一种从西班牙、意大利或法国进口的丝绸织物，绒毛短而密，有的剪毛，有的不剪毛，缎面上可能掺有金线或银线。到了20世纪，随着人造纤维的发明，天鹅绒不再采用丝绸生产。

平绒（Velveteen）

时期：18 世纪晚期。

一种丝绒仿制品，其绒毛为丝绸，背面为棉质或全棉面料。

帝后天鹅绒（Velvet imperatrice）

时期：1860 年。

一种深色毛圈天鹅绒。

威尼斯缩绒呢（Venetian）

时期：18 世纪。

一种梭织紧密的斜纹织物。

时期：19 世纪。

一种有光泽饰面的精纺织物。

维莱诺布（Verano cloth）

时期：1880 年。

一种棱纹大花型瑰丽印花装饰布。

维尔杜尔（Verdours）

时期：16 世纪。

据认为是绿色的台面呢（baise）。

维格拉斯（Verglas）

时期：1894 年。

一种具有特殊形状的波纹，类似水面上的倒影。

维米恩（Vermilion）

时期：17 世纪。

染成猩红色的棉布，有时被称为巴米利恩（barmillion）。

韦尔维塞（Vervise）

时期：中世纪。

一种蓝色布料，颜色类似普兰凯特蓝（plunket）。

维塞斯（Vesses）

时期：15 世纪晚期。

一种产自萨福克的精纺布。

维多利亚布（Victoria cloth）

时期：1865 年。

一种用于制作男士大衣的厚实面料，"代替麦尔登呢或未加工的布料"。

维多利亚黑纱（Victoria crape）

时期：19 世纪。

一种全棉黑纱。

维多利亚哔叽（Victoria serge）

时期：1893 年。

类似丝哔叽的一种织物，用作拉翁基·夹克的衬里。

维多利亚丝绸（Victoria silk）

时期：1893 年。

一种用于制作衬裙的丝毛混纺面料，"保证能发出沙沙声"。

骆马绒（Vicugna, Vicuna）

时期：1877 年。

一种质地非常柔软的羊驼毛布料，通常为纯色，后采用精纺毛经纱和羊毛纬纱制成。"一种被称为'骆马绒'的上乘材料，但不同的厂家有不同的叫法，如'萨克森麦尔登呢（Saxony Melton）''麦尔登呢亚

（Meltonia）'"（1888, *Tailor & Cutter*）。

仿驼绒织物（Vigogne）

时期：19世纪。

一种中性色斜纹全羊毛布料。

维戈尼亚布料（Vigonia cloth）

时期：1809年。

一种西班牙羊毛布料，"柔软温暖，质地类似印度披巾"，用于制作女装。

维尔利（Virly）

时期：13世纪晚期及14世纪初期。

一种产自诺曼底维尔（Vire, Normandy）的绿色布料。

粘胶纤维（Viscose）

时期：20世纪以后。

一种制作工艺最简单的人造丝类型，产量高于铜铵人造丝。"糖果粉和白色的衬衫连衣裙，材质为棉与粘胶纤维"（*Vogue*，1972年6月）。

维耶勒法兰绒（Viyella）

时期：1894年以后。

50%羊毛、50%棉混纺的专有品牌，最初由诺丁汉的William Hollins & Co Ltd. 公司制造。

巴里纱（Voile）

时期：1885年以后。

一种质地非常轻薄的羊毛织物，类似修女薄纱。后来采用棉或人造丝制成。

W

威伯恩网眼花边（Waborne lace）

时期：16世纪。

一种产自诺福克郡威伯恩（Waborne）的编结花边。

瓦德摩尔（Wadmol）

时期：中世纪。

一种毛料，主要由非上层社会人群用来制作达布里特、短上衣等。

经线（Warp）

织布机中纵向的线，通常比纬线绷得更紧，纬线穿过其织成布匹。

水洗皮革（Wash-leather）

时期：15世纪以后。

质地非常柔软、柔韧的皮革，浅黄色，由剖层羊皮制成。

沃切特蓝布（Watchet）

时期：中世纪。

一种蓝色的布。

波纹面料（Watered stuffs）

印有密实波纹的面料，18世纪通常称为"塔比（tabbies）"，19世纪以后被称为"莫伊里（moirés）"。

防水布（Waterproof）

时期：19世纪。

1823年，格拉斯哥的查尔斯·麦金托什（Charles Macintosh）申请了一项将印度橡胶溶液用于纺织品的专利。"被称为'防水布'的布料通常衬有印花布或花纹棉布，这些面料都用树胶充分浸泡和加固，并牢固地缝在一起。除了胶的气味难闻之外，这种布一接近火源其衬里就会收缩"（1829, *The Gentleman's Magazine of Fashion*）。

机织（Weaving）

时期：从最早的时期开始。

指在织布机上将纱线交错编织成织物，可以是手工编织也可由机器编织，三种基本织法为平纹织法、缎纹织法和斜纹织法，其他织法均为这三种织法的变体。平纹织法最简单，经线和纬线一上一下，就像织补一样。

纬线、纬纱（Weft, Woof）

平纹织物、缎纹织物、斜纹织物或混合织物中穿过经线的线。

鲸须（Whalebone）

时期：中世纪以后。

一种取自鲸鱼上腭的软骨材料，20世纪以前，这种柔韧的材料一直被用于制作女式束腰的撑条。

马裤呢（Whipcord cloth）

时期：1863年。

一种带有大斜螺纹的布，厚实硬挺，用于制作马裤。

白色布料（Whites）

时期：中世纪。

未染色布料的统称，尤其是在中世纪时期。

女服呢（Wildbore）

时期：18世纪。

一种结实的棉经毛纬平纹呢，梭织紧密。

毛皮（Wildware）

时期：中世纪。

进口的各种动物毛皮。

威尔顿（Wilton）

时期：中世纪。

一种产自威尔特郡威尔顿（Wilton）的亚麻布。

时期：18世纪。

一种毛料。

色织棉法兰绒（Winceyette）

时期：20世纪。

一种通常由棉制成的织物，带有柔软的起毛感，用于制作成人和儿童睡衣。

棉绒布（Winsey）

时期：19世纪。

一种类似亚麻毛织品的棉毛混纺料。

威特尼毯料（Witney blanket）

时期：1844年。

一种产自牛津郡威特尼的厚重织物，用来制作男式大衣。

羊毛（Wool）

时期：中世纪以后。

羊毛质量因羊的品种和饲养地点而异。羊毛产业曾是中世纪英国的主要产业，但自16世纪晚期起，英国开始从西班牙进口羊毛，18世纪下半叶开始从萨克森进口，约从1840年起，从澳大利亚进口。根据长短，羊毛可以分为两类，从而产生了长细毛织品（worsteds）和短细毛织品（woollens）。这两种类型混合或与丝绸、棉花、山羊毛、马海毛等其他材料混纺后产生了无数种具有独特名称的织物。

羊毛巴雷格纱罗（Wool barege）

时期：19世纪50年代。

一种由细羊毛制成的巴雷格纱罗，用于制作披巾。

伍斯特（Worcesters）

时期：15世纪和16世纪。

一种产于伍斯特郡（Worcestershire）的布，通常为白色。

精纺毛纱（Worsted）

时期：中世纪以后。

最初在13世纪英语中称为"cloth of worthstede"，一种由长细羊毛制成的织物，在纺纱前经过梳理，使其变得笔直光滑。

Y

江户绉纱（Yeddo crêpe）

时期：1880年。

一种厚度类似亚麻布但质地柔软的棉织物，印有中国风格的图案。

江户府绸（Yeddo poplin）

时期：1865年。

一种由纯羊驼毛制成的织物，类似法国美利奴羊毛织物。

横滨绉纱（Yokohama crêpe）

时期：1880年。

一种印有日本花卉图案的条纹棉布。

Z

泽菲琳娜（Zephirina）

时期：1841年。

一种用于制作外套的新材料，混合了各种颜色。

轻薄织物（Zephyr）

时期：19世纪80年代。

一种质地轻盈、细腻的方格色织布，轻薄且如丝绸般柔滑，通常由彩色经线和较细的纬线织成。

薄纱衬衫料（Zephyr shirting）

时期：19世纪80年代。

一种非常细腻的法兰绒，经线为丝绸，适用于制作高温天气穿的服装。

丝毛薄呢（Zephyr silk barege）

时期：19世纪40年代。

用丝绸、羊毛和纱罗编织而成的一种巴雷格纱罗。

齐贝林（Zibeline, Zibelline）

时期：1856年。

介于巴雷格纱罗和棉毛呢之间的一种面料，具有毛棉混纺面料的明显特征。

网眼花边词汇表

阿朗松花边（Alençon, point d'）

时期：18世纪和19世纪。

一种精美的针绣花边，具有精细的绞花和环形网眼以及采用锁眼线迹用毛发勾勒出的花朵图案。

安特卫普花边（Antwerp）

时期：17世纪。

高密度梭结花边，最典型的图案是花瓶（potlen kant），后逐渐作为粗糙廉价的网眼花边。

阿尔让唐花边（Argentan, point d'）

时期：18世纪和19世纪。

与阿朗松蕾丝有相似之处，但更厚实，并用锁眼线迹缝接六角形网眼。

班什花边（Binche）

时期：18世纪。

精细、柔软的梭结花边，独特之处在于其"雪花状"（像蛛网一样）的纹理和微小、模糊的花卉图案。

黑色花边（Black lace）

时期：17世纪。

可能是一种梅希林（mechli）或者布鲁塞尔梭结花边。1660年，查理二世复辟后，黑色网眼花边和"黑白"网眼花边开始流行。

布隆德花边（Blonde）

时期：1730年~1850年。

一种与尚蒂利细花花边风格相似但图案区域更加密集的淡黄色丝质梭结花边。这种花边生产于西班牙，质地非常厚重，有黑色和白色两种丝质。

梭结花边（Bobbin lace）

所有用缠线轴制作的网眼花边的统称。16世纪时，这种网眼花边通常由粗线制成，使用的工具为缠线轴而非针。

骨状花边（Bone lace）

时期：16世纪及17世纪初期。

"梭结花边（bobbin lace）"的别称，名字来源于最初用于缠线轴的小骨头。从16世纪晚期开始，这种网眼花边通常借助骨制缠线轴在枕头上制作而成。

布拉邦特花边（Brabant lace）

时期：18世纪。

布拉邦特花边类似布鲁塞尔梭结花边，但图案比例更大，工艺也更粗糙一些。

布鲁塞尔梭结花边（Brussels laces）

有多种样式，18世纪时主要指一种精美的梭结花边，带有六边形网格（drochel）和由凸起的"梭织"边线勾勒出的花卉图案。

也指平面细条和交织花边。19世纪，盖茨蕾丝（point de Gaze）是一种精致的针绣花边，具有立体花瓣和精细的环状网眼，此外还流行一种更为厚实的凸花花边风格的公爵夫人梭结花边（duchesse bobbin lace）。

详见"昂格莱特雷梭结花边（point d'Angleterre）"。

白金汉花边（Buckinghamshire lace）

时期：18世纪和19世纪。

里尔式梭结花边，具有绞花网底，图案较小并带有勾边线轮廓，也称"白金汉郡风格（bucks Point）花边"。英格兰的贝德福德郡（Bedfordshire）和北安普敦郡（Northamptonshire）也出产类似的花边。

布拉诺花边（Burano）

时期：18世纪及19世纪初期。

针绣花边，最初是18世纪威尼斯风格的花边，平坦且图案精美。到了19世纪晚期，布拉诺网眼花边学校（Burano Lace School）制作出了不同种类的针织蕾丝。

卡潘尼花边（Campane lace）

时期：17世纪。

"一种窄版网眼花边，有齿状边或荷叶边"（1694, *Ladies' Dictionary*）。荷叶边形似小铃铛，源自"campane（意为铃铛）"。

贴花针绣花边（Carrickmacross）

时期：1850年之后。

贴花针绣花边并非真正的花边，而是剪裁平纹细布工艺，可以用于机织网底也可以留作凸花花边（guipure）。

肠线花边（Catgut lace）

时期：17世纪和18世纪。

一种网眼花边的商品名称，原料可能是马鬃，但绝非肠线。"5.75码的精致宽肠线花边1英镑"（1693, Bill for lace, for Queen Mary）。

尚蒂利细花花边（Chantilly）

时期：18世纪晚期及19世纪。

尚蒂利（Chantilly）、巴约（Bayeux）及周边地区制作的精致丝线梭结花边，底面精细，图案区域采用光滑的粗丝线勾勒。

烂花花边（Chemical lace）

详见"机织花边（machine lace）"。

雪尼尔花边（Chenille lace）

时期：18世纪。

一种法国花边，底布是带有几何图案的蜂窝花纹丝绸，填充有厚实的针脚，并用白色雪尼尔勾勒。

卷边花边（Cheveux de frize）

时期：18世纪。

一种窄边蕾丝，边缘为锯齿状，用作装饰品，英语中通常称为"frize"。

方形网地花边（Colberteen）

时期：17世纪和18世纪。

"一种有方形网地的网眼花边"（Randle Holme, 1688）。"一种类似网格的网眼花边"（1694, Ladies'Dictionary）。

粗丝线（Cordonnet）

图案区域的鲜明轮廓，英式花边中由被称为"绒丝带（gimp）"的粗线勾勒，布鲁塞尔梭结花边中由凸起的梭织条勾勒，19世纪的比利时花边中由线束勾勒，阿朗松花边中由毛发勾勒。在针绣花边中，线、线束或毛发采用锁眼线迹对缝缝制而成。

皇冠花边（Crown lace）

时期：16世纪。

一种"勾勒出一系列皇冠图案，并带有橡子和玫瑰元素"的网眼花边。

挖花-斜纹蕾丝（Cut-and-slash lace）

时期：17世纪。

挖花花边，"……用挖花—斜纹蕾丝装饰的围裙"（1677, London Gazette）。

花边（Dentelle）

网眼花边的法语词汇，19世纪常见于书籍和杂志。

德累斯顿花边（Dresden lace）

时期：18世纪。

主要用于制作非常精细的白色蕾丝制品，这些制品通常饰有复杂的拉丝刺绣，使其看起来类似布鲁塞尔梭结花边。德累斯顿也生产一些梭结花边。

英式针绣花边（English point lace）

时期：1670年。

指走私到英格兰的布鲁塞尔梭结花边，为避税而得名。

方网眼花边（Filet lace, Lacis）

时期：16世纪和17世纪。

一种时髦的织网，通常是手工制作的渔网，但有时也使用梭织网。18和19世纪，这种织网被视为一种农民技艺而非时尚品。

佛兰德斯花边（Flemish lace, Flanders lace）

时期：16世纪晚期及17世纪。

17世纪，这种从花纹密集的实心梭结花边演变而来的网眼花边，逐渐演变为质地柔软的精致款式，并涌现出布鲁塞尔、梅希林、班什等独特的网眼花边。"夫人，这是正宗的梅希林蕾丝……偷运过来的……国家禁止进口佛兰德斯花边"（1709, T. Baker, *Fine Lady's Airs*）。

此外，17世纪下半叶，还指一种图案大

胆、图案比例相当大的狭条花边，可与米兰花边相媲美。

燃气花边（Gassed lace）

时期：19世纪初期。

丝线首先通过煤气火焰烧掉多余的纤维。"英国燃气花边俗称'厄林花边'"（1823年）。

热那亚花边（Genoese）

时期：16世纪和17世纪。

非常厚重的梭结花边，通常呈扇形，其特点是经常使用"麦穗"图案和圆圈。

绒丝带花边（Gimp）

时期：16世纪~18世纪。

一种梭结网眼花边，其线由纱线绕金属丝或羊皮纸条等捻制而成，质地坚硬，也指用来勾勒多种梭结花边图案的粗线。

凸花花边（Guipure）

时期：17世纪以后。

最初是"绒丝带（gimp）"的别称，后来指代网眼花边。这类花边通常有带状底布但无底网，各部分黏合在一起，有时也通过横条连接。19世纪时，泛指许多具有大图案的网眼织物。

汉密尔顿花边（Hamilton lace）

时期：18世纪。

一种饰有钻石图案的粗糙花边，1752年产于苏格兰汉密尔顿，并以汉密尔顿公爵夫人的名字命名。

人字花边（Herringbone lace）

时期：16世纪。

有"人"字形图案的花边。

霍莉花边（Hollie point）

时期：18世纪。

英式针绣花边，图案比例小，工艺扎实，留白，主要用于装饰婴儿服装。

霍尼顿花边（Honiton）

时期：18世纪以后。

一种类似布鲁塞尔花边的梭结花边，但质地更粗糙，花卉图案也更简单，主要是玫瑰花图案。这种花边在18世纪时带有网眼底子，19世纪时逐渐用于机织网或被制作成凸花花边。

胡格诺花边（Huguenot lace）

时期：19世纪初期。

一种带有平纹细布网底的仿手工花边，上面缝有花卉图案。

匈牙利花边（Hungerland lace）

时期：17世纪。

一种产自哈雷的匈牙利风格花边。"你的匈牙利束带和西班牙圆形拉夫领"（1630年，Massinger, *The City Madam*）。

里尔花边（Lille）

时期：18世纪和19世纪。

主要用于装饰简单的梭结花边，精致的绞花网底上饰有点状花边，小巧的花卉图案用绒丝带勾勒而成。

利默里克花边（Limerick）

时期：19世纪。

机器绣制的网状图案，非真正意义上的花边，可使用勾针式刺绣针或针线法绣制。

织布机花边（Loom lace）

时期：16世纪以后。

一种使用织布机制作的花边，仿制的梭结花边或针绣花边。"用织布机织出的花边为玛格丽特小姐制作一对拉夫领"（1554~1555，Willoughby Accounts, Lord Middleton's MSS）。

机织花边（Machine lace）

时期：19世纪以后。

早在18世纪60年代，人们就使用针织机制出了机织花边；1808年，希思科特（Heathcote）发明的"梭结花边"（bobbinnet）织机更是极大地促进了机织花边的发展，随后出现了机器制造的带图案花边；从19世纪40年代开始，出现了越来越精致的机织花边。1883年，瑞士人发明了"化学花边（chemical）"，又称"烂花花边（burnt-out）"，由此人们可以使用刺绣机精确复制精美的针绣花边。

马德拉斯花边（Madras lace）

时期：19世纪80年代。

一种梭结花边，风格类似马耳他花边（maltese lace），由马德拉斯的网眼花边学校制作而成。

马耳他花边（Maltese）

时期：19世纪。

厚重的真丝梭结花边，饰有麦穗图案或马耳他十字架，在1851年的展览会上展出后，在英格兰大受欢迎。

马利花边（Marly-lace）

时期：18世纪和19世纪。

一种六边形网状花边，上面饰有小巧的圆形玫瑰花饰品，最初由棉织物制成，后来采用线和丝绸制成。

马斯克尔花边（Maskel lace）

时期：15世纪。

一种饰有圆点的网眼花边。

梅希林花边（Mechlin）

时期：17世纪晚期~19世纪中期。

一种带有六边形网眼的梭结花边，以其柔软性和用于勾勒图案的丝质勾边线而著称，适合夏季使用。

金银线花边（Metal laces）

时期：16世纪~18世纪。

一种梭结花边，在16世纪和17世纪通常用发光饰片装饰。

米兰尼斯花边（Milanese）

时期：17世纪及18世纪初期。

一种有带状衬底的梭结花边，图案轮廓突出且卷曲，通常为花卉题材，有时带有精致的填充物。

交织花边（Mixed lace）

一种用针和缠线轴技术制成的花边。

那不勒斯花边（Naples lace）

时期：16世纪和17世纪。

一种产自那不勒斯的黑色丝花边。

针绣花边（Needle lace, Needle point）

由针而非缠线轴制成的网眼花边的统称。

刺绣花边（Needlework lace）

时期：16世纪晚期~1660年。

该时期针绣花边的叫法。

金银丝花边（Orris lace）

时期：17世纪和18世纪。

一种用金线或银线梭织而成的花边。

凸花花边（Parchment lace）

时期：16世纪和17世纪。

一种枕结花边，通常为金色或银色，偶有使用彩色丝绸制成。

详见"绒丝带（gimp）"。

专利蕾丝（Patent lace）

时期：1800年~1820年。

通常指机织花边。

皮克花边（Peak lace）

时期：16世纪和17世纪。

一种外边缘呈锯齿状的花边。

昂格莱特雷梭结花边（Point d'Angleterre）

时期：17世纪和18世纪。

产自布鲁塞尔的优质梭结和针绣花边。19世纪，也指带有梭边网眼花边图案的机织网，同样产自布鲁塞尔。该名称最初指17世纪70年代从布鲁塞尔走私到英格兰的网眼花边，当时英国禁止进口网眼花边。禁令解除后，该名称仍被广泛使用。"十一码的昂格莱特雷梭结花边"（1738, Duc de Penthieve Accounts）。

法式花边（Point de France）

时期：1665年~18世纪初期。

最初是威尼斯针绣花边的仿制品，17世纪70年代时发展成为独特的法式花边。其设计精致而正式，有时会加入图案，后来演变为阿朗松（alençon）和阿尔让唐（argentan）两种花边。

威尼斯花边（Point de Venise）

时期：1660年开始。

"我从来没有见过比你这件西班牙花边上的高级手工更漂亮的东西……它不像威尼斯花边那样华丽"（1676，Etherege，*Man of Mode*）。

吉恩花边（Point Jean）

时期：1660年开始。

1660年以后，在英格兰出现的一种梭结花边。

针绣花边（Point lace, point）

时期：16世纪晚期。

一种完全用针在羊皮纸图案上制作的线制花边。"针绣（needle-point）"一词是现代术语。1660年以前，英语中被称为"needlework（刺绣）"，以区别于骨状花边、挖花花边和抽花绣，1660年以后，称为"point lace（针绣花边）"。注："针绣花边"是一个统称，仅指针绣花边，有别于梭结花边，但被广泛误用为指任何精致的网眼花边，如"昂格莱特雷梭结花边（point d'Angleterre）"。

西班牙花边（Point of Spain）

时期：1660年开始。

一种西班牙针绣花边。

波梅蕾丝（Pomet lace）

时期：16世纪。

一种丝花边。

透空花边（punto in aria）

时期：16世纪和17世纪。

一种沿袭针绣挖花花边（reticella）的早期针绣花边，制作时不使用亚麻网底，采用自由流动的图案风格。

针绣挖花花边（Reticella）

时期：16世纪和17世纪。

针绣花边最早期的形式，通过裁剪和"绘制"一块亚麻布并制作几何图案，在长方形线框上采用锁眼线迹缝制而成。

圣马丁花边（Saint Martin's lace）

时期：16世纪和17世纪。

伦敦圣马丁教区制造的一种廉价铜编结花边。

狭网眼花边（Seaming lace）

时期：17世纪。

一种宽度适中的网状花边，由挖花花边、骨状花边或刺绣制成，无边，用于代替接缝，将衬衫或罩衫中亚麻布部分连接起来。

塞当花边（Sedan lace）

时期：17世纪。

一种产自法国塞当（Sedan）的挖花蕾丝。

仿古四角网眼蕾丝（Spider work）

时期：19世纪。

一种廉价的机织花边。

法令花边（Statute lace）

时期：1571年。

根据当年颁布的法令编织的网眼花边，可能是一种本土制作的网眼花边，供那些被禁止使用外国网眼花边的人使用。

狭条花边（Tape lace）

时期：各个时期。

可指针绣花边或梭结花边，偶尔也指编织带。这个术语用于指任何以带状形式构建设计的网眼花边。

托德里（Tawdry）

时期：16世纪和17世纪。

一种丝质网眼花边，英语中最初称为"St Audry's lace（圣奥德里花边）"。

镶边花边（Torchon lace）

时期：19世纪。

由农民和业余爱好者制作的普通梭结花边，图案简单，网底较少。

特罗花边（Trolly lace）

时期：17世纪和18世纪。

一种粗制的佛兰德斯梭结花边，图案用较粗的线或由几根较粗的线组成的平直窄边线勾勒。

厄林花边（Urling's lace）

详见"燃气花边（gassed lace）"。

瓦朗谢纳花边（Valenciennes）

时期：18世纪。

一种精致柔软的梭结花边，类似班什花边，但带有独特的花卉图案和网眼底子。

时期：19世纪。

具有编织网眼为方形或圆形以及图案洁白清晰的特点。

威尼斯花边（Venetian lace）

时期：16世纪和17世纪。

针绣网眼花边从针绣挖花花边（reticella）发展到透空花边（punto in aria），最后发展为非常复杂、有卷曲、花饰图案的立体蕾丝。根据不同比例可分为"提花花边（gros point）""玫瑰花纹网地花边（rose point）""雪花花边（point de neige）"，无立体图案的花边称为"针绣扁平花纹花边（point plat）"，带小分支图案的花边被称为"珊瑚网眼花边（coraline）"。

时期：18世纪。

一种质量优良、花纹密集的平面针织网眼花边。

白线刺绣（White work）

时期：16世纪以后。

最初与挖花花边（cut-work）同义。传统上，这种白底白花蕾丝还使用其他工艺，如抽纱、抽绣和影子绣等，以形成类似针绣花边的效果，现在白线刺绣通常被视为刺绣。

详见"英格兰刺绣（broderie anglaise）"。

牦牛花边（Yak lace）

时期：19世纪。

牦牛毛织成的粗糙而厚重的网眼织物，主要用于制作披巾等，1870~1880年。

约尔花边（Youghal point, Yougal point）

时期：1850年之后。

爱尔兰针绣花边，平整且相对较宽，饰有自然主义花卉图案。

词汇表：已过时的颜色

亚伯拉罕棕（Abraham, Abram）
时期：16 世纪。
棕色。

鲍染（Bowdy）
时期：17 世纪。
由伦敦东区鲍尔染坊采用新方法染制的猩红色。

布拉塞尔红（Brassel）
时期：16 世纪。
从东印度地区一种树木中提取的红色。

布里斯托尔红（Bristol）
时期：16 世纪。
红色。

康乃馨红（Carnation）
时期：16 世纪。
一种"类似生肉"的颜色。

棉色（Cottony）
详见"麻棉混纺交织布（cuttanee）"。

绉纱色（Crepe, Crêpe）
详见"绉纱（crape）"。

番红花黄（Crocus）
时期：17 世纪。
一种从藏红花中提取的黄色染料。

福尔韦黄（Falwe）
时期：中世纪。
黄色。

姜粉色（Gingerline）
时期：16 世纪。
红紫色。

鹅粪色（Goose-turd）
时期：16 世纪。
黄绿色。

发色（Hair）
时期：16 世纪。
明亮的棕褐色。

肉红色（Incarnate）
时期：16 世纪。
红色。

靛蓝色（Inde）
时期：中世纪。
天蓝色。

伊莎贝尔黄（Isabelle）
时期：16 世纪。
黄色或浅黄色。

朗斯蒂-格兰特红（Lustie-gallant）
时期：16 世纪。
浅红色。

铁线蕨色（Maidenhair）
时期：16 世纪。
明亮的棕褐色。

大理石色（Marble）
时期：16 世纪。
杂色。

混色（Medley）
时期：16 世纪。
混合颜色。

水乳色（Milk-and-water）
时期：16 世纪。
青白色。

桑葚紫（Murrey）
时期：16 世纪。
紫红色。

橘茶色（Orange tawny）
时期：16 世纪。
橘褐色。

梨褐色（Pear）
时期：16 世纪。
赤褐色。

深灰蓝色（Perse）
时期：中世纪。
蓝灰色。

普兰凯特蓝（Plunket）
时期：16 世纪。
浅蓝色或天蓝色。

鹦鹉绿（Popinjay）
时期：16 世纪。
绿色或蓝色。

普克棕（Puke）
时期：16 世纪。
脏棕色。

鼠灰色（Rats colour）
时期：16 世纪。
暗灰色。

罗伊茶色（Roy）

时期：16世纪。
明亮的茶色。

黄褐色（Russet）

时期：中世纪。
深棕色。

伤感色（Sad）

时期：16世纪。
任何深色。

血色（Sanguin）

时期：16世纪。
血红色。

绵羊色（Sheeps colour）

时期：16世纪。
中性色。

斯坦默尔粗毛呢色（Stammel）

时期：16世纪。
红色。

茶色（Tawny）

时期：中世纪。
暗棕黄色。

托利红（Toley）

时期：中世纪。
猩红色。

维梅尔红（Vermel）

时期：中世纪。
朱红色。

沃切特蓝（Watchet）

时期：中世纪。
偏绿调的浅蓝色。

参考文献

Adburgham, Alison, *Shopping in Style*, London, 1979.

Alexander, Hélène, *Fans*, London, 1984.

Anon, *Yesterday's Shopping, Gamages General Catalogue 1914*, Ware, Hertfordshire, 1994.

Ashelford, Jane, *The Art of Dress, Clothes and Society 1500-1914*, London, 1996.

Ashelford, Jane, *The Visual History of Costume, the Sixteenth Century*, London, 1983.

Baren, Maurice, *How It All Began Up the High Street*, London, 1996.

Blum, Stella (ed.), *Ackermann's Costume Plates, Women's Fashions in England, 1818-1828*, New York, 1978.

Blum, Stella (ed.), *Victorian Fashions & Costumes from Harper's Bazar: 1867-1898*, New York, 1974.

Brand, Jan & Teunissen, José (ed.), *Fashion & Accessories*, Arnhem, 2007.

Buck, Anne, *Dress in Eighteenth Century England*, London, 1979.

Buck, Anne, *Victorian Costume and Costume Accessories*, 2nd ed., Bedford, 1984.

Burman, Barbara & Denbo, Seth, *Pockets of History*, Museum of Costume, Bath, 2007.

Byrde, Penelope, *The Visual History of Costume, the Twentieth Century*, London, 1989.

Byrde, Penelope & Wilson, Verity (ed), *Costume: The Journal of the Costume Society*, volumes 43-48, Leeds, 2009-2014.

Calasibetta, Charlotte Mankey & Tortora, Phyllis, *The Fairchild Dictionary of Fashion*, New York, 2003.

Carroll, David, *The Dictionary of Foreign Terms in the English Language*, New York, 1973.

Clabburn, Pamela, *The Needleworker's Dictionary*, New York, 1976.

Clabburn, Pamela, *The Norwich Shawl*, London, 1995. Clark, Fiona, *Hats*, London, 1982.

Coleridge, Lady Georgina (intro), *The Lady's Realm, A Selection from November 1904 to April 1905*, London, 1972.

Cumming, Valerie, *Gloves*, London, 1982.

Cumming, Valerie, *The Visual History of Costume Accessories*, London, 1998.

Cumming, Valerie, *Understanding Fashion*

History, London, 2004.

Cumming, Valerie & Kim, Alexandra (ed.) *Costume: The Journal of the Costume Society*, volumes 49: 1 and 2, Leeds, 2015.

Cunnington, C.W. & P.E. & Beard, Charles, *A Dictionary of English Costume*, London, 1972 and 1976 edns.

Cunnington, C. Willett, *English Women's Clothing in the Nineteenth Century*, London, 1937.

Cunnington, C. Willett, *English Women's Clothing in the Present Century*, London, 1952.

Cunnington, C. Willett & Phillis, *Handbook of English Costume in the Eighteenth Century*, 3rd edn, London, 1972.

Cunnington, C. Willett & Phillis, *Handbook of English Costume in the Nineteenth Century*, 3rd edn, London, 1970.

Cunnington, C. Willett & Phillis, *Handbook of English Costume in the Sixteenth Century*, 3rd edn, 1970.

Cunnington, C. Willett & Phillis, *Handbook of English Costume in the Seventeenth Century*, 3rd edn, London, 1972.

Cunnington, C. Willett & Phillis, *Handbook of English Mediaeval Costume*, 2nd edn, London, 1973.

De Marly, Diana, *Costume on the Stage 1600-1940*, London, 1982.

Emery, Joy Spanabel, *A History of the Paper Pattern Industry*, London, and New York, 2014.

Essinger, James, *Spell Bound, The Improbable Story of English Spelling*, London, 2006.

Evans, Grace, *Farewell to All That 1901-1914*, Chertsey, Surrey, 2013.

Evans, Grace, *Fashion in Focus 1600-2009*, Chertsey, Surrey, 2011.

Farrell, Jeremy, *Socks & Stockings*, London, 1992.

Farrell, Jeremy, *Umbrellas & Parasols*, London, 1985.

Foster, Vanda, *Bags and Purses*, London, 1982.

Foster, Vanda, *The Visual History of Costume*, the Nineteenth Century, London, 1984.

Foulston, Jill (ed), *The Virago Book of The Joy of Shopping*, London, 2007.

Fukai, Akiko et al., *Fashion, The Collection of the Kyoto Costume Institute*, Köln, 2002.

Garrett, Valery M, *Chinese Clothing: An Illustrated Guide*, Oxford and New York, 1994.

Ginsburg, Madeleine, *An Introduction to Fashion Illustration*, London, 1980.

Harrison, E. P., *Scottish Estate Tweeds*, Elgin, Scotland, 1995.

Hashagen, Joanna & Levey, Santina, *Fine & Fashionable, Lace from the Blackborne Collection*, The Bowes Museum, 2006.

Haye, Amy de la, *Fashion Source Book*, London, 1988.

Hayward, Maria, *Dress at the Court of Henry VIII*, Leeds, 2007.

Herald, Jacqueline, *Renaissance Dress in Italy 1400-1500*, London, 1981.

Hitchcock, Tim; Shoemaker, Robert; Emsley, Olive; Howard, Sharon; and McLaughlin, Jamie, et al., *The Old Bailey Proceedings Online, 1674-1913* (www.oldbaileyonline.org, version 7.0, 24 March 2012).

Holding, T. H., *Coats*, 4th ed, London, 1902.

Holland, Vyvyan, *Hand Coloured Fashion Plates 1770 to 1899*, London, 1988.

Ironside, Janey, *A Fashion Alphabet*, London, 1968. Keenan, Brigid, *The Women We Wanted to Look Like*, New York, 1978.

Levitt, Sarah, *Victorians Unbuttoned, Registered Designs for Clothing, their Makers and Wearers*, 1839-1900, London, 1986.

Lynam, Ruth (ed), *Paris Fashion, The Great Designers and their Creations*, London, 1972.

Mansfield, Alan & Cunnington, Phillis, *Handbook of English Costume in the 20th Century 1900-1950*, London, 1973.

McDowell, Colin, *McDowell's Directory of Twentieth Century Fashion*, London, 1984.

Mendes, Valerie & de la Haye, Amy, *20th Century Fashion*, London, 1999.

Moore, Doris Langley, *Fashion through Fashion Plates 1771-1970*, London, 1971.

Mulvagh, Jane, *Costume Jewelry in Vogue*, London, 1988.

Mulvagh, Jane, *Vogue History of 20th Century Fashion*, London, 1988.

Newman, Alex & Shariff, Zakee, *Fashion A to Z*, London, 2009.

Newton, Stella Mary, *Health, Art & Reason, Dress Reformers of the 19th Century*, London, 1974.

O'Hara Callan, Georgina, *The Thames and Hudson Dictionary of Fashion and Fashion Designers*, London, 1998.

Oxford English Dictionary, Oxford 2015, paper and online editions.

Ribeiro, Aileen, *Dress in Eighteenth Century Europe 1715-1789*, London, 1984.

Ribeiro, Aileen, *Fashion and Fiction*, London, 2005.

Ribeiro, Aileen, *The Gallery of Fashion*, London, 2000.

Ribeiro, Aileen & Cumming, Valerie, *The Visual History of Costume*, London, 1989.

Rieff Anawalt, Patricia, *The Worldwide History of Dress*, London, 2007.

Saunders, Ann (ed) *Costume: The Journal of the Costume Society*, volumes 1-9, London, 1967-1975; volumes 10-39, London, 1976-2005; volumes 40-42, Leeds 2006-8.

Scott, Margaret, *Late Gothic Europe*, London, 1980.

Scott, Margaret, *The Visual History of Costume, the Fourteenth and Fifteenth Centuries*, London, 1986.

Shawcross, Rebecca, *Shoes: An Illustrated History*, London and New York, 2014.

Steele, Valerie (ed) *The Berg Companion to Fashion*, London, and New York, 2010.

Swann, June, *Shoes*, London, 1982.

Thornton, Peter, *Baroque and Rococo Silks*, London, 1965.

Tozer, Jane & Levitt, Sarah, *Fabric of Society: A Century of People and their Clothes 1770-1870*, Laura Ashley Ltd, Carno, Wales, 1983.

Vergani, Guido (ed), *Fashion Dictionary*, New York, 2006.

Wardle, Patricia, *Victorian Lace*, London, 1968.

Waters, Colin, *A Dictionary of Old Trades, Titles and Occupations*, Newbury, Berkshire, 2008.

Waugh, Norah, *The Cut of Men's Clothes: 1600-1900*, London, 1964.

Waugh, Norah, *The Cut of Women's Clothes: 1600- 1930*, London, 1968.

Worsley, Harriet, *Decades of Fashion*, Köln, 2000.

来 源

坎宁顿和比尔德最初编写的词典采用了从中世纪到20世纪的一系列手册中摘录的简略版来源详细信息，这些信息为词典的编写提供了大量的素材。2010年修订版中新添加的词条附有更为详细的信息，但是根据读者的反馈意见，这一版中包括了更为详细的早期资料列表以及部分排印错误。读者可以从网络上查到下面列出的几乎所有内容的更为详细的信息。读者可以通过便捷的列表信息快速地在词典中找到词条的详细信息。

Rudolph Ackermann, *The Repository of Arts, Literature, Commerce, Manufactures, Fashions, and Politics*, London 1809-29 [1825].

Thomas Adams, *A Commentary or Exposition upon the Divine Second Epistle General of St Peter*, London, 1633.

Nicholas Amherst, *Terrae-Filius, or, The Secret History of the University of Oxford*, 1721.

Anonymous, *The Ancient Trades etc by a Country Tradesman*, 1678.

Report of the Annesley case [maid's evidence] *The London Magazine and Monthly Chronologer*, 1744.

Christopher Anstey, *The New Bath Guide*, 1766.

Arthur Armitage, *Heads of the People or Portraits of the English*, 1841.

Army and Navy Stores Catalogue, 1935.

William Averell, *A Maruailous Combat of Contrarieties*, 1588.

'Bagnall's Ballet, supplied of what was left out in Musarum Deliciae', in Sir John Mennes, *Wit Restor'd in Several Select Poems Not Formerly Publish't*, 1658.

Nathan Bailey, *An Universal Etymological Dictionary*, 1721 (and later editions) including Dictionarium Britannicum, 1730.

Thomas Baker, *The Fine Lady's Airs*, 1709.

'The Ballad of the Caps', see: D'Urfey.

'Barbard's Travels in Persia', *1551 in Travels to Tana and Persia by Josafa Barbaro and Ambrogio Contarini*, trans. William Thomas and S. A. Roy, ed. Lord Stanley of Alderley, 1873.

Lording Barry, *Ram Alley or Merry Tricks*, 1608.

Bath and Wilts Chronicle, 30 January 1772.

Francis Beaumont and John Fletcher, *The Woman Hater*, 1606/7.

Beaumont and Fletcher, *The Captain*, 1609-12.

Beaumont and Fletcher, *Love's Cure*, 1612/13.

B. E., *A New Dictionary of the Terms Ancient and Modern of the Canting Crew*, 1699.

William S Beck, *The Drapers Dictionary*, 1882.

R. P. Beckinsale, ed., *The Trowbridge Woollen Industry as Illustrated by the Stock Books of John and Thomas Clark, 1804-1824*, Wiltshire Archaeological and Natural History Society, 1951.

Aphra Behn, *The Rover*, 1677.

E. F. Benson, *The Babe, BA: Being the Uneventful History of a Young Gentleman at Cambridge University*, 1895.

G. Bickham, *The Ladies Toilet or the Art of Head-Dressing*, 1768.

Biddulph Accounts, 1789; see: Biddulph Family Papers, Herefordshire Archive and Records Centre.

Henry Billingsley, *Euclid's Elements*, trans. 1570.

The Birmingham Gazette, 1788.

Thomas Blount, *Glossographia*, 1656 and 1670.

Nicholas Blundell, ed, Margaret Blundell, *Blundell's Diary and Letter Book, 1702-1728*, entries for 1707, 1723.

Book of Rates 1670-5: see: Journals of the House of Commons.

Andrew Boorde (also Borde), *Dyetary of health*, 1542, 1577.

Andrew Boorde, *The Fyrst Boke of the Introduction of Knowledge*, 1547.

The Boston Evening-Post, 1770.

The Boston Gazette 1743, 1749, 1750.

The Boston News-Letter, 1744, 1762.

Mary Elizabeth Braddon, *Asphodel*, 1881.

Richard Bradley, *Dictionaire Oeconomique, Or The Family Dictionary*, 1725.

E. Cobham Brewer, *Brewer's Dictionary of Phrase and Fable*, 1894.

The British Apollo, 1708.

The British Magazine, 1746.

Richard Brome, Prologue, *A Mad Couple Well Matched*, 1653.

Charlotte Bronte, *Jane Eyre*, 1847.

John Bullokar, *An English Expositor*, 1616.

Bury and Norwich Post, 1815.

The Genuine Remains in Verse and Prose of Mr Samuel Butler, pub 1759.

William Camden, *Britannia*, 1590.

Jane Welsh Carlyle, *The Collected Letters of Jane Welsh Carlyle and Thomas Carlyle* (1834 letter).

William Carr, The Dialect of Craven in the West Riding of the County of York, 1828.

Cassell's Household Guide, 1872.

Cassell's Magazine, April 1884.

Caulfeild and Saward, see: *The Dictionary of Needlework*. William Caxton, The Golden

Legend, 1483.

Ephraim *Chambers' Encyclopedia (Cyclopaedia or an Universal Dictionary of Arts and Sciences)* 1727-41.

The Champion, 1742.

Richard Chandler, *Travels in Asia Minor; or an Account of a Tour made at the Expense of the Society of Dilettanti*, 1775.

George Chapman, *Masque of the Inns of Court*, 1613.

Geoffrey Chaucer, *Romaunt of the Rose*, 1360s.

Geoffrey Chaucer, *House of Fame*, ca 1379/80.

Geoffrey Chaucer, Prologue, *Legend of Good Women*, c 1385.

Geoffrey Chaucer, *Canterbury Tales*, specifically, Prologue, The Canon's Yeoman's Tale, Knight's Tale, Miller's Tale, The Parson's Tale, The Wife of Bath, ca 1387-1400.

Cholmeley of Brandsby family papers, 1785; North Yorkshire County Record Office.

Churchwardens' Accounts, St Margaret's, Westminster, London; see: Records Online.

Colley Cibber, *She Would and She Would Not*, 1702.

Will of William Claxton of Burnehall, 1566 in *Wills and Inventories ... of the Northern Counties of England*, Surtees Society, 1835.

John Cleveland, *The Rustick Rampant, Or Rurall Anarchy Affronting Monarchy*, 1658.

The Diary of the Lady Anne Clifford, 1923.

Henry Cockeram, *The English Dictionarie, or, An Interpreter of Hard English Words*, 1623.

The Letters and Journals of Lady Mary Coke, 1889.

George Colman, *Man and Wife*, 1769.

The Connoisseur, 1754-1756.

Thomas Cooper, *Thesaurus*, 1565.

Thomas Coryate, *Crudities*, 1611.

Randle Cotgrave, *A Dictionarie of the French and English Tongues*, 1611.

Mrs Hannah Cowley, *The Belle's Stratagem*, 1780.

William Cowper, *The Task*, 1785.

Walter Crane, 'The Progress of Taste in Dress in Relation to Art Education' in *Aglaia*, 1894.

Thomas Creevey, *The Creevey Papers: A Selection from the Correspondence and Diaries 1828*.

The Diary and General Expenditure Book of William Cunningham of Craigends ... Kept Chiefly from 1673 to 1680 ed, James Dodds, 1887.

Will of Lady Dacre 1594, The Essex Record Office, www.seax.essexcc.gov.uk.

The Daily Express 22 November 1927.

Letter from Mrs Charles Darwin to her son, Nov 1863; *www.darwinproject.ac.uk*.

Daniel Defoe, *A Tour thro' the Whole Island of Great Britain*, 1738.

Thomas Dekker, *The Shoemaker's Holiday*, 1599.

Thomas Dekker, *Satiromastix, or The Untrussing of the Humorous Poet*, 1601/2.

Thomas Dekker, *The Seven Deadly Sins*, 1606.

Thomas Dekker, *Match Me in London*, 1611.

Thomas Dekker and John Webster, *Northward Hoe*, 1607.

Arthur Dent, *The Plain Man's Pathway to Heaven*, 1601.

The Diary of a Dandy, 1818.

Sophia Caulfeild and Blanche Saward, *The Dictionary of Needlework: An Encylopaedia of Artistic, Plain and Fancy Needlework*, 1882.

Charles Dickens, *Sketches by Boz*, 1835-6.

Charles Dickens, *Barnaby Rudge*, 1841.

Charles Dickens, *Martin Chuzzlewit*, 1843.

Benjamin Disraeli, *The Young Duke*, 1831.

Robert Lloyd, *Dissertatio Castorum: or Prosaic and Versified Delineations of the properties of Lloyd's Beaver Hats*, 1830.

Domestic bills, 1755, Suffolk Record Office, www.suffolk.gov.uk.

Michael Drayton, *The Muses' Elysium*, 1630.

John Dryden's *Epilogue to [Etherege's] The Man of Mode*, 1676.

Thomas D'Urfey, *Wit and Mirth, or Pills to Purge Melancholy*, 1720.

Maria Edgeworth, *Harrington*, 1817.

Wardrobe Expenses of Edward IV, 1480 in N H Nichols, ed, *The Privy Purse Expense of Elizabeth of York and Wardrobe Accounts of Edward IV*, 1830.

Egerton MS, British Library, 1580, 1588, 1626; Digitised manuscripts: *www.bl.uk*.

William Elstob in Thomas Hearne, Collection of Curious Discourses by *Eminent Antiquaries*, 1705.

Thomas Elyot, *The Dictionary of syr Thomas Eliot knyght*, 1538, 1545.

Peter Erondell, *The French Garden*, 1605.

The Essex County Standard, 1931.

Essex County Sessions Rolls 1565, 1588, The Essex Record Office.

Essex Records 1715, 1768, 1785, The Essex Record Office.

Sir G Etherege, *The Man of Mode*, 1676.

Eulogium Historiarum III, 231; Rolls Series, ca 1362.

John Evelyn, *Tyrannus, or the Mode*, 1661.

John Evelyn, *Fop-Dictionary*, 1690.

John Evelyn, *Mundus Muliebris*, 1690.

City of Exeter Records, 1576; www.devon.gov.uk_records.

F. W. Fairholt, *Costume in England*, 1846.

Francis Fawkes trans. *The Odes of Sappho*, 1755.

Nathan Field, *Amends for Ladies*, 1618.

Henry Fielding, *The Miser*, 1732.

Henry Fitzgeoffrey, *Notes from Black Fryers*, 1617.

John Fletcher, *The Queen of Corinth*, ca 1616-18.

John Fletcher, *Monsieur Thomas*, ca 1616.

J Fletcher and Philip Massinger, *The

Custom of the Country, 1619.

John Florio, *A World of Words (English/Italian Dictionary)*, 1598.

John Florio, *A New World of Words*, 1611.

Samuel Foote, *The Nabob*, 1772.

Lady Angela Forbes, *How to Dress*, 1926.

Robert Forby, *The Vocabulary of East Anglia*, 1830.

J. T. Fraser 'Fraser's Patent Peruvian Hats, Bonnets etc', advertisement, 1816.

John Fryer, *A New Account of East India and Persia: Being Nine Years' Travels, 1672-1681*, 1698.

Thomas Fuller, *The History of the Worthies of England*, 1662.

George Gascoigne, *A delicate diet for daintie mouthed droonkardes* 1576.

John Gay, *Trivia or the Art of Walking the Streets of London*, 1716.

John Gay, *The Distress'd Wife* 1743.

The Gentlemen's Herald of Fashion, 1859, 1860.

The Gentleman's Magazine, 1761.

The Gentleman's Magazine of Fashion, 1829, 1830, 1832, 1839, 1855.

The Gentleman's and London Magazine, 1780.

W. S. Gilbert, *Patience*, 1881.

W. S. Gilbert, *HMS Pinafore*, 1878.

The Globe, 1838.

Oliver Goldsmith, *The Citizen of the World*, 1760/1.

Stephen Gosson, *Pleasant Quippes for Upstart Newfangled Gentlewomen*, 1596.

John Gower, *Confessio Amantis*, ca 1390.

Richard Graves, *The Spiritual Quixote*, 1773.

R Greene, *Quip for an Upstart Courtier*, 1592.

Francis Grose, *Classical Dictionary of the Vulgar Tongue*, 1785.

The Guardian, 1713.

Everard Guilpin, *Skialetheia or A Shadowe of Truth, in Certain Epigrams and Satyres*, 1598.

The Gurdon Papers, *East Anglian Notes & Queries*, 1661.

Joseph Hall, *Virgidemiarum* (Satires), 1597.

Edward Halle, *Chronicle*, 1548.

J. O. Halliwell, *Dictionary of Archaic and Provincial Words*, 1852.

Alexander Hamilton, *A New Account of the East Indies*, 1727.

Thomas Hardy, *Far from the Madding Crowd*, 1874.

Harleian MSS 1440, 5176, 6064, British Library.

John Harris, *Treatise upon the Modes*, 1715.

William Harrison, *The Description of England*, 1587.

Hatfield Papers, 1553, Calendar of the Cecil Papers in Hatfield House.

John Hawkesworth, *The Adventurer*, 1752-54.

Heads of the People or Portraits of the

English, 1841.

Henry VII, Acts of Parliament, 1495.

Letters and Papers, Foreign and Domestic of Henry VIII, 1523, 1526, 1533, 1536, 1541.

Wardrobe Accounts and Warrants, Henry VIII, 1535, 1536.

The Inventory of Henry VIII, 1547.

Felix M'Donogh, *The Hermit in London; or, Sketches of English Manners*, 1822.

Robert Herrick, *Hesperides*, 1648.

John Heywood, *The Spider and the Flie*, 1556.

Thomas Heywood, *A Woman Killed with Kindness*, 1603.

Raphael Holinshed et al., *Holinshed's Chronicles of England, Scotland and Ireland*, 1577.

Randle Holme, *The Academy of Armory*, 1688.

Theodore Edward Hook, *Sayings and Doings*, 1825.

William Horman, *Vulgaria*, 1519.

The Household Books of John Howard, Duke of Norfolk and Thomas, Earl of Surrey 1481-1490, ed J Payne Collier for the Roxburghe Club, 1844.

Lord William Howard of Naworth, *Household Books*, 1623, 1620.

Richard Huloet, *Abcedarium Anglico Latinum*, 1552.

Inventory of the goods of Dame Agnes Hungerford 1523, *Archaeologia*, vol xxxviii.

John Hyll's *Traytese of the Poyntes of Worship in Armes*, 1434.

'Hymn to fashion', *The Gentlemen's Magazine*, 1751.

Inventory 1734, Essex Record Office.

Inventory of Henry, Earl of Stafford, 1521 Camden Society.

Inventory of Servants' Clothes, ca 1474, *Paston Letters and Papers of the Fifteenth Century*.

Ipswich Journal, 1761, 1787, 1788, 1800, 1817.

Washington Irving, *History of New York by Diedrich Knickerbocker*, 1809.

Charles James, *A New and Enlarged Military Dictionary*, 1805.

Soame Jenyns, *The Art of Dancing: A Poem*, 1730.

The Jerningham Letters, 1780-1843, ed E Castle, 1896.

The statutes and ordinances of ... Robert Johnson ... for ... the ordering, governing, and maintaining of my schools, and hospitals of Christ, in Oakham and Uppingham ..., 1625.

Samuel Johnson, *A Dictionary of the English Language*, 1755.

Ben Jonson, *Every Man Out of His Humour*, 1599.

Ben Jonson, *Cynthia's Revels*, 1600.

Ben Jonson, *The Poetaster*, 1601.

Ben Jonson, *The Devil is an Ass* 1616.

Ben Jonson, *The Staple of News* 1626.

Ben Jonson, *A Tale of a Tub*, 1633.

Pehr Kalm, Kalm's *Account of his Visit to England: On His Way to America in 1748*, trans J Lucas, 1892.

Bishop White Kennett, *Glossary to Parochial Antiquities*, 1695.

Rudyard Kipling, *Plain Tales from the Hills*, 1888.

N.H. *The Ladies Dictionary*, 1694.

The Lady's Magazine, July 1774, 1775, 1782, 1783.

Records of the Duchy of Lancaster, www.nationalar-chives.gov.uk.

William Langland, Piers Plowman, ca 1370-90.

Richard Lassels, *The Voyage of Italy, Or A Compleat Journey Through Italy*, 1670.

The Life and Letters of Lady Sarah Lennox 1745-1826, eds, Countess of Ilchester and Lord Stavordale, 1902.

'The Household and Privy Purse Accounts of the Lestranges of Hunstanton', *Archaeologia* 25, 1834.

C. L. Lewes, Lewes's *Memoirs and Comic Sketches* 1805.

M. C. Linthicum, *Costume in the Drama of Shakespeare and His Contemporaries*, 1936.

The Lismore Papers; papers of the Dukes of Devonshire, National Library of Ireland.

Evan Lloyd, *The Powers of the Pen, A Poem*, 1768.

The London Chronicle or Universal Evening Post, 1762.

The London Gazette, 1675 and later.

The London Magazine, 1734, 1748, 1765, 1769.

The London Prodigal, 1605.

The London Tailor and Record of Fashion, 1898.

John Lydgate, *The Minor Poems*, ca 1400-25.

John Lyly, *Midas*, 1591.

J. Mabbe, *The Rogue or the life of Guzman de Alfarache*, 1623.

Thomas Marchant, *The Diary of Thomas Marchant 1714-1728*.

Victor Marguerrite, *La Garçonne*, 1922.

Christopher Marlowe, *Edward II*, 1593.

Thomas Marshe, *The Institution of a Gentleman*, 1555.

John Marston, *Satires*, 1598.

John Marston, George Chapman and Ben Jonson, *Eastward Hoe*, 1605.

Philip Massinger, *The City Madam* 1632.

'James Master Expense Book 1646-76', *Archaeologia Cantiana* XV-X☐.

Henry Mayhew, *London Labour and the London Poor*, 1851.

Jasper Mayne, *The City Match*, 1639.

J. F., *The Merchants' Warehouse Laid Open: Or, the Plain Dealing Linnen-Draper*, 1696.

The Middlesex Session Rolls, 1659, London Metropolitan Archives: www.cityoflondon.gov.uk.

Report on the Manuscripts of Lord Middleton: Preserved at Wollaton Hall, Nottinghamshire, HMC 1911.

Thomas Middleton, *Blurt, Master Constable*, 1602.

Thomas Middleton and Thomas Dekker, *The Roaring Girl*, 1611.

Thomas Middleton and William Rowley, *The Spanish Gypsy*, 1623.

Guy Miège, *The Great French Dictionary*, 1688.

John Minsheu, *Spanish-English Dictionary*, 1599.

Edward Minister, *The Complete Guide to Practical Cutting*, 3rd edition 1896.

The Mirror, no 93, 1780, published in Edinburgh.

Edward Moore, *Fables for the Female Sex*, 1744.

MSS, Corpus Christi College, Cambridge: Parker Library.

The Complete Letters of Lady Mary Wortley Montagu, 1721.

Thomas Morton, Secrets *Worth Knowing*, 1798.

Fynes Moryson, *An Itinerary*, 1617.

Joseph Moxon, *Mechanick Exercises: Or the Doctrine of Handy-Works ...*, 1677.

Geoffrey Mynshull, *Essays and Characters of a Prison and Prisoners*, 1613.

Thomas Nashe, *Preface to Sidney's Astrophel and Stella*, 1591.

Thomas Nashe, *Piers Pennilesse*, 1592.

Silas Neville, *The Diary of Silas Neville*, 1767-1788.

New-England Weekly Journal, 1727.

The New Monthly Magazine, 1823.

John Nichols, Gifts to Queen Mary in the Progresses and Processions of Queen Elizabeth, 1823.

The Norfolk Chronicle, 26 December 1789.

Northampton Mercury, 1792.

Norwich Mercury, 1757, 1758.

Thomas Nugent, *A Tour to London*, 1772.

'The Oxford Sausage' in *Select Poetical Pieces*, 1764.

John Palsgrave, *L'éclaircissement de la langue française*, 1530.

Mrs Papendiek, *Court and Private Life in the Time of Queen Charlotte*, ed Mrs V D Broughton, 1887.

The Heroicall Devises of M Claudius Paradin (English trans), 1591.

Mary Parkyn's husband's clothes, Surrey Wills 1606, see: *www.surreycc.gov.uk*.

Thomas Parnell, *An Elegy, to an Old Beauty*, 1722.

Paston Letters.

George Peele, *Sir Clyomon and Sir Clamydes*, 1599.

Duc de Penthièvre Wardrobe Accounts, 1738.

Samuel Pepys, *Diaries* 1660-1669.

E. E. Perkins, *A Treatise on Haberdashery and Hosiery*, 1845.

Petre Accounts, Essex Record Office, see: under Essex Edward Phillips, *The New World of*

English Words, or, a General Dictionary, 1658 and later editions.

Phillip's *New World of Words* ed. J Kersey, 1706.

John Phillips et al., trans, of *Plutarch's Morals*, 1684.

Pilborough's *Colchester Journal*, 1739.

Henry Cogan (ed), *The Voyages and Adventures of Ferdinand Mendez Pinto*, 1663.

H. L. Piozzi, *The Piozzi Letters*, vol 2, 1792-98.

Peter Pindar (John Wolcot), *The Works of Peter Pindar Esq*, 1801.

J. R. Planché, *Cyclopaedia of Costume*, 1876-79.

K. G. Ponting, *The West of England Cloth Industry*, 1957.

Henry Porter, *The Two Angry Women of Abingdon*, 1599.

Promptorium Parvulorum, ca 1440.

The Protestant Mercury, 1700.

Punch, 1851, 1854, 1858.

Samuel Purchas, Purchas, *His Pilgrimage*, 1613.

L. G. Mitchell (ed) *The Purefoy Letters* 1735-1753.

List of boots and shoes for the Queen of Scots in *Privy Purse Expenses of Elizabeth of York*, 1503.

Bill for lace, Queen Mary 1693, see: BL Add Ms 5751.

Duchess of Queensberry to Dean Swift, 1733, in *The Correspondence of Jonathan Swift DD*, vol 3, 2003.

Read's *Weekly Journal*, 1736.

Abraham Rees, *Cyclopaedia or Universal Dictionary of Arts, Sciences and Literature*, 1819.

'Regulations for the apparel of University students at Cambridge', 1585 in C H Cooper, *Annals of Cambridge*, 1842.

Revels Office and Accounts, 1550.

T. D. Rice 'Jump Jim Crow' song and dance, 1828.

Samuel Richardson, *The History of Sir Charles Grandison*, 1753.

J. E. Thorold Rogers, *A History of Agriculture and Prices in England*, 1866-1902.

Samuel Rowlands, *Martin Mark-all, Beadle of Bridewell*, ca 1608-1610.

Samuel Rowlands, *The Knave of Hearts*, 1612.

Samuel Rowlands, *A Roaring Boyes Description*, ca 1620.

William Rowley, *A Match at Midnight*, 1633.

John Russell, *Boke of Nurture*, ca 1460.

The Salisbury Journal, 1763, 1771, 1791.

Thomas Salmon, *A New Geographical and Historical Grammar*, 1758.

Victorien Sardou, *La Famille Benoîton*, 1865.

Victorien Sardou, *La Tosca*, 1887.

Accounts of Viscount Scudamore, Holme Lacy, 1632, see: Ian Atherton, *Ambition and*

Failure in Stuart England: The Career of John, 1st Viscount Scudamore, 1999.

Sir Philip Sidney's Accounts, 1566.

P. L. Simmonds, *A Dictionary of Trade Products, Commercial, Manufacturing and Technical Terms*, 1858.

Walter Skeat, *An Etymological Dictionary of the English Language*, 1879-82.

Walter Skeat and Anthony Lawson, *A Glossary of Tudor and Stuart Words*, 1914.

The Spectator, 1711-12.

William Shakespeare, *Love's Labour's Lost* 1595.

William Shakespeare, *The Merry Wives of Windsor*, ca 1598.

William Shakespeare, *Much Ado About Nothing*, 1598/9.

William Shakespeare, *As You Like It*, 1599.

William Shakespeare, *Hamlet*, 1599-1600.

William Shakespeare, *A Lover's Complaint*, 1609.

R. B. Sheridan, *A Trip to Scarborough*, 1777.

John Skelton, 1529, see: *The Poetical Works of John Skelton, ed, by Rev Alexander Dyce*, 1843.

Sir Hans Sloane, *A Voyage to the Islands Madera, Barbados, Nieves, St Christophers and Jamaica*, 1707.

Frank Smedley, *Harry Coverdale's Courtship*, 1855.

Albert Smith, *The Natural History of the Gent*, 1847.

Albert Smith *The Pottleton Legacy: A Story of Town and Country*, 1849.

Tobias Smollett, *The Life and Adventures of Sir Launcelot Greaves*, 1760.

W. Somerville, *The Officious Messenger, from Poetical Works*, ca 1740.

W. Somerville, *The Yeomen of Kent, from Poetical Works*, ca 1740.

Joseph Sparkes-Hall, *The Book of the Feet: A History of Boots and Shoes*, 1846.

Inventory of William Spicer, 1604, Exeter Records, see: www.devon.gov.uk/record_office.

The Spirit of the Public Journals, 1813.

Sporting Magazine, 1820.

Sir M. Stapleton, 'Household Books, 1656-1705', *The Ancestor*, vol 3, 1902.

Lady Elizabeth Spenser Stanhope's Letter-Bag ed, A M W Stirling 1853.

The Statutes at Large, 1547, pub 1763-65.

James Stewart, *Plocacosmos*, 1782.

Stoke-by-Nayland Records, 1725, see: Suffolk Record Office.

Philip Stubbes, *Anatomie of Abuses*, 1583 x 3.

Joseph Strutt, *A Complete View of the Dress and Habits of the People of England*, 1796.

R S Surtees, *Mr Sponge's Sporting Tour*, 1853.

Jonathan Swift, *Mrs Harris's Petition*, 1700.

Jonathan Swift, *Baucis and Philemon*, 1709.

Joshua Sylvester, trans, of Guillaume Du Bartas' *Les semaines*, 1608.

The Tailor & Cutter, 1870 and later.

The Tatler, ed, Richard Steele, 1709.

John Taylor, *Superbiae Flagellum or The Whip of Pride*, 1621.

Earl of Thanet Accounts, Kent Record Office, 1719, see: www.kentarchives.org.uk.

John Byng, The Torrington Diaries 1781-94.

The Town & Country Magazine, 1772.

The Towneley Mysteries, c 1460, ed J Raine for the Surtees Society, 1836.

A Treatise of a Gallant, ca 1490.

Trinity College Homilies, Cambridge University, ca 1200.

Richard Turnbull, *An Exposition Upon the Canonical Epistle of St James*, 1591.

The Universal Magazine of Knowledge and Pleasure, 1764.

Sir John Vanbrugh, *The Confederacy*, 1705.

Memoirs of the Verney Family: Compiled from the Letters and Illustrated by the Portraits at Claydon House, 2 vols, 1892.

Vogue, 1915, 1940.

Horace Walpole, *Letters* 1735-95.

William Waterman (Watreman), *The Fardle of Facions*, 1555.

Walthamstow Records, see: Essex Record Office.

Warrant to the Great Wardrobe on Princess Elizabeth's marriage, 1612-13, *Archaeologia*, vol 26.

Richard Warren, Perfumer of Marylebone Street, Westminster, shop bill, 1778.

Will of Jeremy Wayman, gardener of St Margaret, Westminster, 1611, see: www.nationalarchives.gov.uk.

Noah Webster, *American Dictionary of the English Language*, 1828.

The Weekly Register, 1731.

Westminster Magazine, 1774.

Whitehall Evening Post, 1747.

Wills and Inventories of Northern Counties of England, see: www.durhamrecordoffice.org.uk.

Harriette Wilson, *Paris Lions and London Tigers*, 1825.

Robert Wilson, *Three Lords and Ladies of London*, 1584.

James Wolfe's letter from Paris to his father, 1752.

The Woman's Book of Household Management, 1911.

Workwoman's Guide, 1838.

Allegations on behalf of the Worsted Weavers of Norwich, in John James, *History of the Worsted Manufacture in England*, 1968.

Sir Nathaniel Wraxall, *Memoirs of the Courts of Berlin, Dresden, Warsaw and Vienna, in the years 1777, 1778 and 1779*, 1799.

William Wycherley, *The Gentleman Dancing Master*, 1673.

Andrew Wynter, *Our Social Bees: Pictures of Town and Country, and other Essays*, 1861.

在翻译这本词典的过程中，感谢山东智慧译百的江心波和山东多语文化传播的李金翠，他们提供的技术支持是我们翻译工作的坚强后盾。

译者

2024 年仲夏于济南

译者后记

服饰宛若岁月长河中流淌的诗篇，是时代精神的缩影，承载着历史的厚重与文化的精粹。它不仅映照出不同时代的美学追求和生活方式，更是社会风貌的直观反映。透过服饰的演变，我们得以窥见历史的深邃，洞察人类社会服饰文化的丰富多彩，感受其对现代时尚的深远影响。这不仅是对时尚美学的历史溯源，更是对政治、经济、文化和社会变迁的深刻洞察。

当我们初次翻开这本词典时，就被其丰富的时装词汇深深震撼。成百上千的词条犹如历史的画卷，向我们呈现出各个时期的流行趋势与设计风貌。时至今日，这些元素依旧在我们的日常生活、影视作品、服装展览中焕发着不减的魅力。我们深知，每一个时尚词条都是一个时代的印记，是历史的见证。在着手翻译前，我们投入了大量时间去查阅西方服饰的相关资料，包括历史书籍、时尚杂志、学术论文等。尽管如此，我们仍面临着众多挑战。比如由于部分词条历史久远，可查阅的资料甚少；由于语言和文化的差异，部分词条在中文中难以找到直接对应的表达。

翻译这本词典，不仅是在传递文字，更是在传递时尚的韵味与历史的厚重。愿读者通过这本词典，走进时尚的殿堂，领略时尚的魅力，触摸历史的脉搏。希望这本词典成为中文读者探索时尚世界的一扇窗、一座桥，让时尚之美在不同文化间流转和传承。然而，囿于译者学识，译文中难免有舛误、不当之处，如原文中存在较多中文中尚无对等词的内容，部分词条采用了音译，或根据解析按照含义翻译而成，诚望方家不吝指正。